国家科学技术学术著作出版基金资助出版

环境约束下冗余度机械臂运动规划技术

Motion Planning Technology of Redundant Manipulator with Environmental Constraints

◎ 金弘哲 赵 杰 张 慧 著

哈爾濱工業大學出版社
HARBIN INSTITUTE OF TECHNOLOGY PRESS

内容简介

本书基于托卡马克多功能维护机械臂面向任务操作的运动规划基础理论，以及一般化、通用化运动学理论，对机器人操作臂阻尼最小二乘法逆运动学进行了介绍。同时深入研究并分析了重载机械臂运动学和规划、双操作臂运动学和协调规划、平面冗余机械臂在线运动规划、三维空间构型冗余度机械臂运动规划、关节角加速度规划、多臂协调操作运动规划、机械臂散乱物体抓取运动规划等方面的内容。在多功能维护机械臂样机平台、简易平面冗余机械臂、三维空间构型冗余度双臂机器人和UR10机械臂平台上进行了一系列的功能和性能实验，验证了运动规划算法的可靠性、安全性。本书有关机器人操作臂实时运动规划技术的研究，将有助于提高机械臂自主作业能力和完善现有运动规划理论，为机械臂高效、安全、平稳运动奠定一定的理论基础。

本书适合机械工程专业的研究生及高年级本科生使用，也可供机器人运动规划领域相关专业的研究人员参考。

图书在版编目(CIP)数据

环境约束下冗余度机械臂运动规划技术/金弘哲，赵杰，张慧著. —哈尔滨：哈尔滨工业大学出版社，2023.2

（先进制造理论研究与工程技术系列）

ISBN 978-7-5767-0665-9

Ⅰ.①环… Ⅱ.①金… ②赵… ③张… Ⅲ.①机械手—运动控制 Ⅳ.①TP241

中国国家版本馆CIP数据核字(2023)第032649号

策划编辑 张 荣
责任编辑 李广鑫 李长波
出版发行 哈尔滨工业大学出版社
社 址 哈尔滨市南岗区复华四道街10号 邮编 150006
传 真 0451-86414749
网 址 http://hitpress.hit.edu.cn
印 刷 辽宁新华印务有限公司
开 本 787 mm×1 092 mm 1/16 印张 23.75 字数 563 千字
版 次 2023年2月第1版 2023年2月第1次印刷
书 号 ISBN 978-7-5767-0665-9
定 价 128.00 元

前　　言

在面向环境约束的冗余度机械臂操作与作业任务中，运动规划能够使机器人根据有限传感资源对任务进行合理分解，并自动做出安全、有序、平稳的动作。目前在线运动规划在理论研究中存在收敛速度慢、避障依赖模型、关节轨迹规划复杂度高等问题，一定程度上限制了运动规划理论在多功能维护机械臂上的实际应用。因此，考虑动态障碍物、受限工作空间的环境约束的运动规划研究，对于机械臂任务执行具有十分重要的现实意义。

本书以环境约束下多功能维护机械臂面向任务操作为特例而引出的运动规划基础理论为切入点，基于运动学开展对冗余机械臂一般化、通用化规划技术的研究。本书首先介绍了多功能维护机械臂发展、运动规划理论研究进展和与机械臂运动学相关的基础理论。然后综合分析了多功能维护机械臂所应具备的运动空间、运动灵活性和操控性等特点，展开对平面冗余机械臂、灵巧双臂系统的研究，完成了机械臂的运动学分析、单/双操作臂运动规划、机械臂交互系统建立。并拓展性地展开对平面冗余机械臂运动规划、三维空间构型冗余度机械臂运动规划、关节角加速度规划、多臂运动规划、机械臂有限空间内抓取动作规划等五个方面的理论研究。最后对机械臂进行仿真和样机实验研究。

本书共 14 章，整体架构分为运动规划理论篇和实验验证篇。具体内容如下：

第 1 章介绍环境约束下多功能维护机械臂研究背景及意义、运动规划研究现状综述和分析、主要内容等。

第 2～9 章介绍与任务操作相关的运动规划基础理论和具体案例的仿真与分析。第 2 章介绍机械臂逆解基础理论，包括奇异值分解、阻尼最小二乘法基础理论、阻尼因子影响分析等。第 3 章介绍平面冗余机械臂运动学分析和规划，包括正/逆运动学分析、基于 RRT 算法的无碰撞路径规划、基于梯度投影法的机械臂路径规划等。第 4 章介绍双机械臂运动学、协调作业与轨迹规划，包括双操作臂结构分析、运动学分析、协调作业约束关系分析、轨迹规划与运动仿真等。第 5 章介绍面向平面冗余机械臂任务操作的在线运动规划基础理论，包括虚拟控制器设计、运动观测、路径预测、避障算法、理论仿真分析等。第 6 章介绍面向多功能臂末端耦合连接的三维空间构型机械臂运动规划基础理论，包括基于无监督式主成分分析的单神经元 PID 模型和其收敛性分析、基于能量转化策略的末端执行器和臂杆避障方法、末端避障过程中姿态调整方法、理论仿真分析等。第 7 章介绍面向机械臂平滑关节轨迹的角加速度规划方法，包括笛卡儿空间到关节角加速度空间的映射、机械臂主任务和次级任务数学上的垂直正交关系证明、控制率的设计、稳定性分析、参数对规划性能的分析与仿真等。第 8 章介绍面向多功能臂灵巧多臂协调规划基础理论，包括多臂面向独立任务操作规划、多臂面向协调操作逆运动学映射和运动规划、理论仿真与分析等。第 9 章介绍面向有限作业空间内机械臂散乱物体抓取动作规划基础理论，包括机械臂作业空间场景彩色和深度点云信息预处理、超体素点云聚类分割理论和基于几何凹凸性的点云聚类分割理论、三维空间物体位姿识别与抓取动作规划、理论仿真与分析等。

第 10～13 章介绍实验验证与分析。第 10 章介绍多功能平面冗余机械臂的交互系统，完成机械臂运动的离线仿真和样机实验，验证机械臂运动分析及轨迹规划的可行性等。第 11 章介绍具有运动仿真、仿真过程复现、场景漫游、主从交互、网络通信等功能的双机械臂人机交互系统，并搭建实验平台对人机交互系统分别进行了离线仿真和在线测试。第 12 章介绍简易实验平台搭建与实验验证，包括第 5～8 章的理论验证、分析与讨论。第 13 章介绍机械臂抓取规划实验平台搭建与实验验证，包括第 9 章的理论验证、分析与讨论。

第 14 章对本书进行总结，对创新性成果进行综述。附录 1 介绍线性与非线性系统中向量、矩阵、信号范数、系统范数等概念和其相关性质。附录 2 介绍机器人运动学中的齐次坐标和齐次变换基础。附录 3 介绍非线性系统中李雅普诺夫理论的稳定性分析理论。

本书的内容是作者及其所属团队在完成国家项目所取得的一系列科研成果的基础上撰写而成。其中，臧希喆教授和朱延河教授为本书的成稿进行了细致的指导；研究生郁万涛、刘家秀、谢家雨、刘章兴、张洋、王彬峦、葛明达、高靖松、印鸿、鞠枫嘉和本书第三作者河南工业大学电气工程学院张慧为本书的成稿进行了大量的科研数据分析，并做了大量细致的整理和修正工作。

本书的撰写和作者的机器人智能运动规划研究一直受到众多专家的亲切关怀指导，尤其是山东大学李贻斌教授和南开大学韩建达教授以不同的方式给予作者指导和支持，并提供了诸多帮助。

谨向上列各位教授、专家、团队成员表示诚挚的感谢！

哈尔滨工业大学机电工程学院的有关领导对本书撰写提供了宽松环境和多方协助。作者主持的国家项目组成员和作者所指导的研究生为本书做出不少贡献。在此，也向他们深表谢意！

本书研究工作得到了科技创新 2030“脑科学与类脑研究”重大项目“未知环境下单体智能无人作业系统类脑感知、规划和控制技术”（批准号：2021ZD0201403）、国家自然科学基金重大研究计划集成项目“面向航空制造的人一机器人协作技术及应用研究”（批准号：92048301）、国家自然科学基金面上项目“目标动力学过程观测机制下移动仿人机器人上肢体全身控制”（批准号：62373121）、国家磁约束核聚变能发展研究专项“多功能大尺度重载维护机械臂遥操作系统关键技术”（批准号：2012GB102004）、国家磁约束核聚变能发展研究专项“包层遥操作维护系统关键技术研究”（批准号：2012GB102003）、国家自然科学基金重点项目“人机协作型移动双臂机器人的基础研究”(批准号：91648201)、国家自然科学基金面上项目“考虑关节柔性和执行器动力学的机器人操作臂非干涉型智能控制研究”(批准号：61473102)等国家项目资助，在此一并表示感谢。

在撰写本书的过程中，参考了国内外相关文献，个别与机器人运动学基础相关的内容引自其中，在此对文献作者表示感谢。

由于作者水平有限，加之机器人技术发展迅速，书中难免有疏漏或不足之处，敬请批评指正。

作　者

2023 年 1 月

目　　录

第 1 篇　运动规划理论篇

第 2 篇　实验验证篇

第1章　绪　论

1.1　研究背景及意义

1.1.1　研究背景

目前,核聚变的反应通常是在狭小真空环形腔环境中进行的。环形腔是由外部环绕的电磁线圈包裹而成,通过外部供电产生强磁场,达到超高温度,致使原子核发生聚变反应。核聚变反应会释放大量的能量,使得环形腔内具有高温、高辐射、高真空、磁约束等特点,亦即托卡马克环境,如图1.1所示。

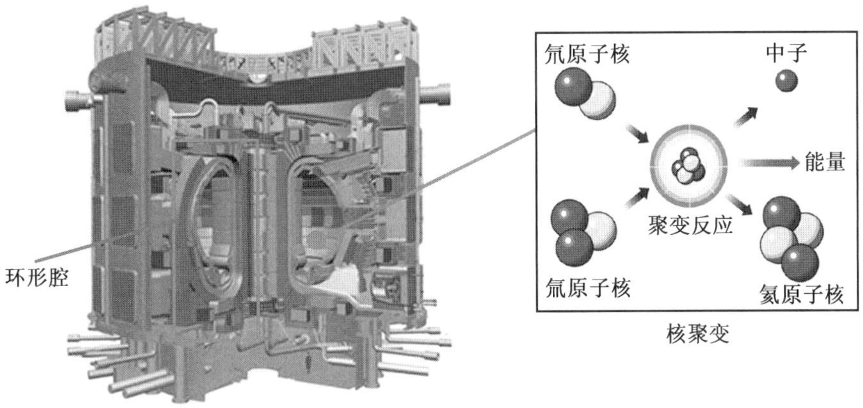

图1.1　托卡马克环境

另外,由于原子核聚变过程会产生能量很高、穿透性很强的聚变中子,对狭小环形腔体内的零部件会产生很强的放射性和有毒物质污染,因此容易造成设备或零件的劣化,对人也有很大的损害,目前没有十分有效的方式进行屏蔽。在对核聚变设备或装置进行维护时,维护人员通常间接操作,但核聚变装置中零部件复杂、尺寸庞大,对组装、拆卸和维护要求高,因此,在进行这些维修与维护作业任务时,往往需要借助智能装备实现。

1.1.2　研究意义

托卡马克环境的多功能维护机械臂的提出,对核聚变维护技术的发展和大规模应用具有重要意义。托卡马克环境的多功能维护机械臂由一个大尺度重载平面冗余机械臂和与其末端位置耦合连接的两条三维空间构型机械臂组成,如图1.2所示。该维护机械臂的工作方式是,通过大尺度重载平面冗余机械臂,将与其末端耦合连接的双臂安全运送到狭小环形腔内指定的工作位置,而后双臂根据操作任务进行独立与协调作业,如图1.3所示。维护机械臂的工作特点是主要在一个封闭的、连续的环形腔体内进行任务操作。大尺度平面冗余机械臂不仅要保证与环形腔体的无碰撞，同时当存在维修人员或其他维修设备情况下，需要进行避让以确保人、设备、机械臂的安全。对于末端双臂作业任务，既能进行单臂独立操作，又可以通过臂与臂之间的协作完成单臂难以胜任的任务或操作。对于机械臂末端操作，要保证机械臂系统能够准确识别作业空间三维物体位姿，并合理规划机械臂进行安全抓取动作。

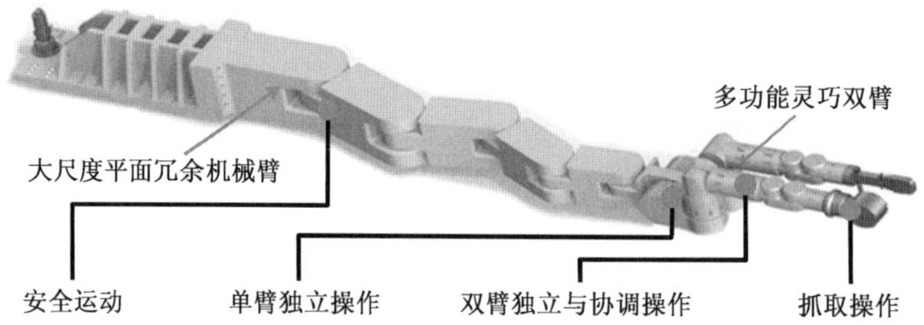

图 1.2　托卡马克环境的多功能维护机械臂

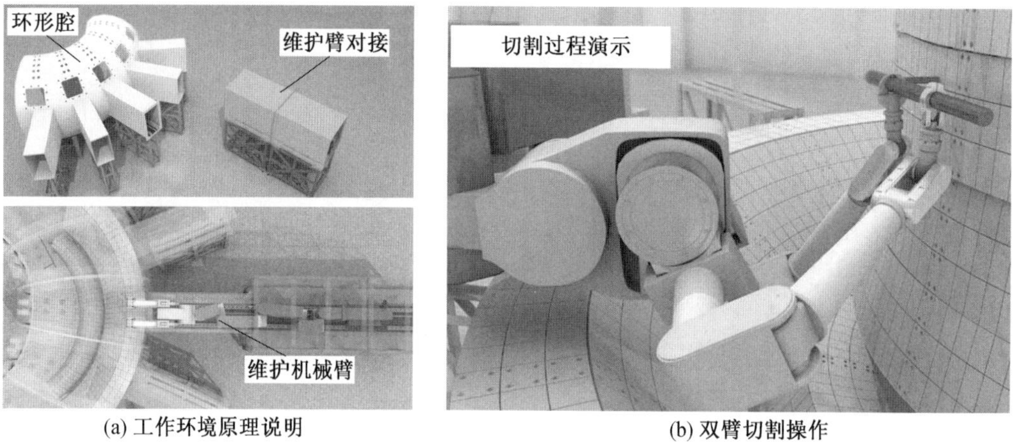

(a) 工作环境原理说明　　(b) 双臂切割操作

图 1.3　维护机械臂工作场景

由于托卡马克环境恶劣、复杂，目前多功能维护机械臂以遥操作工作方式为主，还不能实现自主作业。运动规划技术的发展为机械臂的智能操作和自主作业提供了重要的理论与技术支撑。运动规划不仅能避免轨迹不平滑造成的系统震动，实现较高精度复杂操作，而且能够保证机械臂安全稳定的无碰撞自主作业运动。为此，致力于多功能维护机械臂面向任务操作的运动规划对于机械臂实现自主作业具有十分重要的现实意义。

根据托卡马克环境的多功能维护机械臂的工作方式、环境、特点，要求机械臂在面向任务操作时，要同时具备单臂运动规划能力、臂与臂之间相互协作运动规划能力，从而引申出对有环境约束的平面冗余机械臂、三维空间构型机械臂和双臂运动规划的研究内容，以进一步使维护机械臂在相对狭小环形腔体作业任务中，利用视觉反馈信息，通过在线进行逆运动学解算、避障、避奇异、路径／轨迹规划，确保多功能维护机械臂与环形腔内装置和零部件无碰撞运动。另外，考虑到实际托卡马克多功能机械臂尺寸庞大、实验难度高，在托卡马克多功能臂在线运动规划研究的初始阶段，通过综合分析现有机械臂运动规划方法理论上存在的不足和问题，致力于基础理论研究，进一步提高和完善现有运动规划方法，为多功能维护机械臂高效、安全、平稳运动奠定一定的理论基础。因此，本书着重介绍多功能维护机械臂在线运动规划通用化、一般化基础理论。

1.2　运动规划研究现状综述

本书运动规划内容，首先基于运动学层面的平面冗余机械臂和三维空间构型机械臂在线运动规划等展开研究。其次，在研究多功能臂末端连接的灵巧双臂运动规划时，双臂构型作为多臂机器人构型的一种，致力于多臂机器人面向独立任务与协调任务的在线运动规划研究。最后，面向有限作业空间范围内机械臂抓取动作规划进行研究。在运动规划的研究综述方面，从单臂的规划方法着手，国内外对于机器人操作臂运动规划目前已经有了许多相关研究，具体研究情况将在以下进行详细介绍。

1.2.1　冗余度单机械臂运动规划研究现状

对冗余度单机械臂来说，其运动规划的目的在于为冗余度机械臂规划出无碰撞运动或动作，同时将规划的运动或动作映射到关节空间进行实现。主要包括三方面内容：避障、逆运动学映射、轨迹规划。

1. 避障

早在1979年，美国麻省理工学院就已经着手针对已知环境下多面体移动物体无碰撞路径的研究[1]。直至今日，已经形成了各种各样的避障方法和方式，不仅能实现冗余度机械臂末端执行器的无碰撞，还能实现除末端外其余手臂部分的无碰撞。避障方法大体上可以分为全局避障方法和局部避障方法。

(1) 全局避障方法。

全局避障方法主要依赖于规划，在保证能够实现追踪任务的前提下，找到一条由初始位置到目标位置的无碰撞路径。1979年，美国麻省理工学院通过将障碍物转化为运动物体上参考点的禁忌位置，形成一个无碰撞网络轨迹，实现已知环境下多面体移动物体无碰撞运动[1]。而后又提出一种计算物体位置约束的配置空间法，进一步拓展了算法在多边形、多面体物体和障碍物环境下的适用性[2]。文献[3]针对高维配置空间中的路径规划问题，提出了一种简单有效的随机化算法。该方法建立两棵以起点和目标配置为根的快速探索随机树，每棵树围绕着它们的空间进行探索，并且通过使用一个简单贪婪的启发式方法相互推进。Brendan Burns等人基于样本的运动规划提出了一个新的实用导向抽样策略，通过选择和连接配置集来发现配置空间的隐式连通性。在每一个配置空间中，采用近似配置空间模型来选择最大化规划任务的样本，基于采样的规划器最佳样本，形成一个完整的空间路线图[4]。加利福尼亚大学Guo等人针对冗余度机器人无碰撞关节轨迹的问题，提出通过定义距离目标函数，并在冗余度零空间中的向量沿着机器人关节轨迹进行优化，实现冗余度机械臂零空间避障[5]。

文献[6-7]研究了统计学方法在随机路径规划方法上的应用问题，提出了一个连续启发式搜索算法，即 A* 算法。算法全面评估搜索节点的代价值，通过代价值对比将最有希望的节点进行扩展，直至达到指定的位置。但随着节点数的增加，算法的复杂度将进一步增大。文献[8]提出一种构型空间法，根据机器人构型及工作空间，通过将其对应的关节空间进行自由空间和障碍空间划分，在自由空间中不断搜索找出最短无碰撞路径，该方法适用于静态固定的场景中。Chen 等人和 Brooks 等人分别提出将机器人工作空间用栅格和多边形对环境进行构建，通过对构建的环境进行搜索找到一条无碰撞的连通图，实现机械臂末端路径规划。但是这些方法更多地适用于二维空间建模，对于三维空间构型的机械臂任务操作将会带来高度复杂的三维建模和计算代价[9-10]。文献[8-10]的方法通常被归纳为图形学法。

一些智能方法目前也应用在全局避障规划中，用于处理复杂的路径规划问题。文献[11-12]提出一种蚁群算法，模拟蚂蚁依据信息素浓度为代价搜索路径的方式，建立空间操作臂运动学模型和空间环境的有效路径表达，通过不断调整搜索策略、传输规则和信息素找出最短路径，同时有效避免了传统蚁群算法的局部最优问题。神经网络算法通过建立预测网络模型，对复杂环境进行学习样本分布，预测实现运动规划[13]。遗传算法按照基因遗传学原理，通过基因的重组、变异、结合，对路径各个节点进行扩展和连接，实现路径搜索[14]。

在全局避障规划方法中还有一些其他方法，如 Dijkstra 算法[15]、fallback 算法[16]、Floyd 算法[17] 等，这些方法均有类似之处，即通过建立扩展节点并不断搜索，找出一条可行的无碰撞路径，这里不再一一论述。

(2) 局部避障方法。

局部避障方法可归纳为基于模型、任务、约束等提出的，大多数算法都应用在运动学层面上，相比于全局避障方法更简单、直观，包括力/势场模型、磁场模型、弹簧阻尼模型、余弦曲线模型、局部坐标模型、基于任务、不等式约束和智能算法等。

1986 年，斯坦福大学 Khatib 提出一种基于人工势场法概念的实时避障方法，通过将目标定义为引力场、障碍物定义为斥力场，实现复杂环境下实时机器人操作。但由于引力和斥力之间力的相互抵消，机器人运动容易陷入局部最小值，通常需要结合其他方法避免局部最小值[18]。卡内基梅隆大学 Kim 等人在人工势场法基础之上，融入调和势能函数消除避障局部最小值问题[19]。美国麻省理工学院 Feder 等人提出基于流体类比和人工谐波势的方法来消除机器人路径规划中的局部极小问题[20]。另外，人工势场法还可以通过变步长的方式或者和模拟退火法相结合的方式避免局部最小值问题[21-22]。Wu 等人利用磁场模型建立障碍物、目标和机器人之间的模型，通过同性相吸、异性相斥的原理实现无碰撞运动[23]。Mclean 等人和 Liu 等人先后提出基于虚拟弹簧建立的势场实现冗余度机器人避障[24-25]。余弦曲线模型将机械臂与障碍物之间的距离变化转化成随着余弦曲线变化的斥力作用[26]。局部坐标模型通过将接近于障碍物的机械臂部分在障碍物上建立局部坐标模型，利用局部坐标系相对基坐标系之间的变化位置关系实现无碰撞[27]。

基于任务的避障方法通过暂停当前任务，等待障碍物或物体运动至和机器人保持安全距离后，再继续执行任务[28-29]。基于任务的避障方式效率往往比较低，而且当物体或障碍物处于与机械臂之间的安全距离之内时，机械臂无法正常进行给定的任务。Colbaugh

等人提出利用机械臂冗余度配置运动学不等式约束实现避障，同时保证末端执行器理想轨迹的追踪[30]。Arévalo 等人提出一种新的远程运动中心约束的广义运动公式来限制其机械臂运动范围，可用于运动学和动力学[31]。

智能学习算法也成功用于动态避障，同时也被用于实时逆运动学解算。Duguleana 等人基于强化学习范式，将 Q－learning 在线动态算法与双神经网络相结合，根据历元数的值调整神经网络“Theta 网”的权重，实现避障[32]。Wang 利用递归神经网络模型建立逆运动学解算器实现避障[33]。同年，Wang 将具有避障任务的冗余度机器人逆运动学控制问题转化为一个等式约束和不等式约束的凸二次规划问题，采用对偶神经网络作为解算器，实现机器人无碰撞运动[34]。

2. 逆运动学映射

在机器人发展历程中，逆运动学定义为确定关节配置问题，使末端执行器尽可能平滑、快速和准确地移动到指定的位置。现有文献中已经提出了多种方法，无论是复杂的还是启发式的，都可以快速而现实地解决逆运动学问题。这些计算逆运动学的方法包括伪逆法[35]、雅可比转置法[36-37]、阻尼最小二乘法[38-39]、(拟)牛顿法和共轭梯度法、启发式的迭代方法、神经网络和人工智能法。

伪逆法、雅可比转置法和阻尼最小二乘法是最流行的数值解算方法，是一种逼近雅可比矩阵逆的方法，亦即基于雅可比矩阵的近似解线性地逼近末端执行器相对于连杆平移和关节角度瞬时系统变化的运动，进而寻找逆运动学的近似解。在末端执行器能够到达执行目标位置时，基于雅可比矩阵逆解能产生光滑的姿态。在末端执行器无法到达指定的目标位置时，伪逆法或雅可比转置法会产生严重的振荡，阻尼最小二乘法仍能取得良好的效果。因此，阻尼最小二乘法是基于雅可比矩阵逆运动学数值解算中首选的一种方法。

基于阻尼最小二乘法在现有文献中还有一些扩展性的研究，典型的研究方法包括奇异值分解阻尼最小二乘法[40]、选择性阻尼最小二乘法[41]。奇异值分解阻尼最小二乘法根据奇异值分解判断雅可比矩阵是否处于奇异状态进行阻尼设定。选择性阻尼最小二乘法通过有选择地将数字滤波应用于所有奇异向量，并根据到达目标的难易程度定义阻尼。其他基于阻尼最小二乘法的扩展性研究见文献[42-45]。

基于(拟)牛顿方法是一种寻找作为最小化问题的解的目标配置，能够确保逆解的平滑、连续无间断。然而，(拟)牛顿法需要存储和计算 Hesse 矩阵，计算复杂、实现困难，每次迭代计算成本高[46]。共轭梯度法所需存储量小，稳定性高，不需要任何外来参数，在大型线性求解、非线性优化中是非常有效的方法，收敛性依赖 K 矩阵，在机械臂逆解问题中应用较少[47]。

循环坐标下降算法和正向－反向到达逆运动学方法是启发式迭代方法的代表，每次迭代的关节计算成本都很低，可以在不需要矩阵操作的情况下解决逆运动学问题，然而经常产生具有不稳定间断的运动[48-49]，因此很少在机械臂的逆解问题中应用。

神经网络采用逆建模的方式，通过在工作空间选取样本点作为神经网络的训练模式进行逆解计算，具有很好的计算效率[50]。先进的人工智能法求解机械臂逆运动学问题，通常把逆运动学映射转化为最小化关节运动学能量以作为优化指标问题，采用智能网络模型作为解算器获取关节轨迹。由于这些方法在轨迹优化的同时纳入了逆运动学问题的解算，因此，本研究将在关节轨迹规划小节进行详细论述。

其他方法，如序列蒙特卡洛方法[51]、粒子滤波方法[52]、基于网格的反向运动学[53]，由于其计算量大，因此很少应用。

3. 轨迹规划

轨迹规划常常介于逆运动学映射前、中或后进行，在逆运动学之前进行的规划是笛卡儿空间规划方法，在逆运动学之后进行的规划是关节空间规划方法；在逆运动学映射中进行的规划方法通常不再求解雅可比逆矩阵或伪逆矩阵，而是将轨迹规划等效为所建立框架／模型的非线性优化问题，通过数值解算器直接求取关节轨迹，鉴于此，在本章将其规划方法纳入关节空间规划方法中进行论述。轨迹规划旨在实现对机械臂关节运动轨迹参数化过程，进一步约束和平滑加速度信息，减小机器人系统振动，保证其平滑运行。机械臂关节运动轨迹参数化规划方法通常包括笛卡儿空间轨迹规划、关节空间轨迹规划和基于逆运动学的关节轨迹规划等三种类型。以下针对这三种规划方法分别进行论述。

（1）笛卡儿空间轨迹规划。

笛卡儿空间轨迹规划是常用的轨迹规划方法，主要原因有四点：① 相对机器人任务／操作能够有直观的数学描述和表达；② 对于路径的约束相对简单；③ 末端位姿描述可以直接通过旋转矩阵和向量表示；④ 物体／障碍物与机器人之间的位置关系定义简单。

笛卡儿空间轨迹规划中直接、简单的方法当属基于传统运动学的方法，依赖于迭代法求解逆运动学，旨在求取每个控制周期机械臂末端运行的步长，即将每个控制周期运行一个迭代步长，经逆运动学映射至关节空间，通过定义关节运行的位置、速度大小，实现机械臂运动。主要包括基于固定增益的方法和基于固定钳位的方法。传统基于固定增益的轨迹规划方法通过对位姿误差设定固定增益系数求解每次迭代步长[54-55]。基于固定钳位的方法则通过设定固定的迭代钳位步长的方式，若位姿误差大于设定的钳位步长，则按照比例缩放至钳位值，若小于设定钳位步长，则按当前位姿误差步长进行迭代[56]。这些基于运动学的方法虽然能够实现平滑的运动规划，但由于其仅仅考虑笛卡儿空间的位置和速度信息，因此在生成的路径和关节轨迹中仍然会存在波动。

为了生成更加光滑的轨迹，通常需要在末端执行器运动路径上，利用线性插值、多项式插值、样条曲线插值定义插值点，同时定义通过插值点的速度、加速度或者更高阶导数，以保证笛卡儿空间运动的连续平滑，而后通过逆运动学映射到关节空间实现机械臂平稳运动[57-58]。

Shiller 等人在规划的无碰撞路径上以最优运动时间为代价函数，采用三次 B 样条曲线的控制点为优化参数实现路径平滑[59]。Cheung 等人在研究未知障碍物中的运动规划问题时提出采用线性插值法对路径点进行插值计算[60]。Rana 等人研究了基于进化算法的机器人控制力矩时间历程开环最小时间规划问题，提出利用三次样条多项式函数对笛卡儿路径进行拟合连接，同时利用其导数定义运动路径加速度，实现运动路径上的时间最优控制[61]。Macfarlane 等人提出采用五次样条多项式限制运动加速度和震动，在线获取光滑、无振荡的受控路径轨迹，以改善机械臂跟踪性能、减少机器人的磨损[62]。Haschke 等人针对高度非结构化、不可预测和动态环境中与人类直接交互的服务机器人运动规划问题，提出了一种实时生成同步的、时间最优的三阶机械臂轨迹算法，满足速度、加速度和抖动的最大运动限制要求[63]。Vannoy 和 Xiao 针对具有未知运动轨迹的运动障碍物的动态环境中的高自由度或冗余度机器人的轨迹规划问题，基于能量和时间最小化、操作度最大化等优化准则，对轨迹进行插值迭代，同时实现轨迹的实时优化[64]。Hajkarami 等人针对机械臂在非对称运动轨迹上的运动特性，基于开关点识别的学习算法，设计沿路径切向加速、减速和恒定速度运动，使机械臂在最短时间沿着指定轨迹运动[65]。Pchelkin 等人在给定几何路径下工业机械臂快速运动的规划与实现问题中，设计一个反馈控制器，将渐近稳定控制器转换为轨道稳定控制器，实现时间最优轨迹的稳定[66]。Bianco 提出了一种基于路径速度分解方法的实时规划器，能够在动态约束条件下生成光滑轨迹，防止拟人机器人系统的不稳定。另外，该规划器还能通过修改机器人末端纵向速度满足给定的运动约束集，从而保持精确的路径跟踪[67]。Casalino 等人重点研究了机械臂沿路径的时间规律的选择问题，在给定机械臂几何路径的情况下，提出一种沿路径加速运动的决策算法，将完成路径所需的时间最小化，同时在运动学和动力学层面与约束保持一致，进而得到沿路径的时间最优规律，实现对路径轨迹加速度的优化处理[68]。

(2) 关节空间轨迹规划。

相比于笛卡儿空间轨迹规划，关节空间轨迹规划能够直接对执行关节的角度、速度、加速度、加加速度或者力矩进行平滑处理。关节空间平滑轨迹的方法通常有定义边界条件、拟合函数、优化(或者代价)函数、学习算法等方式。关节空间轨迹规划方法对于操作任务的描述虽然不直观，但是对于生成相当光滑的关节轨迹要更容易，而且能有效地减少系统抖震或震动现象。

Shafaat 等人基于优化速度和加速度约束的最小可能时间，同时使用三次样条实时计算关节轨迹[69]。Dyllong 等人研究了基于三角样条函数和 B 样条技术的机器人轨迹规划，以及在预定义轨迹发生突发情况时关节轨迹的快速修正方法[70]。Lampariello 等人对任务需要快速规划高度动态的运动问题进行了研究，在考虑最大关节运动、避免碰撞和局部极小值的前提下，利用机器人的运动冗余度有效地生成能量最优轨迹，并提出采用四阶 B 样条曲线对关节轨迹三阶导数进行光滑处理，最后使用最近邻方法、支持向量机和高斯过程回归对该规划方法进行推广应用[71]。Guo 和 Zhang 等人提出了一种基于不等式的联合加速度级冗余度机器人避障准则，通过建立最小化关节角加速度范数不等式约束和基于线性变分不等式的在线求解，实现了在有障碍物环境下机械臂加速度规划，以使机械臂在避障的同时保证平稳操作[72]。Wang 和 Lei 基于粒子群优化的轨迹规划多项式插值方法(3—5—3 样条插值)优化了速度约束下的最小时间和加速度，采用机器学习方法建立回归模型求解有效的初始解，实现轨迹参数化[73]。Shin 和 Mckay 将笛卡儿空间的路径映射到关节空间，在关节空间中对关节扭矩、速度、加速度、加加速度进行参数化函数约束，简化了动力学计算模型，同时抑制了系统对冲力和抖动[74]。Ata 和 Johar 研究了受约束刚柔结合机械臂的三次样条轨迹规划问题。基于柔性链的一般动力学模型，采用扩展的 Hamilton 原理推导机械臂运动方程，并将假设模态法求解的逆动力学解析解用于计算沿约束表面运动所需的关节力矩，最后，在计算的关节运动轮廓中进行三次样条插值，以确保末端效应器将遵循指定的轨迹运动[75]。

虽然基于插值、拟合等方式的关节空间轨迹规划方法能够规划出相当光滑的关节运动轨迹，但是容易引起机械臂末端运动误差，从而导致机械臂与物体或者障碍物之间存在一定潜在碰撞的危险。利用高阶逆运动学规划关节轨迹可实现精确的轨迹追踪，不需要定义上述相应的插值或拟合函数，而是通过在高阶逆运动学方程中对高阶信息进行限制，将多次积分求解的关节轨迹作为机械臂控制输入，实现平稳运动[76]。但是这种高阶逆运动学往往需要多次高阶求导和积分，导致烦琐的解算过程。

(3) 基于逆运动学的关节轨迹规划。

人工神经网络的提出使得递归神经网络等先进智能方法也应用在关节空间运动轨迹的规划中，同时保证高效、准确的追踪精度。这些方法主要的特点是避开对逆运动学的求解中雅可比矩阵逆的高维矩阵计算，通过所建立的网络学习模型实现由笛卡儿空间到关节空间最优轨迹的非线性映射。Schlemmer 等人提出将由关节速度、加速度和扭矩等动态约束下产生的运动规划问题转化为定时变分问题，通过序列二次规划的数值方法实时有效地求解，实现在三维空间中运动目标跟踪[77]。文献[78-79]将轨迹规划问题用二次规划问题进行建模，以最小化运动学关节动能为代价函数，通过设计神经网络解算器实时获取关节速度。文献[78]提出了一种集优化、协调、运动为一体的三目标规划方法，解决了速度无穷范数极小化过程中存在的运动不连续、关节规划速度过高、关节角度漂移等问题。文献[79]为了解决冗余度机械臂循环轨迹跟踪过程中初始构型与最终构型不一致问题，提出了一种基于变参数收敛微分神经网络的逆运动学求解方法。文献[80]面向工业冗余度机械臂工作的长期可靠性问题，提出了一种具有同步故障诊断功能的容错规划方法。该方法以自适应的方式将偏离正常状态的关节定位为故障节点，即使这些节点失去启动速度，依然能完成所需的路径跟踪控制。文献[81]面向多冗余度、通信受限的群机械臂系统，提出了一种基于神经动力学的分布式协同控制方案。将分布式控制方案重新编排为时变二次规划，并采用张氏神经网络在线求解约束关节轨迹。理论分析表明，该方案能够保证位置误差的指数收敛性。文献[82]试图通过提供具有固有噪声抑制能力的重复运动规划方案来解决噪声带来的局限性。该方案根据末端执行器期望路径的比例信息和积分信息，建立了等式准则，进而归纳出二次规划问题。通过原形和对偶形递归神经网络交叉运算，实现了关节轨迹的计算。文献[83]提出了一种基于协调凸—非凸约束二次规划的冗余度机械臂运动规划双递归神经网络方案，通过递归神经网络的约束适应性结构设计，解决了凸约束和非凸约束情况下初始误差归零的问题，给出了详细的推导过程和理论分析过程。文献[84]从关节速度空间出发，将雅可比矩阵的非线性部分与需要学习的结构参数解耦，建立了首个具有在线学习的自适应映射神经网络，解决了雅可比矩阵参数不确定条件下机械臂冗余解解算问题。文献[85]针对运动规划器运行过程中位置控制误差会随着时间的推移而累积，以及机械臂运动约束模型的非凸问题，提出了改进型递归神经网络逆运动学求解算法，并通过理论分析证明了该方法对系统的全局稳定性贡献。

1.2.2 冗余度多臂运动规划研究现状

双臂机器人是多臂机器人构型的一种特例，本书为了拓宽研究运动规划方法的一般性和通用性，将目前双臂和多臂机器人基于运动学层面的运动规划研究理论进行综述讨论。运动规划是冗余度双臂和多臂机器人控制的基础，同时是臂与臂之间共同完成协调操作的必要条件。目前双臂和多臂机器人运动规划方法主要有主从式运动规划方法、协作空间方法、基于避障方式的运动规划方法、拟人 / 仿生运动规划方法、基于任务方法以及智能运动规划方法等。

(1) 主从式运动规划方法常见于双臂机器人，主要面向双臂协调任务进行规划，首先对主臂进行运动路径和轨迹的规划，根据协调操作任务，建立与从臂之间的位姿约束关系，实现从臂运动轨迹的计算。当双臂直接利用主从式运动规划方法规划的运动进行协调操作时，其本质上还是基于纯位置的协调操作。Li 等人针对搬运、持钳、操作球铰链、装配螺栓等协调任务，根据双臂任务中的运动学约束关系，提出主臂引导从臂跟随模式的运动规划方法[86]。Bouteraa[87] 针对多机器人提出了一种基于图论和拉普拉斯算子分散协调主从控制策略，通过基于定义的邻域规则使合作机器人相对于主机器人进行位置和速度跟随，以达到状态同步，同时推导了同步控制系统的非线性稳定性。

(2) 协作空间方法作为主从式运动规划方法的替代，是一种面向运动学协作的方法。协作空间方法[88-91] 定义了一个绝对和相对运动空间，沿着该空间可以指定绝对和相对类型的任务。该法依赖于一种假设，即一个刚性物体是由双臂系统共同持有的，并认为每个手臂对相对运动的贡献相等，避免了推导任务空间关系中抓取刚性物体的假设。文献[92-93] 在此基础之上，建立了扩展协同任务空间，对两个末端执行器协调运动进行统一表示 / 描述，提出了一种扩展的协作空间法，允许非对称地进行任务操作，亦即根据任务需要指定机械臂贡献程度。

(3) 基于避障方式的运动规划方法是在单臂避障规划基础之上发展起来的，主要目的在于保证协作任务中的人机安全，也是面向协调任务操作规划方法之一。Carlos[94] 提出了一种基于电阻网格无碰撞策略，通过机械臂关节角度值与电阻网格中的位置进行数字关联，采用电阻网格建立与障碍物在配置空间阻值大小关系的检测策略，实现了机械臂从起点到终点的规划。Tsai[95] 面向动态环境研究了一种基于配置时间空间的双向规划器，通过规划机械臂构型和运动物体位置的增广状态时间空间，并融合加速度规划保证机械臂平稳操作，使机器人能够在厨房、工厂等复杂环境中工作。Kimmel[96] 等通过搜索低维末端执行器的任务空间建立离散的导航函数，然后在给定的任务空间引导情况下，利用采样规划器使整个机械臂末端到达最有希望的无碰撞位姿状态。Martínez[97] 设计了多臂机器人运动关节间的碰撞检测算法，通过将各个运动关节简化为圆柱体，根据圆柱体中心线最短距离进行碰撞判断，实现无碰撞运动。Wang[98] 等人提出了一种对称式运动规划方法，根据任务特点，视其中一条臂为障碍物，对另一条臂进行重新规划，实现双臂机器人无重叠路径运动。Rana[99] 提出了一种多臂机器人无碰撞路径规划的进化算法。采用全局路径规划技术对两个机器人进行路径规划，使用进化技术来最小化路径长度和路径上通过点的不均匀分布，达到最小化速度变化和最小化机器人之间碰撞的目的。

(4) 拟人 / 仿生运动规划方法目前研究较多，主要致力于将人 / 仿生的特性赋予机器人，使其具备仿人 / 仿生动作，以期更好地仿人 / 仿生，常用于仿人机器人和仿生机器人中。Fang C 和 Lee J 等人针对现实机器人操作应用中的任务约束运动规划问题，提出了一种基于特征冗余空间的位置级采样方法，将拟人手臂机器人的整个构形空间解耦，提取出与任务约束配置空间具有一对一映射关系的显式直观采样空间，形成一种专用的逆运动学算法，无须迭代修改，直接将样本映射回任务约束的配置空间，并在仿人机器人COMAN上进行了实验[100]。Rasch等人根据人体交接中关节运动的观察和测量提出了一种基于单个关节运动轮廓的运动模型，能够更好地识别、感知、模仿人类动作[101]。Hong等人提出了一种估计关节可信度的方法，并与Savitzky－Golay平滑滤波器一起，减小了由Kinect测量误差引起的抖动，实现了一种直观的方法来教复杂的仿人机器人手臂执行类似人类的行为[102]。Kase等人提出了一种能够通过执行多个短序列任务来实现长序列动态任务深度神经网络模型，基于该模型机器人可以通过在子任务之间切换来执行任务，并且可以根据情况跳过或重复子任务，实现了机器人模拟人放置盒子的动作[103]。Takano等人提出了一种基于隐马尔可夫模型和运动任务约束方法的模仿学习框架，利用算法寻找一个运动轨迹，进而使目标函数最大化，能够让机器人产生与人类相同的动作[104]。Sfakiotakis等人针对多臂机器人系统在不同泳姿下手臂的协调模式，研究了仿生章鱼手臂步态特征、运动参数对推进力影响和复杂轨迹的生成问题，提高了八个柔顺手臂的章鱼机器人原型机动性和同步目标捕获能力[105]。

(5) 基于任务方法将任务通过公式进行描述，对单个臂进行协同任务分配和运动参考计算，控制多个机械臂协同工作。文献[106]提出了一种多机器人协作系统运动控制的两层分散框架，通过采用面向任务的协作任务公式，在工件级指定系统的运动。文献[107]提出了一种面向任务的通用多机器人协同运动规划方法，根据用户指定的系统运动，通过定义坐标系之间的运动变换计算单个臂的运动，实现协同操作。

(6) 智能运动规划方法的研究。Cohen[108]研究了一种快速生成可行轨迹的双臂操作方法，通过状态空间表示法有效地降低规划问题的维度和轨迹规划中的离散化噪声，然后采用启发式方法在工作空间中进行无序搜索，能够使双臂机器人在复杂环境中进行安全的动作交互。Zhang等人针对冗余度机器人无穷范数速度最小化方案中存在的不连续现象，防止高关节速度的出现，减小冗余度机器人关节角漂移，提出了一种新型的三准则优化协调运动方案，同时协同地控制双臂，将两个子模式转化为两个一般二次规划问题，采用先进的神经网络对模型进行解算，目前所提方法在解决双机器人冗余度问题中具有一定的优越性、有效性和适用性[109]。

(7) 双臂运动规划的其他方法。文献[110]将双臂路径规划问题转化为多目标优化问题，提出了一种共享工作空间的双臂机器人路径规划的协同进化方法。文献[111]基于双臂／手机器人系统的运动学模型，设计了一种运动规划器，在不违反物理约束的前提下，利用系统的运动冗余度，保证抓取稳定性和操纵灵巧性。文献[112]针对双手装配问题，提出在两个手臂末端执行器相对运动框架下生成运动的方法，能够实现在动态不确定环境中无碰撞运动。文献[113]研究了双臂机器人相对运动任务的非对称解会导致与绝对任务的冲突，提出了一种基于李雅普诺夫的非对称任务规划方法，解决了设计绝对运动任务的控制律以及更新相对任务在机械臂之间的分布问题。文献[114]研究了多目标双臂装配规划问题，提出了一种规划三个以上物体的双臂装配的规划器，能够自动生成抓取配置和装配姿态，同时搜索和回溯抓取空间和装配空间，加速机器人手臂的运动规划。另外,该方法在机器人运动规划过程中考虑了重力约束,避免了对装配成品的破坏。文献[115]研究了基于视觉输入的手部操作的执行问题,提出了一种利用双臂机器人对物体形状信息进行手部操作规划与执行的方法。根据对象的可用信息,规划出一系列旋转和平移来重新配置对象的姿势序列,使机器人在不释放物体的情况下改变抓取配置。

1.2.3 机械臂抓取运动规划研究现状

在机械臂系统的应用中,抓取物体是最为广泛的任务之一。机械臂抓取运动规划是机械臂运动规划的进一步拓展,涉及物体位姿检测与识别、运动规划等理论。现实中常见的场景是,物体散乱堆放在容器或者约束空间内,彼此之间有重叠。这类抓取任务要求视觉系统能够对待抓取物体进行种类识别并计算其所处空间位置和姿态,引导机械臂进行无碰撞抓取,同时还要考虑路径和姿态避障,即"Bin－picking"概念[116]。Bin－picking系统更接近于实际工业生产中的应用,但也更加复杂。目标三维位姿检测是任务基础,机械臂运动抓取是任务实现。故研究Bin－picking系统使用低成本视觉系统降低系统成本,提高系统对目标三维位姿检测和机械臂运动抓取的准确性和快速性,对提高现代工业生产自动化水平、生产效率和视觉引导抓取应用范围具有重要意义。

1.国外机械臂抓取研究

国外研究人员和机构对机械臂抓取技术和视觉融合处理的研究比较早,所取得的研究成果也比较丰富。一些公司已经推出了工业识别抓取零部件的解决方案。雄克与KUKA和Roboception公司合作推出了一套Bin－picking系统[117],将从箱中抓取零件(Bin－picking)与人机协作(HRC)相结合,基于零件点云信息进行模型匹配,识别未分类的工件并确定位姿,确定最优抓取点后将信息传输至具有协作能力的KUKA机械臂,机械臂自动拾取部件,如图1.4所示。

日本Fanuc公司研究出以iRVision为基础的视觉引导箱抓取系统[118],系统能够完成对场景对象的视觉重建、种类识别和位姿检测功能,并引导机械臂进行抓取,如图1.5所示,可应用于工业生产过程中。丹麦机器人公司Scape Technologies推出了SCAPE Bin－Picker解决方案,并完成了工业中机动车刹车盘的识别与精确抓取。德国著名公司Sick研制的机器人引导系统PLB,可以快速准确定位箱子中的多种零件,引导机械臂进行抓取[119]。ISRA Vision等其他公司也在研究Bin－picking系统。

日本东芝公司的Jiang等人[120]将深度卷积神经网络融入Bin－picking,利用数据集进行训练,针对小包裹和无纹理的平面面状物拣选,不进行匹配,直接预测抓取点,并提出了一种表面特征描述子来提取表面特征,用七自由度机器人进行实验验证,抓取成功率能达到97.5%。

Wong等人[121]构建了SegICP方案,应用于物体识别和物体位置及姿态的计算估计,提高系统检测速度和可靠性,他们将卷积神经网络用于处理大规模点云分割和配准,达到准确和实时估计目标物体的位姿。

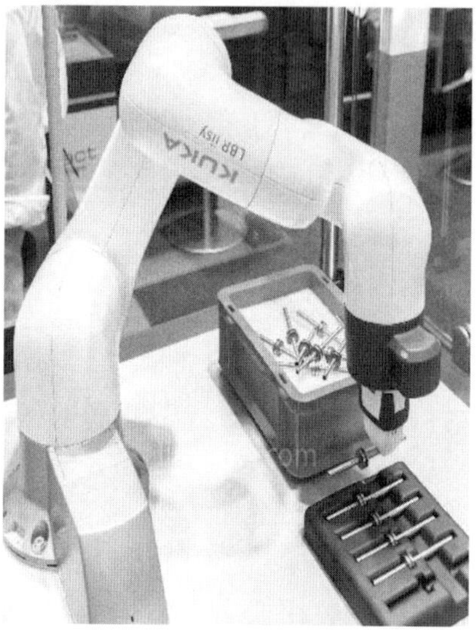

图 1.4　KUKA 等推出的系统

图 1.5　Fanuc 推出的系统

T. Do 等人[122] 提出了 Deep－6Dpose 深度学习架构，通过训练网络实现以单目相机 RGB 数据检测 3D 目标模型并估计对象的空间位姿，结果不需要进一步后处理，并且可以同时检测、分割和估计多个对象，在多个数据集上进行实验，具有较高的准确率和实时性，如图 1.6 所示。

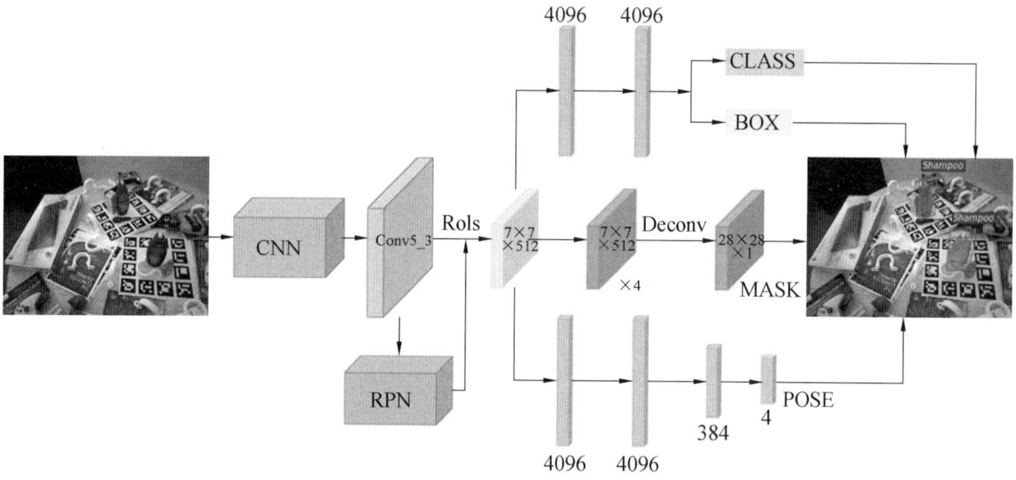

图 1.6　Deep－6Dpose 深度学习架构图

日本金泽大学 Sho Tajima 等人[123] 将视觉传感器和触觉传感器融合应用到 Bin－picking 系统中，采用快速模板匹配方法估计目标位姿，结合触觉传感器等信息，提高了抓取鲁棒性和效率，并且实现了对绳状物体的拾取。

Hanh 等人[124] 提出了一种基于视觉的工业流水线料仓拣选系统。他们用体素网格滤波器减少三维点云数目和姿态估计的时间，利用欧氏距离和表面法线进行分割聚类，并直接通过聚类点云粗略估计物体位姿。为实现准确放置，他们先利用 3D 相机粗略估计物体姿态，然后用机械臂抓取物体放置在平面上，再进一步使用 2D 相机来准确估计物体的姿态，最后使用 6 轴机器人进行实验。

Roy 等人[125] 针对黑色无颜色纹理的圆柱形物体的位姿估计提出了一种新的方法，其直接利用点云的质心和表面法向量来确定圆柱体零件的姿态。该方法结合彩色图像进行联合分割。同时，抓取物体后直接去除相应区域的深度数据不进行重复扫描，减少重复扫描的次数，减少平均拾取时间。

Domae 等人[126] 研究了多类零件的拾取和分类。他们首先进行预处理，识别抓取点和法向量，然后再将零件抓取后放置在平面上进行识别和精确配准，得到零件所属类别和更加精准的位姿信息。

Gravdahl 等人[127] 研究了在箱子中抓取物体的姿态的快速计算。对机械臂工作空间进行分析，计算箱子的最优放置区域。在物体识别与检测中，利用神经网络输出抓取点和接近向量，并考虑抓取路径存在性、长度和时间消耗对抓取进行分析，以实现更快的抓取。

2. 国内机械臂抓取研究

国内对机器人系统的研究起步较晚，但经过多年的研究，也取得了一系列的进展。2018 年，国内的 XYZRobotics 公司推出了一款针对多种类混合杂乱商品的拣选系统[128]，利用机器人进行拣选的效率可达到人工拣选的 1.5 倍以上，而且该拣选系统不用提前采集任何商品的图像信息。2019 年，国内蓝胖子公司的分拣机器人通过快速视觉识别检测和运动规划，每小时可以识别和分拣 4 kg 及以下包裹数量达到 1 000 件，可应用于物流行业中的包裹分拣，如图 1.7 所示。

浙江大学的张凯宇[129] 在卷积神经网络的基础上使用栅格化检测方法。其借鉴 YOLO 方法基于栅格对对象进行处理的思想，设计了栅格化深度学习方法用于检测对象适宜机械臂进行抓取的点，利用 CGD 数据集对网络进行训练得到了性能良好的检测模型。

浙江大学的史璇珂[130] 研究了物体视觉定位方法和机械臂运动规划方法。其研究了基于点对特征的位姿估计方法与基于分割驱动的位置和姿态检测估计方法。在前者中，利用点对特征投票和迭代最近点(ICP) 实现位姿估计；在后者中，基于 LocalK－Means 的思想将点云进行超体素聚类，再分割处理，并使用采样一致性配准算法获取初始位姿，再利用ICP方法得到更精确的结果。最后利用UR机械臂进行实验验证，如图1.8所示。

图 1.7　蓝胖子公司的分拣机器人

图 1.8　史璇珂研究实验验证

Song 等人[131] 提出了一种新的散乱目标图像分割方法。先利用二维图像的亮度、颜色和纹理特征进行边缘检测并将内部区域进行填充，分割出一部分物体点云；对于没有分割出的物体再利用三维点云处理中的超体素聚类方法并通过局部凹凸性关系进行分割。通过实验验证提出的方法对一些散乱放置的不规则小物体可实现比较精确的分割。

何若涛等人[132] 提出了一种基于彩色图像和对象深度图像的物体检测抓取方法。先通过 LINEMOD 方法识别对象，然后利用识别出的对象位置信息对过程中进行重复检测的物体进行匹配与分析判断，并进行非最大值抑制处理，最后通过点云信息计算获取目标的位姿，确定机械臂抓取姿态，使用 UR 六自由度机械臂进行实验，成功率达到 89%。

Guo 等人[133] 针对箱子中密集堆积物体的拾取，利用改进的 DBSCAN 对目标的点云进行分割，采用区域生长算法和八叉树算法相结合的方法来加速计算，分别采用 PCA 算法和 ICP 算法进行粗配准和精配准，同时对箱子中的物体提出自适应的抓取策略评价函数来进行抓取决策，确定抓取目标，抓取策略考虑了抓取时碰撞的可能性、物体以及整个物体堆的稳定性。最后实验验证了系统的速度和鲁棒性。

3. 抓取物体位姿检测理论研究

物体的位姿检测主要包括基于几何信息的方法和基于数据的人工智能方法。基于数据的人工智能方法可以进行多种类的物体检测，例如 T. Do 等人提出的 Deep－6DPose 深度学习网络[122]、Park 等人提出的 Pix2Pose 框架[134]、Xu 等人提出的 Point Fusion[135] 和 Dense Fusion[136] 等。基于数据的智能方法需要大量的训练数据，数据标记和计算成本高，训练样本的好坏也会对结果产生比较大的影响。同时，检测颜色单一且缺乏颜色纹理变化的物体具有较大的难度。基于几何信息的目标检测定位方法利用几何特征信息进行计算，主要有：基于模板匹配的方法、基于点集配准的方法和基于特征描述子的方法。基于模板匹配的方法是利用物体信息与采样模板进行匹配大致估计目标位姿，例如 Hinterstoisser 团队提出的 Linemod 算法[137] 等。基于点集配准的方法直接利用点集之间相对应关系进行计算，主要以迭代就近点法（ICP）[138] 为代表，也包括 point－to－plane[139] 和 point－to－projection[140] 等相关改进方法。基于特征描述子的方法主要利用各种特征描述子进行对应计算，包括 VFH[141]、ESF[142]、CVFH[143] 等全局特征，以及 PFH 特征描述[144]、SHOT 特征描述[145]、FPFH 特征描述[146] 等局部特征。此种方法有平移、旋转、尺度不变性等特性，在点云匹配中应用较多。大多数位姿估计过程利用特征描述子进行粗配准，再利用 ICP 等方法进行精配准处理。基于几何信息的方法具有运算高效、检测稳定等特点，研究和应用较多。但目前对于彼此间存在接触或遮挡的物体的位姿估计和抓取还存在困难。在点云精配准时，初始位姿的计算也会严重影响结果的准确性。同时，视觉处理的计算效率还有待进一步提升。

在基于几何信息的位姿检测方法中，各种特征描述子和配准的计算都是基于物体的点云数据进行的。点云数据一般由深度数据转换而来，但在检测应用之前需要进行多种处理，一般对点云数据的处理过程为降采样、滤波、聚类分割等。降采样主要是为了降低点的数量，提高后续处理效率，主要包括体素网格法[147]、随机采样法[148] 等，前者在研究应用中使用较多。针对点云数据中的各种噪点和无用点云，研究人员提出了多种处理方法，包括统计滤波、条件滤波等[149]。而点云数据一般包括多个物体，常需要将其分割处理，即分割聚类，包括Rabbani等人[150]提出的区域生长点云分割算法、Papon等人[151]提出的超体素点云聚类分割算法等多种算法。

1.3 运动规划文献综述的分析

1.3.1 冗余度单机械臂运动规划方面研究

冗余度单机械臂运动规划研究已经有了很多，理论方法也形成了多样的体系。对像托卡马克这样动态、复杂环境下的应用来说，这些理论停留在理论仿真研究居多，实际机械臂验证较少，即使有相应的实验，也是在简单的动态环境下进行的验证。

1. 平面冗余机械臂运动规划

平面冗余机械臂在多个动态障碍物环境中，对于机械臂末端规划的路径位置会出现不可达的情况。其原因，一方面，未充分考虑动态障碍物对末端执行器运动轨迹的影响。对平面机械臂来说，由于平面机械臂的每个关节只能在平面内旋转，无法绕过动态障碍物从而导致规划的无碰撞路径位置无法到达。三维空间构型冗余度机械臂则不同，可以通过自身在三维空间中的关节旋转绕过障碍物，工作空间中目标位置不可达的情况较少。另一方面，文献中的运动规划方法大多只涉及逆运动学、避障、路径规划、轨迹规划，而且建立在机械臂可以到达规划路径上位置的假设之上，对于平面臂在动态障碍物环境下的目标位置能够到达并未做出判断，虽然现有文献将路径预测技术也融合到路径规划中，但是路径预测也只是用于机械臂调整构型避开动态障碍物。另外，目前平面冗余机械臂传统运动规划算法存在收敛速度相对较慢问题。因此，需要考虑运动规划方法在平面机械臂实际应用中的不足，进一步改进路径预测、路径规划、避障等算法，以实现平面臂在动态环境中无碰撞快速运动。

2. 三维空间构型冗余度机械臂运动规划

对于三维空间构型冗余度机械臂运动规划中的避障研究，全局避障方法更适用于已知或静态二维环境中的路径规划问题。主要原因有三点：

(1) 当环境发生变化时，规划的路径可能不再能使机械臂从当前位置运动到指定的位置，因此需要重新规划一条可行性路径。

(2) 全局避障规划方法往往通过迭代、搜索等方式实现，在动态环境应用中往往会由于高度复杂的计算而降低算法的实时性能，特别是，当方法扩展到三维空间时，计算代价将以指数增长。

(3) 全局避障方法更多考虑的是机械臂末端安全无碰撞，对于除末端外的避障考虑得相对较少。局部避障方法适用于在线运动规划，通过传感器实时感知，建立机械臂与障碍物之间的约束关系，保持与障碍物之间的距离。这样有利于冗余度机械臂实时操作，也使得局部避障方法成为在线避障研究的一个焦点。局部避障方法都是基于模型、任务、约束等的，这些方法中基于模型的方法相比于其他规划方法要更直观简单，通过建立机械臂环境之间的虚拟物理约束就能实现。从机械臂的运动状态来看，末端执行器以绕过障碍物运动实现避障，机械臂除末端外的其余部分以与障碍物保证一定安全距离实现避障。因此，能否抛开模型的思想，从描述物体运动基本度量（即运动状态）着手实现无碰撞运动，值得进一步探讨。另外，避障过程中末端姿态的调整以及大范围转向避障等是目前在线运动规划方法中往往忽略的一部分。

3. 逆运动学映射

对于逆运动学，神经网络等先进的求解方法能够避开基于雅可比逆的求解，降低了复杂的逆运动学映射。但是当存在避障时，训练算法需要增加距离惩罚函数或者约束优化条件，也相应增加了算法的复杂度和提前训练的需求。基于雅可比逆解虽然存在计算量大、矩阵计算复杂和奇异性问题，但是能够产生光滑的轨迹，在目标位置无法到达时，基于阻尼最小二乘法的逆解能够很好地抑制关节的振荡，很容易和其他方法、约束条件等进行结合使用。因此，基于阻尼最小二乘法的逆解将作为本书主要考虑使用的方法。

4. 轨迹规划

基于笛卡儿空间轨迹规划的方法中，传统方法在实现快速追踪时往往需要设置较大的增益系数，使得在机械臂运动起始阶段增益较大，易引起系统震颤，虽然一些插值等技术的引入使得震动得到缓解，但是计算过程复杂，而且智能自主规划程度较低。人工智能网络在轨迹规划中的应用提升了现有轨迹规划理论的在线学习和自主调节能力，特别是无监督式神经网络，在不需要误差作为导师信号下，通过网络权重自适应调整，实现输入输出的映射约束。

基于关节空间轨迹规划的方法能够直接规划关节轨迹，但是容易引起末端运动误差和与障碍物之间的不安全距离。综合考虑在线笛卡儿空间和关节空间规划方法，大多数方法涉及插值、拟合或智能算法，目的是规划连续角加速度，保证关节轨迹的平滑。这类方法可以使机械臂具有良好的跟踪性能，同时避免系统抖动，但由于获取加速度信息时的微分计算，在线运动规划往往涉及高度复杂的非线性运动学/动力学模型，影响了机器人系统的实时性。几乎没有研究致力于简化这些计算模型，特别是基于运动学的模型。在动态障碍物存在情况下，很少有方法能直接规划关节轨迹，保证笛卡儿空间任务的直观约束。因此，本书将考虑直接基于运动学规划连续关节角加速度，在动态障碍环境下具有直观的任务约束，并简化模型。

1.3.2 冗余度多机械臂运动规划方面研究

双臂和多臂机器人运动规划中，大部分方法都是基于单臂方法的，即使有多臂的协作，多臂的类型通常是多条单臂和一个固定不动的基体相耦合。具有运动耦合连接基体的机器人多为拟人型双机器人，而且在面向协作等操作任务时，为保证良好的协调效果，耦合连接部分几乎不动，其原因还是臂与臂之间运动规划的不同步。对现有机器人系统来说，由于动力学接口都是封闭式的、多自由度机械臂动力学模型高度非线性，而且良好的动力学运动控制通常又依赖于精准的参数辨识，由此会造成烦琐的开发与使用过程。所以以运动学接口使用较为普遍且相对简单，也有助于与智能算法结合实现自主操作任务，这就对运动规划方法同步性、协调一致性提出了更高的要求，以满足基于运动学的任务操作。另外，在面向多任务时，如多工位生产线，如何能够使机器人同时准确、快速地对多个目标、多个任务进行操作有待进一步探索。因此，致力于基于运动学层面的臂与臂运动同步性将作为多臂规划研究的一个切入点。

1.3.3　机械臂抓取动作规划方面研究

机械臂抓取动作规划仍是国内外的研究热点，主要包括物体的位姿检测和机械臂运动规划等部分。当存在物体遮挡、堆叠等问题时，对目标进行高精度、高速度、高稳定性的位姿检测和抓取是主要研究方向。通过对点云处理算法、位姿检测算法和运动规划算法等进行优化，来提高位姿检测精度、缩短位姿检测时间和运动规划时间，提高系统的快速性和拾取效率。

在抓取动作规划研究中，针对在平面上散乱堆放的物体，或者放置在比较浅的箱子内，这种情况物体的堆叠程度较低，并且抓取的约束相对较少，对抓取时的机械臂构型要求也较低，比较容易抓取。而实际上，很多情况所用到的是较深的容器，物体的堆叠程度也更高，同时箱壁对抓取姿态具有较强的约束，故更难进行抓取。同时，目前国内外各公司和机构推出的Bin－picking系统虽可以应对部分工业任务，但所使用的3D视觉系统非常昂贵，影响了大规模应用。随着低成本 RGB－D 相机的出现和应用，采用能满足任务要求的低成本深度相机更加符合低成本生产的要求，故低成本的3D视觉系统应用到任务中是发展方向之一。国内外研究人员针对低成本3D视觉系统的应用进行了研究，主要是改善点云质量和配准算法，提高准确性和快速性，达到期望要求。

1.4　主要内容

通过分析国内外现有运动规划方法研究进展和应用特点，综合考虑机器人相关的运动学，本书的具体内容架构如图1.9所示。

第1章介绍运动规划研究现状、进展和趋势。

第2～9章为运动规划理论篇，介绍与机械臂运动学相关的数学理论和以托卡马克机械臂为特例的运动规划方法。第2章为阻尼最小二乘法逆运动学理论。第3～4章分别对托卡马克机械臂的重载平面冗余机械臂和其末端耦合连接的灵巧双臂的运动学、协调作业规划进行分析、建模、仿真。第5～8章针对机械臂在线运动规划基础理论做进一步的探索，涵盖平面冗余臂运动规划、三维空间构型机械臂运动规划、关节角加速度规划、多臂运动规划等。第9章针对有限空间内机械臂散乱堆放物体抓取规划基础理论进行研究，包括深度图像改善、点云数据获取和聚类分割、利用点云数据几何信息识别物体并获取三维位姿等视觉处理过程，以及机械臂在箱体有限空间中抓取物体的方法等。

第10～13章为实验验证篇，介绍第3～9章运动规划方法的实验。第10～11章分别对第3～4章理论进行交互系统搭建、开发和实验验证。第12章对第5～8章理论进行系统搭建和实验验证。第13章对第9章理论进行系统搭建和实验验证。附录1～3对支撑本书运动规划相关的基础理论知识进行介绍。

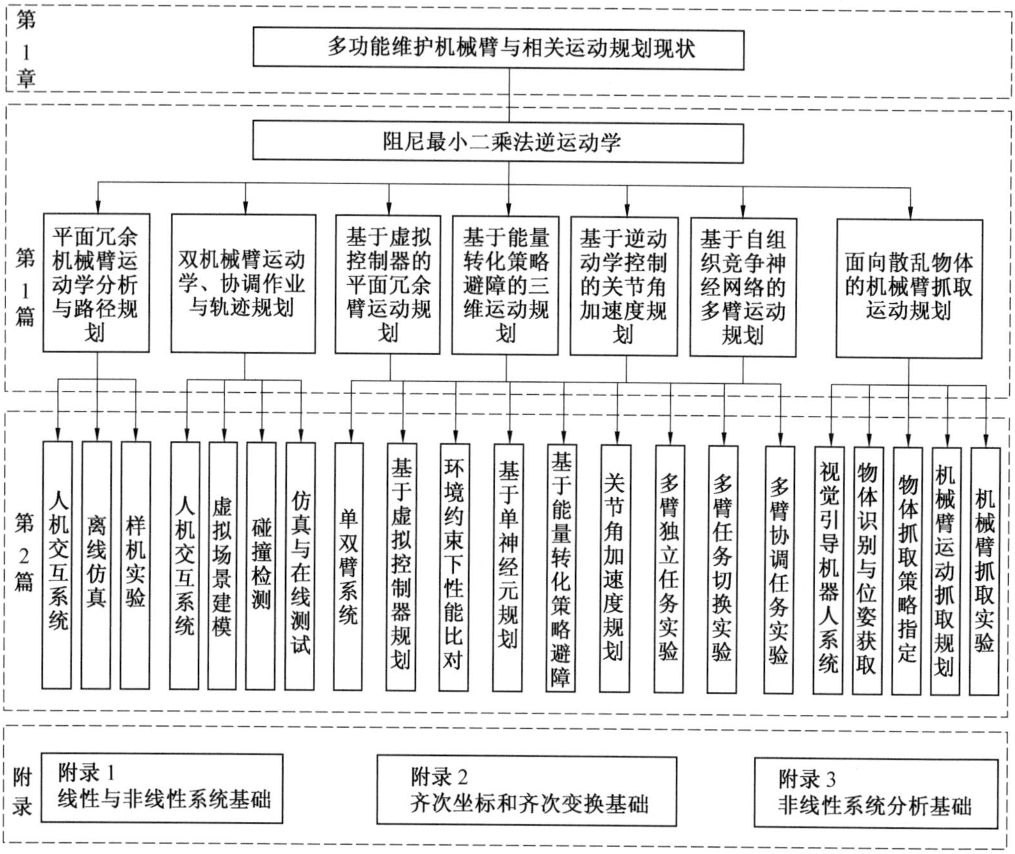
第1章
多功能维护机械臂与相关运动规划现状
第1篇
阻尼最小二乘法逆运动学
平面冗余机械臂运动学分析与路径规划
双机械臂运动学、协调作业与轨迹规划
基于虚拟控制器的平面冗余臂运动规划
基于能量转化策略避障的三维运动规划
基于逆动动学控制的关节角加速度规划
基于自组织竞争神经网络的多臂运动规划
面向散乱物体的机械臂抓取运动规划
第2篇
人机交互系统
离线仿真
样机实验
人机交互系统
虚拟场景建模
碰撞检测
仿真与在线测试
单双臂系统
基于虚拟控制器规划
环境约束下性能比对
基于单神经元规划
基于能量转化策略避障
关节角加速度规划
多臂独立任务实验
多臂任务切换实验
多臂协调任务实验
视觉引导机器人系统
物体识别与位姿获取
物体抓取策略指定
机械臂运动抓取规划
机械臂抓取实验
附录
附录1 线性与非线性系统基础
附录2 齐次坐标和齐次变换基础
附录3 非线性系统分析基础

图 1.9　本书内容框架

第 1 篇　运动规划理论篇

第2章　阻尼最小二乘法逆运动学

2.1　引　言

本章介绍了基于阻尼最小二乘法的机械臂逆运动学基础理论[152]。在机器人速度逆运动学计算中，阻尼最小二乘法是一种常用的局部优化方法，通过使用阻尼因子来控制关节速度向量范数，能够防止机械臂处于奇异构型附近时产生不可行的关节速度，但是这样往往会牺牲逆运动学解的精确性。阻尼因子是阻尼最小二乘法理论中的一个重要参数，用于平衡逆运动学解的精度和可行性。为了在所有关节配置中保证关节速度的可行性，并且令末端执行器与期望轨迹的偏差保持在容许限度内，本章介绍了现有计算阻尼因子的方法。冗余机械臂由于拥有额外的自由度，相对非冗余机械臂有更多的逆运动学求解方法。阻尼最小二乘法与冗余解结合使用，可以在执行附加子任务时计算冗余臂的可行关节速度，在本章中针对冗余解子任务的不同方法也进行了介绍。此外，介绍了一种迭代方法来计算最佳阻尼因子的冗余解方法。

2.2　逆运动学解算概述

机器人操作臂的逆运动学解算是轨迹规划和动力学计算中一个重要的话题。对大部分机械臂来说，位置层闭环逆运动学通常是不存在的，通常会考虑从速度、加速度层面对逆运动学进行求解。由于冗余自由度的存在，冗余机械臂逆运动学没有唯一逆解。本章将介绍机械臂奇异构型领域内关节速度的计算，也就是处理在机械臂工作空间内末端执行器移动距离很小，但是关节速度趋向于很大的情况。阻尼最小二乘法能够用于处理这种情况，其通过一个可量化的阻尼因子来瞬时权衡机械臂逆解精度和可行性，从而阻止关节速度变得过大，获取可行的关节运动。

本章首先介绍了速度逆运动学与阻尼最小二乘技术，总结了现有阻尼系数的选取方法与最佳阻尼系数的计算。然后，将阻尼最小二乘技术用于冗余解方法中，利用冗余臂以可行的联合速度执行额外的子任务，将可行关节速度与满足附加约束任务相结合。

2.3　速度逆运动学

考虑任务空间中机械臂末端执行器的速度为 $\dot{\boldsymbol{x}} \in \mathbf{R}^m$，关节空间中机械臂的关节速度为 $\dot{\boldsymbol{\theta}} \in \mathbf{R}^n$，则 $\dot{\boldsymbol{x}}$ 与 $\dot{\boldsymbol{\theta}}$ 之间有以下瞬时映射关系：

$$\dot{\boldsymbol{x}} = \boldsymbol{J}\dot{\boldsymbol{\theta}} \tag{2.1}$$

式中，$\boldsymbol{J} \in \mathbf{R}^{m\times n}$ 为雅可比矩阵。

对于非冗余度机械臂($m=n$),速度逆运动学的解为

$$\dot{\boldsymbol{\theta}}=\boldsymbol{J}^{-1}\dot{\boldsymbol{x}} \tag{2.2}$$

对于冗余度机械臂($m<n$),速度逆运动学的解为

$$\dot{\boldsymbol{\theta}}=\boldsymbol{J}^{+}\dot{\boldsymbol{x}}=\boldsymbol{J}^{\mathrm{T}}(\boldsymbol{J}\boldsymbol{J}^{\mathrm{T}})^{-1}\dot{\boldsymbol{x}} \tag{2.3}$$

式中,假设雅可比矩阵的秩为 m,即 $\mathrm{rank}(\boldsymbol{J})=m$。$\boldsymbol{J}^{-1}$ 和 $\boldsymbol{J}^{+}$ 分别为雅可比矩阵的逆矩阵和伪逆矩阵。非冗余机械臂的 $\boldsymbol{J}$ 是方阵且满秩,$\boldsymbol{J}^{-1}$ 和 $\boldsymbol{J}^{+}$ 是等价的,因此所有与伪逆相关的讨论也适用于非冗余臂的逆解。

对于冗余机械臂,伪逆解 $\boldsymbol{J}^{+}\dot{\boldsymbol{x}}$ 在满足式(2.1)的无限多个关节速度向量中具有最小范数。伪逆解 $\boldsymbol{J}^{+}\dot{\boldsymbol{x}}$ 的解通过以下最小二乘最小范数问题(least-squares minimum-norm problem,LMP)解决:

最小二乘最小范数问题(LMP):

$$\min\|\dot{\boldsymbol{\theta}}\|$$

$$\text{服从于}\ \min\|\dot{\boldsymbol{x}}-\boldsymbol{J}\dot{\boldsymbol{\theta}}\|$$

考虑到所有的机械臂在其工作空间中都有特定的奇异构型,在这种奇异构型下,由于连杆的运动学准确定位要求,它们的运动自由度受到限制。从代数层面上来分析,当机械臂在接近这种奇异构型时,其雅可比矩阵 $\boldsymbol{J}$ 往往会出现病态。这也导致了在这种构型附近,即使是有很小的末端执行器运动(在受限或奇异方向上),也可能需要极高的关节速度,这对机械臂的驱动装置来说是不可达的,也就是说这种关节运动是不可行的。

伪逆解 $\boldsymbol{J}^{+}\dot{\boldsymbol{x}}$ 是从多个关节速度向量中选择最小范数向量,其考虑的是解的准确性而不是可行性。因此,当机械臂在上述奇异构型的邻域时,很可能满足 LMP 最小误差范数约束的所有解都是不可行的(注意,如果 $\boldsymbol{J}$ 具有全行秩,则存在 $\dot{\boldsymbol{\theta}}$,使得 $\dot{\boldsymbol{x}}=\boldsymbol{J}\dot{\boldsymbol{\theta}}$),产生不可行或物理上不可实现的关节速度。为了实现确保在奇异构型邻域内的可行解,有必要将精度要求放宽,综合考虑逆解的精度和可行性,其核心思想为:当远离奇异构型时,以逆解的精度为主;当接近奇异构型时,以逆解的可行性为主。

2.3.1 阻尼最小二乘技术

为了获得可行的关节速度,阻尼最小二乘方法降低了跟踪末端执行器轨迹的精度要求。需要注意的是,虽然本章只讨论速度逆运动学问题,但阻尼最小二乘法已应用于位置层面的非线性最小二乘法中,以及分解速率加速度控制和局部扭矩优化。

阻尼最小二乘问题的一种表述方法是最小化任务空间中残余误差的范数之和 $\|\dot{\boldsymbol{x}}-\boldsymbol{J}\dot{\boldsymbol{\theta}}\|$ 和联合速度向量的范数 $\|\dot{\boldsymbol{\theta}}\|$。该问题的一般表述形式为:

阻尼最小二乘问题 1(damped least-squares problem 1,DLP-1):

$$\min\{\|\dot{\boldsymbol{x}}-\boldsymbol{J}\dot{\boldsymbol{\theta}}\|_{W_1}^{2}+\|\dot{\boldsymbol{\theta}}\|_{W_2}^{2}\}$$

式中,$\|\boldsymbol{y}\|_{W}^{2}=\boldsymbol{y}^{\mathrm{T}}\boldsymbol{W}\boldsymbol{y}$ 表示加权向量范数。上述阻尼最小二乘问题 1 的解为

$$\begin{cases}\dot{\boldsymbol{\theta}}=\boldsymbol{J}^{*}\dot{\boldsymbol{x}}\\ \boldsymbol{J}^{*}=(\boldsymbol{J}^{\mathrm{T}}\boldsymbol{W}_1\boldsymbol{J}+\boldsymbol{W}_2)^{-1}\boldsymbol{J}^{\mathrm{T}}\boldsymbol{W}_1\end{cases} \tag{2.4}$$

式中,$\boldsymbol{J}^{*}$ 被称为奇异鲁棒逆(singularity robust inverse, SRI)。$\boldsymbol{W}_1$ 和 $\boldsymbol{W}_2$ 为正定的权重矩阵,从而使得矩阵 $\boldsymbol{J}^{\mathrm{T}}\boldsymbol{W}_1\boldsymbol{J}+\boldsymbol{W}_2$ 是正定的,因此是非奇异的。$\boldsymbol{W}_1$ 可以用来将优先级引入

任务向量，例如，在一个任务方向上更严格地控制误差，这在冗余解方法中是特别有用的。$\boldsymbol{W}_1$ 也可以用于具有单位能量的代价函数，从而产生一致的解，而不考虑单位或规模。

在没有任务优先级的情况下，许多关于阻尼最小二乘的文献中设置了 $\boldsymbol{W}_1=\boldsymbol{I}$ 和 $\boldsymbol{W}_2=\lambda\boldsymbol{I}$。此时，SRI 可以写为

$$\boldsymbol{J}^{*}=(\boldsymbol{J}^{\mathrm{T}}\boldsymbol{J}+\lambda\boldsymbol{I})^{-1}\boldsymbol{J}^{\mathrm{T}} \tag{2.5}$$

式中，$\lambda\geqslant 0$ 为阻尼系数，用于平衡逆运动学解的精度和可行性。

式(2.5)通过将最小化跟随指定轨迹的误差与关节速度的阻尼 λ 相结合，实现了跟踪期望的末端执行器轨迹精度和关节速度可行性之间的折中，通过调节 λ 的值可以改善精度与可行性之间的折中程度。

需要注意的是，当机械臂是冗余的情况下，矩阵 $\boldsymbol{J}^{\mathrm{T}}\boldsymbol{J}$ 从来不具有满秩，因此，λ 必须是非零的，以使 $\boldsymbol{J}^{\mathrm{T}}\boldsymbol{J}+\lambda\boldsymbol{I}$ 是可逆的。然而，对 $\boldsymbol{J}$ 使用奇异值分解，$\boldsymbol{J}^{*}$ 也可以表示为

$$\boldsymbol{J}^{*}=\boldsymbol{J}^{\mathrm{T}}(\boldsymbol{J}^{\mathrm{T}}\boldsymbol{J}+\lambda\boldsymbol{I})^{-1} \tag{2.6}$$

此时，若 $\boldsymbol{J}$ 具有满秩，则矩阵 $\boldsymbol{J}^{\mathrm{T}}\boldsymbol{J}+\lambda\boldsymbol{I}$ 对于 $\lambda=0$ 也是可逆的。事实上，式(2.6)表明当 $\boldsymbol{J}$ 的秩为 m 时，$\lambda=0\Rightarrow\boldsymbol{J}^{*}=\boldsymbol{J}^{\mathrm{T}}(\boldsymbol{J}\boldsymbol{J}^{\mathrm{T}})^{-1}=\boldsymbol{J}^{+}$。即，当没有阻尼时，SRI 减少到伪逆。这样 $\lambda=0$ 的情况对应于最小范数精确解。λ 值越大，意味着关节速度范数越小，但与期望值末端执行器轨迹的偏差越大。关于 SVD 对 SRI 的详细分析，请参见 2.4 节理论分析。

考虑 $\boldsymbol{x}_{\mathrm{d}}$ 和 $\boldsymbol{x}_{\mathrm{a}}$ 分别是期望和实际的末端执行器位置，则末端执行器的位置误差为 $\boldsymbol{x}_{\mathrm{d}}-\boldsymbol{x}_{\mathrm{a}}$。由于非零阻尼因子在末端执行器轨迹的跟踪中引入了一些误差，因此考虑将末端执行器的位置误差 $\boldsymbol{x}_{\mathrm{d}}-\boldsymbol{x}_{\mathrm{a}}$ 加入速度 $\dot{\boldsymbol{x}}$ 中，得到新的末端执行器速度 $\dot{\boldsymbol{x}}$ 为

$$\dot{\boldsymbol{x}}=\dot{\boldsymbol{x}}_{\mathrm{d}}+\boldsymbol{K}_{\mathrm{p}}(\boldsymbol{x}_{\mathrm{d}}-\boldsymbol{x}_{\mathrm{a}}) \tag{2.7}$$

式中，$\boldsymbol{K}_{\mathrm{p}}$ 是位置误差反馈增益。位置误差项 $\boldsymbol{K}_{\mathrm{p}}(\boldsymbol{x}_{\mathrm{d}}-\boldsymbol{x}_{\mathrm{a}})$ 的引入将有助于减少由阻尼 λ 引起的末端偏差。

2.3.2　阻尼系数

根据 2.3.1 节的推理分析，可以看出阻尼因子 λ 在阻尼最小二乘方法中起着关键作用，用于平衡逆运动学解的精度和可行性。一个合适的 λ 值可以有效地改善病态雅可比矩阵问题以及有效地避免奇异构型附近的高关节速度。为了在所有关节配置中保证关节速度的可行性，并且令末端执行器与期望轨迹的偏差保持在容许限度内，本部分将详细总结现有阻尼系数的选取方法以及如何计算最佳阻尼系数。

1. 阻尼系数选取方法

阻尼系数的选取通常可分为两大类，即固定阻尼系数(阻尼因子为一个固定的常数值)和可变阻尼系数(阻尼因子根据实际情况进行实时调整)。

若阻尼因子是一个固定的常数值，其会难以同时确保：(a) 远离奇点的低末端执行器偏差；(b) 奇点附近的有效阻尼。因此，一种更合适的做法是使用可变阻尼系数。也就是说，在远离奇点位置关节速度不需要阻尼时，阻尼系数选取低(或零)值，在接近奇点位置，当关节速度预计变得不可行时，阻尼系数选取高值。根据现有的研究，简要总结了如下六种可变阻尼系数的选取方法。

（1）根据任务空间中的残余误差来调整阻尼因子。阻尼因子 λ 的计算公式为

$$\lambda=\lambda_0\ \|\delta\boldsymbol{x}\|^2 \tag{2.8}$$

式中，$\delta\boldsymbol{x}$ 是工作空间误差，即实际末端执行器位置和期望末端执行器位置之间的差值。

（2）根据操作度 $w=\sqrt{\det(\boldsymbol{J}\boldsymbol{J}^{\mathrm{T}})}$ 和操作度阈值 w_{t} 来调整阻尼因子。阻尼因子 λ 的计算公式为

$$\begin{cases}\lambda=\lambda_0\left(1-\dfrac{w}{w_{\mathrm{t}}}\right)^2, & w<w_{\mathrm{t}}\\ \lambda=0, & w\geqslant w_{\mathrm{t}}\end{cases} \tag{2.9}$$

式中，λ_0 是比例常数；操作度 w 是一个非负测度，它在一个奇异的配置下变为零。当 w 大于或等于 w_{t} 时，$\lambda=0$，也就是逆运动学中不施加阻尼，只注重解的精度；当 w 降至 w_{t} 以下时，阻尼逐渐增加，更加注重解的可行性，直到在 $w=0$ 时达到最大值 λ_0。

（3）根据操作度的变化率 w_k/w_{k-1} 来调整阻尼因子。阻尼因子 λ 的计算公式为

$$\begin{cases}\lambda=\lambda_0\left(1-\dfrac{w_k}{w_{k-1}}\right), & \dfrac{w_k}{w_{k-1}}<w_{\mathrm{t}}\\ \lambda=0, & \dfrac{w_k}{w_{k-1}}\geqslant w_{\mathrm{t}}\end{cases} \tag{2.10}$$

式中，w_{k-1} 和 w_k 分别是前一次迭代和当前迭代的操作度；w_{t} 是操作度阈值；λ_0 是比例常数。

采用这种阻尼因子的选取方式可以较少依赖于机械臂的范围，当阻尼最小二乘法应用于可重构模块化机械手系统时，该方法特别有用。

（4）根据雅可比矩阵的最小奇异值 $\sigma_{\min}$ 来调整阻尼因子。该阻尼因子保证满足关节角速度、末端执行器跟踪误差或方程条件的给定约束。

令 $\dot{\boldsymbol{\theta}}_{\max}$ 表示所有单位标准末端执行器速度的最大允许关节角速度，若 $\sigma_{\min}$ 大于 $\dfrac{1}{\dot{\boldsymbol{\theta}}_{\max}}$，则 $\lambda=0$。若 $\sigma_{\min}$ 小于等于 $\dfrac{1}{\dot{\boldsymbol{\theta}}_{\max}}$，则阻尼因子 λ 的最小取值为

$$\lambda_{\dot{\boldsymbol{\theta}}_{\max}}=\frac{\sigma_{\min}}{\dot{\boldsymbol{\theta}}_{\max}}-\sigma_{\min}^2 \tag{2.11}$$

令 $\Delta R_{\max}$ 表示相对于末端执行器速度 $\dot{\boldsymbol{x}}$ 的最大允许末端执行器跟踪误差。则阻尼因子 λ 的最大取值为

$$\lambda_{\Delta R_{\max}}=\frac{\sigma_{\mathrm{r}}^2\Delta R_{\max}}{1-\Delta R_{\max}} \tag{2.12}$$

式中，σ_{r} 是雅可比矩阵 $\boldsymbol{J}$ 的最小非零奇异值。如果 $\boldsymbol{J}^{\mathrm{T}}\boldsymbol{J}+\lambda\boldsymbol{I}$ 的条件数被限制为低于 $k_{\max}$，则阻尼因子计算如下：

$$\lambda_{k_{\max}}=\frac{\sigma_1^2-k_{\max}\sigma_n^2}{k_{\max}-1} \tag{2.13}$$

式中，σ_1 和 σ_n 分别是 $\boldsymbol{J}$ 的最大和最小奇异值（如果 $m<n$，则 $\sigma_n=0$）。

对于雅可比矩阵的最小奇异值 $\sigma_{\min}$ 的估计问题，现有文献中已经描述了一种通过单位向量 $\hat{\boldsymbol{u}}_m$ 获得最小奇异值估计的方式，该单位向量与最小奇异值相关联的奇异向量一起

旋转。

(5) 根据加权因子 ω 来调整阻尼因子。

文献[153]提出了加权阻尼最小二乘法，并成功应用于五自由度 AB Trallfa TR400 机械臂。任务向量和雅可比矩阵的加权实现了对任务空间分量的高精度跟踪，同时允许在其他方向的较低跟踪性能。因此

$$\begin{aligned}&\tilde{\dot{\boldsymbol{x}}} = \boldsymbol{W}\dot{\boldsymbol{x}} = \boldsymbol{W}\boldsymbol{J}\dot{\boldsymbol{\theta}} = \tilde{\boldsymbol{J}}\dot{\boldsymbol{\theta}} \quad (\tilde{\boldsymbol{J}} = \boldsymbol{W}\boldsymbol{J})\\ &\Rightarrow \dot{\boldsymbol{\theta}} = \tilde{\boldsymbol{J}}^{*}\tilde{\dot{\boldsymbol{x}}} = (\tilde{\boldsymbol{J}}^{\mathrm{T}}\tilde{\boldsymbol{J}} + \lambda\boldsymbol{I})^{-1}\tilde{\boldsymbol{J}}^{\mathrm{T}}\tilde{\dot{\boldsymbol{x}}} = (\boldsymbol{J}^{\mathrm{T}}\boldsymbol{W}^{\mathrm{T}}\boldsymbol{W}\boldsymbol{J} + \lambda\boldsymbol{I})^{-1}\boldsymbol{J}^{\mathrm{T}}\boldsymbol{W}^{\mathrm{T}}\boldsymbol{W}\dot{\boldsymbol{x}}\end{aligned} \tag{2.14}$$

式中，$\boldsymbol{W} = \boldsymbol{I} + (\omega - 1)\boldsymbol{d}\boldsymbol{d}^{\mathrm{T}}$，$0 < \omega < 1$。$\omega \in \mathbf{R}$ 是一个加权因子，d 是表示末端执行器空间中方向的向量，在该空间中，较低的跟踪精度是可接受的。

假设 $\hat{\sigma}_5$ 是最小奇异值的估计，而 ε 是被选择来定义奇异区域大小的阈值。当 $\hat{\sigma}_5 \geqslant \varepsilon$ 时，选取 $\lambda = 0$，$\omega = 1$；当 $\hat{\sigma}_5 < \varepsilon$ 时，加权因子 ω 和阻尼因子 λ 选取为

$$\begin{cases}\lambda = \left[1 - \left(\dfrac{\hat{\sigma}_5}{\varepsilon}\right)^2\right]\lambda_{\max}\\ (\omega - 1)^2 = \left[1 - \left(\dfrac{\hat{\sigma}_5}{\varepsilon}\right)^2\right](\omega_{\min} - 1)^2\end{cases} \tag{2.15}$$

(6) 根据参数 l 来调整阻尼因子。文献[154]提出了两种方案来计算 l：第一种是基于保持矩阵 $\boldsymbol{J}^{\mathrm{T}}\boldsymbol{J} + \lambda\boldsymbol{I}$ 的条件数低于某个阈值，l 计算为条件数的上限与阈值的比率；第二个方案使用了一个条件，即从一次迭代到下一次迭代的雅可比矩阵的秩保持。当 $l \leqslant 1$ 时，选取 $\lambda = 0$，否则 λ 的计算如下：

$$\lambda = \lambda_0 (1 - l)^2 \tag{2.16}$$

除了根据残余误差来调整阻尼因子的方法之外，上述阻尼因子选取方法均是基于雅可比相关的度量来计算，如操作度、条件数或最小奇异值。然而，需要注意的是，并不是所有接近奇点的情况都意味着高关节速度。在奇异构型附近，只有当末端执行器速度在奇异方向上具有分量(即对应于最小奇异值的奇异向量)时，关节速度才会变得不可行。如图 2.1 所示，X 方向为奇异方向，因此，在 X 方向(单一方向)上的小末端执行器值将导致高关节速度，而纯粹在 Y 方向上的则不会。

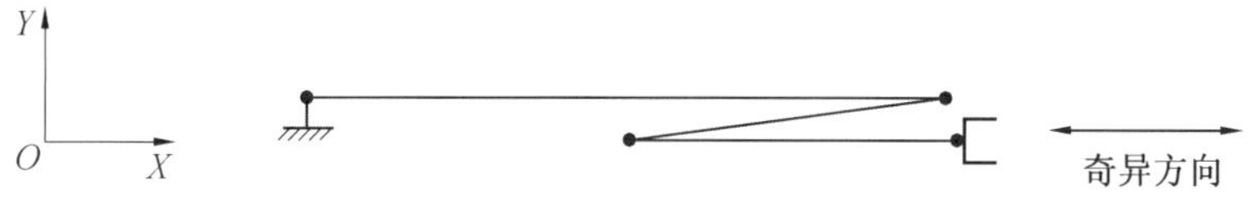

图 2.1　奇异构型

然而，由于雅可比矩阵在任意一种情况下都是相同的，因此若阻尼因子是基于雅可比矩阵的度量来计算的，那么在两种情况下都会应用阻尼，即使在后一种情况下是不必要的。文献[155]通过计算一个解解决了后一种情况中存在的不必要阻尼的问题。在这个解中，与雅可比矩阵的小奇异值相关的分量比其他分量阻尼更大，这是通过使用滤波器增益 α 来实现的。该滤波器增益 α 除了提供整体阻尼因子 λ 之外，还提供了对奇异分量的进一步阻尼。因此，关节速度计算如下：

$$\dot{\boldsymbol{\theta}} = \boldsymbol{J}^{\mathrm{T}}(\boldsymbol{J}\boldsymbol{J}^{\mathrm{T}} + \alpha^2\hat{\boldsymbol{u}}_m\hat{\boldsymbol{u}}_m^{\mathrm{T}} + \lambda\boldsymbol{I})^{-1}\dot{\boldsymbol{x}} \tag{2.17}$$

式中，$\hat{\boldsymbol{u}}_m$ 是一个单位向量，在与小奇异值相关的奇异向量所跨越的子空间中有一个有效分量。

参考方法(4)的内容，基于最小奇异值设置 λ 的值，而基于奇异子空间之外的有效奇异值确定 λ 的值。这种方案可以允许机械臂区分末端执行器速度的可获得和不可获得的分量，从而避免当末端执行器指令速度在单一方向上没有分量时不必要的阻尼。

上述方法的另一个常见困难是确定阈值和常数乘数 λ_0 的值。这些参数的值依赖于机器人，并且对于不同的机器人会有所不同。此外，还不清楚如何确定这些值，以确保关节速度的适当阻尼，而不会引起与规划末端执行器轨迹非常大的偏差。

2. 计算最佳阻尼系数

最佳阻尼因子被定义为：一个能保证末端执行器偏差最小，同时保持关节速度向量的范数低于每个配置空间的期望值(比如 Δ)的因子。

为了获得最佳阻尼因子，将末端执行器跟踪期望轨迹的误差定义为 $\boldsymbol{u}$，并引入如下优化问题。

阻尼最小二乘问题 2(damped least-squares problem 2, DLP－2)

$$\min \|\boldsymbol{u}\|$$

$$\text{服从}\ \|\dot{\boldsymbol{\theta}}\| \leqslant \Delta$$

$$\dot{\boldsymbol{x}} = \boldsymbol{J}\dot{\boldsymbol{\theta}} + \boldsymbol{u}$$

DLP－2 问题定义了一个可行的关节速度向量，其范数小于或等于 Δ。因此，现在可以选择 Δ 来求解 DLP－2，而不是选择 λ 来求解 DLP－1。对 Δ 进行控制可确保关节速度矢量的每个分量都有一个小于 Δ 的值。Δ 可由机械臂执行器的物理特性确定。通过计算关节速度矢量作为 DLP－2 的解，这个范数的上限将永远不会被超过。

DLP－2 问题的解与式(2.5)相同，但现在阻尼因子 λ 作为 DLP－2 的拉格朗日乘子出现。利用拉格朗日方法的一阶必要条件，可以得到

$$\dot{\boldsymbol{\theta}}_\lambda^* = \boldsymbol{J}^{\mathrm{T}}(\boldsymbol{J}\boldsymbol{J}^{\mathrm{T}} + \lambda\boldsymbol{I})^{\mathrm{T}}\dot{\boldsymbol{x}}, \quad \lambda \geqslant 0, \lambda(\|\dot{\boldsymbol{\theta}}_\lambda^*\|^2 - \Delta^2) = 0 \tag{2.18}$$

通过稍微修改可以将式(2.6)作为解，而不是式(2.5)。因此，式(2.18)对于非冗余和冗余机械臂，$\lambda=0$ 都是有效的，因为每当 $\boldsymbol{J}$ 具有全行秩时，矩阵 $\boldsymbol{J}\boldsymbol{J}^{\mathrm{T}}$ 是可逆的。

对 DLP－2 的解决方案 $\dot{\boldsymbol{\theta}}^*$ 总结如下：

(1) 如果 $\lambda=0$ 而且 $\|\dot{\boldsymbol{\theta}}_0^*\| \leqslant \Delta$，那么 $\dot{\boldsymbol{\theta}} = \dot{\boldsymbol{\theta}}_0^* = \boldsymbol{J}^+\dot{\boldsymbol{x}}$。

(2) 如果 $\lambda > 0$ 而且 $\|\dot{\boldsymbol{\theta}}_0^*\| = \Delta$，那么式(2.18)中 $\dot{\boldsymbol{\theta}} = \dot{\boldsymbol{\theta}}_\lambda^*$。

需要补充的一点是，若存在多个最小化 $\boldsymbol{u}$ 的可行向量，那么范数最小的那个就是解。当存在 $\dot{\boldsymbol{\theta}}$ 使得 $\dot{\boldsymbol{x}} = \boldsymbol{J}\dot{\boldsymbol{\theta}}$，此时，$\boldsymbol{J}^+\dot{\boldsymbol{x}}$ 将是所求的解。

可以看出，第一种情况是当伪逆解产生的关节速度范数小于或等于容许范数 Δ，此时 SRI 等于伪逆和最优阻尼因子 $\lambda^*=0$。如果伪逆解范数在允许极限内，那么这表明在所有精确解中存在可行解，此时不需要阻尼。第二种情况是伪逆解的范数大于 Δ，那么这意味着没有一个精确解是可行的，在 DLP－2 解的陈述(2)中，如果阻尼因子 λ 使得 $\|\dot{\boldsymbol{\theta}}_\lambda^*\| = \Delta$，SRI 将给定与指定轨迹偏差最小的可行解。因此，设

$$\varphi(\lambda) = \|\dot{\boldsymbol{\theta}}_\lambda^*\| = \|\boldsymbol{J}^{\mathrm{T}}(\boldsymbol{J}\boldsymbol{J}^{\mathrm{T}} + \lambda\boldsymbol{I})^{-1}\dot{\boldsymbol{x}}\| = \Delta \tag{2.19}$$

当 $\varphi(0) > \Delta$，也就是伪逆解不可行时，必须求解以下非线性方程来获得最佳阻尼因子。

$$\varphi(\lambda) - \Delta = \| \dot{\boldsymbol{\theta}}_\lambda^* \| - \Delta = \| \boldsymbol{J}^{\mathrm{T}} (\boldsymbol{J}\boldsymbol{J}^{\mathrm{T}} + \lambda \boldsymbol{I})^{-1} \dot{\boldsymbol{x}} \| - \Delta = 0 \tag{2.20}$$

方程(2.20)可以用雅可比矩阵 $\boldsymbol{J}$ 的奇异值分解来展开，即

$$\boldsymbol{J} = \boldsymbol{U}\boldsymbol{D}\boldsymbol{V}^{\mathrm{T}} \tag{2.21}$$

式中，$\boldsymbol{U} \in \mathbf{R}^{m\times n}$ 和 $\mathbf{V} \in \mathbf{R}^{n\times n}$ 是正交矩阵；$\boldsymbol{D} \in \mathbf{R}^{m\times n}$ 是一个所有非对角项都等于零的矩阵，对角项 $D_{ii} = \sigma_{i,i}$，$\sigma_1 \geqslant \sigma_2 \cdots \geqslant \sigma_m \geqslant 0$。$\sigma_i$ 被称为雅可比矩阵$\boldsymbol{J}$ 的奇异值。根据式(2.21)，可以求出函数 $\varphi(\lambda)$ 为

$$\varphi(\lambda) = \| \boldsymbol{J}^{\mathrm{T}} (\boldsymbol{J}\boldsymbol{J}^{\mathrm{T}} + \lambda \boldsymbol{I})^{-1} \dot{\boldsymbol{x}} \| = \| \boldsymbol{D}^{\mathrm{T}} (\boldsymbol{D}\boldsymbol{D}^{\mathrm{T}} + \lambda \boldsymbol{I})^{-1} \boldsymbol{U}^{\mathrm{T}} \dot{\boldsymbol{x}} \| \tag{2.22}$$

式(2.22)应用了正交矩阵$\mathbf{V}$的范数保持性质，即对于任何 $\boldsymbol{y} \in \mathbf{R}^n$，$\| \mathbf{V}\boldsymbol{y} \| = \| \boldsymbol{y} \|$。设 $\boldsymbol{U}^{\mathrm{T}}\dot{\boldsymbol{x}} = [\gamma_1 \quad \gamma_2 \quad \cdots \quad \gamma_m]^{\mathrm{T}}$，则函数 $\varphi(\lambda)$ 为

$$\varphi(\lambda) = \sqrt{\sum_{i=1}^{m} \frac{\sigma_i^2 \gamma_i^2}{(\sigma_i^2 + \lambda)^2}} \tag{2.23}$$

对上式进行微分，同时结合式(2.19)和式(2.22)，可以得到

$$\varphi'(\lambda) = -\frac{\displaystyle\sum_{i=1}^{m} \frac{\sigma_i^2 \gamma_i^2}{(\sigma_i^2 + \lambda)^3}}{\sqrt{\displaystyle\sum_{i=1}^{m} \frac{\sigma_i^2 \gamma_i^2}{(\sigma_i^2 + \lambda)^2}}} = -\frac{1}{\| \dot{\boldsymbol{\theta}}_\lambda^* \|} \sum_{i=1}^{m} \frac{\sigma_i^2 \gamma_i^2}{(\sigma_i^2 + \lambda)^3} \tag{2.24}$$

牛顿法已经被用于求解式(2.20)，使用以下迭代来更新给定的近似值 λ_k 到 λ^*：

$$\lambda_{k+1} = \lambda_k - \left[\frac{\varphi(\lambda_k) - \Delta}{\varphi'(\lambda_k)} \right] \tag{2.25}$$

从方程(2.23)中，$\varphi(\lambda)$ 近似为 $a/(b+\lambda)$ 的形式，这意味着对于 $\lambda > 0$，$1/\varphi(\lambda)$ 几乎是线性的。由于牛顿法使用函数的线性近似，通过将牛顿法应用于倒数方程，可以得到一种替代的迭代方法为 $\dfrac{1}{\varphi(\lambda)} - \dfrac{1}{\Delta} = 0$，由此产生迭代

$$\lambda_{k+1} = \lambda_k - \frac{\varphi(\lambda_k)}{\Delta} \frac{\varphi(\lambda_k) - \Delta}{\varphi'(\lambda_k)} = \lambda_k - \frac{\| \dot{\boldsymbol{\theta}}_\lambda^* \|}{\Delta} \frac{\varphi(\lambda_k) - \Delta}{\varphi'(\lambda_k)} \tag{2.26}$$

式(2.26)和式(2.25)在计算最优阻尼因子时都非常有效，对于平面臂通常需要 2 次迭代才可以收敛到解，对于空间臂通常需要 3 次迭代才可以收敛到解。当 $\boldsymbol{J}$ 的奇异值非常接近于零时，$\varphi(\lambda)$ 的图形在原点处十分陡峭，在这种情况下，式(2.25)需要比式(2.26)迭代更多的次数才能收敛到解，因此，式(2.26)比式(2.25)性能更好。

通过使用上一次配置的最优阻尼因子作为初始值(λ_1)，可以提高算法的效率。为了确保快速收敛，约束迭代的值也很重要。这是因为如果初始迭代大于最优值，则下一次迭代可能为负。因此，有必要在每次迭代中用 λ 的上下界来保护迭代方案。

综上所述，本节简要总结了六种可变阻尼因子的计算方法，并介绍了如何计算最佳阻尼因子。最佳阻尼因子的计算成本较高，但其优点是跟踪误差最小。如图 2.2 所示，关节速度范数随阻尼因子的单调变化有助于建立有效的迭代算法，在这种情况下，不需要特别选择参数，其可以用于计算任何机械臂的阻尼因子。

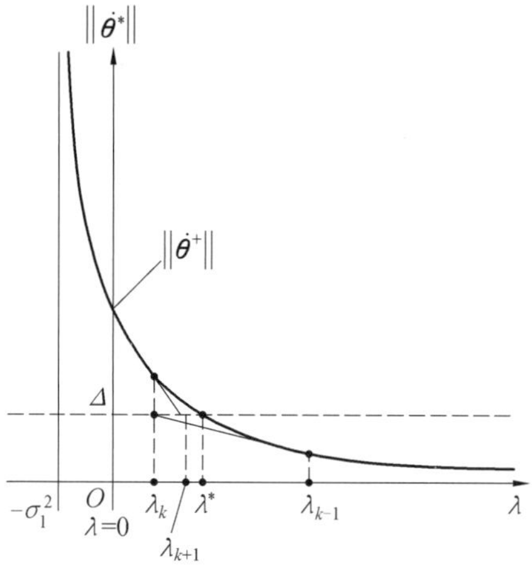

图 2.2　带阻尼关节速度与阻尼系数的关系图

2.3.3　阻尼最小二乘冗余解

当机械臂的自由度超过执行给定任务所需的最小数量时，就被认为是冗余的。对于非冗余机械臂，除了有限的变化之外，任何给定末端执行器位置和方向的关节配置都是唯一的。因此，给定一个末端执行器位置，通常只有一种可行的机械臂关节配置。然而，在冗余机械臂的情况下，存在对应于给定末端执行器位置的无限多个关节配置，这使得冗余机械臂具备自运动的特性，即在不移动末端执行器的情况下产生关节运动的能力，比如，可以利用冗余机械臂多余的自由度来实现本体避障、避奇异、避关节限位、关节力矩优化、增加操作度等附加任务。

对于冗余机械臂的逆运动学求解方法，目前常用的两种方法为任务空间扩充法和梯度投影法，这两种方法都与阻尼最小二乘法结合使用。接下来将对这两种方法进行详细介绍。

1. 任务空间扩充法

该方法中包含了主要任务和附加约束任务，其中，m 维末端执行器位置构成主要任务，并为其附加了 $n-m$ 维的约束任务。这就导致了一个将关节空间与任务空间相关联的平方雅可比矩阵，因此，末端执行器位置 $\boldsymbol{x}_e\in\mathbf{R}^m$ 和附加约束任务 $\boldsymbol{x}_c\in\mathbf{R}^{n-m}$ 可以通过连续函数与关节位置向量建立关系，写为 $\boldsymbol{x}_e=f_e(\boldsymbol{\theta})$ 和 $\boldsymbol{x}_c=f_c(\boldsymbol{\theta})$。进一步可以得到

$$\dot{\boldsymbol{x}}=\begin{bmatrix}\dot{\boldsymbol{x}}_e\\ \dot{\boldsymbol{x}}_c\end{bmatrix}=\begin{bmatrix}\boldsymbol{J}_e\\ \boldsymbol{J}_c\end{bmatrix}\dot{\boldsymbol{\theta}}=\boldsymbol{J}\dot{\boldsymbol{\theta}} \tag{2.27}$$

式中，$\boldsymbol{J}_e=\dfrac{\partial f_e}{\partial\boldsymbol{\theta}}$，$\boldsymbol{J}_c=\dfrac{\partial f_c}{\partial\boldsymbol{\theta}}$。此时，可以得到一个方形雅可比矩阵，当矩阵具有满秩时，可以直接求逆得到对应任何给定 $\dot{\boldsymbol{x}}$ 的 $\dot{\boldsymbol{\theta}}$。

然而，不得不考虑的一个问题是，当任务增加时，除了机械臂的奇点（当 $\boldsymbol{J}_e$ 不具有全行秩时）外，还可能会存在算法奇点或人工奇点。这种算法奇点指的是当 $\boldsymbol{J}_c$ 不具有全行秩或 $\boldsymbol{J}$ 不具有全行秩时出现的额外奇点。为了确保在这些奇点处获得可行的关节速度，

一种有效的方法是使用带有增广雅可比的阻尼最小二乘法。

定义末端执行器位置和附加约束任务的误差变化速度分别为 $\dot{\boldsymbol{E}}_e = \dot{\boldsymbol{x}}_e - \boldsymbol{J}_e\dot{\boldsymbol{\theta}}$ 而且 $\dot{\boldsymbol{E}}_c = \dot{\boldsymbol{x}}_c - \boldsymbol{J}_c\dot{\boldsymbol{\theta}}$，并对以下函数进行最小化：

$$L = \dot{\boldsymbol{E}}_e^{\mathrm{T}}\boldsymbol{W}_e\dot{\boldsymbol{E}}_e + \dot{\boldsymbol{E}}_c^{\mathrm{T}}\boldsymbol{W}_c\dot{\boldsymbol{E}}_c + \dot{\boldsymbol{\theta}}^{\mathrm{T}}\boldsymbol{W}_v\dot{\boldsymbol{\theta}} \tag{2.28}$$

考虑权重矩阵为 $\boldsymbol{W} = \mathrm{diag}(\boldsymbol{W}_e, \boldsymbol{W}_c)$，通过变化权重矩阵可以确保主要任务性能不会因无法完成约束任务而降低。逆运动学解可通过以下方程求得：

$$\dot{\boldsymbol{\theta}} = (\boldsymbol{J}^{\mathrm{T}}\boldsymbol{W}\boldsymbol{J} + \boldsymbol{W}_v)^{-1}\boldsymbol{J}^{\mathrm{T}}\boldsymbol{W}\dot{X}_d \tag{2.29}$$

请注意，这与加权阻尼最小二乘公式(2.4) 相同，只是基本任务和附加任务使用不同的权重，因此，加权矩阵可以用来优化这两个任务。此外，在算法奇点的情况下，两个任务的不兼容性不会导致数值困难，因为即使当 $\boldsymbol{J}$ 是秩亏的，矩阵 $[\boldsymbol{J}^{\mathrm{T}}\boldsymbol{W}\boldsymbol{J} + \boldsymbol{W}_v]$ 也是非奇异的。

2. 梯度投影法

该方法通过将一个矢量投影到雅可比矩阵的零空间来获得所需的自运动，其关节速度矢量为

$$\dot{\boldsymbol{\theta}} = \boldsymbol{J}^{+}\dot{\boldsymbol{x}} + (\boldsymbol{I} - \boldsymbol{J}^{+}\boldsymbol{J})\boldsymbol{v} \tag{2.30}$$

式中，$\boldsymbol{J}^{+}\dot{\boldsymbol{x}}$ 用于执行末端执行器轨迹跟踪主任务；$(\boldsymbol{I} - \boldsymbol{J}^{+}\boldsymbol{J})\boldsymbol{v}$ 用于产生不影响末端执行器运动的自运动。引入如下的零空间投影问题(nullspace projection problem，NPP)：

零空间投影问题(NPP)

$$\min \| \dot{\boldsymbol{\theta}} - \boldsymbol{v} \|$$

$$\text{服从 } \min \| \dot{\boldsymbol{x}} - \boldsymbol{J}\dot{\boldsymbol{\theta}} \|$$

如果一个附加的准则 $h(\theta)$ 被最小化，向量 $\boldsymbol{v}$ 可设为 $\boldsymbol{v} = -k\nabla h(\theta) = -k\dfrac{\partial h(\theta)}{h\theta}$。将 DLP－1 与 NPP 结合可获得

$$\min \| \dot{\boldsymbol{x}} - \boldsymbol{J}\dot{\boldsymbol{\theta}} \|^2 + \alpha_1^2 \| \dot{\boldsymbol{\theta}} - \boldsymbol{v} \|^2 + \alpha_1^2\dot{\boldsymbol{\theta}}^{\mathrm{T}}\boldsymbol{A}\dot{\boldsymbol{\theta}} \tag{2.31}$$

式中，$\boldsymbol{A}$ 是正定对称矩阵。给出关节速度矢量为

$$\dot{\boldsymbol{\theta}} = (\boldsymbol{J}^{\mathrm{T}}\boldsymbol{J} + \alpha_1^2\boldsymbol{I} + \alpha_2^2\boldsymbol{A})^{-1}(\boldsymbol{J}^{\mathrm{T}}\dot{\boldsymbol{x}} + \alpha_1^2\boldsymbol{v}) \tag{2.32}$$

假设 $\boldsymbol{A} = \boldsymbol{I}$，且 $\alpha_1^2 + \alpha_2^2 = \lambda \neq 0$，则式(2.32) 可以表示为等价于

$$\dot{\boldsymbol{\theta}} = \boldsymbol{J}^{*}\dot{\boldsymbol{x}} + \frac{\alpha_1^2}{\lambda}(\boldsymbol{I} - \boldsymbol{J}^{*}\boldsymbol{J})\boldsymbol{v} \tag{2.33}$$

由式(2.33) 与式(2.30) 可以看出，式(2.33) 除了乘因子 $\dfrac{\alpha_1^2}{\lambda}$ 之外，还用 $\boldsymbol{J}^{*}$ 代替了 $\boldsymbol{J}^{+}$。文献[156] 中使用了相似的公式，不同的是，其第二项没有除以阻尼系数，即 $\dot{\boldsymbol{\theta}} = \boldsymbol{J}^{*}\dot{\boldsymbol{x}} + (\boldsymbol{I} - \boldsymbol{J}^{*}\boldsymbol{J})\boldsymbol{v}$，其中，向量 $\boldsymbol{v}$ 是为了使机械臂连杆远离工作空间中的障碍物。值得注意的是，式(2.33) 中的 $(\boldsymbol{I} - \boldsymbol{J}^{*}\boldsymbol{J})$ 项存在一个与雅可比矩阵的零空间正交的分量，因此，它会对末端执行器的运动产生一些影响。

上述任务空间扩充法和梯度投影法概要描述了如何求解运动学冗余解，然而，如何计算出最佳阻尼因子还需要进一步讨论。在任务扩充法中，可以用增广雅可比矩阵来代替机械臂雅可比矩阵。然而，这样做的缺点是会引入人工奇点，即使在没有阻尼的情况下可

以实现主任务，关节速度也可能需要阻尼，导致将不必要的错误引入主任务中，这在某些情况下是不可取的。另外，梯度投影方法能够有效避免这个问题，因为如果主任务雅可比矩阵具有满秩，而增广雅可比矩阵不具有满秩，则约束雅可比矩阵的范围与主任务雅可比矩阵的零空间正交。这意味着当接近一个人工奇点时，式(2.30)右边的第二项将非常小，因此其得到的 $\dot{\boldsymbol{\theta}}$ 范数是可行的，并且不需要阻尼。然而，当式(2.30)给出的解的范数不可行时，下面说明了如何计算式(2.33)中的最优阻尼因子。

式(2.33)能计算最佳阻尼因子，即只要式(2.30)给出的关节速度向量的范数大于 Δ，就可以计算 λ，使得式(2.33)给出的总关节速度的范数等于 Δ。为了得到最佳阻尼因子，引入如下方程：

$$\|\dot{\boldsymbol{\theta}}^*\| = \|\boldsymbol{J}^*\dot{\boldsymbol{x}} - (\boldsymbol{I}-\boldsymbol{J}^*\boldsymbol{J})\frac{\nabla h}{\lambda}\| = \Delta \tag{2.34}$$

使用雅可比矩阵的奇异值分解，得到

$$\dot{\boldsymbol{\theta}} = \boldsymbol{J}^*\dot{\boldsymbol{x}} - \boldsymbol{I} - \boldsymbol{J}^*\boldsymbol{J}\frac{\nabla h}{\lambda} = \boldsymbol{V}\boldsymbol{D}^*\boldsymbol{U}^{\mathrm{T}}\dot{\boldsymbol{x}} + \boldsymbol{V}(\boldsymbol{I}-\boldsymbol{D}^*\boldsymbol{D})\frac{\boldsymbol{V}^{\mathrm{T}}\nabla h}{\lambda} \tag{2.35}$$

式中，$\boldsymbol{D}^* = \boldsymbol{D}^{\mathrm{T}}(\boldsymbol{D}\boldsymbol{D}^{\mathrm{T}}+\lambda\boldsymbol{I})^{-1}$。定义 $\boldsymbol{V}^{\mathrm{T}}\nabla h = [\beta_1 \quad \beta_2 \quad \cdots \quad \beta_n]$，可以得到

$$\|\dot{\boldsymbol{\theta}}^*\| = \sum_{i=1}^{m}\frac{(\sigma_i\gamma_i+\beta_i)^2}{(\sigma_i^2+\lambda)^2} + \sum_{i=m+1}^{n}\frac{\beta_i^2}{\lambda^2} \tag{2.36}$$

请注意，与式(2.22)中的函数不同，该函数不是在 $\lambda=0$ 时定义的。因此，为了计算最佳阻尼系数，对函数进行移动操作，选一个小数字 $T=0.000\,1$，并设置 $\alpha=\lambda-T$。将 $\lambda=\alpha+T$ 代入式(2.36)，可以得到

$$\|\dot{\boldsymbol{\theta}}^*\| = \sum_{i=1}^{m}\frac{(\sigma_i\gamma_i+\beta_i)^2}{(\sigma_i^2+\alpha+T)^2} + \sum_{i=m+1}^{n}\frac{\beta_i^2}{(\alpha+T)^2} \tag{2.37}$$

根据式(2.36)可以看出，当 $\lambda=0$ 时，关节速度向量的范数 $\|\dot{\boldsymbol{\theta}}^*\|$ 趋于无穷大。而通过将轴移动微小偏移 T，便可以在 $\alpha=0$ 处获得有限范数，如图 2.3 所示。

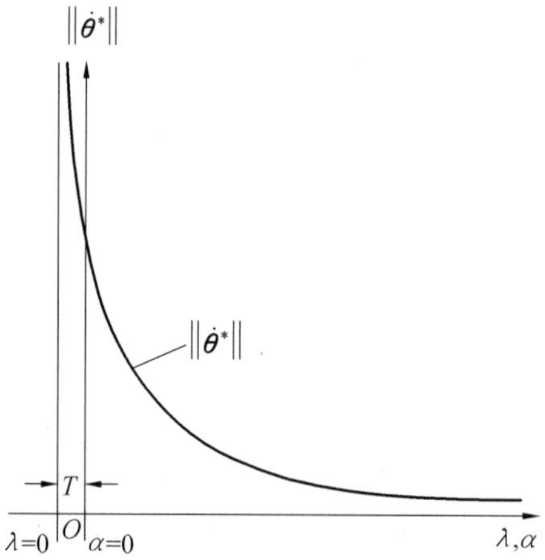

图 2.3　轴线偏移

2.3.4　仿真

为了验证阻尼最小二乘法在获得奇点附近可行解的有效性，本节分别使用伪逆法、SRI 法对平面机械臂进行了逆运动学求解。

仿真一：三自由度平面机械臂逆运动学求解

三自由度平面机械臂的连杆长度分别为 1、0.5 和 0.5 个单位长度。给定末端轨迹是一个矩形（0.9 单位长度×0.7 单位长度），起始构型为 $\boldsymbol{\theta}_0=[5° \quad -175° \quad 175°]^{\mathrm{T}}$，接近机械臂奇异构型。末端执行器最初位于矩形的左下角，并沿矩形的边逆时针方向移动，参数 $\Delta=5$。

分别利用伪逆法和SRI来进行逆运动学求解，得到结果分别如图 2.4 和图 2.5 所示。由图 2.4 可以看出，采用伪逆法求解逆运动学，会使机械臂在奇异配置附近的关节速度向量范数值出现高峰。由图 2.5 可以看出，SRI 通过式(2.26) 计算每个配置空间的最佳阻尼因子，将机械臂整个运动过程中的关节速度向量范数限制在了 $\Delta=5$ 以下。在仿真一中，SRI 法需要 2 次迭代来计算在伪逆解不可行的每个配置下的最优阻尼因子。

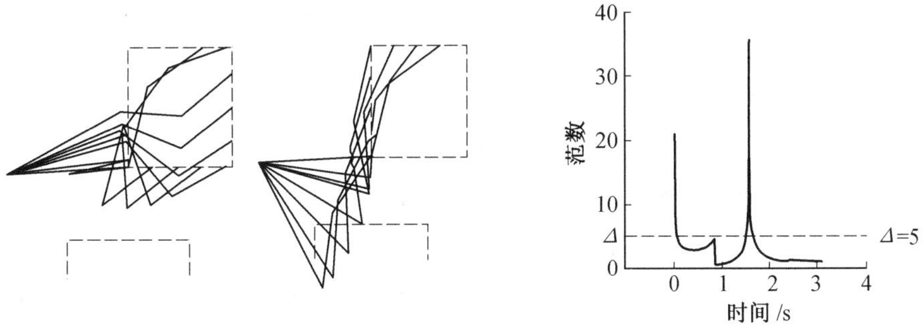

(a) 初始构型为 [5° −175° 175°]　　(b) 关节速度范数

图 2.4　伪逆法求解结果

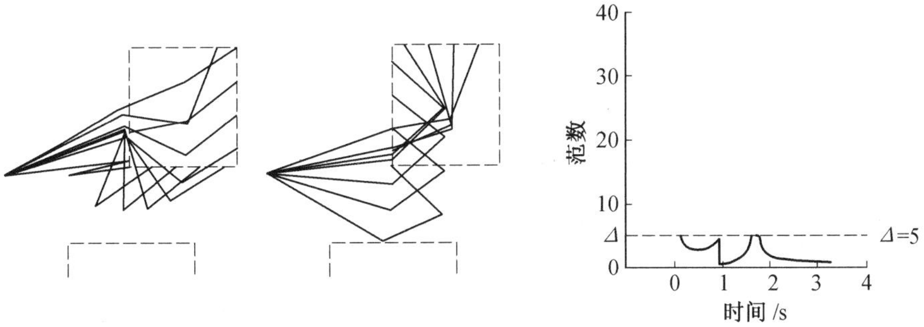

(a) 初始构型为 [5° −175° 175°]　　(b) 关节速度范数

图 2.5　SRI 法求解结果

仿真二：六自由度空间机械臂逆运动学求解

对于六自由度空间 PUMA 机械臂，当手腕位于肩膀轴线上时，手臂开始靠近肩膀奇点。这种构型的奇异方向位于世界坐标系的 y 轴上，与两个肘形连杆形成的平面正交。设置手臂以 $\dot{\boldsymbol{x}}=[0\ 0.5\ 0\ 0\ 0\ 0]$ 的速度在奇异方向上移动。分别利用伪逆法和 SRI 对

PUMA 机械臂进行逆运动学求解，得到结果如图 2.6 所示，其中，虚线表示伪逆法获得结果，实线表示 SRI 获得结果。

由图 2.6 可以看出，其逆运动学求解结果与仿真一类似。具体来说，伪逆解能够精确地跟踪期望的轨迹，但是最初具有非常高的范数。而 SRI 使用最佳阻尼因子，其范数在整个运动中保持可行性，但其末端轨迹与期望轨迹会存在一定的偏差。在仿真二中，SRI 法需要 3 次迭代来计算在伪逆解不可行的每个配置下的最优阻尼因子。

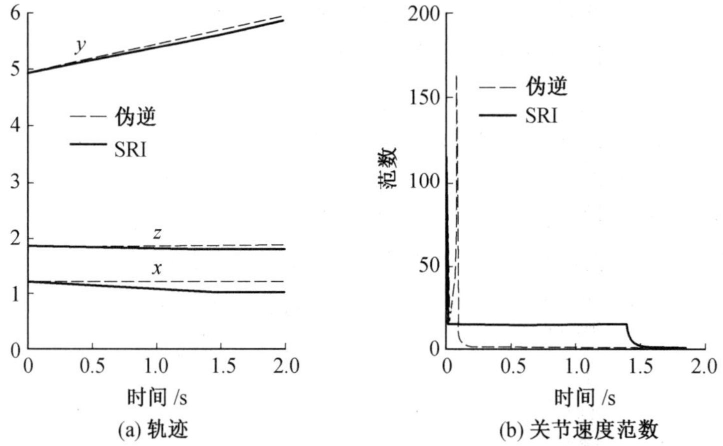

图 2.6　PUMA 的阻尼最小二乘法求解结果

仿真三：附加避障子任务的三自由度平面机械臂逆运动学求解

三自由度平面机械臂的末端轨迹设置与仿真一相同，不同的是，仿真三还在正方形轨迹的左下角放置了一个障碍物，同时利用第 2.3.3 节中的任务空间扩充法来计算逆运动学，得到结果如图 2.7 所示。可以看出，在整个机械臂的运动中，其关节速度范数小于或等于 Δ。此外，机械臂通过肘部向上运动从正方形的最后一侧下来并且避开其工作空间中的障碍物，这与之前仿真中的肘部向下的运动相反。在仿真三中，最优阻尼因子的计算平均需要 3 次迭代。

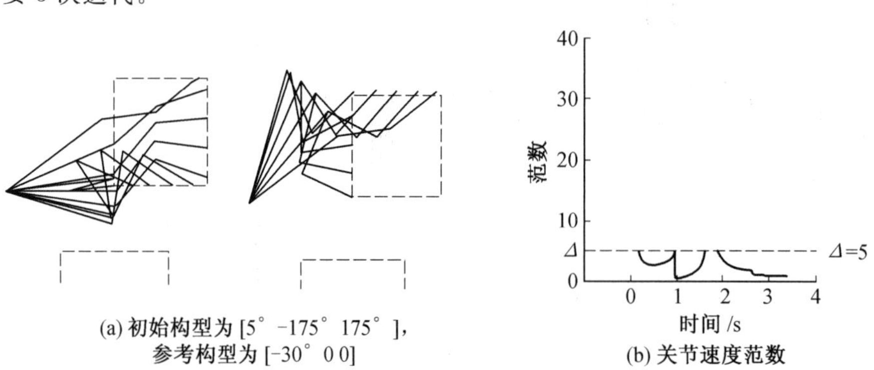

图 2.7　平面机械臂避障（SRI）求解结果

2.4　理论推导

给定方程(2.21)，J^{+} 可以计算如下：

$$J^{+}=VD^{+}U^{\mathrm{T}} \tag{2.38}$$

式中，D^{+} 是一个 $n\times m$ 维的对角矩阵，且

$$\begin{cases} D(i,i)=\dfrac{1}{\sigma_i}, & \sigma_i\neq 0 \\ D(i,i)=0, & \sigma_i=0 \end{cases} \tag{2.39}$$

因此，当接近奇点时，雅可比矩阵 J 较小的奇异值趋于零，从而导致 J^{+} 非常高的奇异值。当达到奇点时，J^{+} 的大奇异值从非常高的值下降到零的过程中，存在不连续的转换。根据奇异值分解，奇异鲁棒逆 J^{*} 由下式给出：

$$\begin{aligned} J^{*}&=J^{\mathrm{T}}(JJ^{\mathrm{T}}+\lambda I)^{-1}=VD^{\mathrm{T}}U^{\mathrm{T}}(UDD^{\mathrm{T}}U^{\mathrm{T}}+UU^{\mathrm{T}})^{-1}=VD^{\mathrm{T}}U^{\mathrm{T}}\{U(DD^{\mathrm{T}}+\lambda I)^{-1}U^{\mathrm{T}}\} \\ &=V\{D^{\mathrm{T}}(DD^{\mathrm{T}}+\lambda I)^{-1}\}U^{\mathrm{T}} \end{aligned}$$

$$J^{*}=V\begin{bmatrix} \sigma_1/(\sigma_1^2+\lambda) & 0 & \cdots & 0 \\ 0 & \sigma_2/(\sigma_2^2+\lambda) & \cdots & 0 \\ 0 & 0 & \cdots & 0 \\ \vdots & \vdots & & \vdots \\ 0 & 0 & \cdots & \sigma_m/(\sigma_m^2+\lambda) \\ 0 & 0 & \cdots & 0 \\ 0 & 0 & \cdots & 0 \end{bmatrix}U^{\mathrm{T}} \tag{2.40}$$

如果关节速度向量是通过 SRI 作为 $\dot{\theta}^{*}=J^{*}\dot{x}$ 来计算，则 $\dot{\theta}^{*}$ 的范数为

$$\|\dot{\theta}^{*}\|=\sqrt{\sum_{i=1}^{m}\frac{\sigma_i^2\gamma_i^2}{(\sigma_i^2+\lambda)^2}} \tag{2.41}$$

式中，$U^{\mathrm{T}}\dot{x}=[\gamma_1\quad\cdots\quad\gamma_m]^{\mathrm{T}}$。由于 V 是正交矩阵，对于任何 n 维向量 y 有 $\|Vy\|=\|y\|$。根据式(2.38)，伪逆解的范数为

$$\|\dot{\theta}^{+}\|=\|J^{+}\dot{x}\|=\sqrt{\sum_{i=1}^{m}\frac{\gamma_i^2}{\sigma_i^2}} \tag{2.42}$$

根据式(2.41)和式(2.42)可以看出，SRI 产生的运动学逆解的范数小于伪逆解的范数，但这也会造成末端执行器轨迹的偏移，该偏差可以使用 SRI 计算，它的范数计算如下：

$$\|\dot{x}-J\dot{\theta}^{*}\|=\sqrt{\sum_{i=1}^{m}\left[\frac{\lambda}{\sigma_i^2+\lambda}\right]^2} \tag{2.43}$$

与伪逆法不同，SRI 不存在解的不连续切换问题。当机械臂接近奇异构型时，其 J 的奇异值 σ_i^2 趋于零，此时项 $\sigma_i/\sigma_i^2+\lambda$ 增加，直到在 $\sigma_i=\lambda$ 时达到最大值，然后减少到零。因此，即使末端执行器可能偏离预期的轨迹，它也会以连续的方式偏离，没有任何突然的跳动。因此，SRI 能够克服伪逆在奇异构型区域的两个主要限制，即不可行的高关节速度和不连续轨迹。

2.5 本章小结

本章全面介绍了计算机器人逆运动学的阻尼最小二乘法，该方法是处理奇异构型附近病态雅可比矩阵的一种很有效的方法，能够保证机械臂在这些奇异构型区域获得可行关节速度。关节速度解的可行性是以跟踪期望末端执行器轨迹的精度为代价获得的，其是由阻尼因子 λ 来决定的，$\lambda=0$ 对应伪逆解，λ 值越大，其获得的关节速度向量范数越大，但与末端执行器轨迹的偏差越大。简要总结了六种可变阻尼系数的选取方法以及最佳阻尼系数的计算方法。最佳阻尼系数的使用将保证仅在必要时设置阻尼，并且刚好确保具有最小可能的末端执行器偏差。对于冗余机械臂，将冗余解与阻尼最小二乘法相结合，能够在保证可行关节速度的情况下执行额外的子任务，此外，一种迭代方法也被用来计算最佳阻尼因子的冗余解。

第3章　平面冗余机械臂运动学分析与路径规划

3.1　引　言

本章介绍以托卡马克多功能维护机械臂为例的平面冗余机械臂运动学分析与路径规划。机械臂的运动学分析旨在完成机械臂的位姿分析，将机械臂各关节运动（即关节坐标下的运动）和末端位姿（世界坐标下的运动）进行统一。重载冗余机械臂，其正运动学通过 D－H 法实现，逆运动学由于冗余特性的存在，具有无穷多逆解，通过矩阵变换代入无法直接获得，在此，通过采用基于避障优化的梯度投影法实现其逆运动学求解。重载冗余机械臂的运动环境为真空室环形腔，受其形状和大小的限制，以避障为主要目标的路径规划是机械臂运动的基础，另外，考虑机械臂的重载特点，路径规划中要满足机械臂各关节角速度和角加速度不能过大的动力学特性。综合机械臂的运动要求，对不同的运动阶段分别采用基于 RRT 算法和基于梯度投影法的路径规划方法，实现重载冗余机械臂的完整路径规划，并通过 Matlab 对两种方法进行仿真和分析。

3.2　平面冗余机械臂

多功能大尺度重载维护机械臂作为一种多功能托卡马克遥操作维护设备，不仅需要完成核聚变装置内冷却管切割与焊接工作，还能够执行真空室内检查诊断、灰尘清理、热室维护等其他遥操作维护任务。其维护任务的多样性，要求多功能大尺度重载维护机械臂具有可达空间大、负载能力强、操作灵巧度高等特点，同时需要在末端配备多种可快速更换作业工具，以完成切割、焊接、拆装等精细操作。多功能维护操作机械臂遥操作系统如图 3.1 所示。

本章综合考虑多功能大尺度重载维护机械臂遥操作系统的重载能力、作业空间以及运动灵活性等特征，确定多功能大尺度重载维护机械臂设计技术指标如下：

（1）操作臂最大负载：500 kg。

（2）冗余机械臂自由度数：$\geqslant 6$。

（3）冗余机械臂定位精度：± 10 mm。

（4）冗余机械臂最大速度：100 mm/s。

（5）真空室半径 1 940 mm 条件下，可到达真空室角度范围：$\pm 60°$。

根据上述技术要求最终确定大臂构型为：

（1）采用可重叠／展开的链式结构，保证其能够正常安装在传送车上，同时能够在狭小的作业空间完成维护任务。

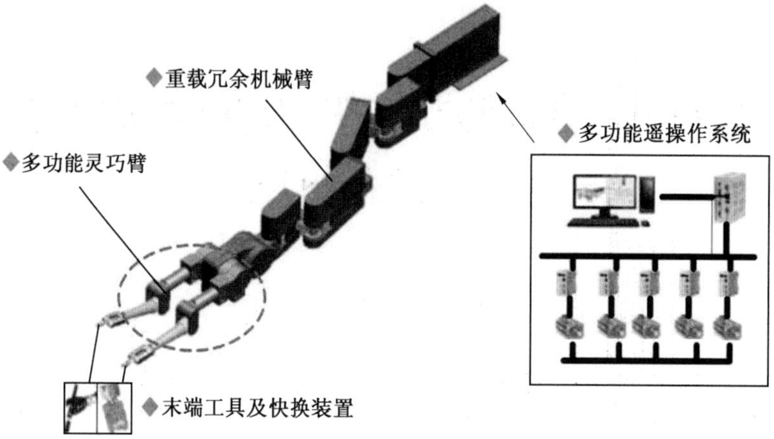

图 3.1　多功能维护操作机械臂遥操作系统

(2) 采用平面 5R 冗余机械臂的形式(机座处具有一个移动自由度),保证尽可能大的可达空间。

(3) 末端为多功能灵巧操作臂提供了相应的机械和电气安装接口。重载冗余机械臂结构如图 3.2 所示。

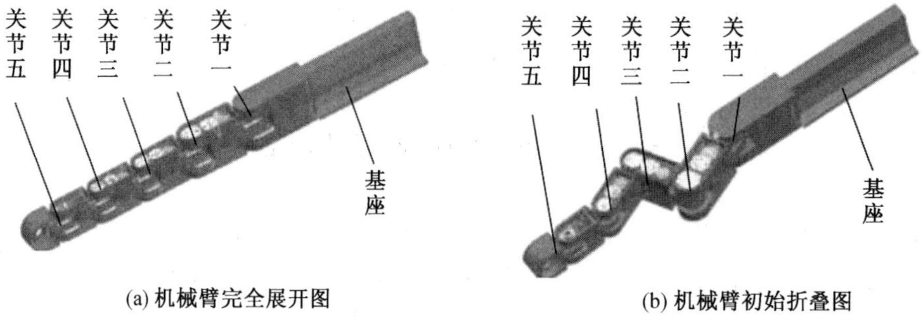

图 3.2　重载冗余机械臂结构图

如图 3.2 所示,所设计的重载冗余机械臂结构为平面 5R 冗余结构,每个关节均采用谐波减速器与齿轮减速所构成的二级减速装置,基座(右端)与导轨小车导轨相连,关节末端(左端)与两个灵巧臂相连。五个关节到末端尺寸依次减小,长度依次为 725 mm、640 mm、571 mm、471 mm、305 mm,基座长度为 2 084 mm,五个关节角度运动范围均为 $-90^\circ \sim 90^\circ$,完全展开状态下全长为 4 796 mm,非工作状态下机械臂以右侧折叠状态放置于导轨小车内,各关节转角依次为 25°、−90°、90°、−21°、−4°,机械臂水平方向全长为4 304 mm,宽为 840 mm。图 3.3 为初始状态下,机械臂、导轨小车和真空室的整体装配图。

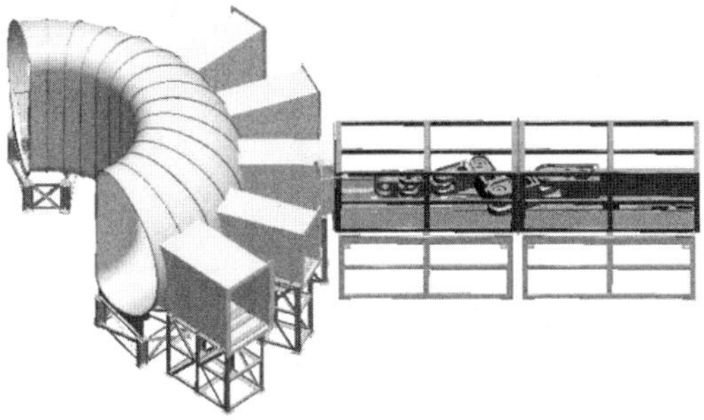

图 3.3　机械臂、导轨小车和真空室初始状态整体装配图

3.3　机械臂正运动学分析

3.3.1　机械臂运动学方程的建立

对重载冗余机械臂的各个关节建立 D－H 坐标系，如图 3.4 所示，并求出相应 D－H 参数表，如表 3.1 所示。

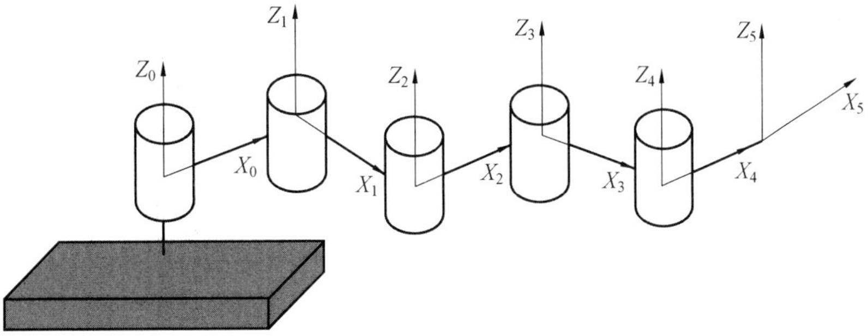

图 3.4　机械臂的 D－H 坐标系

表 3.1　机械臂的 D－H 参数表

坐标系 i	连杆转角 α_{i-1}	连杆长度 a_{i-1}/mm	连杆偏距 d_i	关节角 θ_i
1	0	$l_1=725$	0	θ_1
2	0	$l_2=640$	0	θ_2
3	0	$l_3=571$	0	θ_3
4	0	$l_4=471$	0	θ_4
5	0	$l_5=305$	0	θ_5

根据坐标变换矩阵：

$$^{i-1}\boldsymbol{P}={}^{i-1}\boldsymbol{T}_{\mathrm{R}}{}^{R}\boldsymbol{T}_{\theta}{}^{\theta}\boldsymbol{T}_{\mathrm{P}}{}^{P}\boldsymbol{T}_{i}{}^{i}\boldsymbol{P}={}^{i-1}\boldsymbol{T}_{i}{}^{i}\boldsymbol{P} \tag{3.1}$$

式中

$$
\begin{aligned}
{}^{i-1}\boldsymbol{T}_i &= \boldsymbol{R}(Z_{i-1},d_i)\boldsymbol{T}_{\text{rans}}(Z_{i-1},\theta_i)\boldsymbol{T}_{\text{rans}}(X_i,l_i)\boldsymbol{R}(X_i,\alpha_i) \\
&= \begin{bmatrix} c\theta_i & -s\theta_i & 0 & a_{i-1} \\ s\theta_i c\alpha_{i-1} & s\theta_i c\alpha_{i-1} & -s\alpha_{i-1} & -s\alpha_{i-1}d_i \\ s\theta_i s\alpha_{i-1} & c\theta_i s\alpha_{i-1} & c\alpha_{i-1} & c\alpha_{i-1}d_i \\ 0 & 0 & 0 & 1 \end{bmatrix}
\end{aligned} \tag{3.2}
$$

其中，$s\theta_i$、$c\theta_i$ 分别为角 θ_i 的正弦值和余弦值，$s\theta_i=\sin\theta_i$，$c\theta_i=\cos\theta_i$。

将 D－H 参数代入上式，分别得到五个关节的转换矩阵：

$$
{}_1^0\boldsymbol{T}=\begin{bmatrix} c\theta_1 & -s\theta_1 & 0 & l_1 \\ s\theta_1 & c\theta_1 & 0 & 0 \\ 0 & 0 & 1 & 0 \\ 0 & 0 & 0 & 1 \end{bmatrix},\quad
{}_2^1\boldsymbol{T}=\begin{bmatrix} c\theta_2 & -s\theta_2 & 0 & l_2 \\ s\theta_2 & c\theta_2 & 0 & 0 \\ 0 & 0 & 1 & 0 \\ 0 & 0 & 0 & 1 \end{bmatrix},\quad
{}_3^2\boldsymbol{T}=\begin{bmatrix} c\theta_3 & -s\theta_3 & 0 & l_3 \\ s\theta_3 & c\theta_3 & 0 & 0 \\ 0 & 0 & 1 & 0 \\ 0 & 0 & 0 & 1 \end{bmatrix}
$$

$$
{}_4^3\boldsymbol{T}=\begin{bmatrix} c\theta_4 & -s\theta_4 & 0 & l_4 \\ s\theta_4 & c\theta_4 & 0 & 0 \\ 0 & 0 & 1 & 0 \\ 0 & 0 & 0 & 1 \end{bmatrix},\quad
{}_5^4\boldsymbol{T}=\begin{bmatrix} c\theta_5 & -s\theta_5 & 0 & l_5 \\ s\theta_5 & c\theta_5 & 0 & 0 \\ 0 & 0 & 1 & 0 \\ 0 & 0 & 0 & 1 \end{bmatrix}
$$

故可得机械臂末端相对于基座的坐标变换矩阵为

$$
\begin{aligned}
{}^0\boldsymbol{T}_6 &= {}^0\boldsymbol{T}_1\,{}^1\boldsymbol{T}_2\,{}^2\boldsymbol{T}_3\,{}^3\boldsymbol{T}_4\,{}^4\boldsymbol{T}_5\,{}^5\boldsymbol{T}_6 \\
&= \begin{bmatrix} c_{12345} & -s_{12345} & 0 & l_5c_{12345}+l_4c_{1234}+l_3c_{123}+l_2c_{12}+l_1c_1 \\ -s_{12345} & c_{12345} & 0 & l_5s_{12345}+l_4s_{1234}+l_3s_{123}+l_2s_{12}+l_1s_1 \\ 0 & 0 & 1 & 0 \\ 0 & 0 & 0 & 1 \end{bmatrix}
\end{aligned}
$$

式中，c_1 表示 $\cos\theta_1$；c_{12} 表示 $\cos(\theta_1+\theta_2)$；s_1 表示 $\sin\theta_1$；s_{12} 表示 $\sin(\theta_1+\theta_2)$，依此类推。

综上，可得机械臂末端的运动学方程为

$$
\begin{cases} P_x=l_5c_{12345}+l_4c_{1234}+l_3c_{123}+l_2c_{12}+l_1c_1 \\ P_y=l_5s_{12345}+l_4s_{1234}+l_3s_{123}+l_2s_{12}+l_1s_1 \\ P_z=0 \end{cases} \tag{3.3}
$$

因为机械臂五个关节均在平面内运动，因此，机械臂末端路径为一运动平面，在 z 轴上为零。

3.3.2 机械臂正运动学仿真及空间计算

根据上节重载机械臂的正运动学分析和各关节尺寸参数，利用 Matlab 的 Robot Toolbox 工具箱对机械臂正运动学进行仿真，仿真结果如图 3.5 所示。

由图 3.5 可知，通过调节图(b) 控制条中的机械臂各关节的角度值，可以实现机械臂的正运动学仿真，同时，机械臂末端位姿将实时显示在角度调节条上方的表内。

机械臂的运动空间是其能否完成预期任务的关键，因此，在正运动学分析的基础上，运用蒙特卡洛法通过 Matlab 对机械臂运动空间进行分析。蒙特卡洛法的基本思想是：机械臂的各关节是在其相对应的取值范围内工作的，当所有关节在取值范围内随机取点后，

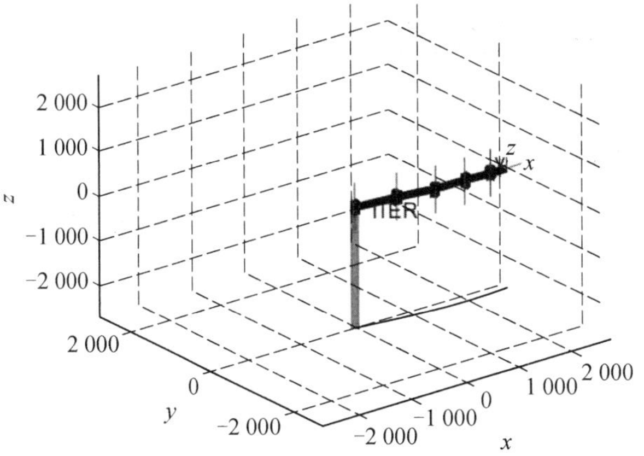

(a) 机械臂的仿真运动窗口

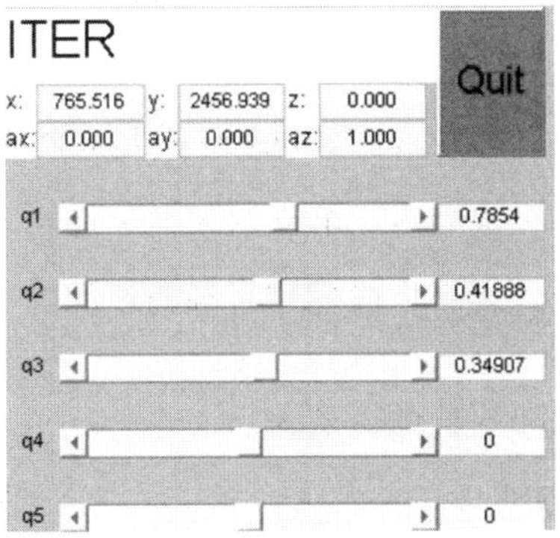

(b) 控制窗口

图 3.5　机械臂实际作业的正运动学仿真图

末端点的所有随机值的集合就构成了机械臂的实际工作空间(未考虑其他因素),根据本书研究的机械臂的各关节运动范围为 $-90°\sim90°$,选取随机点为 100 000 点,计算得到机械臂的运动空间如图 3.6 所示。

根据项目要求,真空室中心半径为 1 940 mm,内壁半径为 1 245 mm,外壁半径为 2 700 mm,机械臂可达角度为 $\pm60°$。由图 3.6 可看出,可达实际工作空间半径近似为 2 700 mm,以真空室的圆心(2 700,0)为基准,y 轴为分割中心,其可达角度已超过 $\pm60°$,覆盖角度内的全部环形腔,因此满足运动空间要求,且由于机械臂中冗余自由度的选用,运动灵活,机械臂可以以多种姿态到达同一位置。但是,上述分析中只考虑了关节角的机械限制,在实际工作中,机械臂受真空室工作环境的限制,在运动过程中关节会与真空室内外壁发生碰撞,其所有关节并不能满足 $-90°\sim90°$ 的运动范围,因此,图中的部分点无法达到。

于是,在上述分析的基础上,添加检测机械臂关节与真空室是否发生碰撞的碰撞检测函数,重新计算工作空间。计算过程中,随机点数仍取 100 000,关节角取值范围不变,计算得到实际可达空间,如图 3.7 所示。由图 3.7 可以发现,机械臂可达空间几乎能够布满真空室的环形腔,且角度可达 $\pm60°$,满足机械臂运动要求。

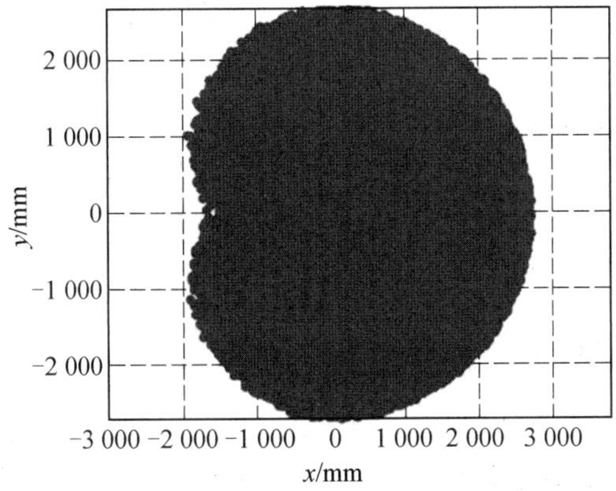

图 3.6　机械臂运动空间图

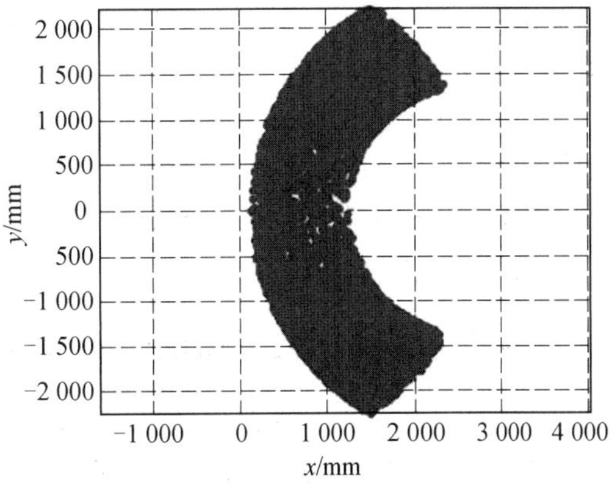

图 3.7　机械臂实际可达空间图

3.4 机械臂逆运动学分析

3.4.1 机械臂逆运动学问题描述

冗余机械臂的逆运动学分析是其运动学分析的难点，同时也是其能否完成预定运动的关键。设机械臂末端的速度为

$$\dot{\boldsymbol{x}} = [x_1, x_2, x_3, \cdots, x_m] \tag{3.4}$$

关节空间的速度为

$$\dot{\boldsymbol{q}} = [q_1, q_2, q_3, \cdots, q_n] \tag{3.5}$$

两者关系可表示为

$$\dot{\boldsymbol{x}} = \boldsymbol{J}\dot{\boldsymbol{q}} \tag{3.6}$$

其中，$m \leqslant 6$，$m < n$。因为在冗余度机械臂中 $m < n$，因此，它具有长方形的雅可比矩阵。假如矩阵的秩满足 $r=m$，矩阵的列空间为全部 $\mathbf{R}^m$ 空间，此时，针对机械臂末端速度，方程组一直有解，对应到各关节速度的解也存在无限多个。雅可比矩阵在满秩条件下的三个子空间如图 3.8 所示。

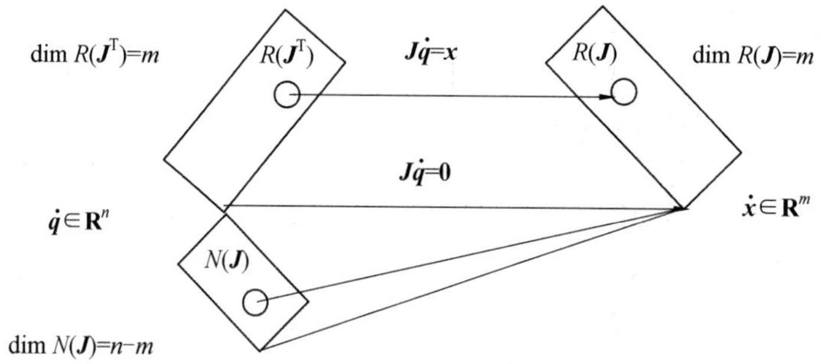

图 3.8 冗余机械臂雅可比矩阵的子空间($r = m$)

对于齐次线性方程组 $\boldsymbol{J}\dot{\boldsymbol{q}} = \boldsymbol{0}$，其通解 $\dot{\boldsymbol{q}}_h$ 和对应非齐次方程的特解 $\dot{\boldsymbol{q}}_s$ 组成了非齐次方程组的通解。全部的非零解构成了雅可比矩阵零空间，记为 $N(\boldsymbol{J})$。根据齐次方程表达式可以发现，关节运动不会影响机械臂的末端运动，被称为机械臂的自运动，因此，通过冗余机械臂的冗余自由度带来的自运动可以实现关节避障以及避免关节极限等相关指标。

当雅可比矩阵的行不满秩时，即 $r < m$，冗余机械臂处于奇异位形，只有当机械臂末端的速度在矩阵的列空间中方程才有解。图 3.9 是冗余机械臂不满秩时的四个子空间。

根据冗余机械臂的逆运动学分析，针对平面5R的机械臂和真空室环形腔的结构模型以及避障的优化目标，采用传统的梯度投影法对机械臂进行逆运动学分析。

3.4.2 基于梯度投影法的机械臂逆运动学分析

梯度投影法是求解冗余机械臂逆解的最基本方法，它是由 Liegeois 最先提出来的基于广义逆的逆解算法，这种算法求出的逆解由最小范数解以及齐次解组成。它可以实现

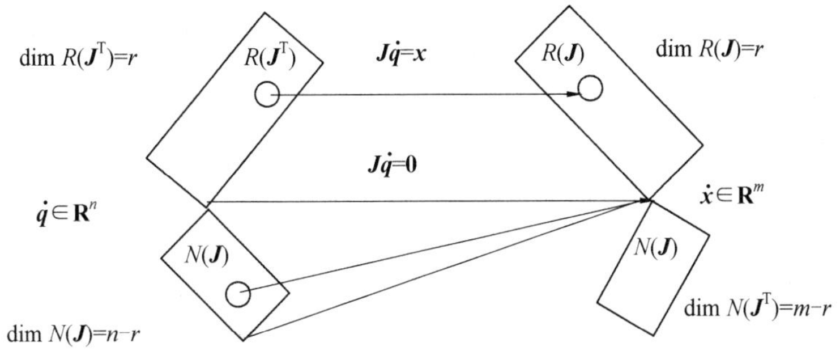

图 3.9　冗余机械臂雅可比矩阵的子空间($r<m$)

冗余自由度机械臂逆解的二次性能优化，即在最小范数解的基础上，根据具体的优化目标构造出不同的目标函数，实现相关性能的优化。

假设雅可比矩阵满足行满秩，则方程组的通解为

$$\dot{\boldsymbol{q}}=\dot{\boldsymbol{q}}_{\mathrm{s}}+\dot{\boldsymbol{q}}_{\mathrm{h}}=\boldsymbol{J}^{+}\dot{\boldsymbol{x}}+(\boldsymbol{I}-\boldsymbol{J}^{+}\boldsymbol{J})\boldsymbol{v} \tag{3.7}$$

式中，$\boldsymbol{J}^{+}$ 是矩阵的广义逆。在 $\boldsymbol{J}$ 满足行满秩的条件下，$\boldsymbol{J}^{+}=\boldsymbol{J}^{\mathrm{T}}(\boldsymbol{J}\boldsymbol{J}^{\mathrm{T}})^{-1}$。通解中前项是方程组的最小范数解，后项是方程组的通解。$\boldsymbol{v}$ 是 n 维空间中的任意一矢量，冗余度的二次性能优化就是通过选择不同的 $\boldsymbol{v}$ 实现的，形成公式：

$$\dot{\boldsymbol{q}}=\dot{\boldsymbol{q}}_{\mathrm{s}}+\dot{\boldsymbol{q}}_{\mathrm{h}}=\boldsymbol{J}^{+}\dot{\boldsymbol{x}}+k(\boldsymbol{I}-\boldsymbol{J}^{+}\boldsymbol{J})\nabla\boldsymbol{H}(\boldsymbol{q}) \tag{3.8}$$

这就是梯度投影法的最基本公式，其中，$\nabla\boldsymbol{H}(\boldsymbol{q})$ 为优化函数 $\boldsymbol{H}(\boldsymbol{q})$ 的梯度矢量，k 为放大系数。

在运用梯度法求解运动学逆解过程中，关键是确立可优化的性能指标，常用的可优化性能指标 $\boldsymbol{H}(\boldsymbol{q})$ 主要包含运动灵活性、避障和关节极限三类，针对本章中的机械臂结构，一个平面冗余 5R 机械臂，以避障为优化目标，建立了具体的梯度投影法公式，推导过程如下。

原始方程为

$$\Delta\boldsymbol{x}_{\mathrm{e}}=\boldsymbol{J}(\boldsymbol{q})\Delta\boldsymbol{q} \tag{3.9}$$

式中，$\Delta\boldsymbol{x}_{\mathrm{e}}\in\mathbf{R}^2$；$\Delta\boldsymbol{q}\in\mathbf{R}^5$ 为机械臂五个关节矢量的无穷小增量；$\boldsymbol{J}\in\mathbf{R}^{2\times5}$，式(3.9)的通解为

$$\Delta\boldsymbol{q}=\boldsymbol{G}_1\Delta\boldsymbol{x}_{\mathrm{e}}+(\boldsymbol{G}_2\boldsymbol{J}-\boldsymbol{I}_{\mathrm{n}})\boldsymbol{y} \tag{3.10}$$

式中，$\boldsymbol{G}_1$、$\boldsymbol{G}_2$ 分别是 $\boldsymbol{J}$ 的增广逆，$\boldsymbol{J}\boldsymbol{G}_1\boldsymbol{J}=\boldsymbol{J}$，$\boldsymbol{J}\boldsymbol{G}_2\boldsymbol{J}=\boldsymbol{J}$。

根据梯度投影法的基本公式，设

$$\boldsymbol{y}=\alpha\nabla\boldsymbol{H}(\boldsymbol{q}) \tag{3.11}$$

方程的解促使 $\boldsymbol{H}(\boldsymbol{q})$ 减小，可得到方程

$$\boldsymbol{H}(\boldsymbol{q})=\frac{1}{2}(\boldsymbol{q}-\boldsymbol{q}_{\mathrm{r}})^{\mathrm{T}}\boldsymbol{H}_1(\boldsymbol{q}-\boldsymbol{q}_{\mathrm{r}}) \tag{3.12}$$

式中，$\boldsymbol{H}_1\in\mathbf{R}^{5\times5}$，$\boldsymbol{H}_1=\mathrm{diag}(h_{ij})$，$h_{ij}$ 为正常数；$\boldsymbol{q}_{\mathrm{r}}\in\mathbf{R}^5$ 是关节坐标的参考矢量。

逆解变为

$$\Delta\boldsymbol{q}=\boldsymbol{G}_1\Delta\boldsymbol{x}_{\mathrm{e}}+\alpha(\boldsymbol{G}_2\boldsymbol{J}-\boldsymbol{I}_{\mathrm{n}})\boldsymbol{H}_1(\boldsymbol{q}-\boldsymbol{q}_{\mathrm{r}}) \tag{3.13}$$

在等式右边第二项的作用下，关节坐标最大限度地接近给定的参考值。障碍物的分布情况以及机械臂的结构决定了参考矢量 $\boldsymbol{q}_r$ 的估算值，对于此问题，计算关节路径来尽量使接近障碍物一侧的关节构件远离障碍物，因而，只能近似地使机械臂末端按照规定的路径运动。为此，利用伪逆的概念，得到方程的解为

$$\dot{\boldsymbol{q}} = \boldsymbol{J}^{+}\dot{\boldsymbol{x}}_e + \boldsymbol{p}\boldsymbol{y} \tag{3.14}$$

$$\boldsymbol{p} = \boldsymbol{I}_n - \boldsymbol{J}^{+}\boldsymbol{J} \tag{3.15}$$

式中，$\dot{\boldsymbol{x}}_e$ 为末端位置的变化速度，由所设定的机械臂末端路径确定；$\boldsymbol{y}$ 为任意矢量。

综合考虑机械臂构型及其运动环境，避障优化函数未采用上述给出的三种方法，而是通过添加碰撞检测函数，检测到碰撞后，给定一速度，设此靠近障碍物的点的速度为 $\dot{\boldsymbol{x}}_c$，它是离开障碍物的，即

$$\boldsymbol{J}_c\dot{\boldsymbol{q}} = \dot{\boldsymbol{x}}_c \tag{3.16}$$

式中，$\boldsymbol{J}_c$ 为机械臂上对应碰撞检测点的雅可比矩阵。

因为碰撞检测点属于某个关节臂 l，因此，$\boldsymbol{J}_c$ 仅与检测点之前的关节坐标有关，之后的 $5-l$ 列都是零，将式(3.16)代入式(3.14)、式(3.15)之后可得

$$\boldsymbol{J}_c\boldsymbol{p}\boldsymbol{y} = \dot{\boldsymbol{x}}_c - \boldsymbol{J}_c\boldsymbol{J}^{+}\dot{\boldsymbol{x}}_e \tag{3.17}$$

可推导出最后关节速度的解为

$$\dot{\boldsymbol{q}} = \boldsymbol{J}^{+}\dot{\boldsymbol{x}}_e + (\boldsymbol{J}_c\boldsymbol{p})^{+}(\dot{\boldsymbol{x}}_c - \boldsymbol{J}_c\boldsymbol{J}^{+}\dot{\boldsymbol{x}}_e) \tag{3.18}$$

在计算中，对上式速度进行变形，可以得到

$$\frac{\boldsymbol{q}_{i+1} - \boldsymbol{q}_i}{\Delta t} = \frac{\boldsymbol{J}^{+}(\boldsymbol{x}_{e(i+1)} - \boldsymbol{x}_{e(i)})}{\Delta t} + (\boldsymbol{J}_c\boldsymbol{p})^{+}\left[\frac{(\boldsymbol{x}_{c(i+1)} - \boldsymbol{x}_{c(i)})}{\Delta t} - \frac{\boldsymbol{J}_c\boldsymbol{J}^{+}(\boldsymbol{x}_{e(i+1)} - \boldsymbol{x}_{e(i)})}{\Delta t}\right] \tag{3.19}$$

化简可以得到

$$\boldsymbol{q}_{i+1} - \boldsymbol{q}_i = \boldsymbol{J}^{+}(\boldsymbol{x}_{e(i+1)} - \boldsymbol{x}_{e(i)}) + (\boldsymbol{J}_c\boldsymbol{p})^{+}[(\boldsymbol{x}_{c(i+1)} - \boldsymbol{x}_{c(i)}) - \boldsymbol{J}_c\boldsymbol{J}^{+}(\boldsymbol{x}_{e(i+1)} - \boldsymbol{x}_{e(i)})] \tag{3.20}$$

因此，通过给定的初始位置和运动路径即可进行求解，在求解过程中，加入关节角可行角度限制：

$$-90^\circ \leqslant \theta_{(i)} \leqslant 90^\circ,\quad i = 1,2,3,4,5 \tag{3.21}$$

根据以上公式，现求得重载机械臂的雅可比矩阵为

$$\boldsymbol{J} = \begin{bmatrix} J_{11} & J_{12} & J_{13} & J_{14} & J_{15} \\ J_{21} & J_{22} & J_{23} & J_{24} & J_{25} \end{bmatrix} \tag{3.22}$$

$$J_{11} = -l_5\sin(\theta_1+\theta_2+\theta_3+\theta_4+\theta_5) - l_4\sin(\theta_1+\theta_2+\theta_3+\theta_4) - l_3\sin(\theta_1+\theta_2+\theta_3) - l_2\sin(\theta_1+\theta_2) - l_1\sin\theta_1$$

$$J_{12} = -l_5\sin(\theta_1+\theta_2+\theta_3+\theta_4+\theta_5) - l_4\sin(\theta_1+\theta_2+\theta_3+\theta_4) - l_3\sin(\theta_1+\theta_2+\theta_3) - l_2\sin(\theta_1+\theta_2)$$

$$J_{13} = -l_5\sin(\theta_1+\theta_2+\theta_3+\theta_4+\theta_5) - l_4\sin(\theta_1+\theta_2+\theta_3+\theta_4) - l_3\sin(\theta_1+\theta_2+\theta_3)$$

$$J_{14} = -l_5\sin(\theta_1+\theta_2+\theta_3+\theta_4+\theta_5) - l_4\sin(\theta_1+\theta_2+\theta_3+\theta_4)$$

$$J_{15} = -l_5\sin(\theta_1+\theta_2+\theta_3+\theta_4+\theta_5)$$

$$J_{21}=l_5\cos(\theta_1+\theta_2+\theta_3+\theta_4+\theta_5)+l_4\cos(\theta_1+\theta_2+\theta_3+\theta_4)+ l_3\cos(\theta_1+\theta_2+\theta_3)+l_2\cos(\theta_1+\theta_2)+l_1\cos\theta_1$$

$$J_{22}=l_5\cos(\theta_1+\theta_2+\theta_3+\theta_4+\theta_5)+l_4\cos(\theta_1+\theta_2+\theta_3+\theta_4)+ l_3\cos(\theta_1+\theta_2+\theta_3)+l_2\cos(\theta_1+\theta_2)$$

$$J_{23}=l_5\cos(\theta_1+\theta_2+\theta_3+\theta_4+\theta_5)+l_4\cos(\theta_1+\theta_2+\theta_3+\theta_4)+l_3\cos(\theta_1+\theta_2+\theta_3)$$

$$J_{24}=l_5\cos(\theta_1+\theta_2+\theta_3+\theta_4+\theta_5)+l_4\cos(\theta_1+\theta_2+\theta_3+\theta_4)$$

$$J_{25}=l_5\cos(\theta_1+\theta_2+\theta_3+\theta_4+\theta_5)$$

根据上述推导结果，确定机械臂末端运动路径后，代入相应参数数值即可完成机械臂的逆运动学求解。受机械臂重载特性的影响，机械臂在实际运动中发生变形后杆件的水平长度会发生变化，对运动学产生影响，因此，在后续研究中，需要完成机械臂变形量的分析，根据变形量的大小具体分析。

3.5 机械臂完整运动分析

重载平面冗余机械臂的实际运动形式复杂多样，因此，在进行机械臂路径规划之前，首先，将重载平面冗余机械臂进入真空室的完整运动进行分析并划分。机械臂在进入真空室前，以折叠姿态装载在导轨小车上。执行任务时，根据臂$\pm 60^\circ$的环形工作环境，将工作任务空间分为四个区域，如表 3.2 所示。

表 3.2 工作环境分区

工作一区	工作二区	工作三区	工作四区
0 ～ 60° 内壁	0 ～ 60° 外壁	0 ～− 60° 内壁	0 ～− 60° 外壁

从初始折叠位置开始展开，首先，机械臂随着基座在导轨上向前移动，慢慢展开至完全展开状态，然后，随着机械臂逐渐伸入真空室腔内，机械臂各关节配合转动，在不发生碰撞的基础上根据任务要求到达不同的位置。因此，机械臂需要根据具体任务所在区域展开到具体位置，这一过程可以称为机械臂的第一展开模式。在第一展开模式中，均不考虑机械臂末端位置，机械臂的运动完全是在关节空间内进行控制。在机械臂展开到这一位置后(以关节空间位置定义)，开始完成该区域内的所有维护、检修等工作，在这一运动过程中，机械臂末端通过根据任务目标点完成一段已定路径运动来实现具体工作任务，称这一过程为机械臂第二展开模式。

通过以上分析可以发现，第一展开模式下机械臂的运动，对机械臂末端路径没有要求，可以通过在关节空间内完成无碰撞路径的搜索实现，而第二展开模式是机械臂在特定路径下的运动，因此，需要结合机械臂的逆运动学分析来完成路径规划的实现。

3.6 基于 RRT 算法的无碰撞路径规划

机械臂第一展开模式下的运动，旨在完成机械臂末端从初始位置进入窗口展开到第二展开模式的初始位置，即机械臂从初始折叠状态展开到四个工作区的初始位置点的运动过程。对于这一过程,五个关节参与运动的形式多样,根据基座在导轨小车上的运动位置情况的不同,同时运动的关节数也不定。在此讨论中以基座在导轨小车上静止后开始(静止前的运动通过正运动学步间尝试来确定),五个机械臂关节同时参与运动的情况,这一方法同样适用于非五个关节同时运动的情况。

3.6.1 问题描述

这一过程可以简单描述成以各关节初始关节角(此初始角度不是安装在导轨小车时的关节角度)作为初始点,在机械臂的关节空间内,找到一系列关节角,使最终达到目标关节角,且对于过程中的任一关节姿态,不会发生与真空室内外壁碰撞的情况,其实质是不同时刻五个关节角的搜寻过程。

目前,对于这一问题,由于传统的运动规划法、图像搜索方法以及智能算法等都需要建立障碍物和机器人构型的C空间模型,计算的复杂度因而会随着机械臂自由度数的增加而以指数增长,对于复杂环境下的高维、冗余机器人的避障问题,如本章中的平面5R冗余机械臂,求解存在一定的困难,而随机采样的方法是通过对状态空间中的采样点进行碰撞检测来获取是否碰撞的信息,避免了对机械臂和障碍物空间的建模,可以高效地解决高维空间的运动规划问题。

通过以上分析,本章中的路径规划采用随机采样的方法,现阶段,主要的随机采样方法有概率地图法(probabilistic road map,PRM)和快速探索随机树法(rapidly-exploring random tree,RRT)。其中,PRM方法作为一种基于随机采样的方法,它可以不必对空间进行建模,只是通过对关节空间中的采样点通过正运动学的计算在状态空间中进行碰撞检测,并在此基础上进行运动规划。概率地图法共分为两个过程,第一过程为离线构造概率地图,第二过程为在线搜寻最优路径。这使它完全能够处理多障碍物和复杂空间内的运动规划问题,实时性好,且容易实现、通用性好。但是对于本章的环境特点:自由空间较大,机械臂相对障碍物体积较为庞大,机械臂维数较高,因此,在构建离线地图时,采样点数量需要十分庞大才可以连接成连通的地图,直接导致算法失去了采样简化运算的意义,计算量过大且连通地图局限性太大,所以,在本次的规划中选用另外一种随机采样的方法,即RRT算法。

3.6.2 RRT算法及其改进

RRT算法同样具备了一般随机采样算法的优点,适合解决高维机械臂在较高复杂条件下的路径规划问题。此外,RRT利用树形结构来储存随机扩展得到的机械臂关节构型节点,使其相邻节点间得到的路径同时满足机械臂动力学、运动学以及避碰要求,适合非完整冗余运动规划问题,且经过尝试,基于本实验的机械臂的构型和工作环境,其达到目标位置时采样点的数量远远小于概率地图法构建概率地图时的采样点数量。因此,在本次路径规划中选用RRT算法实现路径搜索。

为了更好地描述算法的实现,首先说明几个定义,如表3.3所示。根据定义,本次设计的RRT方法可以简单地描述成:以J空间采样C空间检测的冗余机械臂避碰路径规划。具体过程是在位姿空间中寻找一条机械臂关节角由初始关节角$\boldsymbol{\theta}_{\mathrm{start}}$到达目标关节角

$\boldsymbol{\theta}_{target}$ 的关节运动路径，通过在 C 空间的碰撞检测，满足整个机械臂从 $\boldsymbol{\theta}_{start}$($\boldsymbol{\theta}_{start} \in \boldsymbol{\theta}_{free}$) 到达 $\boldsymbol{\theta}_{target}$($\boldsymbol{\theta}_{target} \in \boldsymbol{\theta}_{free}$) 的所有位姿均属于 C_{free} 的运动路径。

表 3.3　算法相关定义

定义	定义描述
工作空间(W 空间)	环境中机械臂与障碍物存在的空间，记为 W
关节空间(J 空间)	$\boldsymbol{\theta} = (\theta_1, \theta_2, \theta_3, \cdots, \theta_5)^T$ 为机械臂各个关节的旋转角度，n 为关节数，$\boldsymbol{\theta}$ 的所有集合组成了机械臂的 J 空间，记为 C_J
位姿空间(C 空间)	机械臂全部可能位姿 $C(\boldsymbol{\theta})$ 组成的集合，表示机械臂全部可能出现的运动状态，在此，记为 C
位姿障碍物空间(C_{obst})	对 W 空间的障碍物依据机械臂的实际尺寸完成相应的膨化处理，对于位姿 $C(\boldsymbol{\theta})$，发生了碰撞，记为 C_{obst}
位姿自由空间(C_{free})	位姿障碍物空间以外的位姿空间，即对于位姿障碍物发生碰撞，记为 C_{free}

重载机械臂为平面 5R(五自由度) 结构，因此，在关节空间中，$n=5$，给定机械臂的初始关节角 $\boldsymbol{\theta}_{start} = (\theta_{s1}, \theta_{s2}, \theta_{s3}, \theta_{s4}, \theta_{s5})^T$ 和目标关节角 $\boldsymbol{\theta}_{target} = (\theta_{t1}, \theta_{t2}, \theta_{t3}, \theta_{t4}, \theta_{t5})^T$。RRT 算法从 $\boldsymbol{\theta}_{start}$ 开始，在 J 空间中经过随机采样构建随机树结构 RT，设扩展步长为 D_{dis}，搜索过程以树形结构中的节点到达 $\boldsymbol{\theta}_{target}$ 的最小距离小于已设定的最小值 D_{min}，或者以采样的次数大于预先设定的最大采样数 M_{axct} 为结束标志。基于 RRT 算法的避碰路径规划主要步骤如下：

步骤 1：定义所有参数，归零或初始化，初始化初始构型 $\boldsymbol{\theta}_{start}$ 和目标构型 $\boldsymbol{\theta}_{target}$，将 $\boldsymbol{\theta}_{start}$ 加入随机树 RT 中，初始化 RT。

步骤 2：随机产生机械臂位姿构型 $\boldsymbol{\theta}_{rand} = (\theta_{r1}, \theta_{r2}, \theta_{r3}, \theta_{r4}, \theta_{r5})^T$，作为随机树 RT 中的临时目标。

步骤 3：循环，判断采样 C_{ount} 次数是否大于设定的最大采样次数 M_{axct}，大于则退出，搜索失败，否则继续。

步骤 4：调用搜索树中最近点函数 Nearest($\boldsymbol{\theta}_{rand}$，RT，RTIndex)，搜索在随机树 RT 中距离 $\boldsymbol{\theta}_{rand}$ 最近的节点 $\boldsymbol{\theta}_{nearest}$。

步骤 5：调用扩展函数 Extend(D_{dis}，$\boldsymbol{\theta}_{nearest}$)，确定新的节点 $\boldsymbol{\theta}_{new}$。

步骤 6：通过调用碰撞检测函数 Obstacle($\boldsymbol{\theta}_{new}$)，检测 $\boldsymbol{\theta}_{new}$ 是否在 C_{free} 中，如果在则进行下一步，不在则返回步骤 2。

步骤 7：将 $\boldsymbol{\theta}_{new}$ 加入随机树 RT 中，记录其父节点信息。

步骤 8：判断 $d(\boldsymbol{\theta}_{new}, \boldsymbol{\theta}_{target}) < D_{min}$，成立则进行下一步，不成立则返回步骤 2，继续扩展。

步骤 9：将 $\boldsymbol{\theta}_{new}$ 反向所搜父节点，获得整个完整路径，完成路径搜索。

RRT 算法流程图如图 3.10 所示。

对于整个 RRT 算法过程，需要以下几点说明：

(1) 在参数设置过程中，为了将所有信息记录在随机树 RT 中，树中每一个节点都包

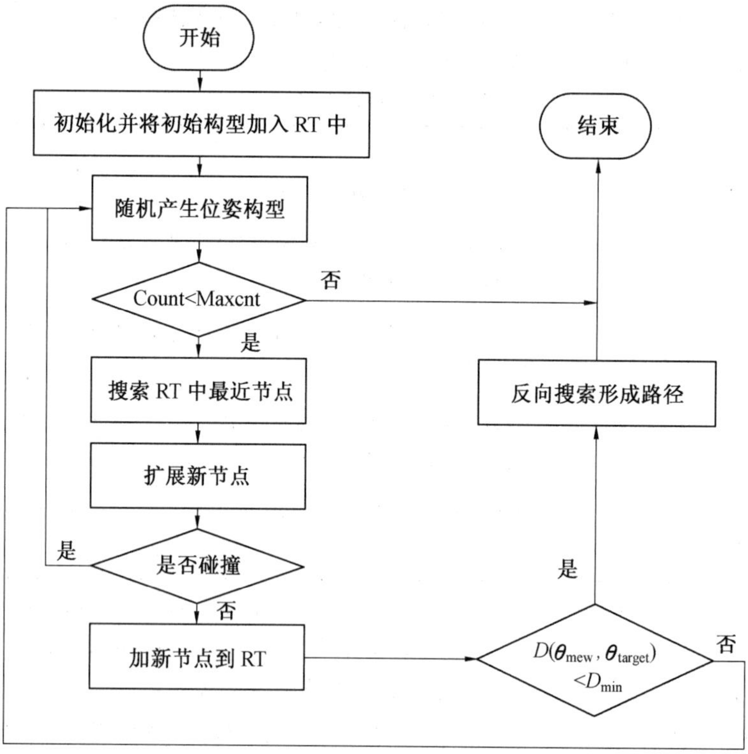

图 3.10 RRT 算法流程图

含 7 列数据，其中，前 5 列依次为 5 个关节的转角，第六列为索引号，第七列为父节点，因此，在搜索路径成功后，可以计算出搜索次数，依次逆向搜索父节点，从而获得所有路径点，得到完整路径。对于 D_{dis} 和 $D_{\min}$ 的设定是通过多次尝试后确定的，最终都确立为 1°，M_{axct} 取 4 000。

(2) 利用函数 Nearest($\boldsymbol{\theta}_{\mathrm{rand}}$，RT，RTIndex) 求最近点的过程。

步骤 1：依次求出随机树 RT 上所有节点到 $\boldsymbol{\theta}_{\mathrm{rand}}$ 的距离，在这里表示成 5 个关节角度之和。

步骤 2：对所求距离依次比较得到最小距离点，即 $\boldsymbol{\theta}_{\mathrm{nearest}}$。

(3)Extend(D_{dis}，$\boldsymbol{\theta}_{\mathrm{nearest}}$) 确定新的节点 $\boldsymbol{\theta}_{\mathrm{new}}$ 的过程。

步骤 1：计算 $\boldsymbol{\theta}_{\mathrm{nearest}}$ 与 $\boldsymbol{\theta}_{\mathrm{rand}}$ 之间的距离，若 $d(\boldsymbol{\theta}_{\mathrm{nearest}},\boldsymbol{\theta}_{\mathrm{rand}}) < D_{\mathrm{dis}}$，则 $\boldsymbol{\theta}_{\mathrm{new}}=\boldsymbol{\theta}_{\mathrm{rand}}$，若等式不成立，则进行步骤 2。

步骤 2：根据公式

$$\boldsymbol{\theta}_{\mathrm{new}}=\boldsymbol{\theta}_{\mathrm{nearest}}+(\boldsymbol{\theta}_{\mathrm{rand}}-\boldsymbol{\theta}_{\mathrm{nearest}})\times\frac{D_{\mathrm{dis}}}{D_{\mathrm{actual}}} \tag{3.23}$$

可以得到 $\boldsymbol{\theta}_{\mathrm{new}}$，其中 D_{actual} 为计算得到的最近点到 $\boldsymbol{\theta}_{\mathrm{rand}}$ 的距离。

随机树节点扩展过程可以用图 3.11 来表示。

(4) 利用($\boldsymbol{\theta}_{\mathrm{new}}$) 函数来检测碰撞的过程。

步骤 1：通过正运动学公式，在 $\boldsymbol{\theta}_{\mathrm{new}}$ 条件下，分别计算出机械臂 5 个关节末端的位置。

步骤 2：根据真空室的内外环距离其圆心的距离，来检测 5 个关节末端是否在两个距离之间，判断机械臂是否与真空室碰撞。

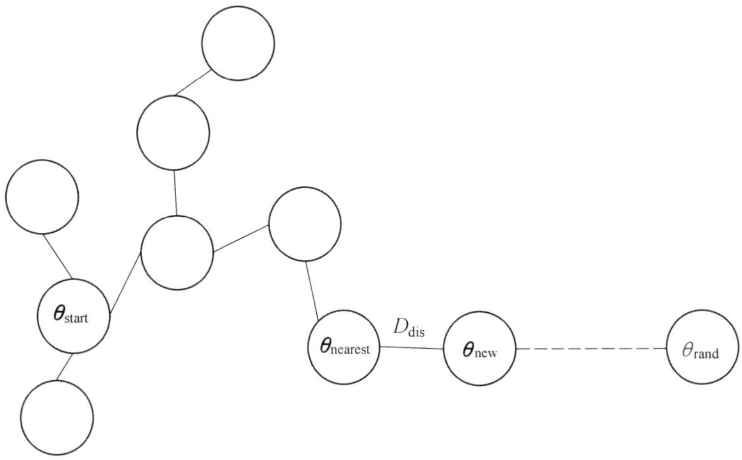

图 3.11　RRT 算法随机树扩展图

以上为传统的 RRT 算法及其搜索过程，为了提高搜索效率，增强路径规划的实时性，在传统 RRT 算法的基础上进行改进，选择双树搜索，方法与单树搜索类似，但同时建立两棵搜索树，其中一棵树搜索方向与单树搜索时方向一致，从 $\boldsymbol{\theta}_{start}$ 开始搜索，而另一棵搜索树从 $\boldsymbol{\theta}_{target}$ 开始进行搜索，改进的 RRT 算法双树流程图如图 3.12 所示。

改进后的 RRT 双树中随机树节点扩展过程与单树略有不同，它在两棵树分别扩展节点的同时，其中一棵树对另一棵树起引导作用，实现了单树同时扩展两个节点的过程，同时，扩展节点的方向受另一棵扩展树的引导作用，具有目标方向性，因此，搜索速度有了显著提高，双树随机树节点扩展如图 3.13 所示。

对于其中任意一棵树，都有 $\boldsymbol{\theta}_{new1}$ 和 $\boldsymbol{\theta}_{new2}$ 两个新扩展节点，$\boldsymbol{\theta}_{new1}$ 为其自身根据随机产生的点 $\boldsymbol{\theta}_{rand}$ 扩展得到，而 $\boldsymbol{\theta}_{new2}$ 则是根据另一棵树的 $\boldsymbol{\theta}_{new1}$ 的引导作用扩展得到，直到一棵树的新节点距离另一棵树的最近点的距离小于设定的最小检测值 D_{min}，扩展停止，搜索成功。

3.6.3　RRT 改进前后算法的仿真及对比

根据以上对传统 RRT 算法与改进的双树 RRT 算法的分析，将算法通过 Matlab 进行程序实现并将搜索结果输出，同时根据搜索得到的路径，完成该路径下机械臂的运动仿真。

首先，以起始关节角(30，30，0，－10，－10)和目标关节角(50，32，－38，－34，－20)分别通过传统 RRT 单树和改进后的 RRT 双树进行搜索，由于搜索空间为五维空间，因此，无法对关节搜索过程进行显示，在此，通过机械臂正运动学计算，得到机械臂末端点位置并将其显示，并对机械臂该搜索结果下的运动进行仿真，结果如图 3.14、图 3.15 所示。其中，RRT 单树的搜索次数为 2 242，路径点数为 106，RRT 双树的搜索次数为 101，路径点数为 61。

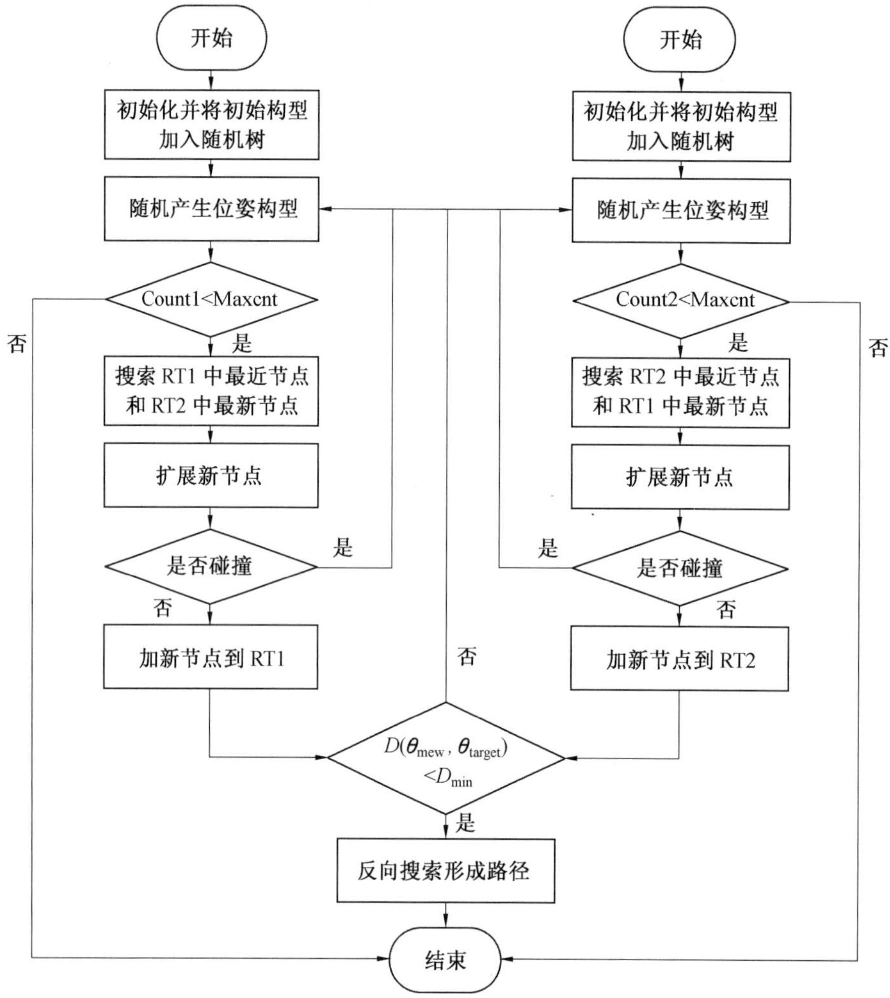

图 3.12　改进的 RRT 算法双树流程图

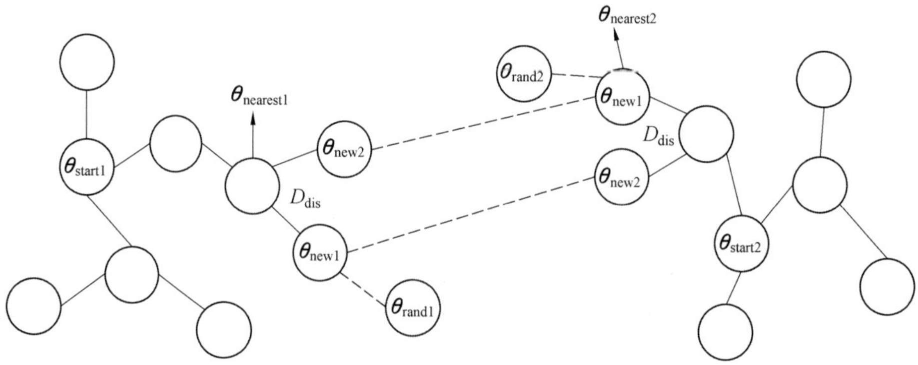

图 3.13　RRT 双树随机数节点扩展图

根据搜索和仿真结果可以发现，对于本次研究的重载冗余机械臂，通过 RRT 算法进行关节空间内的路径搜索，可以满足机械臂无碰撞的路径规划，同时，由图 3.14 和图 3.15

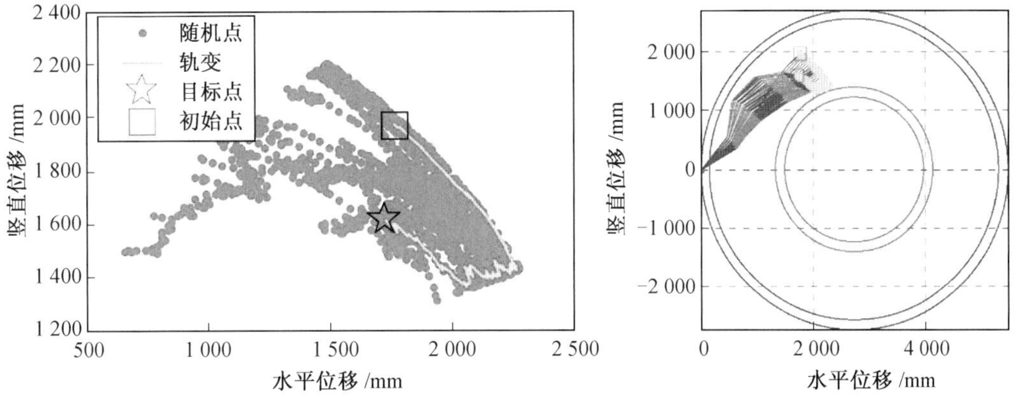

(a) 机械臂末端路径搜索结果　　(b) 机械臂搜索路径运动仿真

图 3.14　传统 RRT 单树搜索结果图

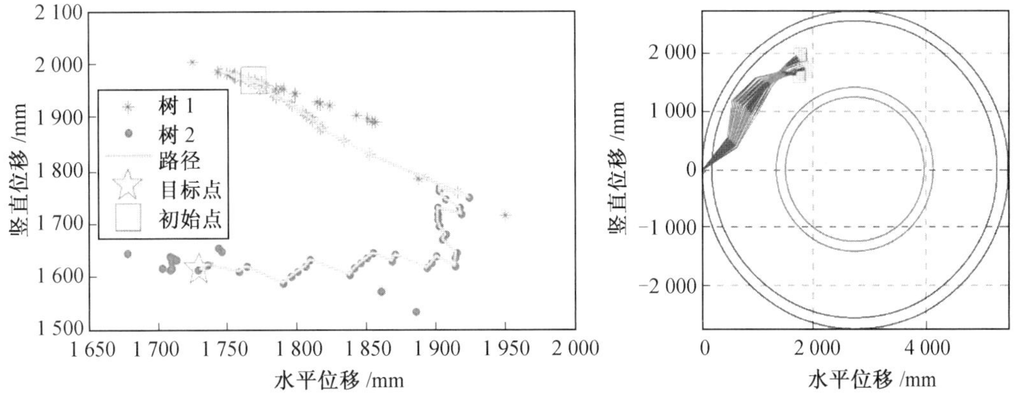

(a) 机械臂末端路径搜索结果　　(b) 机械臂搜索路径运动仿真

图 3.15　RRT 双树搜索结果图

对比可以发现，在通过改进的 RRT 双树和传统的 RRT 单树分别完成路径搜索中，RRT 双树的路径搜索次数较 RRT 单树明显减小，无效搜索点减少，路径较优。

另外，单独利用改进后的 RRT 双树方法进行路径搜索，以起始关节角(30,30,0,−10,−10)和目标关节角(45,50,−63,−66,−39)完成搜索，取其中任意两次的搜索结果和运动仿真分别输出，如图 3.16、图 3.17 所示。其中，第一次路径搜索次数为 179，路径点数为 112，第二次路径搜索次数为 309，路径点数为 125。

由图 3.16 和图 3.17 对比可以发现，在 RRT 算法的应用中，受其随机性的影响，以相同的起始点和目标点进行搜索，搜索结果偏差也可能较大，路径存在优劣，搜索路径的重复性较差。

综合两次路径对比结果，针对 RRT 算法的特点，将算法应用到实际控制中时，以 RRT 双树进行搜索，同时可以通过多次搜索取优的方法对运动路径进行优化，并对较优的路径进行保留。

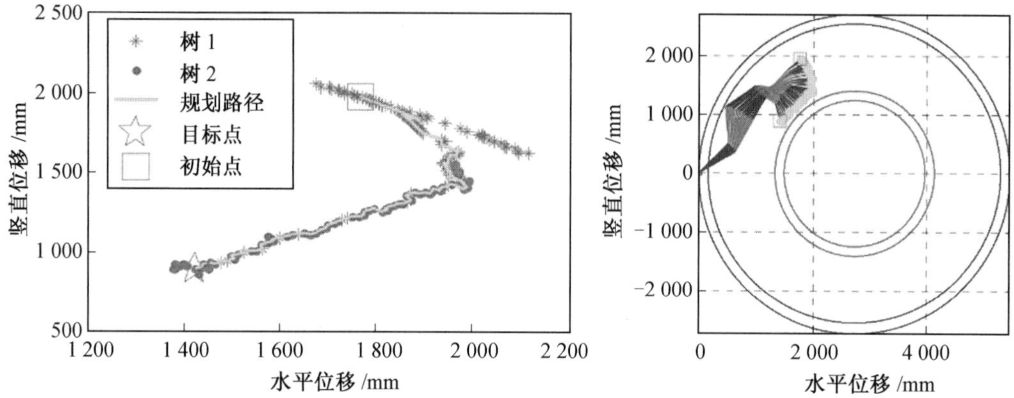

(a) 机械臂末端路径搜索结果　(b) 机械臂搜索路径运动仿真

图 3.16　RRT 双树第一次搜索结果图

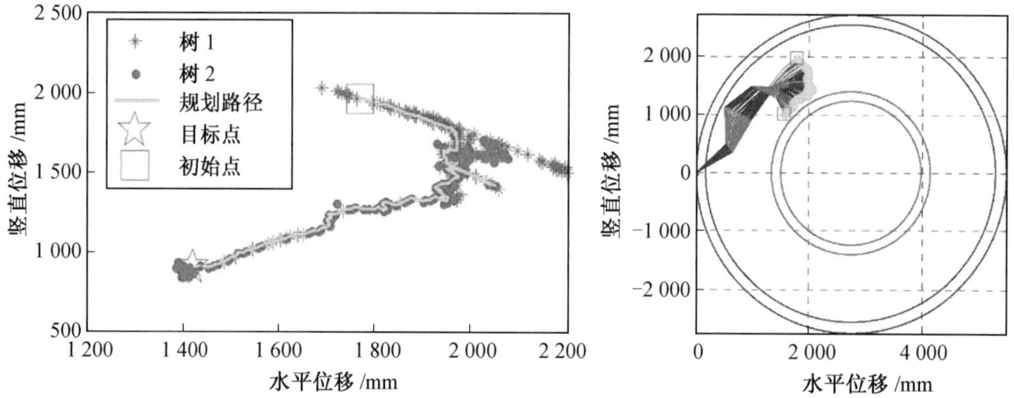

(a) 机械臂末端路径搜索结果　(b) 机械臂搜索路径运动仿真

图 3.17　RRT 双树第二次搜索结果图

3.7　基于梯度投影法的机械臂路径规划

3.7.1　问题描述

冗余机械臂在第二展开模式下的路径规划问题可以描述为：一个四自由度的串联型机械臂（综合考虑计算的复杂性与机械臂运动的灵活性，分区工作中将机械臂的第一关节固化），关节坐标矢量为 $\boldsymbol{q}=[q_1,q_2,q_3,q_4]^{\mathrm{T}}$，它属于位形空间 $Q=[q:q_{i\min}\leqslant q_i\leqslant q_{i\max},i=1,2,3,4]$，其中，$q_{i\max}$ 和 $q_{i\min}$ 分别为由机械臂的结构所限定的第 i 个关节坐标运动的上界和下界。机械臂任务空间中的每个点都由位置矢量 $\boldsymbol{x}=[x,y,z]^{\mathrm{T}}\in\mathbf{R}^3$ 给定，其中，x、y、z 是机械臂末端的参考点相对坐标系 $Oxyz$ 的直角坐标[32]。由于重载机械臂是一平面结构（$z=0$），因此每个点的位置通过 x、y 两个坐标确定。

已知机器人的初始位形 $\boldsymbol{q}(0)=\boldsymbol{q}_0$，对应的世界坐标矢量为 $\boldsymbol{x}_{\mathrm{e}}^0=f(\boldsymbol{q}_0)\in\mathbf{R}^2$，$2<4$。

给定的机械臂末端的运动路径为 $\boldsymbol{x}_e(t), t \in [0, T]$，或给定机械臂末端通过的一系列点 $x_e^k(k=0,1,\cdots,N)$。实际运算当中，通常是将路径离散化后取得一系列的离散点作为分析，即第二种情况。避障的问题就是通过确定的关节路径 $\boldsymbol{q}(t)$，能够使给定的机械臂末端路径（或一系列点）可以实现（至少近似可以实现），而机械臂的所有关节及杆件不会碰到障碍物。规划出机械臂末端的运动路径，当其沿着路径（具体分析时采用等间隔离散点）运动时，整个机械臂不与真空室的内外壁发生碰撞。

从根本上讲，上述问题的核心就是冗余自由度机械臂的逆运动学问题，因此，以第 2 章和 3.4 节中的逆运动学方法为基础，能够实现第二展开模式中固定路径下的无碰撞运动规划。

3.7.2　机械臂圆弧路径及实现

根据 3.4 节中关于机械臂逆运动学分析，综合考虑真空室实际形状和内部环境，机械臂只需完成沿着环形腔的圆弧路径即可满足其实际工作要求，具体工作由末端附加的两个灵巧臂来完成，末端规划的 4 条圆弧路径如表 3.4 所示。

表 3.4　分区圆弧路径

工作分区	圆弧路径曲线方程参数值及变量范围
工作一区	$x = r_3 \times \cos(\theta_0 + u \times t) + r_2$ $y = r_3 \times \cos(\theta_0 + u \times t)$ $t = 0,1,\cdots,120; u = 0.5; \theta_0 = 120; r_3 = 1\ 582; r_2 = 2\ 625$
工作二区	$x = r_3 \times \cos(\theta_0 + u \times t) + r_2$ $y = r_3 \times \cos(\theta_0 + u \times t)$ $t = 0,1,\cdots,100; u = 0.5; \theta_0 = 120; r_3 = 2\ 420; r_2 = 2\ 625$
工作三区	$x = r_3 \times \cos(\theta_0 - u \times t) + r_2$ $y = r_3 \times \cos(\theta_0 - u \times t)$ $t = 0,1,\cdots,120; u = 0.5; \theta_0 = 240; r_3 = 1\ 582; r_2 = 2\ 625$
工作四区	$x = r_3 \times \cos(\theta_0 - u \times t) + r_2$ $y = r_3 \times \cos(\theta_0 - u \times t)$ $t = 0,1,\cdots,100; u = 0.5; \theta_0 = 240; r_3 = 2\ 420; r_2 = 2\ 625$

以 4 条圆弧路径为依据，根据运动的初始点，通过多次正解尝试，满足机械臂末端不变的前提下调整机械臂各关节的初始位姿状态，得到机械臂各关节的最佳初始关节角。最终，确定的 4 个工作分区各关节初始位置分别如表 3.5 所示。

表 3.5　分区关节初始位置

工作分区	关节一	关节二	关节三	关节四	关节五
工作一区	45°	28°	−40°	−30°	−20°
工作二区	23°	35°	5°	13°	20°
工作三区	−45°	−28°	40°	30°	20°

续表3.5

工作分区	关节一	关节二	关节三	关节四	关节五
工作四区	$-23°$	$-35°$	$-5°$	$-13°$	$-20°$

综合表3.4中机械臂圆弧路径和表3.5中4个关节在不同工作分区的初始角信息，并结合第3.7节中分析得到的梯度投影法的逆解算法，通过Matlab进行求解，同时对求解得到的路径进行仿真，程序流程如图3.18所示。求解过程中，首先，以梯度投影法的最小范数解作为逆解，同时进行碰撞检测，当检测到碰撞后，采用避障优化的梯度投影法求解逆解，根据式(3.17)，式中 $\dot{\boldsymbol{x}}_c$ 的选取对于避障的优化和整个路径的跟踪具有关键性作用，对此，经过多次探索和仿真数据对比，确定机械臂此刻的末端速度为碰撞前时刻速度的1.1倍，结果较为理想，即

$$v_t = 1.1 v_{(t-1)} \tag{3.24}$$

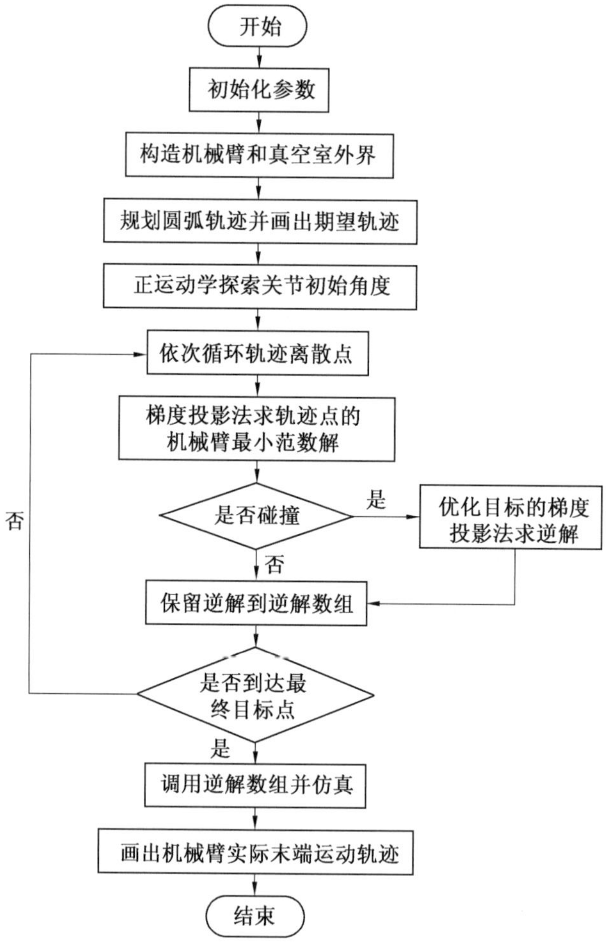

图3.18　机械臂逆解及仿真流程图

根据实际运动情况：第一关节固化，初始角不变，另外，在内壁工作时，基座无须向内运动，基点停在窗口，在外壁工作时，基座伸至真空室内300 mm。根据工作区的划分，四

工作区机械臂初始状态如图 3.19 所示。

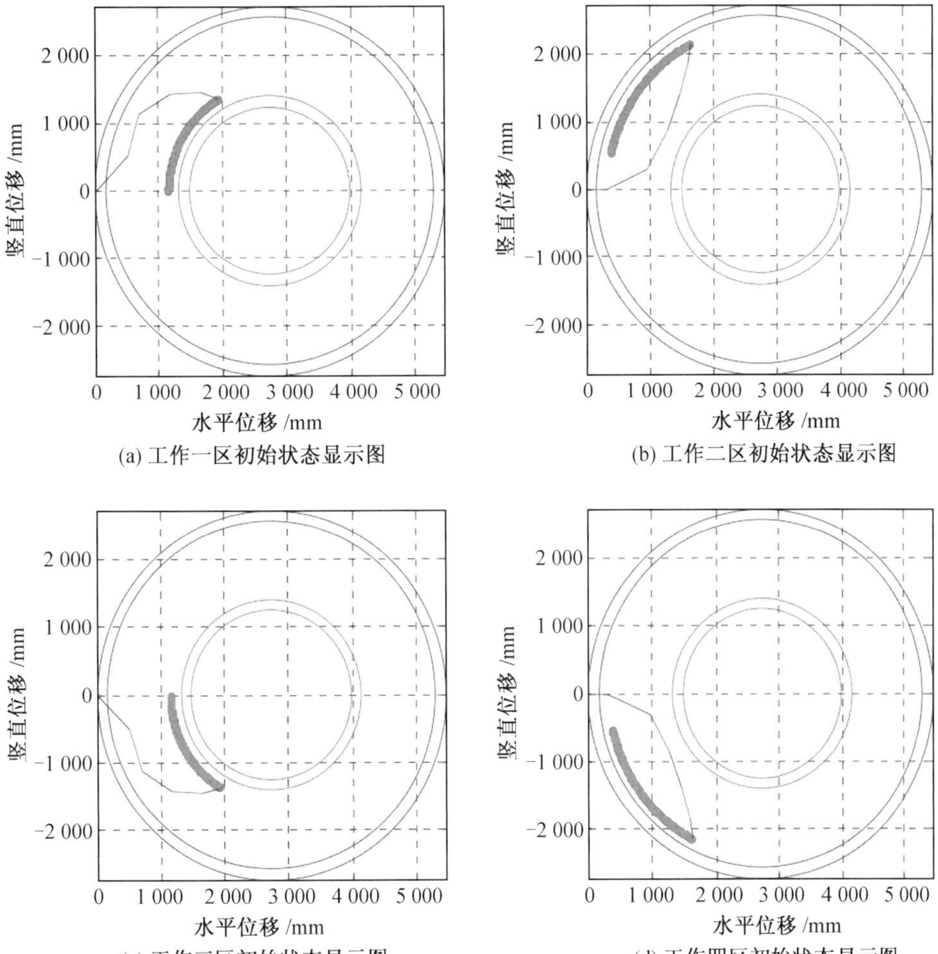

(a) 工作一区初始状态显示图　(b) 工作二区初始状态显示图

(c) 工作三区初始状态显示图　(d) 工作四区初始状态显示图

图 3.19　四工作区机械臂初始状态图

图 3.19 中，粗线为规划的运动路径，细线为机械臂简化构型，最内侧和外侧圆为真空室内外壁，另外两圆为综合考虑安全距离和关节连杆宽度后给定的安全区域边界。

工作一区的机械臂仿真运动如图 3.20 所示。图 3.20 中保留了各个时刻机械臂关节的运动状态，完整地表示了机械臂在运动过程中的关节变化情况。通过运动过程中的关节姿态，可以清楚地看到机械臂运动过程中无任何碰撞发生，且末端沿规划路径运动。其他 3 个工作区与该区运动类似。

机械臂运动到指定位置后，在 4 个分区内状态如图 3.21 所示，其中，红蓝重叠区域为机械臂运动过程中的关节姿态，绿色粗线为关节末端的实际路径。

由图 3.21 可以看出，机械臂在运动过程中所有关节均满足在自由空间内，即未发生任何与内外壁碰撞的情况，且通过对比可以发现，机械臂的实际运动路径与规划路径保持了高度一致，为了更清晰地说明这一问题，将工作一区的原始路径曲线和实际路径单独输出，如图 3.22 所示，由图可以看出，末端浅色的实际路径将原始路径几乎完全覆盖，即偏差极小，满足重载机械臂水平定位精度的要求。

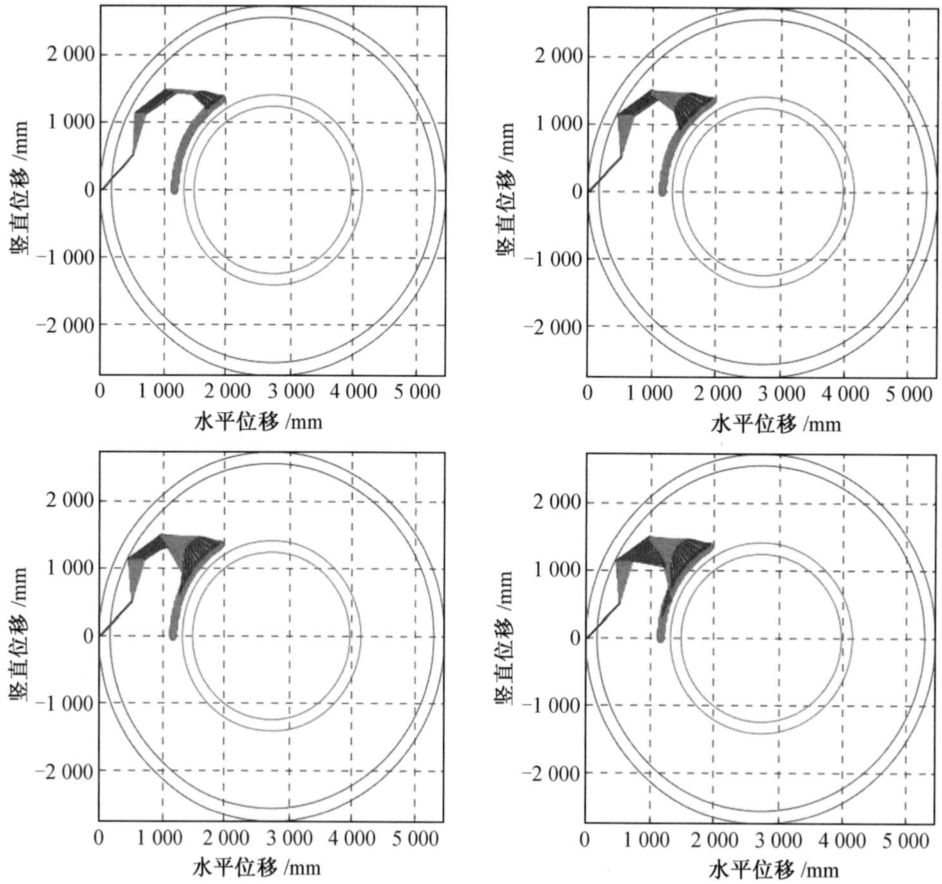

图 3.20　工作一区的机械臂仿真运动

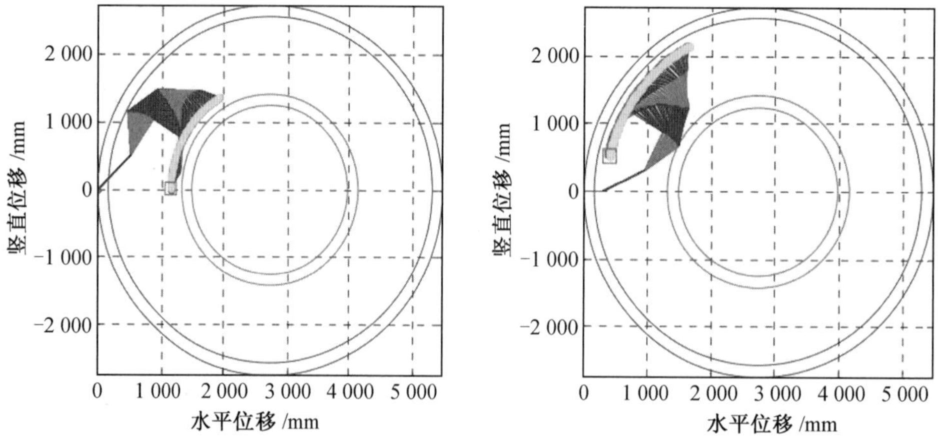

(a) 工作一区终点状态显示　　(b) 工作二区终点状态显示

图 3.21　完整工作区终点状态显示图①

① 全书部分图片的彩图形式放于图侧面二维码内，读者有需要可自行扫描，下同。

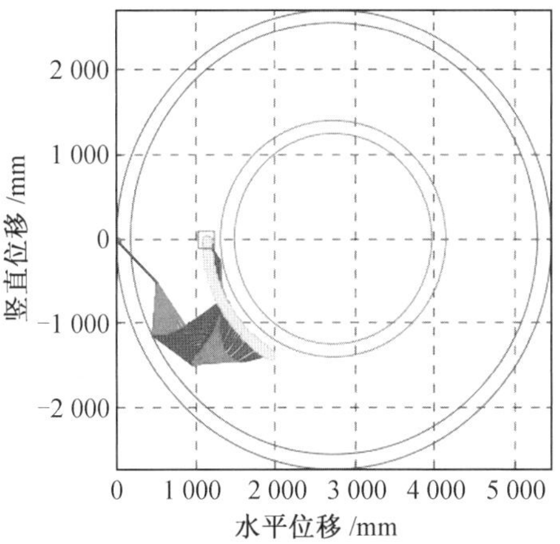

(c) 工作三区终点状态显示

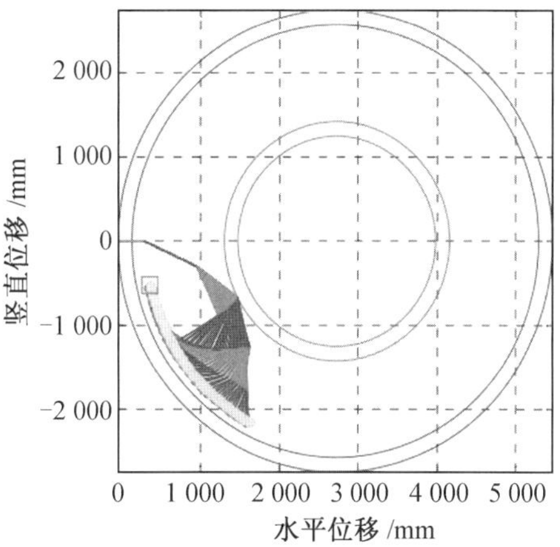

(d) 工作四区终点状态显示

续图 3.21

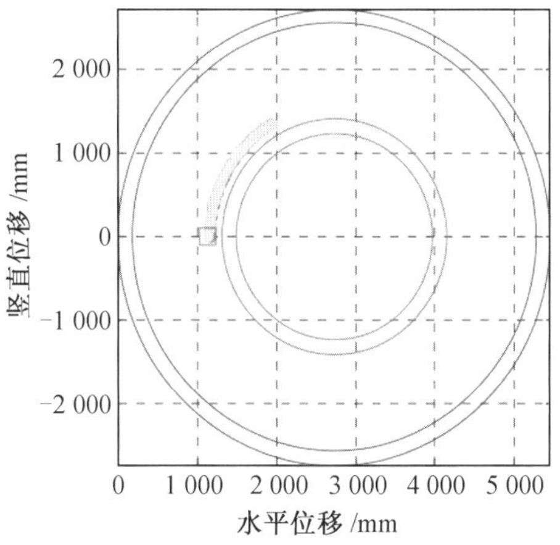

图 3.22　工作一区的原始路径曲线和实际路径对比图

同时，将这四种运动的关节角度变化分别输出，如图 3.23 所示，其中，横轴为移动的步数，纵轴为关节角度，由图可以看出各关节角曲线平滑，关节角均在规定的(−90°～90°)范围内，未超出关节角极限，运动情况较为理想。

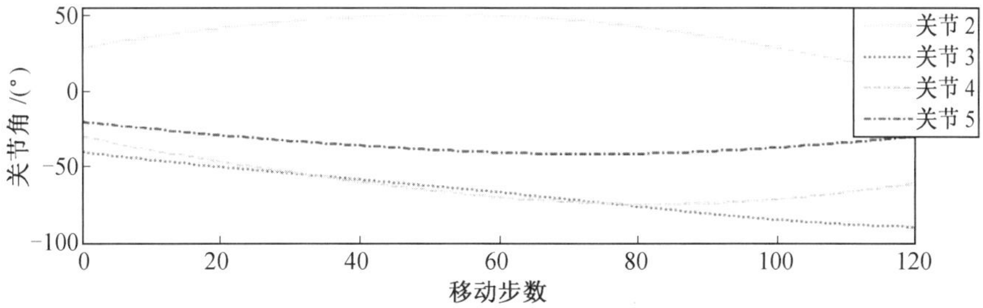

(a) 工作一区关节角度变化图

图 3.23　四工作区关节角度变化曲线图

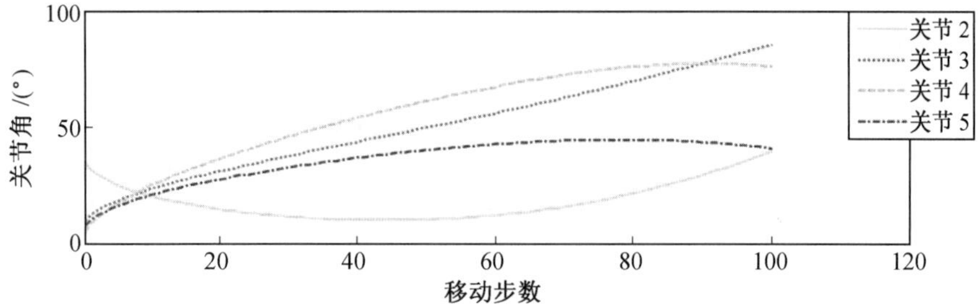

(b) 工作二区关节角度变化图

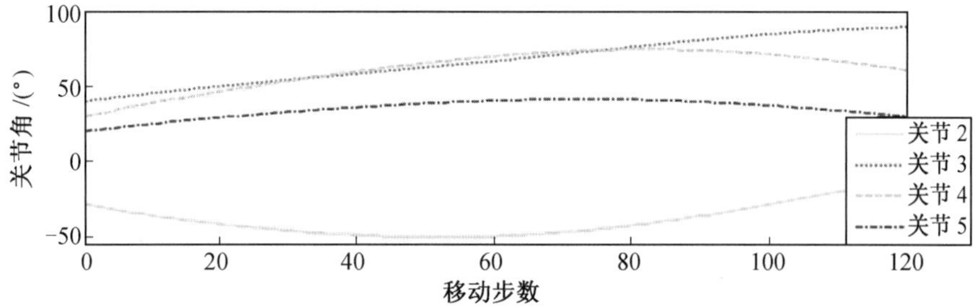

(c) 工作三区关节角度变化图

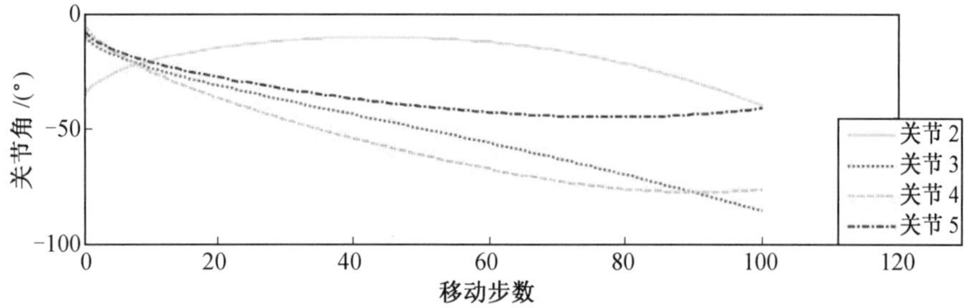

(d) 工作四区关节角度变化图

续图 3.23

根据关节角输出曲线，综合考虑机械臂末端最高为 0.1 m/s 的速度限制，以速度极限情况对基于梯度投影法的圆弧路径进行速度和角速度分析，可以得到各工作区的最大角速度和角加速度如表 3.6 所示（不包含启动时突变的角速度和角加速度值），满足重载机械臂角速度和角加速度不能过大的要求。

表 3.6　各工作区的最大角速度和角加速度

分区参数	工作一区	工作二区	工作三区	工作四区
最大角速度 /$(\mathrm{rad\cdot s^{-1}})$	0.12	0.23	−0.12	−0.23
最大角加速度 /$(\mathrm{rad\cdot s^{-2}})$	−0.01	0.018	0.01	−0.018

综合以上结果可以得出，基于避障优化的梯度投影法实现机械臂的圆弧运动路径规划结果理想、优化效果明显。

3.8 本章小结

本章运用 D－H 参数法完成了重载平面冗余机械臂的正运动学分析，获得了其变换矩阵和作业空间等信息，并通过 Matlab 对正运动学进行了仿真。同时，考虑机械臂的冗余性特点，采用冗余避障优化的梯度投影法完成了机械臂的逆运动学分析，推导完成了重载冗余机械臂的逆运动学求解公式，为机械臂完成确定路径下的无碰撞运动奠定了基础。另外，根据机械臂的运动特点，将机械臂的完整运动划分为两个阶段。对第一展开阶段采用基于传统 RRT 算法和改进的 RRT 算法进行无碰撞路径规划，并通过 Matlab 仿真对比，得出改进后的算法具有快速、高效的优点。对第二展开阶段采用基于梯度投影法求解特定路径的路径规划方法，并进行 Matlab 仿真，验证了算法的有效性和重载条件下的可行性。

第4章　双机械臂运动学、协调作业与轨迹规划

4.1　引　　言

本章介绍了以托卡马克多功能维护双机械臂作业为背景的双机械臂运动学、协调作业与轨迹规划。托卡马克维护作业具有多样性，包括检测、除尘、抓取、零部件拆卸与安装等，因此维护机械臂采用双操作臂和大尺度机械臂相结合的形式，既可使工作空间大、负载能力强，又兼具较大的灵活性和操作精度。本章首先对维护机械臂进行详细的运动学分析，建立起关节空间与笛卡儿空间之间的映射关系并求解其在限制环境下的工作空间，为维护作业任务的顺利实施打下基础。其次，当双操作臂到达指定作业位置后，需要通过协调配合完成多种任务，推导了松协调和紧协调条件下双操作臂间的约束关系，得到位姿及速度约束。之后进行双操作臂的轨迹规划，并以协调搬运任务为例，利用 Matlab 和 ADAMS 进行了仿真验证。

4.2　维护机械臂结构分析

实验装置整体图如图 4.1 所示，由托卡马克真空室、转运车、维护机械臂组成，维护机械臂安装在带有直线导轨的转运车中。

图 4.1　实验装置整体图

维护机械臂如图 4.2 所示，由双操作臂和大尺度机械臂组成。大尺度机械臂采用平面冗余结构，其末端安装双操作臂，双操作臂末端配备多功能维护工具。这样结合了大尺度机械臂可达空间大、负载能力强以及双操作臂灵巧度高、协调作业能力强两方面优势，更有利于作业任务的完成。

所涉及的双操作臂需利用末端配备的多种快换作业工具完成核聚变装置中包括管道切割、焊接，小型部件装拆、搬运在内的多种精细作业任务，鉴于任务的多样性，要求双操作臂具有高灵活度、高精度的特点。综合以上情况，确定双操作臂的技术指标如下：

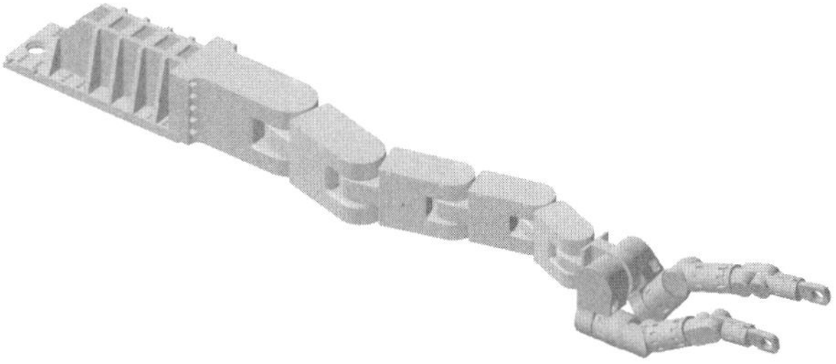

图 4.2　维护机械臂

(1) 单臂自由度数 6 个,双操作臂自由度数共 12 个。

(2) 单臂末端负载能力:10 kg。

(3) 末端重复定位精度:1 mm。

(4) 单臂可达工作空间:1 m^3。

根据上述技术指标确定双操作臂构型如图 4.3、图 4.4 所示。

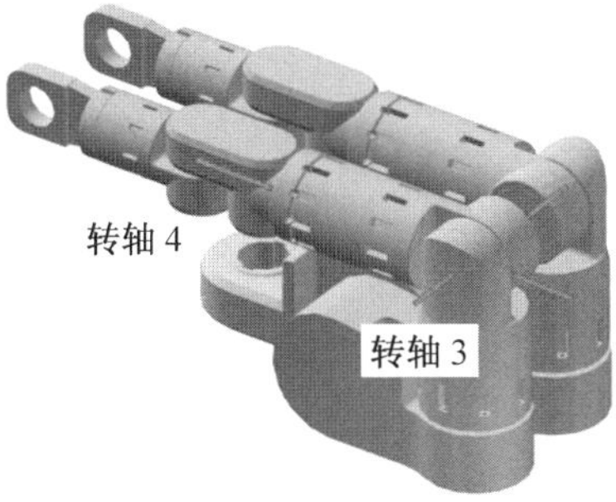

图 4.3　双操作臂折叠图

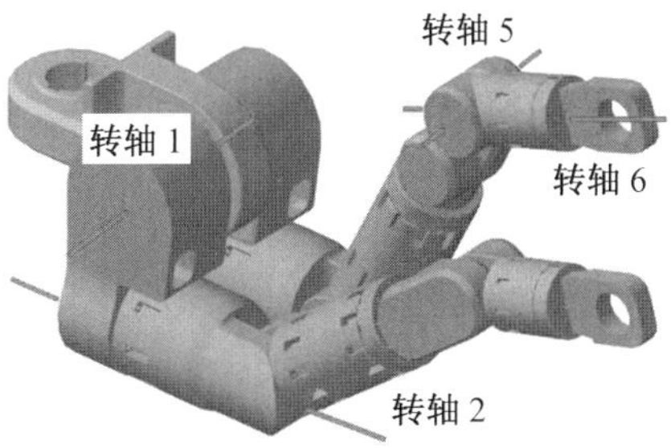

图 4.4　双操作臂展开图

单臂拥有 6 个自由度,由驱动关节和末端工具两个部分组成,采用串联旋转关节形式,旋转关节采用连杆轴线与旋转轴线同轴或垂直的形式以简化连杆参数。同时为了能顺利通过真空室窗口进入托卡马克装置中,双操作臂采用了可折叠的构型以减小所占体积空间。

为了在保证双操作臂运动精度、操作负载能力的基础上,降低操作臂外形结构尺寸,机械臂各驱动关节均采用伺服电机加谐波减速器的驱动方式。操作者通过远程操作,实现末端工具在空间的精确定位,进而完成维护作业任务。

4.3　双操作臂运动学建模与分析

4.3.1　双操作臂运动学建模

根据自由度配置及结构尺寸,利用 D－H 参数法对双操作臂进行运动学建模。在 D－H 参数建模过程中,根据坐标系建立的不同,可分为前置坐标系法和后置坐标系法两种。将杆件靠近基座的关节称为下关节,靠近末端执行器的关节称为上关节,将 Z_i 轴建立在上关节处的方法称为前置坐标系法,将 Z_i 轴建立在下关节处的方法则称为后置坐标系法，本书采用前置坐标系法。

双操作臂运动学模型如图 4.5 所示，为了清楚地展示，图中除末端坐标系 O_6^l 和 O_6^r 外，其余坐标系均未标出 Y 轴，所有 Y 轴根据右手法则确定。

为便于进行正逆运动学求解，分别以 O_6^l、O_6^r 作为左右臂自身的基坐标系，并且同时选择 O_6^l 作为全局坐标系，双操作臂的 D－H 参数分别如表 4.1 和表 4.2 所示，其中 $l_1 = 300\ \text{mm}$，$d_2 = 331\ \text{mm}$，$d_4 = 677\ \text{mm}$，$d_6 = 398\ \text{mm}$，$D = 275\ \text{mm}$。

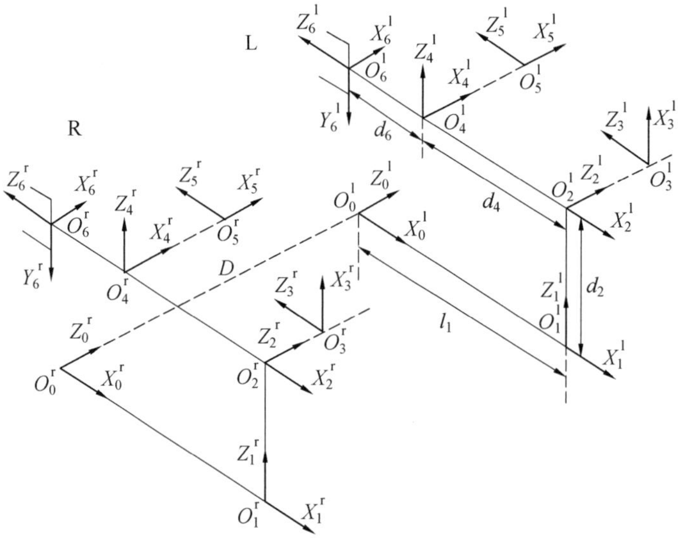

图 4.5　双操作臂运动学模型

表 4.1　左臂 D－H 参数表

关节	θ_i	α_i	l_i	d_i	运动范围
1	$\theta_1(0^\circ)$	90°	l_1	0	$-90^\circ \sim 90^\circ$
2	$\theta_2(0^\circ)$	-90°	0	d_2	$-90^\circ \sim 90^\circ$
3	$\theta_3(-90^\circ)$	90°	0	0	$-90^\circ \sim 90$
4	$\theta_4(90^\circ)$	90°	0	d_4	$-180^\circ \sim 180^\circ$
5	$\theta_5(0^\circ)$	-90°	0	0	$-90^\circ \sim 90^\circ$
6	$\theta_6(0^\circ)$	0°	0	d_6	$-180^\circ \sim 180^\circ$

表 4.2　右臂 D－H 参数表

关节	θ_i	α_i	l_i	d_i	运动范围
1	$\theta_1(0^\circ)$	90°	l_1	0	$-90^\circ \sim 90^\circ$
2	$\theta_2(0^\circ)$	-90°	0	d_2	$-90^\circ \sim 90^\circ$
3	$\theta_3(-90^\circ)$	90°	0	0	$-90^\circ \sim 90$
4	$\theta_4(90^\circ)$	90°	0	d_4	$-180^\circ \sim 180^\circ$
5	$\theta_5(0^\circ)$	-90°	0	0	$-90^\circ \sim 90^\circ$

续表4.2

关节	θ_i	α_i	l_i	d_i	运动范围
6	$\theta_6(0°)$	0°	0	d_6	−180° ~ 180°

表 4.1 和表 4.2 中，i 表示关节变量，θ_i、α_i、l_i、d_i 表示关节参数，其中，θ_i 为 X_{i-1} 与 X_i 的夹角，以 Z_{i-1} 右旋为正方向；α_i 为 Z_{i-1} 与 Z_i 的夹角，以 X_i 右旋为正方向；l_i 为 Z_{i-1} 与 Z_i 的距离，以沿 X_i 方向为正；d_i 为 X_{i-1} 与 X_i 的距离，以沿 Z_{i-1} 方向为正。

4.3.2　双操作臂运动学分析

1. 双操作臂正运动学

正运动学是指在给定相邻连杆的相对位置情况下，确定机器人末端执行器的位姿。机械臂各相邻关节坐标系 $i-1$ 和 i 之间的变换矩阵为

$$ {}^{i-1}\boldsymbol{T}_i=\begin{bmatrix}\cos\theta_i & -\cos\alpha_i\sin\theta_i & \sin\alpha_i\sin\theta_i & l_i\cos\theta_i\\ \sin\theta_i & \cos\alpha_i\cos\theta_i & -\sin\alpha_i\cos\theta_i & l_i\sin\theta_i\\ 0 & \sin\alpha_i & \cos\alpha_i & d_i\\ 0 & 0 & 0 & 1\end{bmatrix} \tag{4.1}$$

令 $s_i=\sin\theta_i$，$c_i=\cos\theta_i$，首先分析左臂，根据表 4.1 和表 4.2 及式(4.1)，可得左臂相邻各关节之间的变换矩阵如下所示：

$$ {}^0_1\boldsymbol{T}^{\mathrm{l}}=\begin{bmatrix}c_1 & 0 & s_1 & l_1c_1\\ s_1 & 0 & -c_1 & l_1s_1\\ 0 & 1 & 0 & 0\\ 0 & 0 & 0 & 1\end{bmatrix},\quad {}^1_2\boldsymbol{T}^{\mathrm{l}}=\begin{bmatrix}c_2 & 0 & -s_2 & 0\\ s_2 & 0 & c_2 & 0\\ 0 & -1 & 0 & d_2\\ 0 & 0 & 0 & 1\end{bmatrix},\quad {}^2_3\boldsymbol{T}^{\mathrm{l}}=\begin{bmatrix}c_3 & 0 & s_3 & 0\\ s_3 & 0 & -c_3 & 0\\ 0 & 1 & 0 & 0\\ 0 & 0 & 0 & 1\end{bmatrix}$$

$$ {}^3_4\boldsymbol{T}^{\mathrm{l}}=\begin{bmatrix}c_4 & 0 & s_4 & 0\\ s_4 & 0 & -c_4 & 0\\ 0 & 1 & 0 & d_4\\ 0 & 0 & 0 & 1\end{bmatrix},\quad {}^4_5\boldsymbol{T}^{\mathrm{l}}=\begin{bmatrix}c_5 & 0 & -s_5 & 0\\ s_5 & 0 & c_5 & 0\\ 0 & 1 & 0 & 0\\ 0 & 0 & 0 & 1\end{bmatrix},\quad {}^5_6\boldsymbol{T}^{\mathrm{l}}=\begin{bmatrix}c_6 & -s_6 & 0 & 0\\ s_6 & c_6 & 0 & 0\\ 0 & 1 & 0 & d_6\\ 0 & 0 & 0 & 1\end{bmatrix}$$

进而得到左臂末端相对于其自身基坐标系 $\boldsymbol{T}^{\mathrm{l}}_0$ 的变换矩阵为

$$ {}^0_6\boldsymbol{T}^{\mathrm{l}}={}^0_1\boldsymbol{T}^{\mathrm{l}}\,{}^1_2\boldsymbol{T}^{\mathrm{l}}\,{}^2_3\boldsymbol{T}^{\mathrm{l}}\,{}^3_4\boldsymbol{T}^{\mathrm{l}}\,{}^4_5\boldsymbol{T}^{\mathrm{l}}\,{}^5_6\boldsymbol{T}^{\mathrm{l}}=\begin{bmatrix}n_x & s_x & a_x & p_x\\ n_y & s_y & a_y & p_y\\ n_z & s_z & a_z & p_z\\ 0 & 0 & 0 & 1\end{bmatrix} \tag{4.2}$$

式中，$[p_x, p_y, p_z]^{\mathrm{T}}$ 为末端执行器相对 O^{l}_0 的位置；$[n_x, n_y, n_z]^{\mathrm{T}}$ 为末端执行器 X 轴，即 X^{l}_6 轴相对 O^{l}_0 的方向矢量；$[s_x, s_y, s_z]^{\mathrm{T}}$ 为末端执行器 Y 轴，即 Y^{l}_6 轴相对 O^{l}_0 的方向矢量；$[a_x, a_y, a_z]^{\mathrm{T}}$ 为末端执行器 Z 轴，即 Z^{l}_6 轴相对 O^{l}_0 的方向矢量。

由于右臂与左臂 D−H 参数相同，因此右臂相对自身基坐标 O^{r}_0 的变换矩阵与左臂完全一致，这里不再赘述。

从 O^{r}_0 到 O^{l}_0（全局坐标系）的变换矩阵如下：

$$
{}^{l0}_{r0}\boldsymbol{T}=\begin{bmatrix}{}^{l0}_{r0}\boldsymbol{R} & {}^{l0}_{r6}\boldsymbol{P}\\ 0 & 1\end{bmatrix}=\begin{bmatrix}0&0&0&0\\0&1&0&0\\0&0&1&D\\0&0&0&1\end{bmatrix}
$$

通过右臂末端执行器相对自身坐标系的变换矩阵${}^{l0}_{r6}\boldsymbol{T}$以及基坐标间的变换矩阵${}^{l0}_{r0}\boldsymbol{T}$，可获得右臂末端执行器在全局坐标系中的位姿${}^{l0}_{r6}\boldsymbol{T}$，即

$$
{}^{l0}_{r6}\boldsymbol{T}={}^{l0}_{r0}\boldsymbol{T}\cdot{}^{r0}_{r6}\boldsymbol{T} \tag{4.3}
$$

2. 双操作臂逆运动学

逆运动学是指给定末端执行器的期望位姿，求解出各关节角度值。根据Pieper准则，机械臂存在封闭解需满足以下两个条件之一：①3 个相邻关节轴交于一点；②3 个相邻关节轴相互平行。本书涉及的双操作臂构型由于最后 3 个关节轴相互垂直，满足第一个条件，因此存在封闭解。故通过反变换法，求取其逆解，以左臂为例，求解过程如下：

(1) 求 θ_1

$$
({}^{0}_{1}\boldsymbol{T}^{l})^{-1}\cdot{}^{0}_{6}\boldsymbol{T}^{l}={}^{1}_{2}\boldsymbol{T}^{l}\,{}^{2}_{3}\boldsymbol{T}^{l}\,{}^{3}_{4}\boldsymbol{T}^{l}\,{}^{4}_{5}\boldsymbol{T}^{l}\,{}^{5}_{6}\boldsymbol{T}^{l} \tag{4.4}
$$

通过式(4.4)得到

$$
\begin{bmatrix}n_xc_1+n_ys_1 & s_xc_1+s_ys_1 & a_xc_1+a_ys_1 & p_xc_1+p_ys_1-l_1\\ n_z & s_z & a_z & p_z\\ n_xs_1-n_yc_1 & s_xs_1-s_yc_1 & a_xs_1-a_yc_1 & p_xs_1-p_yc_1\\ 0&0&0&1\end{bmatrix}=\begin{bmatrix}n'_x & s'_x & a'_x & p'_x\\ n'_y & s'_y & a'_y & p'_y\\ n'_z & s'_z & a'_z & p'_z\\ 0&0&0&1\end{bmatrix}
$$

其中

$$
\begin{cases}n'_x=-c_6[c_5(s_2s_4-c_2c_3c_4)-c_2s_3s_5]-s_6(c_4s_2+c_2c_3s_4)\\ n'_y=c_6[c_5(c_2s_4+c_2c_3c_4)+s_2s_3s_5]+s_6(c_4c_2-s_2c_3s_4)\\ n'_z=c_6(c_3s_5-c_2c_3c_4)+s_3s_4s_6\end{cases}
$$

$$
\begin{cases}s'_x=s_6[c_5(s_2s_4-c_2c_3c_4)-c_2s_3s_5]-c_6(c_4s_2+c_2c_3s_4)\\ s'_y=-s_6[c_5(c_2s_4+s_2c_3c_4)+s_2s_3s_5]+c_6(c_4c_2-s_2c_3s_4)\\ s'_z=-s_6(c_3s_5-c_5s_3c_4)+s_3s_4c_6\end{cases}
$$

$$
\begin{cases}a'_x=s_5(s_2s_4-c_2c_3c_4)+c_2s_3c_5\\ a'_y=-s_5(c_2s_4+s_2c_3c_4)+s_2s_3c_5\\ a'_z=c_3c_5+s_3c_4s_5\end{cases}
$$

$$
\begin{cases}p'_x=d_6[s_5(s_2s_4-c_2c_3c_4)+c_2s_3c_5]+d_4c_2s_3\\ p'_y=-d_6[s_5(c_2s_4+s_2c_3c_4)-s_2s_3c_5]+d_4s_2s_3\\ p'_z=d_2+d_6(c_3s_5+s_3c_4s_5)+d_4c_3\end{cases}
$$

记$(i,j)_{\mathrm{L}}$为等式左边矩阵第 i 行第 j 列元素，$(i,j)_{\mathrm{R}}$为等式右边矩阵第 i 行第 j 列元素，由$(1,3)_{\mathrm{L}}=(1,3)_{\mathrm{R}}$、$(1,4)_{\mathrm{L}}=(1,4)_{\mathrm{R}}$可知

$$
\begin{cases}a_xc_1+a_ys_1=s_5(s_2s_4-c_2c_3c_4)+c_2s_3c_5\\ p_xc_1+p_ys_1-l_1=d_6[s_5(s_2s_4-c_2c_3c_4)+c_2s_3c_5]+d_4s_2c_3\end{cases}
$$

进而得到

$$p_x c_1 + p_y s_1 - l_1 - d_6(a_x c_1 + a_y s_1) = d_4 c_2 s_3 \tag{4.5}$$

由$(2,3)_L=(2,3)_R$、$(2,4)_L=(2,4)_R$可知

$$\begin{cases} a_z = -s_5(c_2 s_4 + s_2 c_3 c_4) + s_2 s_3 c_5 \\ p_z = -d_6[s_5(c_2 s_4 + s_2 c_3 c_4) - s_2 s_3 c_5] + d_4 s_2 c_3 \end{cases}$$

进而得到

$$p_z - d_6 a_z = d_4 s_2 c_3 \tag{4.6}$$

由$(3,3)_L=(3,3)_R$、$(3,4)_L=(3,4)_R$可知

$$\begin{cases} a_x s_1 - a_y c_1 = c_3 c_5 + c_4 s_3 c_5 \\ p_x s_1 - p_y c_1 = d_2 + d_6(c_3 c_5 + s_3 c_4 c_5) + d_4 c_3 \end{cases}$$

进而得到

$$p_x s_1 - p_y c_1 = d_2 + d_6(a_x s_1 - a_y c_1) + d_4 c_3 \tag{4.7}$$

将式(4.5)、式(4.6)平方求和得

$$[p_x c_1 + p_y s_1 - l_1 - d_6(a_x c_1 + a_y s_1)]^2 + (p_z - d_6 a_z)^2 = (d_4 s_3)^2 \tag{4.8}$$

将式(4.7)平方得

$$[p_x s_1 - p_y c_1 - d_2 - d_6(a_x s_1 - a_y c_1)]^2 = (d_4 c_3)^2 \tag{4.9}$$

将式(4.8)与式(4.9)求和得到

$$\begin{aligned} &[2d_2(p_y - a_y d_6) - 2l_1(p_x - a_x d_6)]c_1 - [2d_2(p_x - a_y d_6) + 2l_1(p_y - a_y d_6)]s_1 \\ &= -[(p_z - a_z d_6)^2 + d_4^2 + l_1^2] - [(p_x - a_x d_6)^2 + (p_x - a_y d_6)^2] \end{aligned} \tag{4.10}$$

令

$$\begin{cases} a = 2d_2(p_y - a_y d_6) - 2l_1(p_x - a_x d_6) \\ b = -[2d_2(p_x - a_y d_6) + 2l_1(p_y - a_y d_6)] \\ c = -[(p_z - a_z d_6)^2 + d_4^2 + l_1^2] - [(p_x - a_x d_6)^2 + (p_x - a_y d_6)^2] \end{cases}$$

得到

$$\begin{cases} \theta_{11} = \arctan 2(c, \sqrt{a^2 + b^2 - c^2}) - \arctan 2(a, b) \\ \theta_{12} = \arctan 2(c, -\sqrt{a^2 + b^2 - c^2}) - \arctan 2(a, b) \end{cases}$$

(2) 求 θ_2

$$({}^1_2\boldsymbol{T}^l)^{-1}({}^0_1\boldsymbol{T}^l)^{-1} \cdot {}^0_6\boldsymbol{T}^l = {}^2_3\boldsymbol{T}^l\,{}^3_4\boldsymbol{T}^l\,{}^4_5\boldsymbol{T}^l\,{}^5_6\boldsymbol{T}^l \tag{4.11}$$

由$(3,3)_L=(3,3)_R$、$(3,4)_L=(3,4)_R$可知

$$\begin{cases} a_z c_2 - a_x c_1 s_2 - a_y s_1 s_2 = -s_4 s_5 \\ p_z c_2 - p_x c_1 s_2 - p_y s_1 s_2 + l_1 s_2 = -d_6 s_4 s_5 \end{cases}$$

可得到

$$(l_1 - p_x c_1 - p_y s_1 + d_6 a_y s_1)s_2 + (p_z - d_6 a_z)c_2 = 0 \tag{4.12}$$

进而得到

$$\begin{cases} \theta_{21} = \arctan 2(p_z - d_6 a_z, -(l_1 - p_x c_1 - p_y s_1 + d_6 a_y s_1)) \\ \theta_{12} = \arctan 2(-(p_z - d_6 a_z), l_1 - p_x c_1 - p_y s_1 + d_6 a_y s_1) \end{cases}$$

（3）求 θ_3

$$\left({}_3^2\boldsymbol{T}^{\mathsf{I}}\right)^{-1}\left({}_2^1\boldsymbol{T}^{\mathsf{I}}\right)^{-1}\left({}_1^0\boldsymbol{T}^{\mathsf{I}}\right)^{-1}\cdot{}_6^0\boldsymbol{T}^{\mathsf{I}}={}_4^3\boldsymbol{T}^{\mathsf{I}}{}_5^4\boldsymbol{T}^{\mathsf{I}}{}_6^5\boldsymbol{T}^{\mathsf{I}}\tag{4.13}$$

由 $(3,3)_{\mathrm{L}}=(3,3)_{\mathrm{R}}$、$(3,4)_{\mathrm{L}}=(3,4)_{\mathrm{R}}$ 可知

$$\begin{cases}a_x s_1 - a_y c_1 = c_3 c_5 + c_4 s_3 s_5\\p_x s_1 - p_y c_1 = d_2 + d_6(c_3 c_5 + c_4 s_3 s_5) + d_4 c_3\end{cases}$$

可得

$$c_3 = \frac{p_x s_1 - p_y c_1 - d_2 - d_6(a_x s_1 - a_y c_1)}{d_4}\tag{4.14}$$

由 $(2,3)_{\mathrm{L}}=(2,3)_{\mathrm{R}}=$、$(2,4)_{\mathrm{L}}=(2,4)_{\mathrm{R}}$ 可知

$$\begin{cases}a_z = s_2 s_3 c_5 - s_5(c_2 s_4 + s_2 c_3 c_4)\\p_z = l_2 s_2 - d_6\left[s_5(c_3 s_4 + s_2 c_3 c_4) + d_4 s_2 s_3\right]\end{cases}$$

得到

$$s_3 = \frac{(p_z - d_6 a_z)}{d_4 s_2}\tag{4.15}$$

进而得到

$$\theta_3 = \arctan 2(s_3, c_3)$$

（4）求解 θ_4、θ_5、θ_6

$$\left({}_4^3\boldsymbol{T}^{\mathsf{I}}\right)^{-1}\left({}_3^2\boldsymbol{T}^{\mathsf{I}}\right)^{-1}\left({}_2^1\boldsymbol{T}^{\mathsf{I}}\right)^{-1}\left({}_1^0\boldsymbol{T}^{\mathsf{I}}\right)^{-1}\cdot{}_6^0\boldsymbol{T}^{\mathsf{I}}={}_5^4\boldsymbol{T}^{\mathsf{I}}{}_6^5\boldsymbol{T}^{\mathsf{I}}\tag{4.16}$$

由 $(3,3)_{\mathrm{L}}=(3,3)_{\mathrm{R}}$ 可得

$$a_x\left[c_1(s_2 c_4 + c_2 c_3 s_4) - s_1 s_3 s_4\right] + a_y\left[s_1(s_2 c_4 + c_2 c_3 s_4) + c_1 c_3 s_4\right] - a_z(c_2 c_4 - s_2 c_3 s_4) = 0$$

进而得到

$$\left[a_y(c_1 s_3 + c_2 c_3 s_1) - a_x(s_1 s_3 - c_2 c_3 c_1) + a_z c_3 s_2\right]s_4 + (a_x s_2 c_1 - a_z c_2 + a_y s_1 s_2)c_4 = 0$$

$$\tag{4.17}$$

进而得到

$$\begin{cases}\theta_{41} = \arctan 2(a_x s_2 c_1 - a_z c_2 + a_y s_1 s_2, -\left[a_y(c_1 s_3 + c_2 c_3 s_1) - a_x(s_1 s_3 - c_2 c_3 c_1) + a_z c_3 s_2\right])\\\theta_{42} = \arctan 2(-(a_x s_2 c_1 - a_z c_2 + a_y s_1 s_2), a_y(c_1 s_3 + c_2 c_3 s_1) - a_x(s_1 s_3 - c_2 c_3 c_1) + a_z c_3 s_2)\end{cases}$$

由 $(1,3)_{\mathrm{L}}=(1,3)_{\mathrm{R}}$、$(2,3)_{\mathrm{L}}=(2,3)_{\mathrm{R}}$ 可得

$$\begin{cases}-\{a_z(c_2 s_4 + s_2 c_3 c_4) - a_x\left[c_1(s_2 s_4 - c_2 c_3 c_4) + s_1 s_3 c_4\right] -\\\quad a_y\left[s_1(s_2 s_4 - c_2 c_3 c_4) + c_2 c_3 c_4\right]\} = s_5\\a_x(s_1 c_3 + c_2 s_3 c_1) - a_y(c_1 c_3 - c_2 s_3 s_1) + a_z s_3 s_2 = c_5\end{cases}$$

进而得到

$$\theta_5 = \arctan 2(s_5, c_5)$$

由 $(3,1)_{\mathrm{L}}=(3,1)_{\mathrm{R}}$、$(3,2)_{\mathrm{L}}=(3,2)_{\mathrm{R}}$ 可得

$$\begin{cases}-\{n_x\left[c_1(s_2 c_4 + c_2 c_3 s_4) - s_1 s_3 s_4\right] + n_y\left[s_1(s_2 c_4 + c_2 c_3 s_4) + c_1 s_3 s_4\right] -\\\quad n_z(c_2 c_4 - s_2 c_3 s_4)\} = s_6\\-\{s_x\left[c_1(s_2 c_4 + c_2 c_3 s_4) - s_1 s_3 s_4\right] + s_y\left[s_1(s_2 c_4 + c_2 c_3 s_4) + c_1 s_3 s_4\right] -\\\quad s_z(c_2 c_4 - s_2 c_3 s_4)\} = c_6\end{cases}$$

进而得到

$$\theta_6 = \arctan 2(s_6, c_6)$$

由此得到左臂的逆运动学解，由于右臂与左臂在 D－H 建模时一致，故逆运动学解一致，在此不再赘述。通过以上分析可知，对于给定的末端位姿会产生 8 组解，如图 4.6 所示。

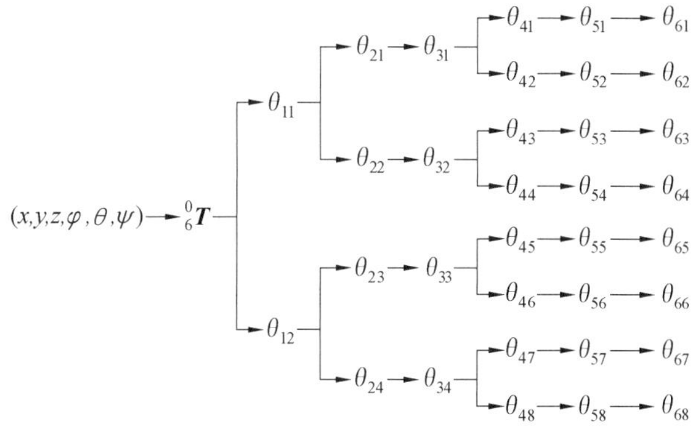

图 4.6　逆解树

${}^0_6\boldsymbol{T}$ 的获得是利用广义坐标$(x,y,z,\varphi,\theta,\psi)$计算得到的，对${}^0_6\boldsymbol{T}$ 来说，其由旋转矩阵${}^0_6\boldsymbol{R}$ 和位置矩阵${}^0_6\boldsymbol{P}$ 组成，如

$$ {}^0_6\boldsymbol{T} = \begin{bmatrix} {}^0_6\boldsymbol{R} & {}^0_6\boldsymbol{P} \\ 0 & 1 \end{bmatrix} \tag{4.18}$$

由于旋转矩阵用 9 个元素来完全描述旋转刚体的姿态，并不能直接得到一组完备的广义坐标，因此通常采用欧拉角(φ,θ,ψ)作为广义坐标，表示末端在参考坐标系下的姿态，另外用(x,y,z)表示末端在参考坐标系下的位置，由此 6 个参数$(x,y,z,\varphi,\theta,\psi)$作为一组广义坐标表示末端位姿。

在实际应用中需对逆解进行筛选，根据以下几点进行逆解的选取：

(1) 保证所有关节均未超出最大工作范围，即剔除超出关节运动范围的解。

(2) 保证选取的逆解不会导致双操作臂之间或与环境之间的碰撞。对此本书通过碰撞检测算法对于规划出的路径进行碰撞检测，从而保证规划出一条无碰撞的路径，故在逆解选取阶段不考虑碰撞问题。

(3) 根据“最短行程”原则，从逆解中选取与当前关节角位移变化量加权乘积之和最小的解作为逆解。根据“少动大关节，多动小关节”的原则，双操作臂从根部关节至末端关节的加权系数依次降低。

4.3.3　双操作臂雅可比矩阵

利用雅可比矩阵 $\boldsymbol{J}(\boldsymbol{\theta})$ 分析双操作臂末端速度与各关节速度的对应关系，即

$$\dot{\boldsymbol{x}} = \begin{pmatrix} \boldsymbol{v} \\ \boldsymbol{\omega} \end{pmatrix} = \boldsymbol{J}(\boldsymbol{\theta})\dot{\boldsymbol{\theta}} \tag{4.19}$$

式中，$\dot{\boldsymbol{x}}$ 为末端绝对速度矢量；$\boldsymbol{v}$ 为末端在笛卡儿空间的线速度；$\boldsymbol{\omega}$ 为末端在笛卡儿空间的角速度；$\dot{\boldsymbol{\theta}}$ 为各关节速度。

雅可比矩阵 $\boldsymbol{J}(\boldsymbol{\theta})$ 分为两部分，见式(4.20)，$\boldsymbol{J}_{\mathrm{l}}(\boldsymbol{\theta})$、$\boldsymbol{J}_{\mathrm{a}}(\boldsymbol{\theta})$ 分别将关节速度 $\dot{\boldsymbol{\theta}}$ 映射为末端线速度和角速度。

$$\boldsymbol{J}(\boldsymbol{\theta}) = [\boldsymbol{J}_{\mathrm{l}}(\boldsymbol{\theta}) \quad \boldsymbol{J}_{\mathrm{a}}(\boldsymbol{\theta})]^{\mathrm{T}} \tag{4.20}$$

将速度视为单位时间的微分运动，则末端线速度和角速度可用微分移动 $\boldsymbol{d}$ 和微分转动 $\boldsymbol{\delta}$ 进行表示，用关节空间中的微分运动 $\mathrm{d}\boldsymbol{\theta}$ 来表示各关节速度，则有

$$\begin{pmatrix} \boldsymbol{d} \\ \boldsymbol{\delta} \end{pmatrix} = \boldsymbol{J}(\boldsymbol{\theta})\mathrm{d}\boldsymbol{\theta} \tag{4.21}$$

利用微分变换法求解雅可比矩阵：

$$\boldsymbol{J}_{\mathrm{l}i}(\boldsymbol{\theta}) = \begin{bmatrix} (\boldsymbol{p} \times \boldsymbol{n})_z \\ (\boldsymbol{p} \times \boldsymbol{s})_z \\ (\boldsymbol{p} \times \boldsymbol{a})_z \end{bmatrix} \quad \boldsymbol{J}_{\mathrm{a}i}(\boldsymbol{\theta}) = \begin{bmatrix} n_z \\ s_z \\ a_z \end{bmatrix} \tag{4.22}$$

故雅可比矩阵可表示为

$$\boldsymbol{J}_{\theta} = \begin{bmatrix} \boldsymbol{J}_{\mathrm{l}1} & \boldsymbol{J}_{\mathrm{l}2} & \cdots & \boldsymbol{J}_{\mathrm{l}n} \\ \boldsymbol{J}_{\mathrm{a}1} & \boldsymbol{J}_{\mathrm{a}2} & \cdots & \boldsymbol{J}_{\mathrm{a}n} \end{bmatrix} \tag{4.23}$$

由以上各式即可获得雅可比矩阵的各列，限于篇幅在此不再给出具体值。

4.3.4 双操作臂工作空间

工作空间分析主要包括图解法、解析法和数值法三种，其中数值法以极值理论和优化方法为基础，通用性强、简单实用，能够充分发挥计算机性能，故本章采用数值方法，并选择数值方法中实用的蒙特卡洛法进行双操作臂工作空间的求解，其原理为

$$\boldsymbol{W} = \{w(\boldsymbol{\theta}) : \boldsymbol{\theta} \in \boldsymbol{Q}\} \subset \mathbf{R}^3 \tag{4.24}$$

式中，$\boldsymbol{W}$ 为工作空间；$\boldsymbol{\theta}$ 为关节变量；$w(\boldsymbol{\theta})$ 表示关节变量函数；$\boldsymbol{Q}$ 表示关节空间；$\mathbf{R}^3$ 表示三维空间。

根据 $\theta_{i\min} \leqslant \theta_i \leqslant \theta_{i\max}(i=1,2,\cdots,n)$，对关节变量取合适数量的随机值，这些随机值的集合即为机械臂的工作空间，从而得到工作空间云图。

具体到本章所涉及的双操作臂，其工作空间求解步骤如下：

(1) 对每个关节变量取相同数量的随机值。

(2) 通过正运动学获取末端位置在双操作臂各自局部坐标系中的表示。

(3) 通过局部坐标系与全局坐标系变换，获取双操作臂末端在全局坐标系中的表示，进而生成云图。

在各关节运动范围内随机选取 100 000 点，生成的工作空间云图如图 4.7 所示。左臂工作空间为深色区域，右臂工作空间为浅色区域，图中可见双操作臂前方工作区具有较大的重叠工作空间，以便于双臂进行协调作业，同时单臂工作空间也满足 1 m^3 的指标要求。

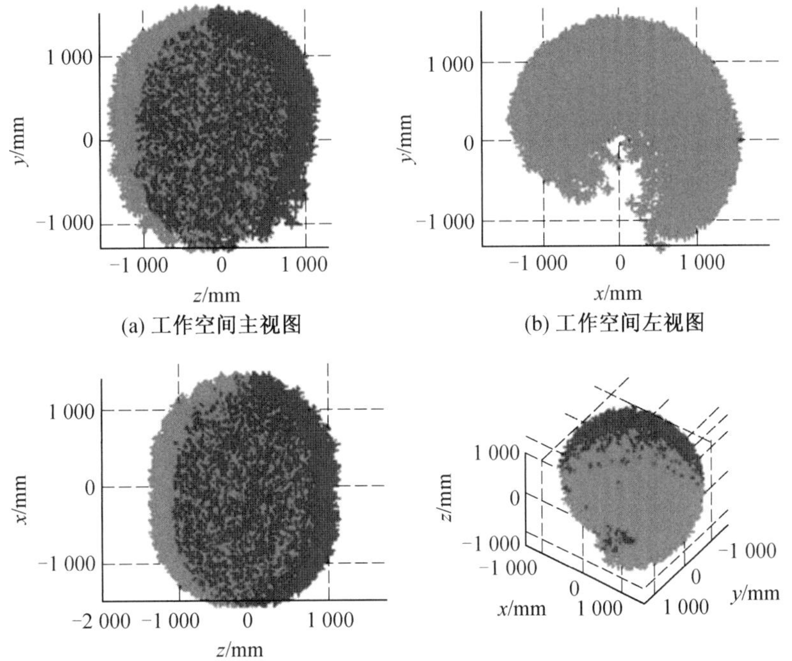

(a) 工作空间主视图　(b) 工作空间左视图

(c) 工作空间俯视图　(d) 工作空间三维图

图 4.7　双操作臂运动空间云图

4.4　双操作臂协调作业约束关系分析

为研究双操作臂协调作业时的约束关系，做出如下假设：

(1) 机械臂是刚性的，机械臂杆件和关节无变形。

(2) 被抓物体是刚性的，物体无变形。

4.4.1　松协调作业约束关系

松协调作业指的是双操作臂在共同的工作空间内执行各自任务，但同时双操作臂之间也存在一定协调关系，双操作臂末端存在相对运动约束。对松协调来说，需要确定主臂和从臂，根据主臂运动规律规划出从臂运动规律，之后执行各自运动完成任务。其主要分为两种形式：

(1) 单臂按要求抓持操作物，另一操作臂在该物体上作业，比较典型的有拧螺母、协调装配和拆卸等。

(2) 单臂按要求移动操作物，另一操作臂在该物体上作业，相比形式(1) 来说，其位姿和速度要求更为严格，比较典型的有协调插孔作业。

1. 位置与姿态约束

如图 4.8(a) 所示，与之前的运动学建模一致，O_0^{l} 为左臂基坐标系，且将其作为全局坐标系，O_6^{l} 为主臂末端坐标系，O_0^{r} 为从臂基坐标系，O_6^{r} 为从臂末端坐标系，U 为操作物坐标系,$\boldsymbol{r}$ 表示 O_6^{r} 相对 O_6^{l} 的位置矢量。

之后将双操作臂分为主臂和从臂,以左臂为主臂,右臂为从臂,如图 4.8(b) 所示。M_0 为主臂基坐标系,M 为主臂末端坐标系,S_0 为从臂基坐标系,S 为从臂末端坐标系,U 为操作物坐标系,$\boldsymbol{r}$ 表示 S 相对 M 的位置矢量。经过以上定义后,双操作臂之间的约束关系从图 4.8(a) 变为图 4.8(b)。

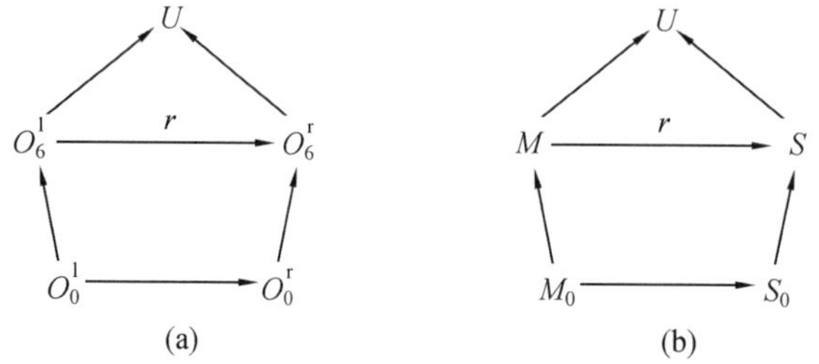

图 4.8　松协调任务双操作臂约束关系

(1) 物体与主臂。

根据图 4.8(b) 可知物体与主臂存在如下位姿约束:

$$ {}^{M_0}_{U}\boldsymbol{T} = {}^{M_0}_{M}\boldsymbol{T}\,{}^{M}_{M}\boldsymbol{T} \Rightarrow {}^{M_0}_{M}\boldsymbol{T} = {}^{M_0}_{U}\boldsymbol{T}\,{}^{M}_{M}\boldsymbol{T}^{-1} $$

式中,${}^{M_0}_{U}\boldsymbol{T}$、${}^{M_0}_{M}\boldsymbol{T}$、${}^{M}_{M}\boldsymbol{T}$ 分别为 U 相对 M_0、M 相对 M_0、U 相对 M 的变换矩阵。

将上式分解,可分别得到物体与主臂之间的位置约束和姿态约束。

位置约束:

$$ {}^{M_0}_{U}\boldsymbol{p}(\boldsymbol{\theta}_{\mathrm{m}}) = {}^{M_0}_{M}\boldsymbol{p}(\boldsymbol{\theta}_{\mathrm{m}}) + {}^{M_0}_{M}\boldsymbol{R}(\boldsymbol{\theta}_{\mathrm{m}})\,{}^{M}_{U}\boldsymbol{p} \tag{4.25} $$

姿态约束:

$$ {}^{M_0}_{U}\boldsymbol{R} = {}^{M_0}_{M}\boldsymbol{R}(\boldsymbol{\theta}_{\mathrm{m}})\,{}^{M}_{U}\boldsymbol{R} \tag{4.26} $$

式中,$\boldsymbol{\theta}_{\mathrm{m}} \in \mathbf{R}^{6\times 1}$ 为主臂各关节转角;${}^{M_0}_{U}\boldsymbol{p}$、${}^{M_0}_{M}\boldsymbol{p}$、${}^{M}_{U}\boldsymbol{p}$ 分别为 U 相对 M_0、M 相对 M_0、U 相对 M 的位置矢量;${}^{M_0}_{U}\boldsymbol{R}$、${}^{M_0}_{M}\boldsymbol{R}$、${}^{M}_{U}\boldsymbol{R}$ 分别为 U 相对 M_0、M 相对 M_0、U 相对 M 的旋转矩阵。

(2) 主臂与从臂。

同样根据图 4.8(b) 可知主臂与从臂存在如下位姿约束:

$$ {}^{M_0}_{M}\boldsymbol{T}\,{}^{M}_{S}\boldsymbol{T} = {}^{M_0}_{S_0}\boldsymbol{T}\,{}^{S_0}_{S}\boldsymbol{T} \Rightarrow {}^{S_0}_{S}\boldsymbol{T} = {}^{M_0}_{S_0}\boldsymbol{T}^{-1}\,{}^{M_0}_{M}\boldsymbol{T}\,{}^{M}_{S}\boldsymbol{T} \tag{4.27} $$

式中,${}^{M}_{S}\boldsymbol{T}$、${}^{M_0}_{S_0}\boldsymbol{T}$、${}^{S_0}_{S}\boldsymbol{T}$ 分别为 S 相对 M、S_0 相对 M_0、S 相对 S_0 的变换矩阵,由于是松协调,因此${}^{M}_{S}\boldsymbol{T}$ 需根据任务确定。

将式(4.26) 分解,可分别得到主臂与从臂之间的位置约束和姿态约束。

位置约束:

$$ {}^{M_0}_{M}\boldsymbol{p}(\boldsymbol{\theta}_{\mathrm{m}}) + {}^{M_0}_{M}\boldsymbol{R}(\boldsymbol{\theta}_{\mathrm{m}})\,\boldsymbol{r} = {}^{M_0}_{S}\boldsymbol{p}(\boldsymbol{\theta}_S) = {}^{M_0}_{S_0}\boldsymbol{p} + {}^{M_0}_{S_0}\boldsymbol{R}\,{}^{S_0}_{S}\boldsymbol{p}(\boldsymbol{\theta}_S) \tag{4.28} $$

姿态约束:

$$ {}^{M_0}_{M}\boldsymbol{R}(\boldsymbol{\theta}_{\mathrm{m}})\,{}^{M}_{S}\boldsymbol{R} = {}^{M_0}_{S_0}\boldsymbol{R}\,{}^{S_0}_{S}\boldsymbol{R}(\boldsymbol{\theta}_S) \tag{4.29} $$

式中,$\boldsymbol{\theta}_S \in \mathbf{R}^{6\times 1}$ 为从臂各关节转角;${}^{M_0}_{S}\boldsymbol{p}$、${}^{M_0}_{S_0}\boldsymbol{p}$、${}^{S_0}_{S}\boldsymbol{p}$ 分别为 S 相对 M_0、S_0 相对 M_0、S 相对 S_0 的位置矢量;${}^{M}_{S}\boldsymbol{R}$、${}^{M_0}_{S_0}\boldsymbol{R}$、${}^{S_0}_{S}\boldsymbol{R}$ 分别为 S 相对 M、S_0 相对 M_0、S 相对 S_0 的位置矢量。

需要说明的是,由于双操作臂基坐标系关系固定,因此${}^{M_0}_{S_0}\boldsymbol{p}$ 为常量,且由于两个基坐标系各轴方向相同,故${}^{M_0}_{S_0}\boldsymbol{R}$ 为单位阵。

2. 速度约束

设主臂雅可比矩阵为 $\boldsymbol{J}_{\mathrm{m}}(\boldsymbol{\theta})=[\boldsymbol{J}_{\mathrm{ml}}(\boldsymbol{\theta})\quad \boldsymbol{J}_{\mathrm{ma}}(\boldsymbol{\theta})]^{\mathrm{T}}$，从臂雅可比矩阵为 $\boldsymbol{J}_{\mathrm{s}}(\boldsymbol{\theta})=[\boldsymbol{J}_{\mathrm{sl}}(\theta)\quad \boldsymbol{J}_{\mathrm{sa}}(\boldsymbol{\theta})]^{\mathrm{T}}$。

对式(4.25)求偏导，可得

$$\boldsymbol{J}_{\mathrm{ml}}(\boldsymbol{\theta}_{\mathrm{m}})\dot{\boldsymbol{\theta}}_{\mathrm{m}}+\frac{\partial({}_{M}^{M_0}\boldsymbol{R}(\boldsymbol{\theta}_{\mathrm{m}}){}_{U}^{M}\boldsymbol{p}(\boldsymbol{\theta}_{\mathrm{m}}))}{\partial\boldsymbol{\theta}_{\mathrm{m}}}\dot{\boldsymbol{\theta}}_{\mathrm{m}}=\dot{\boldsymbol{p}}_0 \tag{4.30}$$

式中，$\dot{\boldsymbol{p}}_0\in\mathbf{R}^{3\times1}$ 为物体质心在左臂基坐标系中的线速度矢量；$\dot{\boldsymbol{\theta}}_{\mathrm{m}}\in\mathbf{R}^{3\times1}$ 为主臂各关节转角速度。

且由主臂与操作物无相对运动可得

$$\boldsymbol{w}_0=\boldsymbol{J}_{\mathrm{ma}}(\boldsymbol{\theta}_{\mathrm{m}})\dot{\boldsymbol{\theta}}_{\mathrm{m}} \tag{4.31}$$

式中，$\boldsymbol{w}_0\in\mathbf{R}^{3\times1}$ 为物体质心在左臂基坐标系中的角速度矢量。

由式(4.30)和式(4.31)可得

$$\begin{bmatrix}\dot{\boldsymbol{p}}_0\\ \boldsymbol{w}_0\end{bmatrix}=\begin{bmatrix}\boldsymbol{J}_{\mathrm{ml}}(\boldsymbol{\theta}_{\mathrm{m}})+\dfrac{\partial({}_{M}^{M_0}\boldsymbol{R}(\boldsymbol{\theta}_{\mathrm{m}}){}_{U}^{M}\boldsymbol{p}(\boldsymbol{\theta}_{\mathrm{m}}))}{\partial\boldsymbol{\theta}_{\mathrm{m}}}\\ \boldsymbol{J}_{\mathrm{ma}}(\boldsymbol{\theta}_{\mathrm{m}})\end{bmatrix}\dot{\boldsymbol{\theta}}_{\mathrm{m}} \tag{4.32}$$

由此可根据物体速度确定主臂速度。

再对式(4.28)求偏导可得

$$\boldsymbol{J}_{\mathrm{ml}}(\boldsymbol{\theta}_{\mathrm{m}})\dot{\boldsymbol{\theta}}_{\mathrm{m}}+\frac{\partial({}_{M}^{M_0}\boldsymbol{R}(\boldsymbol{\theta}_{\mathrm{m}}){}_{U}^{M}\boldsymbol{p}(\boldsymbol{\theta}_{\mathrm{m}}))}{\partial\boldsymbol{\theta}_{\mathrm{m}}}\dot{\boldsymbol{\theta}}_{\mathrm{m}}+{}_{M}^{M_0}\boldsymbol{R}(\boldsymbol{\theta}_{\mathrm{m}})\dot{\boldsymbol{r}}=\boldsymbol{J}_{\mathrm{sl}}(\boldsymbol{\theta}_{\mathrm{s}})\dot{\boldsymbol{\theta}}_{\mathrm{s}} \tag{4.33}$$

式中，$\dot{\boldsymbol{\theta}}_{\mathrm{s}}\in\mathbf{R}^{6\times1}$ 为从臂各关节转角速度。

值得注意的是，在对式(4.28)求偏导的过程中，由于在左臂基坐标系中速度与在右臂基坐标系下速度是一致的，故对 ${}_{S_0}^{M_0}\boldsymbol{R}{}_{S}^{S_0}\boldsymbol{p}(\boldsymbol{\theta}_{\mathrm{s}})$ 求偏导的结果为 $\boldsymbol{J}_{\mathrm{sl}}(\boldsymbol{\theta}_{\mathrm{s}})\dot{\boldsymbol{\theta}}_{\mathrm{s}}$。

考虑双操作臂之间没有相对转动，因此有

$$\boldsymbol{J}_{\mathrm{ma}}(\boldsymbol{\theta}_{\mathrm{m}})\dot{\boldsymbol{\theta}}_{\mathrm{m}}=\boldsymbol{J}_{\mathrm{sa}}(\boldsymbol{\theta}_{\mathrm{s}})\dot{\boldsymbol{\theta}}_{\mathrm{s}} \tag{4.34}$$

由式(4.33)和式(4.34)可得

$$\begin{bmatrix}\boldsymbol{J}_{\mathrm{sl}}\\ \boldsymbol{J}_{\mathrm{sa}}\end{bmatrix}\dot{\boldsymbol{\theta}}_{\mathrm{s}}=\begin{bmatrix}\left(\boldsymbol{J}_{\mathrm{ml}}+\dfrac{\partial({}_{M}^{M_0}\boldsymbol{R}\boldsymbol{r})}{\partial\boldsymbol{\theta}_{\mathrm{m}}}\right)\dot{\boldsymbol{\theta}}_{\mathrm{m}}+{}_{M}^{M_0}\boldsymbol{R}\boldsymbol{r}\\ \boldsymbol{J}_{\mathrm{ma}}\dot{\boldsymbol{\theta}}_{\mathrm{m}}\end{bmatrix} \tag{4.35}$$

进而得到

$$\dot{\boldsymbol{\theta}}_{\mathrm{s}}=\boldsymbol{J}_{\mathrm{s}}^{-1}(\boldsymbol{\theta}_{\mathrm{s}})\begin{bmatrix}\left(\boldsymbol{J}_{\mathrm{ml}}+\dfrac{\partial({}_{M}^{M_0}\boldsymbol{R}\boldsymbol{r})}{\partial\boldsymbol{\theta}_{\mathrm{m}}}\right)\dot{\boldsymbol{\theta}}_{\mathrm{m}}+{}_{M}^{M_0}\boldsymbol{R}\boldsymbol{r}\\ \boldsymbol{J}_{\mathrm{ma}}\dot{\boldsymbol{\theta}}_{\mathrm{m}}\end{bmatrix} \tag{4.36}$$

由此可根据主臂速度获得从臂速度。

4.4.2　紧协调作业约束关系

紧协调作业指的是操作物的期望运动规律完全决定了双操作臂每个机械臂的运动，双操作臂是强耦合的，双操作臂末端与操作物均不发生相对运动，双操作臂末端的相对位姿关系保持不变。如搬运任务即是典型的紧协调操作任务。

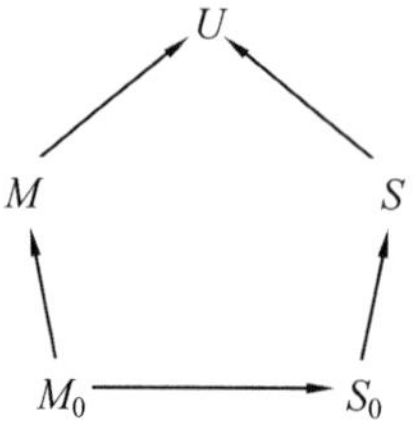

图 4.9　紧协调任务双操作臂约束关系

1. 位置与姿态约束

（1）物体与主臂。

由图 4.9 可知物体与主臂存在如下位姿约束：

$$ {}^{M_0}_{U}\boldsymbol{T} = {}^{M_0}_{M}\boldsymbol{T}\,{}^{M}_{U}\boldsymbol{T} \Rightarrow {}^{M_0}_{M}\boldsymbol{T} = {}^{M_0}_{U}\boldsymbol{T}\,{}^{M}_{U}\boldsymbol{T}^{-1} \tag{4.37} $$

将式(4.37)分解，可分别得到物体与主臂之间的位置约束和姿态约束。

位置约束：

$$ {}^{M_0}_{U}\boldsymbol{p}(\boldsymbol{\theta}_{\mathrm{m}}) = {}^{M_0}_{M}\boldsymbol{p}(\boldsymbol{\theta}_{\mathrm{m}}) + {}^{M_0}_{M}\boldsymbol{R}(\boldsymbol{\theta}_{\mathrm{m}})\,{}^{M}_{U}\boldsymbol{p} \tag{4.38} $$

姿态约束：

$$ {}^{M_0}_{U}\boldsymbol{R} = {}^{M_0}_{M}\boldsymbol{R}(\boldsymbol{\theta}_{\mathrm{m}})\,{}^{M}_{U}\boldsymbol{R} \tag{4.39} $$

（2）主臂与从臂。

由图 4.9 可知主臂与从臂存在如下位姿约束：

$$ {}^{M_0}_{M}\boldsymbol{T}\,{}^{M}_{S}\boldsymbol{T} = {}^{M_0}_{S_0}\boldsymbol{T}\,{}^{S_0}_{S}\boldsymbol{T} \Rightarrow {}^{S_0}_{S}\boldsymbol{T} = {}^{M_0}_{S_0}\boldsymbol{T}^{-1}\,{}^{M_0}_{M}\boldsymbol{T}\,{}^{M}_{S}\boldsymbol{T} \tag{4.40} $$

由于是紧协调作业，因此${}^{M}_{S}\boldsymbol{T}$为常数。

将式(4.40)分解，可分别得到主臂与从臂之间的位置约束和姿态约束。

位置约束：

$$ {}^{M_0}_{M}\boldsymbol{p}(\boldsymbol{\theta}_{\mathrm{m}}) + {}^{M_0}_{M}\boldsymbol{R}(\boldsymbol{\theta}_{\mathrm{m}})\,{}^{M}_{S}\boldsymbol{p} = {}^{M_0}_{S}\boldsymbol{p}(\boldsymbol{\theta}_{\mathrm{s}}) = {}^{M_0}_{S_0}\boldsymbol{p} + {}^{M_0}_{S_0}\boldsymbol{R}\,{}^{M_0}_{S}\boldsymbol{p}(\boldsymbol{\theta}_{\mathrm{s}}) \tag{4.41} $$

姿态约束：

$$ {}^{M_0}_{M}\boldsymbol{R}(\boldsymbol{\theta}_{\mathrm{m}})\,{}^{M}_{S}\boldsymbol{R} = {}^{M_0}_{S_0}\boldsymbol{R}\,{}^{S_0}_{S}\boldsymbol{R}(\boldsymbol{\theta}_{\mathrm{s}}) \tag{4.42} $$

式中，${}^{M}_{S}\boldsymbol{p}$为S相对M的位置矢量。

2. 速度约束

对式(4.38)求偏导可得

$$ \boldsymbol{J}_{\mathrm{ml}}(\boldsymbol{\theta}_{\mathrm{m}})\dot{\boldsymbol{\theta}}_{\mathrm{m}} + \frac{\partial\left({}^{M_0}_{M}\boldsymbol{R}(\boldsymbol{\theta}_{\mathrm{m}})\,{}^{M}_{U}\boldsymbol{p}(\boldsymbol{\theta}_{\mathrm{m}})\right)}{\partial\boldsymbol{\theta}_{\mathrm{m}}}\dot{\boldsymbol{\theta}}_{\mathrm{m}} = \dot{\boldsymbol{p}}_0 \tag{4.43} $$

且由于主臂与操作物无相对运动可得

$$ \boldsymbol{w}_0 = \boldsymbol{J}_{\mathrm{ma}}(\boldsymbol{\theta}_{\mathrm{m}})\dot{\boldsymbol{\theta}}_{\mathrm{m}} \tag{4.44} $$

由式(4.43)和式(4.44)可得

$$ \begin{bmatrix} \dot{\boldsymbol{p}}_0 \\ \boldsymbol{w}_0 \end{bmatrix} = \begin{bmatrix} \boldsymbol{J}_{\mathrm{ml}}(\boldsymbol{\theta}_{\mathrm{m}}) + \dfrac{\partial\left({}^{M_0}_{M}\boldsymbol{R}(\boldsymbol{\theta}_{\mathrm{m}})\,{}^{M}_{U}\boldsymbol{p}(\boldsymbol{\theta}_{\mathrm{m}})\right)}{\partial\boldsymbol{\theta}_{\mathrm{m}}} \\ \boldsymbol{J}_{\mathrm{ma}}(\boldsymbol{\theta}_{\mathrm{m}}) \end{bmatrix} \dot{\boldsymbol{\theta}}_{\mathrm{m}} \tag{4.45} $$

由此可根据物体速度确定主臂速度。

再对式(4.42)求偏导可得

$$\boldsymbol{J}_{\mathrm{ml}}(\boldsymbol{\theta}_{\mathrm{m}})\dot{\boldsymbol{\theta}}_{\mathrm{m}}+\frac{\partial\left({}_{M}^{M_0}\boldsymbol{R}(\boldsymbol{\theta}_{\mathrm{m}})\,{}_{S}^{M}\boldsymbol{p}\right)}{\partial\boldsymbol{\theta}_{\mathrm{m}}}\dot{\boldsymbol{\theta}}_{\mathrm{m}}=\boldsymbol{J}_{\mathrm{sl}}(\boldsymbol{\theta}_{\mathrm{s}})\dot{\boldsymbol{\theta}}_{\mathrm{s}} \tag{4.46}$$

且双操作臂之间没有相对转动，因此有

$$\boldsymbol{J}_{\mathrm{ma}}(\boldsymbol{\theta}_{\mathrm{m}})\dot{\boldsymbol{\theta}}_{\mathrm{m}}=\boldsymbol{J}_{\mathrm{sa}}(\boldsymbol{\theta}_{\mathrm{s}})\dot{\boldsymbol{\theta}}_{\mathrm{s}} \tag{4.47}$$

由式(4.46)和式(4.47)可得

$$\begin{bmatrix}\boldsymbol{J}_{\mathrm{sl}}\\ \boldsymbol{J}_{\mathrm{sa}}\end{bmatrix}\dot{\boldsymbol{\theta}}_{\mathrm{s}}=\begin{bmatrix}\left(\boldsymbol{J}_{\mathrm{ml}}+\dfrac{\partial\left({}_{M}^{M_0}\boldsymbol{R}(\boldsymbol{\theta}_{\mathrm{m}})\,{}_{S}^{M}\boldsymbol{p}\right)}{\partial\boldsymbol{\theta}_{\mathrm{m}}}\right)\\ \boldsymbol{J}_{\mathrm{ma}}\end{bmatrix}\dot{\boldsymbol{\theta}}_{\mathrm{m}} \tag{4.48}$$

进而得到

$$\dot{\boldsymbol{\theta}}_{\mathrm{s}}=\boldsymbol{J}_{\mathrm{s}}^{-1}(\boldsymbol{\theta}_{\mathrm{s}})\begin{bmatrix}\boldsymbol{J}_{\mathrm{ml}}+\dfrac{\partial\left({}_{M}^{M_0}\boldsymbol{R}(\boldsymbol{\theta}_{\mathrm{m}})\,{}_{S}^{M}\boldsymbol{p}\right)}{\partial\boldsymbol{\theta}_{\mathrm{m}}}\\ \boldsymbol{J}_{\mathrm{ma}}\end{bmatrix}\dot{\boldsymbol{\theta}}_{\mathrm{m}} \tag{4.49}$$

由此可根据主臂速度获得从臂速度。

4.5　双操作臂轨迹规划

机器人轨迹规划通常分为关节空间轨迹规划和笛卡儿空间轨迹规划两种，通过轨迹函数的连续平滑来保证机器人末端执行器的运动平稳。

对于关节空间轨迹规划，首先在路径上选取关键的路径点，之后利用逆运动学将路径点的末端位姿转换成关节矢量角度值，这样对于每一段路径来说，始末的关节角均已知，之后利用一个平滑插值函数插值，生成关节角度插值点。关节空间轨迹规划简单，且不会产生奇异性问题，但只能保证经过路径点，对于路径点之间的路径不能确定。

对于笛卡儿空间轨迹规划，与关节空间轨迹规划的不同在于，对于每一段路径来说，利用插补算法获得的是插补点的位姿，而不是关节角度值，再通过逆运动学解将插补点位姿变换到关节空间获得关节角度值，这样则可以保证路径，但缺点是运算量大，且同时容易产生奇异性问题。

对于双操作臂来说，由于双操作臂之间存在位置和速度约束，其末端执行器需要在操作空间中跟踪预定的轨迹，因此需要在笛卡儿空间中进行轨迹规划。在之前双操作臂协调作业约束关系分析的基础上进行双操作臂轨迹规划。

对于单操作臂作业任务，双操作臂各自独立进行规划及运动即可。对于双操作臂协调任务，视左臂为主臂，右臂为从臂，在生成主臂笛卡儿空间轨迹规划插值点、获得主臂位姿之后通过双操作臂约束关系获得从臂位姿，再进行逆运动学解算获得各关节角位移，进而驱动双操作臂，其步骤如图 4.10 所示。

采用操作臂末端执行器在笛卡儿空间的路径节点序列作为任务描述。在通过轨迹规划生成插值点方面，目前对于双操作臂来说要求末端执行器在节点之间的过渡路径保持直线运动。为避免实际运动轨迹与规划轨迹相差过大，插值点间的间隔不能太大，要用足够密集的插值点逼近轨迹。现就主臂笛卡儿空间直线轨迹规划生成插值算法阐述如下：

对于一段路径，从路径节点 n_i 至下一路径节点 n_{i+1}，设初始时间为 t_i，到达时间为 t_{i+1}，

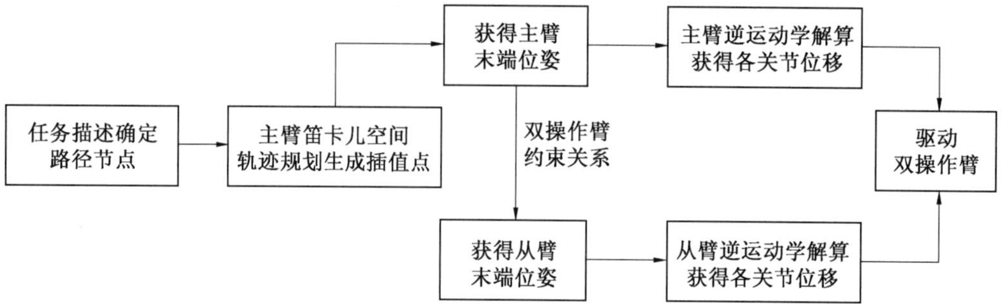

图 4.10　双操作臂运动规划步骤

单位时间间隔为 Δt。则 t 时刻操作臂末端执行器位姿用变换矩阵 $\boldsymbol{T}$ 表示，通过寻找合理的路径函数，得

$$\boldsymbol{T}=f(n_i,n_{i+1},t_i,t_{i+1},t) \tag{4.50}$$

设时间 t_i 和时间 t_{i+1} 对应的变换矩阵 $\boldsymbol{T}_i$ 和 $\boldsymbol{T}_{i+1}$ 分别为

$$\boldsymbol{T}_i=\begin{bmatrix}\boldsymbol{R}_i & \boldsymbol{P}_i\\ 0 & 1\end{bmatrix},\quad \boldsymbol{T}_{i+1}=\begin{bmatrix}\boldsymbol{R}_{i+1} & \boldsymbol{P}_{i+1}\\ 0 & 1\end{bmatrix}$$

变换矩阵分为旋转和位移两部分，旋转矩阵由 $\boldsymbol{R}_i$ 变至 $\boldsymbol{R}_{i+1}$，位移矩阵由 $\boldsymbol{P}_i$ 变至 $\boldsymbol{P}_{i+1}$，$\lambda(t)$ 为插值函数，则在 t 时刻位姿可以表示为

$$\begin{cases}\boldsymbol{R}_{\mathrm{t}}=\mathrm{Rot}[\varphi_i+\lambda(t)(\varphi_{i+1}-\varphi_i),\theta_i+\lambda(t)(\theta_{i+1}-\theta_i),\psi_i+\lambda(t)(\psi_{i+1}-\psi_i)]\\ \boldsymbol{P}_{\mathrm{t}}=\boldsymbol{P}_i+\lambda(t)(\boldsymbol{P}_{i+1}-\boldsymbol{P}_i)\end{cases} \tag{4.51}$$

式中，φ_i、θ_i、ψ_i 为欧拉角。

对于插值函数 $\lambda(t)$，为避免速度、加速度突变导致的刚性和柔性冲击对电机产生损害以及导致机械臂抖动，采用五次多项式对其进行拟合。设插值函数为

$$\lambda(t)=a_0+a_1\left(\frac{t}{T}\right)+a_2\left(\frac{t}{T}\right)^2+a_3\left(\frac{t}{T}\right)^3+a_4\left(\frac{t}{T}\right)^4+a_5\left(\frac{t}{T}\right)^5 \tag{4.52}$$

其满足如下要求：

(1)$t=0$ 时刻位置为 0，$t=T$ 时刻位置为 1，即 $\lambda(0)=0$，$\lambda(T)=1$。

(2)$t=0$ 时刻速度为 0，$t=T$ 时刻速度也为 0，即 $\dot{\lambda}(0)=0$，$\dot{\lambda}(T)=0$。

(3)$t=0$ 时刻加速度为 0，$t=T$ 时刻加速度也为 0，即 $\ddot{\lambda}(0)=0$，$\ddot{\lambda}(T)=0$。

将以上条件代入式(4.52)求得

$$\lambda(t)=10\left(\frac{t}{T}\right)^3-15\left(\frac{t}{T}\right)^4+6\left(\frac{t}{T}\right)^5 \tag{4.53}$$

通过该插值函数生成位置、速度、加速度图像如图 4.11 所示，横坐标为归一化时间，纵坐标为归一化位置、速度、加速度。

由图 4.11 可知，速度、加速度曲线连续且平滑，利用 $\lambda(t)$ 生成的插值点 $\boldsymbol{T}_i$ 能够符合要求。

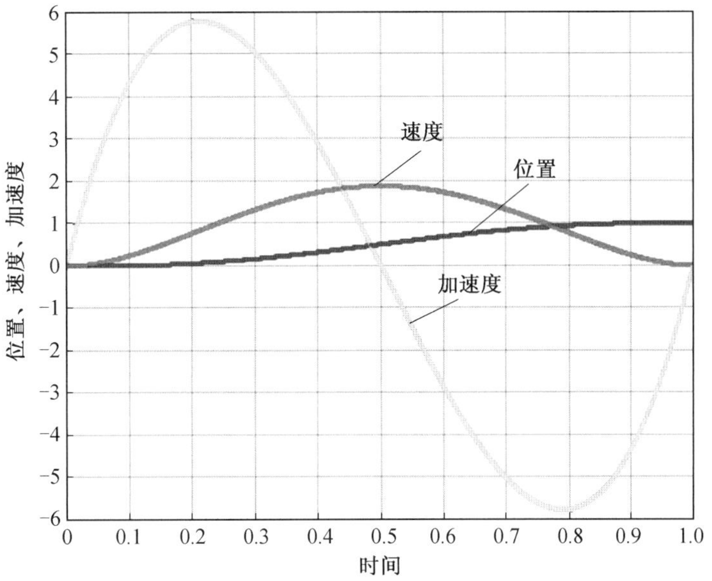

图 4.11　位置、速度、加速度变化

4.6　双操作臂协调运动仿真

4.6.1　任务设定

为验证双操作臂协调作业约束关系、笛卡儿空间轨迹规划方法的正确性，以协调搬运作业任务为例进行仿真验证，考虑到双操作臂在核反应堆真空室中进行作业时空间较为狭小，因此设定小范围内的物体搬运任务，如图 4.12 和表 4.3 所示。

首先，双操作臂从初始位置沿直线运动 60 mm 靠近物体，之后将其在竖直方向上提升 118 mm，之后水平向右移动 120 mm，之后下移 118 mm 使其到达目标位置 P_6。该任务包括 P_1—P_3、P_3—P_4、P_4—P_5、P_5—P_6 共四段路径，P_1—P_3 阶段双操作臂独立运动，之后各阶段则属于协调运动。各路径段时间要求均为 2 s，任务时间共 8 s。

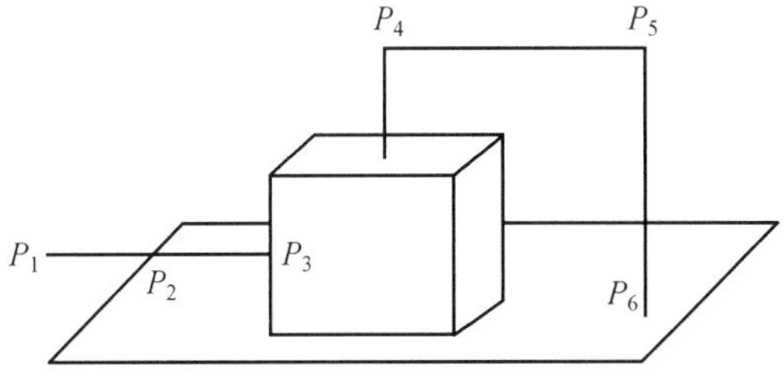

图 4.12　协调搬运任务设定

表 4.3　作业任务过程

节点	P_1	P_2	P_3	P_4	P_5	P_6
运动	初始位置	靠近	抓取	提升	移动	下放

4.6.2　仿真验证

1. Matlab 仿真

利用 Matlab 编写轨迹规划程序,得到关节角度序列,程序流程图如图 4.13 所示。

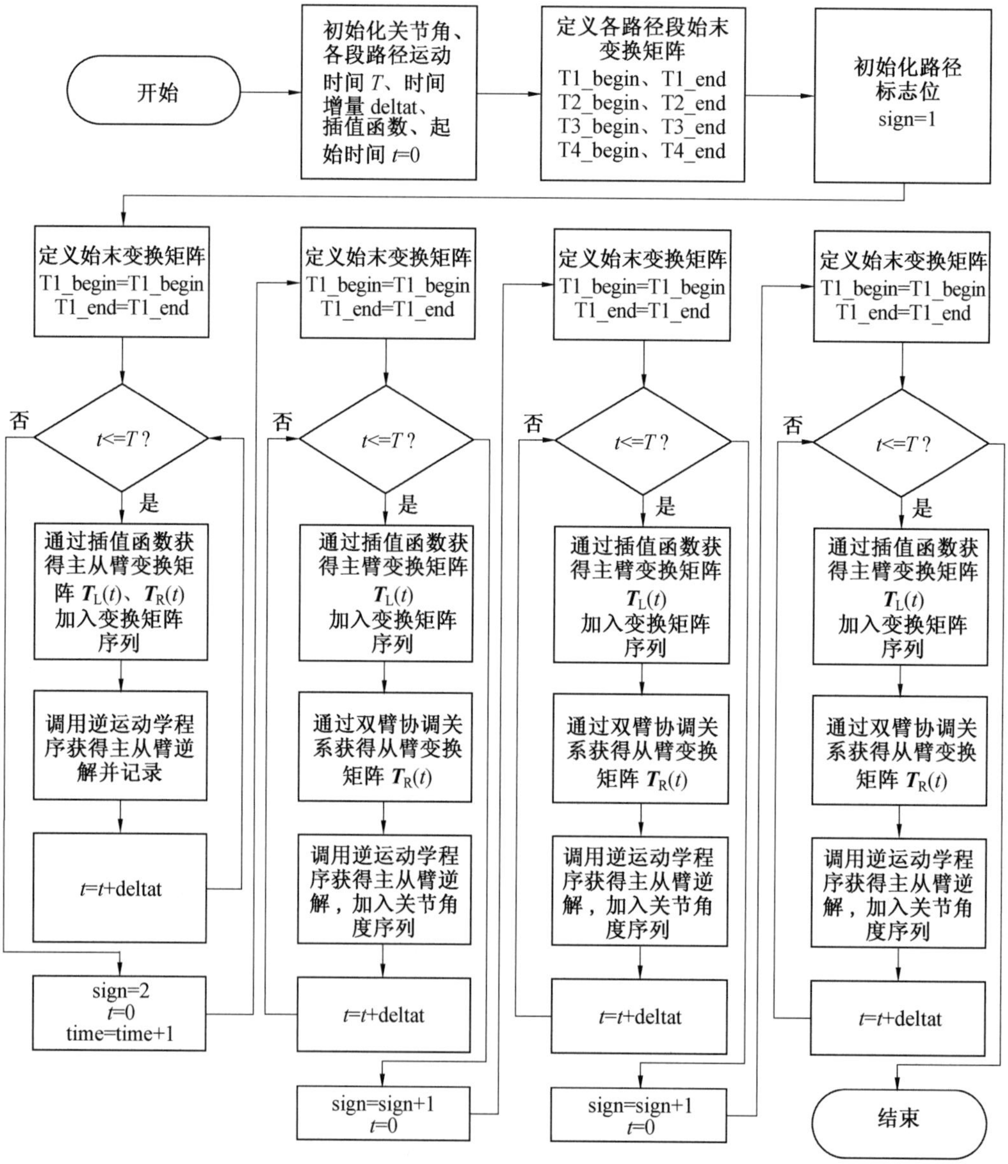

图 4.13　轨迹规划程序流程图

由于在第一段路径靠近物体过程中双臂无协调，因此各自进行规划即可。而第二、三、四段路径均属于搬运作业，是紧协调作业，因此在流程图中根据式(4.40)的双臂协调关系获得从臂变换矩阵 $\boldsymbol{T}_{\mathrm{R}}(t)$，之后根据式(4.51)生成插值点。通过程序最终可获得双操作臂的变换矩阵序列以及关节角度序列。

通过变换矩阵的位置矩阵可获得双操作臂运动轨迹如图 4.14 所示。

在获得关节角度序列之后可通过逆雅可比矩阵计算关节速度，再通过逆雅可比矩阵及其导数计算角加速度，但在实际应用中为了方便简洁，往往通过数值积分的方法获得关节速度及加速度，如

$$\begin{cases}\dot{\boldsymbol{q}}(t)=\dfrac{\boldsymbol{q}(t)-\boldsymbol{q}(t-\Delta t)}{\Delta t}\\[2ex]\ddot{\boldsymbol{q}}(t)=\dfrac{\dot{\boldsymbol{q}}(t)-\dot{\boldsymbol{q}}(t-\Delta t)}{\Delta t}\end{cases}\tag{4.54}$$

双操作臂关节的角度变化、速度变化、加速度变化如图 4.15 ~ 4.20 所示。

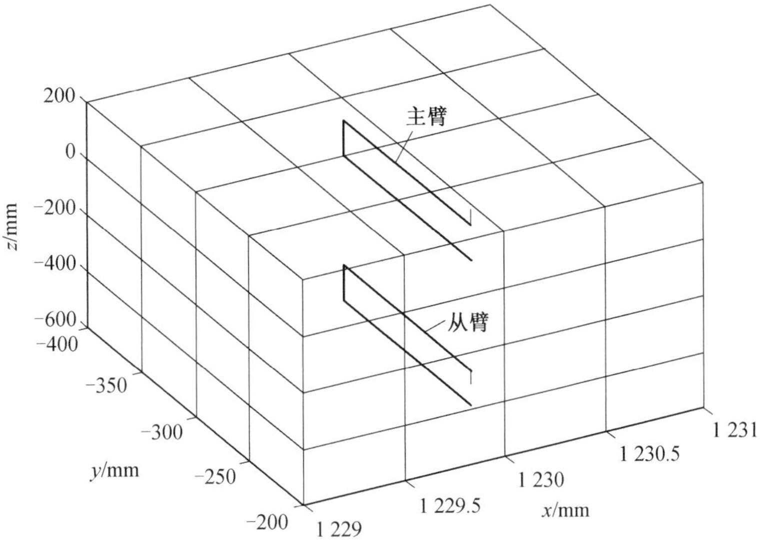

图 4.14　双操作臂运动轨迹

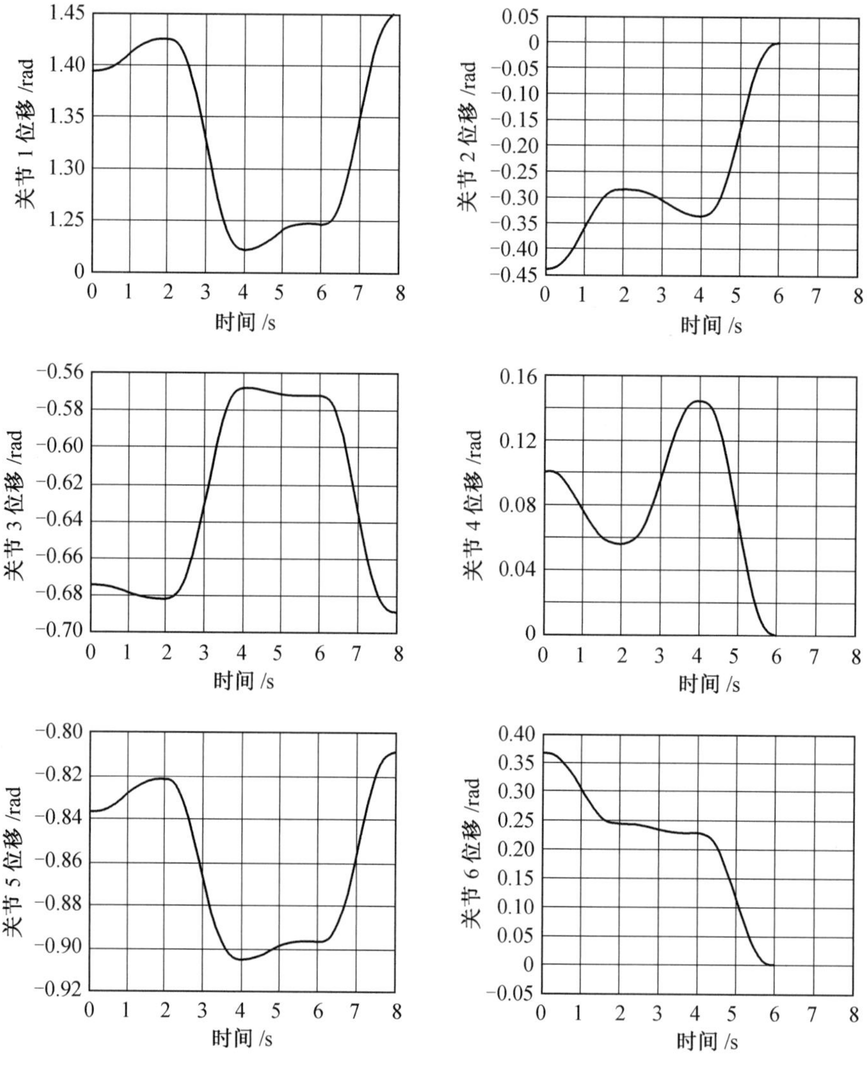

图 4.15　左臂关节角度变化

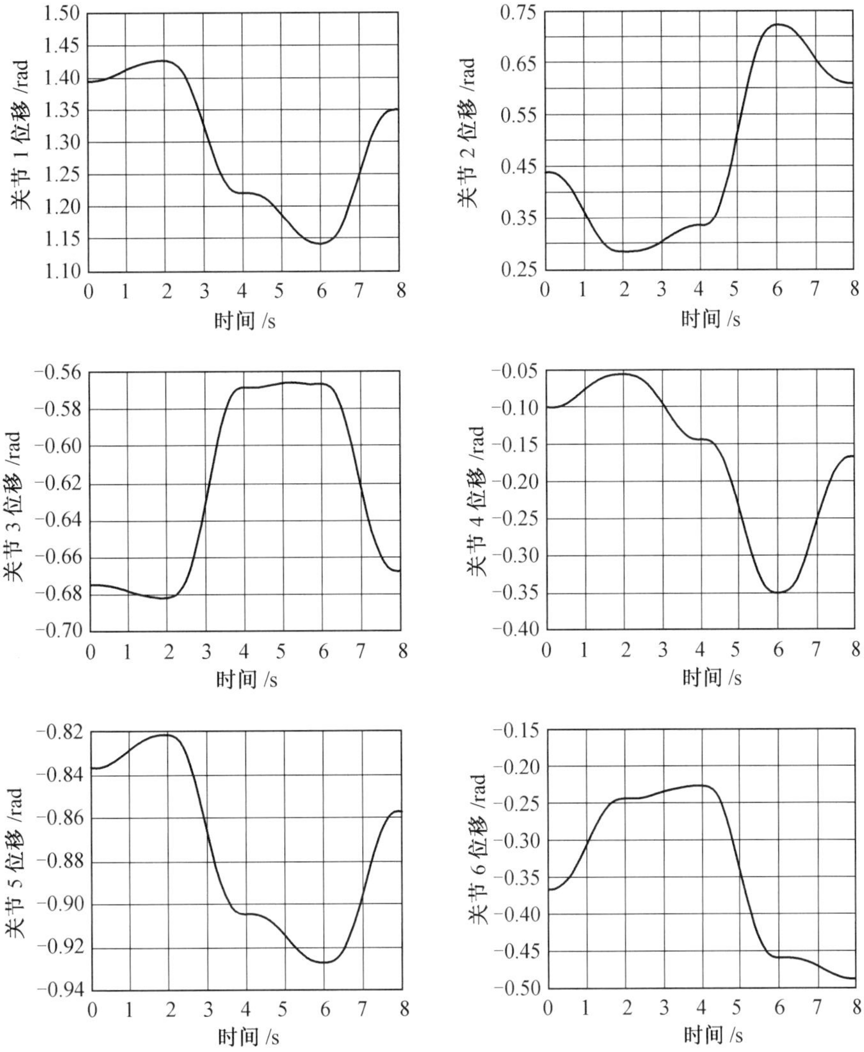

图 4.16　右臂关节角度变化图

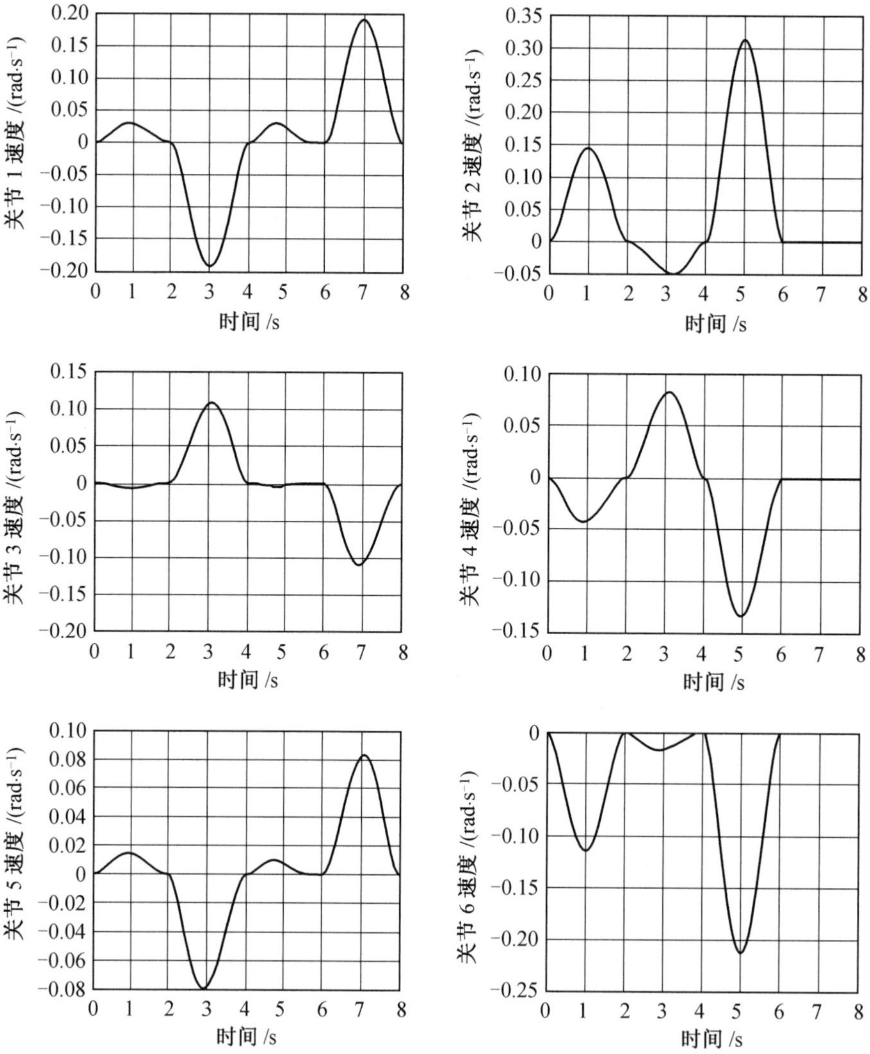

图 4.17　左臂关节速度变化图

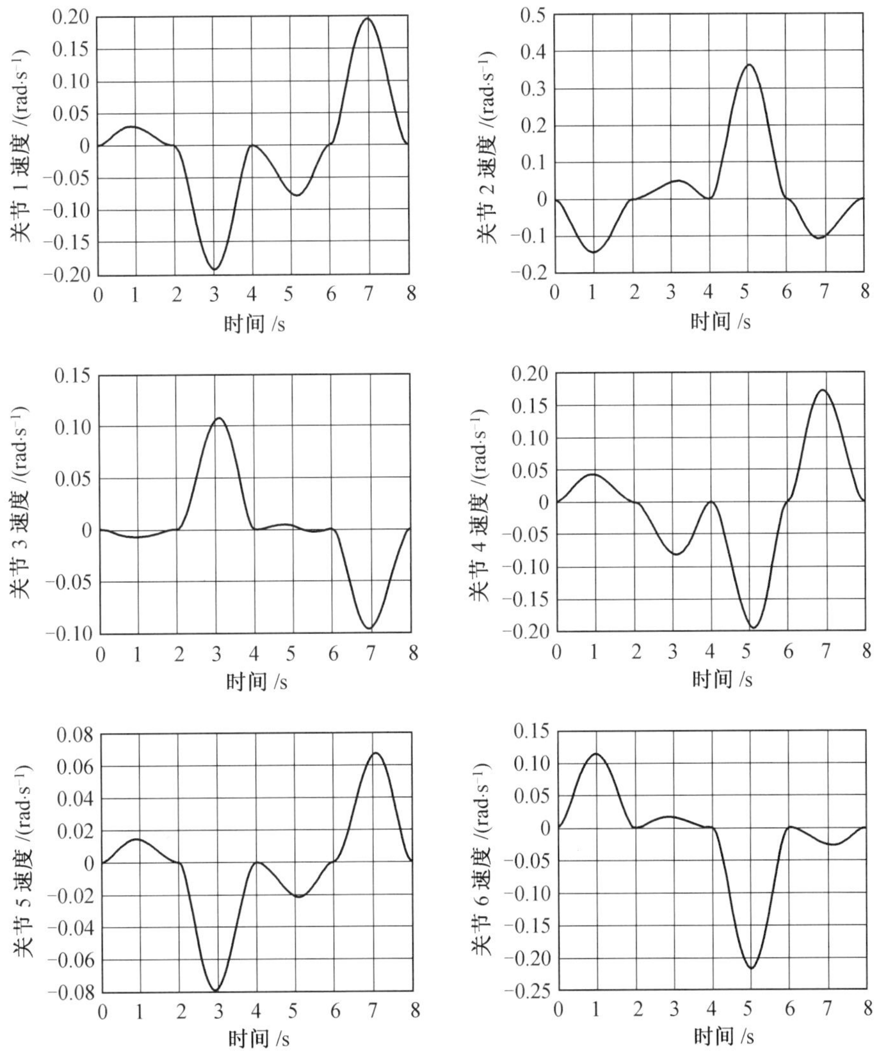

图 4.18　右臂关节速度变化图

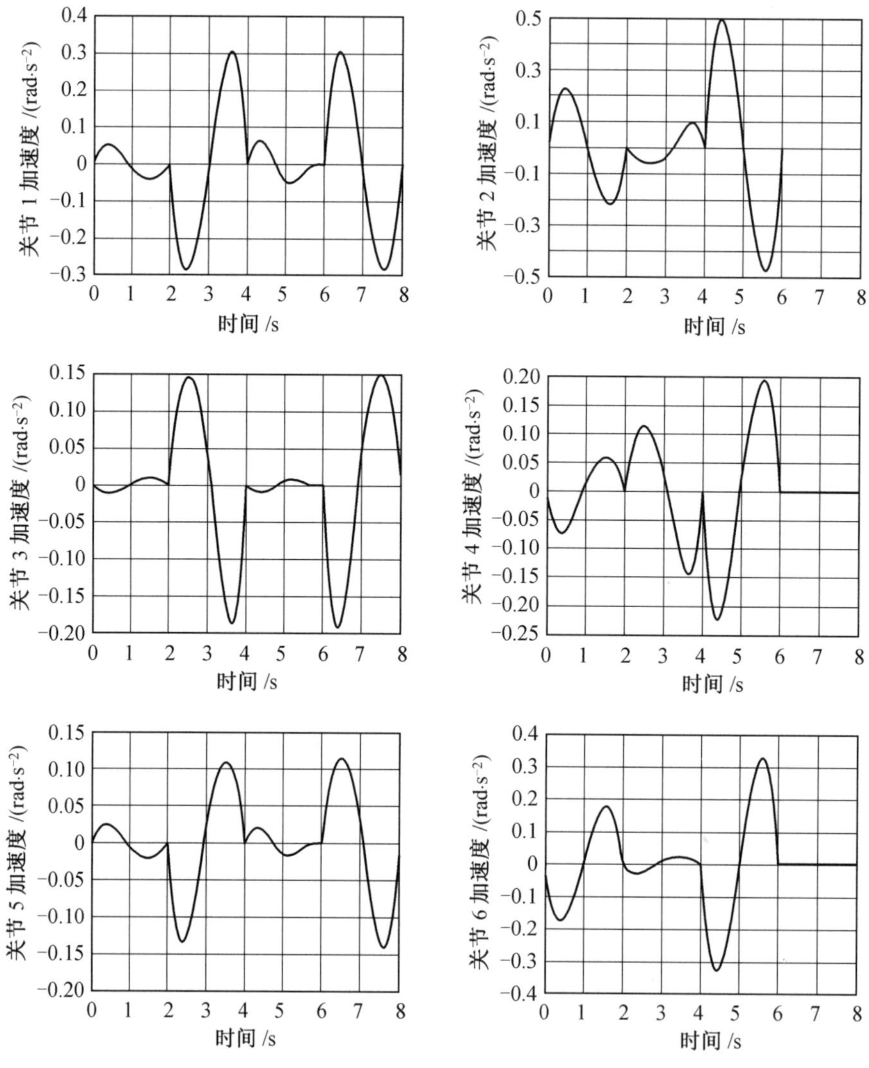

图 4.19　左臂关节加速度变化图

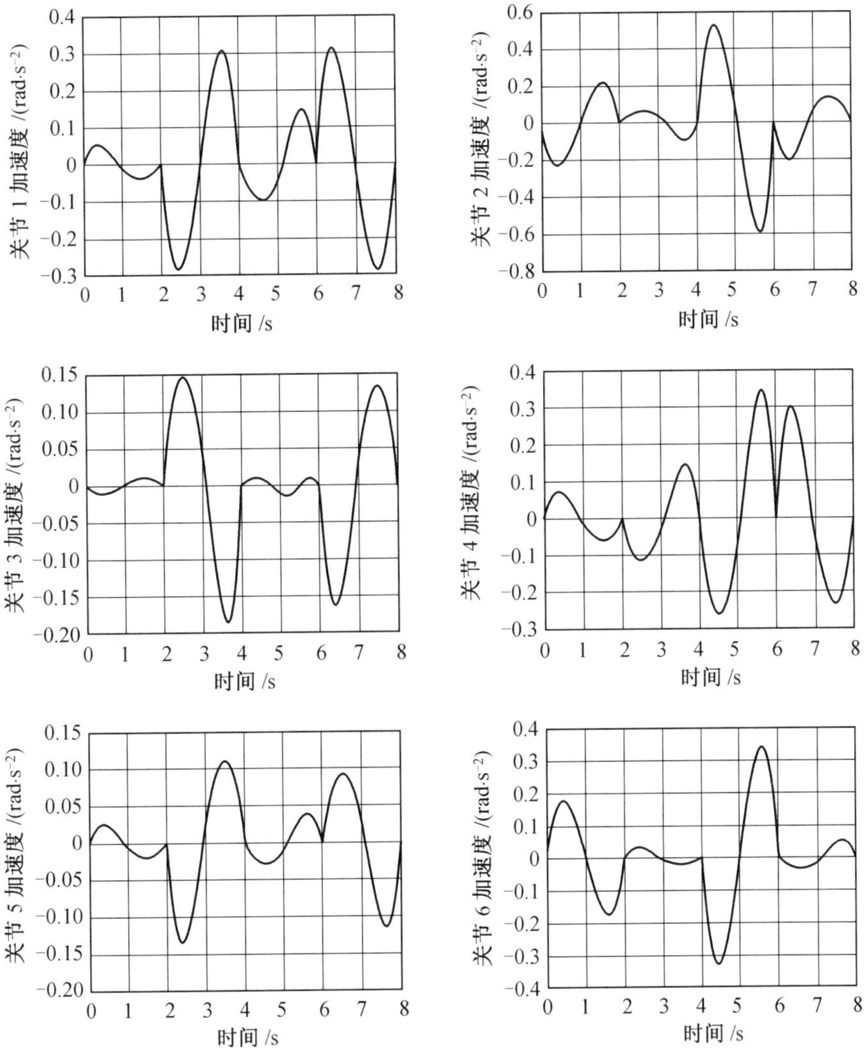

图 4.20　右臂关节加速度变化图

由图 4.15、图 4.16 可见整个运动过程中双操作臂的关节位移变化，无论左臂还是右臂，其 1、2、3、5 关节位移范围在(−90°,90°)，4、6 关节位移范围在(−180°,180°)，均未超出自身限制。

由图 4.17、图 4.18 可见整个运动过程中双操作臂的速度变化，对应靠近、提升、平移、下放 4 个运动阶段，速度变化也分为 4 段。每段关节速度均从零开始，在中段达到最大速度，之后恢复至零结束。整个速度曲线连续平滑，未产生突变，避免了刚性冲击。

由图 4.19、图 4.20 可见整个运动过程中双操作臂的加速度变化，加速度曲线也分为 4 段，每一段与图 4.11 中插值函数生成的加速度曲线趋势一致。整个曲线连续平滑，未产生突变，避免了柔性冲击。综上可说明轨迹规划算法的正确性。

2. ADAMS 动画仿真

为更直观地表现整个运动过程，利用 ADAMS 建立的仿真环境，将轨迹规划算法得到的数据采用文本形式导入ADAMS中，得到运动仿真动画，过程如图4.21所示。

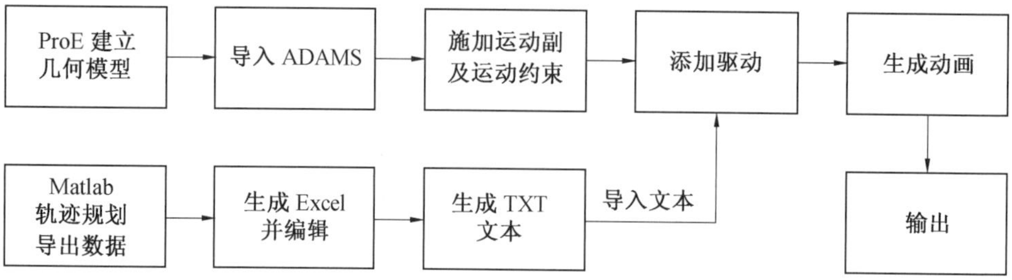

图4.21　ADAMS仿真步骤

对于复杂模型，利用三维建模软件生成模型导入ADAMS可降低建模难度，提高效率。采用ProE进行三维建模，为保证导入ADAMS的模型质量，尽量少产生破面现象，在不改变几何尺寸的情况下对模型进行简化。导入ADAMS后添加运动副与驱动。将Matlab获得的关节角度序列生成文本导入ADAMS，并且添加到各个驱动的Function函数中，仿真如图4.22所示。

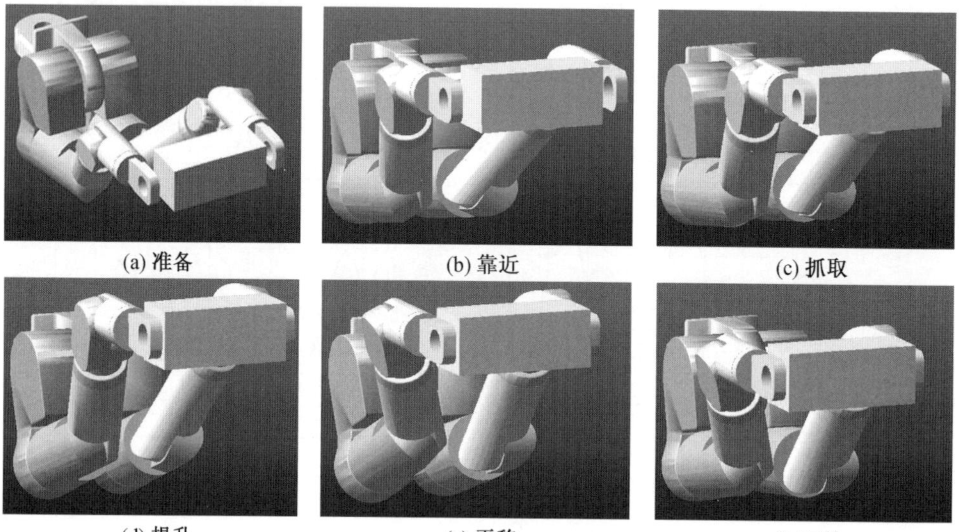

(a) 准备　(b) 靠近　(c) 抓取　(d) 提升　(e) 平移　(f) 下放

图4.22　双臂运动状态

从仿真动画中可看出，在双臂协调作业过程中，从臂根据主臂的位姿变化实时进行改变，保证双臂末端相对位姿未发生改变，进而使得末端相对物体未产生运动，顺利地完成了搬运任务。

4.7　本章小结

本章结合任务特点分析了维护机械臂中双操作臂和大尺度机械臂结构的合理性。利用D－H参数法建立了双操作臂运动学模型，对正逆运动学进行了求解，并建立了逆解选取原则，从多组解中选取合适解。利用微分变换法求得了雅可比矩阵，通过蒙特卡洛法求取了双操作臂工作空间，证明其符合指标要求。双臂协调作业方面，首先推导了松协调和紧协调条件下双操作臂约束关系，得到了位姿及速度约束。之后分析了双操作臂运动规划的步骤，建立了基于笛卡儿空间的双操作臂协调运动的轨迹规划算法，并且通过高次多项式插值的方式使得关节的速度、加速度保持平滑。编写 Matlab 程序，通过双臂协调搬运任务仿真对该算法进行验证，结果表明双臂末端轨迹平滑，有效避免了刚性冲击和柔性冲击，证明了约束关系分析及轨迹规划算法的正确性。最后通过在 ADAMS 中建立仿真环境，导入 Matlab 程序得到的数据，再现了运动过程，对结论进行了进一步验证。

第5章　基于虚拟控制器的平面冗余臂运动规划

5.1　引　言

本章介绍了平面冗余机器人操作臂运动规划一般化、通用化的基础理论。对于类似于托卡马克重载机械臂的平面冗余机器人操作臂，现有在线运动规划方法收敛速度慢，有待进一步提升。在平面机械臂与动态环境交互中，特别是存在动态物体或者障碍物的情况时，由于自身机械臂构型特点被限定在平面内运动，平面机械臂在动态环境下末端执行器规划路径位置的可达性直接决定着运动规划方法是否有效。因此，本章致力于平面冗余机械臂在动态环境下在线运动规划理论的研究工作，为托卡马克重载机械臂运动规划理论的进一步探索奠定了理论基础。

5.2　无障碍物环境下运动规划

5.2.1　逆运动学映射

图5.1所示为简化的平面六自由度机械臂，其逆运动学公式如下：

$$\dot{\boldsymbol{\theta}} = \boldsymbol{J}^{*}\dot{\boldsymbol{X}} \tag{5.1}$$

式中，$\dot{\boldsymbol{X}}$ 为机械臂末端执行器笛卡儿空间速度(mm/s)；$\boldsymbol{X}$ 为末端执行器位姿，$\boldsymbol{X}=(x,y,\Psi)^{\mathrm{T}}$，$\Psi$ 是姿态，$\Psi=\theta_1+\theta_2+\theta_3+\theta_4+\theta_5+\theta_6$；$\dot{\boldsymbol{\theta}}$ 为机械臂关节空间速度(rad/s)；$\boldsymbol{\Theta}$ 为关节角度，$\boldsymbol{\Theta}=(\theta_1,\theta_2,\theta_3,\theta_4,\theta_5,\theta_6)^{\mathrm{T}}$(rad)；$\boldsymbol{J}^{*}$ 为雅可比矩阵 $\boldsymbol{J}(\boldsymbol{\Theta})$ 的伪逆，$\boldsymbol{J}^{*}=\boldsymbol{J}^{\mathrm{T}}(\boldsymbol{J}\boldsymbol{J}^{\mathrm{T}}+\lambda\boldsymbol{I})^{-1}$，$\boldsymbol{J}\in\mathbf{R}^{3\times6}$；$\boldsymbol{I}=\mathrm{diag}(1,1,1)$；$\boldsymbol{J}(\boldsymbol{\Theta})$ 为雅可比矩阵，$\boldsymbol{J}(\boldsymbol{\Theta})=[\boldsymbol{J}_{\mathrm{e}}(\boldsymbol{\Theta}),\boldsymbol{J}_{\mathrm{c}}(\boldsymbol{\Theta})]^{\mathrm{T}}$，其中 $\boldsymbol{J}_{\mathrm{e}}(\boldsymbol{\Theta})$ 为位置雅可比矩阵，$\boldsymbol{J}_{\mathrm{e}}(\boldsymbol{\Theta})=(\partial x/\partial\boldsymbol{\Theta},\partial y/\partial\boldsymbol{\Theta})^{\mathrm{T}}$，$\boldsymbol{J}_{\mathrm{c}}(\boldsymbol{\Theta})$ 为姿态雅可比矩阵，$\boldsymbol{J}_{\mathrm{c}}(\boldsymbol{\Theta})=(\partial\Psi/\partial\boldsymbol{\Theta})$；$\lambda$ 为阻尼因子。

为了实现平面机械臂的实时运动规划快速收敛性，以追踪慢速运动目标为规划任务，并作为理论研究切入点，末端执行器笛卡儿空间速度 $\dot{\boldsymbol{X}}$ 定义为

$$\dot{\boldsymbol{X}} = \dot{\boldsymbol{X}}_{\mathrm{r}} + \dot{\boldsymbol{X}}_{\mathrm{obj}} \tag{5.2}$$

式中，$\dot{\boldsymbol{X}}_{\mathrm{obj}}$ 为运动目标笛卡儿空间速度(mm/s)；$\dot{\boldsymbol{X}}_{\mathrm{r}}$ 为相对速度(mm/s)。

$$\dot{\boldsymbol{X}}_{\mathrm{r}} = K(\boldsymbol{X}_{\mathrm{obj}} - \boldsymbol{X}) \tag{5.3}$$

式中，K 为位置误差增益系数；$\boldsymbol{X}_{\mathrm{obj}}$ 为目标位置和姿态，$\boldsymbol{X}_{\mathrm{obj}}=(x_{\mathrm{obj}},y_{\mathrm{obj}},\Psi_{\mathrm{obj}})^{\mathrm{T}}$，$\Psi_{\mathrm{obj}}$ 为目标姿态。

本章中，将通过迭代法实现冗余度机械臂的运动，式(5.1)将等价为如下表达式：

$$\Delta\boldsymbol{\Theta} \approx \boldsymbol{J}^{*}\Delta\boldsymbol{X} \tag{5.4}$$

式中，$\Delta \boldsymbol{X}$ 为实时路径迭代步长，$\Delta \boldsymbol{X}=\Delta \boldsymbol{X}_{\mathrm{r}}+\Delta \boldsymbol{X}_{\mathrm{obj}}$（mm）；$\Delta \boldsymbol{X}_{\mathrm{obj}}$ 和 $\Delta \boldsymbol{X}_{\mathrm{r}}$ 分别为目标位置和采样间隔时间 ΔT 内目标和执行器的相对位置（mm）。

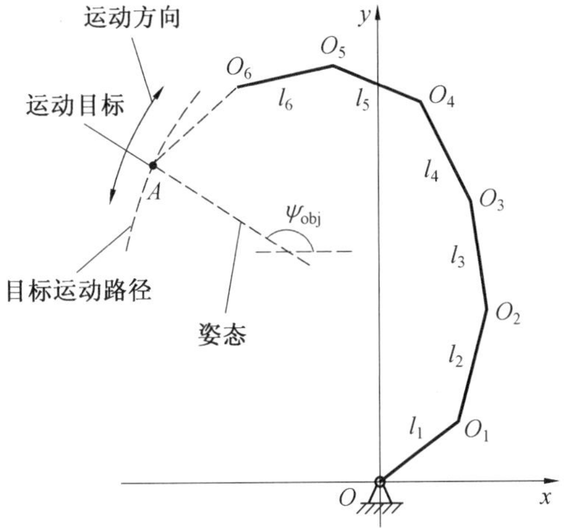

图 5.1　六自由度平面机械臂简化模型

式(5.3) 将变为

$$\Delta \boldsymbol{X}_{\mathrm{r}}=\mu(\boldsymbol{X}_{\mathrm{obj}}-\boldsymbol{X}) \tag{5.5}$$

式中，μ 为比例系数，$\mu=K\Delta T$。

然后关节角度 $\boldsymbol{\Theta}$ 将根据式(5.6) 进行实时更新。追踪过程的框图如图 5.2(a) 所示。

$$\boldsymbol{\Theta}=\boldsymbol{\Theta}+\Delta \boldsymbol{\Theta} \tag{5.6}$$

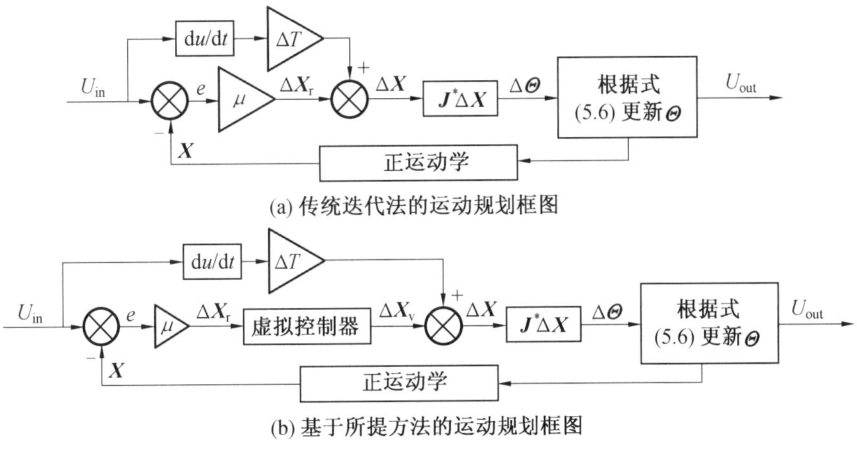

图 5.2　实时运动规划框图，$U_{\mathrm{in}}=\boldsymbol{X}_{\mathrm{obj}}$，$U_{\mathrm{out}}=\boldsymbol{\Theta}$

5.2.2　虚拟控制器设计

基于传统迭代法，即可实现追踪运动目标的实时规划，但是追踪的收敛速度往往比较小，而且通常情况下，为了提升收敛速度，都会设置一个比较大的增益系数，这样就会导致起始阶段增益过大，不利于机器人系统的稳定。为了自适应地稳定提升收敛速度，设计一个虚拟控制器，将 $\Delta \boldsymbol{X}_{\mathrm{r}}$ 映射为 $\Delta \boldsymbol{X}_{\mathrm{V}}$，如

$$\Delta \boldsymbol{X}_{\mathrm{V}} = k_{\mathrm{p}} \boldsymbol{\xi}_i + k_{\mathrm{I}} \sum_{j=1}^{i} \boldsymbol{\xi}_j + k_{\mathrm{s}} \boldsymbol{\gamma}_i \tag{5.7}$$

式中，k_{p}、k_{s}、k_{I} 为比例系数；i 为索引，表示第 i 步迭代过程；$\sum \boldsymbol{\xi}_j$ 和 $\boldsymbol{\gamma}_i$ 根据目标速度补偿 $\Delta \boldsymbol{X}_{\mathrm{V}}$。

$\boldsymbol{\xi}_i$ 和 $\boldsymbol{\gamma}_i$ 根据如下公式进行计算：

$$\begin{cases} \boldsymbol{\gamma}_i = \left[(1 - \mathrm{e}^{-\alpha \xi_i^j}) / (1 + \mathrm{e}^{-\alpha \xi_i^j}) \right] \\ \boldsymbol{\xi}_i = \eta \Delta \boldsymbol{X}_{\mathrm{r}} + \Delta \dot{\boldsymbol{X}}_{\mathrm{r}} \end{cases} \tag{5.8}$$

其中，$\boldsymbol{\xi}_i = \{\xi_i^j\}$，$j=1,2,3$。$j=1$ 表示 x 坐标值，$j=2$ 表示 y 坐标值，$j=3$ 表示姿态 Ψ。α、η 自适应系数如下：

$$\begin{cases} \alpha = \alpha_0 + f_1(v_{\mathrm{obj}}) \\ \eta = \eta_0 + f_2(v_{\mathrm{obj}}) \end{cases} \tag{5.9}$$

式中，α_0、η_0 为初始系数；$f_1(v_{\mathrm{obj}})$、$f_2(v_{\mathrm{obj}})$ 为速度相关函数，能够自适应地提升追踪速度。

根据式(5.8)和式(5.9)，当目标速度较低时，$\boldsymbol{\xi}_i$ 和 $\boldsymbol{\gamma}_i$ 比较小；当目标速度变大时，$\boldsymbol{\xi}_i$ 和 $\boldsymbol{\gamma}_i$ 将适当增大。同时当速度很大时，速度相关函数 $f_1(v_{\mathrm{obj}})$、$f_2(v_{\mathrm{obj}})$ 将达到饱和状态，$\boldsymbol{\xi}_i$ 和 $\boldsymbol{\gamma}_i$ 将达到最大值，这样使得 $\Delta \boldsymbol{X}_{\mathrm{r}}$ 不会过大。$f_1(v_{\mathrm{obj}})$、$f_2(v_{\mathrm{obj}})$ 定义如下：

$$\begin{cases} f_1(v_{\mathrm{obj}}) = \alpha_{\mathrm{p}} (1 - \mathrm{e}^{-p_1 \cdot v_{\mathrm{obj}}}) \\ f_2(v_{\mathrm{obj}}) = \eta_{\mathrm{p}} (1 - \mathrm{e}^{-p_2 \cdot v_{\mathrm{obj}}}) \end{cases} \tag{5.10}$$

式中，α_0、η_0、p_1、p_2 为比例系数；v_{obj} 为目标运动速度(mm/s)。

带有虚拟控制器的控制框图如图 5.2(b) 所示。在图 5.1 中，目标沿着曲线运动方向来回运动，姿态变化 $\Psi_{\mathrm{obj}} = 0.7 \times \sin 2(t + 0.95) + 2.07$。对于传统迭代法 $\mu = 0.048$，在所设计虚拟控制器中 $\mu = 0.01$，这样设置可以使 $k_{\mathrm{p}} \times \eta_0 = 0.048$，也使得 $\Delta \boldsymbol{X}_{\mathrm{r}}$ 初始设置一致。由于积分环节 $\sum \boldsymbol{\xi}_j$ 逐渐累积和自适应调节 $\boldsymbol{\gamma}_i$ 的补偿，规划的 $\Delta \boldsymbol{X}_{\mathrm{V}}$ 变大，进而提升收敛速率。在图 5.3 中，所提虚拟控制的位姿收敛速度要比传统迭代法快，能够在更短的时

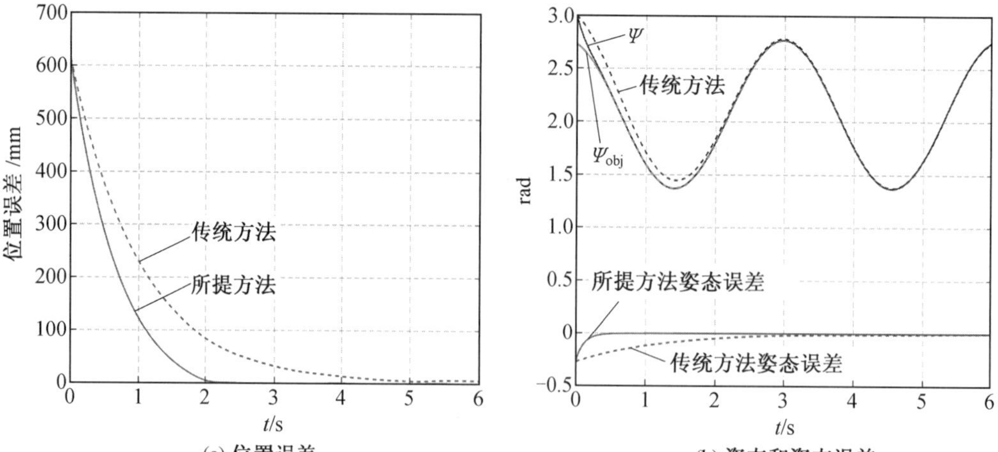

(a) 位置误差　　(b) 姿态和姿态误差

图 5.3　传统迭代法和所提方法比较

间内实现运动目标的追踪。仿真参数选取如表 5.1 和表 5.2 所示。

在实际机械臂中，臂杆长度 l_p($p=1,2,\cdots,6$) 通常会包含误差信息，致使雅可比矩阵 $\boldsymbol{J}$ 不再是理想的，也就是 $\hat{l}_p=l_p+\Delta l_p$，Δl_p 是第 p 个臂杆长度，这种情况下定义雅可比矩阵为 $\hat{\boldsymbol{J}}$。如图 5.4 所示为基于 $\hat{\boldsymbol{J}}$ 和 $\boldsymbol{J}$，利用所设计虚拟控制器的仿真，臂杆长参数如表 5.2 所示。尽管臂杆长度误差造成雅可比矩阵计算误差，但是运动目标仍能被实时追踪，而且位姿追踪误差也相对较小。因此，雅可比矩阵中的误差对主任务影响较小，有良好的鲁棒性。

表 5.1　虚拟控制器参数

参数	k_p	k_I	k_s	α_0	α_p	η_0	η_p	p_1	p_2
值	0.016	10^{-7}	2	0.05	0.02	300	100	0.2	0.6

表 5.2　六自由度平面臂 D－H 参数

参数	mm	参数	mm	参数	rad
l_1	150	$\hat{l}_1$	140	θ_1	0.3
l_2	150	$\hat{l}_2$	150	θ_2	0.3
l_3	150	$\hat{l}_3$	160	θ_3	0.6
l_4	150	$\hat{l}_4$	141	θ_4	0.5
l_5	150	$\hat{l}_5$	155	θ_5	0.5
l_6	150	$\hat{l}_6$	149	θ_6	0.8

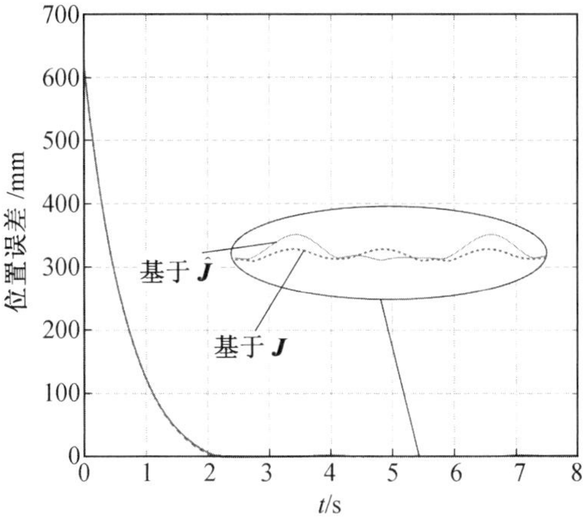

(a) 位置误差

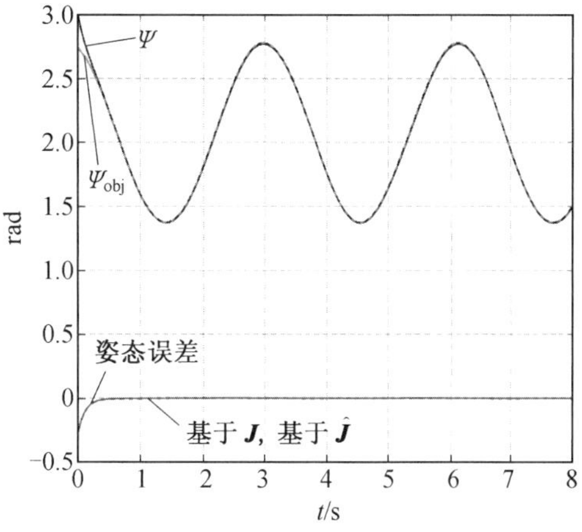

(b) 姿态和姿态误差

图 5.4　基于虚拟控制器的运动目标追踪

5.3　动态环境下运动规划

5.3.1　观察、路径预测、路径规划

本章对于动态环境下的运动规划方法研究，以多动态障碍物环境下慢速运动目标跟踪为任务，并做假设：目标和障碍物在机器人工作空间内运动，而且运动是可观测的。另

外，目标和障碍物运动路径是单调的、平滑的。如图 5.5(a) 所示，在机械臂工作空间中有 1 个运动目标和 4 个运动障碍物，A 为目标，B、C、D、E 为障碍物。

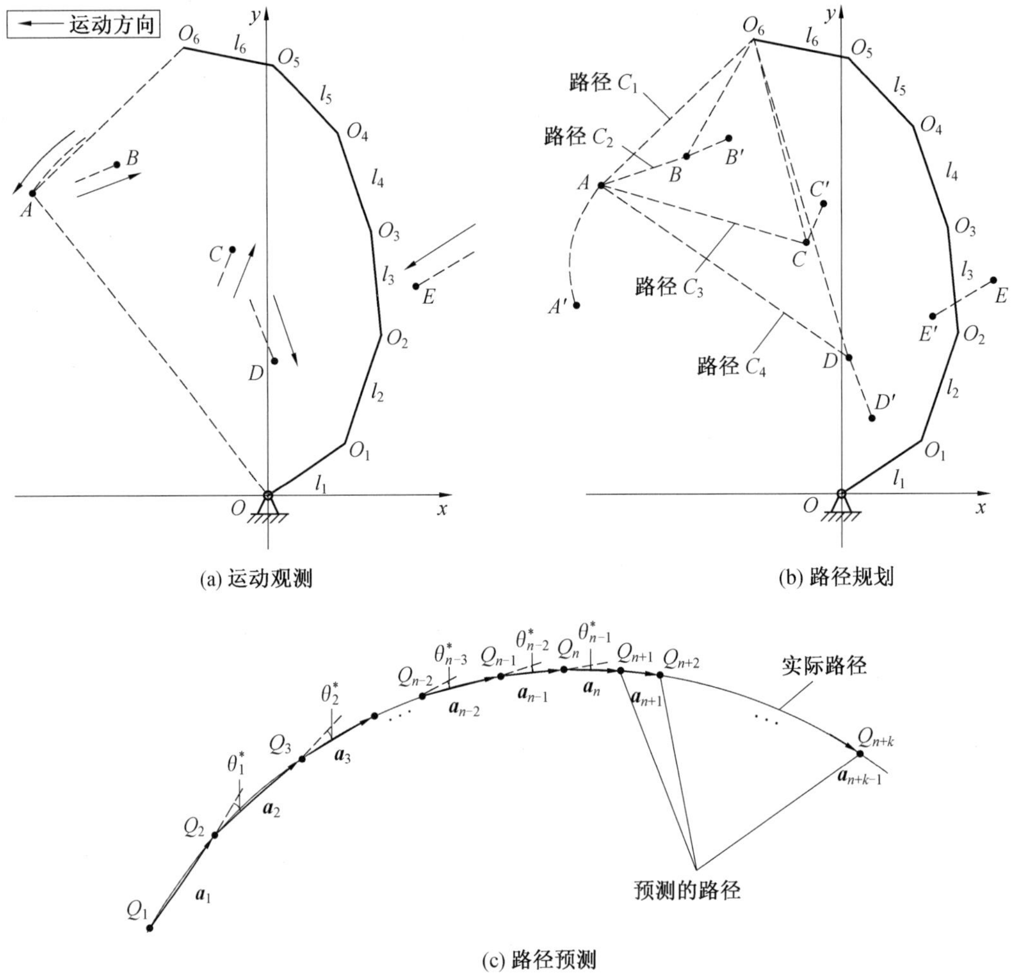

图 5.5　运动观测、路径预测和路径规划

考虑到实际相机观测往往会引入噪声，本章采用样条滤波器分别对目标和障碍物运动的 x、y 方向上的噪声进行抑制，样条滤波器表达式如下：

$$(\boldsymbol{I}+\beta^4\boldsymbol{Q})\omega(t)=z(t) \tag{5.11}$$

式中，$\omega(t)$ 为滤波后路径点，共 n 个点；$z(t)$ 表示观测到有噪声影响的路径；$\boldsymbol{Q}$ 和 $\boldsymbol{I}$ 为 $n\times n$ 矩阵。

β 的表达式如下：

$$\beta=\left[2\sin\frac{\pi\Delta x_{\mathrm{s}}}{\lambda_{\mathrm{c}}}\right]^{-1} \tag{5.12}$$

式中，Δx_{s} 是采样间隔(mm)；λ_{c} 是截止波长(mm)。

如图 5.5(c) 所示，黑色曲线为实际运动路径。(Q_{n+1}，Q_{n+2}，…，Q_{n+k}) 代表预测的路径点。(Q_1，Q_2，…，Q_n) 表示经过样条滤波器平滑后的路径点。由此可由 n 个点(Q_1，Q_2，…，

Q_n) 形成 $n-1$ 个向量($\boldsymbol{a}_1, \boldsymbol{a}_2, \boldsymbol{a}_3, \cdots, \boldsymbol{a}_{n-1}$)，每两个相邻向量之间的夹角可按下式计算：

$$\theta_i^* = \arccos \boldsymbol{a}_i \boldsymbol{a}_{i+1} / (|\boldsymbol{a}_i| \cdot |\boldsymbol{a}_{i+1}|) \tag{5.13}$$

角度 θ_i^* ($i=1,2,3,\cdots,n-2$) 利用二阶多项式进行最小二乘拟合

$$\theta^*(i) = a_\theta^* + b_\theta^* i + c_\theta^* i^2 \tag{5.14}$$

式中，a_θ^*、b_θ^*、c_θ^* 为系数。

预测的角度 $\theta^*(i)$($i \geqslant n-1$) 按上式计算。旋转矩阵 $\boldsymbol{R}$ 用于计算下一个向量 $\boldsymbol{a}_{i+1}$，定义如下：

$$\boldsymbol{R} = \begin{bmatrix} \cos\theta^*(i) & -\sin\theta^*(i) \\ \sin\theta^*(i) & \cos\theta^*(i) \end{bmatrix} \tag{5.15}$$

引入权重系数 W_i 计算向量 $\boldsymbol{a}_{i+1}$ 的大小表达式如下：

$$W_i = \frac{|\boldsymbol{a}_{i+1}|}{|\boldsymbol{a}_i|} \tag{5.16}$$

相似地，用一阶多项式对权重系数进行拟合

$$W(i) = a_{\mathrm{W}} + b_{\mathrm{W}} i \tag{5.17}$$

式中，i 表示路径上第 i 个点，$i=1,2,3,\cdots,n-2$；a_{W} 和 b_{W} 为实数系数。

根据式(5.14)～(5.17)，接下来路径上的向量 $\boldsymbol{a}_{i+1}$ 可根据下式计算：

$$\boldsymbol{a}_{i+1}^{\mathrm{T}} = W(i) \boldsymbol{R} \boldsymbol{a}_i^{\mathrm{T}}, \quad i > n-2 \tag{5.18}$$

预测的路径点 $Q_{i+1}(x_{i+1}, y_{i+1})$ 可通过下式计算，如图 5.5(b) 所示。

$$(x_{i+1}, y_{i+1}) = (x_i, y_i) + \boldsymbol{a}_i, \quad i = n, n+1, \cdots, n+k-1 \tag{5.19}$$

根据式(5.21) 和式(5.22) 对可行性路径中最短路径进行搜索，选取最佳路径

$$P_j = \sum_{k=1}^{K_j} \min\{\boldsymbol{b}_k \times \boldsymbol{b}_{k+1}, 0\} \tag{5.20}$$

$$F_j = L_j - \overline{OA'} - \sum_{p=1}^{6} l_{\mathrm{p}} + \delta \tag{5.21}$$

式中，j 为索引值，$j=1,2,\cdots,N$，N 多边形数；K_j 表示第 j 个多边形内角个数；$\boldsymbol{b}_k$ 和 $\boldsymbol{b}_{k+1}$ 为多边形顺时针或逆时针相邻边。

如果 $P_j=0$，那么该多边形为凸多边形，否则为凹多边形。L_j 为多边形周长，l_{p} 为第 p 个连杆长度，δ 为估计的安全距离(单位：mm)。如果 F_j 小于 0，路径则为可行的，否则为不可行的。

5.3.2　机械臂避障方法

为了实现对规划路径的安全跟踪，机械臂实时运动避障是必须的。本章提出了一种局部坐标旋转法(local rotation coordinate method，LRCM) 实现末端执行器的实时避障。根据实时规划的路径 $\Delta\boldsymbol{X} = (\Delta x, \Delta y, \Delta\Psi)^{\mathrm{T}}$，以机械臂末端为局部坐标系中心 O_6，局部坐标轴 X_{B} 沿直线 O_6A，如图 5.6(b) 所示。在局部坐标系中，规划的笛卡儿空间中的路径 $(\Delta x, \Delta y)^{\mathrm{T}}$ 在局部坐标系中的表示为 $(\Delta x_{\mathrm{B}}, 0)^{\mathrm{T}}$，$\Delta x_{\mathrm{B}} = (\Delta x^2 + \Delta y^2)^{1/2}$。为了实现末端执行器避障，$\Delta y_{\mathrm{B}}$ 定义为沿轴 Y_{B}，计算如下：

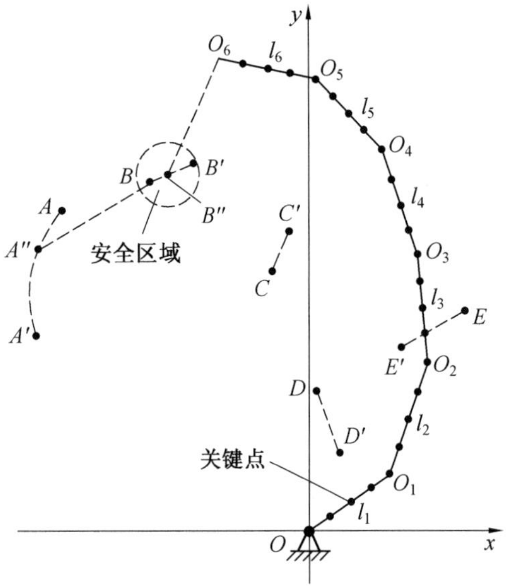

(a) 整个布局图

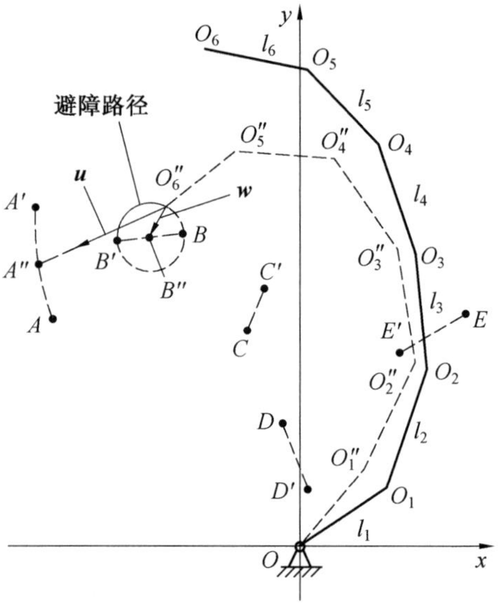

(b) 避障路径求取

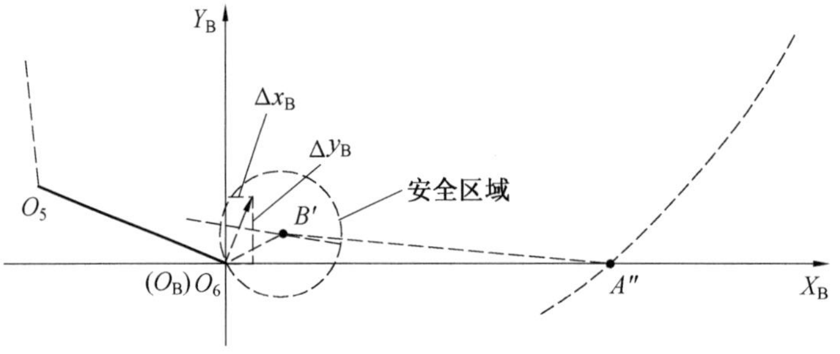

(c) 末端执行器接近障碍物时的在线避障

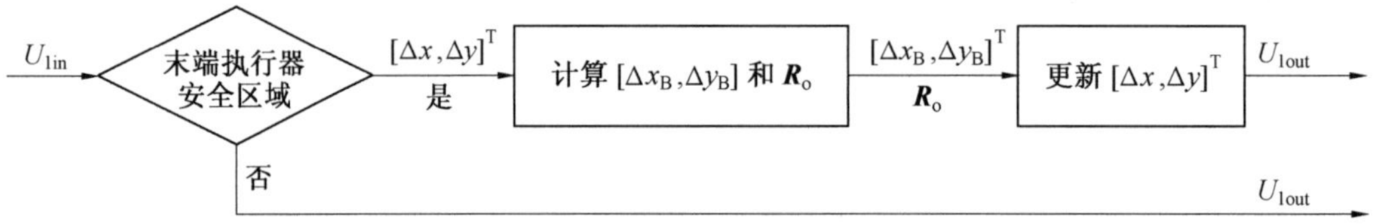

(d) LRCM 避障原理框图

图 5.6 末端执行器避障原理

$$
\begin{cases}
\Delta x_B = \sqrt{\Delta x^2 + \Delta y^2} \\
\Delta y_B = (-1)^\tau K_B \Delta x_B \cdot \left[\cos \pi \dfrac{d_B - d_{\min}}{R_{\text{safe}} - d_{\min}} + 1\right]^2
\end{cases}
\tag{5.22}
$$

式中，K_B 为比例系数；R_{safe} 为安全区域半径(mm)；d_B 为点 O_6 和障碍物 B 在安全区域内的距离(mm)；$d_{\min}$为允许与障碍物之间的最小距离(mm)；τ 为绕障碍物以顺时针还是逆时针转动。

τ 计算如下：

$$
\tau = \begin{cases}
1, & x_A - x_{O_6} > 0 \\
0, & \text{否则}
\end{cases}
\tag{5.23}
$$

式中，x_A、x_{O_6} 分别为目标 A 在笛卡儿空间的位置和末端执行器在笛卡儿空间沿 X 轴方向的位置。

在不需要大范围转向时，为缩短机械臂末端执行器在避障安全区域的运动距离，τ 按下式计算：

$$\tau=\begin{cases}1, & \boldsymbol{d}\cdot(\boldsymbol{u}\times\boldsymbol{w})\geqslant 0\\ 0, & \text{否则}\end{cases} \tag{5.24}$$

式中，$\boldsymbol{d}$ 表示单位向量，$\boldsymbol{d}=(0,0,1)$。

向量 $\boldsymbol{u}$ 和 $\boldsymbol{w}$ 计算如图 5.6(c) 所示。在坐标系 $X_BO_BY_B$ 中实时规划的新路径 $(\Delta x_B, \Delta y_B)^T$ 映射到笛卡儿坐标系 XOY 中的转换矩阵 $\boldsymbol{R}_o$ 为

$$\boldsymbol{R}_o=\begin{bmatrix}\cos\varphi_o & -\sin\varphi_o\\ \sin\varphi_o & \cos\varphi_o\end{bmatrix} \tag{5.25}$$

式中，φ_o 计算如下：

$$\varphi_o=\arccos\frac{\Delta x}{\sqrt{\Delta x^2+\Delta y^2}} \tag{5.26}$$

然后实时更新规划的路径$(\Delta x,\Delta y)^T$

$$\begin{pmatrix}\Delta x\\ \Delta y\end{pmatrix}:=\boldsymbol{R}_o\cdot\begin{pmatrix}\Delta x_B\\ \Delta y_B\end{pmatrix} \tag{5.27}$$

LRCM 避障原理框图如图 5.6(d) 所示，U_{1in} 为 $\Delta\boldsymbol{X}$，U_{1out} 为更新后的路径 $\Delta\boldsymbol{X}$。

在本章中，当障碍物接近机器人机械臂手臂时，采用的避障方法为关键点法，如图 5.6(a) 所示。每个机械臂上 5 个关键点，用于实时计算与障碍物之间的距离，其原理为应用机器人冗余自由度(即零空间) 实现，计算如下：

$$\Delta\boldsymbol{\Theta}=\boldsymbol{J}^*\Delta\boldsymbol{X}+k(\boldsymbol{I}-\boldsymbol{J}^*\boldsymbol{J})\sum_{j=1}^{M}k_j\nabla\boldsymbol{H}_j \tag{5.28}$$

式中，$k(\boldsymbol{I}-\boldsymbol{J}^*\boldsymbol{J})k_j\nabla\boldsymbol{H}_j$ 为零空间，用于躲避第 j 个障碍物，k 为比例系数；M 表示障碍物数目；k_j 为实系数。

k_j 计算如下：

$$k_j=\begin{cases}2, & \bar{d}\leqslant\bar{d}_{min}\\ \cos\left(\pi\dfrac{\bar{d}-\bar{d}_{min}}{\bar{R}_{safe}-\bar{d}_{min}}\right)+1, & \bar{d}_{min}<\bar{d}<\bar{R}_{safe}\\ 0, & \bar{d}\geqslant\bar{R}_{safe}\end{cases} \tag{5.29}$$

式中，$\bar{R}_{safe}$ 为安全区域半径(mm)；d 为障碍物与关键点之间的距离(mm)；$\bar{d}_{min}$ 表示允许障碍物与关键点之间的最小安全距离(mm)。

5.3.3　动态环境下运动规划算法

最后融合设计的虚拟控制器，形成了一个比较完整的动态环境下运动规划算法，如图 5.7 所示，图中 $U_{in}=\boldsymbol{X}_{obj}$，$U_{out}=\boldsymbol{\Theta}$。

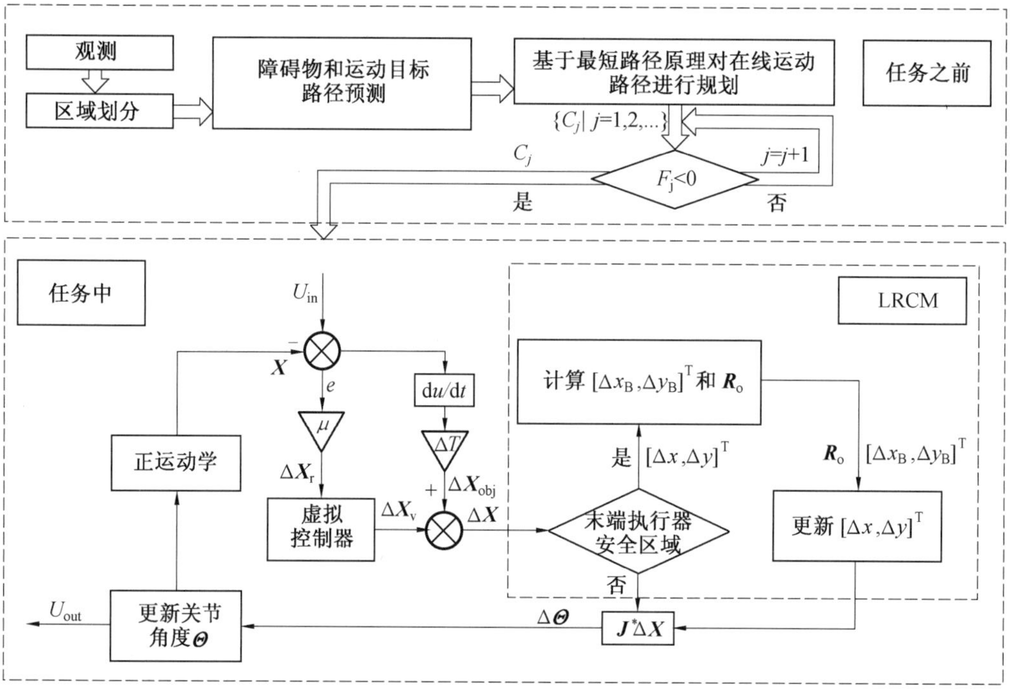

图 5.7　动态环境下运动规划算法，$U_{\text{in}} = \boldsymbol{X}_{\text{obj}}$，$U_{\text{out}} = \boldsymbol{\Theta}$

5.4　仿真验证

研究以平面六自由度机械臂为对象，利用 Matlab 和 Adams 联合仿真进行验证。

5.4.1　路径预测方法的仿真验证

首先是对路径预测方法进行仿真验证，对预测路径的相似度按下式进行计算：

$$\mathrm{SSI}=\frac{1}{k_{\mathrm{SSI}}}\sum_{j=1}^{k_{\mathrm{SSI}}}\mathrm{SSI}_j=\frac{1}{k_{\mathrm{SSI}}}\sum_{j=1}^{k_{\mathrm{SSI}}}\left[1-\left(\frac{d_{sj}}{r_s}\right)^2\right] \tag{5.30}$$

式中，SSI 为相似度，当 $\mathrm{SSI}>0.7$ 时，则认为预测的路径是准确的、可行的；SSI_j 为第 j 个预测点的相似度；k_{SSI} 为预测路径点的个数；d_{sj} 为实际路径点和预测点之间的距离(mm)；r_s 为允许的最大偏差值，$r_s=20$ mm。

预测路径包括直线、圆弧曲线和组合曲线路径，其中直线坐标关系为 $x=5j$，$y=5j$；圆弧曲线坐标关系为 $x=R\sin(0.03\pi j/16)$，$y=R\cos(0.03\pi j/16)$，$R=400$；组合曲线坐标关系为 $x=0.05j^2+2j$，$y=5j$；$j=0,1,2,\cdots,39$，如图 5.8 所示。对于相似度 SSI 的计算如图 5.9 和表 5.3 所示。

通过取不同曲线的相似度计算如表 5.3 所示，相似度均接近于 1，由曲线预测的相似度可知，相似度大于 0.7 均为有效的预测，由此可见所提方法是可行的。

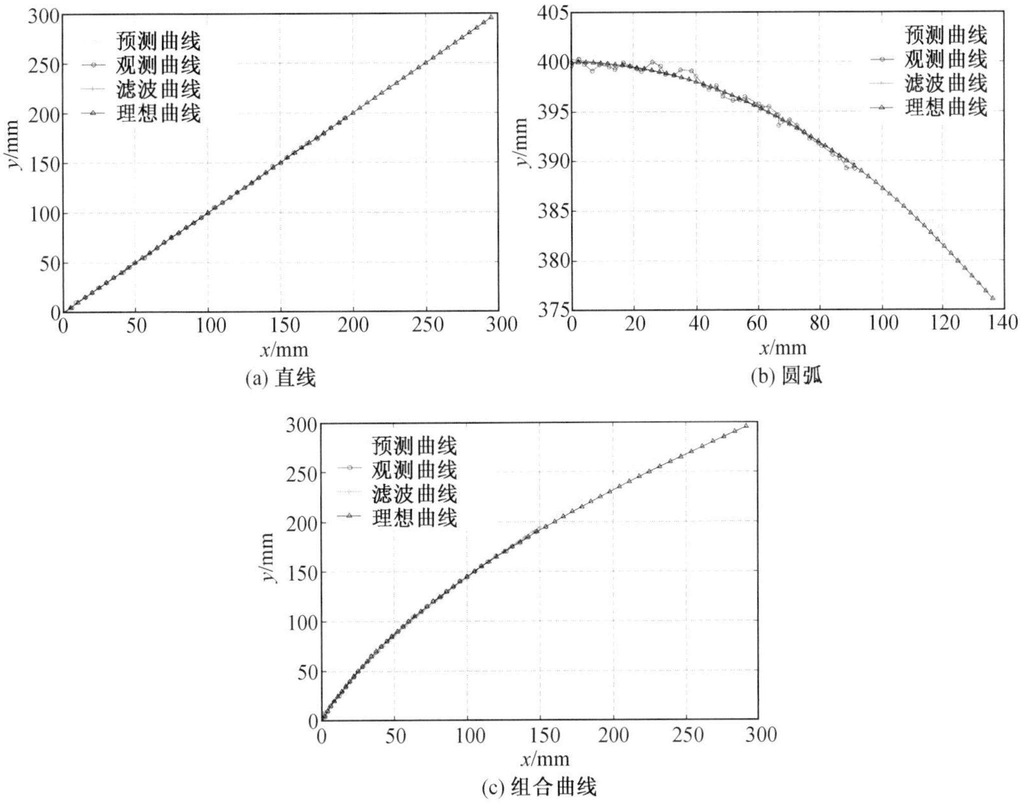

图 5.8　实际路径与预测路径的比较

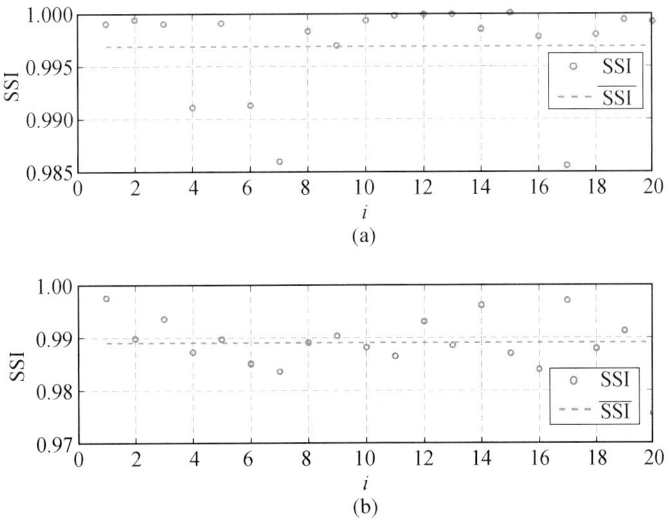

图 5.9　20 组实验相似度计算误差

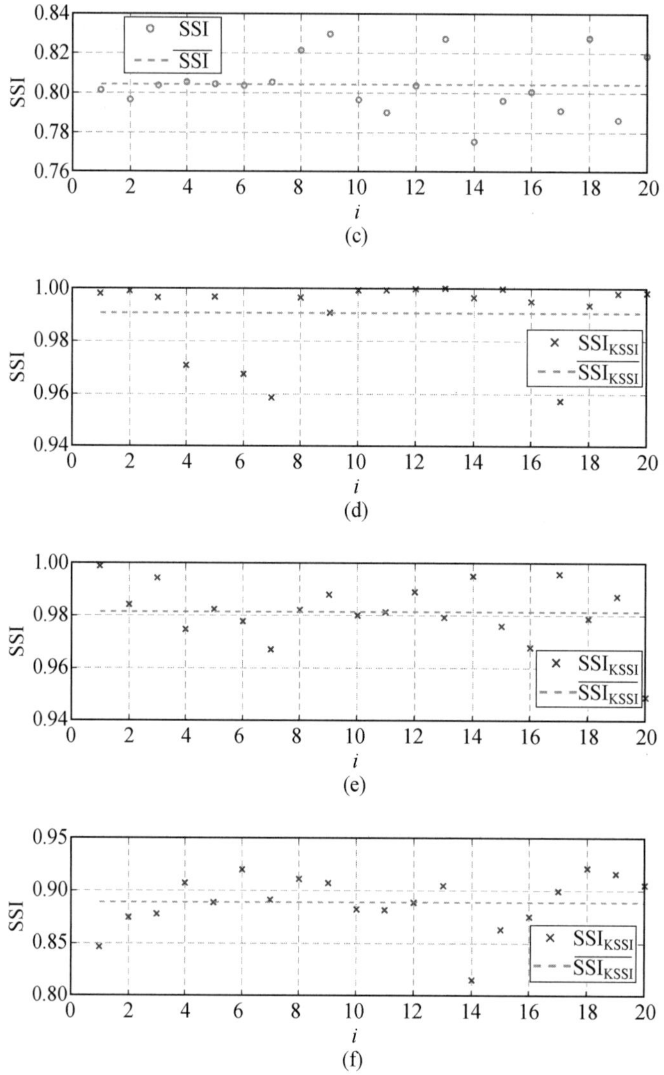

续图 5.9

图 5.9 中(a)、(d) 为直线相似度计算；(b)、(e) 为圆弧线相似度计算；(c)、(f) 为组合曲线相似度计算；SSI_{KSSI} 为最后一个点的相似度；$\overline{SSI}$、$\overline{SSI_{KSSI}}$ 表示 SSI 和 SSI_{KSSI} 的平均值。

表 5.3　不同运动曲线下预测曲线的相似度

相似度	直线	圆弧曲线	组合曲线
$\overline{SSI}$	0.996 9	0.989 1	0.804 3
$\overline{SSI_{KSSI}}$	0.990 6	0.981 4	0.889 0

5.4.2　局部旋转坐标法避障验证

对所提局部坐标旋转法避障进行验证，以躲避单个静止的和运动的障碍物为例，与现有人工势场法在实现大范围转向避障方面进行比较。所提避障方法能够实现大的转向，并且不会陷局部最小值，如图 5.10 所示。

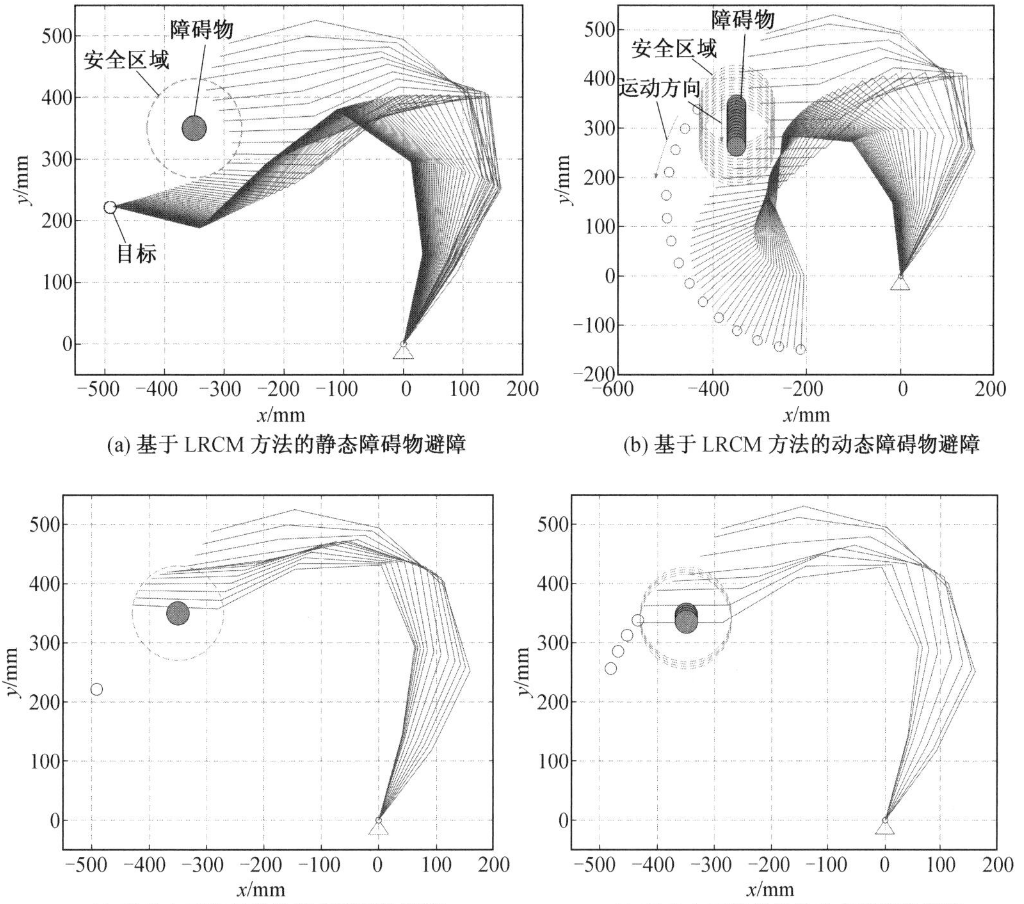

(a) 基于 LRCM 方法的静态障碍物避障　(b) 基于 LRCM 方法的动态障碍物避障

(c) 基于人工势场法的静态障碍物避障　(d) 基于人工势场法的动态障碍物避障

图 5.10　末端执行器在线避障

对于避障中自适应虚拟控制器的仿真如图 5.11 所示，图中，Ψ 表示机械臂末端执行器姿态，Ψ_{obj} 表示运动目标姿态。可以明显看出，使用虚拟控制器不但可以提升机器人目标追踪的收敛速度，而且随着运动目标速度增大，机械臂末端执行器的追踪速度也会相应增大。同时也说明所设计自适应虚拟控制器的可行性和有效性。

5.4.3　平面臂运动规划算法仿真

在 4 个动态障碍物环境下，通过对运动目标进行追踪仿真，验证所提运动规划算法，如图 5.12 所示，图中 Ψ 表示机械臂末端执行器姿态，Ψ_{obj} 表示运动目标姿态。所提算法能够实现复杂环境下运动目标的准确无碰撞追踪，参数设置如表 5.4 和表 5.5 所示。

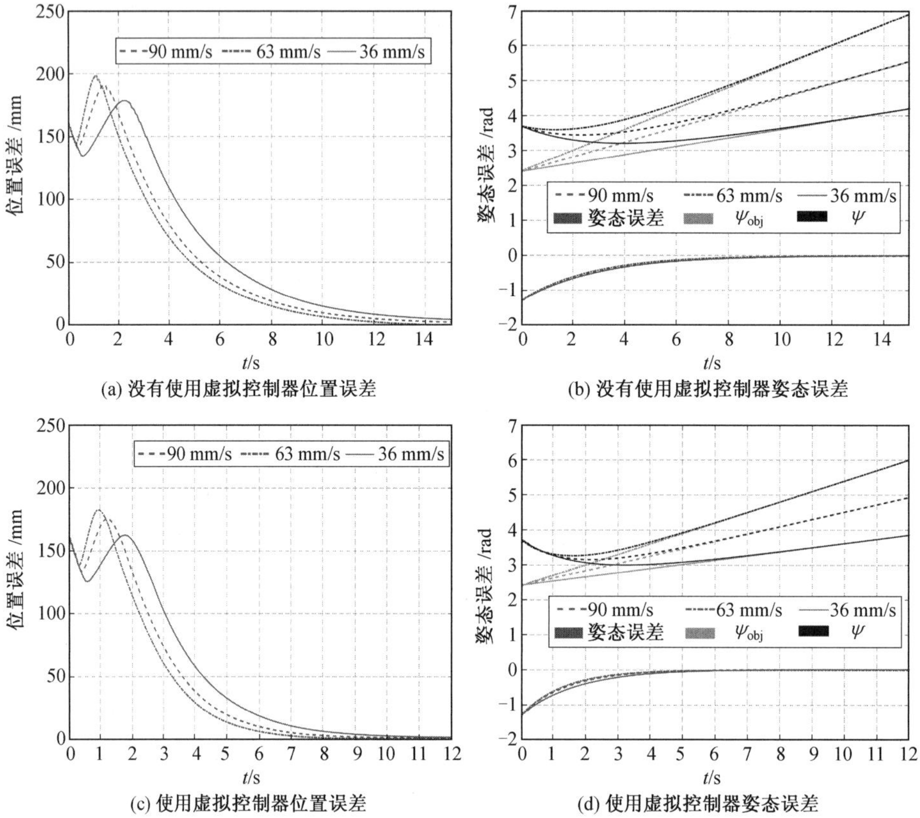

(a) 没有使用虚拟控制器位置误差　(b) 没有使用虚拟控制器姿态误差

(c) 使用虚拟控制器位置误差　(d) 使用虚拟控制器姿态误差

图 5.11　有障碍物环境下,追踪不同运动速度的目标

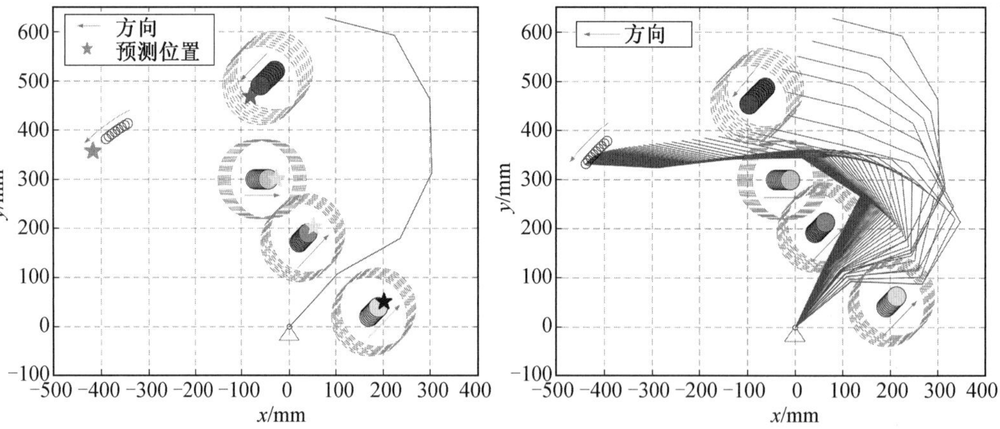

(a) 观察、预测　(b) 在线追踪与避障

图 5.12　多动态障碍物环境下运动目标追踪

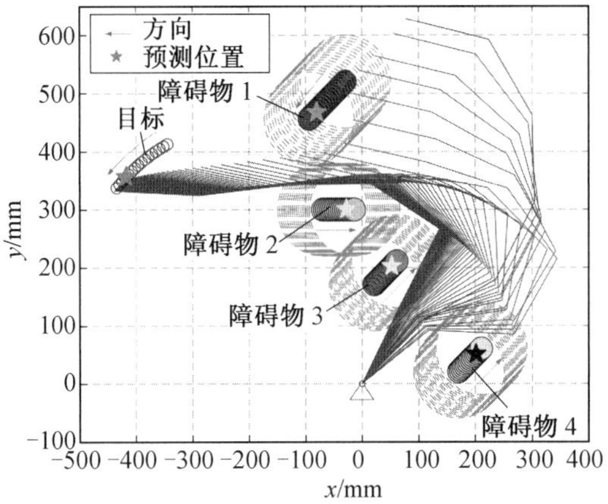

(c) 整个运动目标追踪

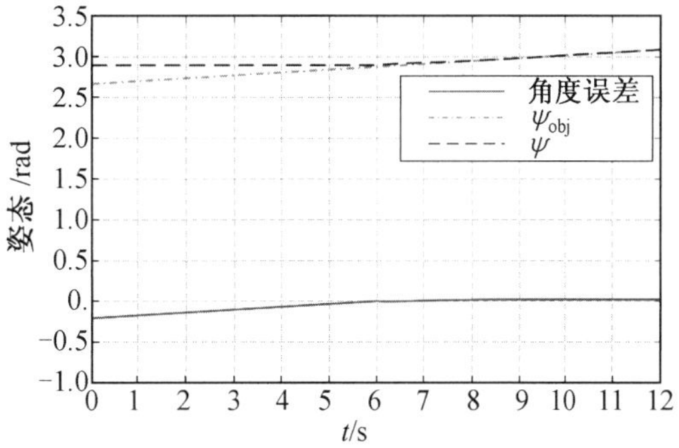

(d) 姿态和姿态误差

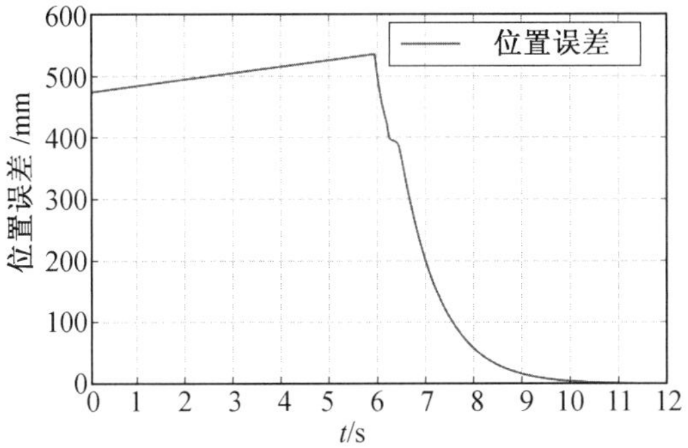

(e) 位置误差

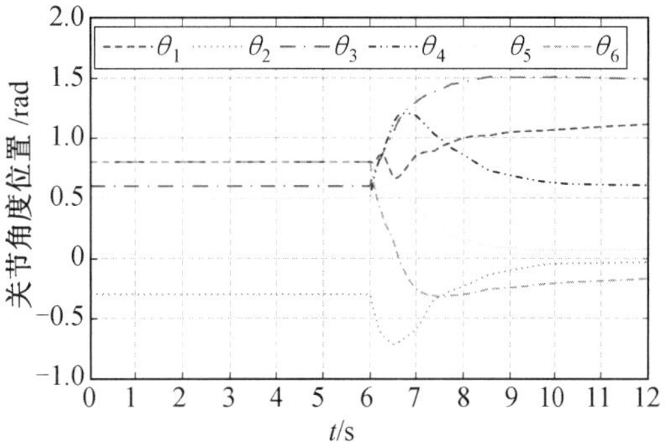

(f) 关节位置

续图 5.12

表 5.4　避障参数

参数	R_{safe}	$\bar{R}_{safe}$	v_{obs}	v_{obj}	k	d_{min}	$\bar{d}_{min}$	k_r
值	80	80	8	63	5	30	30	1.0×10^7

表 5.5　虚拟控制器参数

参数	k_p	k_I	k_s	α_0	α_p	η_0	η_p	p_1	p_2
值	0.005	10^{-7}	1	10^{-3}	10^{-2}	300	100	0.02	0.02

5.5　本章小结

本章定义了基于笛卡儿空间目标跟踪误差积分－饱和函数的虚拟控制器，提高了平面冗余机械臂在线运动规划收敛速度，融合了运动观测、路径预测、路径规划、避障和虚拟控制器。采用样条滤波和多项式拟合相结合的方法，对目标和障碍物的运动轨迹进行预测。利用预测的运动路径和定义的代价函数判断准则规划末端执行器的路径。提出了基于局部旋转坐标的末端执行器避障方法，保证了平面机械臂动态环境中快速无碰撞运动。仿真结果表明，该路径预测方法稳定准确，局部旋转坐标方法对于末端执行器避障是可行的，利用虚拟控制器提高了在线运动规划的收敛速度。

第6章　基于能量转化策略避障的三维运动规划

6.1　引　言

对于重载平面冗余臂末端耦合连接的三维空间构型机械臂任务操作，运动规划确保机械臂在交互中的安全，然而现有规划方法中避障过程依赖于与环境之间建立的虚拟物理模型，而且大多避障方法需通过间接的方式改变机械臂运动构型。此外，运动规划方法在实现机械臂快速运动时，往往由于增益系数过大，造成机械臂运动起始阶段速度的过增益现象。插值等技术的引入虽然能够缓解这一情况，但是计算复杂、智能规划程度低。因此，本章基于描述物体运动状态基本度量 —— 能量，通过不同能量之间的相互转化，改变机械臂运动状态，并全面考虑复杂环境下姿态调整策略，保证机械臂安全运动。同时基于单神经元网络，采用无监督式主成分分析学习规则保证笛卡儿空间轨迹规划的自主能力。最终实现动态环境下机械臂的自主在线运动规划。

6.2　广义逆运动学

在图6.1中，笛卡儿坐标系$O-xyz$定义为冗余度机械臂基坐标系。坐标系$\{X_{\mathrm{T}},Y_{\mathrm{T}},Z_{\mathrm{T}}\}$定义为末端执行器姿态，使得末端执行器朝向坐标轴$X_{\mathrm{T}}$的方向。冗余度机械臂广义逆运动学等式定义如下：

$$\dot{\boldsymbol{\Theta}}=\boldsymbol{J}^{*}\dot{\boldsymbol{X}} \tag{6.1}$$

式中，$\dot{\boldsymbol{X}}$为末端执行器笛卡儿空间速度(mm/s)；$\boldsymbol{X}$表示位姿，$\boldsymbol{X}\in\mathbf{R}^{N\times1}$，$\boldsymbol{X}=(x_{\mathrm{EE}},x_{\mathrm{d}})^{\mathrm{T}}$；$x_{\mathrm{EE}}$为末端执行器位置(mm)；$x_{\mathrm{d}}$表示姿态，用相对于极坐标系欧拉角$Z-Y-X$表示(rad)；$N$是$\boldsymbol{X}$的行数；$\dot{\boldsymbol{\Theta}}$为机械臂关节空间角速度(rad/s)；$\boldsymbol{\Theta}$为关节空间角度，$\boldsymbol{\Theta}=(\theta_1,\theta_2,\cdots,\theta_s)^{\mathrm{T}}$，自由度为$s$(rad)；$\boldsymbol{J}^{*}$为基于阻尼最小二乘法雅可比矩阵$\boldsymbol{J}(\boldsymbol{\Theta})$的伪逆，$\boldsymbol{J}^{*}=\boldsymbol{J}^{\mathrm{T}}(\boldsymbol{J}\boldsymbol{J}^{\mathrm{T}}+\lambda\boldsymbol{I})^{-1}$，$\boldsymbol{J}\in\mathbf{R}^{N\times s}$；$\lambda$是阻尼因子，$\lambda(\lambda>0)$能够处理当冗余度机械臂处于奇异配置时的病态雅可比矩阵$\boldsymbol{J}$，同时能够保证末端执行器在所有配置时误差最小；$\boldsymbol{I}$为具有维度$N\times N$的单位矩阵。

传统基于定比例方法实现追踪任务主要通过下式完成：

$$\dot{\boldsymbol{X}}=\dot{\boldsymbol{X}}_{\mathrm{obj}}+K_{\mathrm{p}}(\boldsymbol{X}_{\mathrm{obj}}-\boldsymbol{X}) \tag{6.2}$$

式中，$\dot{\boldsymbol{X}}_{\mathrm{obj}}$为目标速度(mm/s)；$\boldsymbol{X}_{\mathrm{obj}}$为目标位姿，$\boldsymbol{X}_{\mathrm{obj}}=(x_{\mathrm{obj_p}},x_{\mathrm{obj_d}})^{\mathrm{T}}$；$x_{\mathrm{obj\_p}}$、$x_{\mathrm{obj_d}}$为目标位置(mm)和姿态(rad)；$K_{\mathrm{p}}$为增益系数。

本章中利用传统定比例迭代法实现机械臂的运动，然后式(6.1)就变为

$$\Delta\boldsymbol{\Theta}\approx\boldsymbol{J}^{*}\Delta\boldsymbol{X} \tag{6.3}$$

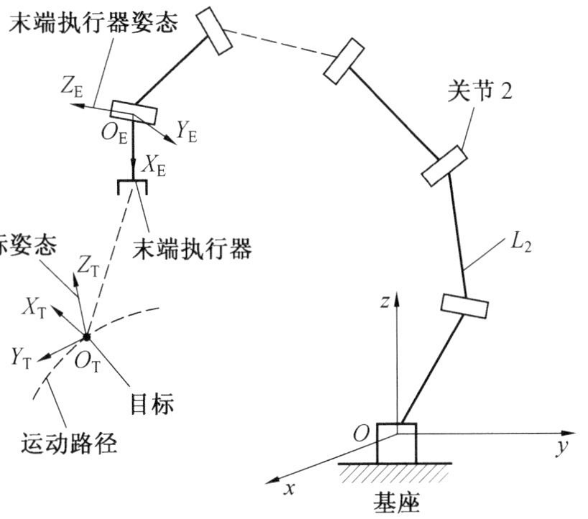

图 6.1　s 自由度机械臂无障碍物环境下在线追踪任务

式中，$\Delta\boldsymbol{X}$ 为实时笛卡儿空间路径迭代步长。

$\Delta\boldsymbol{X}$ 定义如下：

$$\Delta\boldsymbol{X}=\Delta\boldsymbol{X}_{\mathrm{obj}}+\mu(\boldsymbol{X}_{\mathrm{obj}}-\boldsymbol{X}) \tag{6.4}$$

式中，μ 为比例系数，$\mu=K_{\mathrm{p}}\Delta T$；$\Delta\boldsymbol{X}$ 为末端执行器规划的位姿；$\Delta\boldsymbol{X}_{\mathrm{obj}}$ 为目标在采样间隔 ΔT 内改变的位姿。

因此，通过式(6.4) 实时更新关节角度 $\boldsymbol{\Theta}$ 实现机械臂运动。

6.3　无障碍物环境约束

关节角度通过迭代公式实时求解：

$$\boldsymbol{\Theta}(p)=\boldsymbol{\Theta}(p-1)+\Delta\boldsymbol{\Theta} \tag{6.5}$$

式中，$\boldsymbol{\Theta}(p)$ 表示第 p 次迭代的关节角度(rad)；$\boldsymbol{\Theta}(p-1)$ 表示第 $p-1$ 次迭代的关节角度，$p\geqslant 1$ rad。

运动规划框图如图 6.2(a) 所示，图中 $U_{\mathrm{in}}=\boldsymbol{X}_{\mathrm{obj}}$，$U_{\mathrm{out}}=\boldsymbol{X}$。和位置误差不同，姿态通常由欧拉角法表示，因此，姿态误差的计算不能直接由两种姿态获得。为此，本章定义描述末端执行器坐标系$\{X_{\mathrm{E}},Y_{\mathrm{E}},Z_{\mathrm{E}}\}$ 相对基座坐标系$\{X,Y,Z\}$ 的旋转矩阵为${}^{\mathrm{B}}_{\mathrm{E}}\boldsymbol{R}$。目标坐标系$\{X_{\mathrm{T}},Y_{\mathrm{T}},Z_{\mathrm{T}}\}$ 相对基座坐标系$\{X,Y,Z\}$ 的旋转矩阵为${}^{\mathrm{B}}_{\mathrm{T}}\boldsymbol{R}$。$\boldsymbol{R}(\hat{\boldsymbol{f}},\psi)$ 定义为绕向量轴 $\hat{\boldsymbol{f}}$ 旋转角度 ψ 的旋转操作。${}^{\mathrm{B}}_{\mathrm{E}}\boldsymbol{R}$、${}^{\mathrm{B}}_{\mathrm{T}}\boldsymbol{R}$、${}^{\mathrm{B}}_{\mathrm{S}}\boldsymbol{R}$、$\hat{\boldsymbol{f}}$ 和 ψ 很容易求取。$\boldsymbol{R}(\hat{\boldsymbol{f}},\psi)$ 的定义如下：

$$\boldsymbol{R}(\hat{\boldsymbol{f}},\psi)=({}^{\mathrm{B}}_{\mathrm{E}}\boldsymbol{R})^{\mathrm{T}}\cdot{}^{\mathrm{B}}_{\mathrm{T}}\boldsymbol{R} \tag{6.6}$$

在基座坐标系下姿态误差计算如下：

$$\Delta\boldsymbol{\Theta}_{\psi}={}^{\mathrm{B}}_{\mathrm{E}}\boldsymbol{R}\cdot(\hat{\boldsymbol{f}}_x\cdot\psi,\hat{\boldsymbol{f}}_y\cdot\psi,\hat{\boldsymbol{f}}_z\cdot\psi)^{\mathrm{T}} \tag{6.7}$$

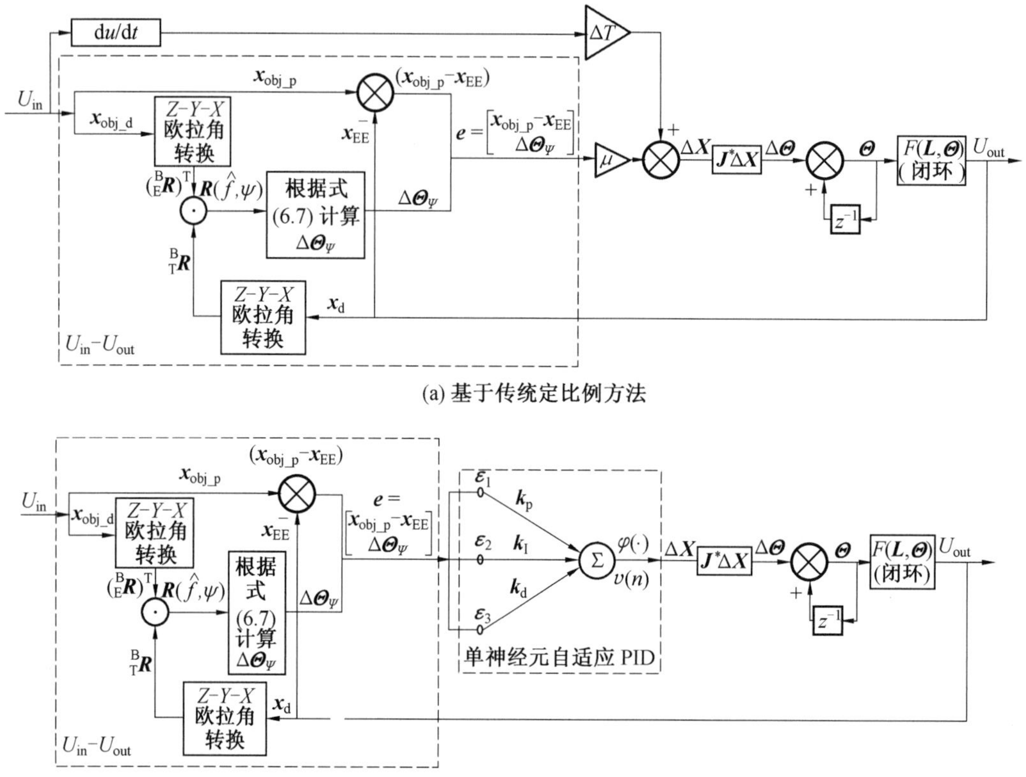

(a) 基于传统定比例方法

(b) 基于单神经元自适应 PID 算法

图 6.2　无障碍环境下在线运动规划框图

6.4　基于单神经元自适应 PID 模型

在传统定比例方法中，当实现快速运动时，机械臂运动初始阶段增益往往设置较大，也就是式(6.4)中 μ 设置较大，这样往往会造成起始阶段运动超调引起机械臂系统不稳定。本章中，通过引入单神经元 PID 模型来抑制初始阶段大增益，同时保证快速运动，并且提出基于 Hebb 网络的无监督式主成分分析方法通过实时学习实时调整 PID 参数。图 6.2 中 $F(\boldsymbol{L},\boldsymbol{\Theta})$ 表示冗余度操作臂正运动学，$\boldsymbol{L}=(l_1,l_2,\cdots,l_s)$ 表示机械臂各个臂长。输入 $\boldsymbol{\varepsilon}_i$ 定义为

$$\begin{cases}\boldsymbol{\varepsilon}_1(p)=\boldsymbol{e}(p)-\boldsymbol{e}(p-1)\\ \boldsymbol{\varepsilon}_2(p)=\boldsymbol{e}(p)\\ \boldsymbol{\varepsilon}_3(p)=\boldsymbol{e}(p)-2\boldsymbol{e}(p-1)+\boldsymbol{e}(p-2)\end{cases}\tag{6.8}$$

式中，$\boldsymbol{\varepsilon}_i$ 表示误差，$\boldsymbol{\varepsilon}_i=(\varepsilon_{i1},\varepsilon_{i2},\cdots,\varepsilon_{iN})$，$i=1,2,3$(mm)；$\boldsymbol{e}(p)$ 为位姿误差。

为简化位姿误差的表示，令 $\boldsymbol{e}(p)=U_{in}-U_{out}=\boldsymbol{X}_{obj}-\boldsymbol{X}=(e_1,e_2,\cdots,e_N)^T$，如图 6.2 所示。按照基于 Hebb 学习规则的主成分分析，单神经元模型中的突触权重可用下列非线性差分方程实时更新：

$$\begin{cases} \boldsymbol{w}_1(p)=\boldsymbol{w}_1(p-1)+\boldsymbol{\eta}_{\mathrm{p}}\boldsymbol{\upsilon}(p-1)[\boldsymbol{\varepsilon}_1(p-1)-\boldsymbol{\upsilon}(p-1)\boldsymbol{w}_1(p-1)] \\ \boldsymbol{w}_2(p)=\boldsymbol{w}_2(p-1)+\boldsymbol{\eta}_{I}\boldsymbol{\upsilon}(p-1)[\boldsymbol{\varepsilon}_2(p-1)-\boldsymbol{\upsilon}(p-1)\boldsymbol{w}_2(p-1)] \\ \boldsymbol{w}_3(p)=\boldsymbol{w}_3(p-1)+\boldsymbol{\eta}_{\mathrm{d}}\boldsymbol{\upsilon}(p-1)[\boldsymbol{\varepsilon}_3(p-1)-\boldsymbol{\upsilon}(p-1)\boldsymbol{w}_3(p-1)] \end{cases} \tag{6.9}$$

其中，$\boldsymbol{w}_i=(w_{i1},w_{i2},\cdots,w_{iN})^{\mathrm{T}}$，$i=1,2,3$。$\boldsymbol{\upsilon},\boldsymbol{\eta}_{\mathrm{p}},\boldsymbol{\eta}_{\mathrm{I}},\boldsymbol{\eta}_{\mathrm{d}}\in\mathbf{R}^{N\times N}$。$w_{ij}$、$\boldsymbol{\upsilon}$、$\boldsymbol{\eta}_{\mathrm{p}}$、$\boldsymbol{\eta}_{\mathrm{I}}$、$\boldsymbol{\eta}_{\mathrm{d}}$ 定义如下：

$$\begin{cases} w_{1j}(p)=k_{\mathrm{p}j},w_{2j}(p)=k_{\mathrm{I}j},w_{3j}(p)=k_{\mathrm{d}j}; \\ \boldsymbol{\eta}_{\mathrm{p}}=\mathrm{diag}(\eta_{\mathrm{p1}},\eta_{\mathrm{p2}},\cdots,\eta_{\mathrm{p}N}); \\ \boldsymbol{\eta}_{\mathrm{I}}=\mathrm{diag}(\eta_{\mathrm{I1}},\eta_{\mathrm{I2}},\cdots,\eta_{\mathrm{I}N}); \\ \boldsymbol{\eta}_{\mathrm{d}}=\mathrm{diag}(\eta_{\mathrm{d1}},\eta_{\mathrm{d2}},\cdots,\eta_{\mathrm{d}N}); \\ \boldsymbol{\upsilon}(p)=\mathrm{diag}\left[\sum_{h=1}^{3}w_{\mathrm{h1}}(p)\varepsilon_{\mathrm{h1}}(p),\sum_{h=1}^{3}w_{\mathrm{h2}}(p)\varepsilon_{\mathrm{h2}}(p),\cdots,\sum_{h=1}^{3}w_{\mathrm{h}N}(p)\varepsilon_{\mathrm{h}N}(p)\right] \end{cases} \tag{6.10}$$

式中，$j=1,2,\cdots,N$；$\boldsymbol{k}_{\mathrm{p}}=(k_{\mathrm{p1}},k_{\mathrm{p2}},\cdots,k_{\mathrm{p}N})^{\mathrm{T}}$；$\boldsymbol{k}_{\mathrm{I}}=(k_{\mathrm{I1}},k_{\mathrm{I2}},\cdots,k_{\mathrm{I}N})^{\mathrm{T}}$；$\boldsymbol{k}_{\mathrm{d}}=(k_{\mathrm{d1}},k_{\mathrm{d2}},\cdots,k_{\mathrm{d}})^{\mathrm{T}}$。$\boldsymbol{k}_{\mathrm{p}}$、$\boldsymbol{k}_{\mathrm{I}}$、$\boldsymbol{k}_{\mathrm{d}}$ 如图 6.2(b) 所示。神经元输出 $\Delta\boldsymbol{X}$ 为

$$\Delta\boldsymbol{X}=\phi(\cdot)=\boldsymbol{\kappa}\cdot[\boldsymbol{\upsilon}(p)\cdot\boldsymbol{b}] \tag{6.11}$$

式中，$\Delta\boldsymbol{X}$ 为神经元输出位移变化量，$\Delta\boldsymbol{X}\in\mathbf{R}^{N\times1}$(mm)；$\boldsymbol{b}$ 为列向量，$\boldsymbol{b}=(1,1,\cdots,1)^{\mathrm{T}}$，$\boldsymbol{b}\in\mathbf{R}^{N\times1}$；$\boldsymbol{\kappa}$ 为单神经元自适应系数矩阵，$\boldsymbol{\kappa}\in\mathbf{R}^{N\times N}$。

$$\boldsymbol{\kappa}=\mathrm{diag}\left\{\left[1-\left(\frac{\alpha_1-|\mathrm{e}_1(p)|}{\alpha_1}\right)^2\right]\beta_1+\delta_1,\cdots,\left[1-\left(\frac{\alpha_{\mathrm{N}}-|\mathrm{e}_{\mathrm{N}}(p)|}{\alpha_{\mathrm{N}}}\right)^2\right]\beta_{\mathrm{N}}+\delta_{\mathrm{N}}\right\} \tag{6.12}$$

式中，$\alpha_i,\beta_i,\delta_i$ 为定常数，$i=1,2,3,\cdots,N$。

通过实时学习模型的学习实现机械臂快速平稳的运动。以运动目标跟踪为任务的实验详见 12.4 节部分。

6.5　基于主成分分析的收敛性分析

由于基于 Hebb 网络系统的误差通常沿着突触权重负梯度方向逐渐减小，因此，基于 Hebb 网络的 PID 模型稳定性分析通常归结为突触权重的收敛性分析[48]。对于监督式基于 Hebb 的模型，突触权重的收敛性分析通常可以利用李雅普诺夫稳定性理论直接分析，主要原因是：系统误差直接作为导师信号很容易建立李雅普诺夫函数或者评判函数。对于无监督式基于 Hebb 网络的 PID 模型，由于主成分分析方法是基于神经生物学和统计学理论发展起来的，所以没有系统误差直接作为式(6.9) 中优化算法权重学习的反馈信号。因此，收敛性分析不能够直接利用李雅普诺夫理论进行分析。幸运的是，所提基于 Hebb 网络的主成分分析方法旨在通过神经网络自组织学习原则，特别是竞争和协作原则来最大化 Hebb 网络 PID 模型输出的协方差和信息熵。因此，基于这一特性，可将式(6.9) 中的非线性随机差分方程中的误差，按照 Kushner 直接平均法写成统一的形式[48]：

$$\boldsymbol{W}_\chi(p)=\boldsymbol{W}_\chi(p-1)+\boldsymbol{\eta}_\chi[\boldsymbol{R}_\chi-\boldsymbol{W}_\chi^{\mathrm{T}}(p-1)\boldsymbol{R}_\chi\boldsymbol{W}_\chi(p-1)\boldsymbol{I}]\boldsymbol{W}_\chi(p-1) \tag{6.13}$$

式中，$\boldsymbol{\eta}_\chi$ 为列向量，$\boldsymbol{\eta}_\chi=\mathrm{diag}(\eta_{\mathrm{p}\chi},\eta_{\mathrm{I}\chi},\eta_{\mathrm{d}\chi})$；$\boldsymbol{W}_\chi$ 为列向量，$\boldsymbol{W}_\chi=(w_{1\chi},w_{2\chi},w_{3\chi})^{\mathrm{T}}$；$\boldsymbol{R}_\chi=\tilde{\boldsymbol{\varepsilon}}_\chi\tilde{\boldsymbol{\varepsilon}}_\chi^{\mathrm{T}}$ 为协方差矩阵，$\tilde{\boldsymbol{\varepsilon}}_\chi=(\varepsilon_{1\chi},\varepsilon_{2\chi},\varepsilon_{3\chi})^{\mathrm{T}}$，$\chi=1,2,\cdots,N$。当 $\boldsymbol{\eta}_\chi$ 取一个小值时，用于代替基于

Hebb 模型的输出协方差。

设 $\Delta \boldsymbol{W}_{\chi}(p-1)=\boldsymbol{W}_{\chi}(p)-\boldsymbol{W}_{\chi}(p-1)$，$\boldsymbol{\eta}_{\chi} \cdot \frac{\mathrm{d}\boldsymbol{W}_{\chi}(t)}{\mathrm{d}t}=\Delta \boldsymbol{W}_{\chi}(p-1)$。那么 $\boldsymbol{W}_{\chi}(t)$ 可以用一组正交的特征向量表示：

$$\boldsymbol{W}_{\chi}(t)=\sum_{g=1}^{3}\zeta_{g}(t)\boldsymbol{q}_{g} \tag{6.14}$$

式中，$\boldsymbol{q}_{g}$ 为 $\boldsymbol{R}_{\chi}$ 的第 g 个正则化特征向量；$\zeta_{g}(t)$ 为特征向量的投影系数。

那么式(6.13)的收敛性分析可以归结于包含主模式 $\zeta_{g}(t)$ 的传统差分方程的系统稳定性分析[48]：

$$\frac{\mathrm{d}\zeta_{g}(t)}{\mathrm{d}t}=\xi_{g}\zeta_{g}(t)-\zeta_{g}(t)\sum_{\iota=1}^{3}\xi_{\iota}(t)\zeta_{\iota}^{2}(t) \tag{6.15}$$

式中，ξ_{g} 为特征向量 $\boldsymbol{q}_{g}$ 的特征值，$\xi_{1}>\xi_{2}>\xi_{3}>0$。

最后，基于 Hebb 的主成分分析能够获得如下的形式：

$$\lim_{p\to\infty}\sigma(p)=\xi_{1};\quad \lim_{p\to\infty}\boldsymbol{W}_{\chi}(p)=\boldsymbol{q}_{1};\quad \lim_{p\to\infty}\|\boldsymbol{W}_{\chi}(p)\|=1 \tag{6.16}$$

式中，σ^{2} 为 PID 模型的输出协方差。

在式(6.16)中，σ^{2}、$\boldsymbol{W}_{\chi}$、$\|\boldsymbol{W}_{\chi}\|$ 能够通过突出权重的竞争和协作原则趋于稳定。因此，利用基于 Hebb 的主成分分析的单神经元 PID 模型是大范围渐近收敛的。

6.6 有障碍物环境约束

6.6.1 基于能量转化的末端避障规划

在本章中，提出了一种在每个采样周期内基于能量描述与机械臂运动状态的避障策略。本章定义在每一个采样时刻末端执行器和障碍物形成一个孤立的系统，并且假设末端执行器的末端点为一个具有单位质量的质点。按照能量守恒定义，末端执行器末端点的总能量是瞬时恒定的。定义总能量为

$$E_{\mathrm{Total}} \triangleq \mathrm{Count}=\underbrace{f(d)\cdot E_{\mathrm{k}}}_{\widetilde{E}_{\mathrm{k}}}+\underbrace{[1-f(d)]\cdot E_{\mathrm{c}}}_{\widetilde{E}_{\mathrm{c}}} \tag{6.17}$$

式中，E_{Total} 为总能量；E_{k} 描述趋向目标运动的动能；E_{c} 描述绕障碍物运动的动能，$E_{\mathrm{k}} \triangleq E_{\mathrm{c}}$；$\widetilde{E}_{\mathrm{k}}$ 和 $\widetilde{E}_{\mathrm{c}}$ 用于描述末端相对基座坐标系趋向目标运动的能量(energy toward object，ETO)和绕障碍物运动的能量(energy around obstacle，EAO)。

当末端执行器接近于障碍物运动时，$\widetilde{E}_{\mathrm{k}}$ 逐渐减少，$\widetilde{E}_{\mathrm{c}}$ 相应地逐渐增加。$\widetilde{E}_{\mathrm{k}}$ 和 $\widetilde{E}_{\mathrm{c}}$ 之间的转换定义为服从连续可导的 S 函数 $f(d)$，由此使得能量转换平滑。E_{k}、E_{c}、$f(d)$ 定义为

$$E_{\mathrm{k}}=\frac{1}{2}\dot{\boldsymbol{x}}_{\mathrm{k}}^{\mathrm{T}}\dot{\boldsymbol{x}}_{\mathrm{k}},\quad E_{\mathrm{c}}=\frac{1}{2}\dot{\boldsymbol{x}}_{\mathrm{c}}^{\mathrm{T}}\dot{\boldsymbol{x}}_{\mathrm{c}} \tag{6.18}$$

$$f(d)=\frac{1}{2}\{\tanh[\hat{\theta}_{1}\cdot(d(\boldsymbol{x}_{\mathrm{EE}},\boldsymbol{x}_{\mathrm{obs}})-d_{0}(\boldsymbol{x}_{\mathrm{EE}},\boldsymbol{x}_{\mathrm{obs}}))]+1\} \tag{6.19}$$

式中，$\dot{\boldsymbol{x}}_{\mathrm{k}}$ 和 $\dot{\boldsymbol{x}}_{\mathrm{c}}$ 为定常速度(mm/s)；$d_{0}(\boldsymbol{x}_{\mathrm{EE}},\boldsymbol{x}_{\mathrm{obs}})$ 为临界最小距离；$\hat{\theta}_{1}$ 为不同能量间转换

速率控制参数，如图 6.3 所示；$d(\boldsymbol{x}_{\mathrm{EE}},\boldsymbol{x}_{\mathrm{obs}})$ 为末端执行器与障碍物之间的距离。

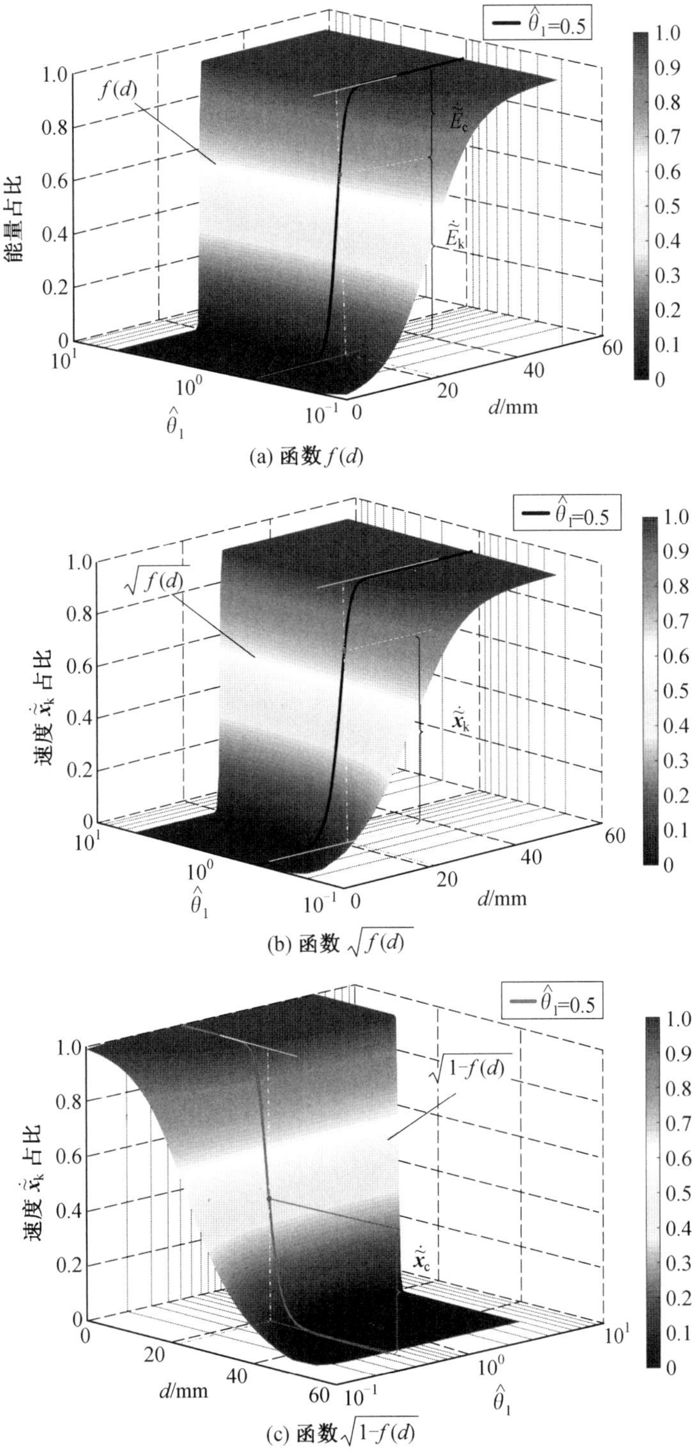

(a) 函数 $f(d)$

(b) 函数 $\sqrt{f(d)}$

(c) 函数 $\sqrt{1-f(d)}$

图 6.3　基于 S 函数 $f(d)$ 的转换

$d(\boldsymbol{x}_{\mathrm{EE}},\boldsymbol{x}_{\mathrm{obs}})$ 通过下式计算：

$$d(\boldsymbol{x}_{\mathrm{EE}},\boldsymbol{x}_{\mathrm{obs}})=\|\boldsymbol{x}_{\mathrm{EE}}-\boldsymbol{x}_{\mathrm{obs}}\|=\left[\sum_{k=1}^{M}(\boldsymbol{x}_{\mathrm{EE},k}-\boldsymbol{x}_{\mathrm{obs,k}})\right]^{\frac{1}{2}} \tag{6.20}$$

式中，$\boldsymbol{x}_{\mathrm{EE}}$ 为末端执行器位置(mm)；$\boldsymbol{x}_{\mathrm{obs}}$ 为障碍物位置(mm)；M 为空间维度，对于平面机械臂 $M=2$，空间三维机械臂 $M=3$。

考虑到本书中机器人系统不能直接反馈速度信息，所有速度的计算都是通过位置变化量与采样时间间隔 ΔT 的比值确定。在式(6.18)中，$\dot{\boldsymbol{x}}_{\mathrm{k}}=\dfrac{\Delta \boldsymbol{x}_{\mathrm{EE}}}{\Delta T}=\dfrac{\boldsymbol{x}_{\mathrm{EE}}(p)-\boldsymbol{x}_{\mathrm{EE}}(p-1)}{\Delta T}$，$\dot{\boldsymbol{x}}_{\mathrm{c}}=\dfrac{\Delta \boldsymbol{x}_{\mathrm{c}}}{\Delta T}=\dfrac{\boldsymbol{x}_{\mathrm{c}}(p)-\boldsymbol{x}_{\mathrm{c}}(p-1)}{\Delta T}$。$\boldsymbol{x}_{\mathrm{EE}}(p)$、$\boldsymbol{x}_{\mathrm{c}}(p)$ 表示第 p 次迭代的值。

在式(6.17)中，$\widetilde{E}_{\mathrm{k}}$、$\widetilde{E}_{\mathrm{c}}$ 定义如下：

$$\widetilde{E}_{\mathrm{k}}=\frac{1}{2}\dot{\tilde{\boldsymbol{x}}}_{\mathrm{k}}^{\mathrm{T}}\dot{\tilde{\boldsymbol{x}}}_{\mathrm{k}},\quad \widetilde{E}_{\mathrm{c}}=\frac{1}{2}\dot{\tilde{\boldsymbol{x}}}_{\mathrm{c}}^{\mathrm{T}}\dot{\tilde{\boldsymbol{x}}}_{\mathrm{c}} \tag{6.21}$$

式中，$\dot{\tilde{\boldsymbol{x}}}_{\mathrm{k}}$、$\dot{\tilde{\boldsymbol{x}}}_{\mathrm{c}}$ 为 ETO 和 EAO 中的瞬时速度(mm/s)。

$\dot{\tilde{\boldsymbol{x}}}_{\mathrm{k}}$ 和 $\dot{\tilde{\boldsymbol{x}}}_{\mathrm{c}}$ 表达式为

$$\dot{\tilde{\boldsymbol{x}}}_{\mathrm{k}}=\sqrt{f(d)}\,\dot{\boldsymbol{x}}_{\mathrm{k}},\quad \dot{\tilde{\boldsymbol{x}}}_{\mathrm{c}}=\sqrt{1-f(d)}\,\dot{\boldsymbol{x}}_{\mathrm{c}} \tag{6.22}$$

同时，由于末端执行器在接近障碍物时需要绕过障碍物，$\dot{\tilde{\boldsymbol{x}}}_{\mathrm{c}}$ 定义为满足下式的约束条件：

$$\begin{cases}\boldsymbol{T}_{\mathrm{obs}}\cdot\dot{\tilde{\boldsymbol{x}}}_{\mathrm{c}}=0\\(\boldsymbol{T}_{\mathrm{obs}}\times\boldsymbol{T}_{\mathrm{obj}})\cdot\dot{\tilde{\boldsymbol{x}}}_{\mathrm{c}}=0\end{cases} \tag{6.23}$$

式中，$\boldsymbol{T}_{\mathrm{obs}}$ 为由末端执行器指向障碍物的向量；$\boldsymbol{T}_{\mathrm{obj}}$ 为由末端执行器指向目标的向量，如图6.4所示。

为确保式(6.20)在求解 $\dot{\tilde{\boldsymbol{x}}}_{\mathrm{c}}$ 时有唯一解，也就是当末端执行器、障碍物和目标在统一方向上时，确保 $\boldsymbol{T}_{\mathrm{obs}}\times\boldsymbol{T}_{\mathrm{obj}}\neq 0$，式(6.23)中 $\boldsymbol{T}_{\mathrm{obs}}\times\boldsymbol{T}_{\mathrm{obj}}$ 计算定义如下：

$$\boldsymbol{T}_{\mathrm{obs}}\times\boldsymbol{T}_{\mathrm{obj}}=\phi_1+\phi_3+\phi_4 \tag{6.23a}$$

$$\phi_1=\boldsymbol{T}_{\mathrm{obs}}(p)\times\boldsymbol{T}_{\mathrm{obj}}(p) \tag{6.23b}$$

$$\phi_2=\boldsymbol{T}_{\mathrm{obs}}(p-1)\times\boldsymbol{T}_{\mathrm{obj}}(p-1) \tag{6.23c}$$

$$\phi_3=[1-\mathrm{sgn}(|\phi_1|)]\cdot\phi_2 \tag{6.23d}$$

$$\phi_4=[1-\mathrm{sgn}(|\phi_1|)]\cdot[1-\mathrm{sgn}(|\phi_2|)]\cdot(\rho_x\boldsymbol{e}_{\mathrm{I}x}+\rho_y\boldsymbol{e}_{\mathrm{I}y}+\rho_z\boldsymbol{e}_{\mathrm{I}z}) \tag{6.23e}$$

式中，$\boldsymbol{T}_{\mathrm{obs}}(p)$、$\boldsymbol{T}_{\mathrm{obj}}(p)$ 表示第 p 次迭代计算的向量；$\boldsymbol{e}_{\mathrm{I}x}$、$\boldsymbol{e}_{\mathrm{I}y}$、$\boldsymbol{e}_{\mathrm{I}z}$ 为单位向量，$\boldsymbol{e}_{\mathrm{I}x}=(1,0,0)$，$\boldsymbol{e}_{\mathrm{I}y}=(0,1,0)$，$\boldsymbol{e}_{\mathrm{I}z}=(0,0,1)$；$\rho_x$、$\rho_y$、$\rho_z$ 取值范围为[−0.1,0.1]。

6.6.2 避障过程末端执行器姿态调整

在图6.4中，末端执行器姿态的调整有益于机械臂末端进行避障和穿过多个障碍物

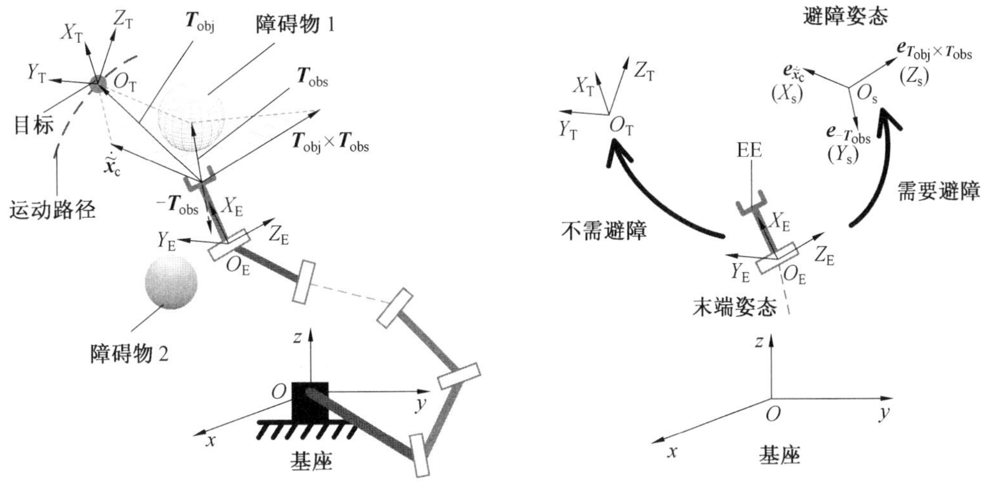

(a) 避障姿态建立　　　　(b) 末端执行器姿态调整

图 6.4　末端执行器避障原理

区域，特别是当障碍物 1 和障碍物 2 之间的距离变得更小时。由于末端执行器姿态调整的研究在现有文献中往往是被忽略的，因此，本章首先定义当末端执行器接近障碍物时，末端执行器临时追踪的目标姿态坐标系为$\{\boldsymbol{e}_{\dot{\tilde{\boldsymbol{x}}}_c},\boldsymbol{e}_{-\boldsymbol{T}_{obs}},\boldsymbol{e}_{\boldsymbol{T}_{obs}\times\boldsymbol{T}_{obj}}\}$（或者$\{X_S,Y_S,Z_S\}$），这样的定义使得末端执行器朝向$\dot{\tilde{\boldsymbol{x}}}_c$。向量$\boldsymbol{e}_{\dot{\tilde{\boldsymbol{x}}}_c}$、$\boldsymbol{e}_{-\boldsymbol{T}_{obs}}$、$\boldsymbol{e}_{\boldsymbol{T}_{obs}\times\boldsymbol{T}_{obj}}$分别定义为向量$\dot{\tilde{\boldsymbol{x}}}_c$、$-\boldsymbol{T}_{obs}$、$\boldsymbol{T}_{obs}\times\boldsymbol{T}_{obj}$的单位向量。在避开障碍物后，实际追踪的目标坐标系$\{X_T,Y_T,Z_T\}$将作为被追踪的目标坐标，使得末端执行器朝向坐标轴 X_T。因此，式(6.6) 中，$\boldsymbol{R}(\hat{\boldsymbol{f}},\psi)$将变成

$$\boldsymbol{R}(\hat{\boldsymbol{f}},\psi)=\begin{cases}({}^{B}_{E}\boldsymbol{R})^{T}\cdot{}^{B}_{S}\boldsymbol{R}, \text{避障时}\\({}^{B}_{E}\boldsymbol{R})^{T}\cdot{}^{B}_{E}\boldsymbol{R}, \text{不避障时}\end{cases}\tag{6.24}$$

6.6.3　基于能量转化的机械臂手臂避障

为躲避在机械臂操作空间中不在末端执行器运动路径上但影响机械臂手臂运动的障碍物，每个臂上设置 5 个关键点。同时，联合冗余度操作臂零空间实现避障。如前所述，机械臂避障也是基于所提能量守恒方法。为了实现同时避开多个障碍物，式(6.3) 修改为如下形式：

$$\Delta\boldsymbol{\Theta}=\boldsymbol{J}^{*}\Delta\boldsymbol{X}+(\boldsymbol{I}-\boldsymbol{J}^{*}\boldsymbol{J})\cdot(\boldsymbol{K}\cdot\nabla\boldsymbol{H})\tag{6.25}$$

式中，$(\boldsymbol{I}-\boldsymbol{J}^{*}\boldsymbol{J})\cdot(\boldsymbol{K}\cdot\nabla\boldsymbol{H})$为零空间。

K 定义为

$$\boldsymbol{K}=(k_1,k_2,\cdots,k_W)\tag{6.26}$$

式中，W 为障碍物数量；$\nabla\boldsymbol{H}$ 为避障运动向量，定义如下：

$$\nabla\boldsymbol{H}=(\boldsymbol{J}_{o1}^{*}\dot{\tilde{\boldsymbol{x}}}_{ok1}^{A},\boldsymbol{J}_{o2}^{*}\dot{\tilde{\boldsymbol{x}}}_{ok2}^{A},\cdots,\boldsymbol{J}_{oW}^{*}\dot{\tilde{\boldsymbol{x}}}_{okW}^{A})^{T}\tag{6.27}$$

式中，$\dot{\tilde{\boldsymbol{x}}}_{okj}^{A}$ 为声明的避障点速度(mm/s)；$\boldsymbol{J}_{oj}^{*}$ 为基于阻尼最小二乘方法避开第 j 个障碍物

的关键点雅可比伪逆矩阵，$\boldsymbol{J}_{oj}^{*}=\boldsymbol{J}_{oj}^{\mathrm{T}}(\boldsymbol{J}_{oj}\boldsymbol{J}_{oj}^{\mathrm{T}}+\lambda\boldsymbol{I}_{o})^{-1}$，$j=1,2,\cdots,W$。

在每一个采样周期中，机械臂总能量将变为

$$\boldsymbol{E}_{\mathrm{Total}}^{A}\triangleq\boldsymbol{E}_{\mathrm{Count}}=\mathrm{diag}(\Lambda_1,\Lambda_2,\cdots,\Lambda_W) \tag{6.28}$$

式中，Λ_j 为机械臂避开第 j 个障碍物的总能量。

$$\Lambda_j=\underbrace{\vartheta(d_\alpha)\cdot E_{\mathrm{k}j}^{A}}_{\widetilde{E}_{\mathrm{k}j}^{A}}+\underbrace{[1-\vartheta(d_\alpha)]\cdot E_{\mathrm{s}j}^{A}}_{\widetilde{E}_{\mathrm{s}j}^{A}} \tag{6.29}$$

式中，$E_{\mathrm{k}j}^{A}$ 为用于描述趋向于第 j 个障碍物的相对运动的能量；$E_{\mathrm{s}j}^{A}$ 为常量，$E_{\mathrm{s}j}^{A}\triangleq E_{\mathrm{k}j}^{A}$。

$\widetilde{E}_{\mathrm{k}j}^{A}$、$\widetilde{E}_{\mathrm{s}j}^{A}$ 表示为

$$\widetilde{E}_{\mathrm{k}j}^{A}=\frac{1}{2}(\dot{\tilde{\boldsymbol{x}}}_{i,m}^{A}-\dot{\tilde{\boldsymbol{x}}}_{\mathrm{obs},j}^{A})^{\mathrm{T}}(\dot{\tilde{\boldsymbol{x}}}_{i,m}^{A}-\dot{\tilde{\boldsymbol{x}}}_{\mathrm{obs},j}^{A}) \tag{6.30}$$

$$\|\dot{\tilde{\boldsymbol{x}}}_{i,m}^{A}-\dot{\tilde{\boldsymbol{x}}}_{\mathrm{obs},j}^{A}\|=\sqrt{2\vartheta(d_\alpha)\cdot E_{\mathrm{k}j}^{A}} \tag{6.31}$$

$$E_{\mathrm{k}j}^{A}=\frac{1}{2}(\dot{\boldsymbol{x}}_{i,m}^{A}-\dot{\boldsymbol{x}}_{\mathrm{obs},j}^{A})^{\mathrm{T}}(\dot{\boldsymbol{x}}_{i,m}^{A}-\dot{\boldsymbol{x}}_{\mathrm{obs},j}^{A}) \tag{6.32}$$

$$\widetilde{E}_{\mathrm{s}j}^{A}=[1-\vartheta(d_\alpha)]E_{\mathrm{s}j}^{A} \tag{6.33}$$

式中，$\dot{\boldsymbol{x}}_{i,m}^{A}-\dot{\boldsymbol{x}}_{\mathrm{obs},j}^{A}$ 为不考虑避障情况下，对应第 m 个手臂上第 i 个关键点的定常相对速度(mm/s)；$\dot{\tilde{\boldsymbol{x}}}_{i,m}^{A}-\dot{\tilde{\boldsymbol{x}}}_{\mathrm{obs},j}^{A}$ 为相对于第 j 个障碍物臂杆的实际相对运动速度(mm/s)；$\vartheta(d_\alpha)$ 为 S 函数，类似于 $f(d)$；θ_2 为 $\vartheta(d_\alpha)$ 中不同能量之间转换速度的控制参数；d_α 为障碍物和关键点之间的实际距离(mm)。

$\vartheta(d_\alpha)$、d_α 分别定义如下：

$$\vartheta(d_\alpha)=\frac{1}{2}\{\tanh\{\theta_2\cdot[d_\alpha(\boldsymbol{x}_{i,m}^{A},\boldsymbol{x}_{\mathrm{obs},j}^{A})-d_\beta(\boldsymbol{x}_{i,m}^{A},\boldsymbol{x}_{\mathrm{obs},j}^{A})]\}+1\} \tag{6.34}$$

$$d_\alpha(\boldsymbol{x}_{i,m}^{A},\boldsymbol{x}_{\mathrm{obs},j}^{A})=\|\boldsymbol{x}_{i,m}^{A}-\boldsymbol{x}_{\mathrm{obs},j}^{A}\|=\left[\sum_{k=1}^{\mathrm{M}}(\boldsymbol{x}_{i,m}^{A,k}-\boldsymbol{x}_{\mathrm{obs},j}^{A,k})\right]^{\frac{1}{2}} \tag{6.35}$$

式中，d_β 为关键点和障碍物之间的最小限定距离(mm)；$\boldsymbol{x}_{i,m}^{A}$ 为第 m 个手臂上第 i 个关键点位置(mm)；$\boldsymbol{x}_{\mathrm{obs},j}^{A}$ 为第 j 个障碍物的位置(mm)。

结合单神经元自适应 PID 模型，建立实时运动规划框图，如图 6.5 所示，图中 $U_{\mathrm{in}}=\boldsymbol{X}_{\mathrm{obj}}$，$U_{\mathrm{out}}=\boldsymbol{X}$，$U_{\mathrm{obs}}=\boldsymbol{X}_{\mathrm{obs}}$。

6.7 仿真验证

考虑到所提算法为一般化理论研究，适用于平面机械臂和三维构型机械臂，本节在仿真阶段为更简洁地体现算法性能，采用平面机械臂进行算法验证，但在第 6 章实验部分分别采用平面臂和三维空间机械臂进行实验。本节基于七自由度平面臂进行仿真验证，其机械臂参数如表 6.1 所示。首先针对图 6.2 所提方法在无障碍物环境下，以实现运动目标追踪任务进行仿真验证，然后对图 6.5 所提在线运动规划在动态障碍物环境下进行仿真验证。所提方法参数如表 6.2 所示。

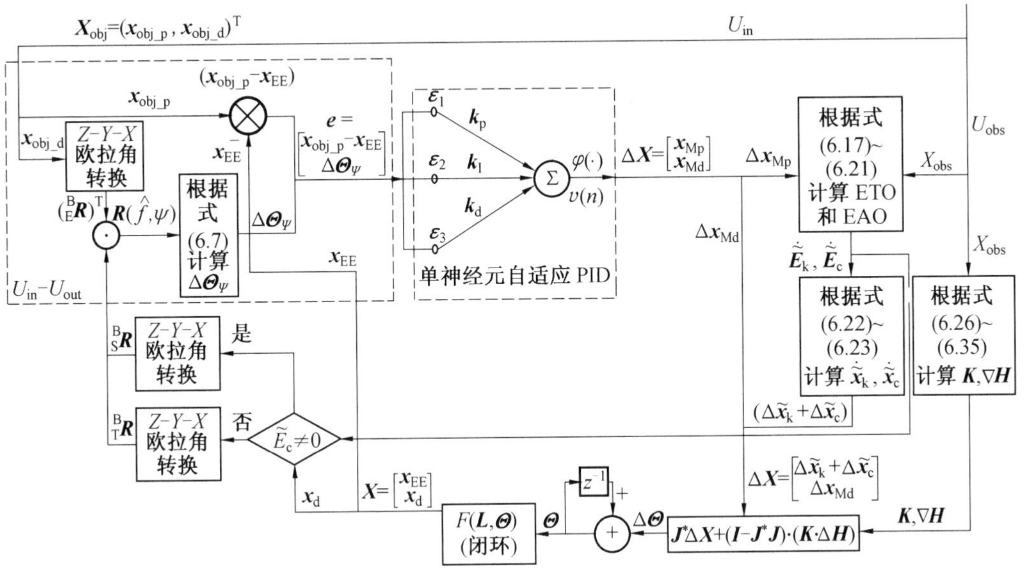

图 6.5　有障碍物环境下在线运动规划框图

表 6.1　七自由度机械臂臂长参数

参数	l_1	l_2	l_3	l_4	l_5	l_6	l_7
值 / mm	118.0	88.0	88.0	88.0	88.0	88.0	57.85

表 6.2　所提方法的参数设置

参数	α_1	α_2	α_3	β_1	β_2	β_3	δ_1	δ_2	δ_3	η_{p1}
值	40	20.80	2.0	0.002 5	0.015	1.0	0.000 5	0.001	0.5	1.8
参数	k_{p1}	k_{p2}	k_{p3}	k_{i1}	k_{i2}	k_{i3}	k_{d1}	k_{d2}	k_{d3}	η_{I1}
值	0.05	0.05	0.05	10^{-5}	10^{-4}	0.06	10^{-5}	2×10^{-4}	0.05	0.32
参数	η_{p3}	η_{d1}	η_{d2}	η_{I3}	η_{d3}	ΔT	η_{p2}	η_{I2}	d_β	θ_2
值	1.1	0.01	0.02	0.12	1.3	0.05	1.2	0.03	0.8	0.5

6.7.1　无障碍物环境下仿真

在无障碍物环境下，基于所提运动规划方法(图 6.2(b))对运动目标进行追踪任务仿真，如图 6.6(a) 所示。目标的运动是有规则的来回直线运动，其轨迹如图 6.6(b) 所示。基于传统追踪方法(图 6.2(a))对同样的运动目标进行追踪，追踪过程如图 6.7(a) 所示。相比之下，所提方法起始阶段运动过程相对平缓，关节轨迹变化较为平滑，如图6.6(c) 和图 6.7(c) 所示，其中误差的变化也由起始的平缓转为快速的收敛，如图 6.6(d) 和图 6.7(d) 所示。在位置误差收敛时间接近相同的情况下，所提方法姿态收敛速度要比传统迭代法快很多。此外，由于所提方法能够确保起始关节角度具有更好的平滑效果，因此，所提方法将有利于冗余度机械臂在线运动规划中的应用。

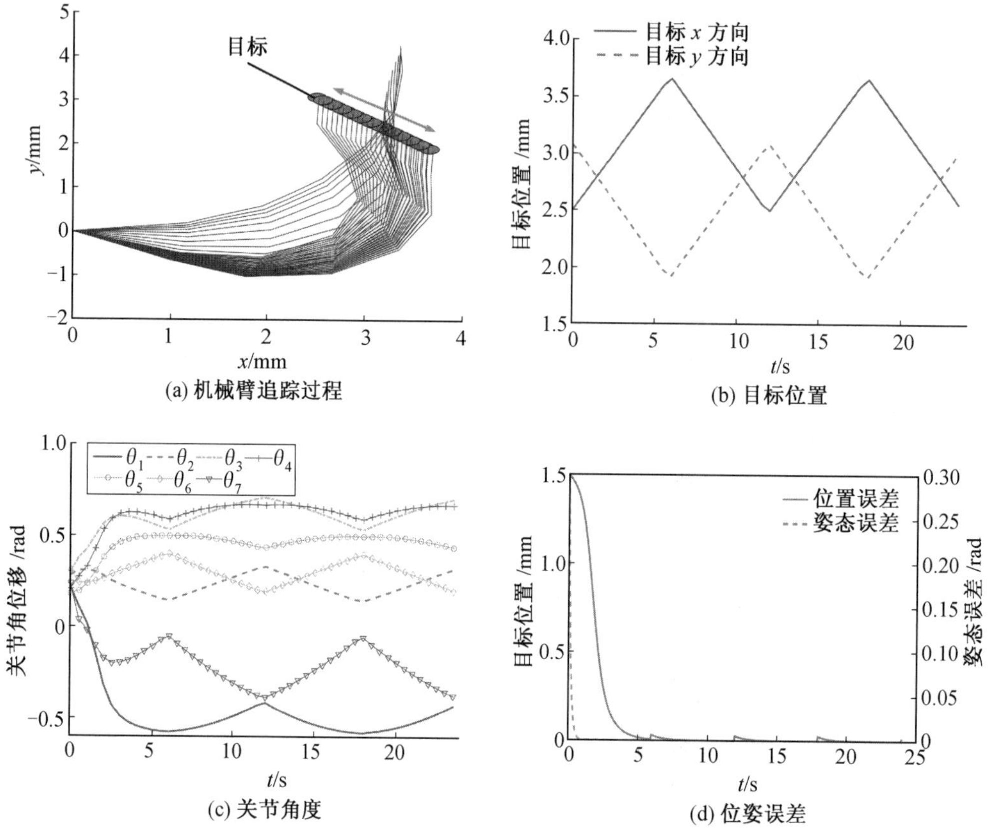

(a) 机械臂追踪过程　(b) 目标位置
(c) 关节角度　(d) 位姿误差

图 6.6　无障碍物环境下运动目标在线运动规划

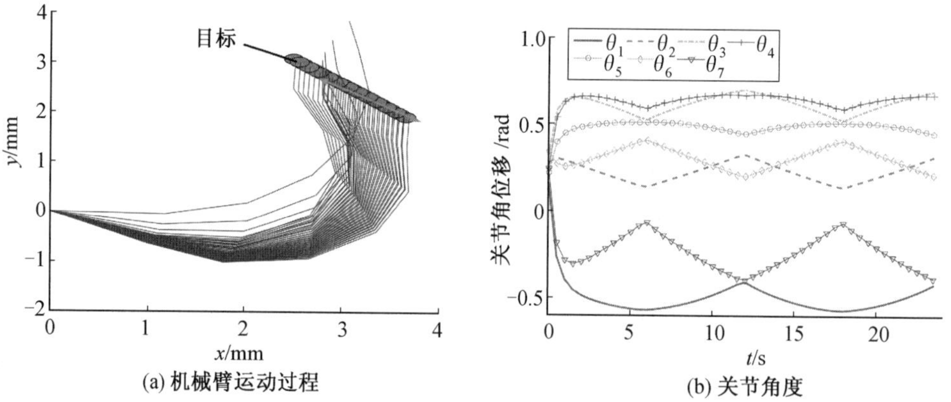

(a) 机械臂运动过程　(b) 关节角度

图 6.7　无障碍物环境下基于传统迭代法的运动目标追踪

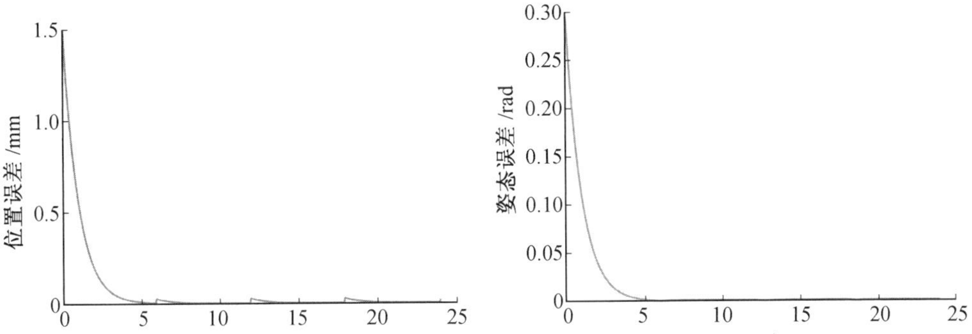

(c) 位置误差　　(d) 姿态误差

续图 6.7

6.7.2　动态障碍物环境下仿真

在有障碍物环境下，基于所提方法(图 6.5) 在有动态障碍物环境下对运动目标进行在线追踪，机械臂运动追踪过程如图 6.8(a) 所示。运动目标和障碍物的运动轨迹如图 6.8(b) 所示。与图 6.6、图 6.7 无障碍物环境下目标追踪任务相比，所提基于能量的避障方法能够实现机械臂与障碍物之间的无碰撞，同时稳定地追踪运动目标。此外，由于起始阶段学习率较低，机械臂运动速度相对较低，有利于机械臂稳定平滑运动，由图 6.8(c) 所示的关节轨迹可知，起始阶段关节角度变化相比传统规划方法要小。随着主成分分析在线学习不断更新权重，机械臂运动速度逐步增大，能够实现目标追踪任务的快速收敛。机械臂末端执行器位姿误差如图 6.8(d) 所示。

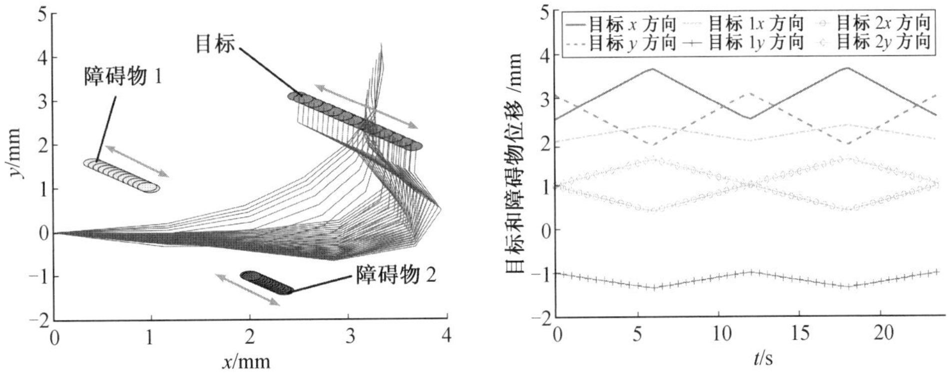

(a) 有障碍物环境下追踪过程　　(b) 目标和障碍物位置

图 6.8　有障碍物环境下利用在线运动规划对运动目标追踪

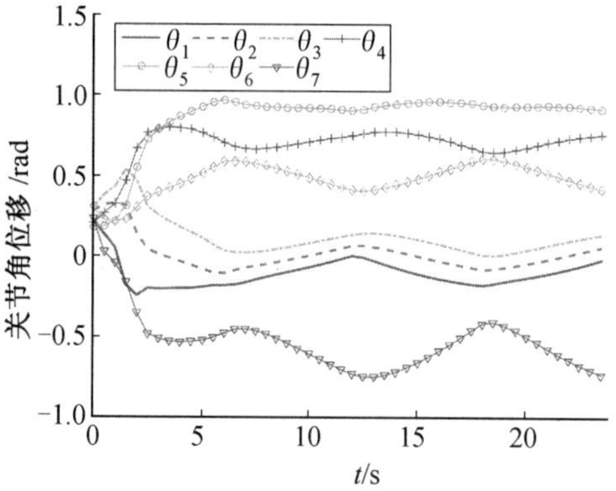

(c) 关节角度

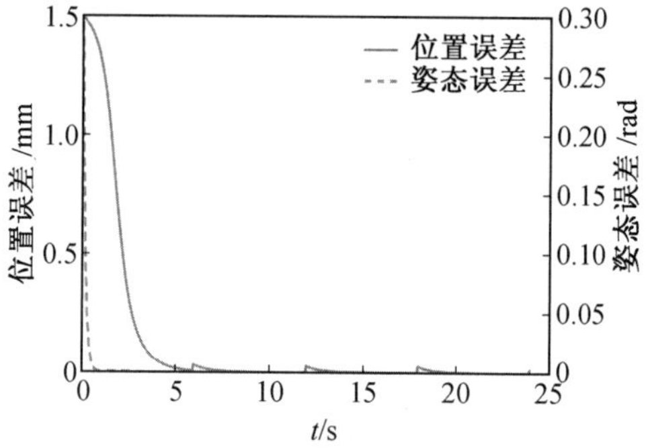

(d) 位姿误差

续图 6.8

6.8 本章小结

本章为冗余度机械臂环境约束下运动研究了一种三维在线运动规划方法。提出了一种基于能量转化策略的避障方法来避免障碍物和机械臂之间的接触。该方法能够在每个采样周期转换描述趋于目标运动的能量和绕过障碍物运动的能量改变末端运动状态，或者转换描述相对障碍物的相对运动的能量和存储能量改变机器人手臂运动状态。其中能量之间的转换过程定义为是平滑的、连续的。这样不仅能够使机械臂与障碍物之间保持一定的距离，而且能够实现大角度转向。同时提出了避障过程中末端执行器避障姿态调整方法，有利于末端顺利穿过障碍物区域。提出了利用无监督式 Hebb 网络的主成分分析的单神经元自适应 PID 模型，将笛卡儿空间位姿误差作为网络输入、规划的运动位姿步长作为输出，通过在线学习自适应地提高了冗余度机械臂在线规划性能。结合所提避障方法，所建立的运动规划方法可以实现多动态障碍物环境下机械臂无碰撞运动。仿真结果证明所提方法是可行的，且具有平滑、快速收敛性。

第7章 基于逆运动学控制的关节角加速度规划

7.1 引 言

在机器人操作臂完成操作任务过程中，机械臂的平滑运动规划不仅保证了机器人的安全稳定运动，而且避免了由于关节轨迹不平滑引起的系统抖动。光滑的关节轨迹不仅能使机器人执行更快的动作，同时能够更高质量地完成操作任务。然而，许多现有规划方法都存在非线性系统固有的复杂性与机器人在实际应用中在线平滑运动的简单性和实用性要求之间的矛盾，从而导致烦琐的计算和开发过程。缓解这一矛盾有助于机器人机械臂在实际工业应用中的实时操作。另外，在线关节规划方法能够直接进行关节空间规划，往往存在操作任务或操作空间约束的直观表述限制。本章旨在基于运动学对轨迹平滑理论做进一步深入探究，研究一种关节配置空间角加速度在线规划方法，以实现操作任务空间直观描述的同时，保证冗余度机械臂操作任务的平滑运动。

7.2 笛卡儿空间到关节角加速度空间的映射

考虑如图7.1的追踪任务，在图中笛卡儿坐标 $O-xyz$ 是冗余度机械臂的基本坐标系。坐标系 $\{X_T,Y_T,Z_T\}$ 是体姿态，使末端执行器朝向坐标轴 X_T 的方向。定义 $\boldsymbol{\alpha}(\boldsymbol{\alpha}\in\mathbf{R}^{N\times1})$ 是为了直接描述在笛卡儿空间中末端执行器和目标位置之间的位姿误差，如下所示：

$$\boldsymbol{\alpha}=\eta_p(\boldsymbol{x}_r-\boldsymbol{x})+\eta_d(\dot{\boldsymbol{x}}_r-\dot{\boldsymbol{x}}) \tag{7.1}$$

式中，N 为 $\boldsymbol{\alpha}$ 的维度，对于平面冗余度机械臂，$N=3$，对于三维空间冗余度机械臂，$N=6$；η_p 和 η_d 为常数系数；$\boldsymbol{x}_r$ 为笛卡儿空间中的目标姿态，$\boldsymbol{x}_r=(x_r,y_r,z_r,\omega_r,\phi_r,\gamma_r)^T$，$x_r$、$y_r$、$z_r$ 表示位置，ω_r、ϕ_r、γ_r 是指关于基坐标系等效轴角表示的姿态；$\dot{\boldsymbol{x}}_r$ 为 $\boldsymbol{x}_r$ 的速度；$\boldsymbol{x}$ 为末端执行器的位姿，$\boldsymbol{x}=(x,y,z,\omega,\phi,\gamma)^T$，$x$、$y$、$z$ 表示位置，ω、ϕ、γ 表示姿态，用关于基坐标系等效轴角表示；$\dot{\boldsymbol{x}}$ 为 $\boldsymbol{x}$ 的速度。

由前面章节可知，广义逆运动学可将笛卡儿空间速度映射到关节空间。因此，利用冗余度机械臂的广义逆运动学将笛卡儿空间的位姿误差 $\boldsymbol{\alpha}$ 映射到关节空间，具体如下：

$$\boldsymbol{\beta}\triangleq\boldsymbol{J}^*(\boldsymbol{\Theta})\boldsymbol{\alpha}+[\boldsymbol{I}-\boldsymbol{J}^*(\boldsymbol{\Theta})\boldsymbol{J}(\boldsymbol{\Theta})]\boldsymbol{v} \tag{7.2}$$

式中，$\boldsymbol{\beta}$ 为由逆运动学映射形成的机械臂在关节空间中的关节速度，$\boldsymbol{\beta}=(\beta_1,\beta_2,\cdots,\beta_s)^T$；$\boldsymbol{\Theta}$ 为关节角，且 $\boldsymbol{\Theta}=(\theta_1,\theta_2,\cdots,\theta_s)^T$，机械臂的自由度为 $s(s>6)$；$\boldsymbol{J}^*$ 为基于阻尼最小二乘法的雅可比矩阵 $\boldsymbol{J}(\boldsymbol{\Theta})$ 的伪逆，$\boldsymbol{J}^*(\boldsymbol{\Theta})=[\boldsymbol{J}\boldsymbol{J}^T+\lambda^2\boldsymbol{I}_1]^{-1}$ 和 $\boldsymbol{J}\in\mathbf{R}^{N\times s}$；$\boldsymbol{I}_1$ 为单位矩阵，其维数为 $N\times N$；λ 为阻尼因子，可以用于处理冗余机械臂奇异配置附近的病态 $\boldsymbol{J}$，并保证所有配

置下的末端执行器具有最小的计算偏差；$\boldsymbol{I}$ 为单位矩阵，其维数为 $s\times s$；$[\boldsymbol{I}-\boldsymbol{J}^{*}\boldsymbol{J}]\boldsymbol{v}$ 是执行冗余度机械臂避障任务的零空间，能使接近障碍物 $\boldsymbol{x}_{\mathrm{obs}}$ 的机械臂臂杆上的位置 $\boldsymbol{x}_{\mathrm{o}}$ 执行速度 $\dot{\boldsymbol{x}}_{\mathrm{o}}$，以避开如图 7.1 所示的障碍物。$\boldsymbol{v}$ 的计算如公式(7.3) 所示。

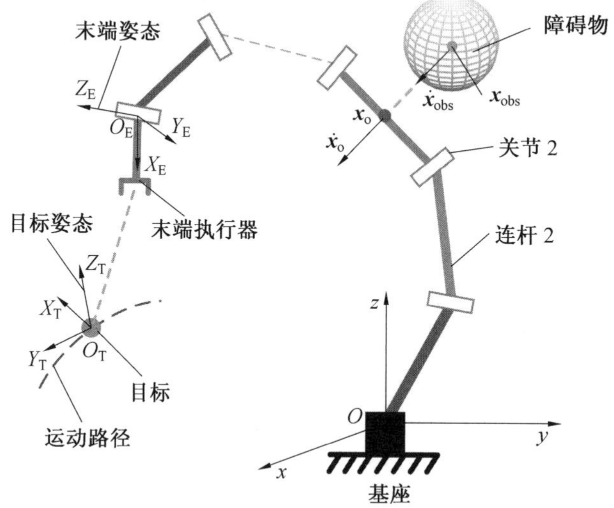

图 7.1　s 自由度机械臂在线追踪运动目标

关于避障的详细解释见前几章。$\boldsymbol{\beta}$ 也被视为系统误差，相应的解释见本节部分最后一段。此外，由于矢量 $\boldsymbol{J}^{*}(\boldsymbol{\Theta})\boldsymbol{\alpha}$ 和$[\boldsymbol{I}-\boldsymbol{J}^{*}(\boldsymbol{\Theta})\boldsymbol{J}(\boldsymbol{\Theta})]\boldsymbol{v}$ 之间的正交和线性独立关系，用于避障的臂杆运动对跟踪任务没有影响。

$$\boldsymbol{v}=k_{\mathrm{o}}\boldsymbol{J}_{\mathrm{o}}^{*}\dot{\boldsymbol{x}}_{\mathrm{o}},\quad \|\dot{\boldsymbol{x}}_{\mathrm{o}}\|>\|\dot{\boldsymbol{x}}_{\mathrm{obs}}\| \tag{7.3}$$

式中，k_{o} 为避障增益系数，当 $\|\boldsymbol{x}_{\mathrm{o}}-\boldsymbol{x}_{\mathrm{obs}}\|<d_{\mathrm{m}}$ 时，$k_{\mathrm{o}}=\left(\dfrac{d_{\mathrm{m}}}{\|\boldsymbol{x}_{\mathrm{o}}-\boldsymbol{x}_{\mathrm{obs}}\|}\right)^{2}-1$；当 $\|\boldsymbol{x}_{\mathrm{o}}-\boldsymbol{x}_{\mathrm{obs}}\|\geqslant d_{\mathrm{m}}$ 时，$k_{\mathrm{o}}=0$；d_{m} 为与障碍物距离最近的临界值；$\boldsymbol{J}_{\mathrm{o}}^{*}$ 为基于阻尼最小二乘法的避障雅可比矩阵伪逆，$\boldsymbol{J}_{\mathrm{o}}^{*}=\boldsymbol{J}_{\mathrm{o}}^{\mathrm{T}}[\boldsymbol{J}_{\mathrm{o}}\boldsymbol{J}_{\mathrm{o}}^{\mathrm{T}}+\lambda^{2}\boldsymbol{I}_{\mathrm{o}}]^{-1}$；$\boldsymbol{I}_{\mathrm{o}}$ 为单位矩阵。

定理：$\lambda=0$ 时，式(7.2) 中向量 $\boldsymbol{J}^{*}(\boldsymbol{\Theta})\boldsymbol{\alpha}$ 和$[\boldsymbol{I}-\boldsymbol{J}^{*}(\boldsymbol{\Theta})\boldsymbol{J}(\boldsymbol{\Theta})]\boldsymbol{v}$ 是相互垂直和线性无关的。

证明：

$$\boldsymbol{J}^{*}\triangleq\boldsymbol{J}^{\mathrm{T}}\cdot\underbrace{[\boldsymbol{J}\boldsymbol{J}^{\mathrm{T}}]^{-1}}_{M}=\boldsymbol{J}^{\mathrm{T}}\cdot\boldsymbol{M},\boldsymbol{J}\cdot\boldsymbol{J}^{*}\cdot\boldsymbol{J}=\boldsymbol{J} \tag{7.4}$$

向量 $\boldsymbol{J}^{*}\boldsymbol{\alpha}$ 乘向量$[\boldsymbol{I}-\boldsymbol{J}^{*}\boldsymbol{J}]\boldsymbol{v}$ 计算如下：

$$\begin{aligned}(\boldsymbol{J}^{*}\boldsymbol{\alpha})^{\mathrm{T}}\cdot[\boldsymbol{I}-\boldsymbol{J}^{*}\boldsymbol{J}]\boldsymbol{v}&=\boldsymbol{\alpha}^{\mathrm{T}}\cdot(\boldsymbol{J}^{*})^{\mathrm{T}}\cdot(\boldsymbol{I}-\boldsymbol{J}^{*}\boldsymbol{J})\boldsymbol{v}\\&=\boldsymbol{\alpha}^{\mathrm{T}}\cdot(\boldsymbol{M}^{\mathrm{T}}\cdot\boldsymbol{J}-\boldsymbol{M}^{\mathrm{T}}\cdot\boldsymbol{J}\cdot\boldsymbol{J}^{*}\cdot\boldsymbol{J})\boldsymbol{v}\\&=\boldsymbol{\alpha}^{\mathrm{T}}\cdot(\boldsymbol{M}^{\mathrm{T}}\cdot\boldsymbol{J}-\boldsymbol{M}^{\mathrm{T}}\cdot\boldsymbol{J})\boldsymbol{v}=0\end{aligned} \tag{7.5}$$

因此可以得出，向量 $\boldsymbol{J}^{*}\boldsymbol{\alpha}$ 和向量$[\boldsymbol{I}-\boldsymbol{J}^{*}\boldsymbol{J}]\boldsymbol{v}$ 之间是相互垂直和线性无关的关系。

根据所证明的定理，向量 $\boldsymbol{\beta}$ 是两个垂直向量 $\boldsymbol{J}^{*}\boldsymbol{\alpha}$ 和$[\boldsymbol{I}-\boldsymbol{J}^{*}\boldsymbol{J}]\boldsymbol{v}$ 的和，这表明冗余度机械臂的跟踪和避障任务之间没有相互影响，如图 7.2(a) 所示。当向量 $\boldsymbol{\beta}$ 等于 $\boldsymbol{0}$ 时，$\boldsymbol{J}^{*}\boldsymbol{\alpha}$ 和$[\boldsymbol{I}-\boldsymbol{J}^{*}\boldsymbol{J}]\boldsymbol{v}$ 都变为 $\boldsymbol{0}$。也就是说，$\boldsymbol{\beta}=\boldsymbol{0}$ 表示跟踪任务和避障任务同时完成。如图

7.2(b)所示，当执行跟踪任务并实现避障任务时，向量 $\boldsymbol{\beta}$ 和 $\boldsymbol{J}^*\boldsymbol{\alpha}$ 是重合的。如图 7.2(c) 所示，当完成跟踪任务和执行避障任务时，向量 $\boldsymbol{\beta}$ 和 $[\boldsymbol{I}-\boldsymbol{J}^*\boldsymbol{J}]\boldsymbol{v}$ 是重合的。根据阻尼最小二乘法，当 $\lambda\neq 0$ 时，向量 $\boldsymbol{J}^*\boldsymbol{\alpha}$ 和 $[\boldsymbol{I}-\boldsymbol{J}^*\boldsymbol{J}]\boldsymbol{v}$ 是近似垂直的关系，当 $\lambda=\boldsymbol{0}$ 时，两个向量也均为 $\boldsymbol{0}$。因此，可以将逆运动学映射形成的关节速度 $\boldsymbol{\beta}$ 作为系统误差来判断机械臂的操作任务是否完成。本章的以下内容用"系统误差"来表示 $\boldsymbol{\beta}$。

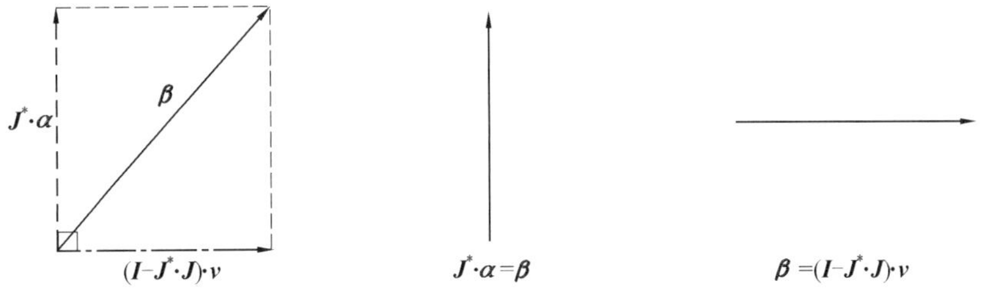

(a) 两个垂直向量 $\boldsymbol{J}^*\cdot\boldsymbol{\alpha}$ 和 $[\boldsymbol{I}-\boldsymbol{J}^*\boldsymbol{J}]\boldsymbol{v}$ 是 $\boldsymbol{\beta}$ 的组成部分　(b) 仅在跟踪任务的情况下　(c) 仅在避障任务的情况下

图 7.2　向量 $\boldsymbol{\beta}$、$\boldsymbol{J}^*\boldsymbol{\alpha}$ 和 $[\boldsymbol{I}-\boldsymbol{J}^*\boldsymbol{J}]\boldsymbol{v}$ 之间的关系

7.3　超扭曲算法设计

在式(7.2)的基础之上，对系统误差 $\boldsymbol{\beta}$ 进行求导有

$$\dot{\boldsymbol{\beta}}=\boldsymbol{J}^*(\boldsymbol{\Theta})\dot{\boldsymbol{\alpha}}+\dot{\boldsymbol{J}}^*(\boldsymbol{\Theta})\boldsymbol{\alpha}+\underbrace{[\boldsymbol{I}-\boldsymbol{J}^*(\boldsymbol{\Theta})\boldsymbol{J}(\boldsymbol{\Theta})]\dot{\boldsymbol{v}}-[\dot{\boldsymbol{J}}^*(\boldsymbol{\Theta})\boldsymbol{J}(\boldsymbol{\Theta})+\boldsymbol{J}^*(\boldsymbol{\Theta})\dot{\boldsymbol{J}}(\boldsymbol{\Theta})]\boldsymbol{v}}_{\boldsymbol{K}(\boldsymbol{\Theta},\dot{\boldsymbol{\Theta}},\boldsymbol{v},\dot{\boldsymbol{v}})} \tag{7.6}$$

由于 $\dot{\boldsymbol{\alpha}}=\eta_{\mathrm{p}}(\dot{\boldsymbol{x}}_{\mathrm{r}}-\dot{\boldsymbol{x}})+\eta_{\mathrm{d}}(\ddot{\boldsymbol{x}}_{\mathrm{r}}-\ddot{\boldsymbol{x}})$，那么

$$\dot{\boldsymbol{\alpha}}=\underbrace{\eta_{\mathrm{p}}[\dot{\boldsymbol{x}}_{\mathrm{r}}-\boldsymbol{J}(\boldsymbol{\Theta})\dot{\boldsymbol{\Theta}}]+\eta_{\mathrm{d}}[\ddot{\boldsymbol{x}}_{\mathrm{r}}-\dot{\boldsymbol{J}}(\boldsymbol{\Theta})\dot{\boldsymbol{\Theta}}]}_{\boldsymbol{\delta}(\boldsymbol{\Theta},\dot{\boldsymbol{\Theta}},\dot{\boldsymbol{x}}_{\mathrm{r}},\ddot{\boldsymbol{x}}_{\mathrm{r}})}-\eta_{\mathrm{d}}\boldsymbol{J}(\boldsymbol{\Theta})\ddot{\boldsymbol{\Theta}} \tag{7.7}$$

这样式(7.6)将变成

$$\dot{\boldsymbol{\beta}}=\underbrace{\boldsymbol{J}^*(\boldsymbol{\Theta})\boldsymbol{\delta}(\boldsymbol{\Theta},\dot{\boldsymbol{\Theta}},\dot{\boldsymbol{x}}_{\mathrm{r}},\ddot{\boldsymbol{x}}_{\mathrm{r}})+\dot{\boldsymbol{J}}^*(\boldsymbol{\Theta})\boldsymbol{\alpha}+\boldsymbol{K}(\boldsymbol{\Theta},\dot{\boldsymbol{\Theta}},\boldsymbol{v},\dot{\boldsymbol{v}})}_{\boldsymbol{A}(\boldsymbol{\Theta},\dot{\boldsymbol{\Theta}},\boldsymbol{v},\dot{\boldsymbol{v}},\dot{\boldsymbol{x}}_{\mathrm{r}},\ddot{\boldsymbol{x}}_{\mathrm{r}})}-\eta_{\mathrm{d}}\boldsymbol{J}(\boldsymbol{\Theta})\ddot{\boldsymbol{\Theta}} \tag{7.8}$$

式中，以参数 $\boldsymbol{\Theta}$、$\dot{\boldsymbol{\Theta}}$、$\boldsymbol{v}$、$\dot{\boldsymbol{v}}$、$\dot{\boldsymbol{x}}_{\mathrm{r}}$、$\ddot{\boldsymbol{x}}_{\mathrm{r}}$ 相关的项是高度非线性的，并且在计算中会消耗大量的计算，特别是当机械臂自由度数较高时，计算量呈指数增加。为了简化系统误差倒数 $\dot{\boldsymbol{\beta}}$ 的计算，本章考虑将涉及与参数 $\boldsymbol{\Theta}$、$\dot{\boldsymbol{\Theta}}$、$\boldsymbol{v}$、$\dot{\boldsymbol{v}}$、$\dot{\boldsymbol{x}}_{\mathrm{r}}$、$\ddot{\boldsymbol{x}}_{\mathrm{r}}$ 相关的高度非线性复杂项视为系统的综合性扰动 $\boldsymbol{A}$，且 $\boldsymbol{A}\in\mathbf{R}^{s\times 1}$，$\boldsymbol{A}$ 在实际的机械臂系统中是有界的、非无穷大的。这样实时规划问题就能够转变为关于角加速度的非线性控制问题。

设式(7.8)中 $\boldsymbol{u}=\eta_{\mathrm{d}}\boldsymbol{J}^*(\boldsymbol{\Theta})\boldsymbol{J}(\boldsymbol{\Theta})\ddot{\boldsymbol{\Theta}}$，那么 $\dot{\boldsymbol{\beta}}$ 变为

$$\dot{\boldsymbol{\beta}}=\boldsymbol{A}(\boldsymbol{\Theta},\dot{\boldsymbol{\Theta}},\boldsymbol{v},\dot{\boldsymbol{v}},\dot{\boldsymbol{x}}_{\mathrm{r}},\ddot{\boldsymbol{x}}_{\mathrm{r}})-\boldsymbol{u} \tag{7.9}$$

式中，$\boldsymbol{u}$ 为控制输入，$\boldsymbol{u}=(u_1,u_2,\cdots,u_s)^{\mathrm{T}}$；$\boldsymbol{A}$ 为综合扰动，$\boldsymbol{A}=(A_1,A_2,\cdots,A_s)^{\mathrm{T}}$；$\ddot{\boldsymbol{\Theta}}$ 为规划的角加速度。

为了使系统误差导数 $\dot{\boldsymbol{\beta}}$ 收敛，广义超扭曲算法用来抑制系统综合扰动。对于控制输入 $\boldsymbol{u}$ 中的每一个元素来说，可以写成如下形式：

$$u_i = k_a \cdot |\beta_i|^{\frac{1}{2}} \cdot \mathrm{sgn}(\beta_i) + \frac{k_r}{2}\int_0^t \mathrm{sgn}(\beta_i)\,\mathrm{d}t \tag{7.10}$$

式中，$i=1,2,3,\cdots,s$。

超扭曲算法在非线性动力学系统的转矩控制中得到了广泛的应用，具有收敛速度快、鲁棒性强、简单、控制精度高等优点，有效地抑制了传统滑模控制的抖振。然而，在基于运动学的机器人机械臂系统实时规划应用中，仍然存在抖振现象。为了改善这种情况，将超扭曲算法应用于实时运动规划中，用双曲正切函数 $\tanh(\rho\beta_i)$ 代替式(7.10)中的 $\mathrm{sgn}(\beta_i)$。则式(7.10)变成

$$u_i = k_a \cdot |\beta_i|^{\frac{1}{2}} \cdot \tanh(\rho\beta_i) + \frac{k_r}{2}\int_0^t \tanh(\beta_i)\,\mathrm{d}t \tag{7.11}$$

式中，k_a、k_r、ρ 为定常系数。

考虑控制输入 $\boldsymbol{u}$ 中 $\boldsymbol{J}^*\boldsymbol{J}\approx\boldsymbol{I}$，规划的关节角速度 $\dot{\boldsymbol{\theta}}_d$ 可以通过对控制输入 $\boldsymbol{u}$ 实时积分得到，即

$$\dot{\boldsymbol{\Theta}}_d = \phi \cdot \int_0^t \boldsymbol{u} \tag{7.12}$$

式中，ϕ 为机械臂基于误差的 S 函数，用作积分参数，能够抑制实时积分造成的积分饱和。

ϕ 定义为

$$\phi = \frac{(\|\boldsymbol{\alpha}\| + \|\boldsymbol{v}\|)}{\eta_d(\|\boldsymbol{\alpha}\| + \|\boldsymbol{v}\| + \sigma)} \tag{7.13}$$

式中，σ 为调整 S 函数变化快慢斜率的正实数。

规划的关节位置 $\boldsymbol{\Theta}_d$ 将通过迭代法实时求得，即

$$\boldsymbol{\Theta}_{d+1} := \boldsymbol{\Theta}_d + \Delta\boldsymbol{\Theta}_d \tag{7.14}$$

其中，$\Delta\boldsymbol{\Theta}_d = \dot{\boldsymbol{\Theta}}_d \cdot \Delta T$，$\Delta T$ 定义为采样间隔。

基于以上两个小节的理论推导，所提关节空间实时角加速度规划即可形成，如图7.3所示。图7.3中，$F(\boldsymbol{L},\boldsymbol{\Theta})$ 表示正运动学；U_{in} 控制输入，$U_{\mathrm{in}}=(\boldsymbol{x}_r,\dot{\boldsymbol{x}}_r,\boldsymbol{x}_{\mathrm{obs}},\dot{\boldsymbol{x}}_{\mathrm{obs}})$；$\boldsymbol{x}_{\mathrm{obs}}$，$\dot{\boldsymbol{x}}_{\mathrm{obs}}$ 为障碍物的位置和速度；U_{out} 为末端执行器位姿。

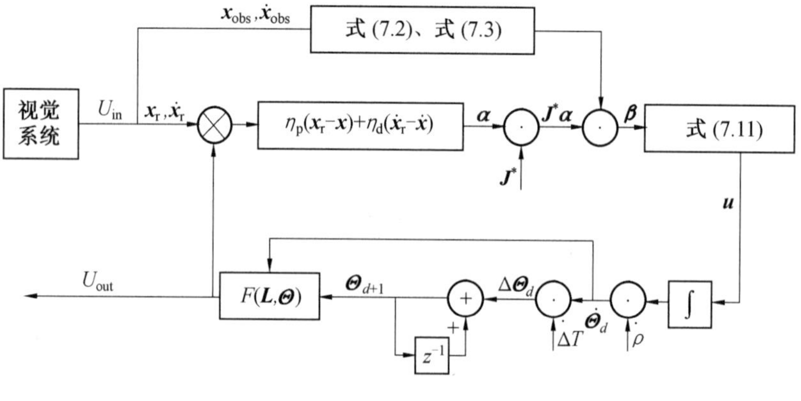

图 7.3 关节角加速度规划方法

7.4 稳定性分析

定义

$$\boldsymbol{\xi}=\begin{bmatrix}\xi_1\\ \xi_2\end{bmatrix}=\begin{bmatrix}|\beta_i|^{\frac{1}{2}}\cdot\tanh(\rho\beta_i)\\ \dfrac{k_r}{2}\displaystyle\int_0^t\tanh(\rho\beta_i)\,dt\end{bmatrix}\tag{7.15}$$

那么

$$\dot{\boldsymbol{\xi}}=\begin{bmatrix}\dot{\xi}_1\\ \dot{\xi}_2\end{bmatrix}=\begin{bmatrix}\dfrac{|\beta_i|^{-\frac{1}{2}}}{2}\cdot\tanh(\rho\beta_i)\dot{\boldsymbol{\beta}}_i+|\beta_i|^{\frac{1}{2}}[1-\tanh^2(\rho\beta_i)]\rho\dot{\boldsymbol{\beta}}_i\\ \dfrac{k_r}{2}\tanh(\rho\beta_i)\end{bmatrix}=\begin{bmatrix}a & b\\ c & d\end{bmatrix}\cdot\xi+\begin{bmatrix}m\\ n\end{bmatrix}\tag{7.16}$$

式中

$$a=-|\beta_i|^{\frac{1}{2}}\left\{\frac{k_a}{2}\tanh(\rho|\beta_i|)+|\beta_i|[1-\tanh^2(\rho\beta_i)]\rho k_a\right\}$$

$$b=-|\beta_i|^{-\frac{1}{2}}\underbrace{\left\{\frac{1}{2}\tanh(\rho|\beta_i|)+|\beta_i|[1-\tanh^2(\rho\beta_i)]\rho\right\}}_{b'}$$

$$c=|\beta_i|^{-\frac{1}{2}}\cdot\frac{k_r}{2}$$

$$d=0$$

$$m=\left\{\frac{|\beta_i|^{-\frac{1}{2}}}{2}\tanh(\rho|\beta_i|)+|\beta_i|^{\frac{1}{2}}[1-\tanh^2(\rho\beta_i)]\rho\right\}A_i$$

$$n=0$$

那么定义李雅普诺夫函数 $\boldsymbol{L}$ 为

$$\boldsymbol{L}=(L_1,L_2,\cdots,L_s)^{\mathrm{T}},\quad \boldsymbol{L}\in\mathbf{R}^{s\times 1}\tag{7.17}$$

$\boldsymbol{L}$ 中每一个元素 L_i 定义为

$$L_i=\frac{k_r}{\rho}\ln[\cos h(\rho\beta_i)]+\frac{1}{2}\xi_2^2+\frac{1}{2}(k_a\xi_1+\xi_2)^2\geqslant 0\tag{7.18}$$

那么

$$\dot{L}_i=\frac{k_r}{\rho}\tanh(\rho\beta_i)\rho\dot{\boldsymbol{\beta}}_i+\xi_2\dot{\xi}_2+(k_a\xi_1+\xi_2)\cdot(k_a\dot{\xi}_1+\dot{\xi}_2)\geqslant 0\tag{7.19}$$

假设

$$|A_i|\leqslant\delta_2|\xi_2|,\quad |A_i|\leqslant\delta_1|\xi_1|,\quad |\xi_2||\xi_2|\leqslant\frac{1}{\delta_3}|\xi_1||\xi_1|$$

则有

$$\dot{L}_i\leqslant-|\beta_i|^{-\frac{1}{2}}\boldsymbol{\xi}^{\mathrm{T}}\begin{bmatrix}k_a^3b'+\dfrac{k_r}{2}k_a-k_ab'\delta_2\dfrac{1}{\delta_3}-k_r\delta_1-k_a^2b'\delta_1 & k_a^2b'\\ k_a^2b' & k_ab'\end{bmatrix}\xi\tag{7.20}$$

为了确保矩阵 **D** 是正定的,需要满足条件 $\mathscr{A}$ 和 $\mathscr{B}$,如下:

$$\mathscr{A}:k_a^3b'+\frac{k_r}{2}k_a-k_ab'\delta_2\frac{1}{\delta_3}-k_r\delta_1-k_a^2b'\delta_1>0 \tag{7.21}$$

$$\mathscr{B}:\left(k_a^3b'+\frac{k_r}{2}k_a-k_ab'\delta_2\frac{1}{\delta_3}-k_r\delta_1-k_a^2b'\delta_1\right)k_ab'-(k_a^2b')^2>0 \tag{7.22}$$

7.4.1 矩阵正定条件

$$\mathscr{A}:k_a^3b'+\frac{k_r}{2}k_a-k_ab'\delta_2\frac{1}{\delta_3}-k_r\delta_1-k_a^2b'\delta_1>0$$

则有

$$k_ab'\left(k_a^2-k_a\delta_1-\delta_2\frac{1}{\delta_3}\right)>\frac{k_r}{2}(2\delta_1-k_a) \tag{7.23}$$

讨论 1.

在 $2\delta_1>k_a$ 的情况下,

$$\begin{cases}\dfrac{k_ab'\left(k_a^2-k_a\delta_1-\delta_2\dfrac{1}{\delta_3}\right)}{2\delta_1-k_a}>\dfrac{k_r}{2}\\ k_a^2-k_a\delta_1-\delta_2\dfrac{1}{\delta_3}>0\end{cases} \tag{7.24}$$

由于$\frac{k_r}{2}>0$,那么

$$k_a^2-k_a\delta_1-\delta_2\frac{1}{\delta_3}>0 \tag{7.25}$$

$$\left(k_a-\frac{\delta_1}{2}\right)\left(k_a-\frac{\delta_1}{2}\right)>\frac{\delta_1^2}{4}+\delta_2\frac{1}{\delta_3} \tag{7.26}$$

那么

$$\begin{cases}k_a>\dfrac{\delta_1}{2}+\sqrt{\dfrac{\delta_1^2}{4}+\delta_2\dfrac{1}{\delta_3}}\\ k_a<\dfrac{\delta_1}{2}-\sqrt{\dfrac{\delta_1^2}{4}+\delta_2\dfrac{1}{\delta_3}}\quad\text{(为负值,应舍去)}\end{cases} \tag{7.27}$$

最后可以得到

$$\begin{cases}\dfrac{\delta_1}{2}+\sqrt{\dfrac{\delta_1^2}{4}+\delta_2\dfrac{1}{\delta_3}}<k_a<2\delta_1\\ 0<\dfrac{k_r}{2}<\dfrac{k_ab'\left(k_a^2-k_a\delta_1-\delta_2\dfrac{1}{\delta_3}\right)}{2\delta_1-k_a}\end{cases} \tag{7.28}$$

讨论 2.

在情况 $2\delta_1<k_a$ 时,有

$$-\frac{k_ab'\left(k_a^2-k_a\delta_1-\delta_2\dfrac{1}{\delta_3}\right)}{k_a-2\delta_1}<\frac{k_r}{2} \tag{7.29}$$

第一种情况：当 $k_a^2 - k_a\delta_1 - \delta_2 \dfrac{1}{\delta_3} > 0$ 时，有

$$\frac{k_r}{2} > 0 \tag{7.30}$$

$$\begin{cases} k_a > \max\left\{\dfrac{\delta_1}{2} + \sqrt{\dfrac{\delta_1^2}{4} + \delta_2 \dfrac{1}{\delta_3}}, 2\delta_1\right\} \\ k_a < \dfrac{\delta_1}{2} - \sqrt{\dfrac{\delta_1^2}{4} + \delta_2 \dfrac{1}{\delta_3}} \quad \text{（为负值，应舍去）} \end{cases} \tag{7.31}$$

第二种情况：当 $k_a^2 - k_a\delta_1 - \delta_2 \dfrac{1}{\delta_3} \leqslant 0$ 时，有

$$\begin{cases} -\dfrac{k_a b'\left(k_a^2 - k_a\delta_1 - \delta_2 \dfrac{1}{\delta_3}\right)}{k_a - 2\delta_1} < \dfrac{k_r}{2} \\ 2\delta_1 < k_a \leqslant \dfrac{\delta_1}{2} + \sqrt{\dfrac{\delta_1^2}{4} + \delta_2 \dfrac{1}{\delta_3}} \quad \left(2\delta_1 < \dfrac{\delta_1}{2} + \sqrt{\dfrac{\delta_1^2}{4} + \delta_2 \dfrac{1}{\delta_3}}\right) \end{cases} \tag{7.32}$$

最后综合考虑上述两种情况可以得到：

a1. 当 $2\delta_1 < \dfrac{\delta_1}{2} + \sqrt{\dfrac{\delta_1^2}{4} + \delta_2 \dfrac{1}{\delta_3}}$ 时

$$\begin{cases} k_a > 2\delta_1 \\ \dfrac{k_r}{2} > \max\left\{-\dfrac{k_a b'\left(k_a^2 - k_a\delta_1 - \delta_2 \dfrac{1}{\delta_3}\right)}{k_a - 2\delta_1}, 0\right\} \end{cases} \tag{7.33}$$

b1. 当 $2\delta_1 > \dfrac{\delta_1}{2} + \sqrt{\dfrac{\delta_1^2}{4} + \delta_2 \dfrac{1}{\delta_3}}$ 时

$$\begin{cases} \dfrac{k_r}{2} > 0 \\ k_a > 2\delta_1 \end{cases} \tag{7.34}$$

讨论 3.

在 $2\delta_1 = k_a$ 情况下，有

$$k_a b'\left(k_a^2 - k_a\delta_1 - \delta_2 \frac{1}{\delta_3}\right) > 0 \tag{7.35}$$

$$k_a^2 - k_a\delta_1 - \delta_2 \frac{1}{\delta_3} > 0 \tag{7.36}$$

那么

$$\begin{cases} k_a = 2\delta_1 > \sqrt{\dfrac{2\delta_2}{\delta_3}} \\ k_a = 2\delta_1 < -\sqrt{\dfrac{2\delta_2}{\delta_3}} \quad \text{（为负值，应舍去）} \end{cases} \tag{7.37}$$

最后可得到

$$\begin{cases} k_a > \sqrt{\dfrac{2\delta_2}{\delta_3}} \\ \dfrac{k_r}{2} > 0 \end{cases} \tag{7.38}$$

$$\mathcal{B}:\left(k_a^3 b' + \frac{k_r}{2}k_a - k_a b'\delta_2 \frac{1}{\delta_3} - k_r\delta_1 - k_a^2 b'\delta_1\right)k_a b' - (k_a^2 b')^2 > 0$$

则有

$$\frac{k_r}{2}(k_a - 2\delta_1) > k_a^2 b'\delta_1 + k_a b'\delta_2 \frac{1}{\delta_3} \tag{7.39}$$

确保条件 $\mathcal{B}$ 成立,可以得到

$$\begin{cases} k_a > 2\delta_1 \\ \dfrac{k_r}{2} > \dfrac{k_a^2 b'\delta_1 + k_a b'\delta_2 \dfrac{1}{\delta_3}}{k_a - 2\delta_1} \end{cases} \tag{7.40}$$

讨论 4.

在式(7.33)中,有

$$\frac{k_r}{2} > \max\left\{-\frac{k_a^2 b'\delta_1 + k_a b'\delta_2 \dfrac{1}{\delta_3}}{k_a - 2\delta_1}, 0\right\} \tag{7.41}$$

在式(7.40)中,有

$$\frac{k_r}{2} > \frac{k_a^2 b'\delta_1 + k_a b'\delta_2 \dfrac{1}{\delta_3}}{k_a - 2\delta_1} > 0 \tag{7.42}$$

对比式(7.41)和式(7.42),有

$$\frac{k_a^2 b'\delta_1 + k_a b'\delta_2 \dfrac{1}{\delta_3}}{k_a - 2\delta_1} + \frac{k_a b'\left(k_a^2 - k_a\delta_1 - \delta_2 \dfrac{1}{\delta_3}\right)}{k_a - 2\delta_1} > 0 \tag{7.43}$$

然后可得 k_r 的取值范围为

$$\frac{k_r}{2} > \frac{k_a^2 b'\delta_1 + k_a b'\delta_2 \dfrac{1}{\delta_3}}{k_a - 2\delta_1} \tag{7.44}$$

综合考虑条件 $\mathcal{A}$、$\mathcal{B}$,讨论 1、讨论 2、讨论 3 和讨论 4,k_r 和 k_a 的取值范围为

$$\begin{cases} k_a > 2\delta_1 \\ \dfrac{k_r}{2} > \dfrac{k_a^2 b'\delta_1 + k_a b'\delta_2 \dfrac{1}{\delta_3}}{k_a - 2\delta_1} \end{cases} \tag{7.45}$$

7.4.2 参数取值范围

由于

$$b' = \frac{1}{2}\tanh(\rho|\beta_i|) + |\beta_i|[1 - \tanh^2(\rho|\beta_i|)]\rho \tag{7.46}$$

令

$$f(\rho|\beta_i|)=2b',\quad \rho|\beta_i|\in(0,+\infty) \tag{7.47}$$

那么

$$f(\rho|\beta_i|)=\tanh(\rho|\beta_i|)+2\rho|\beta_i|[1-\tanh^2(\rho|\beta_i|)] \tag{7.48}$$

当 $f(\rho|\beta_i|)$ 到达最大值时，有

$$\rho|\beta_i|\tanh(\rho|\beta_i|)=0.75 \tag{7.49}$$

这样有

$$f(\rho|\beta_i|)|_{\max}=f(\varepsilon)=1.601\ 6 \tag{7.50}$$

因此函数 $f(\rho|\beta_i|)$ 取值范围为

$$0\leqslant f(\rho|\beta_i|)\leqslant 1.6016 \tag{7.51}$$

则 b' 取值范围为

$$0\leqslant b'\leqslant 0.800\ 8 \tag{7.52}$$

因此可以得到 k_a 和 k_r 的取值范围如下：

$$\begin{cases} k_a>2\delta_1 \\ k_r>1.601\ 6\cdot\dfrac{k_a^2\delta_1+k_a\delta_2\dfrac{1}{\delta_3}}{k_a-2\delta_1}\end{cases} \tag{7.53}$$

则有

$$\dot{\boldsymbol{L}}\leqslant \boldsymbol{0} \tag{7.54}$$

因此，所设计基于双曲正切的超扭曲算法是收敛的。

7.5　参数对收敛性影响

7.5.1　参数对收敛速度影响

不同于传统的超扭曲算法分析过程，所提基于双曲正切超扭曲算法由于积分环节 ξ_2 的存在和双曲正切项的引入，难以直接分析参数 k_a、k_r 和 ρ 对收敛的影响。为了直观地显示这些参数对收敛性能的影响，推导 L_i 如下：

$$\begin{aligned} L_i &=\frac{k_r}{\rho}\ln[\cosh(\rho\beta_i)]+\frac{1}{2}\xi_2^2+\frac{1}{2}(k_a\xi_1+\xi_2)^2 \\ &\leqslant\frac{k_r}{\rho}\ln[\cosh(\rho\beta_i)]+\frac{1}{2}\frac{1}{\delta_3}\xi_1^2+\frac{1}{2}\left(k_a|\xi_1|+\frac{1}{\sqrt{\delta_3}}|\xi_1|\right)^2 \\ &=\underbrace{\frac{k_r}{\rho}\ln[\cosh(\rho\beta_i)]+\frac{1}{2}\left[\frac{1}{\delta_3}+\left(k_a+\frac{1}{\sqrt{\delta_3}}\right)^2\right]\xi_1^2}_{\widetilde{L}} \end{aligned} \tag{7.55}$$

由于 $|\xi_2||\xi_2|\leqslant\dfrac{1}{\delta_3}|\xi_1||\xi_1|$，$|\xi_2|\leqslant\dfrac{1}{\delta_3}|\xi_1|$，那么 L_i 的取值范围如下：

$$0\leqslant L_i\leqslant\widetilde{L} \tag{7.56}$$

而且当 $\beta_i\to 0$ 时，有

$$\lim_{\beta_i\to 0}L_i=\lim_{\beta_i\to 0}\widetilde{L}=0 \tag{7.57}$$

本章利用 $\widetilde{L}$ 间接分析参数对收敛性能的影响。对于不同的 δ_3，参数 k_a、k_r 和 ρ 对 $\widetilde{L}$ 收敛性的影响如图 7.4 所示。图 7.4(a) 显示了不同 β_i 下 k_a 对 $\widetilde{L}$ 的影响，$\widetilde{L}$ 的收敛速度随 k_a 的增加而逐渐增大。当 k_a 变小时，$\widetilde{L}$ 收敛缓慢。如图 7.4(b) 所示，$\widetilde{L}$ 的收敛速度随着 k_r 的增加而缓慢增加，并且几乎与 β_i 的变化呈线性关系。图 7.4(c) 和(d) 显示了不同 β_i 下的 ρ 和 $\widetilde{L}$ 之间的关系，$\rho(\rho \geqslant 3)$ 具有几乎相同的收敛性能。$\widetilde{L}$ 的收敛速度随 ρ 的增大而逐渐增大$(0 < \rho < 3)$。因此，k_a、k_r 和 ρ 取较大值有利于系统的快速收敛。

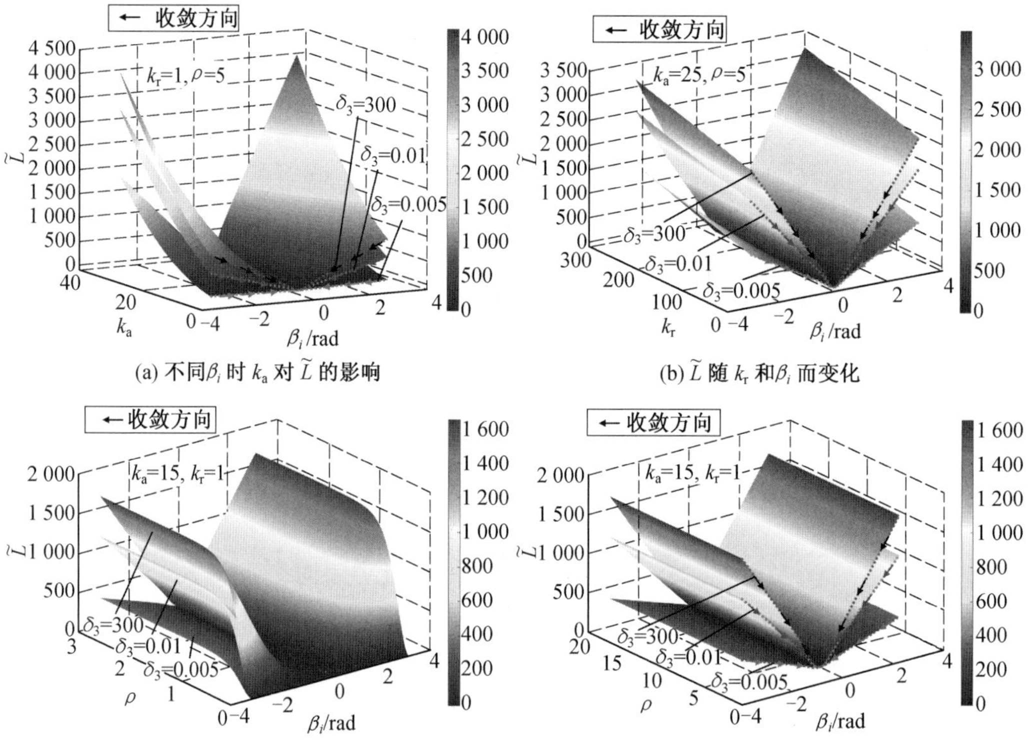

(a) 不同 β_i 时 k_a 对 $\widetilde{L}$ 的影响　(b) $\widetilde{L}$ 随 k_r 和 β_i 而变化

(c) 不同 β_i 时 $\rho(0<\rho<3)$ 和 $\widetilde{L}$ 之间的关系　(d) 不同 β_i 时 $\rho(\rho>3)$ 和 $\widetilde{L}$ 之间的关系

图 7.4　不同参数的收敛性分析

7.5.2　参数对运动路径的影响

通过七自由度机械臂的仿真，验证了所提出的角加速度规划方法在无障碍情况下实时跟踪静态目标的可行性和平滑性，如图 7.5(a) 所示。同时，分析了参数 k_a、k_r、ρ、η_p 和 η_d 对末端执行器运动路径长度的影响，路径长度 P_L 的单位是 mm，机械臂初始配置的初始值为 $\boldsymbol{\Theta}_{initial}=(-5°,5°,5°,10°,10°,20°,20°)^T$。目标位置为 $\boldsymbol{x}_r=(249\ \text{mm},279\ \text{mm})^T$。在图 7.5(b) 中，$k_a$ 对路径轨迹有很大的影响。k_a 值越大，末端执行器运动轨迹越直。图 7.5(c) 表明，当其他参数确定且 k_r 对末端执行器的整个路径轨迹影响较小时，k_r 应选取小值。图 7.5(d) 显示，末端执行器的运动路径将随着 ρ 的增加而变长，并且对于不同的 ρ，运动路径的轨迹具有大致相似的模式，这与图 7.4(d) 相对应。图 7.5(e) 规定，η_p 的微小变化可导致路径轨迹的巨大变化，这与图 7.5(f) 所示的 η_d 相似。P_L 随 η_p 的增大而增大，随 η_d 的增大而减小。图 7.5(b)、(d) 和(f) 表明，随着 k_a、ρ 和 η_d 的增加，P_L 逐渐变短。图 7.5(c) 和(e) 表明，随着 k_r 和 η_p 的增大，P_L 逐渐变长。

在实际应用中，应同时考虑末端执行器的快速收敛性和短而光滑的路径长度。因此，根据以上分析和 7.5.1 节部分，在保证收敛的条件下，k_a、ρ 和 η 应取较大值，k_r 和 η_p 应取较小值。

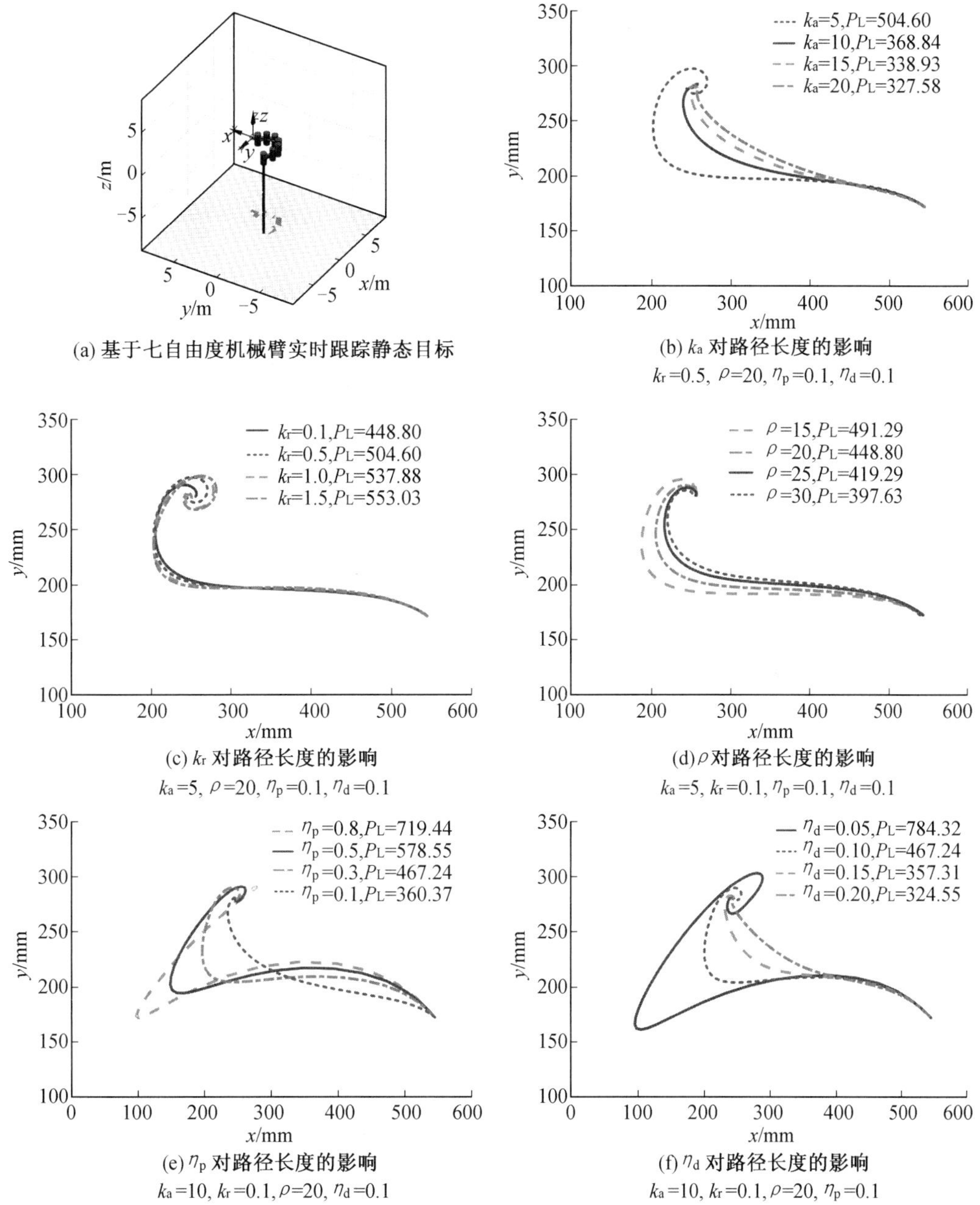

(a) 基于七自由度机械臂实时跟踪静态目标

(b) k_a 对路径长度的影响
$k_r=0.5,\ \rho=20,\ \eta_p=0.1,\ \eta_d=0.1$

(c) k_r 对路径长度的影响
$k_a=5,\ \rho=20,\ \eta_p=0.1,\ \eta_d=0.1$

(d) ρ 对路径长度的影响
$k_a=5,\ k_r=0.1,\ \eta_p=0.1,\ \eta_d=0.1$

(e) η_p 对路径长度的影响
$k_a=10,\ k_r=0.1,\ \rho=20,\ \eta_d=0.1$

(f) η_d 对路径长度的影响
$k_a=10,\ k_r=0.1,\ \rho=20,\ \eta_p=0.1$

图 7.5　参数对末端执行器运动路径长度 P_L 的影响

7.6 仿真验证

7.6.1 规划性能仿真

本章中，用 Matlab 建立七自由度机械臂三维模型，如图 7.6 所示，通过不同的方法实现对运动目标实时追踪的仿真对比，验证所提方法的有效性和适用性。在本章中，所用的对比方法有传统的定比例规划方法、传统滑模控制、所提变结构滑模控制等，其相应参数设置如表 7.1 和表 7.2 所示。

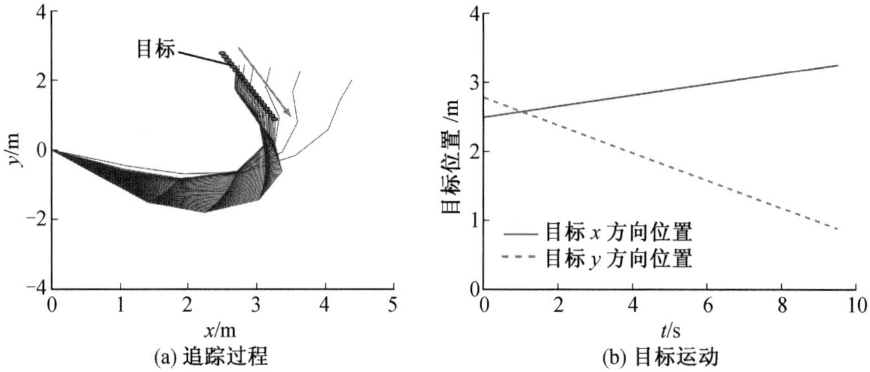

图 7.6 三维仿真模型

表 7.1 误差参数设置

参数	Λ_p	Λ_d
值	0.1	0.1

表 7.2 控制参数设置

定比例方法	k	—	—
值	0.3	—	—
广义滑模方法	K_p	K_r	—
值	3	0.01	—
所提方法	K_p	K_r	ρ
值	35	0.1	25

如图 7.7 所示，传统定比例方法关节轨迹、速度、加速度在运动起始阶段都有相应的阶跃现象。关节角速度在机械臂运动的起始 1.2 s 中将产生大于 1 rad 的转动角度，这并不利于机械臂系统的平稳运行。如图 7.8、图 7.9 所示，传统滑模控制、所提变结构滑模控制均能抑制系统扰动 A、并验证所推导公式(7.5)的正确性。同时，由于控制输入 $\boldsymbol{u}$ 的实时连续积分形成的关节轨迹、速度曲线整体均是平滑的，因此有利于机械臂系统的稳定运动。与传统控制方法相比，加速度曲线中没有抖震现象出现，因此所提方法具有更好的平滑轨迹效果。

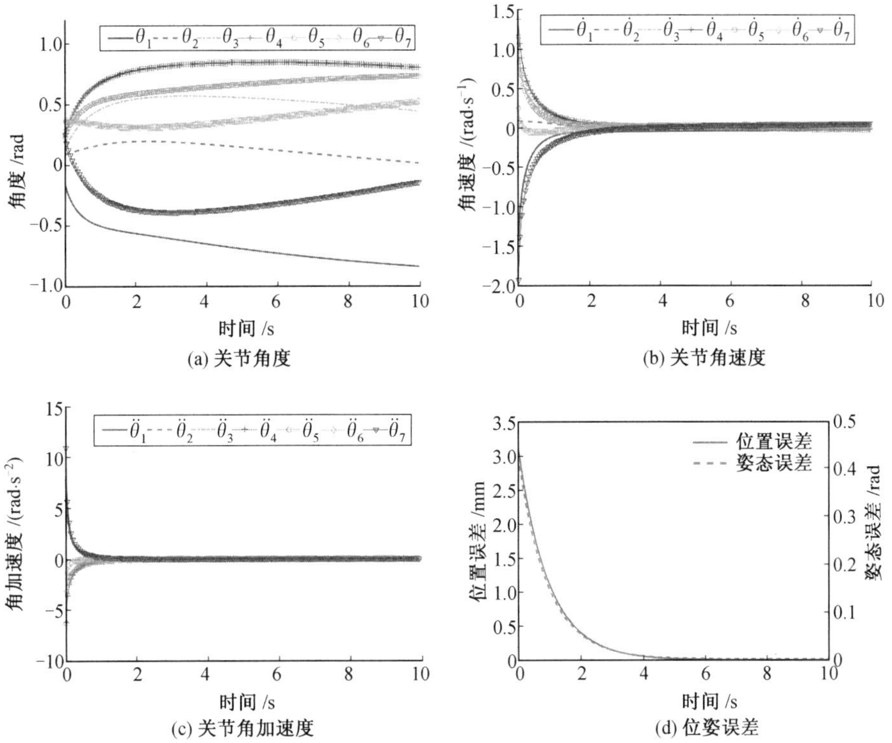

图 7.7　基于定比例方法

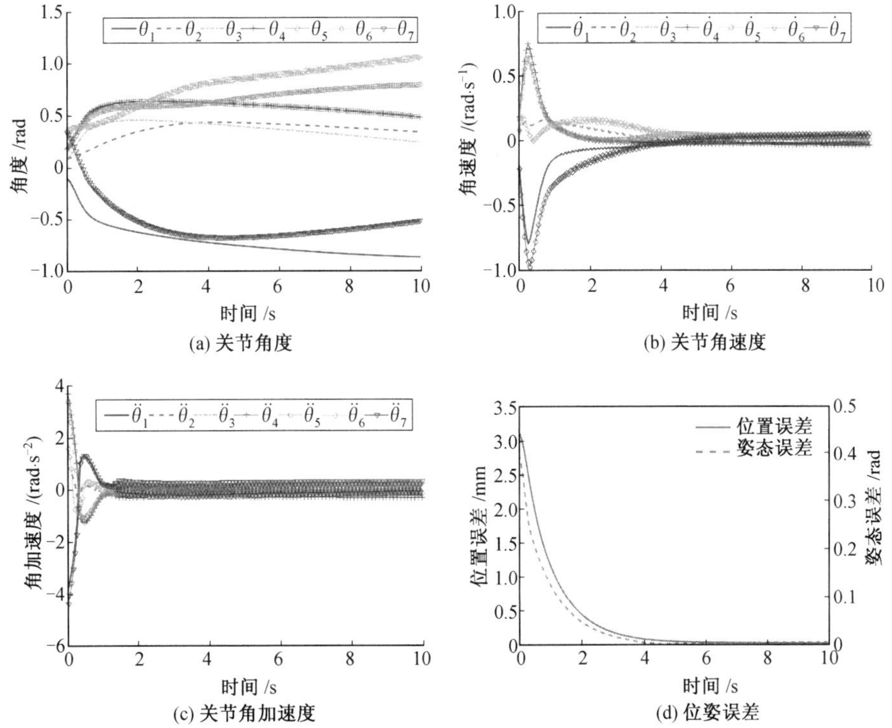

图 7.8　基于广义滑模方法

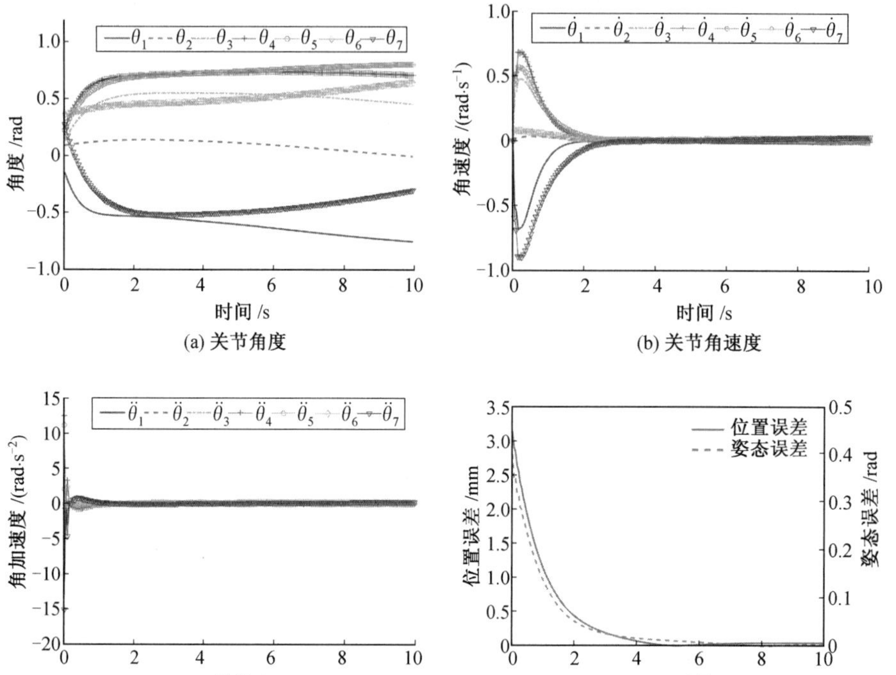

(a) 关节角度　(b) 关节角速度　(c) 关节角加速度　(d) 位姿误差

图 7.9　基于所提超扭曲方法

7.6.2　零空间性能分析

本节对所提加速度规划方法零空间避障性能进行分析，所提方法和传统基于余弦曲线方法追踪静态目标的同时避开静态障碍物，如图 7.10(a) 和图 7.11(a) 所示。目标位姿为(2.49 m，3.79 m，1.536 rad)^{T}。障碍物位置为(2 m，−1 m)^{T}。所提方法参数如表7.3所示。从避障效果看，所提方法在零空间避障时，由于为保证关节平滑性的控制输入实时积分，因此机械臂能够产生更大的距离空间避开障碍物，如图 7.10(b) 和图 7.11(b) 所示。另外，关节速度和加速度相比，传统规划方法由于抖动的存在，并不利于在有障碍物环境下目标追踪中机械臂系统的稳定，如图 7.10(c) 和(d) 与图 7.11(c) 和(d) 所示。

表 7.3　参数设置

参数	K_p	K_r	ρ	Λ_p	Λ_d
值	30	5	20	0.1	0.1

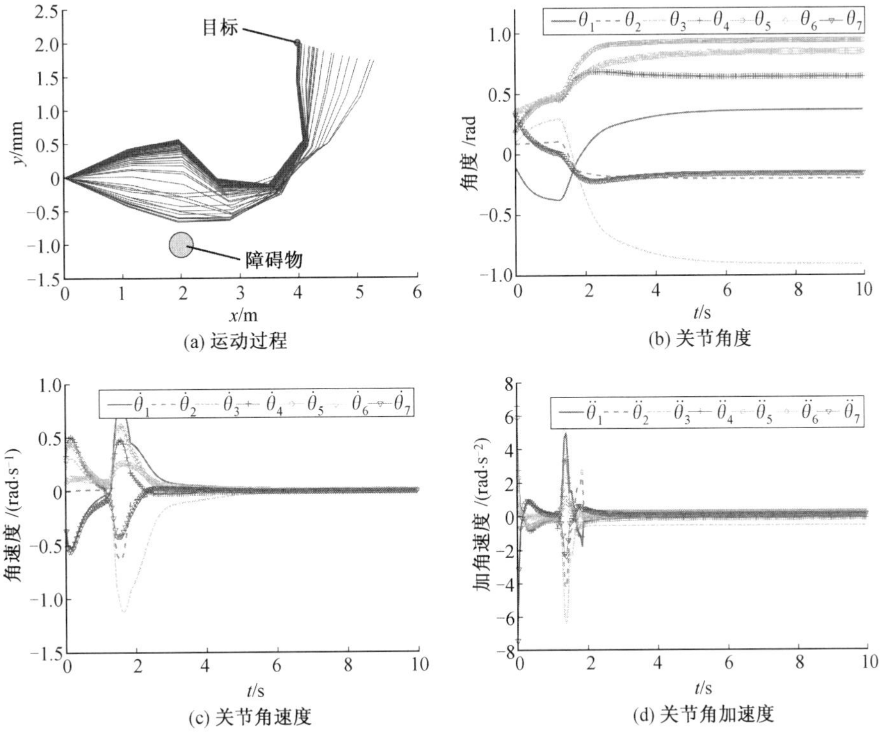

(a) 运动过程　(b) 关节角度

(c) 关节角速度　(d) 关节角加速度

图 7.10　基于角加速度规划方法的零空间性能比较分析

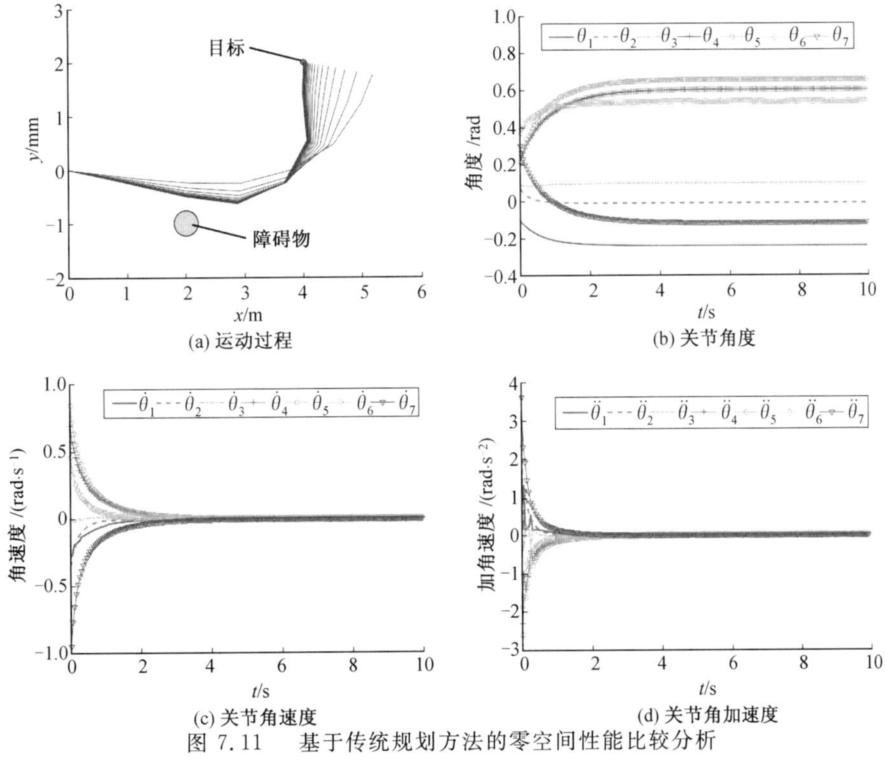

(a) 运动过程　(b) 关节角度

(c) 关节角速度　(d) 关节角加速度

图 7.11　基于传统规划方法的零空间性能比较分析

7.7 本章小结

本章研究了一种冗余度机械臂关节角加速度在线规划方法，以实现动态环境下快速稳定的跟踪任务。证明了将逆运动学映射形成的关节速度作为系统误差的理论，进一步推导出规划的关节角加速度。利用系统综合扰动代替高度复杂非线性项，简化了角加速度规划过程，将在线运动规划转化为控制问题。这样可以避免笛卡儿运动规划中间接获得的关节输入和关节轨迹规划中任务描述的不直观。同时，理论上大大减少了规划方法的复杂性。针对机械臂的控制输入，设计了基于双曲正切的超扭曲算法，克服了传统超扭曲算法在基于运动学层面的运动规划中的抖振问题。将控制输入与基于误差的 S 函数相结合，实时积分得到机械臂在线规划关节速度，并为快速跟踪任务生成平滑轨迹。理论分析表明，该规划方法计算量小，收敛性好。仿真结果验证了所提出的关节角加速度规划方法的可行性、平滑性和实用性。

第 8 章　基于自组织竞争神经网络的多臂运动规划

8.1　引　言

协作运动规划不仅能够保证托卡马克多功能维护臂末端耦合连接的双臂之间协同共融,同时能够根据任务需求合理、快速、高效地完成运动规划,实现相应的操作。由于末端运动规划对于机械臂构型依赖程度不高,且双臂构型作为多臂构型的一种特例,多臂的运动规划方法也适用于双臂,并且理论更具一般性、通用化。因此,针对多臂在线运动规划,实现臂与臂之间运动的协调,将有助于双臂和多臂机器人的实际应用。本章针对现有协调操作运动学规划方法中臂与臂之间的运动不同步问题,致力于提出一种基于自组织竞争神经网络的冗余度多臂在线运动规划方法,以达到冗余度多臂机器人在操作任务中运动规划的同步与协调,进而完成协作任务。

8.2　多臂正逆运动学

多臂协作系统按照臂与臂之间的物理连接形式,通常可以分为有共同物理耦合的多臂和无共同物理耦合的多臂两种,如图 8.1 所示。图 8.1(a) 所示为多条具有冗余自由度的单臂通过共同的物理连接形成耦合,共同分享使用系统传感数据,并由同一个控制器进行任务同步规划,控制着各个操作臂的运动。图 8.1(b) 所示为无共同物理耦合的多臂机器人,每条操作臂具有一个控制器。由于共同物理耦合的多臂机器人相比无共同物理耦合的多臂机器人系统具有传感数据分享,能更好地进行协作同步规划能力。因此,本章中着重考虑具有共同物理耦合的多臂机器人系统,如图 8.2 所示为简化的多臂机器人基本构型。

在冗余度多臂机器人运动控制或者追踪任务中,机械臂逆运动学雅可比矩阵在机械臂运动控制时需要实时求取并解算。雅可比矩阵求解通常运用线性近似法、牛顿法、序贯蒙特卡洛方法,这些方法用于逆运动学变换矩阵的求解。线性近似法是最常用的方法。因此,本章着重考虑基于线性近似法求解逆运动学变换矩阵,以下介绍线性近似方法的原理。

对于一个冗余度多臂机器人,假设存在 n 个旋转关节,且每个关节角度为 θ_j,则此多臂机器人完整关节配置由$(\theta_1,\theta_2,\cdots,\theta_n)^{\mathrm{T}}$ 表示。连接在机械臂上的某些点被标识为末端执行器。要解多臂机器人逆运动学问题,首先需要确定关节角度,以计算各个臂末端执行器的位姿,以及与目标位姿之间的误差、与障碍物等物体之间的空间位置约束关系。

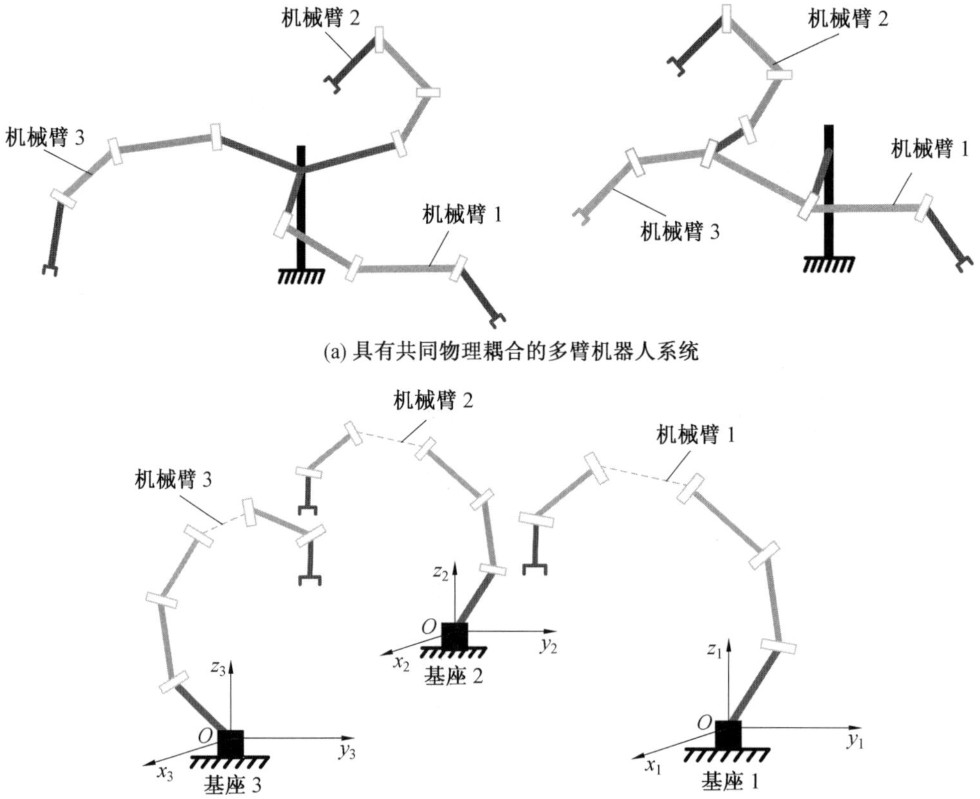

(a) 具有共同物理耦合的多臂机器人系统

(b) 不具备共同物理耦合的多臂机器人系统

图 8.1　多臂机器人系统简图

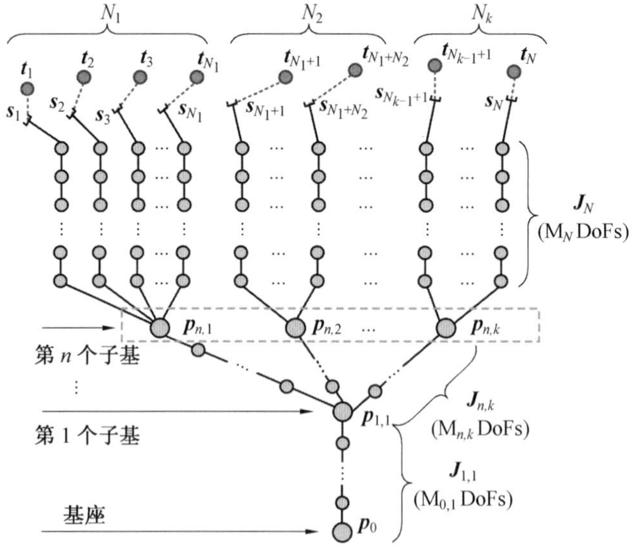

图 8.2　简化的多臂机器人基本构型

假设有 k 个末端执行器，则将其相对于固定原点的位置表示为 $\boldsymbol{s}_1,\cdots,\boldsymbol{s}_k$。每个末端执

行器位姿 $\boldsymbol{s}_i$ 是关节角度的函数。列向量$(\boldsymbol{s}_1,\boldsymbol{s}_2,\cdots,\boldsymbol{s}_k)^{\mathrm{T}}$ 可以写为 $\boldsymbol{s}$;对于空间臂构型 $\boldsymbol{s}\in\mathbf{R}^{6k}$,对于平面臂构型 $\boldsymbol{s}\in\mathbf{R}^{3k}$。目标位姿由向量 $\boldsymbol{t}=(\boldsymbol{t}_1,\boldsymbol{t}_2,\cdots,\boldsymbol{t}_k)^{\mathrm{T}}$ 定义,其中 $\boldsymbol{t}_i$ 是第 i 个末端执行器的目标位姿。为简化末端执行器位姿与目标位姿误差的表示方式,设 $\boldsymbol{e}_i=\boldsymbol{t}_i-\boldsymbol{s}_i$ 是第 i 个末端执行器位姿与期望的第 i 个目标位姿误差,综合表述方式为 $\boldsymbol{e}=\boldsymbol{t}-\boldsymbol{s}$。

设关节角度列向量 $\boldsymbol{\Theta}=(\theta_1,\theta_2,\cdots,\theta_n)^{\mathrm{T}}$。末端执行器位姿是关节角度 $\boldsymbol{\Theta}$ 的函数,则机器人正运动学可以表示为

$$\boldsymbol{s}=f(\boldsymbol{\Theta}) \tag{8.1}$$

对于每个臂 $i=1,\cdots,k$,有 $\boldsymbol{s}_i=f_i(\boldsymbol{\Theta})$ 。

逆运动学的目标是找到向量 $\boldsymbol{\Theta}$,使得 $\boldsymbol{s}$ 等于给定的期望配置 $\boldsymbol{t}$:

$$\boldsymbol{\Theta}=f^{-1}(\boldsymbol{t}) \tag{8.2}$$

其中 f 是一个很难求解的高度非线性算子。

对于多臂机器人在目标位姿状态无法到达或存在冗余自由度的情况下,逆运动学解不是唯一的,无法得到封闭式解析方程,因此,通常采用迭代方法来驱使机械臂逼近目标位姿。

在机器人机械臂运动学计算中,雅可比矩阵 $\boldsymbol{J}$ 是整个运动链系统相对于末端执行器 $\boldsymbol{s}$ 的偏导数矩阵。雅可比矩阵解是逆运动学问题的线性近似(图 8.3);能够线性地模拟末端执行器对于平移和关节角度的瞬时系统变化的运动。雅可比矩阵 $\boldsymbol{J}$ 是 $\boldsymbol{\Theta}$ 值的函数,定义如下:

$$\boldsymbol{J}(\boldsymbol{\Theta})_{ij}=\left(\frac{\partial \boldsymbol{s}_i}{\partial \boldsymbol{\Theta}_j}\right)_{ij} \tag{8.3}$$

其中 $i=1,\cdots,k$ 和 $j=1,\cdots,n$。对于有公共自由度的第 i 个末端运动第 j 个旋转关节的雅可比矩阵项可计算如下:

$$\begin{cases}\dfrac{\partial \boldsymbol{s}_i}{\partial \boldsymbol{\Theta}_j}=\boldsymbol{v}_j\times(\boldsymbol{s}_i-\boldsymbol{p}_j) & (\text{位置雅可比})\\[2ex] \dfrac{\partial \boldsymbol{s}_i}{\partial \boldsymbol{\Theta}_j}=\boldsymbol{v}_j & (\text{姿态雅可比})\end{cases} \tag{8.4}$$

式中,$\boldsymbol{p}_j$ 为关节 j 的位置;$\boldsymbol{v}_j$ 为指向关节 j 当前旋转轴在基坐标系下表示的单位向量。

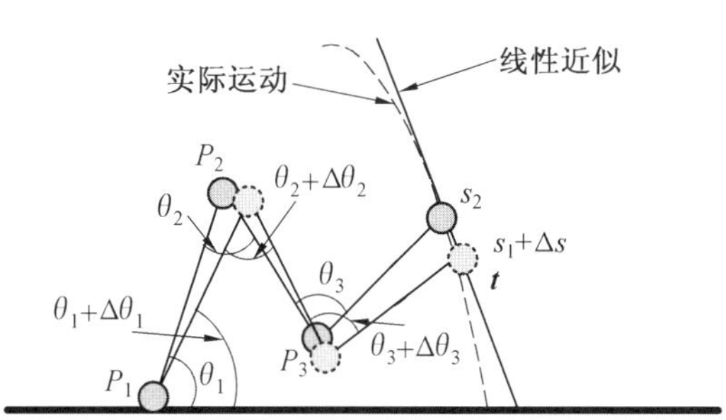

图 8.3　雅可比矩阵解是逆运动学问题的线性近似

多臂正运动学为

$$\dot{\boldsymbol{s}}=\boldsymbol{J}(\boldsymbol{\Theta})\dot{\boldsymbol{\Theta}} \tag{8.5}$$

式中,$\dot{\boldsymbol{s}}$ 为末端执行器位姿的速度;$\dot{\boldsymbol{\Theta}}$ 为关节角速度。

使用当前值 $\boldsymbol{\Theta}$，可以计算雅可比矩阵 $\boldsymbol{J}(\boldsymbol{\Theta})$。然后将关节角 $\boldsymbol{\Theta}$ 增加 $\Delta\boldsymbol{\Theta}$：

$$\boldsymbol{\Theta}=\boldsymbol{\Theta}+\Delta\boldsymbol{\Theta} \tag{8.6}$$

逆运动学则按照前面章节中的阻尼最小二乘法进行求解。

8.3 多臂机器人独立任务

基于 8.2 节中所述多臂正逆运动学理论，即可完成多臂机器人在线运动学规划与控制。对于多条臂执行单独且互不干涉任务或者臂与臂之间没有冲突和协调的任务时，每条机械臂可按照前面章节运动学理论进行运动学规划与控制，本书在 12.6.1 节实验部分进行独立任务操作，包括追踪、避障、任务切换等。以下章节首先介绍各条机械臂单独操作时的运动规划，最后介绍臂与臂之间相互协作时的运动规划。

当每条机械臂进行独立操作任务时，臂与臂之间任务是没有相互约束的。本节以传统定比例规划方法为基础，基于 8.2 节理论，利用冗余度双臂和三臂机器人进行独立操作任务仿真。

8.3.1 冗余度双臂机器人仿真

图 8.4 所示模型为本研究所设计冗余度双臂机器人简图模型，对应的实物平台见 12.2.2 节内容。对于每一条机械臂来说为七自由度，两条机械臂共用一个基座旋转自由度。与基座相连的两个关节轴线均与基座关节平行，其余延至末端执行器的各个关节轴

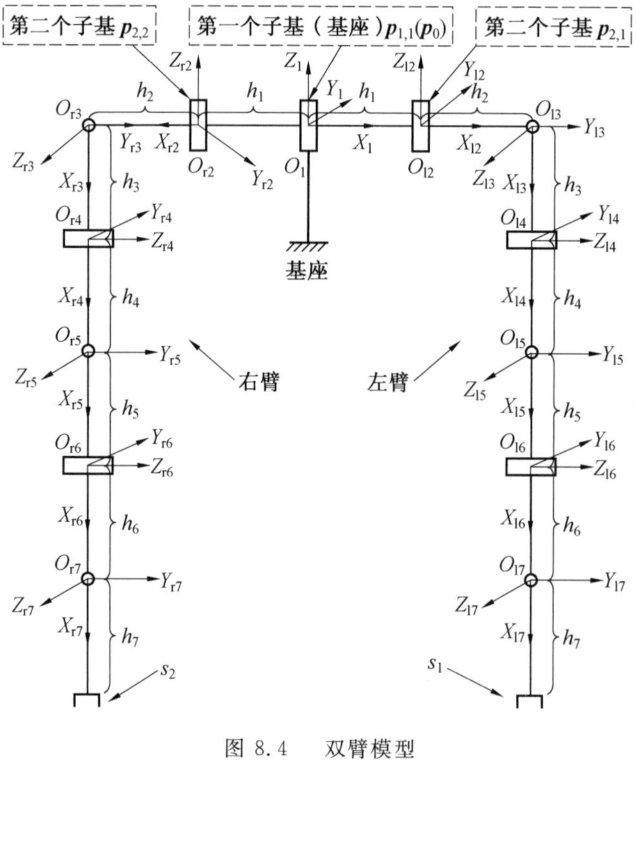

图 8.4　双臂模型

线均垂直交错。双臂机器人模型 D－H 参数如表 8.1 和表 8.2 所示。采用目标追踪任务对该双臂进行仿真，在线规划方法采用传统定比例规划方法，比例系数 $k=0.04$。

左臂、右臂初始关节角度设置如表 8.3 所示，其中关节 2～7 为左臂，关节 8～13 为右臂，关节 1 为公共关节，初始构型如图 8.5 所示。左臂追踪目标位姿为(386.841 mm，－12.738 2 mm，97.85 mm，2.26 rad，－0.298 rad，－0.72 rad)^{T}。右臂追踪目标位姿为(－286.841 mm，－12.738 2 mm，97.85 mm，－0.031 4 rad，－0.815 1 rad，－0.801 5 rad)^{T}。

表 8.1　左臂 D－H 参数表

i	α_{i-1}(z 轴夹角) / rad	a_{i-1}(z 轴距离) / mm	d_i(z 轴偏置) / mm	θ_i(x 轴夹角) / rad
1	0	$h_1=42$	0	0
2	$\pi/2$	$h_2=84$	0	0
3	$-\pi/2$	$h_3=84$	0	0
4	$\pi/2$	$h_4=84$	0	0
5	$-\pi/2$	$h_5=78$	0	0
6	$\pi/2$	$h_6=78$	0	0
7	0	$h_7=71$	0	0

表 8.2　右臂 D－H 参数表

i	α_{i-1}(z 轴夹角) / rad	a_{i-1}(z 轴距离) / mm	d_i(z 轴偏置) / mm	θ_i(x 轴夹角) / rad
1	0	$h_1=42$	0	0
2	$\pi/2$	$h_2=84$	0	π
3	$-\pi/2$	$h_3=84$	0	0
4	$\pi/2$	$h_4=84$	0	0
5	$-\pi/2$	$h_5=78$	0	0
6	$\pi/2$	$h_6=78$	0	0
7	0	$h_7=71$	0	0

表 8.3　双臂机器人初始关节参数

θ_i	初始角度 /(°)	θ_i	初始角度 /(°)	θ_i	初始角度 /(°)
θ_1	－10	θ_6	20	θ_{11}	10
θ_2	－15	θ_7	20	θ_{12}	10
θ_3	10	θ_8	－15	θ_{13}	－10
θ_4	10	θ_9	10	θ_{14}	20
θ_5	－10	θ_{10}	10	θ_{15}	20

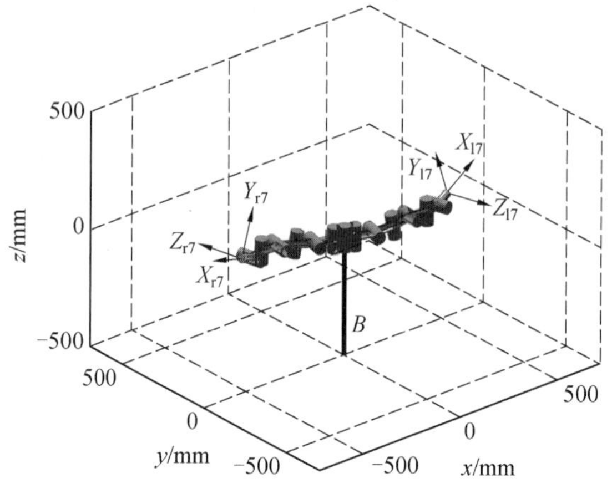

图 8.5　双臂初始构型

双臂机器人基于线性近似法，利用传统定比例规划方法的仿真运动过程如图 8.6 所示。图 8.6(a) 所示为双臂追踪目标位姿的运动过程。双臂关节角度位置曲线如图 8.6(b) 所示。双臂追踪的末端执行器位姿误差如图 8.6(c) 和(d) 所示。

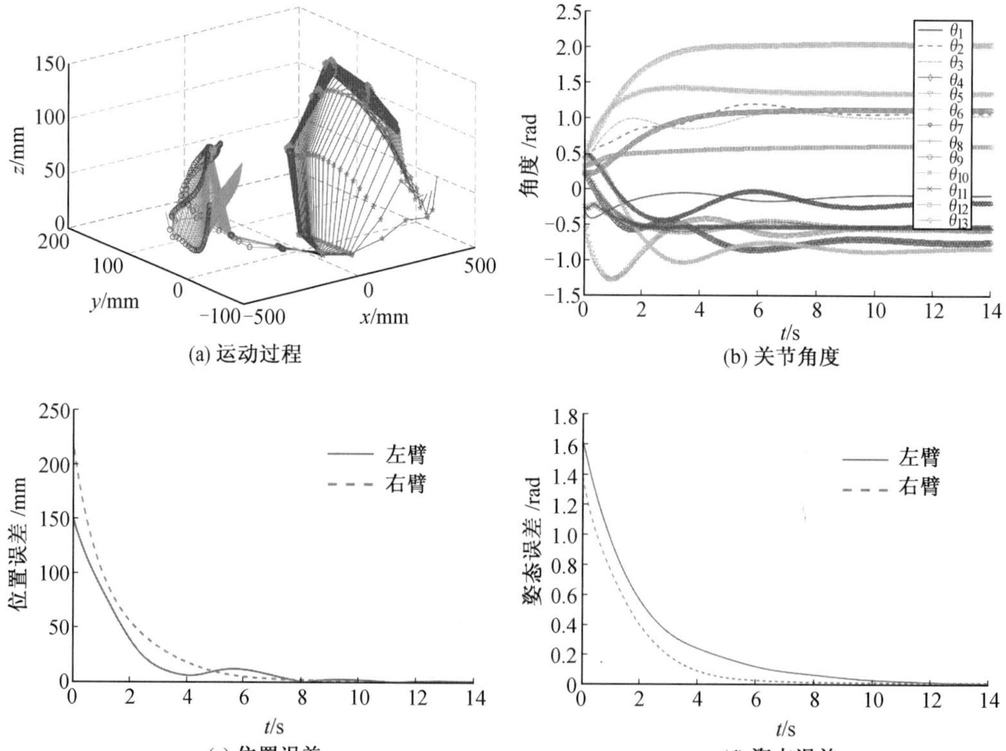

(a) 运动过程　(b) 关节角度

(c) 位置误差　(d) 姿态误差

图 8.6　双臂基于线性近似法的运动仿真

8.3.2　冗余度三臂机器人仿真

本研究采用的冗余度三臂机器人构型如图 8.7 所示。三条机械臂每条臂自由度为 7，公共自由度为 3，三臂机器人自由度共 15。机械臂 1 的追踪目标位姿为(2.49 m，2.79 m，1.536 rad)，机械臂 2 的追踪目标位姿为(5.0 m，−0.70 m，1.536 rad)，机械臂 3 的追踪目标位姿为(4.49 m，1.50 m，1.536 rad)，各个杆长度和初始关节角度如表 8.4 和表8.5 所示。三臂初始构型如图 8.8 所示。对于该三臂仿真，在线规划方法仍然采用传统定比例规划方法，选取比例系数 $k=0.08$，如图 8.9 所示。从图中可以看出，位姿误差较小的收敛速度更快些。

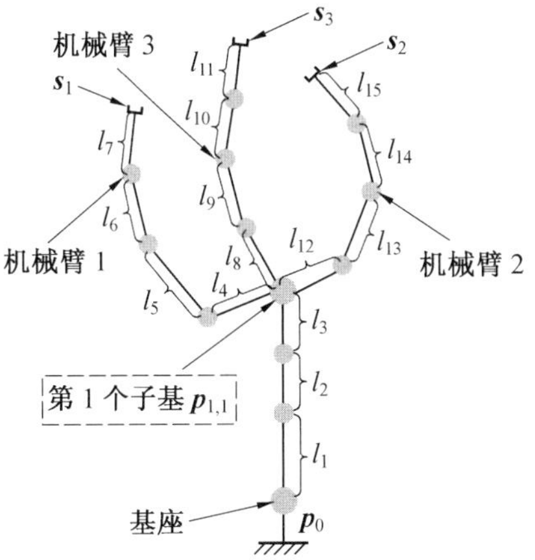

图 8.7　三臂模型

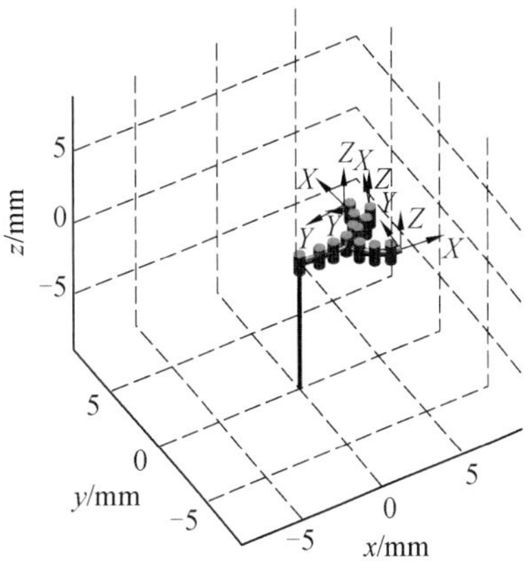

图 8.8　三臂初始构型

表 8.4　三臂机器人参数

连杆 i	1	2	3	4	5
长度 /m	1.18	0.88	0.88	0.88	0.88
连杆 i	6	7	8	9	10
长度 /m	0.88	57.85	0.88	0.88	0.88
连杆 i	11	12	13	14	15
长度 /m	57.85	0.88	0.88	0.88	57.85

表 8.5　三臂机器人初始关节角度

θ_i	初始角度 /(°)	θ_i	初始角度 /(°)	θ_i	初始角度 /(°)
θ_1	−5	θ_6	20	θ_{11}	20
θ_2	5	θ_7	20	θ_{12}	10
θ_3	5	θ_8	−70	θ_{13}	10
θ_4	30	θ_9	20	θ_{14}	20
θ_5	20	θ_{10}	20	θ_{15}	20

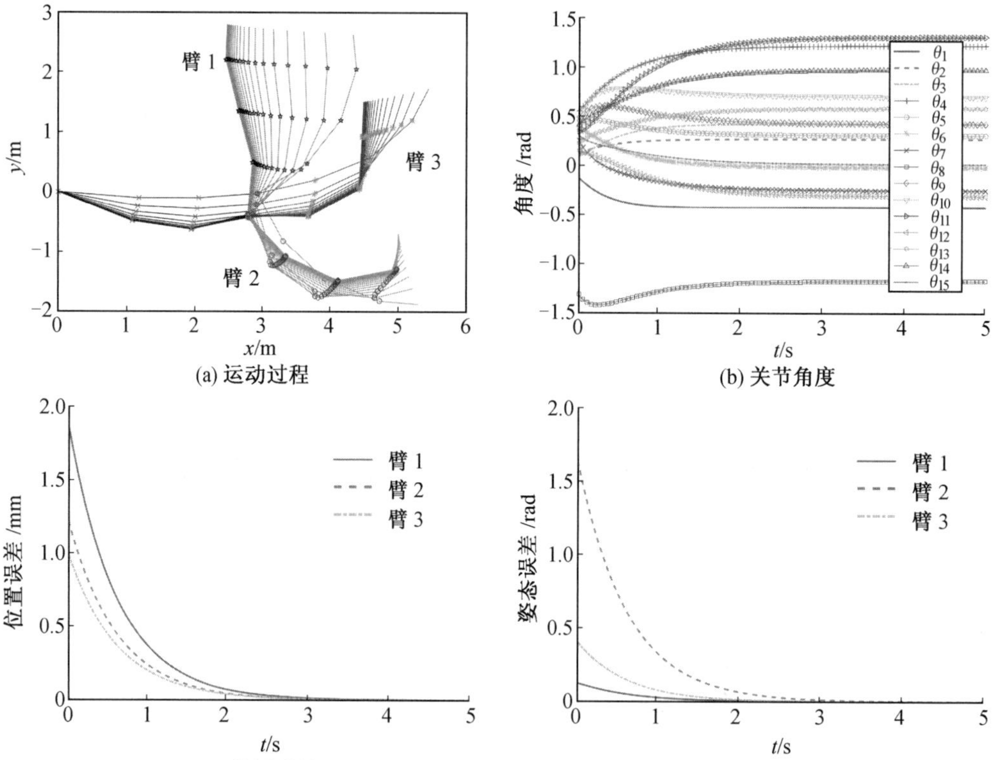

(a) 运动过程　(b) 关节角度　(c) 位置误差　(d) 姿态误差

图 8.9　三臂基于线性近似法的运动仿真

8.4　多臂机器人面向协调任务运动规划

对于多臂机器人有协调作业任务需求，即有位置、速度或运动学、动力学约束时，仅仅通过 8.3 节的传统线性近似法是不能够达到任务协同性要求的，特别是对于形成闭链时，例如：多臂协调搬运、操作舵盘等(图 8.10)。这就对多臂系统的协同性、一致性提出了更高的要求，也就是说，要求各个臂之间运动学上要具备相互对应运动状态关系，以更好的协同关系完成相应作业任务。如图 8.10 所示，实际操作中，为保障效率，首先要确保的是多臂末端执行器在接触被操作物体前的时刻至少能够同时到达指定的抓取位置。然后，多臂之间形成运动学闭环系统，通过运动学上的约束实现被操作物体的连续运动。因此，作为一种多臂运动规划理论的研究，本研究考虑基于运动学层面，多臂由不同运动状态快速形成一致的相互运动状态为目的进行规划理论的探索。

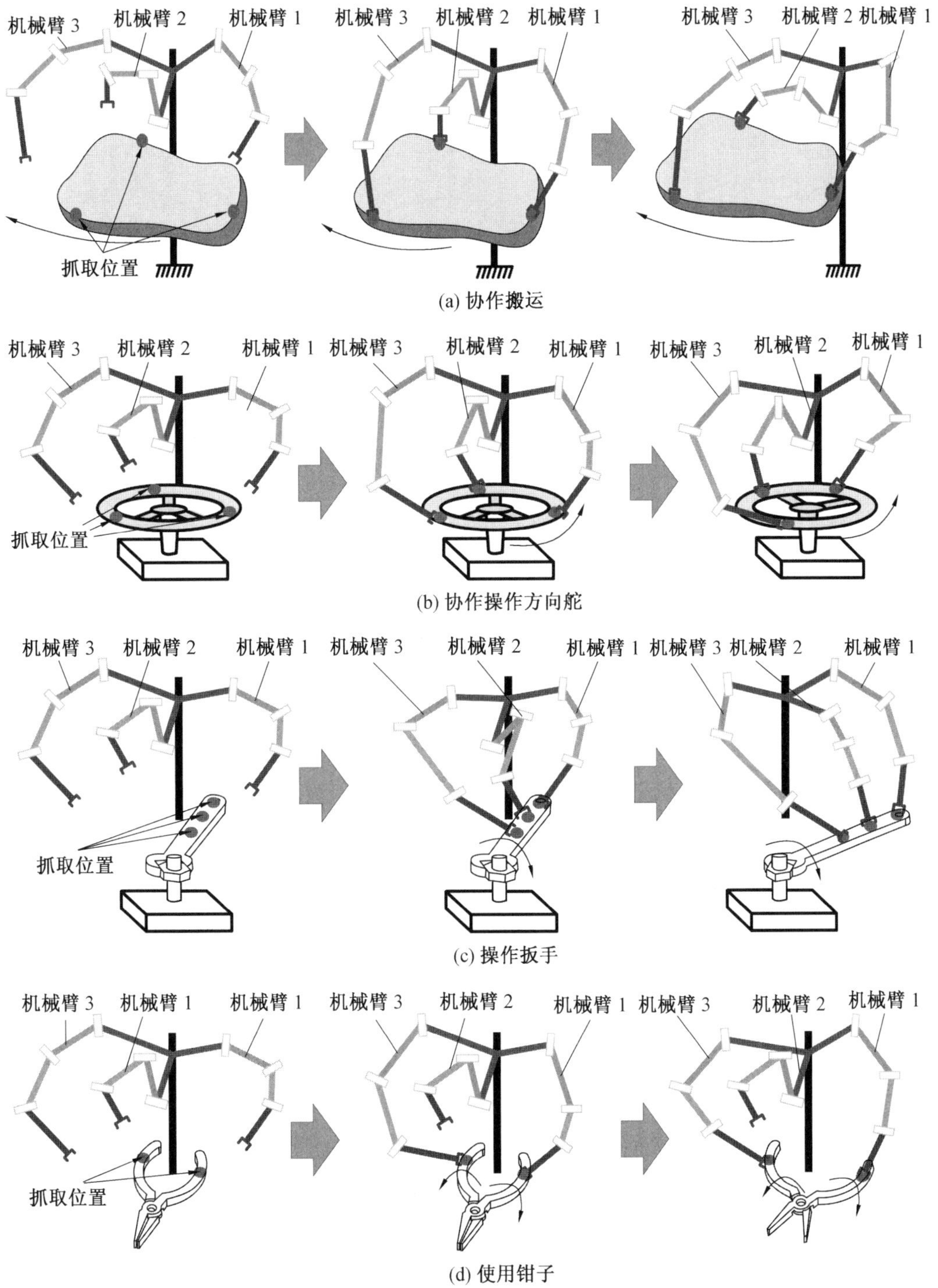

图 8.10　多臂机器人任务操作

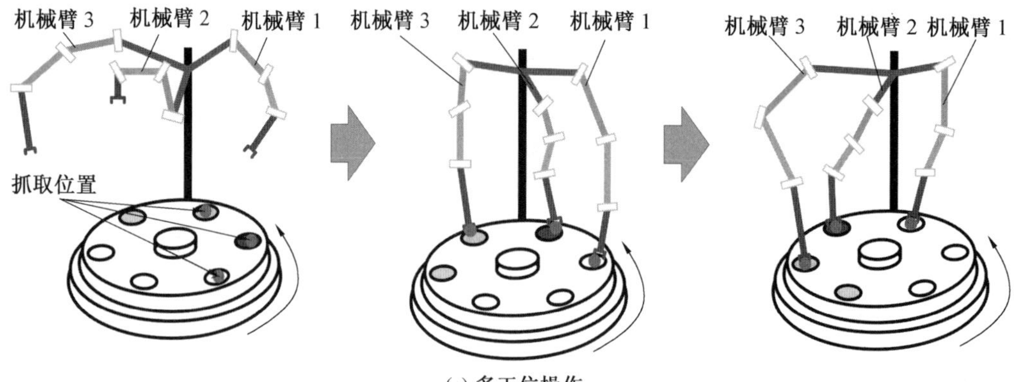

(e) 多工位操作

续图 8.10

8.4.1 协调操作运动学

对于图 8.10 中协作(或者具有相似协调)的类型操作时,其运动学协调共有的特性(图 8.11)可以归纳为如下两个方面。

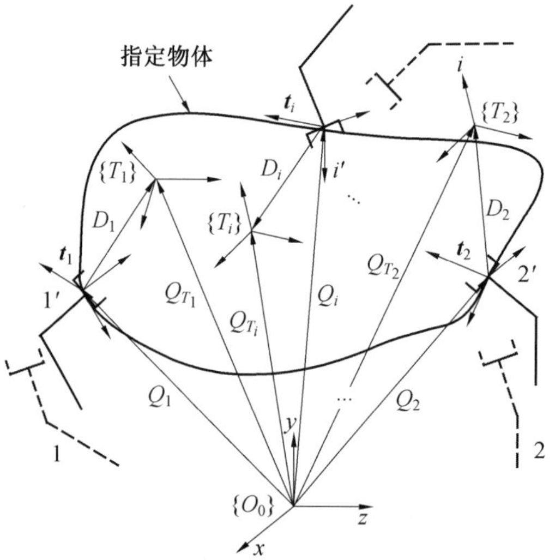

图 8.11 多臂机器人协调操作共性特点简图

(1) 协调操作前、中,被操作物体中(或者外)总可以定义参考坐标系$\{T_i\}$用于末端执行器操作。参考目标坐标 $\boldsymbol{t}_i$ 定义如下:

$$\begin{cases} \boldsymbol{Q}_i = \boldsymbol{Q}_{T_i} - {}^{T_i}_{t_i}\boldsymbol{R}\boldsymbol{D}_i \\ \boldsymbol{R}_i(\hat{\boldsymbol{f}}_i, \psi_i) = {}^{O_0}_{T_i}\boldsymbol{R}\,{}^{T_i}_{t_i}\boldsymbol{R} \\ \boldsymbol{t}_i = (\boldsymbol{Q}_i, \hat{\boldsymbol{f}}_i \cdot \psi_i)^{\mathrm{T}} \end{cases} \tag{8.7}$$

式中,$\boldsymbol{Q}_i$ 为第 i 个坐标系$\{O_0\}$中的理想位置向量;$\boldsymbol{D}_i$ 为第 i 个末端坐标系中的位置向量;${}^{T_i}_{t_i}\boldsymbol{R}$ 为第 i 个末端坐标系到坐标系$\{T_i\}$的旋转矩阵;${}^{O_0}_{T_i}\boldsymbol{R}$ 为坐标系$\{T_i\}$到坐标系$\{O_0\}$的旋转矩阵;$\boldsymbol{R}_i(\hat{\boldsymbol{f}}_i, \psi_i)$ 为绕着旋转轴 $\hat{\boldsymbol{f}}_i$ 转动弧度 ψ_i 的旋转操作。$\boldsymbol{t}_i \in \mathbf{R}^{A\times 1}$,对于平面机械臂,$A=3$;对于空间机械臂,$A=6$;$i=1,2,\cdots,N$。$N$ 是臂的个数(或者末端执行器的个

数)。

(2) 在协作操作时,末端执行器的运动状态从"1,2,…,i "转变为"$1',2',\cdots,i'$ "时,其运动状态是一致的、同步的。对于末端执行器运动状态误差和运动速率可以用相似的描述,因此,这些运动状态可以转变为如下问题:

$$\begin{cases}\lim\limits_{T\to T_0} \boldsymbol{e}_i = \boldsymbol{t}_i - \boldsymbol{s}_i = 0 & \text{(a)} \\ \lim\limits_{T\to T_0} (\|\boldsymbol{v}_i\| - \|\dot{\boldsymbol{t}}_i\|) = 0 & \text{(b)}\end{cases} \tag{8.8}$$

式中,$\boldsymbol{e}_i$ 为第 i 个末端执行器的位姿误差;$\boldsymbol{v}_i$ 为第 i 个末端执行器速度;$\tilde{\boldsymbol{v}}_i$ 表示在多臂协作过程中理想的运动速度;$\boldsymbol{s}$ 为末端位姿矢量,$\boldsymbol{s}=(\boldsymbol{s}_1,\boldsymbol{s}_2,\cdots,\boldsymbol{s}_k)^{\mathrm{T}}$;$\boldsymbol{t}$ 为目标位姿矢量,$\boldsymbol{t}=(\boldsymbol{t}_1,\boldsymbol{t}_2,\cdots,\boldsymbol{t}_k)^{\mathrm{T}}$;$T$ 为时间;T_0 为有限的时间。

公式(8.8)(a) 中为末端执行器位姿误差沿着误差收敛方向减小,这不仅能够使多臂同时到达物体被执行操作的位置,而且能够确保臂与臂之间协调运动误差最小化。公式(8.8)(b) 用于保证多臂末端执行器运动速度的一致性,以及确保操作速度达到解算参考坐标系的指定目标位姿和指定速度。最终,使得左臂在协调操作前、中机械臂系统在有限的时间 T_0 内达到运动的连续、同步性。

第 i 个末端执行器位姿、速度、目标位姿分别为 $\boldsymbol{s}_i$、$\boldsymbol{v}_i$、$\boldsymbol{t}_i$。$\boldsymbol{s}_i,\boldsymbol{v}_i,\boldsymbol{t}_i \in \mathbf{R}^{A\times 1}$。第 i 个末端执行器位姿误差、速度计算如下:

$$\boldsymbol{e}_i(T) = \boldsymbol{t}_i(T) - \boldsymbol{s}_i(T) \tag{8.9}$$

$$\boldsymbol{v}_i(T) = \dot{\boldsymbol{s}}_i = \frac{\boldsymbol{s}_i(T) - \boldsymbol{s}_i(T-\Delta T)}{\Delta T} \tag{8.10}$$

式中,$T-\Delta T$ 为上一时刻采样时间;ΔT 为采样周期。

8.4.2　子基法

传统的雅可比矩阵的求解即可保证多臂机器人每个末端执行器沿着各自误差收敛方向进行收敛。本节不同于传统的雅可比矩阵求解。通过定义子基确保系统误差收敛方向沿着总误差方向减小,同时确保各个末端执行器同时收敛。本节定义多臂构型中具有多个分支的关节或臂杆节点处为子基。雅可比矩阵 $\boldsymbol{J}$ 表述如下:

$$\boldsymbol{J}(\boldsymbol{\Theta}) = \mathrm{diag}(\boldsymbol{J}_{1,1},\boldsymbol{J}_{n,1},\cdots,\boldsymbol{J}_{n,k},\boldsymbol{J}_1,\cdots,\boldsymbol{J}_N) \tag{8.11}$$

对于第 1 个子基位姿 $\boldsymbol{P}_{1,1}$,相应的雅可比矩阵各个元素计算如下:

$$\boldsymbol{J}_{1,1}(\boldsymbol{\Theta})_j = \sum_{i=1}^{N}\left(\frac{\partial \boldsymbol{s}_i}{\partial \theta_j}\right)_j \tag{8.12}$$

其中,$\boldsymbol{J}_{1,1}(\boldsymbol{\Theta})_j \in \mathbf{R}^{A\times 1}$;$\boldsymbol{J}_{1,1}(\boldsymbol{\Theta}) \in \mathbf{R}^{A\times M_{0,1}}$。$\theta_j$ 属于链 $\boldsymbol{P}_0 - \boldsymbol{P}_{1,1}$,具有 $M_{0,1}$ 自由度。

对于第 n,k 子基位姿 $\boldsymbol{P}_{n,k}$,雅可比矩阵中相应的元素计算如下:

$$\boldsymbol{J}_{n,k}(\boldsymbol{\Theta})_j = \left[\sum_{i=N-N_k+1}^{N}\left(\frac{\partial \boldsymbol{s}_i}{\partial \theta_j} + \cdots + \frac{\partial \boldsymbol{s}_N}{\partial \theta_j}\right)\right]_j \tag{8.13}$$

其中,$\boldsymbol{J}_{n,k}(\boldsymbol{\Theta})_j \in \mathbf{R}^{A\times 1}$;$\boldsymbol{J}_{n,k}(\boldsymbol{\Theta}) \in \mathbf{R}^{A\times M_{m,k}}$。$\theta_j$ 属于链 $\boldsymbol{P}_{1,1} - \boldsymbol{P}_{n,k}$,具有 $M_{n,k}$ 自由度。相似地,雅可比矩阵中其他子基的计算也类似。

对于 $\boldsymbol{J}_1,\cdots,\boldsymbol{J}_N$ 没有公共自由度的雅可比矩阵计算,按照公式(8.3) 进行。

$$N = N_1 + N_2 + \cdots + N_k \tag{8.14}$$

$$r = M_{0,1} + M_{n,1} + \cdots + M_{n,k} + M_1 + \cdots + M_N \tag{8.15}$$

第 1 个子基和第 n,k 子基计算如下：

$$\dot{\boldsymbol{P}}_{1,1} = \eta_1 \frac{1}{N} \sum_{i=1}^{N} k_{\mathrm{p}} \frac{d(\boldsymbol{t}_i - \boldsymbol{s}_i)}{\mathrm{d}t} \tag{8.16}$$

$$\dot{\boldsymbol{P}}_{n,k} = \eta_{n,k} \frac{1}{N_k} \sum_{i=N-N_k+1}^{N} k_{\mathrm{p}} \frac{d(\boldsymbol{t}_i - \boldsymbol{s}_i)}{\mathrm{d}t} \tag{8.17}$$

式中，η_1 和 $\eta_{n,k}$ 为增益系数。

逆运动学计算

$$\dot{\boldsymbol{\Theta}} = \boldsymbol{J}^*(\boldsymbol{\Theta})\dot{\boldsymbol{S}} = \boldsymbol{J}^*(\boldsymbol{\Theta})(\dot{\boldsymbol{P}}_{1,1}, \dot{\boldsymbol{P}}_{n,1}, \cdots, \dot{\boldsymbol{P}}_{n,k}, \dot{\boldsymbol{s}})^{\mathrm{T}} \tag{8.18}$$

式中，$\boldsymbol{J}^*$ 为基于阻尼最小二乘法的雅可比矩阵 $\boldsymbol{J}(\boldsymbol{\Theta})$ 的伪逆，$\boldsymbol{J}^* = \boldsymbol{J}^{\mathrm{T}}(\boldsymbol{J}\boldsymbol{J}^{\mathrm{T}} + \lambda\boldsymbol{I})^{-1}$，$\boldsymbol{J}(\boldsymbol{\Theta}) \in \mathbf{R}^{A(k+N+1)\times r}$，$\boldsymbol{J}^* \in \mathbf{R}^{r\times A(k+N+1)}$；$\lambda$ 为阻尼因子，$\lambda > 0$，能够处理冗余度机械臂在奇异构型配置时的不满秩雅可比矩阵 $\boldsymbol{J}$，同时保证末端执行器在所有构型配置时具有最小的解算误差；$\boldsymbol{I}$ 为单位矩阵，维度为 $A(k+N+1)\times A(k+N+1)$。

按照传统规划方法，追踪给定的位姿速度 $\dot{\boldsymbol{t}}$，末端执行器规划的速度如下：

$$\dot{\boldsymbol{s}} = \dot{\boldsymbol{t}} + k_{\mathrm{p}}(\boldsymbol{t} - \boldsymbol{s}) \tag{8.19}$$

式中，k_{p} 为增益系数。

基于迭代法通过更新关节角度实现多臂的实时运动

$$\boldsymbol{\Theta}(T) = \boldsymbol{\Theta}(T - \Delta T) + \Delta\boldsymbol{\Theta} \tag{8.20}$$

式中，$\Delta\boldsymbol{\Theta}$ 为迭代角度。

$$\Delta\boldsymbol{\Theta} \approx \boldsymbol{J}^*(\boldsymbol{\Theta})\Delta\boldsymbol{S} = \boldsymbol{J}^*(\boldsymbol{\Theta})\begin{bmatrix} \Delta\boldsymbol{P}_{1,1} \\ \Delta\boldsymbol{P}_{n,1} \\ \vdots \\ \Delta\boldsymbol{P}_{n,k} \\ \Delta\boldsymbol{s} \end{bmatrix} = \boldsymbol{J}^*(\boldsymbol{\Theta})\begin{bmatrix} \eta_1 \dfrac{1}{N}\displaystyle\sum_{i=1}^{N}\mu(\boldsymbol{t}_i - \boldsymbol{s}_i) \\ \eta_{n,1} \dfrac{1}{N_1}\displaystyle\sum_{i=1}^{N_1}\mu(\boldsymbol{t}_i - \boldsymbol{s}_i) \\ \vdots \\ \eta_{n,k} \dfrac{1}{N_k}\displaystyle\sum_{i=N-N_k+1}^{N}\mu(\boldsymbol{t}_i - \boldsymbol{s}_i) \\ \Delta\boldsymbol{t} + \mu(\boldsymbol{t} - \boldsymbol{s}) \end{bmatrix} \tag{8.21}$$

式中，μ 为比例系数，$\mu = k_{\mathrm{p}}\Delta T$，$\mu < 1$；$\Delta\boldsymbol{t}$ 为在采样时间间隔 ΔT 内目标的位姿变化。

那么根据子基法，多臂机器人运动通过式(8.21)实现。子基的运动将有利于系统的同步收敛和运动一致。当具有公共自由度时，同步收敛性能将更加明显。相应的验证将在后续章节体现。

8.4.3 基于自组织竞争神经网络的运动规划

子基的自由度数通常并不是足够确保系统收敛沿着末端执行器总位姿误差方向完全收敛，由此会造成系统不协调。因此，本章在子基法的基础上提出了一种基于内星学习规则的自组织竞争神经网络的协同规划方法，来实时调整多臂运动的同步协调性。亦即误差 $\boldsymbol{e}_i$ 和速度 $\boldsymbol{v}_i$ 将趋于一个稳定的值。所提规划方法也适用于不具备公共自由的多臂之间的协作规划，后续章节将进行验证。

内星模型结构如图 8.12 所示，学习算法的权重更新规则如下：

$$\Delta w_i = \eta(P_i - w_i)Y_i \tag{8.22}$$

式中，η 为学习率；P_i 为神经元的第 i 个输入元素；w_i 为权重值；Y_i 为输出神经元的值。

Y_i 定义如下：

$$Y_i = \begin{cases} 1 & (\boldsymbol{P}'_i \boldsymbol{P}_i > \varepsilon) \\ 0 & (\text{否则}) \end{cases} \tag{8.23}$$

式中

$$\varepsilon = \frac{\boldsymbol{PP}}{N} \tag{8.24}$$

当 $Y_i = 1$ 时，权重值按照式(8.22)调整。当 $Y_i = 0$ 时，权重值不变。最终能够使输入和权重相等，即 $P_i = w_i$。

本章中输入 P_i 和权重 w_i 定义为

$$P_i = \|\tilde{\boldsymbol{v}}\| = \min(\|\boldsymbol{v}_1(T) - \dot{\boldsymbol{t}}_1\|, \|\boldsymbol{v}_2(T) - \dot{\boldsymbol{t}}_2\|, \cdots, \|\boldsymbol{v}_N(T) - \dot{\boldsymbol{t}}_N\|) \tag{8.25}$$

$$w_i = \|\boldsymbol{v}_i(T) - \dot{\boldsymbol{t}}_i\| \tag{8.26}$$

那么输入向量 $\boldsymbol{P}$ 为

$$\boldsymbol{P} = (P_1, P_2, \cdots, P_N)^{\mathrm{T}}, \quad \boldsymbol{P} \in \mathbf{R}^{N\times 1} \tag{8.27}$$

在每个循环周期中，神经网络中新的输入向量 $\boldsymbol{P}'$ 定义如下：

$$\boldsymbol{P}' = (\|\boldsymbol{v}_1(T) - \dot{\boldsymbol{t}}_1\|, \|\boldsymbol{v}_2(T) - \dot{\boldsymbol{t}}_2\|, \cdots, \|\boldsymbol{v}_N(T) - \dot{\boldsymbol{t}}_N\|)^{\mathrm{T}} \tag{8.28}$$

在基于内星学习规则的模型中，每次只进行一个权重的调整。因此，引入自组织竞争网络模型调整权重思想，自组织竞争网络定义一次竞争中，若有一个神经元获胜，其附近一定邻域内的神经元权重系数也将得到更新，其更新权重大小则按照式(8.29)计算。如图 8.13 所示，编号 13 神经元获取胜利，其邻域 3、7、8、9、11、12、14、15、17、18、19、23 神经元也相应更新。为了使系统快速达到一致同步的运动状态，获胜的神经元权重值将在每个更新周期循环中获取更多的奖励，那么定义新的权重 $\Delta\hat{w}_i$ 将调整为

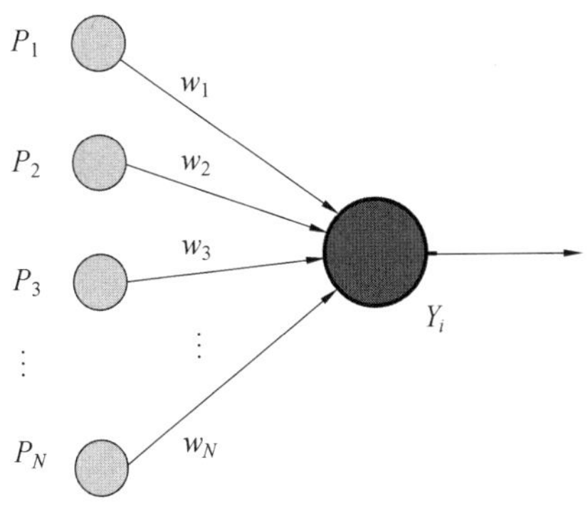

图 8.12　内星模型结构

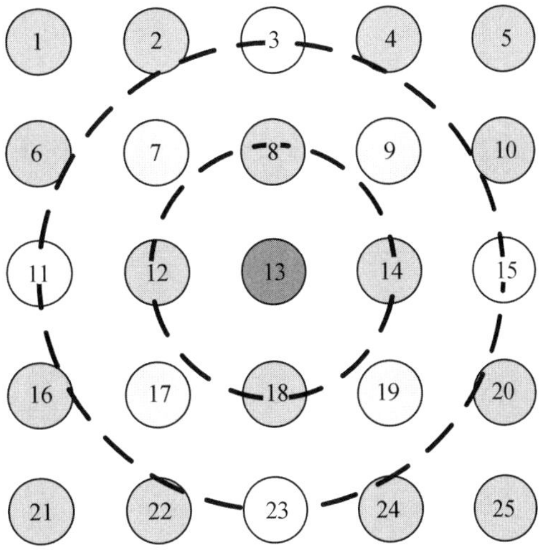

图 8.13　自组织竞争网络神经元更新原理

$$\Delta\hat{w}_i = \Delta w_i \tanh \frac{c_i \| \boldsymbol{v}_i(T) - \dot{\boldsymbol{t}}_i \|}{\sum_{i=1}^{N} \| \boldsymbol{v}_i(T) - \dot{\boldsymbol{t}}_i \| + \sigma_i} \tag{8.29}$$

式中，σ_i 为小的正实数；c_i 为用于调整神经元权重更新斜率的实数。

第 i 个末端执行器规划的速度根据迭代法计算如下：

$$\hat{\boldsymbol{v}}_i(T) = \mu(\boldsymbol{t}_i - \boldsymbol{s}_i)\left(1 - \frac{\Delta\hat{w}_i}{\| \boldsymbol{v}_i(T) - \dot{\boldsymbol{t}}_i \| + \delta_i}\right) \tag{8.30}$$

那么末端执行器规划的速度变为

$$\bar{\boldsymbol{v}}_i(T) = \hat{\boldsymbol{v}}_i(T) + \Delta\boldsymbol{t}_i \tag{8.31}$$

则式(8.21)中计算关节迭代角度将变为

$$\Delta\boldsymbol{\Theta} \approx \boldsymbol{J}^*(\boldsymbol{\Theta}) \begin{bmatrix} \eta_1 \cdot \dfrac{1}{N} \cdot \sum\limits_{i=1}^{N} \hat{\boldsymbol{v}}_i(T) \\ \eta_{n,1} \cdot \dfrac{1}{N_1} \cdot \sum\limits_{i=1}^{N_1} \hat{\boldsymbol{v}}_i(T) \\ \vdots \\ \eta_{n,k} \cdot \dfrac{1}{N_k} \cdot \sum\limits_{i=N-N_k+1}^{N} \hat{\boldsymbol{v}}_i(T) \\ \bar{\boldsymbol{v}}(T) \end{bmatrix} \tag{8.32}$$

式中，$\bar{\boldsymbol{v}}(T) = [\bar{\boldsymbol{v}}_1(T), \bar{\boldsymbol{v}}_2(T), \cdots, \bar{\boldsymbol{v}}_N(T)]^{\mathrm{T}}$。当 $\eta_1, \eta_{n,1}, \cdots, \eta_{n,k}$ 取较小值时，末端位姿误差将近似等于

$$\Delta\hat{\boldsymbol{e}}_i(T) \approx \Delta\boldsymbol{e}_i(T)\left(1 - \frac{\Delta\hat{w}_i}{\| \boldsymbol{v}_i(T) - \dot{\boldsymbol{t}}_i \| + \delta_i}\right) \tag{8.33}$$

综合上述理论推导，融合子基法和自组织竞争神经网络，形成了多臂实时运动规划方法，如图 8.14 所示。

图 8.14 中，U_{in} 控制输入，$U_{\mathrm{in}} = \boldsymbol{t} = (\boldsymbol{t}_1, \boldsymbol{t}_2, \cdots, \boldsymbol{t}_N)^{\mathrm{T}}$；$U_{\mathrm{out}}$ 为系统输出，$U_{\mathrm{out}} = \boldsymbol{s} = (\boldsymbol{s}_1, \boldsymbol{s}_2, \cdots, \boldsymbol{s}_N)^{\mathrm{T}}$。

8.4.4 稳定性分析

假设学习率 $\eta, \eta_{n,1}, \cdots, \eta_{n,k}$ 取较小值。基于内星学习规则，具有最小位姿误差 $\boldsymbol{e}_{\min}$ 的权重值最小，且将在竞争网络中不更新。在每个周期中最小位姿误差变化为 $\Delta\boldsymbol{e}_i(T)$。因此，对于具有最小位姿误差的末端执行器，李雅普诺夫函数定义如下：

$$V(T) = \frac{1}{2}\boldsymbol{e}_{\min}^2(T) \tag{8.34}$$

$$\Delta V(T) = \frac{1}{2}\boldsymbol{e}_{\min}^2(T + \Delta T) - \frac{1}{2}\boldsymbol{e}_{\min}^2(T) \tag{8.35}$$

位姿误差变化为

$$\boldsymbol{e}_{\min}(T + \Delta T) = \boldsymbol{e}_{\min}(T) - \Delta\boldsymbol{e}_{\min}(T) \tag{8.36}$$

$$\Delta\boldsymbol{e}_{\min}(T) \approx \mu\boldsymbol{e}_{\min}(T) \tag{8.37}$$

式中，$0 < \mu < 1$。

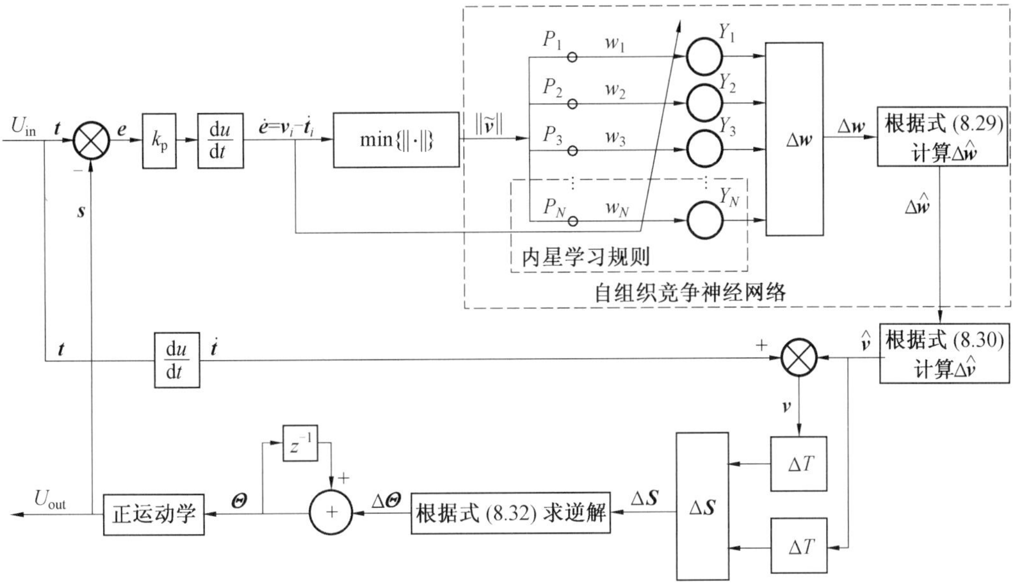

图 8.14　多臂实时运动规划

对式(8.36)有

$$\boldsymbol{e}_{\min}^{2}(T+\Delta T)=\boldsymbol{e}_{\min}^{2}(T)-2\boldsymbol{e}_{\min}(T)\Delta\boldsymbol{e}_{\min}(T)+\Delta\boldsymbol{e}_{\min}^{2}(T) \tag{8.38}$$

那么

$$\begin{aligned}\Delta V(T)&=\frac{1}{2}\left[-2\boldsymbol{e}_{\min}(T)\Delta\boldsymbol{e}_{\min}(T)+\boldsymbol{e}_{\min}^{2}(T)\right]=\frac{1}{2}\left[-2\boldsymbol{e}_{\min}(T)\mu\boldsymbol{e}_{\min}(T)+\boldsymbol{e}_{\min}^{2}(T)\right]\\&=\frac{1}{2}\mu(\mu-2)\,\boldsymbol{e}_{\min}^{2}(T)<0\end{aligned} \tag{8.39}$$

则有

$$\lim_{p\to\infty}\boldsymbol{e}_{\min}(T)=0 \tag{8.40}$$

所以，具有最小位姿误差 $\boldsymbol{e}_{\min}$ 的末端执行器是收敛的。

由于在自组织神经网络中，系统可以根据其规律性按照相应的规则改变权重值，使得输入与输出相适应。因此，基于内星学习规则，输入和权重最终具有相同的值，即

$$P_i=w_i \tag{8.41}$$

也就是

$$\|\tilde{\boldsymbol{v}}\|=\|\boldsymbol{v}_i(T)-\dot{\boldsymbol{t}}_i\|=0 \tag{8.42}$$

$$\Delta\hat{w}_i=\Delta w_i=0 \tag{8.43}$$

根据式(8.33)，有

$$\|\boldsymbol{e}_i(T)\|=\Delta\hat{\boldsymbol{e}}_i(T)\approx\|\boldsymbol{e}_{\min}(T)\|=\min(\|\boldsymbol{e}_1(T)\|,\|\boldsymbol{e}_2(T)\|,\cdots,\|\boldsymbol{e}_N(T)\|) \tag{8.44}$$

那么

$$\lim_{T\to\infty}\|\boldsymbol{e}_i(T)\|=\lim_{T\to\infty}\|\boldsymbol{e}_{\min}(T)\|=0 \tag{8.45}$$

因此,所提基于自组织竞争神经网络的多臂运动规划方法是收敛的。

8.5 多臂运动规划理论仿真验证

根据 8.4.1 小节可知,基于线性近似法、子基法均可实现不同类型多臂机器人的运动。本节以 8.4.1 小节双臂、三臂机器人为仿真对象,针对所提多臂协作方法,在不同的规划方法下进行协作任务的仿真验证,包括:采用基于传统线性近似法逆运动学和基于子基法逆运动学,及其自组织竞争神经网络为多臂运动规划的对比仿真。首先对双臂进行仿真验证。

8.5.1 双臂机器人广义逆运动学

双臂机器人作为多臂机器人构型的一种,两条机械臂有一个公共自由度。根据子基法的定义,将关节 2 和 8 定义为子基。在该双臂机器人构型中,并没有足够的自由度确保其收敛完全按照系统总体误差减小的方向,但是仍然有助于其位姿误差的收敛。在图 8.15(a) 和图 8.16(a) 中,基于传统逆运动学方法和子基法进行对比,静态目标位姿速度 $\dot{\boldsymbol{t}}_1=\dot{\boldsymbol{t}}_2=\boldsymbol{0}$。初始关节参数和逆运动学参数如表 8.6 和表 8.7 所示。左臂右臂追踪的目标位姿如下:

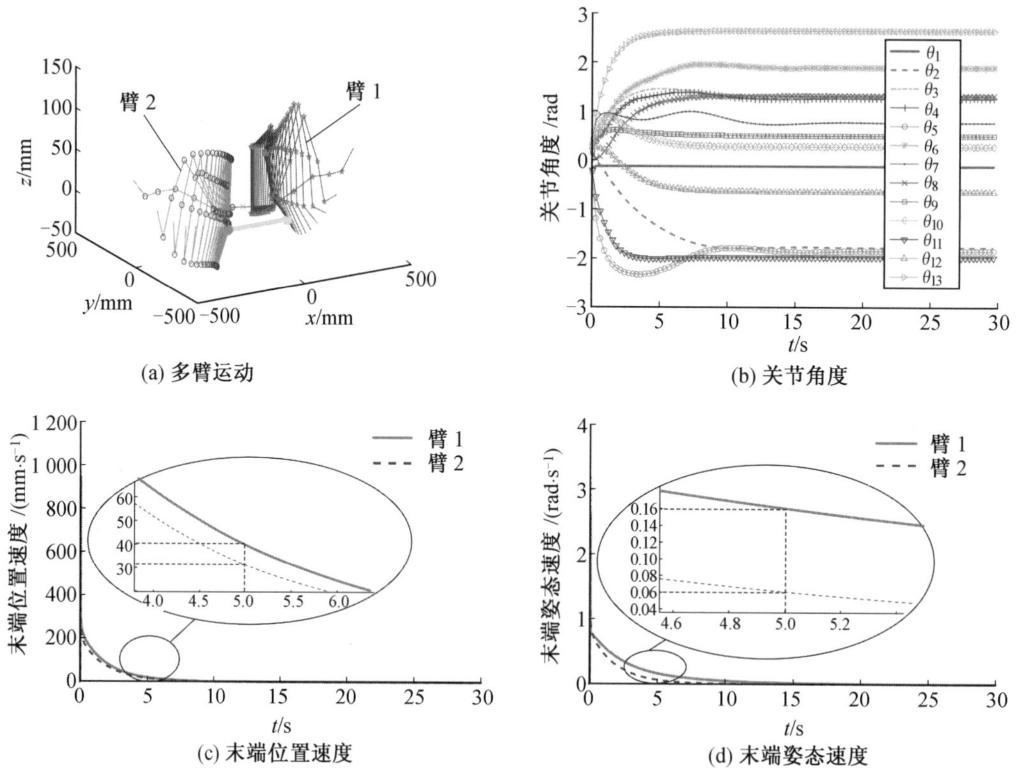

图 8.15 基于子基法逆运动学追踪静止物体

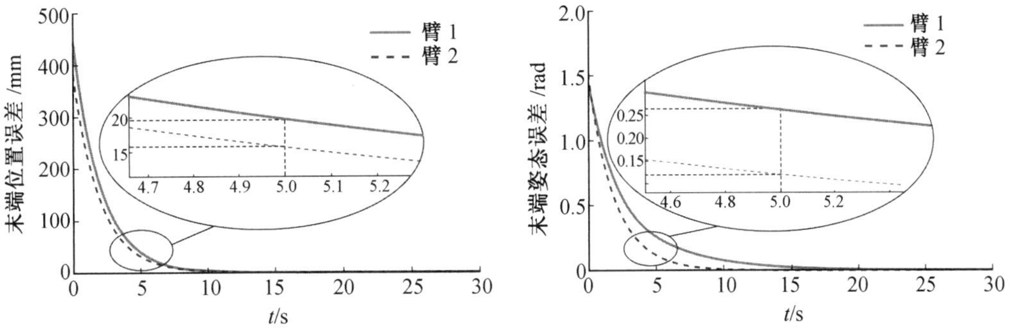

(e) 末端位置误差　　(f) 末端姿态误差

续图 8.15

$$
\boldsymbol{t}_1=\begin{bmatrix}386.841\ \mathrm{mm}\\-12.7382\ \mathrm{mm}\\97.85\ \mathrm{mm}\\2.26\ \mathrm{rad}\\-0.3\ \mathrm{rad}\\-0.72\ \mathrm{rad}\end{bmatrix},\quad \boldsymbol{t}_2=\begin{bmatrix}-186.841\ \mathrm{mm}\\-212.7382\ \mathrm{mm}\\-0.85\ \mathrm{mm}\\-0.03\ \mathrm{rad}\\-0.81\ \mathrm{rad}\\-0.80\ \mathrm{rad}\end{bmatrix} \tag{8.46}
$$

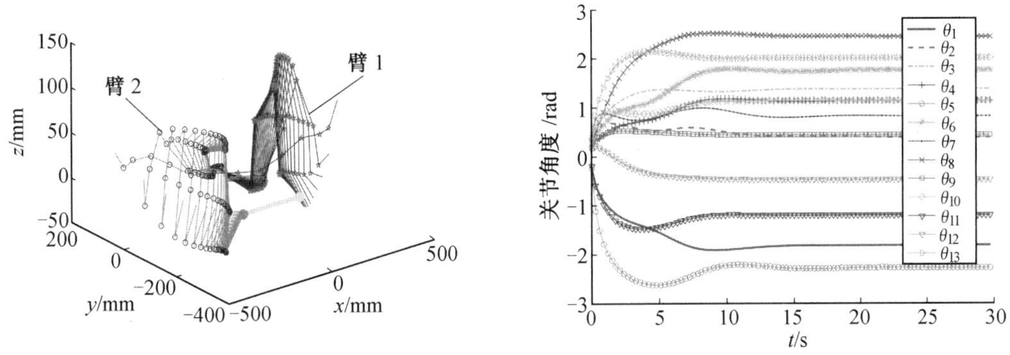

(a) 多臂运动　　(b) 关节角度

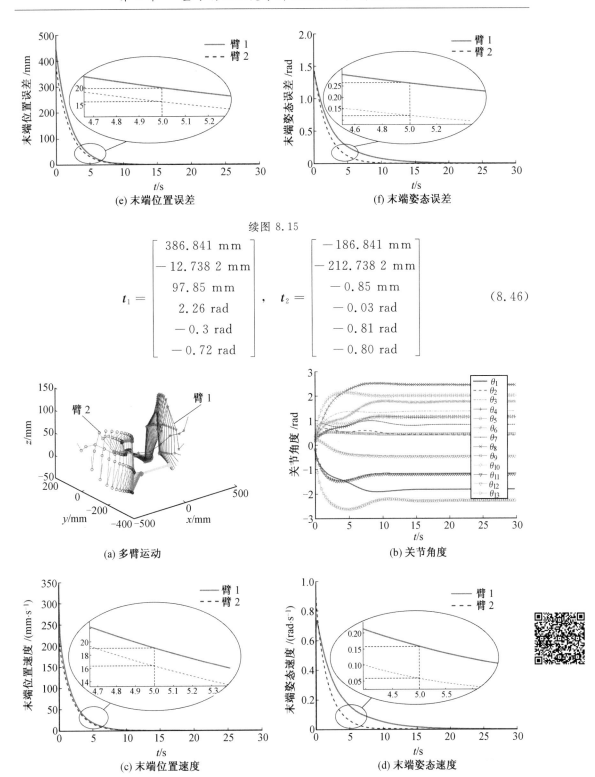

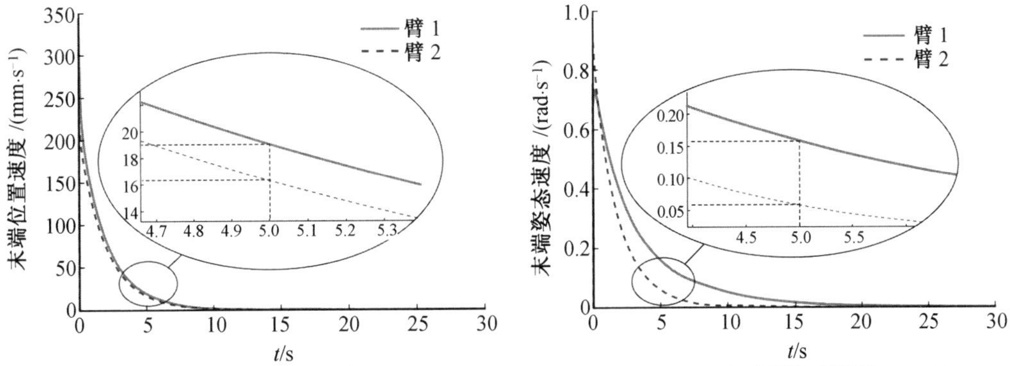

(c) 末端位置速度　　(d) 末端姿态速度

图 8.16　基于线性近似法逆运动学追踪静态物体

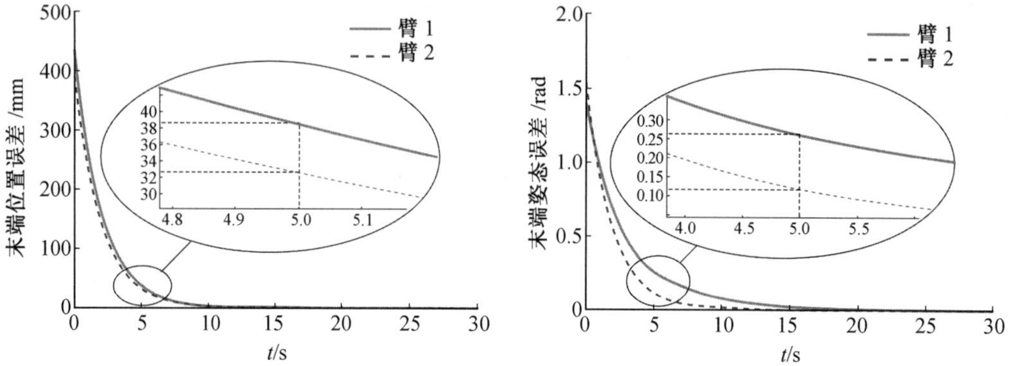

(e) 末端位置误差　　(f) 末端姿态误差

续图 8.16

关节1用于连接子基2和8，关节1不足以为总体误差收敛提供足够的自由度，但仍能促使系统总误差沿着减小方向进行收敛以提高同步性能。在图 8.15(c) ～ (f) 和图 8.16(c) ～ (f) 中，由于子基的运动，基于子基法的末端位姿速度要比基于线性近似法的末端位姿速度收敛更快。

表 8.6　双臂机器人初始关节参数

θ_i	初始角度 /(°)	θ_i	初始角度 /(°)	θ_i	初始角度 /(°)
θ_1	−10	θ_6	20	θ_{11}	−10
θ_2	10	θ_7	20	θ_{12}	20
θ_3	10	θ_8	10	θ_{13}	20
θ_4	10	θ_9	10	—	—
θ_5	−10	θ_{10}	10	—	—

表 8.7　双臂运动学参数

参数	μ	$\eta_{1,1}$	N	A	k	$M_{1,1}$	N_1	r
值	0.005	5	2	2	1	1	1	13
参数	$M_{0,1}$	M_1	M_2	λ	ΔT	$M_{1,2}$	N_2	—
值	0	6	6	0.01	0.05	1	1	—

8.5.2　双臂机器人运动规划

1. 基座自由度固定不动情况下

本节将关节 1 设置为固定关节，用于验证所提自组织竞争神经网络方法在没有公共自由度多臂机器人上的协作同步性验证。这样雅可比矩阵 $\boldsymbol{J}(\boldsymbol{\Theta})$ 维度将降低，其中 $\boldsymbol{J}_{1,1}$，$\boldsymbol{J}_{n,1}$，…，$\boldsymbol{J}_{n,k}$ 项将变为 0。初始关节参数和运动学参数如表 8.8 和表 8.9 所示。对于左右臂末端目标位姿设置为

$$t_1=\begin{bmatrix}386.841\ \mathrm{mm}\\-12.738\,2\ \mathrm{mm}\\97.85\ \mathrm{mm}\\2.26\ \mathrm{rad}\\-0.3\ \mathrm{rad}\\-0.72\ \mathrm{rad}\end{bmatrix},\quad t_2=\begin{bmatrix}-186.841\ \mathrm{mm}\\-212.738\,2\ \mathrm{mm}\\-0.85\ \mathrm{mm}\\-0.03\ \mathrm{rad}\\-0.81\ \mathrm{rad}\\-0.80\ \mathrm{rad}\end{bmatrix}\tag{8.47}$$

表 8.8　双臂机器人初始关节参数

θ_i	初始角度 /(°)	θ_i	初始角度 /(°)	θ_i	初始角度 /(°)
θ_1	−10	θ_6	20	θ_{11}	−10
θ_2	10	θ_7	20	θ_{12}	20
θ_3	10	θ_8	10	θ_{13}	20
θ_4	10	θ_9	10	—	—
θ_5	−10	θ_{10}	10	—	—

表 8.9　无公共自由度竞争神经网络参数

参数	δ_i	σ_i	c_i	η
值	1×10^{-5}	1×10^{-5}	2.0	0.03

机器人运动和关节角度如图 8.17(a) 和(b) 所示对应关节 1，始终保持 0。图 8.17(c) ～(f) 所示为在误差收敛到 0 之前，位姿速度逐步地达到了一致的运动状态。因此，所提方法可用于无公共自由度多臂之间规划协调同步运动。

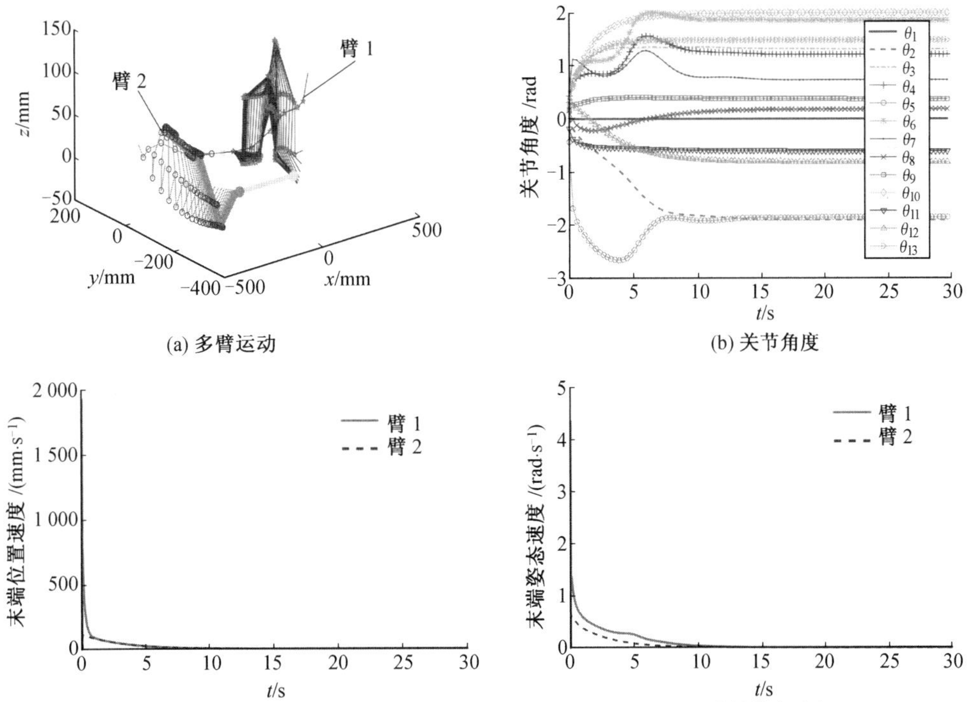

(a) 多臂运动　(b) 关节角度

(c) 末端位置速度　(d) 末端姿态速度

图 8.17　基座固定情况下在线运动规划

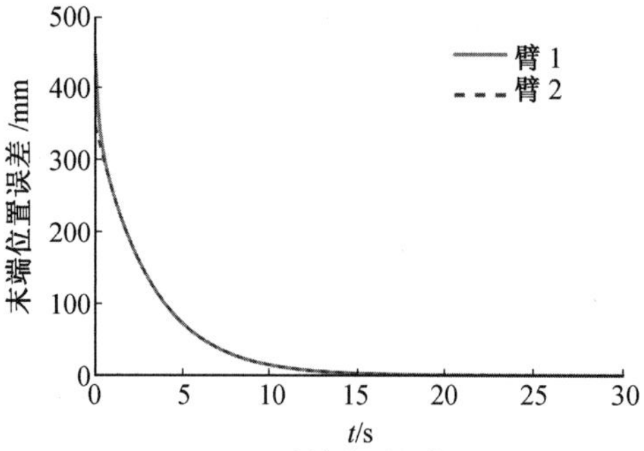

(e) 末端位置误差

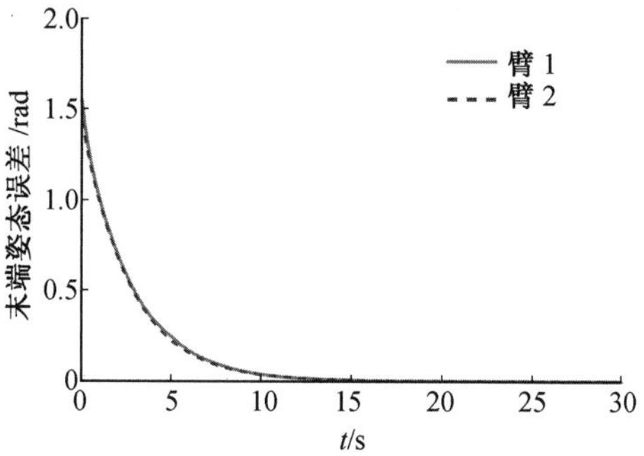

(f) 末端姿态误差

续图 8.17

2. 协作搬运仿真

如图 8.18 所示，双臂协作搬运物体用来验证所提规划算法的可行性。双臂协作搬运初始关节角度和运动学参数如表 8.8 和表 8.10 所示。被搬运的物体只有平移运动。对于左右臂末端执行器追踪的指定位置如下：

$$\boldsymbol{t}_1=\begin{bmatrix}386.841\ \text{mm}\\-12.738\,2\ \text{mm}\\97.85\ \text{mm}\\2.26\ \text{rad}\\-0.3\ \text{rad}\\-0.72\ \text{rad}\end{bmatrix}+\begin{bmatrix}0.1\\-0.1\\0.1\\0\\0\\0\end{bmatrix}T,\quad \boldsymbol{t}_2=\begin{bmatrix}-186.841\ \text{mm}\\-212.738\,2\ \text{mm}\\-0.85\ \text{mm}\\-0.03\ \text{rad}\\-0.81\ \text{rad}\\-0.80\ \text{rad}\end{bmatrix}+\begin{bmatrix}0.1\\-0.1\\0.1\\0\\0\\0\end{bmatrix}T \tag{8.48}$$

搬运过程中末端姿态始终保持固定。图 8.18(b) 为关节角度变化。双臂末端速度逐步达到一致的运动状态，最终当误差收敛到 0 时速度为 3.47 mm/s，如图 8.18(c) 和(e) 所示。在图 8.18(d) 和(f) 中，当姿态变为 0 时，姿态速度减小到 0。

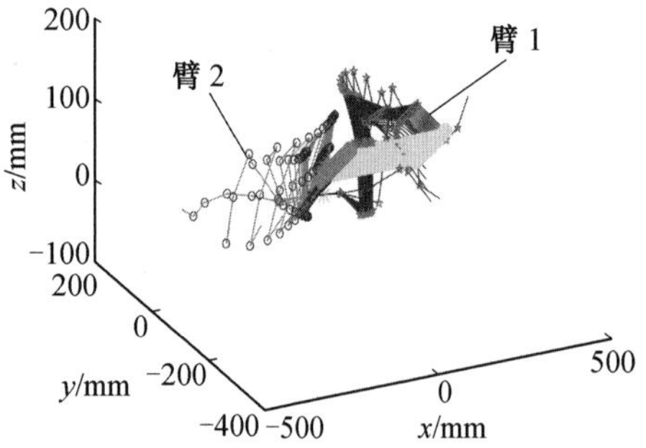

(a) 多臂运动

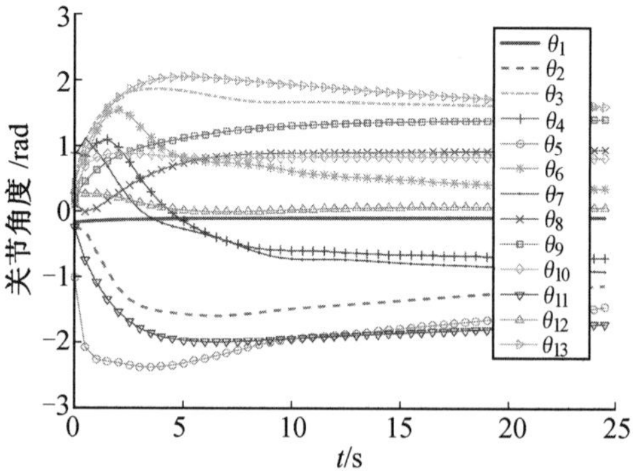

(b) 关节角度

图 8.18　基于子基法协作搬运在线运动规划

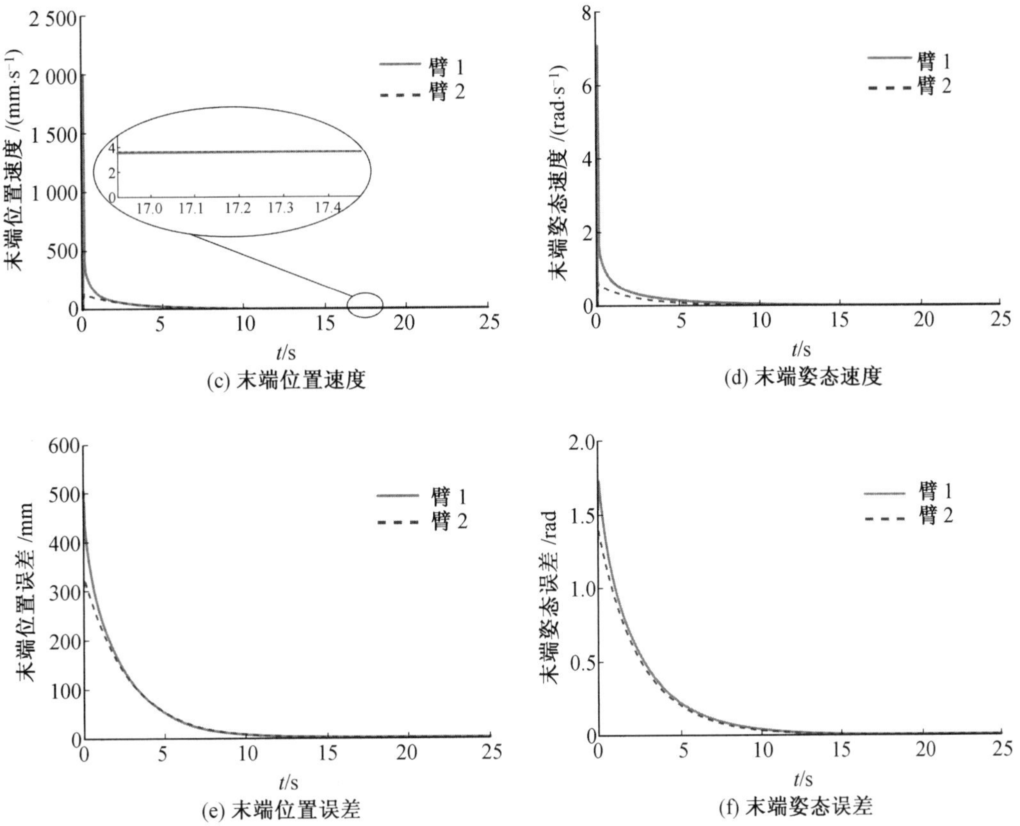

续图 8.18

表 8.10　双臂机器人搬运参数

参数	μ	$\eta_{1,1}$	δ_i	σ_i	c_i	ΔT	η
值	0.03	1/8	1×10^{-5}	1×10^{-5}	1.5	0.05	0.08

3. 操作钳子仿真

基于所提规划方法实现双臂操作钳子以验证其性能。参数如表 8.11 所示。旋转中心位置为$(-50.0\ \text{mm}, -412.738\ 2\ \text{mm}, -0.85\ \text{mm})^{\mathrm{T}}$。钳子臂杆长度为 136.841 0 mm。双臂末端指定的初始位置为

$$\boldsymbol{t}_1^{\text{init}}=\begin{bmatrix}3.197\ 6\ \text{mm}\\-284.149\ 7\ \text{mm}\\-0.85\ \text{mm}\\1.209\ 2\ \text{rad}\\-1.209\ 2\ \text{rad}\\-1.209\ 2\ \text{rad}\end{bmatrix},\quad \boldsymbol{t}_2^{\text{init}}=\begin{bmatrix}-96.802\ 4\ \text{mm}\\-284.149\ 7\ \text{mm}\\-0.85\ \text{mm}\\1.209\ 2\ \text{rad}\\-1.209\ 2\ \text{rad}\\-1.209\ 2\ \text{rad}\end{bmatrix}\tag{8.49}$$

表 8.11　双臂机器人操作钳子参数

参数	μ	$\eta_{1,1}$	δ_i	σ_i	c_i	ΔT	η
值	0.05	1/8	1×10^{-5}	1×10^{-5}	1.5	0.05	0.08

当末端位置到达指定的位置后开始操作钳子。双臂以每个采样时间间隔 ΔT 相对旋转中心转动 0.002 rad。位姿变化如下所示：

$$\boldsymbol{t}_1=\boldsymbol{t}_1^{\text{init}}+\begin{bmatrix}136.841[\sin(0.3491+0.002T+0.002\Delta T)-\sin(0.3491+0.002T)]\\136.841[\cos(0.3491+0.002T+0.002\Delta T)-\cos(0.3491+0.002T)]\\0\\\hat{\boldsymbol{f}}_1\psi_1\end{bmatrix}\tag{8.50}$$

$$\boldsymbol{t}_2=\boldsymbol{t}_2^{\text{init}}+\begin{bmatrix}136.841[\sin(0.3491-0.002T-0.002\Delta T)-\sin(0.3491-0.002T)]\\136.841[\cos(0.3491+0.002T+0.002\Delta T)-\cos(0.3491+0.002T)]\\0\\\hat{\boldsymbol{f}}_2\psi_2\end{bmatrix}\tag{8.51}$$

式中，$\hat{\boldsymbol{f}}_1$、ψ_1、$\hat{\boldsymbol{f}}_2$、ψ_2 由如下旋转矩阵获取：

$$\boldsymbol{R}_1(\hat{\boldsymbol{f}}_1,\psi_1)=\begin{bmatrix}\cos\left(-\frac{\pi}{2}-0.002T\right)&-\sin\left(-\frac{\pi}{2}-0.002T\right)&0\\\sin\left(-\frac{\pi}{2}-0.002T\right)&\cos\left(-\frac{\pi}{2}-0.002T\right)&0\\0&0&1\end{bmatrix}\begin{bmatrix}1&0&0\\0&1&0\\0&0&1\end{bmatrix}\begin{bmatrix}1&0&0\\0&0&1\\0&-1&0\end{bmatrix}\tag{8.52}$$

$$\boldsymbol{R}_2(\hat{\boldsymbol{f}}_2,\psi_2)=\begin{bmatrix}\cos\left(-\frac{\pi}{2}+0.002T\right)&-\sin\left(-\frac{\pi}{2}+0.002T\right)&0\\\sin\left(-\frac{\pi}{2}+0.002T\right)&\cos\left(-\frac{\pi}{2}+0.002T\right)&0\\0&0&1\end{bmatrix}\begin{bmatrix}1&0&0\\0&1&0\\0&0&1\end{bmatrix}\begin{bmatrix}1&0&0\\0&0&1\\0&-1&0\end{bmatrix}\tag{8.53}$$

在 12.6 s 时，双臂开始操作钳子。图 8.19(a) 和(b) 展示了机器人运动和关节角度。在初始阶段有稍微的运动误差，随着竞争网络的在线学习，末端位子误差逐步减小到 0，相应的速度也达到基本一致的运动状态，如图 8.19(c) ～ (f) 所示。

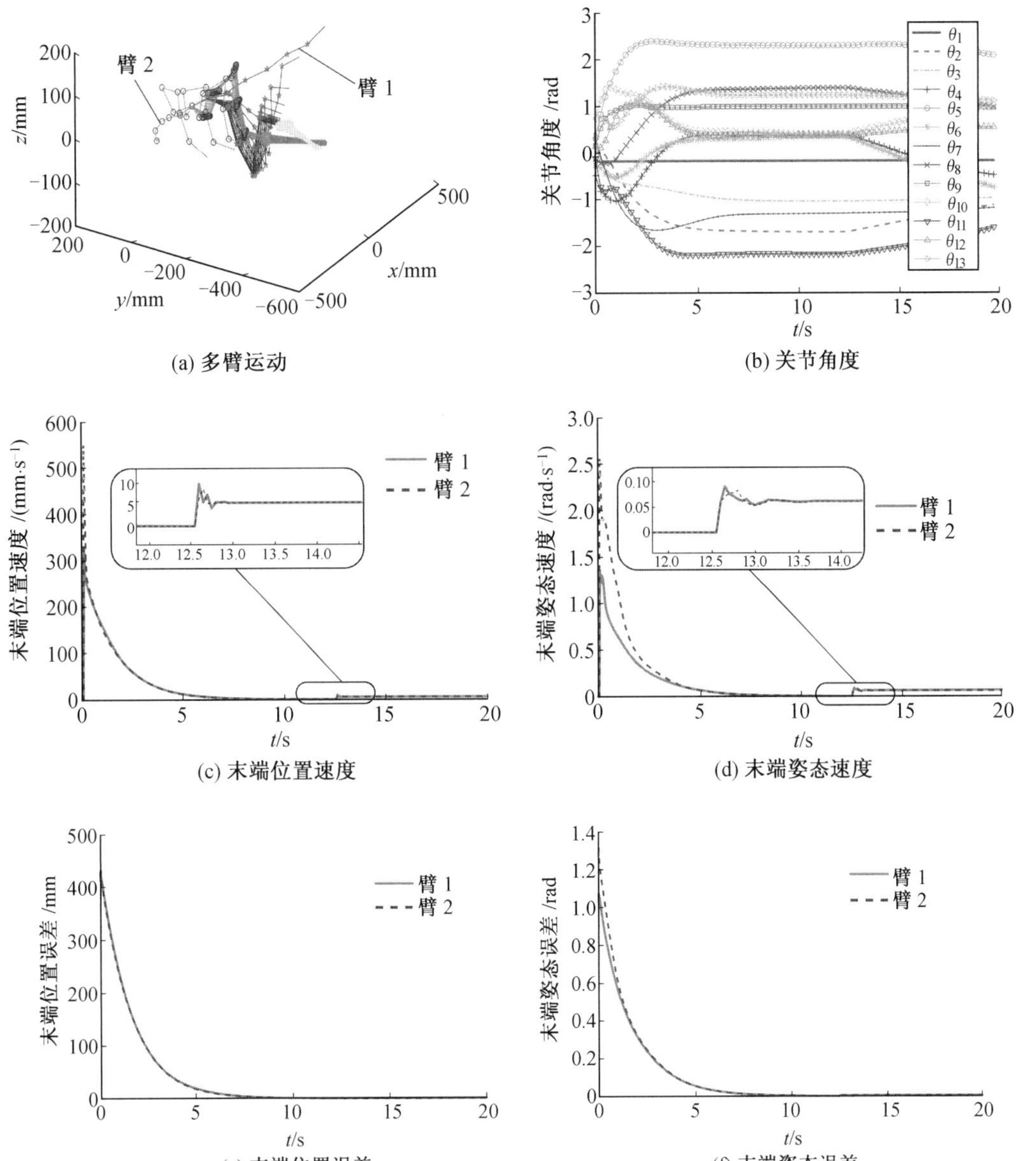

(a) 多臂运动　(b) 关节角度

(c) 末端位置速度　(d) 末端姿态速度

(e) 末端位置误差　(f) 末端姿态误差

图 8.19　基于子基法操作钳子在线运动规划

4. 操作方向舵仿真

图 8.20(a) 所示为操作方向舵。运动学参数如表 8.12 和表 8.13 所示。关节角度如图 8.20(b) 所示。旋转中心位置为$(-50.0\ \text{mm}, -212.738\ 2\ \text{mm}, -0.85\ \text{mm})^{\mathrm{T}}$。方向舵直径为 273.682 0 mm。方向舵上双臂抓握位姿为

$$\boldsymbol{t}_1^{\text{init}} = \begin{bmatrix} 86.841\ \text{mm} \\ -212.738\,2\ \text{mm} \\ -0.85\ \text{mm} \\ 1.209\,2\ \text{rad} \\ -1.209\,2\ \text{rad} \\ -1.209\,2\ \text{rad} \end{bmatrix}, \quad \boldsymbol{t}_2^{\text{init}} = \begin{bmatrix} -186.841\ \text{mm} \\ -212.738\,2\ \text{mm} \\ -0.85\ \text{mm} \\ 1.209\,2\ \text{rad} \\ -1.209\,2\ \text{rad} \\ -1.209\,2\ \text{rad} \end{bmatrix} \tag{8.54}$$

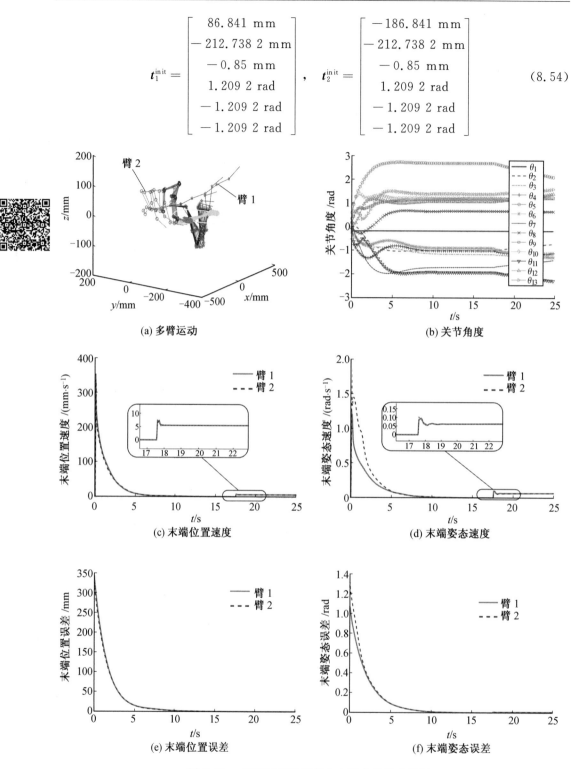

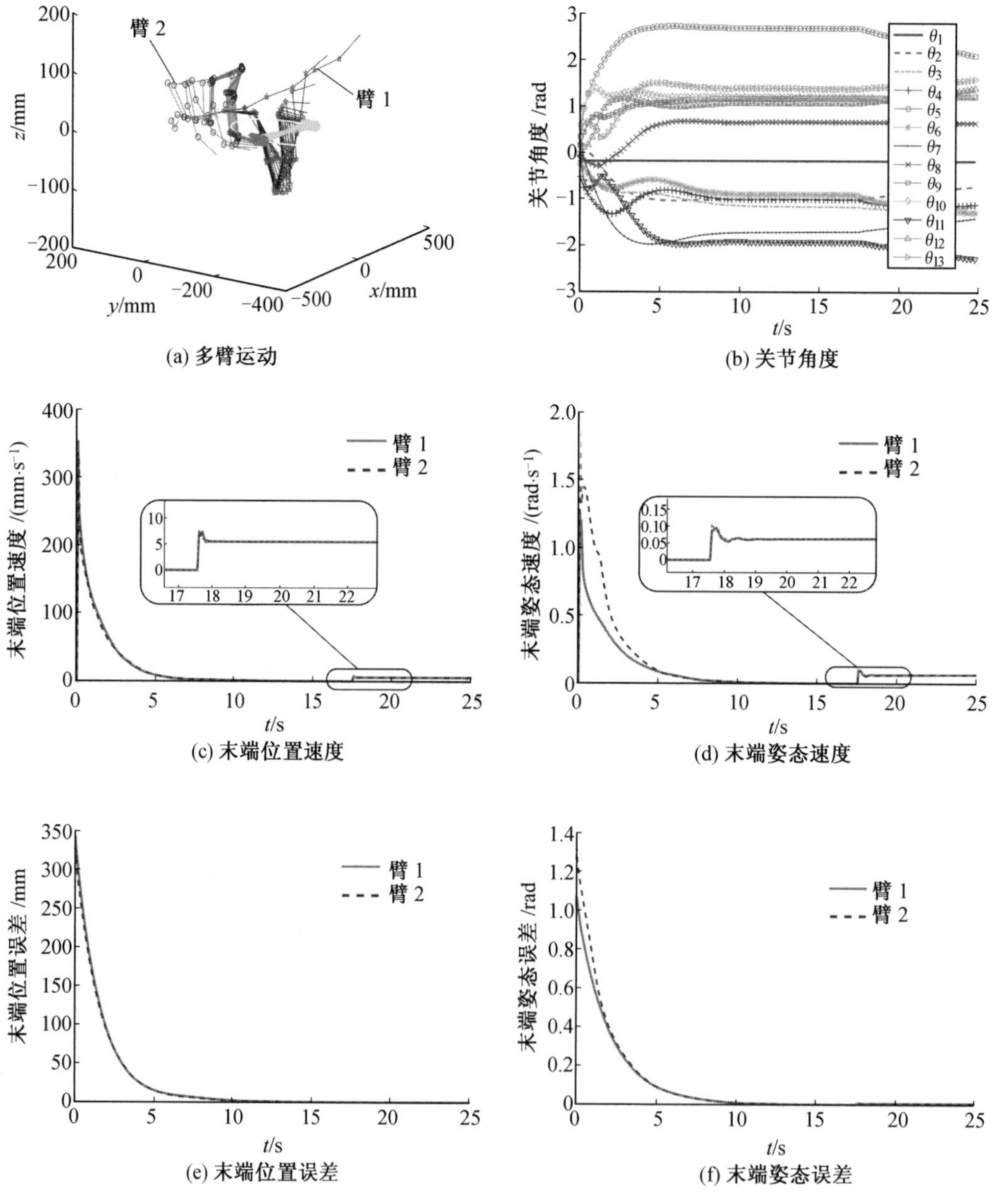

(a) 多臂运动
(b) 关节角度
(c) 末端位置速度
(d) 末端姿态速度
(e) 末端位置误差
(f) 末端姿态误差

图 8.20　基于子基法操作方向舵在线运动规划

表 8.12　双臂机器人操作方向舵初始参数

θ_i	初始角度 /(°)	θ_i	初始角度 /(°)	θ_i	初始角度 /(°)
θ_1	−10	θ_6	−20	θ_{11}	−10
θ_2	−10	θ_7	20	θ_{12}	20
θ_3	10	θ_8	−10	θ_{13}	20
θ_4	−10	θ_9	10	—	—
θ_5	−10	θ_{10}	10	—	—

表 8.13　双臂机器人操作方向舵和扳手参数

参数	μ	$\eta_{1,1}$	δ_i	σ_i	c_i	ΔT	η
值	0.05	1/8	1×10^{-5}	1×10^{-5}	1.5	0.05	0.08

当双臂抓握到指定位姿状态时开始操作方向舵。在每个时间间隔 ΔT 内相对旋转中心转动角度为 0.002 rad。相应的位姿变化如下式所示：

$$\boldsymbol{t}_1=\boldsymbol{t}_1^{\text{init}}-\begin{bmatrix}136.841[\sin(0.002T+0.002\Delta T)-\sin 0.002T]\\136.841[\cos(0.002T+0.002\Delta T)-\cos 0.002T]\\0\\\hat{\boldsymbol{f}}_1\psi_1\end{bmatrix}\tag{8.55}$$

$$\boldsymbol{t}_2=\boldsymbol{t}_2^{\text{init}}-\begin{bmatrix}136.841[\sin(0.002T+0.002\Delta T)-\sin 0.002T]\\136.841[\cos(0.002T+0.002\Delta T)-\cos 0.002T]\\0\\\hat{\boldsymbol{f}}_2\psi_2\end{bmatrix}\tag{8.56}$$

式中，$\hat{\boldsymbol{f}}_1$、ψ_1、$\hat{\boldsymbol{f}}_2$、ψ_2 可从如下旋转矩阵获取：

$$\boldsymbol{R}_1(\hat{\boldsymbol{f}}_1,\psi_1)=\boldsymbol{R}_2(\hat{\boldsymbol{f}}_2,\psi_2)=$$

$$\begin{bmatrix}\cos\left(-\frac{\pi}{2}-0.002T\right) & -\sin\left(-\frac{\pi}{2}-0.002T\right) & 0\\\sin\left(-\frac{\pi}{2}-0.002T\right) & \cos\left(-\frac{\pi}{2}-0.002T\right) & 0\\0 & 0 & 1\end{bmatrix}\begin{bmatrix}1&0&0\\0&1&0\\0&0&1\end{bmatrix}\begin{bmatrix}1&0&0\\0&0&1\\0&-1&0\end{bmatrix}\tag{8.57}$$

由于方向舵关于中心对称，抓握姿态变化相同，即 $\boldsymbol{R}_1(\hat{\boldsymbol{f}}_1,\psi_1)=\boldsymbol{R}_2(\hat{\boldsymbol{f}}_2,\psi_2)$。在第 17.5 s，双臂开始操作方向舵。在图 8.20(c) ～ (f) 中，末端位姿误差逐步收敛到 0，相应的运动随着整个网络模型的不断学习也达到了几乎完全一致的状态。

5. 操作扳手仿真

图 8.21(a) 所示为双臂协同操作扳手。运动学参数如表 8.13 所示。关节角度如图 8.21(b) 所示。旋转中心位置为：$(-50.0\ \text{mm},-452.738\,2\ \text{mm},-0.85\ \text{mm})^{\mathrm{T}}$。扳手臂长为 136.841 0 mm。初始抓握位姿分别为

$$\boldsymbol{t}_1^{\text{init}}=\begin{bmatrix}-3.1976\ \text{mm}\\-315.8972\ \text{mm}\\-0.85\ \text{mm}\\1.179\ \text{rad}\\-2.042\ \text{rad}\\-1.179\ \text{rad}\end{bmatrix},\quad \boldsymbol{t}_2^{\text{init}}=\begin{bmatrix}-3.1976\ \text{mm}\\-315.8972\ \text{mm}\\-0.85\ \text{mm}\\0.9463\ \text{rad}\\-0.5463\ \text{rad}\\-0.9463\ \text{rad}\end{bmatrix}\tag{8.58}$$

当双臂末端达到抓握的位姿状态时，开始操作扳手。每个时间间隔 ΔT 内相对旋转中线转动角度为 0.002 rad。位姿变化如下所示：

$$\boldsymbol{t}_1=\boldsymbol{t}_1^{\text{init}}+\begin{bmatrix}136.841[\sin(0.002T+0.002\Delta T)-\sin 0.002T]\\136.841[\cos(0.002T+0.002\Delta T)-\cos 0.002T]\\0\\\hat{\boldsymbol{f}}_1\psi_1\end{bmatrix}\tag{8.59}$$

$$\boldsymbol{t}_2=\boldsymbol{t}_2^{\text{init}}+\begin{bmatrix}136.841[\sin(0.002T+0.002\Delta T)-\sin 0.002T]\\136.841[\cos(0.002T+0.002\Delta T)-\cos 0.002T]\\0\\\hat{\boldsymbol{f}}_2\psi_2\end{bmatrix}\tag{8.60}$$

式中，$\hat{\boldsymbol{f}}_1$、ψ_1、$\hat{\boldsymbol{f}}_2$、ψ_2 可通过如下矩阵获取：

$$\begin{aligned}&\boldsymbol{R}_1(\hat{\boldsymbol{f}}_1,\psi_1)\\&=\begin{bmatrix}\cos\left(-\frac{2\pi}{3}-0.002T\right)&-\sin\left(-\frac{2\pi}{3}-0.002T\right)&0\\\sin\left(-\frac{2\pi}{3}-0.002T\right)&\cos\left(-\frac{2\pi}{3}-0.002T\right)&0\\0&0&1\end{bmatrix}\begin{bmatrix}1&0&0\\0&1&0\\0&0&1\end{bmatrix}\begin{bmatrix}1&0&0\\0&0&1\\0&-1&0\end{bmatrix}\end{aligned}\tag{8.61}$$

$$\begin{aligned}&\boldsymbol{R}_2(\hat{\boldsymbol{f}}_2,\psi_2)\\&=\begin{bmatrix}\cos\left(-\frac{\pi}{3}-0.002T\right)&-\sin\left(-\frac{\pi}{3}-0.002T\right)&0\\\sin\left(-\frac{\pi}{3}-0.002T\right)&\cos\left(-\frac{\pi}{3}-0.002T\right)&0\\0&0&1\end{bmatrix}\begin{bmatrix}1&0&0\\0&1&0\\0&0&1\end{bmatrix}\begin{bmatrix}1&0&0\\0&0&1\\0&-1&0\end{bmatrix}\end{aligned}\tag{8.62}$$

在 12.5 s 时，双臂开始操作扳手，在操作过程中，双臂旋转中心位置为：$(-50.0\ \text{mm},-452.7382\ \text{mm},-0.85\ \text{mm})^{\text{T}}$。末端姿态变化相同。如图 8.21(c)～(f) 所示，末端位姿误差逐步收敛到 0，相应的运动状态逐步达到一致。

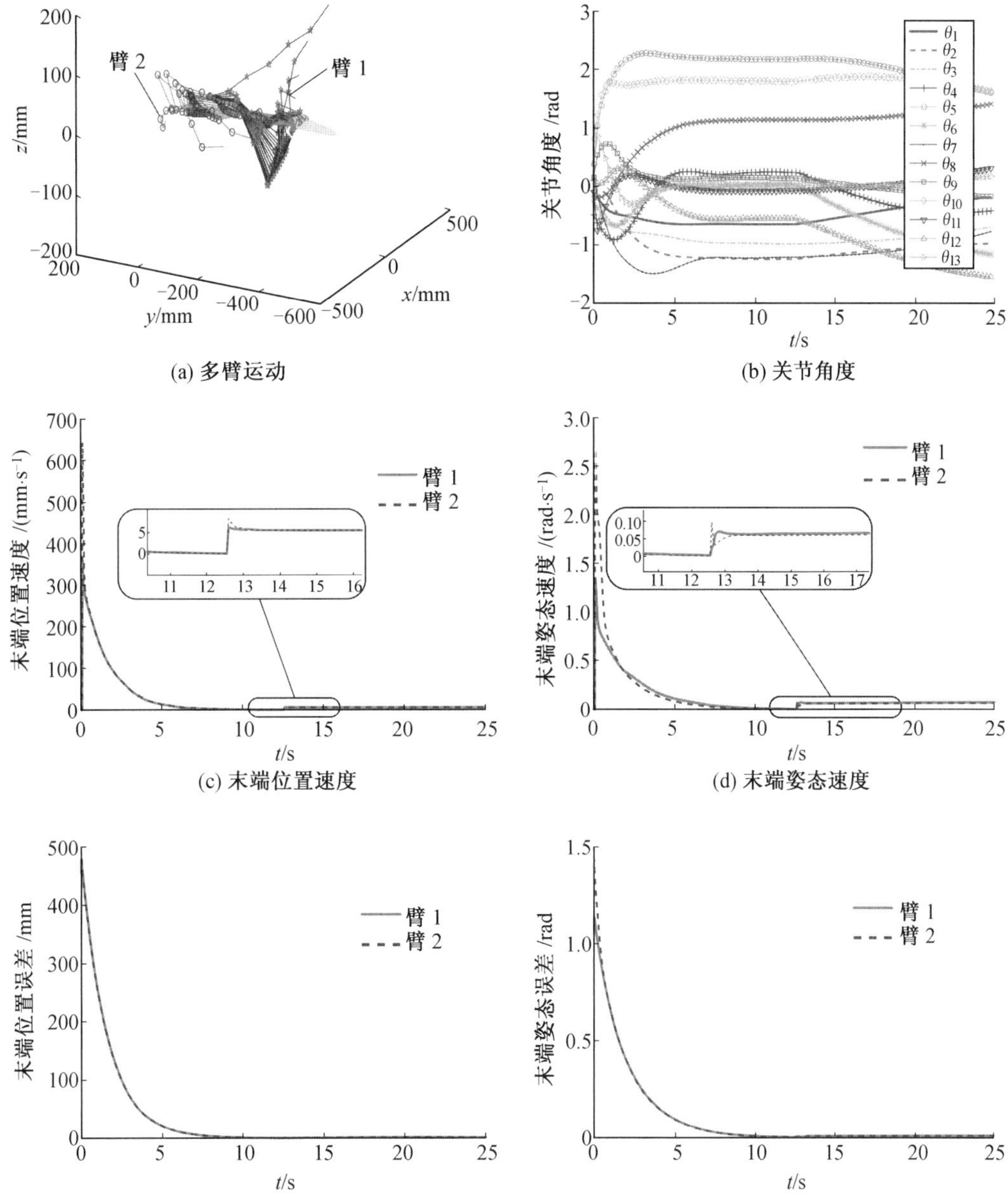

(a) 多臂运动　(b) 关节角度
(c) 末端位置速度　(d) 末端姿态速度
(e) 末端位置误差　(f) 末端姿态误差

图 8.21　基于子基法操作扳手在线运动规划

6. 多工位操作仿真

本节仿真多工位操作，操作参数如表 8.14 所示。不同于 1～5 中所示，多工位操作臂与臂之间并没有形成闭链，如图 8.22(a) 所示。工位“1”“2”“3” 对应左臂，工位“1′”“2′”“3′” 对应右臂，初始工位“1” 和“1′” 为

表 8.14　双臂机器人多工位操作参数

参数	μ	$\eta_{1,1}$	δ_i	σ_i	c_i	ΔT	η
值	0.03	1/8	1×10^{-5}	1×10^{-5}	1.5	0.05	0.08

$$\boldsymbol{t}_1^1=\begin{bmatrix}86.841\ \text{mm}\\-212.738\ 2\ \text{mm}\\97.85\ \text{mm}\\2.264\ \text{rad}\\-0.298\ \text{rad}\\-0.72\ \text{rad}\end{bmatrix},\quad \boldsymbol{t}_2^1=\begin{bmatrix}-186.841\ \text{mm}\\-212.738\ 2\ \text{mm}\\-97.85\ \text{mm}\\-0.031\ 4\ \text{rad}\\-0.815\ 1\ \text{rad}\\-0.801\ 5\ \text{rad}\end{bmatrix}\tag{8.63}$$

在 20 s 时，工位“2”和“2′”为

$$\boldsymbol{t}_1^2=\begin{bmatrix}86.841\ \text{mm}\\-252.738\ 2\ \text{mm}\\97.85\ \text{mm}\\2.264\ \text{rad}\\-0.298\ \text{rad}\\-0.72\ \text{rad}\end{bmatrix},\quad \boldsymbol{t}_2^2=\begin{bmatrix}-186.841\ \text{mm}\\-172.738\ 2\ \text{mm}\\-97.85\ \text{mm}\\-0.031\ 4\ \text{rad}\\-0.815\ 1\ \text{rad}\\-0.801\ 5\ \text{rad}\end{bmatrix}\tag{8.64}$$

在 40 s 时，工位“3”和“3′”为

$$\boldsymbol{t}_1^3=\begin{bmatrix}86.841\ \text{mm}\\-292.738\ 2\ \text{mm}\\97.85\ \text{mm}\\2.264\ \text{rad}\\-0.298\ \text{rad}\\-0.72\ \text{rad}\end{bmatrix},\quad \boldsymbol{t}_2^3=\begin{bmatrix}-186.841\ \text{mm}\\-112.738\ 2\ \text{mm}\\-97.85\ \text{mm}\\-0.031\ 4\ \text{rad}\\-0.815\ 1\ \text{rad}\\-0.801\ 5\ \text{rad}\end{bmatrix}\tag{8.65}$$

图 8.22(b) 为关节角度变化。在 20 s时，工位转变为“2”和“2′”。工位“1”和“2”的距离与工位“1′”和“2′”的距离相同，为 40 mm。末端位姿误差和速度一致。在 40 s 时，工位转变为“3”和“3′”。工位“2”和“3”之间的距离为 40 mm，工位“2′”和“3′”之间的距离为 60 mm。末端位姿速度很快达到了一致的状态，而且位姿误差很快收敛到 0，如图 8.22(c) 和(e) 所示。对于末端姿态，在不同工位切换时始终保持为固定不变，当位姿及其速度收敛时，速度和误差将为(或接近)0，如图 8.22(d) ～(f) 所示。因此所提规划方法能够通过自身网络模型的不断学习保证双臂机器人系统良好的运动同步性和一致性，如图8.22(c) ～(f) 所示。

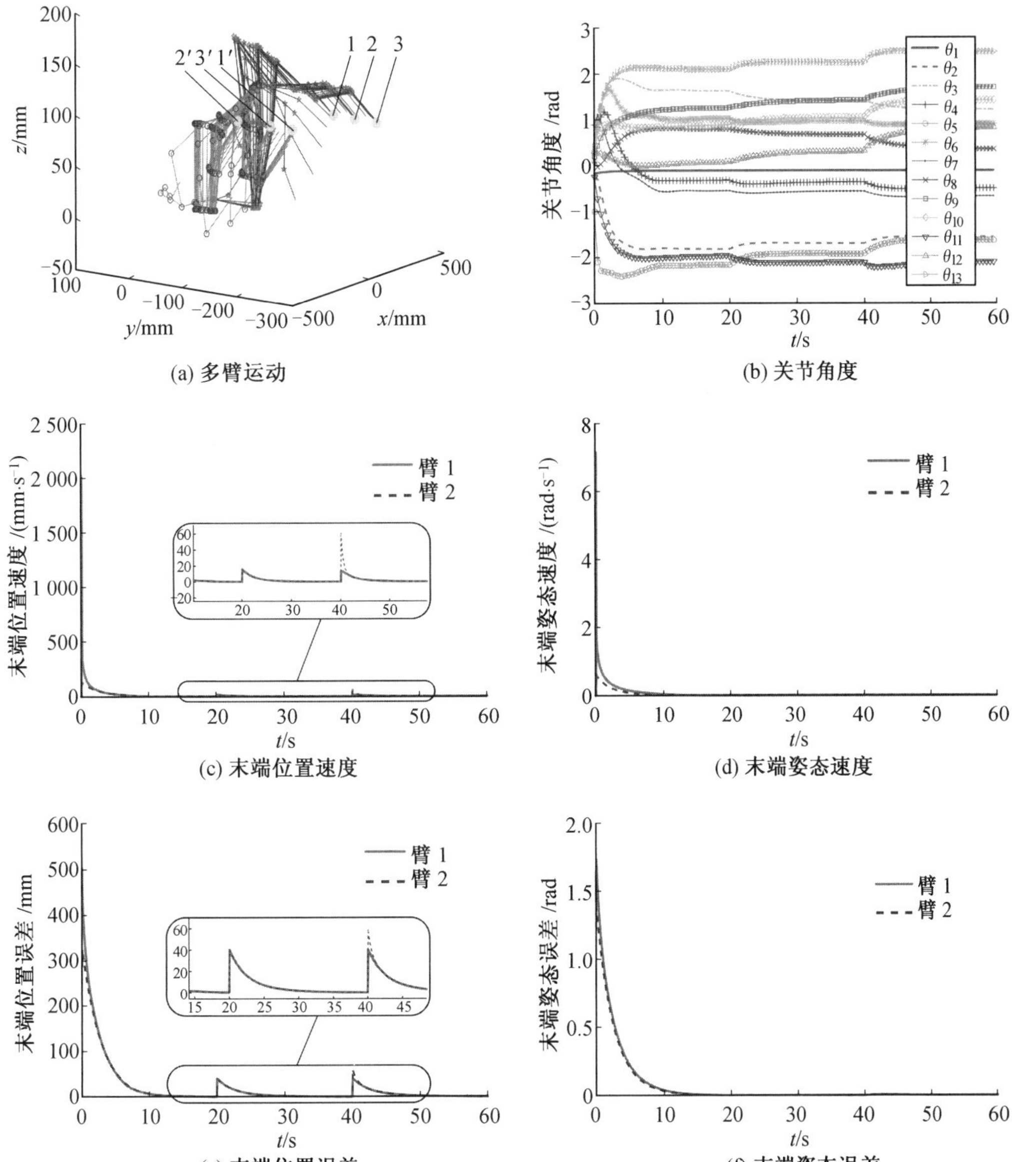

图 8.22　基于子基法多工位操作在线运动规划

8.5.3　三臂机器人广义逆运动学

总自由度为 15 的三臂机器人用于对逆运动学求解进行对比仿真。公共自由度为 3，能够为所有的末端执行器确保位姿误差沿着总体误差减小的方向收敛。在线追踪静态物体上的指定位姿来对比运动同步性能。机器人配置参数、初始参数和运动学参数如表 8.15 和表 8.16 所示。静态指定位姿 $\boldsymbol{t}_1=(2.49\ \text{m},2.79\ \text{m},1.536\ \text{rad})^{\text{T}}$，$\boldsymbol{t}_2=(5.0\ \text{m},-0.70\ \text{m},1.536\ \text{rad})^{\text{T}}$，$\boldsymbol{t}_3=(4.49\ \text{m},1.50\ \text{m},1.536\ \text{rad})^{\text{T}}$。$\boldsymbol{t}=(\boldsymbol{t}_1,\boldsymbol{t}_2,\boldsymbol{t}_3)^{\text{T}}$，而且 $\dot{\boldsymbol{t}}=0$。仿真结果如图 8.23 所示。

表 8.15　三臂机器人初始关节参数

θ_i	初始角度 /(°)	θ_i	初始角度 /(°)	θ_i	初始角度 /(°)
θ_1	−5	θ_6	20	θ_{11}	20
θ_2	5	θ_7	20	θ_{12}	10
θ_3	5	θ_8	−70	θ_{13}	10
θ_4	30	θ_9	20	θ_{14}	20
θ_5	20	θ_{10}	20	θ_{15}	20

表 8.16　运动学参数

参数	μ	$\eta_{1,1}$	N	A	k	r
值	0.08	1/6	3	3	1	15
参数	$M_{0,1}$	M_1	M_2	M_3	λ	ΔT
值	3	4	4	4	0.01	0.05

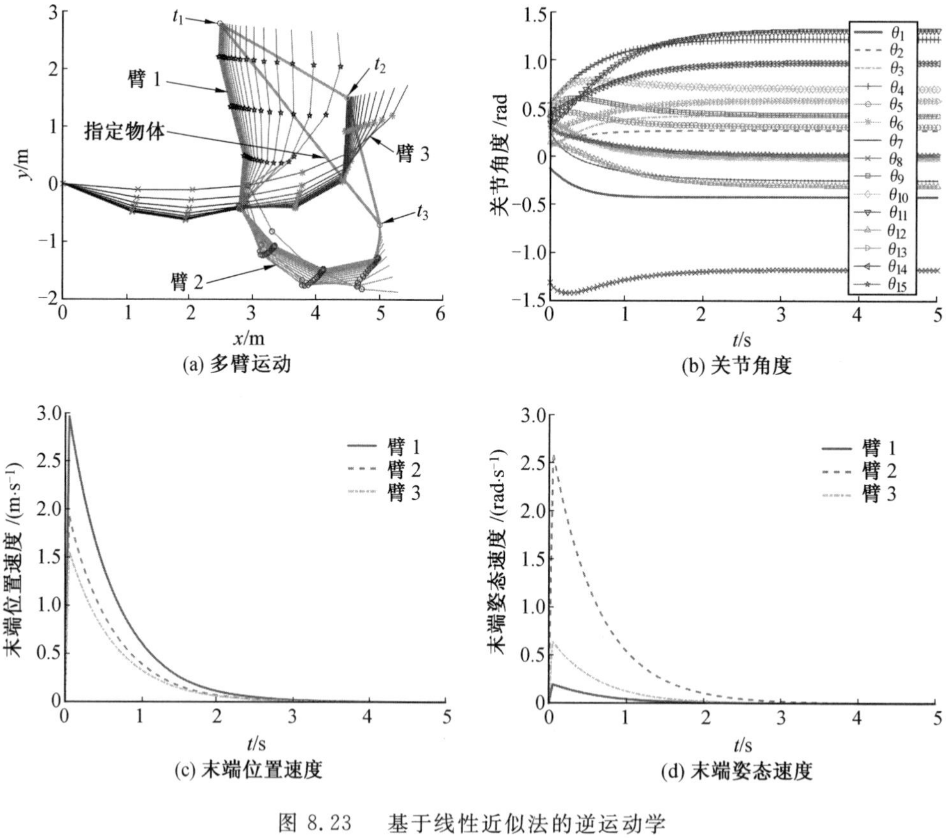

图 8.23　基于线性近似法的逆运动学

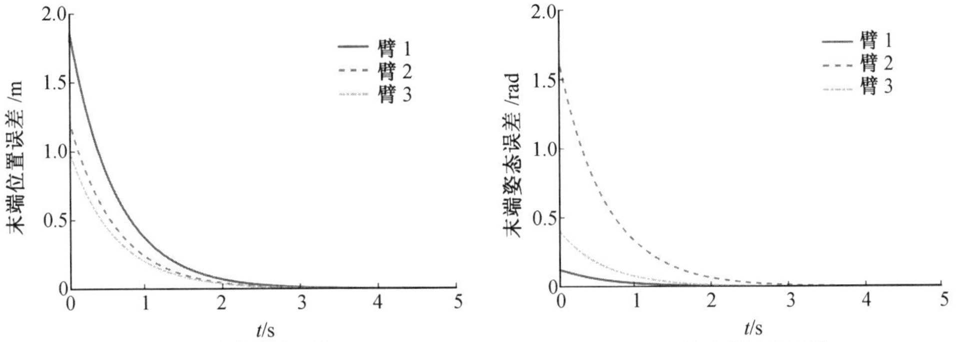

(e) 末端位置误差　　(f) 末端姿态误差

续图 8.23

两种方法均能够使机械臂追踪到被操作物体的指定位姿，如图 8.23(a) 和图 8.24(a) 所示。关节角度曲线如图 8.23(b) 和图 8.24(b) 所示。由于 $\dot{\boldsymbol{t}}=0$，$\Delta \boldsymbol{e}_i(T)$ 等于 $\boldsymbol{v}_i(T)\Delta T$，而且末端位姿速度曲线和末端位姿速度误差曲线相似，如图 8.23 (c) ～(f) 和图 8.24(c) ～(f) 所示。由于子基运动的引入，基于子基法的末端位姿误差的收敛要比线性近似法收敛速度更快。另外，在末端位姿收敛到 0 之前，其速度达到了一致运动状态，如图8.24(c) 和(d) 所示。因此，基于所提子基法的逆运动学有利于多臂系统由初始运动状态到协作运动状态的转化，同时提高多臂机器人的协作效率。

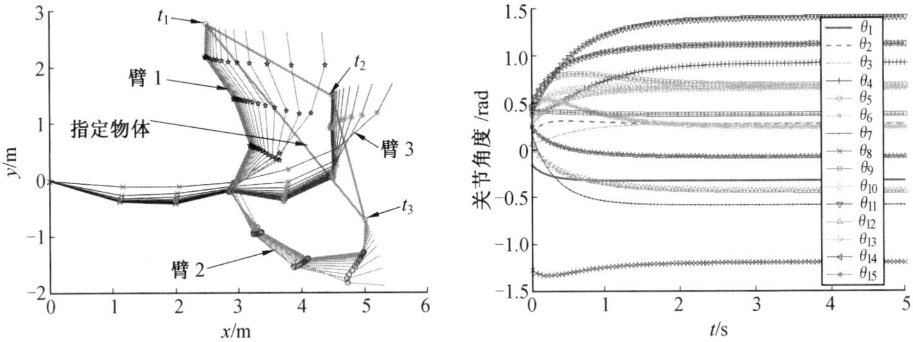

(a) 多臂运动　　(b) 关节角度

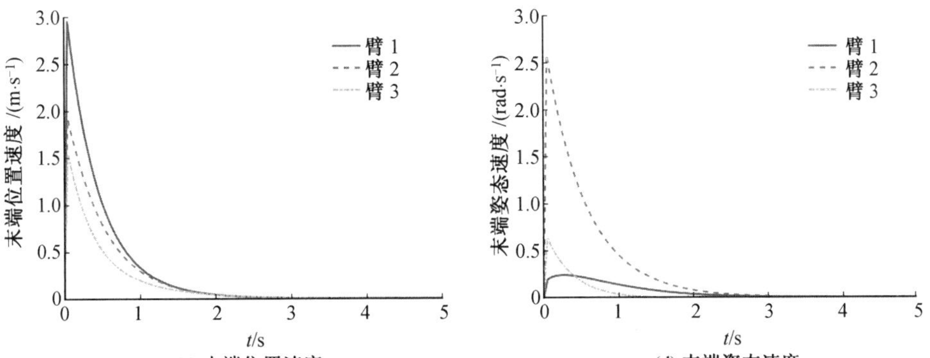

(c) 末端位置速度　　(d) 末端姿态速度

图 8.24　基于子基法的逆运动学

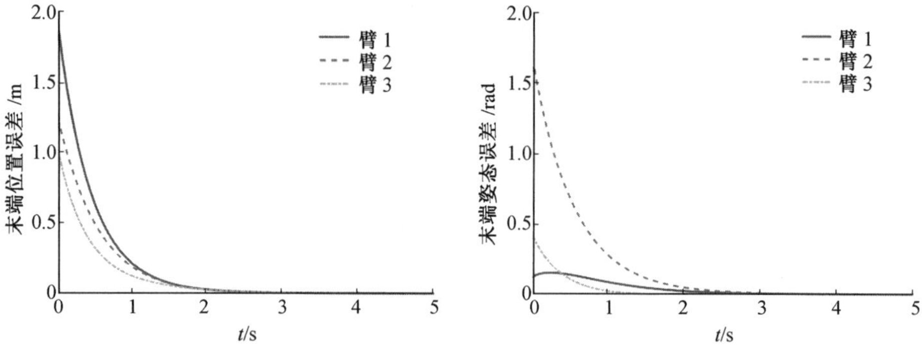

(e) 末端位置误差 (f) 末端姿态误差

续图 8.24

8.5.4 三臂机器人运动规划

本节以三臂机器人追踪平移运动物体和平动运动物体作为仿真验证的手段，对算法同步性能进行验证。本节中平移物体指被追踪物体以恒定速度直线移动，要求机械臂在任务中每个末端最终的追踪位姿速度相等。平动物体指被追踪物体运动既有直线运动，又有旋转运动，要求机械臂在任务中每个末端最终的直线运动方向追踪位姿速度相等，旋转运动追踪位姿达到各自任务指定的速度状态。

1. 平移运动物体追踪仿真

基于传统逆运动学和子基法，采用所提自组织竞争神经网络分别对双臂实时平移目标物体追踪进行仿真对比，如图 8.25 和图 8.26 所示。物体移动速度 $\dot{\boldsymbol{t}}$，也就是 $\|\tilde{\boldsymbol{v}}_i\| = \|\dot{\boldsymbol{t}}_i\|$，$\dot{\boldsymbol{t}}_i=(-0.1\ \mathrm{m/s}, -0.04\ \mathrm{m/s}, 0)^{\mathrm{T}}$。自组织竞争神经网络参数如表 8.17 所示。由仿真结果可以看出，两种方法均能够实现位姿速度的同步，位姿误差收敛到 0，如图 8.25(c) ～ (d) 和图 8.26(c) ～ (d) 所示。基于自组织竞争神经网络通过自身在线学习提高系统的同步性能，如图 8.24 ～ 8.26 所示。由于子基的运动，公式(8.21) 中总体误差趋向于总误差减小的方向收敛，以进一步提高多臂的协调、同步性，进而使得基于子基法的收敛速度更快。和图 8.26(a) 相比，图 8.25(a) 所提子基法不易使机械臂形成奇异配置，如图中的机械臂 1。

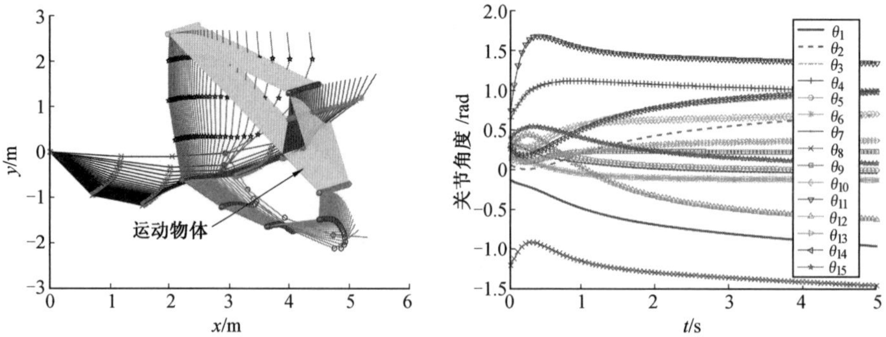

(a) 多臂运动 (b) 关节角度

图 8.25 基于传统逆运动学追踪平移物体的在线运动规划

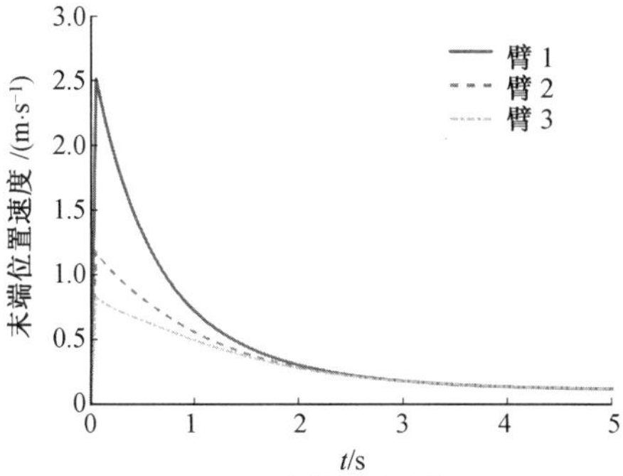

(c) 末端位置速度

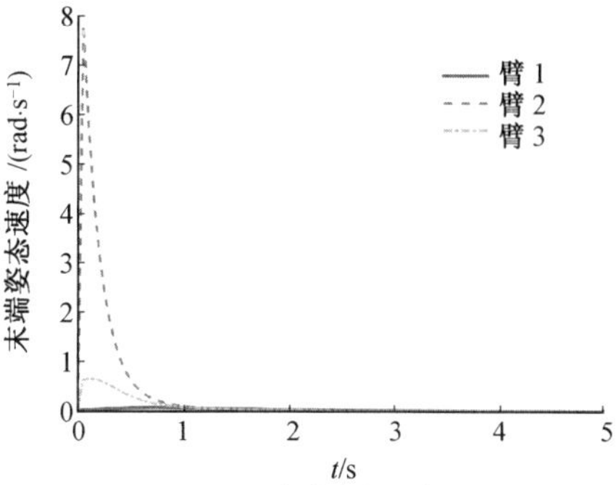

(d) 末端姿态速度

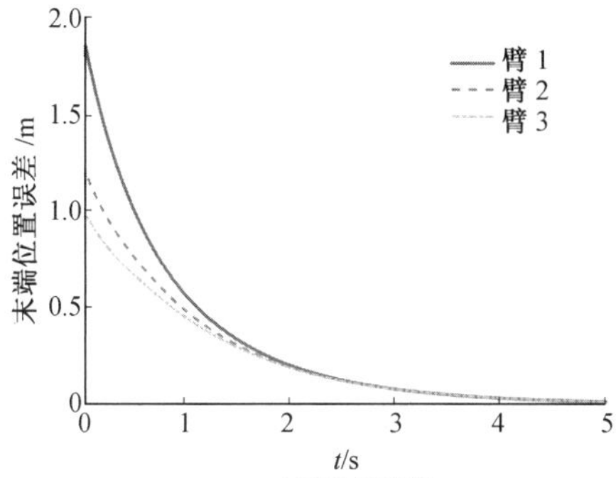

(e) 末端位置误差

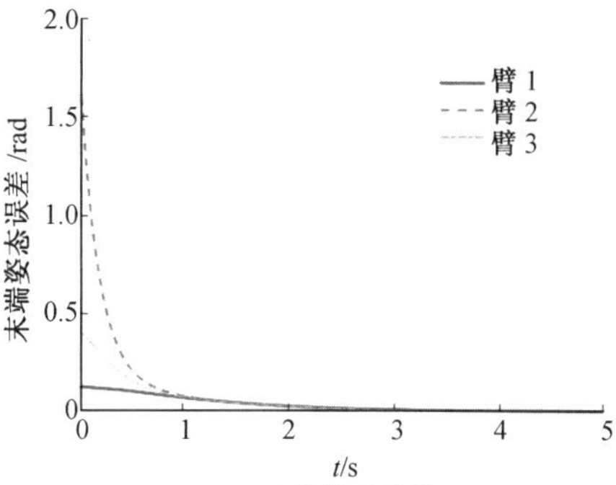

(f) 末端姿态误差

续图 8.25

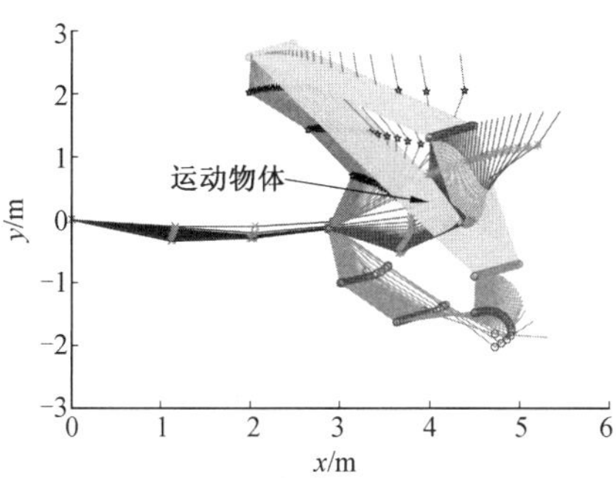

(a) 多臂运动

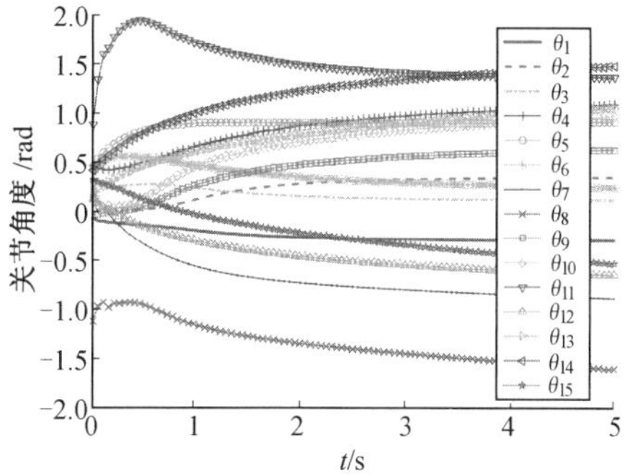

(b) 关节角度

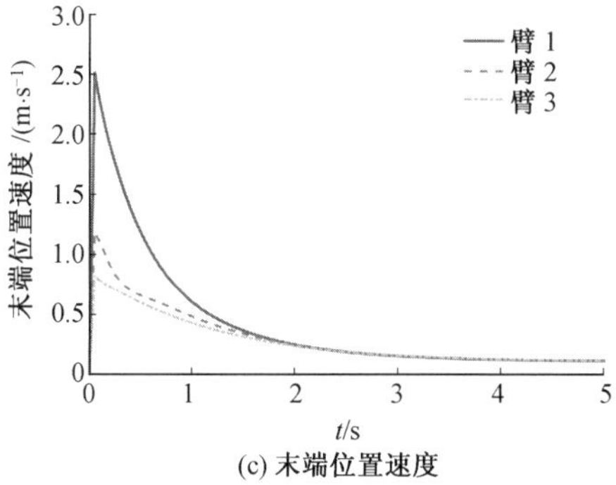

(c) 末端位置速度

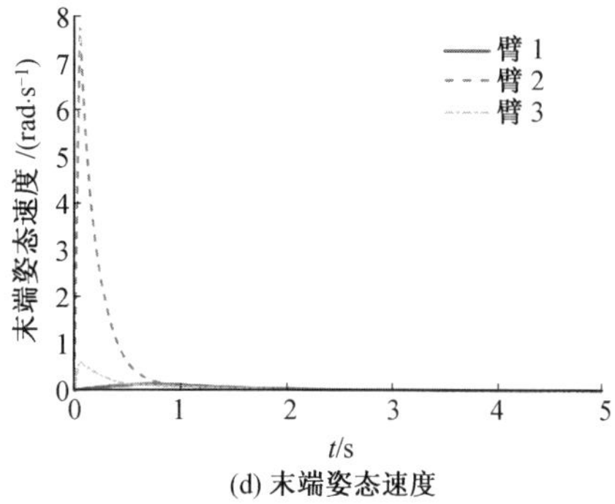

(d) 末端姿态速度

图 8.26　基于子基法追踪平移物体的在线运动规划

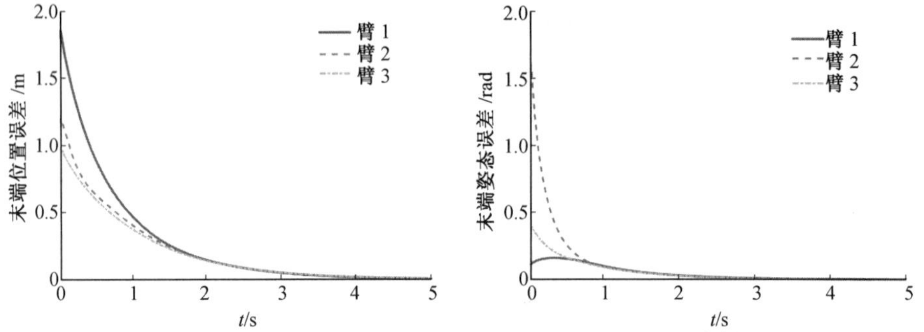

(e) 末端位置误差　　(f) 末端姿态误差

续图 8.26

表 8.17　自组织竞争神经网络参数

参数	δ_i	σ_i	c_i	η
值	1×10^{-5}	1×10^{-5}	2.0	0.08

2. 平动运动物体追踪仿真

如图 8.27 和图 8.28 所示，基于传统逆运动学和子基法，采用所提自组织竞争神经网络分别对双臂平动物体追踪进行仿真对比。在物体上指定的目标位姿对应 $\boldsymbol{t}=(\boldsymbol{t}_1,\boldsymbol{t}_2,\boldsymbol{t}_3)^{\mathrm{T}}$。$\boldsymbol{t}_1$ 以平移运动为主。$\boldsymbol{t}_2$ 和 $\boldsymbol{t}_3$ 在以和 $\boldsymbol{t}_1$ 相同的平动运动的同时绕 $\boldsymbol{t}_1$ 进行旋转运动。$\boldsymbol{t}_1$、$\boldsymbol{t}_2$ 和 $\boldsymbol{t}_3$ 运动描述如下：

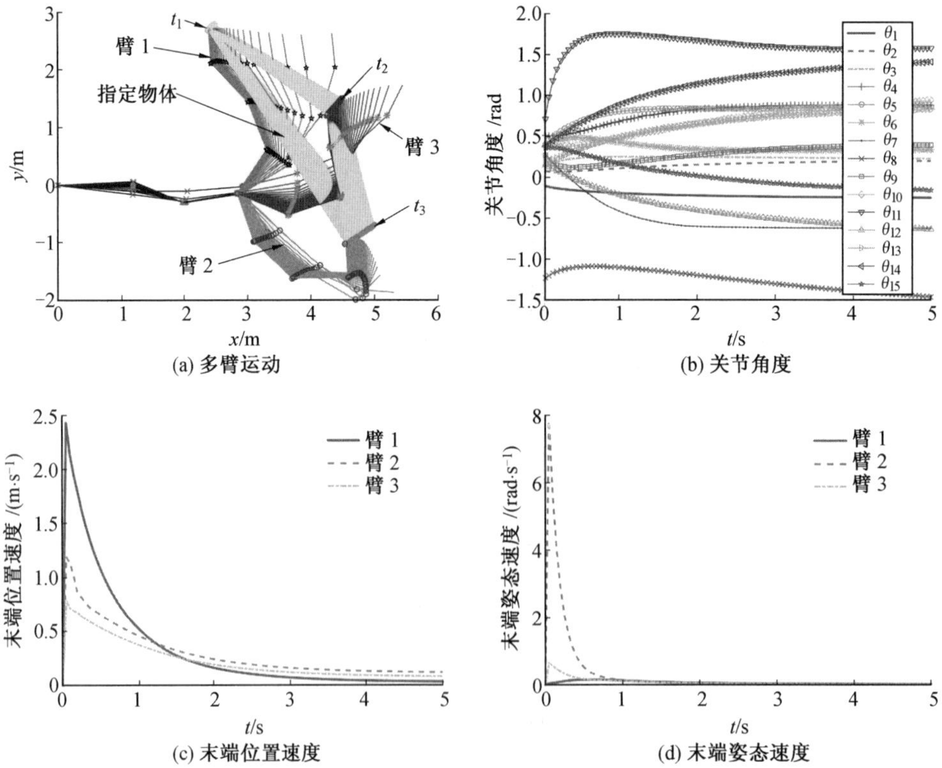

(a) 多臂运动　　(b) 关节角度

(c) 末端位置速度　　(d) 末端姿态速度

图 8.27　基于子基法采用在线运动规划追踪平动物体

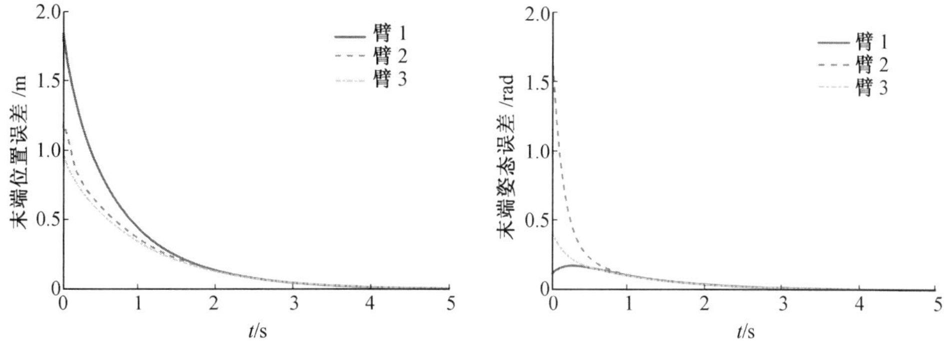

(e) 末端位置误差　　(f) 末端姿态误差

续图 8.27

$$
\boldsymbol{t}_1=\begin{bmatrix}-0.002\\-0.002\\-0.001\end{bmatrix}T \tag{8.66}
$$

$$
\boldsymbol{t}_2=\begin{bmatrix}-0.002\\-0.002\\-0.001\end{bmatrix}T+
\begin{bmatrix}-4.3[\cos(1.535\,9+0.001T)-\cos(1.535\,9+0.001T-0.001\Delta T)]\\-4.3[\sin(1.535\,9+0.001T)-\sin(1.535\,9+0.001T-0.001\Delta T)]\\0\end{bmatrix} \tag{8.67}
$$

$$
\boldsymbol{t}_3=\begin{bmatrix}-0.002\\-0.002\\-0.001\end{bmatrix}T+
\begin{bmatrix}-2.38[\cos(1.535\,9+0.001T)-\cos(1.535\,9+0.001T-0.001\Delta T)]\\-2.38[\sin(1.535\,9+0.001T)-\sin(1.535\,9+0.001T-0.001\Delta T)]\\0\end{bmatrix} \tag{8.68}
$$

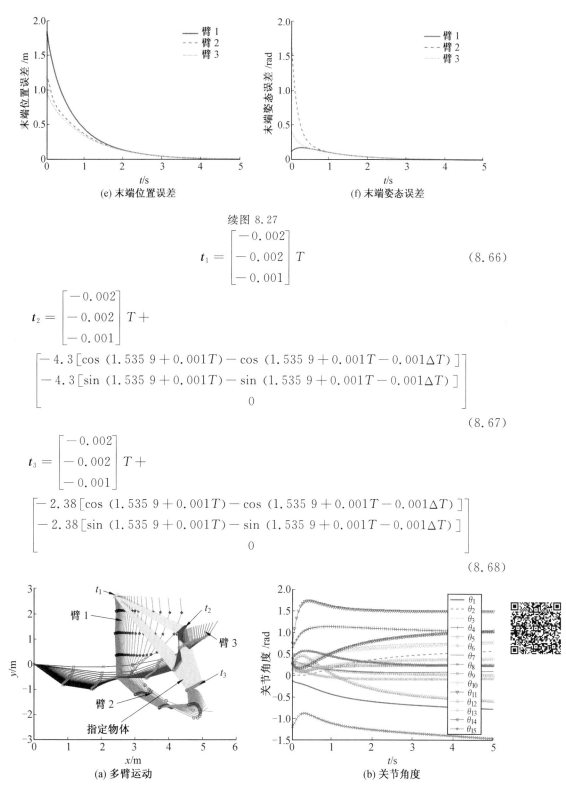

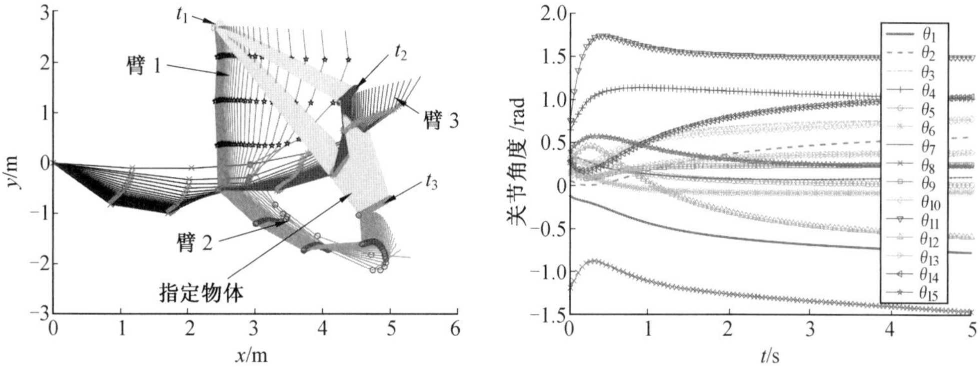

(a) 多臂运动　　(b) 关节角度

图 8.28　基于线性近似法采用在线运动规划追踪平动物体

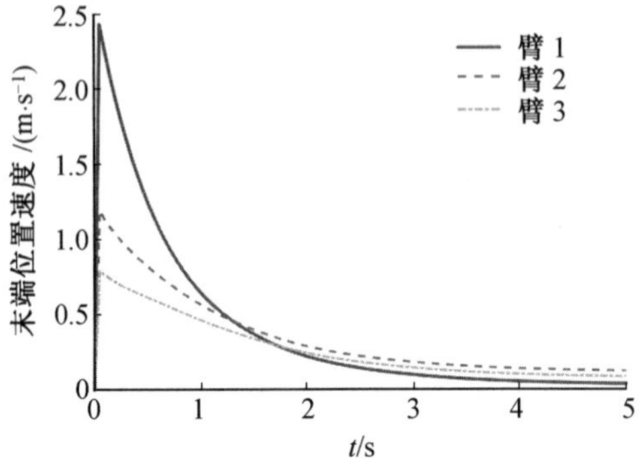

(c) 末端位置速度

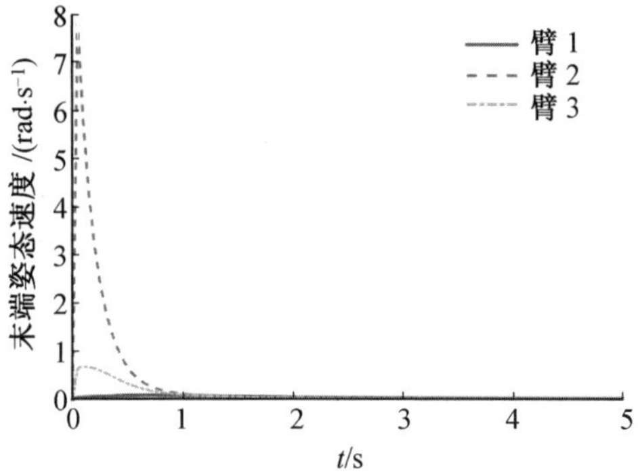

(d) 末端姿态速度

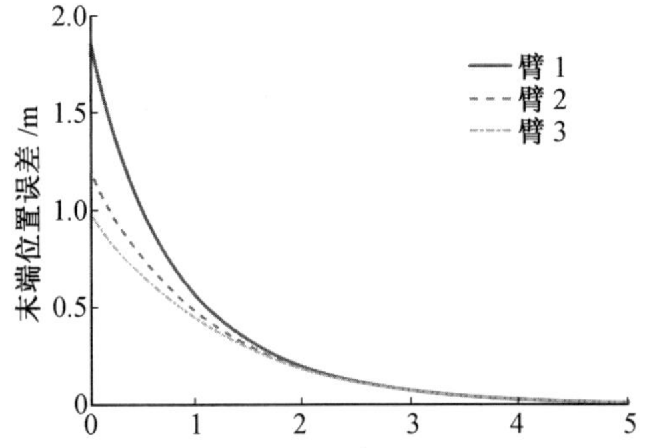

(e) 末端位置误差

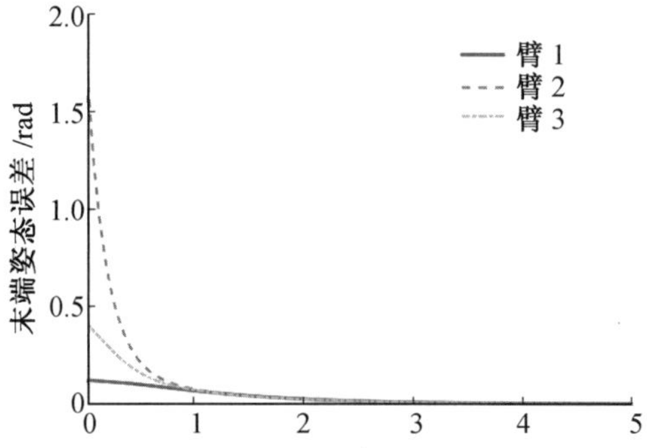

(f) 末端姿态误差

续图 8.28

综合考虑 8.5 小节的仿真验证,所提自组织竞争神经网络是可行的、有效的,可实现具有(或不具有)物理耦合的多臂机器人协同操作中运动的同步性,有利于实际的应用。

8.6 本章小结

本章研究了多臂机器人运动学协调操作在线运动规划。首先,基于传统逆运动学实现了多臂机器人独立任务操作。其次,针对一类协调任务提出了一种基于子基法的逆运动学计算方法和基于自组织竞争神经网络的在线运动规划方法。子基法将多臂机器人构型进行子基划分,并计算子基运动,以使多臂机器人系统误差沿着总误差减小方向收敛,提高了系统收敛速度。另外,提出将臂与臂之间的协调同步运动归结为神经网络神经元之间的竞争关系,采用基于内星学习规则的在线学习,实现多臂形成协调操作任务前、中运动上的协调。然后根据李雅普诺夫理论和基于内星学习规则的特点探讨了所提多臂运动规划的收敛性。最后,通过多种协调操作任务仿真验证了所提方法的可行性和实用性。

第9章　面向散乱物体的机械臂抓取运动规划

9.1 引　言

本章首先介绍 RealSense RGB－D 相机的深度图像获取原理，并针对图像存在的数据缺失和数据跳动幅度较大等缺陷进行滤波改善处理。结合深度数据计算场景点云，去除背景点云、提取所需对象区域的点云数据。对点云数据进行预处理，去除粘连点云和噪点，降低点云密度。然后，利用点云数据的局部几何特征将点云进行分割和聚类，再利用物体点云数据与模型点云数据进行精配准，得到物体的三维位姿。经过对深度图像处理以及对点云数据的处理，得到了物体的三维位姿，并通过制定的抓取策略确定优先抓取对象及抓取点。然后确定抓取方式和抓取结构，检测箱体位姿，对机械臂和物流箱进行简化，确定机械臂构型与箱体之间碰撞检测方法。最后完成对箱体内物体的抓取可行性分析，对机械臂抓取姿态和抓取构型进行计算，并在 Gazebo 仿真软件中对抓取过程进行仿真。

9.2 物体三维点云获取

Intel RealSense D435i 深度相机采用红外结构光和双目视觉相结合的方式测量深度。双目视觉系统通过获取左相机和右相机得到的图像并进行匹配，已知两个相机间的距离，利用三角测量的方式计算出深度数据。红外投射器可以向视场环境中投射肉眼不可见的红外纹理图案，可以增强低纹理场景的测量精度，深度图像获取过程如图 9.1 所示。通过深度数据和相机内参数据可以计算出相机视场中的点云数据。

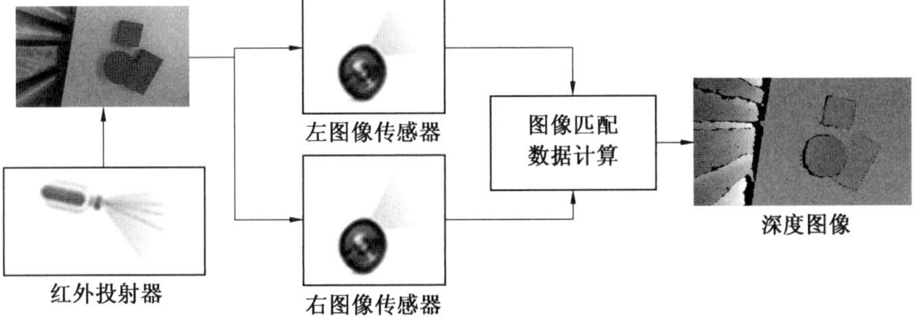

图 9.1　Intel RealSense D435i 相机深度图像获取过程

但相机得到的原始深度图像具有数据跳动幅度较大、数据空洞等缺陷，必须进行处理。针对深度数据缺失的像素点，利用其邻域内的点的像素值和深度值，通过联合双边滤波方法[157]结合获取的彩色图像估计其深度值；针对深度数据噪声和数值跳动现象，利用卡尔曼滤波方法进行处理。

根据深度图像计算出的原始点云数据包含环境无关点云，同时也具有密度过大、噪点随机分布等不足，必须进行一系列处理。利用直通滤波方法，可以去掉箱体及箱体之外的无用场景点云，获取堆放在箱体内部的所有物体的点云数据；由于原始点云数据分布密集、点数量过多，通过体素网格降采样方法进行处理，有效减少点的密集程度和数量；针对噪点和物体间的粘连点，则应用统计滤波方法和半径滤波方法进行处理。

物体三维点云获取及预处理整体过程如图 9.2 所示。

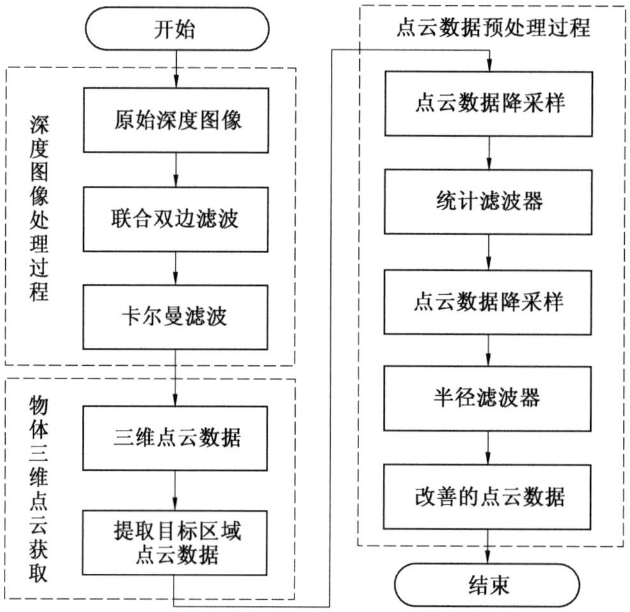

图 9.2　物体三维点云获取及预处理整体过程

9.2.1　深度图像的质量改善方法

本章使用相机获得的场景深度数据在物体边缘等位置存在数据缺失问题，同时也存在深度数据跳动幅度较大的缺陷，从而直接影响到点云计算等后续过程，影响物体位姿检测精度，故需要对深度图像进行滤波处理和空洞填充，提高图像质量。

1. 深度图像数据空洞填充处理

由于物体材质、环境等因素，相机视场中某些点的深度值缺失，在深度图像中表现为黑色空洞，如图 9.3(a) 所示。物体边缘处以及物体表面的深度数据缺失对物体有效点云的获取有较大的影响。考虑到不同对象色彩通常不一样，其对应的对象边缘和对象表面的深度值变化也不一样，故结合彩色图像，利用联合双边滤波处理方法，根据图像邻域内各像素点与中心点的色彩差异及欧氏距离的大小对各点赋予不同的权值，通过加权平均求取中心点的深度数据估计值。

对于某深度数据未知的像素点 p，其邻域为 Ω，q 为邻域中一点，深度信息估计值可表达为

$$D_{\mathrm{p}}=\frac{1}{k_{\mathrm{p}}}\sum_{q\in\Omega}D_{\mathrm{q}}f(\parallel p-q\parallel)g(\parallel I_{\mathrm{p}}-I_{\mathrm{q}}\parallel) \tag{9.1}$$

式中，D_{p} 和 D_{q} 分别为像素点 p 和 q 的深度数据值；k_{p} 为归一化系数，$k_{\mathrm{p}}=\sum_{q\in\Omega}f(\parallel p-q\parallel)g(\parallel I_{\mathrm{p}}-I_{\mathrm{q}}\parallel)$；$f(\parallel p-q\parallel)$ 为欧氏距离权重系数；$g(\parallel I_{\mathrm{p}}-I_{\mathrm{q}}\parallel)$ 为颜色 RGB 权重系数，I_{p} 和 I_{q} 代表像素点 p 和 q 的 RGB 值。

在邻域范围内，离 p 点越近的点，且 RGB 值差异越小，则越可能属于同一个物体，则该点所占的权值越大；离 p 点越远的点，且 RGB 值差异越大，则越可能属于不同的物体，则该点所占的权值越小。遍历整个深度图像，通过联合双边滤波处理，估计缺失的深度数据值，得到处理后的深度图像如图 9.3(b) 所示，图像中的数据空洞基本消除。

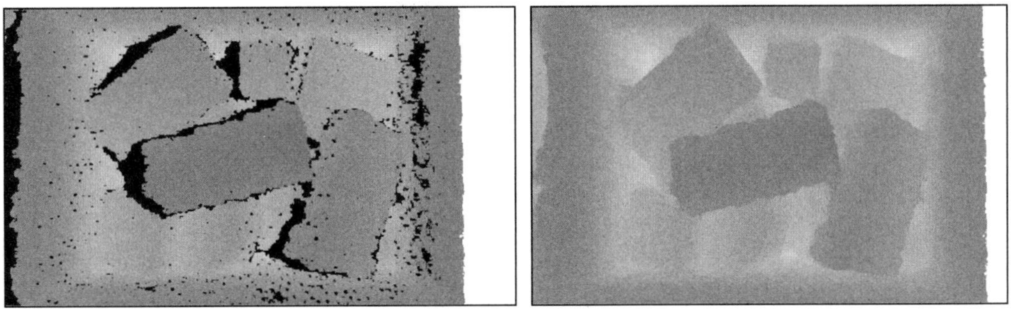

(a) 滤波前深度图像　　(b) 滤波后深度图像

图 9.3　联合双边滤波处理效果图

2. 深度图像数据跳动改善处理

由于环境、噪声、设备振动等因素，原始深度图像的数据会出现较大的跳动，即相邻两帧图像同一像素点的深度数据会有较大的变化。在静止环境，对连续 50 帧相机采集到的原始深度图像上同一像素点的深度值进行统计，如图 9.4 所示，数据最大变化量为 7 mm。较大的数据跳动会造成平面点云的波动而影响物体识别和位姿检测，故需结合相关的滤波算法对图像数值进行优化以减小其变化幅度。处理中常用的中值滤波、高斯滤波等方法通过对邻域范围的数据进行加权平均来替代，但三维环境中深度数据不一定连续，中值滤波等方法并不适用。本章采用卡尔曼滤波进行处理。

卡尔曼滤波方法采用线性系统状态方程，在时序上对输入的数据进行优化，是一种线性滤波算法，包含预测和校正两个结构。方法中的预测结构是结合系统上一状态估计当前状态，校正结构则是融合系统当前观测状态与预测估计状态计算得到优化状态。该方法在时序上对深度图像进行滤波，能较好地减小数据跳动幅度，并且运算量较小。在本章中，利用上一帧的状态变量来预测本帧状态，并结合本帧的观测数据进行校正，进而得到最终结果。系统状态方程为

$$\boldsymbol{X}_i=\boldsymbol{A}\boldsymbol{X}_{i-1}+\boldsymbol{B}\boldsymbol{U}_i+\boldsymbol{W}_i \tag{9.2}$$

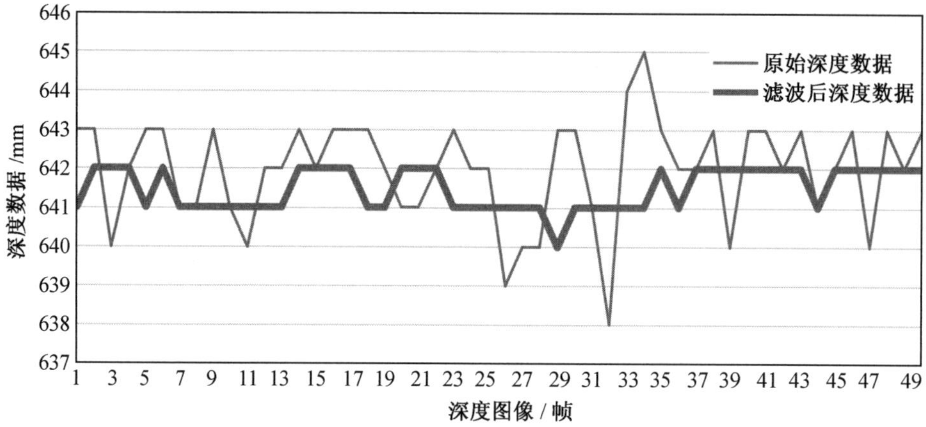

图 9.4　卡尔曼滤波前后某像素点深度值变化

$$\boldsymbol{Z}_i = \boldsymbol{H}\boldsymbol{X}_i + \boldsymbol{V}_i \tag{9.3}$$

式中，$\boldsymbol{X}_i$ 和第 $\boldsymbol{X}_{i-1}$ 分别为第 i 和第 $i-1$ 帧图像的状态矩阵，$\boldsymbol{X}_i = [x_i \quad \Delta x_i]^{\mathrm{T}}$，$\boldsymbol{X}_{i-1} = [x_{i-1} \quad \Delta x_{i-1}]^{\mathrm{T}}$，其中 x_i、Δx_i 分别为某点在第 i 帧图像的像素值及其相对于第 $i-1$ 帧图像像素值的变化量；$\boldsymbol{W}_i$ 和 $\boldsymbol{V}_i$ 为高斯噪声矩阵；$\boldsymbol{A}$ 为状态转移矩阵；$\boldsymbol{B}$ 为控制输入状态转移矩阵；$\boldsymbol{U}_i$ 为第 i 帧图像控制输入；$\boldsymbol{Z}_i$ 为第 i 帧图像测量值；$\boldsymbol{H}$ 为状态转移矩阵。

研究中目标及环境处于静止状态，故各变量取值为：$\boldsymbol{A} = \begin{bmatrix} 1 & 1 \\ 0 & 1 \end{bmatrix}$，$\boldsymbol{B} = \boldsymbol{0}$，$\boldsymbol{U}_i = \boldsymbol{0}$，$\boldsymbol{H} = \begin{bmatrix} 1 & 0 \\ 0 & 1 \end{bmatrix}$。由系统状态方程简化可以得到预测模型为

$$\boldsymbol{X}_i^- = \boldsymbol{A}\boldsymbol{X}_{i-1} \tag{9.4}$$

式中，$\boldsymbol{X}_i^-$ 为第 i 帧图像的状态预测值。

误差协方差矩阵更新为

$$\boldsymbol{P}_i^- = \boldsymbol{A}\boldsymbol{P}_{i-1}\boldsymbol{A}^{\mathrm{T}} + \boldsymbol{Q} \tag{9.5}$$

式中，$\boldsymbol{P}_i^-$ 为第 i 帧图像的误差协方差更新矩阵；$\boldsymbol{P}_{i-1}$ 为第 $i-1$ 帧图像的误差协方差矩阵；$\boldsymbol{A}$ 为状态转移矩阵。

卡尔曼增益的估算：

$$\boldsymbol{K}_i = \boldsymbol{P}_i \cdot \boldsymbol{H}^{\mathrm{T}} (\boldsymbol{H} \cdot \boldsymbol{P}_i \cdot \boldsymbol{H}^{\mathrm{T}} + \boldsymbol{R})^{-1} \tag{9.6}$$

式中，$\boldsymbol{R}$ 为系统观测噪声的协方差矩阵。

将测量值与预测值相结合得到状态更新模型为

$$\boldsymbol{X}_i = \boldsymbol{X}_i^- + \boldsymbol{K}_i(\boldsymbol{Z}_i - \boldsymbol{H} \cdot \boldsymbol{X}_i^-) \tag{9.7}$$

$$\boldsymbol{P}_i = \boldsymbol{P}_i^- - \boldsymbol{K}_i \cdot \boldsymbol{H} \cdot \boldsymbol{P}_i^- \tag{9.8}$$

式中，$\boldsymbol{P}_i$ 为第 i 帧图像的误差协方差矩阵。

通过卡尔曼滤波对系统模型预测值以及观测值进行组合优化，减小深度图像数据的跳动幅度。在静止环境，对连续 50 帧经过卡尔曼滤波后的深度图像上同一像素点的深度值进行统计，如图 9.4 所示，数据最大变化量为 2 mm，深度数据跳动现象得到了较好的改善。

9.2.2　物体三维点云获取方法

通过相机获得的深度图像，结合测距原理和相机内参，可以计算得到整个视野的点云数据。但原始点云数据包括目标物体点云和环境点云。环境点云对物体识别和位姿检测没有意义，且会增加处理时间。故需要去除箱子和环境点云，只保留目标物体的点云数据。

1. 三维点云数据的获取

深度图像记录了视场中点到相机的距离信息，故根据相机成像和测距原理，利用滤波处理后的深度图像数据，结合深度相机的内部参数矩阵，可以计算出场景中的点相对于相机坐标系的坐标。

根据小孔成像的相关原理，如图 9.5 模型示意图所示，点 M 在全局坐标系下的位置为 (x_W, y_W, z_W)，在深度相机坐标系下的位置为 (x_C, y_C, z_C)，成像平面上的像素点 m 与其对应，坐标为 (u, v)。相机的焦距为 f，根据投影原理关系，以上位置坐标的关系式为

$$u = f\frac{x_C}{z_C} \tag{9.9}$$

$$v = f\frac{y_C}{z_C} \tag{9.10}$$

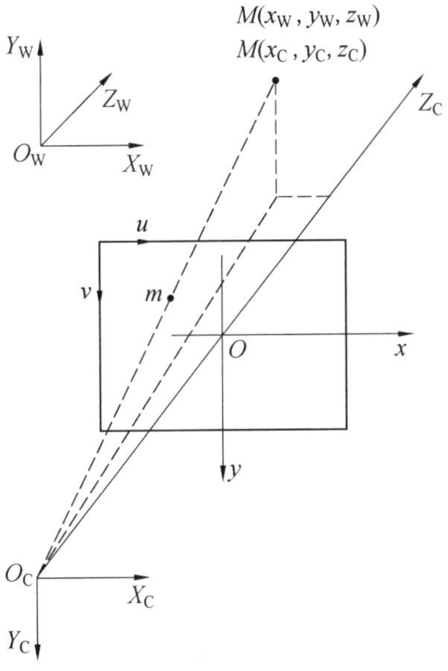

图 9.5　小孔成像模型示意图

相机在 X_C、Y_C 方向上的焦距 f_X 与 f_Y 通常情况下是相同的，但经过图像匹配等处理后，在计算相机坐标系下点坐标时，f_X 与 f_Y 会有差异，故上述关系式转化为矩阵表达式为

$$\begin{bmatrix} x_C \\ y_C \\ z_C \end{bmatrix} = D\begin{bmatrix} 1/f_X & 0 & 0 \\ 0 & 1/f_Y & 0 \\ 0 & 0 & 1 \end{bmatrix}\begin{bmatrix} u \\ v \\ 1 \end{bmatrix} \tag{9.11}$$

在式(9.11)中，D为点M的深度值，由双目测距原理计算得到，为已知量；$1/f_X$、$1/f_Y$为深度相机的内部结构参数，可由相机标定得到。本章使用的 Intel RealSense D435i 相机在出厂前已经进行了相机标定，保留了其内参矩阵，可直接查询使用。根据式(9.11)，由相机深度图像可以直接计算得到场景三维点云图像，如图 9.6 所示。

图 9.6　场景三维点云图像

2. 物体点云与环境点云的分离

通过深度图像计算得到的点云数据包含场景中所有物体的三维位置信息，包括研究针对的目标物体以及背景环境。而根据研究的需求，背景物体的点云数据对于目标识别与三维位姿的计算没有意义，并且多余的点云数据会增加后续点云处理的计算时间，降低处理效率。故需要去除背景物体的点云数据，提取目标物体的点云数据进行下一步处理。本章针对的目标对象没有明显的颜色纹理变化，虽然物体与箱体颜色不相同，但采用颜色作为目标物体与环境的区分指标局限性比较大，很容易出现干扰，故本章不使用颜色作为分割指标。考虑到在获取图像时，相机位于箱子正上方，相机坐标系与箱子坐标系相对应，故考虑直通滤波进行处理，提取箱子内部物体的三维点云数据。

相机位于箱子正上方，且相机坐标系与箱子坐标系相对应时，相机坐标系的 X_C 轴与箱子的长轴方向保持一致，Y_C 轴与箱子的短轴方向保持一致，Z_C 轴与箱子的高度方向保持一致，如图 9.7 所示。

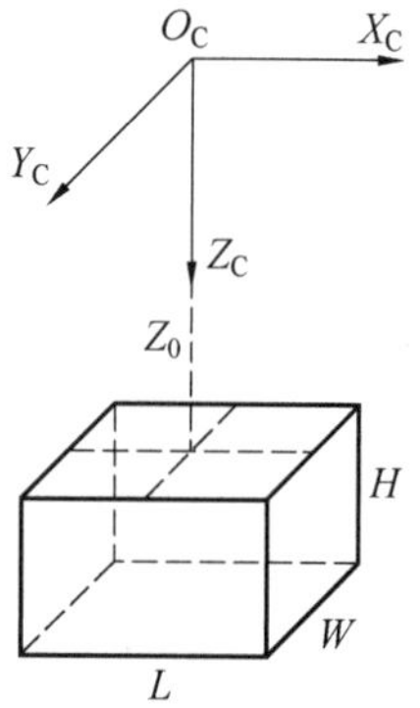

图 9.7　相机坐标系与箱子位置示意图

箱子的长(L)、宽(W)、高(H) 均为已知。箱子的内部区域形状为长方体，分布范围为 X 方向$\left[-\dfrac{L}{2},\dfrac{L}{2}\right]$，$Y$ 方向$\left[-\dfrac{W}{2},\dfrac{W}{2}\right]$，$Z$ 方向$[Z_0, Z_0+H]$，Z_0 为箱子上表面中心点在相机坐标系 Z_C 轴的坐标值。通过判断相机坐标系下点(x,y,z)是否在箱子内部区域范围内，可以将目标物体点云与背景环境点云进行分离。判断公式为

$$\text{ans}=\begin{cases}\text{true}, & \left(-\dfrac{L}{2}<x<\dfrac{L}{2}\right)\wedge\left(-\dfrac{W}{2}<y<\dfrac{W}{2}\right)\wedge(Z_0<z<Z_0+H)\\ \text{false}, & \text{其他}\end{cases} \tag{9.12}$$

通过在由深度数据计算三维点云数据的过程中，加入对点云数据是否属于目标物体的判断，最终成功提取到目标物体的点云数据，如图 9.8 所示。

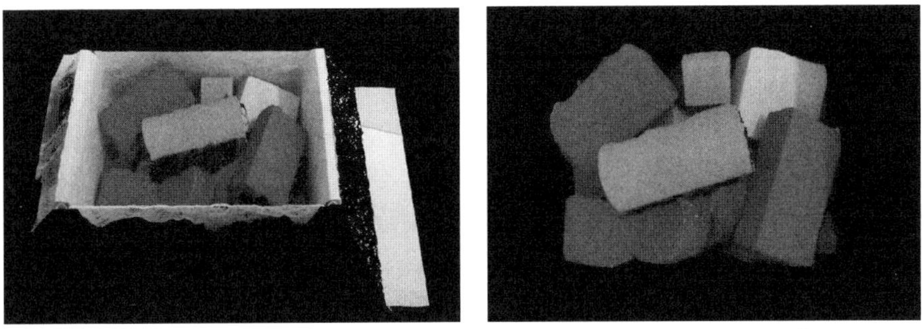

(a) 原始三维点云数据　　(b) 目标物体三维点云数据

图 9.8　目标点云提取示意图

9.2.3　物体三维点云预处理方法

由于本章所研究的对象是三维空间中散乱堆放的物体，存在遮挡、接触等情况，因此低成本的深度相机的测量缺陷无法仅靠深度图像的滤波处理进行改善，还需要对点云数据进行进一步的降采样、滤波等预处理，进而得到比较好的物体点云数据。

1. 点云数据降采样

根据采集到的深度数据转化得到的原始点云数据含有大量的点，虽然细致表达了物体的三维特征，但在大量的点中进行特征的提取以及后续点云的匹配会增加大量的时间成本，降低效率。故在尽量减少点云特征变化的基础上，适当降低点云中点的数量和密度，可以提高后续算法的效率。应用建立体素网格进行降采样的方法，降低三维点的密度。遍历点云数据，得到点云在空间上的分布范围，即沿 X 轴、Y 轴、Z 轴的最大值和最小值($x_{\min}, x_{\max}$)、($y_{\min}, y_{\max}$)、($z_{\min}, z_{\max}$)，以此构成一个包括全部点的立方体。以坐标轴方向，Δl 为步长，将构建的立方体使用网格分割处理，可以得到 N 个微小立方体素结构。

$$N=\text{ceil}\left(\frac{x_{\max}-x_{\min}}{\Delta l}\right)\cdot\text{ceil}\left(\frac{x_{\max}-x_{\min}}{\Delta l}\right)\cdot\text{ceil}\left(\frac{x_{\max}-x_{\min}}{\Delta l}\right) \tag{9.13}$$

式中，ceil() 为向上取整函数。

假设在某微小立方体素结构中含有 $n(n>0)$ 个点，则利用这 n 个三维点的质心点来表示替代这 n 个点。

$$P=\frac{1}{n}\sum_{i=1}^{n}p_i \tag{9.14}$$

通过将每个微小立方体素结构中的多个点利用其质心点进行替代，可以有效降低点云的密度和数量。采用 $\Delta l=5$ mm 对获得的对象点云数据进行降采样处理，结果如图9.9

所示，点云形状没有太大变化，但三维点的数量大大降低。

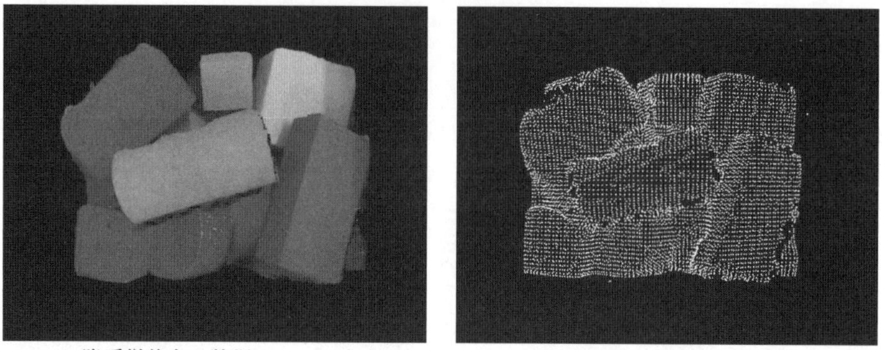

(a) 降采样前点云数据 (173 639 个点)　(b) 降采样后点云数据 (6 743 个点)

图 9.9　体素网格降采样效果图

2. 粘连点云及噪点的处理

由于相机的精度误差，以及环境等影响，点云数据中常常包含有噪点。同时，由于物体是散乱堆放的，彼此之间存在遮挡和相交，低成本深度相机测量的精度有限，故在物体相交处，常常出现点云粘连的现象，使得在进行点云分割时，无法正常分割出不同物体的点云数据，影响算法的进行。噪点常常表现为离群点，而物体相交处的粘连点云通常比物体表面点云的密度更稀疏，故可以根据这些特征对点云的噪点和粘连点云进行处理。采用点云统计滤波和半径滤波相结合的方法对粘连点云和噪点进行处理。

(1) 点云统计滤波。

首先采用统计滤波对点云进行处理。对于点云中每个三维点，搜寻出与其空间距离值最小的 k 个点，并得到它们的平均距离 $\overline{L_k}$，其计算结果应该构成高斯分布，如图 9.10 所示。平均距离在设定范围之内的三维点，其邻域内点与点的距离比较小，点的分布比较密集，为物体表面测得的正常点，而平均距离在设定距离范围之外的三维点，其点与点的距离比较大，点的分布比较稀疏，即可认为是离群点和粘连点云而进行去除。

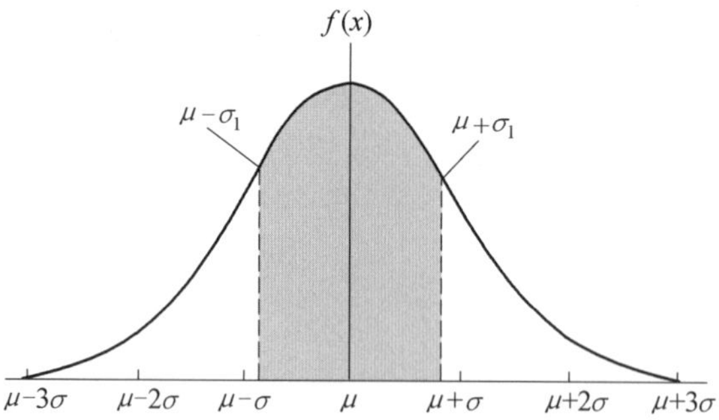

图 9.10　高斯分布示意图

在本章中，原始点云数据中点的数量太多，导致滤波计算时间较长。为减少计算时间，先利用体素降采样方法，设定较小的参数，保持点云形状和点云稀疏度没有较大变化，减少点云的数量，再利用统计滤波方法进行处理。统计滤波处理中设定 k 为 30，标准差倍数为 0.5,通过统计滤波处理后得到的结果如图 9.11 所示,点云中的噪点和粘连点云有效减少。

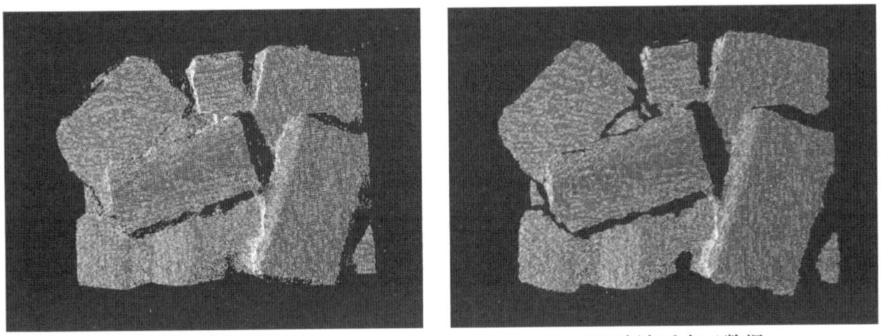

(a) 滤波前点云数据　　(b) 滤波后点云数据

图 9.11　统计滤波效果图

(2) 点云半径滤波。

统计滤波后,再次利用体素降采样方法,设定较大的参数,大幅减少点云中点的数量。统计滤波去除了大部分的离群点和粘连点云,但依然存在一部分粘连点云,影响后续点云的分割处理。故为进一步去除物体间的粘连点云,利用其密度小的特征再采用半径滤波进行去除。

以点云中某点为中心,r 为半径构成一个球,计算在其范围内的点的数量。如果点的数量少于某个阈值 ρ,则将其剔除,如果点的数量大于某个阈值 ρ,则将其保留,以此来进一步对粘连点云进行去除。如图 9.12 所示,经过处理后,物体间的粘连点云基本去除。

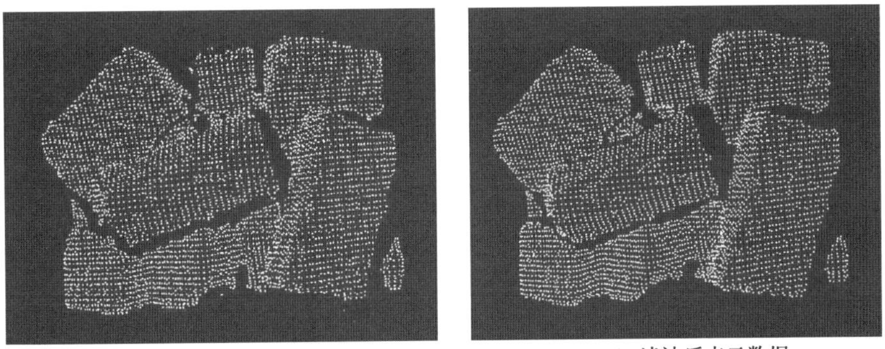

(a) 滤波前点云数据　　(b) 滤波后点云数据

图 9.12　半径滤波效果图

9.3　物体识别与三维位姿获取

首先利用点云数据的局部几何特征将点云进行分割和聚类,得到不同物体的点云数据,然后根据其整体几何特征与模型信息进行匹配,识别物体种类,并进行初始配准,得到对象初始位姿。再利用物体点云数据与模型点云数据进行精配准,最终得到物体的三维位姿。流程如图 9.13 所示。

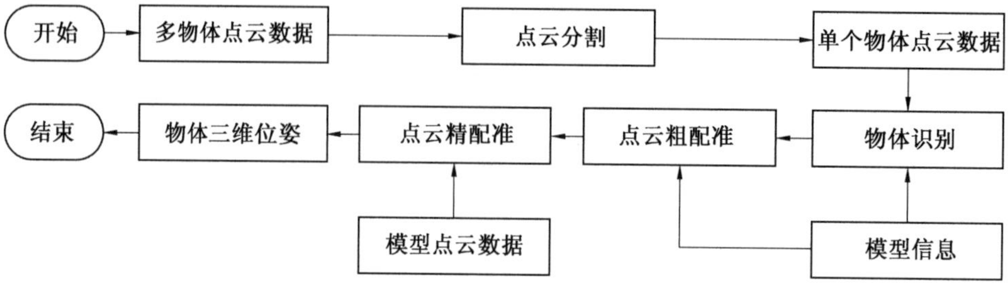

图 9.13　物体三维位姿检测流程图

根据各个物体点云分布情况制定适宜的抓取策略，得到优先抓取对象，完成对抓取点的设置，确定抓取任务。

9.3.1　物体点云分割聚类方法

点云分割聚类的目的是将包含多个目标物体的三维点云数据分割为单个物体的点云数据，为后续过程中与模型点云数据匹配做准备。位于同一平面或者曲面的三维点云具有相似的几何特征，先利用点云的局部几何特征进行分割，再将具有相似特征且相邻的点进行聚合，将几何特征差别较大的点分割开，以达到分离不同面的点云数据的目的。再通过面与面之间的几何关系进行聚类，实现提取属于单个目标物体的点云数据。处理过程中采用超体素聚类点云分割方法以及基于凹凸性的点云聚类分割方法。

1. 超体素聚类点云分割

超体素聚类点云分割方法是一种点云过分割方法。它的原理是将点云数据划分为多个小块，计算小块中点云的几何特征，研究小块之间的特征关系，将具有相似特征的小块聚合在一起，最终形成多片小型的点云数据。超体素聚类点云分割方法具有较高的效率，利用空间八叉树结构将点云体素化，进行聚类区域增长来进行聚类分割。具体流程如下：

(1) 点云体素化处理。

点云数据分布在三维空间中，点数多，数据量大，分布范围也比较大，直接对每个点进行查询并进行分割处理，计算量大，效率低。空间八叉树结构将三维空间分割为多个小立方体，彼此之间相接触，便于搜索和查询，计算效率高。故使用空间八叉树结构将点云进行体素化处理，把空间根节点按照相等尺寸分为 8 个子节点，即分为等大的 8 个较小的立方体，通过循环递归的方法将点云数据分为多个小立方体(体素)，如图 9.14 所示。体素化的分辨率 R_{voxel} 即为最终每个小立方体的边长。每个体素内包含一个或多个原始三维点，或者不包含三维点。包含三维点的体素为非空体素，计算其包含的所有点的质心，并替代原始三维点，而不包含三维点的体素定义为空体素。通过以上处理，生成了超体素点云聚类分割所需要的体素云。

(2) 建立邻接图。

体素空间的邻接图是指各体素之间的邻接关系，通过建立邻接图可以快速地对相邻体素进行查询。根据体素与体素之间的接触情况，体素之间的邻接性可归纳为点接触方式、线接触方式和面接触方式三种，如图 9.15 所示。面接触方式将共同包含同一个面的

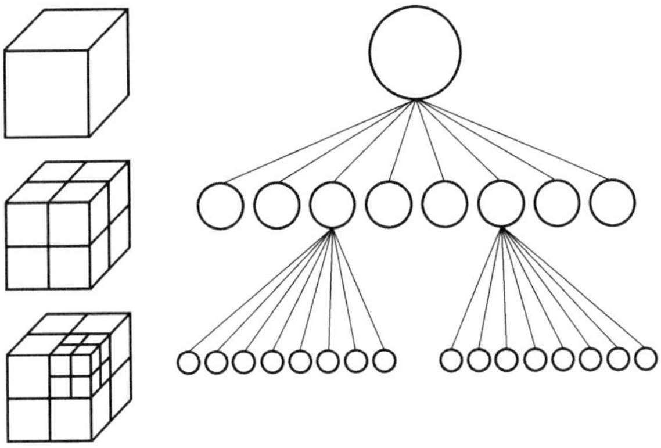

图 9.14　空间八叉树结构示意图

两个体素定为相邻关系，此方式下其邻接的体素共有 6 个；线接触方式将共同包含同一条线的两个体素定为相邻关系，此方式下其邻接的体素共有 18 个；点接触方式将共同包含同一个点的两个体素定为相邻关系，此方式下其邻接的体素共有 26 个。本章采用 26 相邻的点接触方式，通过 KD 树快速搜索，构造其对应的邻接关系图。

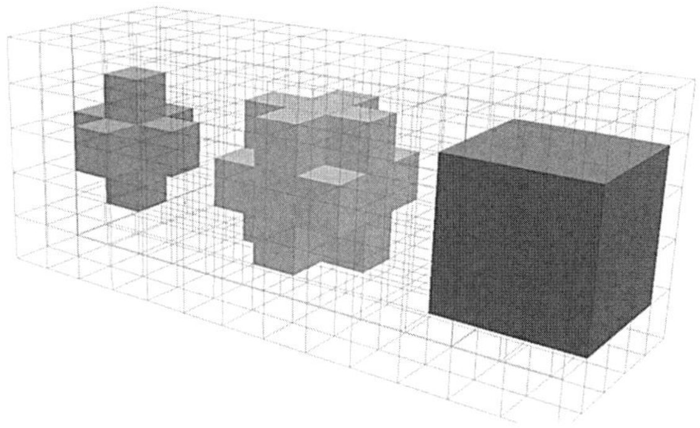

图 9.15　体素邻接关系示意图

(3) 种子体素的选择。

聚类分割过程将从众多体素中选择多个种子体素作为聚类分割的起点。将点云所处空间区域进行网格化操作，划分为多个网格，其网格的大小为 R_{seed}。一个网格包含多个体素，最靠近网格中部的体素将成为聚类分割过程中设定的种子体素。对每个种子体素，查询直径 D_{search} 范围内的周边体素，计算非空体素数量，如果区域范围内非空体素的数量小于设定阈值，则将此种子体素从列表中删除，由此可以剔除由噪点等造成的种子体素。

(4) 体素聚类分割。

设定好初始种子体素后，将不断根据邻接图搜索相邻体素，选择符合特征条件的体素进行聚类，增长体素区域，形成超体素。本章采用的物体颜色相近，颜色特征会对体素聚类分割形成干扰，故选择空间位置和几何特征来作为特征条件。通过对三维位置距离和几何特征信息采取加权计算，得到衡量邻接体素的特征距离，即

$$D=\sqrt{\frac{\lambda_1 D_s^2}{3R_{seed}^2}+\lambda_2 D_n^2} \tag{9.15}$$

式中，D_s 表示空间距离；D_n 表示快速点特征直方图(FPFH)交叉核计算的几何特征距离；λ_1、λ_2 为空间距离和几何特征距离的权值。

对于每个种子体素或者聚类中心，根据建立好的邻接图搜索其相邻体素，计算特征距离 D，选择其中特征距离结果最小的体素进行标记，加入到其聚类中，并更新邻接体素数据，一直进行聚类操作直到遍历点云空间区域内的所有体素。对所有的聚类进行更新，计算其中心。不断重复体素聚类过程，直到体素聚类的中心达到稳定的状态或者聚类过程达到设定迭代次数。最后得到的超体素聚类点云分割结果如图 9.16 所示，不同的 R_{seed} 得到的结果也有所差异。

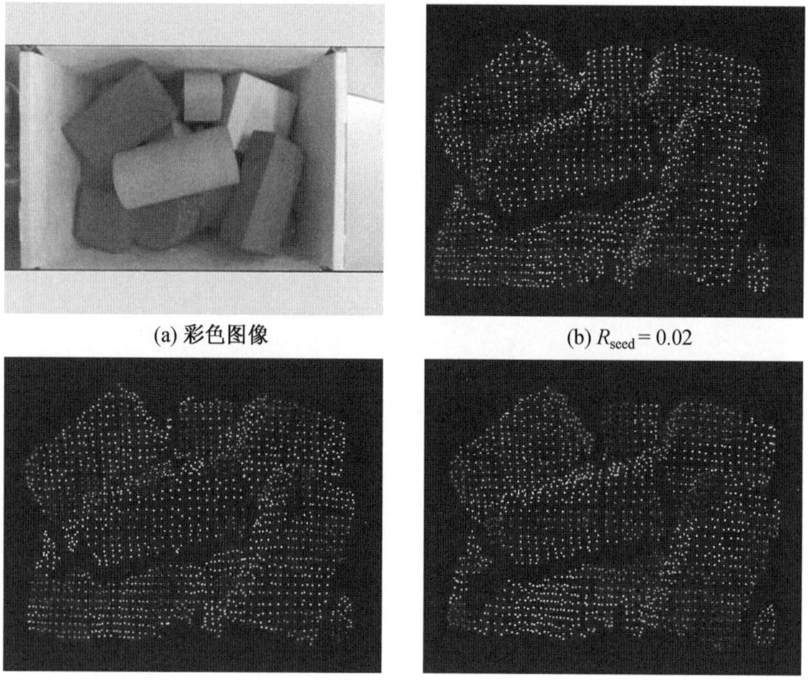

(a) 彩色图像 (b) $R_{seed}=0.02$

(c) $R_{seed}=0.04$ (d) $R_{seed}=0.06$

图 9.16 超体素聚类点云分割结果图

2. 基于凹凸性的点云聚类分割

通过上述基于超体素点云聚类分割的处理，包含多个物体的三维点云数据被分割为多个超体素，即多个片状点云聚类，不同物体的点云数据被分割，属于同一物体的点云数据一般也被分割为多个小片点云。故需要进一步处理，合并同一物体的点云聚类，分割属于不同物体的点云聚类。本部分针对的物体是凸面体，属于同一物体的相邻片状点云具有凸的特性，而在两个物体的接触部分的点云具有凹的特性，故采用基于凹凸性的聚类分割方法对片状点云聚类进行进一步聚类分割。

分析凸面连接和凹面连接情况，如图 9.17 所示。其中 P_1、P_2 分别为两块片状点云的质心，$\boldsymbol{n}_1$、$\boldsymbol{n}_2$ 分别为两块片状点云的法向向量，$\boldsymbol{d}$ 为两块片状点云的质心连接向量，α_1、α_2 分别为两块片状点云的法向向量与它们的质心连接向量之间的夹角。根据分析可以总结出，两块片状点云的连接情况可以根据它们的质心向量和两者法向向量之间的夹角进行判断。

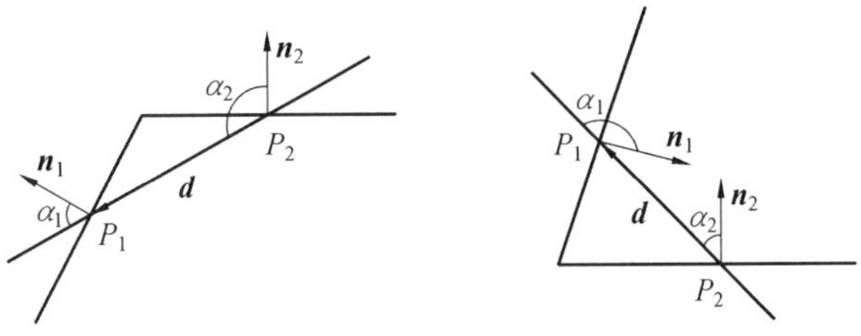

图 9.17　凸凹面连接示意图

如果是凸面连接，则 $\alpha_1 < \alpha_2$，即

$$\cos\alpha_1 - \cos\alpha_2 > 0 \Leftrightarrow \boldsymbol{n}_1 \cdot \boldsymbol{d} - \boldsymbol{n}_2 \cdot \boldsymbol{d} > 0 \tag{9.16}$$

如果是凹面连接，则 $\alpha_1 > \alpha_2$，即

$$\boldsymbol{n}_1 \cdot \boldsymbol{d} - \boldsymbol{n}_2 \cdot \boldsymbol{d} < 0 \tag{9.17}$$

同时，当两超体素法线的夹角小于某个阈值时，两者可能属于同一平面或者曲面的一部分，也可判断为是凸面连接，即

$$\theta = \arccos(\boldsymbol{n}_1 \cdot \boldsymbol{n}_2) < \theta_{\mathrm{T}} \tag{9.18}$$

式中，θ_{T} 为设定的阈值。

综上，判断相邻的超体素是否是凸面连接的 CC 判据是

$$\mathrm{CC}(F_1, F_2) = \begin{cases} \text{true}, & (\boldsymbol{n}_1 \cdot \boldsymbol{d} - \boldsymbol{n}_2 \cdot \boldsymbol{d} > 0) \vee (\theta < \theta_{\mathrm{T}}) \\ \text{false}, & \text{其他} \end{cases} \tag{9.19}$$

但在实际情况中，两块超体素在满足上述判据的条件下还存在其他类型的奇异连接，导致判据失效。如图 9.18 所示，两块超体素相邻，但共同边界的长度几乎为 0，在这种情况下，不能将其判断为凸连接，CC 判据失效。

针对奇异连接，利用 SC 判据进行判断。定义垂直于两块超体素法向量的向量为 $\boldsymbol{s} = \boldsymbol{n}_1 \times \boldsymbol{n}_2$，其与质心向量 $\boldsymbol{d}$ 的夹角为 β，夹角 β 越大，则两块超体素形成凸连接的可能性就越大。两个向量之间的角度表示为

$$\beta(F_1, F_2) = \min(\angle(\boldsymbol{d}, \boldsymbol{s}), 180^\circ - \angle(\boldsymbol{d}, \boldsymbol{s})) \tag{9.20}$$

则根据 SC 判据，可表达为

$$\mathrm{SC}(F_1, F_2) = \begin{cases} \text{true}, & \beta(F_1, F_2) > \beta_{\mathrm{T}} \\ \text{false}, & \text{其他} \end{cases} \tag{9.21}$$

式中，β_{T} 为设定的阈值。

综合上述正常和奇异两种情况，在同时满足 CC 判据和 SC 判据的情况下，两块相邻片状点云的连接性才能判断为凸连接，即两者是属于同一物体，可合并在一起。通过基于几何凹凸性的聚类分割方法对经过超体素聚类分割处理后的点云数据进行进一步处理，有效地将属于同一物体的点云数据进行合并，将不同物体的点云数据分割开来，如图9.19 所示，基本上将不同物体的点云数据分割开来。

9.3.2　物体识别及三维位姿获取研究

通过 9.3.1 节点云分割聚类，已将属于不同物体的点云数据区分开来。但对于得到

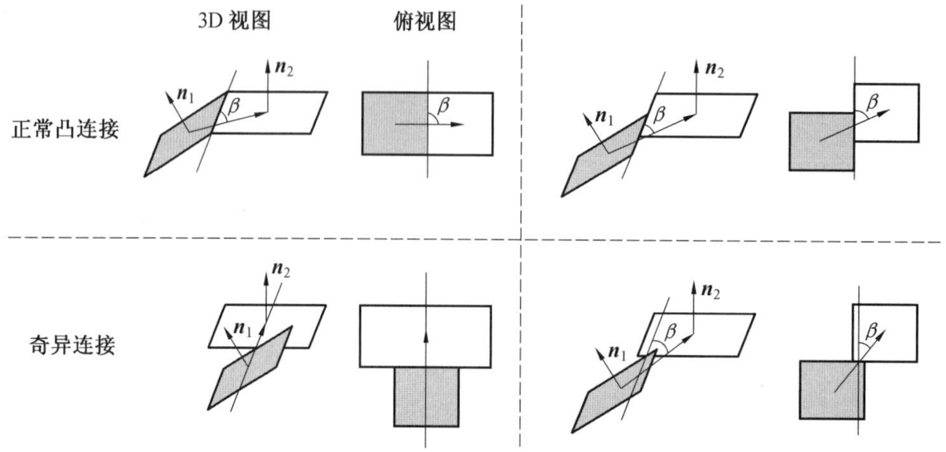

图 9.18　奇异连接示意图

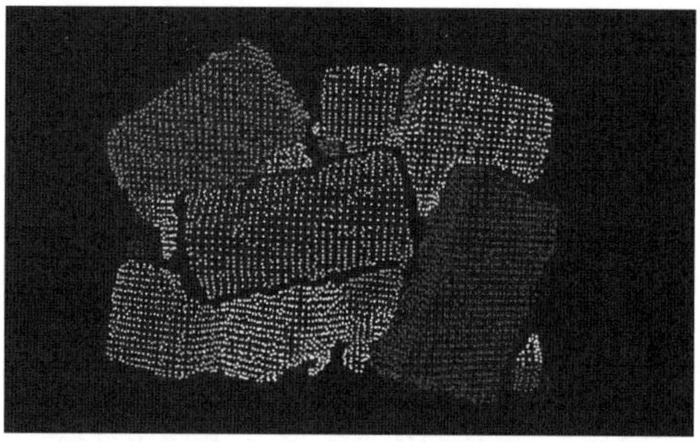

图 9.19　点云分割结果图

的每一块聚类点云，并不知道其属于哪种物体，并且控制机械臂实现抓取和放置物体还需要得到物体的三维位置和姿态信息。本节研究通过物体的三维点云数据，根据其特征判断物体的种类，并通过与数据库模型信息和点云进行匹配，计算得到目标物体的三维位姿数据。由于抓取的物体具有规则和高度对称的特性，以及具有很多相似局部特征点，因此采取利用局部特征进行配准的方法将出现误配准，得到错误的姿态信息。故提出规则物体部分点云体积最小包围盒计算方法，并采用基于最小包围盒的特征匹配方法，对物体三维点云进行种类识别与粗配准，最后采用最近邻点迭代算法(ICP)对点云数据进行精配准，得到物体的三维位姿。

1. 点云几何特征

点云的几何特征是表达点云携带信息的重要途径，利用点云的几何特征可以判断点云所属物体种类并计算物体在空间的位置和姿态。点云的几何特征根据尺度大小可包含单点特征、尺度较大的局部特征和在点云整体尺度下的全局特征，例如点云的表面法向量、快速点特征直方图、最小包围盒等。本节主要利用点云的表面法向量和最小包围盒等几何特征。

(1) 表面法向量。

表面法向量是三维点云的重要特征，它的变化能表述点云的表面形状变化，在点云处理过程中具有重要的作用。三维点云的表面法向量计算主要是将局部点云近似为微小平面，利用邻域内三维点进行最小二乘平面拟合，求解微小拟合平面法向量，进而得到点的法向量。点云法线示意图如图 9.20 所示。

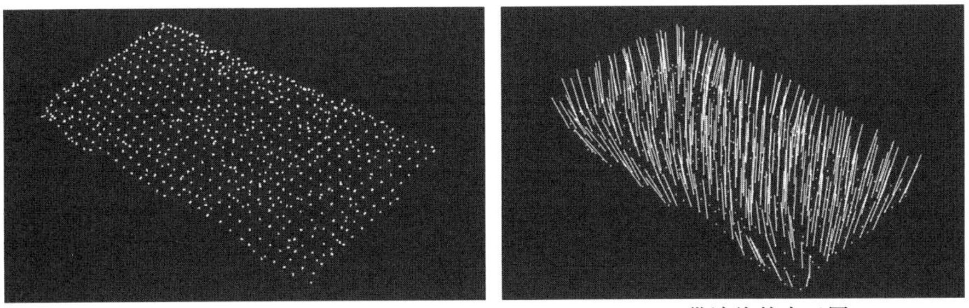

(a) 原始点云图　　(b) 带法线的点云图

图 9.20　点云法线示意图

(2) 最小包围盒。

最小包围盒指能够完全包围点云中所有点的体积最小或者表面积最小的规则几何体，表达了点云的分布区域的大小，也能一定程度上表达点云形状。本章针对的对象是比较规则的长方体和圆柱形物体，通过构建点云的最小包围盒能更方便地判断点云的大小和形状，以确定点云所属物体的种类，并进行点云的粗配准计算位姿。所使用的包围盒为体积最小的长方体形包围盒。

最小包围盒的构建方法一般为使用主成分分析法(PCA) 对物体点云数据构建协方差矩阵[158]，并对矩阵采用奇异值分解处理，求解得到三个特征向量。点云的分布主方向与所求得的向量一一对应且互相垂直。点云质量中心与三个互相垂直的分布主方向构成一个点云坐标系，将其进行旋转平移到与坐标原点坐标系相重合，计算点云在空间分布的最值，便可得到一个包围所有点云的立方体，最后再进行逆旋转和平移，就得到了对象点云的包围盒，如图 9.21 所示。

$$\boldsymbol{A}^{\mathrm{H}}\boldsymbol{A}=\sum_{\boldsymbol{P}\in F}(\boldsymbol{P}-\boldsymbol{C})(\boldsymbol{P}-\boldsymbol{C})^{\mathrm{T}} \tag{9.22}$$

式中，$\boldsymbol{A}$ 为协方差矩阵；$\boldsymbol{F}$ 为点云三维点集合；$\boldsymbol{P}$ 为点云中的三维点；$\boldsymbol{C}$ 为点云质心。

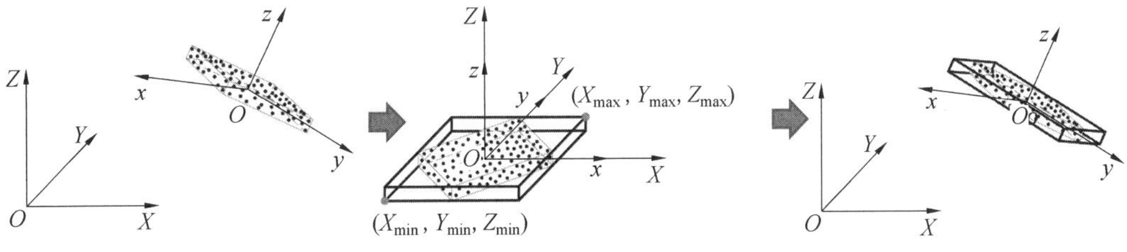

图 9.21　最小包围盒一般构建方法示意图

通过以上步骤，输入点云数据，即可得到包围点云的最小包围盒，如图 9.22(a) 与图 9.22(b) 所示。但希望得到的最小包围盒使点云能极大地分布在包围盒的表面，所得到的包围盒体积最小，而此方法构建的包围盒会出现特殊情况，如图 9.22(c) 与图9.22(d)所示，计算出的包围盒体积不是最小情况。

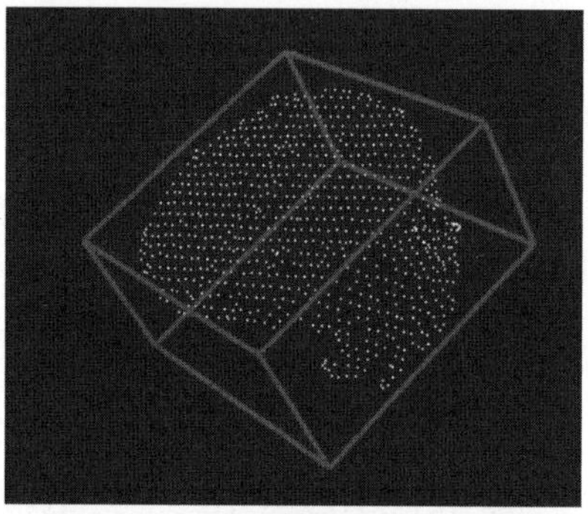

(a) 包围盒示意 1

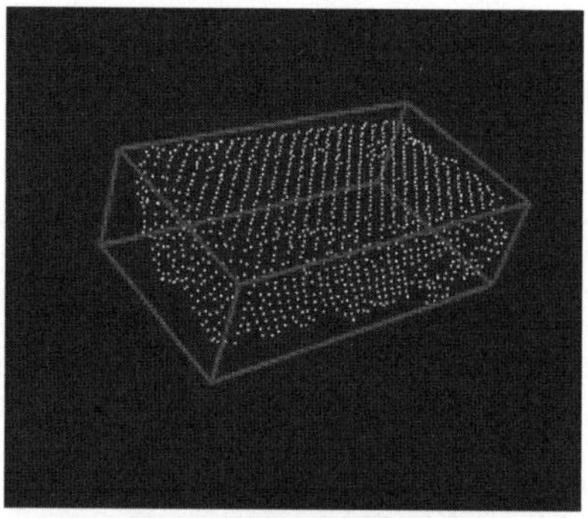

(b) 包围盒示意 2

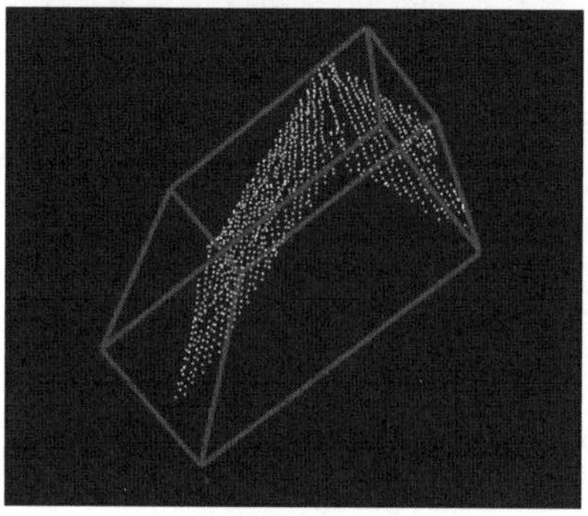

(c) 包围盒示意 3

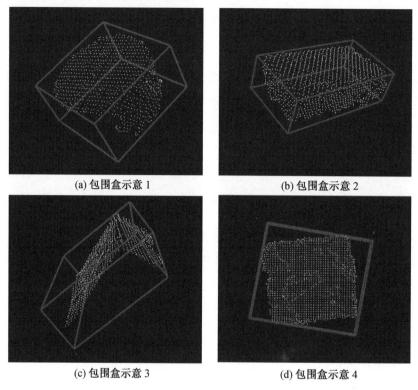

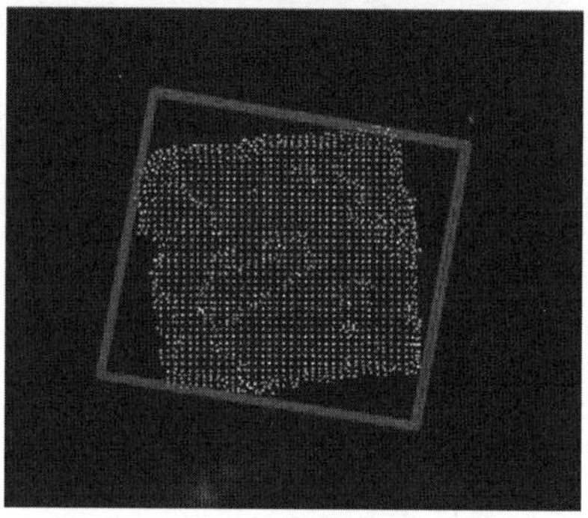

(d) 包围盒示意 4

图 9.22　点云最小包围盒实验图

为得到所需要的包围盒，本章提出一种求规则物体部分点云体积最小包围盒的方法。首先在计算时依然采用主成分分析法计算点云分布主方向。而鉴于针对的对象具有较多的平面，且平面之间相互垂直，平面点云一般会出现在包围盒的表面。故对点云中出现的平面进行拟合，得到平面的法向量。

若点云中没有平面，则直接利用主成分分析法计算得到的主方向向量为点云坐标系的坐标轴单位向量；若点云中只有一个平面，则将平面法向量与主成分分析法计算得到的主方向向量进行对比，选择平面法向量及与其相垂直的主方向向量作为点云坐标系的两轴单位向量，另一轴单位向量利用两个已确定向量叉乘得到；若点云中不止一个平面，则将平面的法向量与主成分分析法计算得到的主方向向量进行对比，选择相垂直的两个向量作为点云坐标系两轴的方向向量，另一轴利用两个向量的叉乘得到。将构造得到的点云坐标系进行旋转和平移至全局坐标系，坐标轴对应重合。

待点云坐标系与坐标原点坐标系重合后，寻找使得包围盒体积最小的坐标值。首先对点云进行半径滤波处理，只保留边界点，以减少后续处理时间。Z 轴根据上述处理，一般为点云的厚度方向，遍历每个点可以直接确定最小值 $Z_{\min}$ 和最大值 $Z_{\max}$。而 X 轴与 Y 轴方向上的最值一般很难确定。在这里选择利用旋转和迭代的方式来进行确定。利用直线 $y=\pm x+b$，确定点云在 XY 平面四个象限的四个顶点，依次顺时针相连，得到两点间距离最大的两个顶点及其连线，将点云进行旋转，使其两顶点连线平行于 X 轴，计算此时点云的 $X_{\min}$、$X_{\max}$、$Y_{\min}$、$Y_{\max}$，得到在 XY 平面上的面积，继续迭代上述过程，直到旋转的角度小于阈值 θ_0 或者面积大小变化小于阈值 E_0，或者达到迭代次数 i_0，如图 9.23 所示。

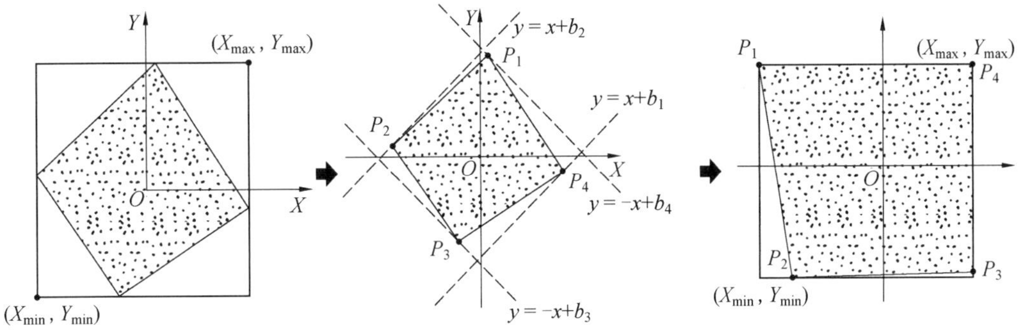

图 9.23　改进点云最小包围盒计算示意图

算法过程如下所示：

算法 1:体积最小包围盒算法

输入:三维点云数据

输出:最小包围盒顶点

1　主成分分析法计算点云质心及三个相互垂直的分布主方向；

2　拟合点云中存在的平面，根据其法向量与点云分布主方向构建点云坐标系，并将点云坐标系旋转平移至与坐标原点坐标系重合；

3　半径滤波去除内部点，保留点云边界点；

4　计算 $Z_{\min}$、$Z_{\max}$、$X_{\min}$、$X_{\max}$、$Y_{\min}$、$Y_{\max}$，以及在 XY 平面的面积 ν_0；

5　While($i < i_0$)

6　利用直线 $y = \pm x + b$，确定点云在 XY 平面四个象限的 4 个顶点；

7　依次顺时针连接 4 个顶点，得到两点间距离 L 最大的 2 个顶点；

8　计算顶点连线的垂线单位向量与 Y 轴夹角余弦值 $\cos\theta = \dfrac{N \cdot N_Y}{N}$，并计算旋转矩阵 $\boldsymbol{T} = \begin{bmatrix} \cos\theta & -\sin\theta & 0 \\ \sin\theta & \cos\theta & 0 \\ 0 & 0 & 1 \end{bmatrix}$；

9　If($\cos\theta > \cos\theta_0$)

结束迭代；

10　旋转点云，计算点云的 $X_{\min}$、$X_{\max}$、$Y_{\min}$、$Y_{\max}$，得到在 XY 平面上的面积 ν，计算与旋转前面积 ν_0 的差值 $e_v = \mathrm{abs}(v - \nu_0)$，并赋值 $\nu_0 = v$；

11　If($e_v < E_0$)

结束迭代；

12　迭代次数 $i + 1$；

13　return($X_{\min}$, $Y_{\min}$, $Z_{\min}$)($X_{\max}$, $Y_{\max}$, $Z_{\max}$)。

经过上述方法处理计算，得到的点云体积最小包围盒如图 9.24 所示。与原包围盒构建方法相比，利用本章所提方法计算得到的点云包围盒的体积更小，且对象点云最大程度地分布在包围盒的表面，达到了课题所需要的结果。

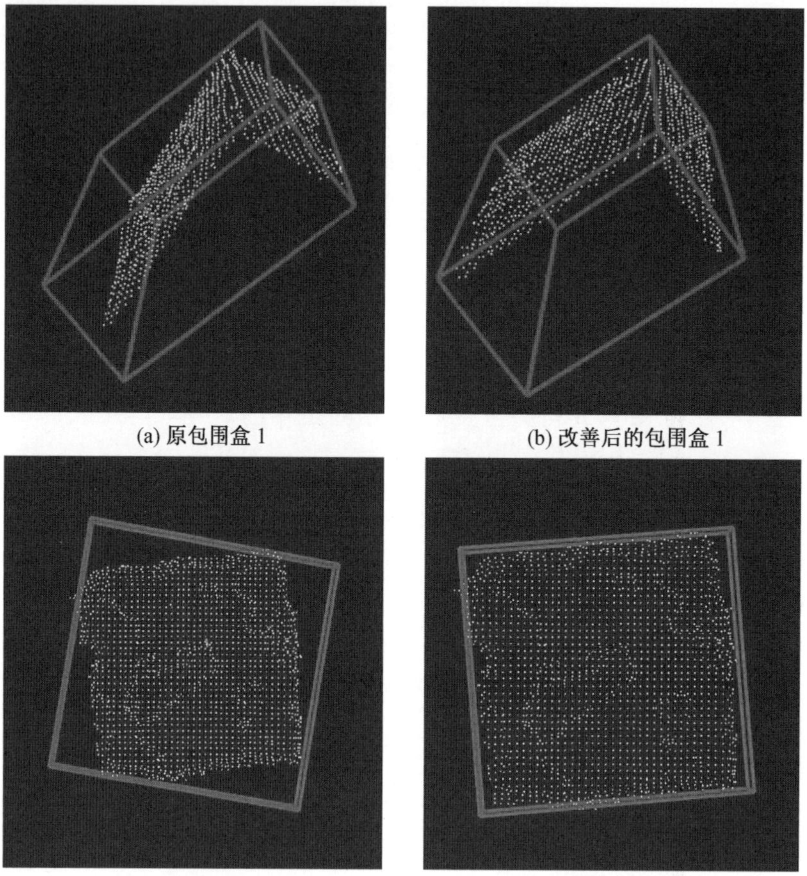

(a) 原包围盒 1　(b) 改善后的包围盒 1

(c) 原包围盒 2　(d) 改善后的包围盒 2

图 9.24　改善后的点云最小包围盒示意图

2. 物体种类识别

本章目前针对的是长方体和圆柱体两类物体。根据建立的最小包围盒，可以得到以下相关信息：包围盒的长(L_b)、宽(W_b)、高(H_b)，包围盒的八个顶点中以 R_b 为半径的领域内有点云数据的顶点个数 i_b，以及点云中的平面个数 i_P。通过以上信息，可以进行点云所属物体的类别判断：

(1) 若点云属于圆柱体，则满足以下条件，如图 9.25 所示。

a. 点云中存在一个平面，但没有领域内有点云数据的包围盒顶点；

b. 点云中存在一个平面，领域内有点云数据的包围盒顶点小于或等于 4 个；

c. 点云中不存在平面。

(2) 若点云属于长方体，则满足以下条件，如图 9.26 所示。

a. 点云中存在一个平面，领域内有点云数据的包围盒顶点大于 4 个；

b. 点云中存在两个或三个平面。

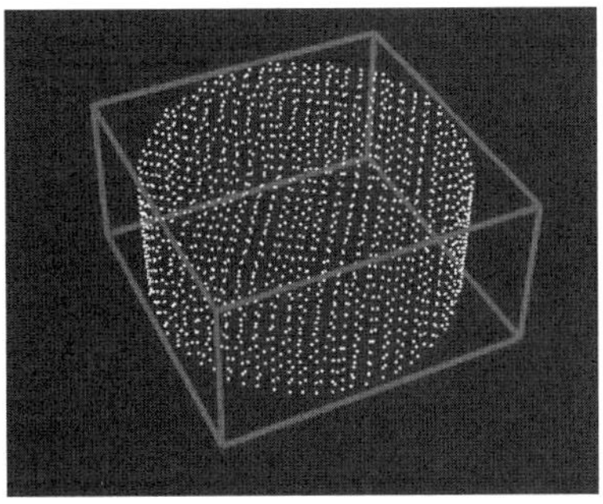

(a) 圆柱体点云模型

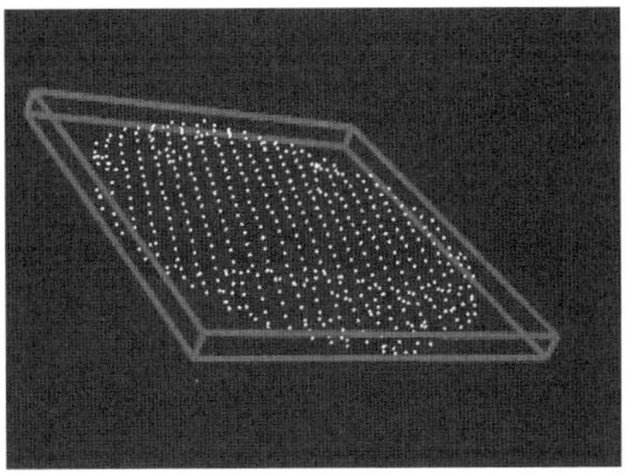

(b) a 条件点云图

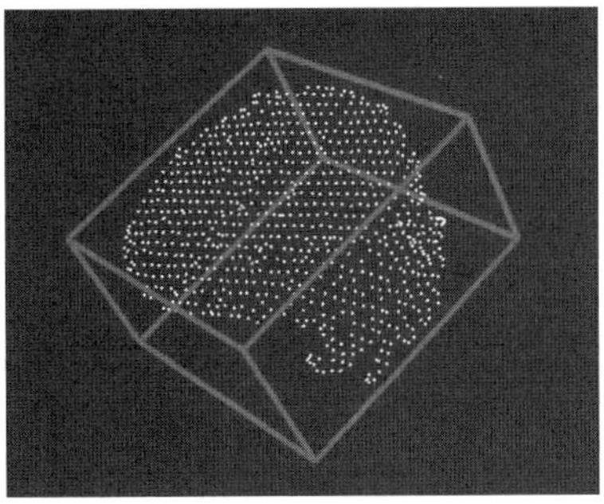

(c) b 条件点云图

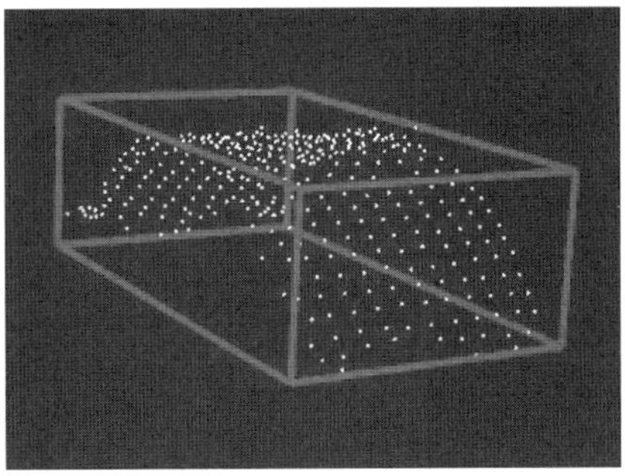

(d) c 条件点云图

图 9.25　圆柱体点云示意图

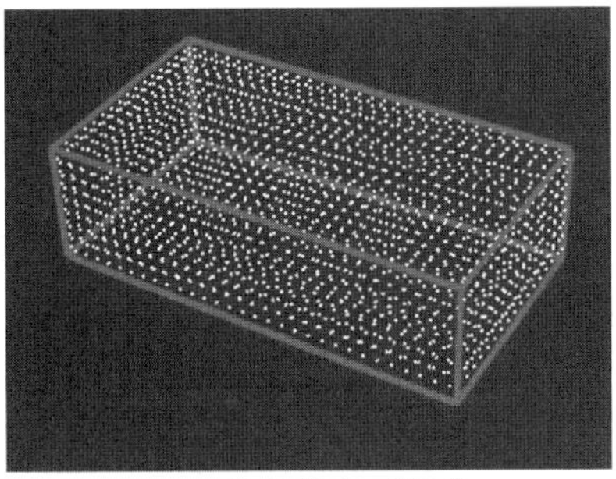

(a) 长方体点云模型

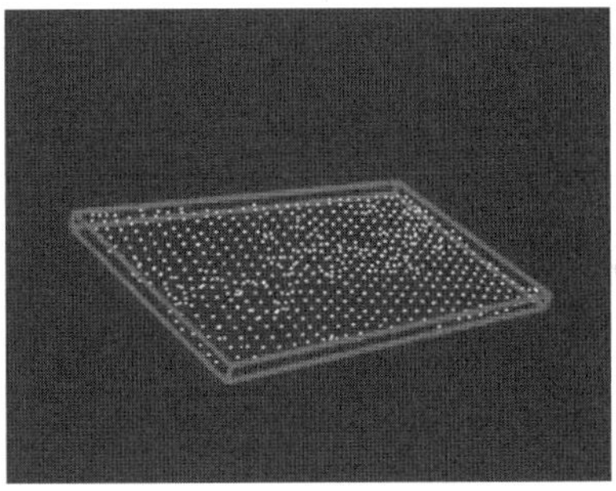

(b) a 条件点云图

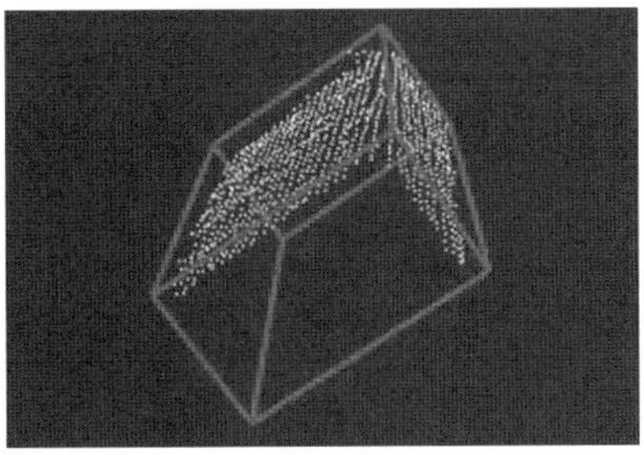

(c) b 条件点云图 1

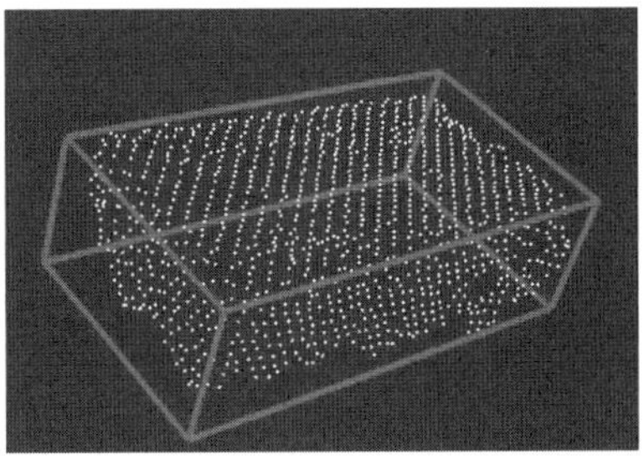

(d) b 条件点云图 2

图 9.26　长方体点云示意图

通过以上条件，可以将点云所属物体的类型判断出来。而针对不同大小尺寸的同类物体，可以根据最小包围盒的尺寸进行识别。本章抓取时优先抓取最大程度暴露在相机视野中的物体，此时，物体点云的最小包围盒的长(L_{bt})、宽(W_{bt})、高(H_{bt})与物体模型的长(L_{bm})、宽(W_{bm})、高(H_{bm})至少有两组数据相等或近似。故可根据点云最小包围盒的长、宽、高数据判断同种类型不同尺寸大小的物体。

3. 物体三维位姿获取

点云配准即寻找物体实际点云与模型点云的匹配点,将其进行一系列旋转和平移处理,目的是使两者的匹配点得到最大程度的重合,计算其变换关系。课题针对的物体均是刚性物体,两者点的变换为刚体变换。即物体点云数据中的点 P_i 与模型点云数据中的点 P 为一对匹配点,计算变换矩阵 $\boldsymbol{H}$,使得

$$\overline{\boldsymbol{P}}_i=\boldsymbol{H}\cdot\overline{\boldsymbol{p}}_i \tag{9.23}$$

式中,$\overline{\boldsymbol{P}}_i$、$\overline{\boldsymbol{p}}_i$ 分别为模型点云中点 P_i 与物体点云中点 p_i 的齐次坐标;$\boldsymbol{H}$ 为变换矩阵:

$$\boldsymbol{H}=\begin{bmatrix}\boldsymbol{R}_{3\times3} & \boldsymbol{T}_{3\times1}\\ 0 & \boldsymbol{I}\end{bmatrix} \tag{9.24}$$

其中,$\boldsymbol{R}_{3\times3}$ 为旋转矩阵,$\boldsymbol{T}_{3\times1}$ 为平移矩阵。

根据点云最小包围盒与模型最小包围盒的对比,可以对点云进行快速识别,得到其所属种类。识别后通过将与模型包围盒边长相等或近似的包围盒的面进行旋转和平移使两者相重合,图 9.27(a) 物体源点云中包围盒线 1 和线 2 分别与图 9.27(b) 模型点云中包围盒线 1 和线 2 对应相等,则利用两者包围盒的对应表面建立坐标系,对物体点云与模型点云进行粗配准,使两者对应重合,如图 9.27(c) 所示。计算其坐标变换矩阵 $\boldsymbol{H}_b$,可得到初始的物体三维位姿。

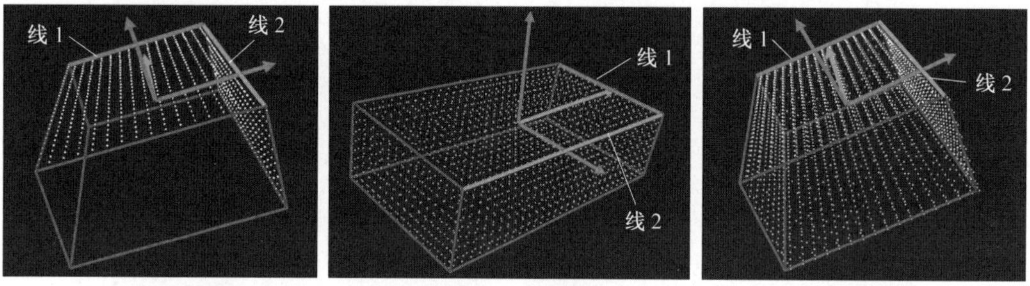

(a) 源点云及包围盒 (b) 模型点云及包围盒 (c) 配准结果

图 9.27 基于包围盒配准示意图

根据以上配准原理,对处理得到的物体实际点云与模型库中的点云进行匹配。由于实际情况下获得的点云数据不是理想规则的,在一定范围内变化,故计算得到的包围盒与理想情况下有一定误差,在匹配时边长近似相等即可,允许一定误差范围。对圆柱体物体和长方体物体在实验中实际得到的点云数据进行粗配准,如图 9.28 所示。

经过粗配准后,物体点云与模型点云已经得到较好的匹配,但对应点的匹配精度不高。故再利用最近邻点迭代算法(ICP)对粗匹配的物体点云数据和模型点云数据进行精配准,以得到更加精确的匹配关系。ICP 算法的原理是对物体点云中的每个三维点,查询其在模型点云中的距离最近的点,构成点对关系,利用最小二乘法迭代计算最优的变换关系,使两点云的对应距离和 e 最小,直到满足误差关系或者达到迭代次数。

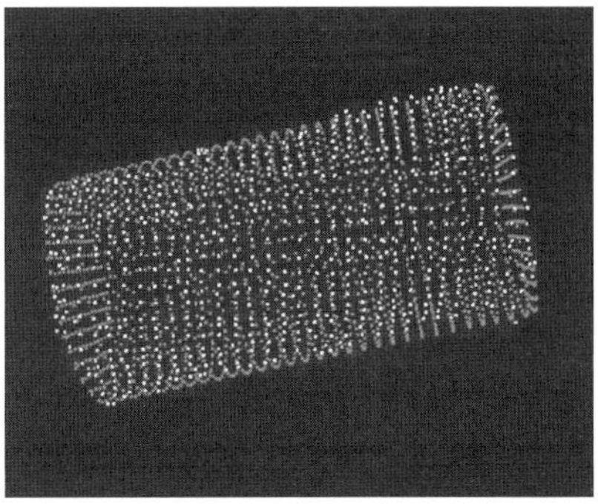

(a) 圆柱体点云粗配准

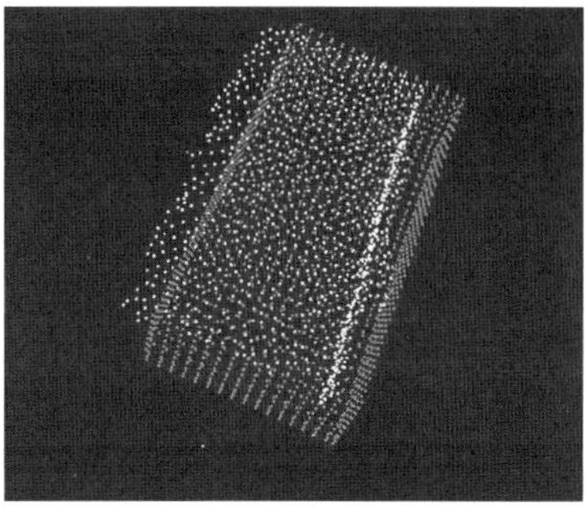

(b) 长方体点云粗配准

图 9.28　点云粗配准结果图

$$e(\boldsymbol{R},\boldsymbol{T})=\frac{1}{k}\sum_{i=1}^{k}\|\boldsymbol{q}_i-(\boldsymbol{R}\boldsymbol{p}_i+\boldsymbol{T})\|^2\leqslant\epsilon \tag{9.25}$$

式中，$\boldsymbol{R}$ 和 $\boldsymbol{T}$ 分别为旋转矩阵与平移矩阵；$\boldsymbol{q}_i$、$\boldsymbol{p}_i$ 分别为物体点云与模型点云点对中的两点；k 为物体点云中点的数量；ϵ 为误差阈值。

ICP 精配准得到的变换关系为 $\boldsymbol{H}_I$，结果如图 9.29 所示。最终得到的由模型点云变换到物体实际点云的变换矩阵为如式(9.26) 所示。知道模型点云的三维位姿后，即可通过变换矩阵计算得到物体的实际三维位姿。

$$\boldsymbol{H}=\boldsymbol{H}_I\cdot\boldsymbol{H}_{\mathrm{b}} \tag{9.26}$$

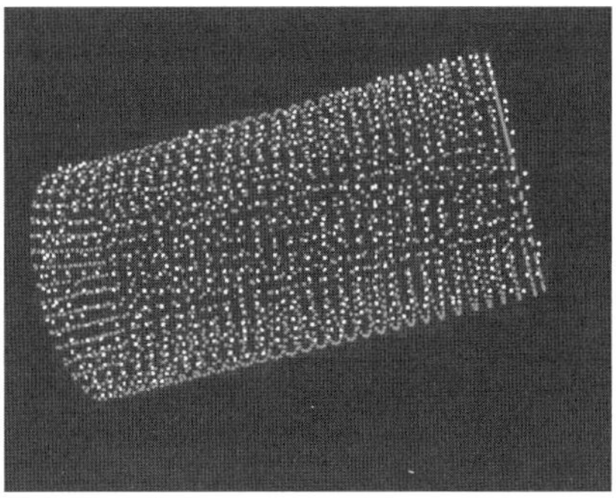

(a) 圆柱体点云精配准

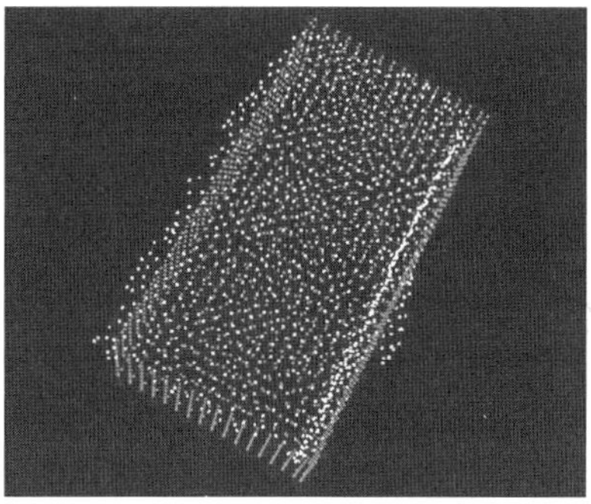

(b) 长方体点云精配准

图 9.29　点云精配准结果图

对物体位姿检测的常用方法与本章使用的方法进行对比。针对常用的基于点云几何的方法，本章实验采用采样一致性初始配准算法(SAC－IA)[159] 与 ICP 结合的方法、基于视点的特征直方图特征(VFH) 匹配与 ICP 结合的方法。SCA－IA 算法主要通过计算点的 FPFH 特征，并对物体点云进行采样，利用 FPFH 特征确定物体点云与模型点云的点对关系并计算变换关系，得到初始估计姿态。VFH 是一种全局特征描述子，将 FPFH 局部特征描述子扩大到整个点云，增加三维点的视点方向和三维法线方向的对应数据，具有尺度不变性。通过采集模型点云不同姿态在相机下的 VFH 特征构建数据库，将物体点云的 VFH 特征与数据库进行匹配得到物体的初始位姿。两种方法得到的结果均是初始位置和姿态，误差较大，需要再结合 ICP 算法处理，获得更加准确的位姿数据。

首先针对单个物体采集其不同位姿状态下的图像信息，并计算和记录其点云数据，作为位姿检测的样本，如图 9.30 所示。同时将目标物体的模型和点云分别输入三种方法中，构建模型数据。SAC－IA 与 ICP 结合的方法需要计算模型点云的 FPFH 特征。基于 VFH 匹配与 ICP 结合的方法构建模型数据库，将模型点云分别绕自身坐标系三个坐标轴以 15° 为间隔旋转，旋转范围为 0°～90° 进行构建。本章算法需要计算模型点云的最小包围盒。

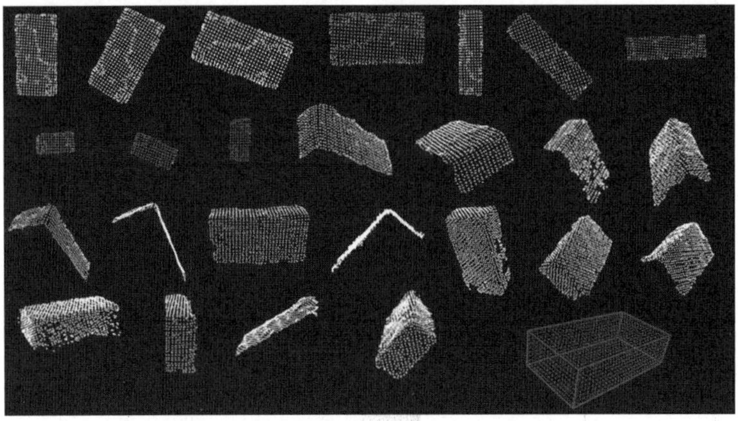

图 9.30　物体不同位姿状态点云数据

针对图 9.30 中物体的不同摆放姿态，分别利用基于采样一致性初始配准算法(SAC－IA)与 ICP 结合的方法、基于视点的特征直方图特征(VFH)匹配与 ICP 结合的方法、本章算法进行位姿检测。实验结果数据如表 9.1 所示。

表 9.1　物体位姿检测实验结果

位姿检测方法	位姿检测准确率	检测时间 /s
SAC－IA＋ICP	76%	0.61
基于 VFH 匹配＋ICP	92%	0.283
本章算法	96%	0.104

根据实验结果，SAC－IA 与 ICP 结合的方法的位姿检测准确率较低，且算法耗费时间长。此方法利用的是点云内各点的 FPFH 局部特征，它是一种具有 33 维度的特征描述子，维度较高。在配准时，通过寻找具有相似局部特征的点对来进行匹配，需要进行大量的查询、特征匹配，故计算时间长。并且由于长方体物体具有大量相似的局部特征点，在采样配准时容易出现误匹配的情况，例如样本中的小平面被误配准到模型的大平面上，故位姿检测成功率较低。

基于 VFH 匹配与 ICP 结合的方法和本章方法具有较好的效果，但前者计算的时间较长。VFH 特征是在 FPFH 特征的基础上将其扩大到整个点云的，虽然单个点云只对应单个 VFH 特征，但特征的长度为 308，高维度特征匹配时耗费的时间较长。并且需要对模型数据库中的每条数据均进行匹配，故此方法的检测时间较长。同时方法需要提前对模型点云姿态进行采样建立数据库，姿态变化角度间隔设置越小，得到的初始位姿越准确，但相应匹配时间越长。

本章所用算法针对的是物体点云的三维整体特征，计算其体积最小包围盒信息，特征维度较低，计算量小，在计算特征和特征匹配时耗费的时间较少，且不用建立模型点云在不同状态下的数据库。同时由于是面向点云整体进行计算，故物体点云中大量相似局部特征点的干扰影响小，位姿检测准确率更高。

综上，本章算法位姿检测准确率高，且计算时间短，故更加适用于此类高对称度规则物体的位姿检测。

9.4　物体抓取策略制定及抓取点的设置

物体散乱堆叠在箱子中，彼此之间有接触和遮挡。经过上述视觉处理，得到了相关物体的点云以及大致位置和种类信息。但控制机械臂抓取物体，需要制定合适的抓取策略和设置合适的抓取点。

9.4.1　物体抓取策略制定

按照常规抓取习惯，应首先抓取位于散乱堆叠物体中最上方且表面没有其他物体遮挡的物体。在柯科勇等人的研究中[160]，仅考虑点云中点的数量和高度信息来制定抓取策略。点云数量越多，表明物体越不容易被其余物体遮挡；高度越高，表明物体离相机越近，被其余物体遮挡的可能性也越小。但这种策略只适合于同种物体，并不适合多尺寸物体。不同大小的物体，其点云中点的数量不一致。点的数量多，可能是物体处于表面，也有可能是被遮挡一部分的大尺寸物体。应用此种抓取策略，可能会导致错误的抓取顺序。针对多种尺寸规则物体抓取，制定了一种新的抓取策略。

抓取策略综合考虑物体种类识别、包围盒表面点云覆盖程度、点云中点的数量以及所在高度。根据 9.3 节内容，可以判断出点云的种类。当点云不能被成功识别时，说明物体是被遮挡状态，或者有其余点对其产生了干扰，此时不应被优先抓取；当包围盒暴露在相机视野中的表面的点云覆盖率越高，说明物体被遮挡的程度越小，当达到设定值，即可认为物体没有被其余物体遮挡；点云的高度越高，被抓取的优先级也就越高。综上，对分割的点云制定评分机制，如式(9.27)所示。由于点云单位为米，变化的尺度一般在 10^{-2} 级，而点云中点的数量变化的尺度一般在 10^2 级，故在点云的 z 值项乘 10^4，以平衡两者的变化。

$$M=\begin{cases}-\delta_{11}\cdot 10^4\cdot Z_{\mathrm{min\_PC}},\beta\geqslant\beta_0\ \text{且种类识别成功}\\ \delta_{20}\cdot \mathrm{Num}_{\mathrm{PC}}-\delta_{21}\cdot 10^4\cdot Z_{\mathrm{min\_PC}},\text{其他}\end{cases}\tag{9.27}$$

式中，$\mathrm{Num}_{\mathrm{PC}}$ 表示点云中点的数量；$Z_{\mathrm{min\_PC}}$ 表示点云中点的最小 z 值；δ_{11}、δ_{20}、δ_{21} 分别为两种情况下点的数量和最小 z 值权重；β、β_0 为点云最小包围盒表面点覆盖率及阈值，β 的定义如下：

$$\beta=\begin{cases}\dfrac{S_{\text{sum}}}{\Delta l\cdot\Delta l}\cdot\dfrac{1}{\text{Num}_{\text{PC}}} & (\text{物体为长方体})\\ \vartheta_1\dfrac{S_{\text{sum}}}{\Delta l\cdot\Delta l}\cdot\dfrac{1}{\text{Num}_{\text{PC}}} & (\text{物体为圆柱体})\end{cases}\tag{9.28}$$

式中，S_{sum} 为最小包围盒暴露在相机视野中的表面的面积和，即表面法向量与表面质心和相机连线之间的夹角小于阈值 θ_0，取 $\theta_0=60°$；Δl 为点云预处理中基于体素降采样处理中的体素大小参数；ϑ_1 为计算系数，考虑到标准情况下圆柱体物体的最小包围盒表面点云的覆盖情况，需要乘系数，取 $\vartheta_1=\dfrac{\pi R^2}{2R\cdot 2R}=0.785$。

通过以上评分机制，即可对各点云进行评分，然后取得分最高的物体点云进行下一步处理。若得到的点云属于第一种情况，即点云识别成功且点云最小包围盒表面覆盖率 β 大于或等于 β_0 的情况，说明物体表面基本没有遮挡情况，处于堆叠物体的上方，可进行抓取，如图 9.31 所示；若属于第二种情况，即点云种类无法识别或者最小包围盒表面覆盖率 β 小于 β_0 的情况，说明点云受到其他物体点云的干扰，此时不能直接进行抓取。

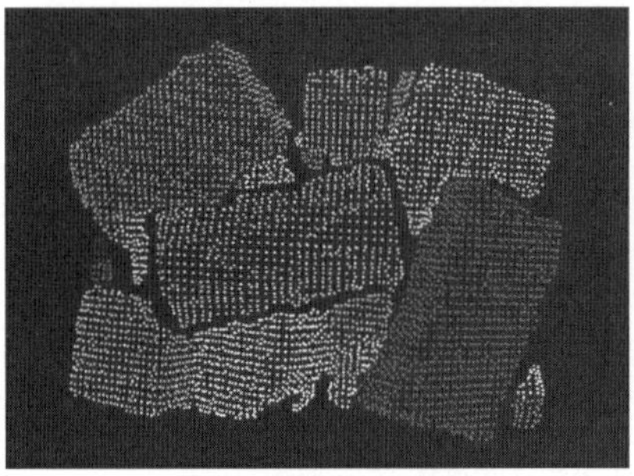

(a) 多物体点云图

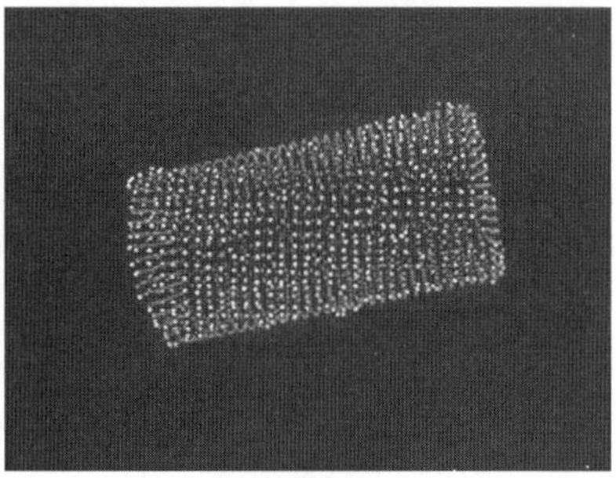

(b) 待抓取物体点云图

图 9.31　抓取策略结果图

针对第二种情况，提出一种“移抓”处理方法。首先通过寻找相应抓取点和抓取姿态将对象物体“移”起，将其以原姿态移动到箱子中心位置正上方并将其放下，然后再重新进行图像采集和点云处理等一系列过程，识别出可供抓取的物体。通过这种方法，可处理物体点云之间有干扰或者被遮挡而不能正常识别物体的情况，如图 9.32 所示。

9.4.2　物体抓取点的设置

由于抓取的对象都比较规则，故待抓取点的位置在模型中已提前设置好。对于长方体，待抓取点选择为每个平面的中心点，对于圆柱体，则选择为上平面和下平面的中心以及圆柱面上的中间点，如图 9.33 所示。抓取时，抓取结构的轴线与抓取点的法向量重合。

对于“移抓”处理方法的抓取点选择，根据抓取习惯，首先从点云中拟合出平面，并得到平面的法向量。再对平面中的点进行查询，寻找邻域范围足够大且靠近物流箱中心位置的点作为抓取点，如图 9.32(b) 所示。

(a) 原状态彩色图

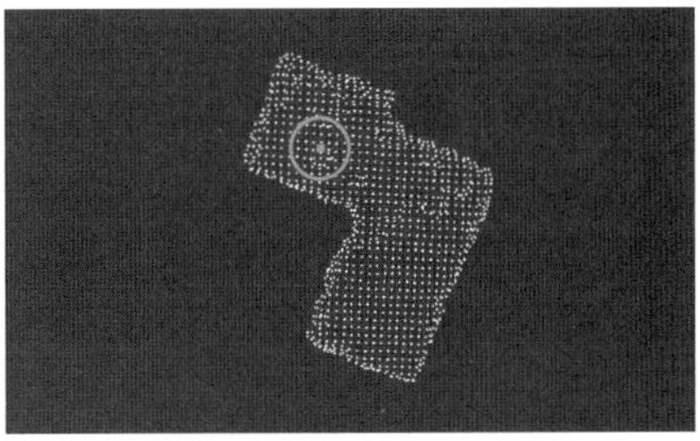
(b) 原状态点云图

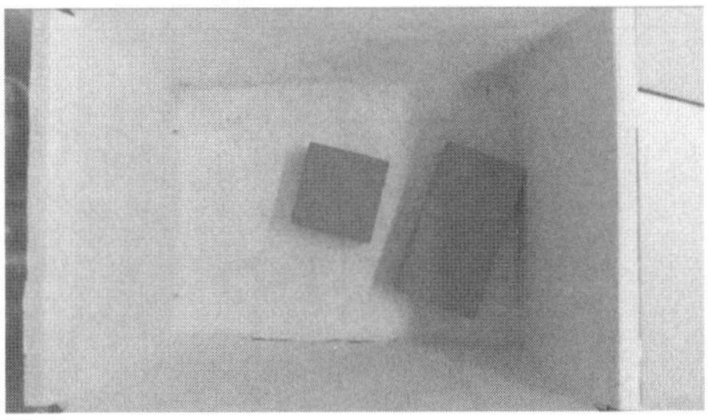
(c) 新状态彩色图

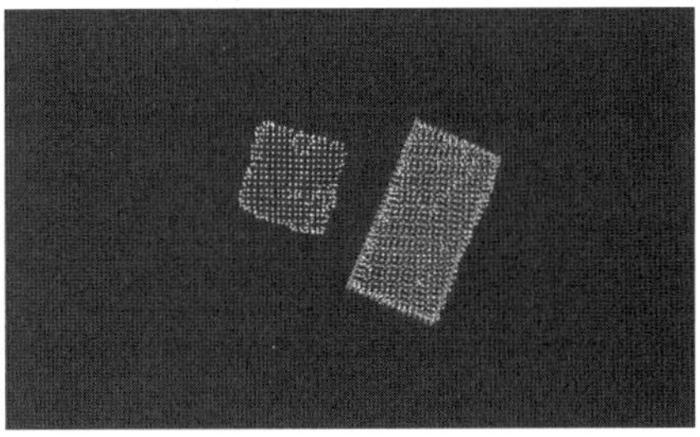
(d) 新状态点云图

图 9.32　“移抓”实验效果图

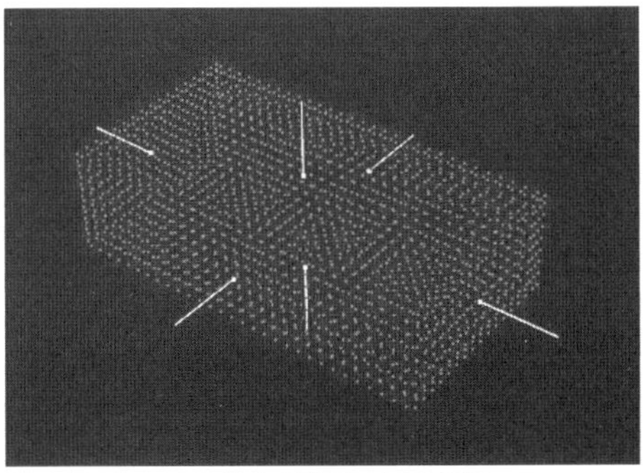
(a) 长方体抓取点示意图

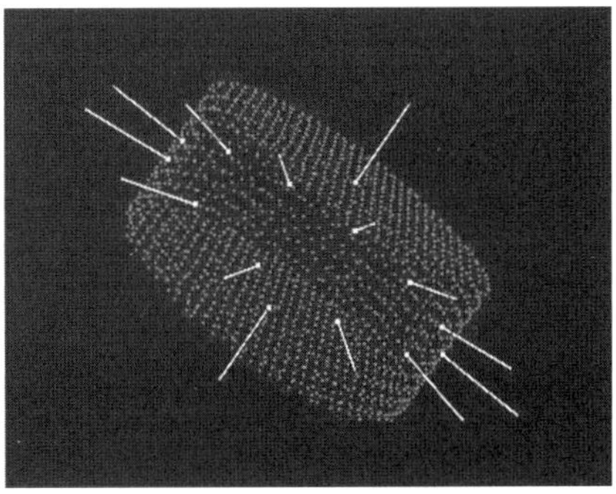
(b) 圆柱体抓取点示意图

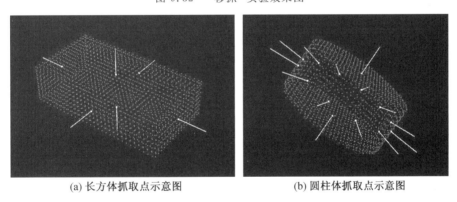

图 9.33　物体抓取点设置图

9.5　机械臂抓取运动规划

经过对深度图像处理以及对点云数据的处理，得到了物体的三维位姿，并通过制定的抓取策略确定了优先抓取对象及抓取点。但要控制机械臂抓取箱子中的物体，还需要将抓取姿态转换到全局坐标系下。同时，物体处于物流箱中，抓取时有一定的空间限制，要保证机械臂的抓取构型不能与物流箱产生碰撞，需要确定合适的抓取位姿以及抓取构型。

首先对机械臂与相机进行手眼标定，计算相机与机械臂之间坐标变换关系。然后确定抓取方式和抓取结构，检测箱体位姿，对机械臂和物流箱进行简化，确定机械臂构型与箱体之间碰撞检测方法。随后完成对箱体内物体的抓取可行性进行分析，以及机械臂抓取姿态和抓取构型的计算。最后在 gazebo 仿真软件中对抓取过程进行仿真。

9.5.1 机械臂与相机的手眼标定

根据相机所摆放的位置，手眼标定可分为相机固定在环境某位置(eye to hand)和相机固定在机械臂某位置上(eye in hand)两种情况[161]。由于所选用的D435i深度相机成本较低，精度相对于工业相机较低，为实现对物体更好的测量以及避免相机安装在箱子上方对机械臂抓取物体产生阻碍，故选择将其设置在机械臂末端，如图9.34(a)所示。相机、机械臂与物体之间坐标系示意图如图9.34(b)所示。其中G代表目标物体坐标系，C为相机传感器坐标系，H为机械臂末端执行器坐标系。在后者情况下，手眼标定关系的计算一般使用由Shiu等人提出的$\boldsymbol{AX}=\boldsymbol{XB}$模型[162-164]。机械臂的底座坐标系设置为与环境全局坐标系相重合，B为全局坐标系，通过各个坐标系之间的相对关系，就可以得出

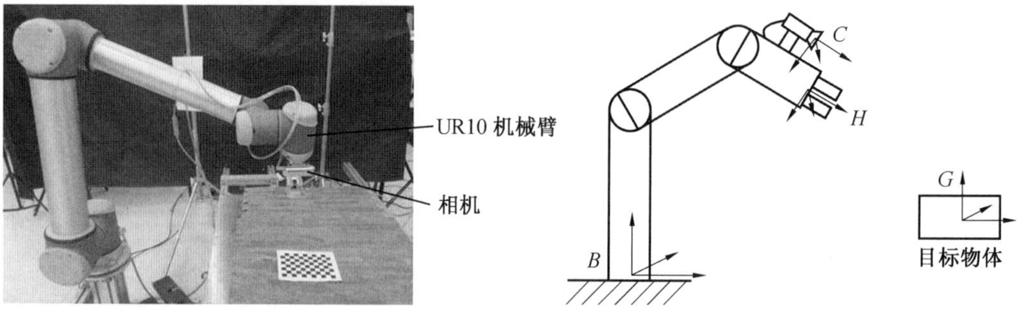

(a) 相机安装图　　(b) 手眼系统示意图

图 9.34　手眼系统示意图

$$\boldsymbol{T}_{\mathrm{B}}^{G}=\boldsymbol{T}_{\mathrm{C}}^{G}\cdot\boldsymbol{T}_{\mathrm{H}}^{C}\cdot\boldsymbol{T}_{\mathrm{B}}^{H} \tag{9.29}$$

固定物体坐标系不动，改变机械臂各关节角度，即改变机械臂构型，各坐标系之间的变换矩阵发生变化，即可得到

$$\boldsymbol{T}_{\mathrm{B}}^{G}=\boldsymbol{T}_{1\mathrm{C}}^{G}\cdot\boldsymbol{T}_{\mathrm{H}}^{C}\cdot\boldsymbol{T}_{1\mathrm{B}}^{H} \tag{9.30}$$

$$\boldsymbol{T}_{\mathrm{B}}^{G}=\boldsymbol{T}_{2\mathrm{C}}^{G}\cdot\boldsymbol{T}_{\mathrm{H}}^{C}\cdot\boldsymbol{T}_{2\mathrm{B}}^{H} \tag{9.31}$$

其中，$\boldsymbol{T}_{1\mathrm{C}}^{G}$，$\boldsymbol{T}_{2\mathrm{C}}^{G}$，$\boldsymbol{T}_{1\mathrm{B}}^{H}$，$\boldsymbol{T}_{2\mathrm{B}}^{H}$可根据图像和点云处理与机械臂构型正运动学分别求出，故根据两种不同构型，可得到式(9.32)，并进行化简得到式(9.33)：

$$((\boldsymbol{T}_{2\mathrm{C}}^{G})^{-1}\cdot\boldsymbol{T}_{1\mathrm{C}}^{G})\cdot T_{\mathrm{H}}^{C}=T_{\mathrm{H}}^{C}\cdot(\boldsymbol{T}_{2\mathrm{B}}^{H}\cdot(\boldsymbol{T}_{1\mathrm{B}}^{H})^{-1}) \tag{9.32}$$

$$A\cdot\boldsymbol{X}=\boldsymbol{X}\cdot B \tag{9.33}$$

根据已知量，即可求出相机坐标系与机械臂末端坐标系的变换矩阵$\boldsymbol{T}_{H}^{C}$。在标定的过程中，采用棋盘格作为检测对象，根据检测得到的棋盘格顶点计算出棋盘格位置和姿态。记录下机械臂关节角度，利用正向运动学求解得到机械臂末端的姿态。多次改变机械臂构型，使棋盘格位姿有较大的变化范围，记录多组机械臂关节数据和棋盘格位姿数据，可减少计算误差，利用Tsai两步法进行求解[165]，得到更加精准的变换矩阵。实验记录17组数据计算得到的变换关系$\boldsymbol{T}_{H}^{C}$为

$$\boldsymbol{T}_{H}^{C}=\begin{bmatrix}0.7294 & -0.6840 & 0.0140 & 30.6923\\ 0.6595 & 0.7083 & 0.2518 & 47.0142\\ -0.1821 & -0.1744 & 0.9677 & -40.3774\\ 0 & 0 & 0 & 1\end{bmatrix} \tag{9.34}$$

对手眼标定精度进行测试，由于姿态误差难以进行测量，故只对标定的位置误差进行测试。利用求到的手眼标定矩阵，将相机坐标系下的物体表面中心位置转换到全局坐标系下，再利用机械臂逆运动学求解机械臂构型。测量机械臂末端执行器中心位置与物体表面中心之间的位置误差。通过将物体摆放在不同的位置进行 10 次实验，测量得到的位置误差平均为 7.9 mm。

9.5.2　机械臂与箱子的碰撞检测方法

机械臂在平面抓取物体时，没有其他物体对机械臂造成阻碍，在抓取时可直接利用逆运动学计算出机械臂的抓取构型。但在抓取位于箱子中的物体时，箱壁会对机械臂抓取造成阻碍。机械臂在抓取物体时若与箱体发生碰撞，将会导致抓取失败，并且对机械臂、箱体等造成损坏。故在计算此类抓取任务的机械臂抓取构型时要进行碰撞检测，计算出无碰撞抓取构型。本节将进行机械臂构型与箱体的碰撞检测。

1. 抓取结构的确定

本节研究的内容是在箱子中抓取散乱堆放的物体，在抓取过程前首先需要控制机械臂运动使得相机能以较好的视角看到物体所在的完整区域。由于相机设置为与抓取结构一同安装在机械臂末端，因此存在相机视野被遮挡的可能性。为保证相机视野不被抓取结构所遮挡，相机安装的姿态与机械臂末端轴线之间有夹角，夹角设置为 15°。

广义的抓取方式包括传统机械手抓取和吸盘吸取，两者均有各自的特点和缺陷。机械手夹具能快速对物体进行抓取和放置，但抓取时需要物体周围有一定的空间容纳夹具，故很难抓取与周围物体很接近的物体。并且机械手夹具的移动量程有限，对抓取物体的尺寸限制更大，同时机械手的成本相对较高。相较而言，吸盘在吸取物体时与物体上表面接触，更容易实现抓取，且抓取时一般只考虑物体的质量，物体的尺寸限制相对较小，同时成本也更低。

考虑在抓取过程中，能尽量对随意位姿摆放的物体实现抓取，并且不碰撞箱子的内壁，故采用吸盘作为抓取的执行机构。通过微型真空泵抽取吸盘与物体表面构成空间内的空气造成低压，进而将物体以吸取方式进行抓取。确定抓取点时，选择与物体点云配准后位置最高，法向量与 z 轴夹角最小的两个抓取设置点作为待抓取点。若对于第一个待抓取点，不存在非碰撞抓取的机械臂构型，则再计算第二个待抓取点。若两个待抓取点均不存在非碰撞抓取的机械臂构型，则意味着物体无法进行抓取。吸盘与机械臂末端之间的连接机构如图 9.35 所示，吸盘与机械臂末端轴线有一定的夹角，方便对处于倾斜状态的物体进行吸取，同时也避免遮挡相机视野。

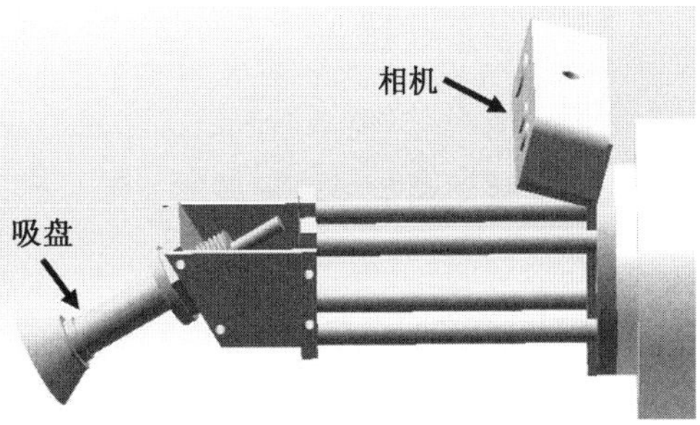

图 9.35　抓取结构模型图

2. 箱体三维位姿的确定

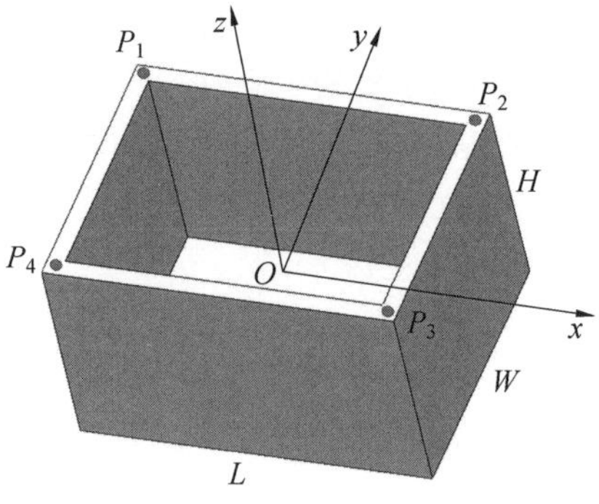

图 9.36　箱子位姿确定示意图

在机械臂构型与物流箱的碰撞检测中，首先需要知道箱子在全局坐标系中的位置和姿态。箱子采用一般常见的物流箱，其长(L_B)、宽(W_B)、高(H_B)均已知，为 400 mm×300 mm×200 mm。为方便计算其三维位姿，如图 9.36 示意图所示，在箱子上平面的四个顶点位置处贴上蓝色小圆圈作为检测特征。根据其色彩特征，在相机 RGB 图像中提取蓝色圆圈区域，并用最小二乘圆拟合方法拟合图像中的圆，得到四个图像圆心(P_1，P_2，P_3，P_4)的坐标。利用圆心坐标的深度图像数据进行计算，可以得到 P_1、P_2、P_3、P_4 点在相机中心坐标系下的空间坐标，再根据手眼标定得到的位置转换关系，即可得到 P_1、P_2、P_3、P_4 顶点在全局坐标系下的空间位置。根据各点之间的距离与已知箱体边长的关系，即可计算得到箱子中心 $\boldsymbol{P}$ 的三维坐标，以及箱子坐标系的三个坐标轴的方向向量。

$$\boldsymbol{n}_x = \frac{\boldsymbol{P}_2 - \boldsymbol{P}_1}{|\boldsymbol{P}_2 - \boldsymbol{P}_1|} \tag{9.35}$$

$$\boldsymbol{n}_y = \frac{\boldsymbol{P}_1 - \boldsymbol{P}_4}{|\boldsymbol{P}_1 - \boldsymbol{P}_4|} \tag{9.36}$$

$$\boldsymbol{n}_z = \boldsymbol{n}_x \times \boldsymbol{n}_y \tag{9.37}$$

$$\boldsymbol{P} = \frac{\boldsymbol{P}_1 + \boldsymbol{P}_2 + \boldsymbol{P}_3 + \boldsymbol{P}_4}{4} - \frac{H}{2} \cdot \boldsymbol{n}_z \tag{9.38}$$

3. 机械臂模型与箱体模型的简化

机械臂和箱体的实体真实模型过于复杂，数据过多，故很难直接用实体真实模型数据对两者状态是否碰撞进行检测，计算量太大，效率太低，故考虑机械臂的各臂的半径 R 将箱体和机械臂模型进行简化。将箱子模型简化为离箱壁距离为 R 的包围盒，包括内包围盒和外包围盒。由于抓取结构的半径和机械臂的臂径不一致，如果直接使用考虑后者的包围盒，将可能失去一部分可行抓取解。故考虑到抓取结构的半径 r，再建立一个离箱壁距离为 r 的内包围盒用于与抓取结构的碰撞检测，包围盒上表面的点距箱体上表面距离也为 R，如图 9.37 所示。根据箱子的简化，机械臂的模型即可简化为由机械臂各部分构成的三维空间线段，包括抓取结构和深度相机，如图 9.38 所示。

4. 机械臂与箱体的碰撞检测

通过模型简化，机械臂与箱子的碰撞检测即可简化为检测三维空间线段与有限空间平面是否相交。若由机械臂简化得到的空间线段与箱体模型简化得到的包围盒的面相交，则机械臂与箱体会发生碰撞；若均无相交点，则此时的机械臂与箱体不会发生碰撞。

空间线段 AB 与有限平面 Q 的相交检测根据线段 AB 与有限平面 Q 有无交点以及交点所处于有限平面的位置来进行分析。如图 9.39 所示，有限平面的法向量为 $\boldsymbol{N}_Q$，4 个顶点为 Q_1、Q_2、Q_3、Q_4，所在平面的方程为 $a_1x + a_2y + a_3z + a_4 = 0$，线段 AB 的方向向量为 $\boldsymbol{L}_{AB}$。

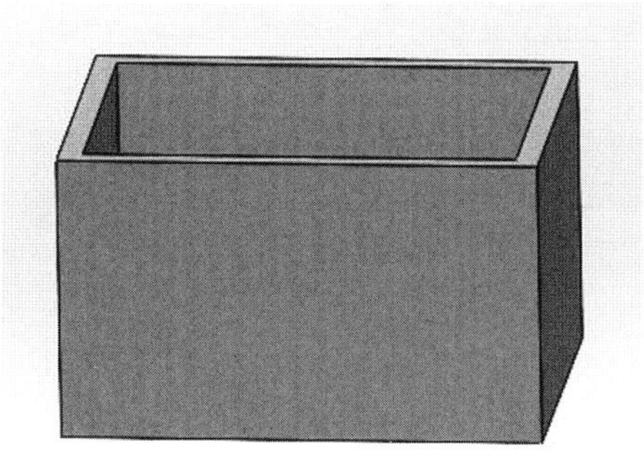

(a) 箱子模型图

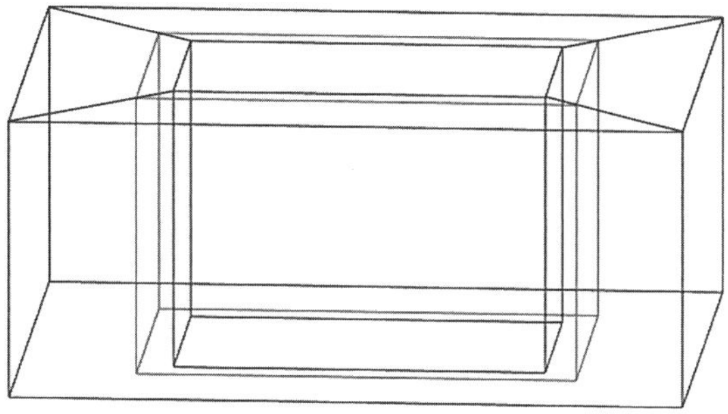

(b) 箱子模型简化图

图 9.37　箱子模型及其简化示意图

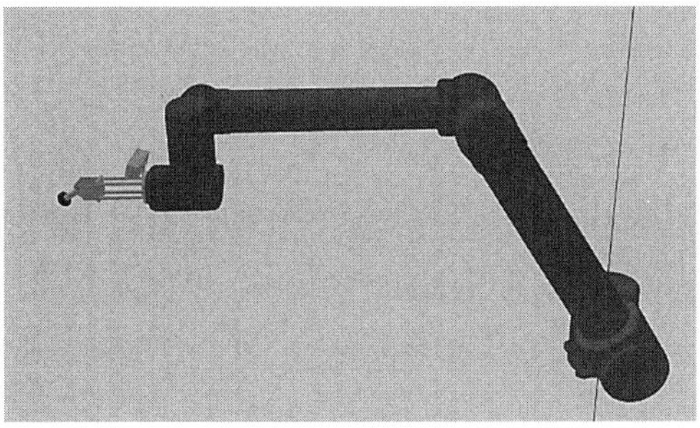

(a) 机械臂模型图

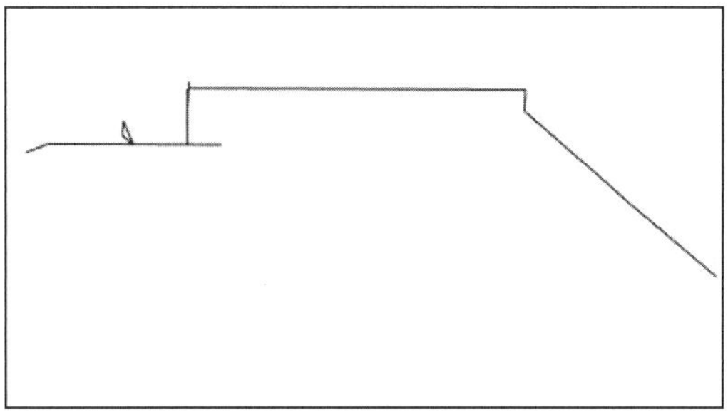

(b) 机械臂模型简化图

图 9.38　机械臂模型及其简化示意图

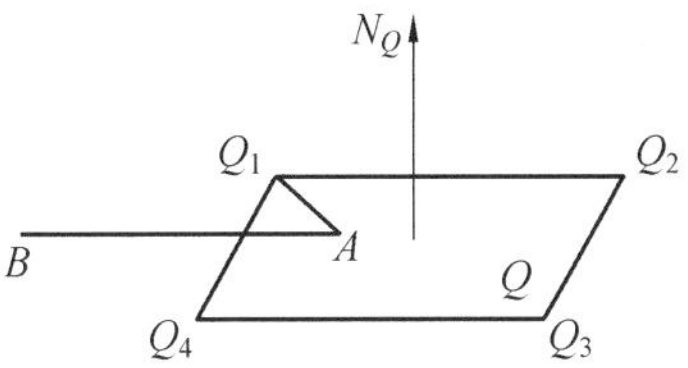

(a) 情况一

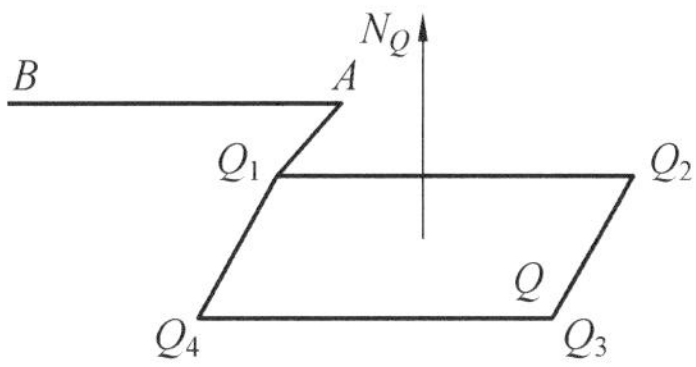

(b) 情况二

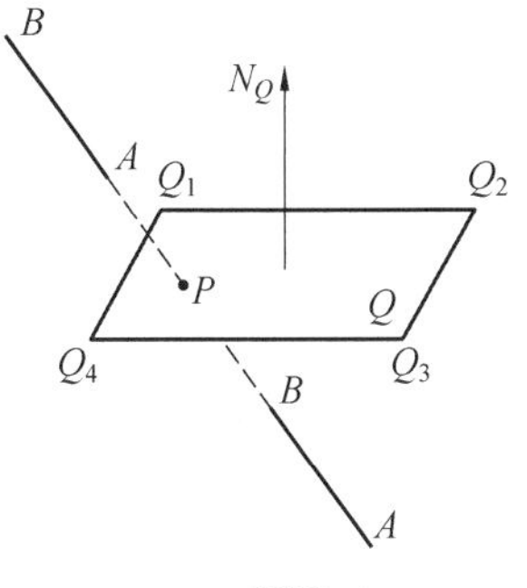

(c) 情况三

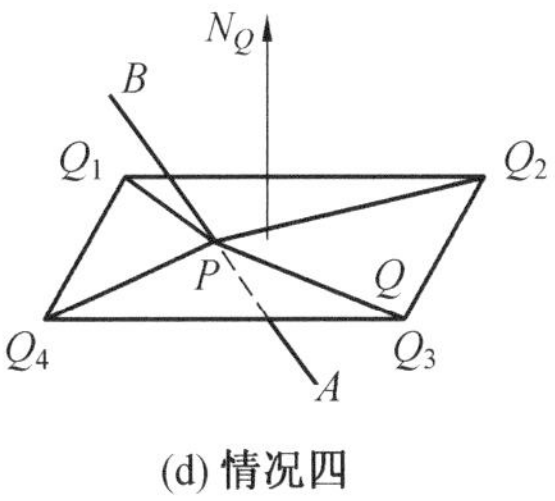

(d) 情况四

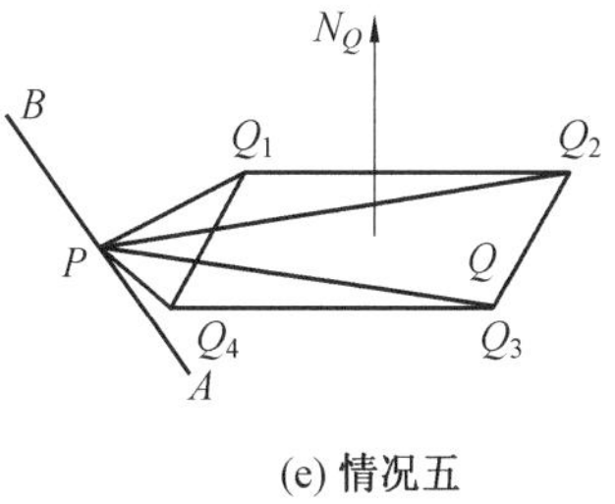

(e) 情况五

图 9.39　空间线段与有限平面位置关系图

当AB平行于有限平面Q时，方向向量$\boldsymbol{L}_{AB}$与法向量$\boldsymbol{N}_Q$的内积为0，即$\boldsymbol{N}_Q \cdot \boldsymbol{L}_{AB}=0$。此时线段$AB$与有限平面$Q$的位置关系则通过计算平面法向量$\boldsymbol{N}_Q$与线段$AQ_1$之间的位置情况来进行判断。若线段$AQ_1$与$\boldsymbol{N}_Q$垂直，则线段$AB$在平面内，此时，将其归入线段$AB$与有限平面$Q$相交的情况处理，如图9.39(a)所示；若线段$AQ_1$与$\boldsymbol{N}_Q$不垂直，则线段$AB$在平面外，两者之间无交点，如图9.39(b)所示，即

$$\text{ans}=\begin{cases}1, & \boldsymbol{N}_Q \cdot \boldsymbol{AQ}_1=0 \\ 0, & \text{其他}\end{cases} \tag{9.39}$$

式中，1表示线段AB与有限平面Q有交点，0表示两者之间无交点。

当线段AB与有限平面Q不平行时，即满足$\boldsymbol{N}_Q \cdot \boldsymbol{L}_{AB} \neq 0$。则设线段$AB$所在的直线与有限平面$Q$所在平面相交于点$P$，则满足

$$\begin{cases}\boldsymbol{AP}=t \cdot \boldsymbol{L}_{AB} \\ a_1 P_x + a_2 P_y + a_3 P_z + a_4 = 0\end{cases} \tag{9.40}$$

通过计算式(9.40)可得到交点P坐标以及参数t的值。若$t>1 \vee t<0$，则说明交点P位于线段AB之外，线段AB与有限平面Q没有交点，如图9.39(c)所示；若$0 \leqslant t \leqslant 1$，则说明线段$AB$与有限平面$Q$所在平面有交点。此时则需要判断交点是否位于有限平面Q内。连接交点P与有限平面顶点Q_1、Q_2、Q_3、Q_4，计算各连线与各边的叉乘，再将叉乘结果与平面法向量$\boldsymbol{N}_Q$进行点乘。

$$\begin{cases}\text{ans1}=(\boldsymbol{PQ}_1 \times \boldsymbol{Q}_2\boldsymbol{Q}_1) \cdot \boldsymbol{N}_Q \\ \text{ans2}=(\boldsymbol{PQ}_2 \times \boldsymbol{Q}_3\boldsymbol{Q}_2) \cdot \boldsymbol{N}_Q \\ \text{ans3}=(\boldsymbol{PQ}_3 \times \boldsymbol{Q}_4\boldsymbol{Q}_3) \cdot \boldsymbol{N}_Q \\ \text{ans4}=(\boldsymbol{PQ}_4 \times \boldsymbol{Q}_1\boldsymbol{Q}_4) \cdot \boldsymbol{N}_Q\end{cases} \tag{9.41}$$

根据各组结果来判断交点是否位于有限平面Q内。若有一组结果为0，则说明交点位于有限平面的边上；若四组结果同时大于0或小于0，则说明交点位于有限平面的内部，如图9.39(d)所示；其余结果则说明点云在有限平面外部，如图9.39(e)所示。

$$\text{ans}=\begin{cases}1, & \text{ans1}=0 \vee \text{ans2}=0 \vee \text{ans3}=0 \vee \text{ans4}=0 \\ 1, & \text{ans1}>0 \wedge \text{ans2}>0 \wedge \text{ans3}>0 \wedge \text{ans4}>0 \\ 1, & \text{ans1}<0 \wedge \text{ans2}<0 \wedge \text{ans3}<0 \wedge \text{ans4}<0 \\ 0, & \text{其他}\end{cases} \tag{9.42}$$

通过将机械臂简化的各空间线段与箱体简化的包围盒的各有限平面进行相交检测，若均无交点，则意味着机械臂构型与箱子不会碰撞。同时为避免相机在机械臂特殊构型情况下与机械臂碰撞，需要再进行相机简化线段与机械臂相应臂段简化线段的最小距离计算，若两者之间的最小距离小于考虑机械臂臂径与相机尺寸的安全距离，则认为相机将会与机械臂碰撞，则应放弃对应构型。

9.5.3 物体抓取可行性分析

物体在平面上被抓取时，抓取的限制相对较少。但本章针对的是在箱体中进行抓取，且箱壁相对较高，故抓取物体有着严格的空间限制。物体在箱体中处于不同的位置和姿态，在某些位置和姿态下可能不具有可行抓取解。故本节对箱体中物体所处位姿的抓取

可行性进行分析，物体抓取是通过抓取点进行的，故在分析中计算物体待抓取点在箱体内不同位置和姿态情况下是否具有非碰撞抓取解。若具有非碰撞抓取解，则认为待抓取点位于此位置和姿态的物体具有抓取可行性。

对于六自由度机械臂，已知机械臂末端变换矩阵 $\boldsymbol{T}$，根据机械臂的 D－H 参数，利用逆运动学可以解出满足变换关系的 6 个关节角度值，理论上共有 8 组解。使用 UR10 机械臂进行抓取实验，其包含 6 个自由度，结构示意图如图 9.40 所示，D－H 参数如表 9.2 所示。针对确定的抓取点与抓取姿态，根据吸盘表面与机械臂末端的变换关系，可以计算得到吸盘与物体接触时机械臂末端中心的位置和姿态，进而根据逆运动学计算出 8 组逆解。

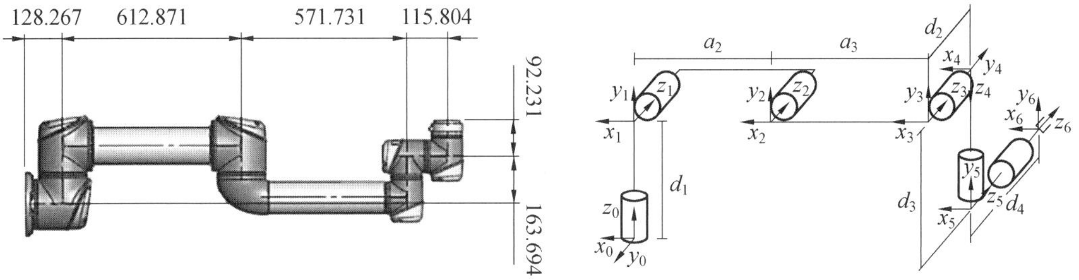

图 9.40　UR10 机械臂结构示意图

由于受到箱壁的限制，机械臂在物流箱中抓取物体的抓取难度增加，物体抓取的可行性也会受到影响。针对实际实验情况下物流箱的真实尺寸和相对于机械臂的位置，对物体在箱内各点的抓取可行性进行分析。物流箱尺寸为 400 mm×300 mm×200 mm，壁厚为 20 mm。物流箱的大致位置处于机械臂的侧前方，实验中真实位置由视觉定位得到，在此处分析时，设定物流箱上表面中心在全局坐标系下的位置为(630，－320，280)，单位为 mm，与实验放置的真实位置相接近。箱子长宽高方向分别与全局坐标系的 X 轴、Y 轴、Z 轴相对应。机械臂底座与全局坐标系原点重合。机械臂与物流箱的空间分布位置如图 9.41 所示。

表 9.2　UR10 机械臂 D－H 参数表

关节编号	α	a/mm	θ	d/mm
1	$\pi/2$	0.108	θ_1	128.267
2	0	－612.871	θ_2	0
3	0	－571.731	θ_3	0
4	$\pi/2$	0	θ_4	163.694
5	$-\pi/2$	0	θ_5	115.804
6	0	0	θ_6	92.231

在物流箱内部空间设置分析点和不同的法向量，对应物体的待抓取点及其不同的姿态。长度方向以 20 mm 为间距设置 17 个点，宽度方向以 20 mm 为间距设置 12 个点，高度方向以 20 mm 为间距设置 10 个点，总共设为 2 040 个点。对于每个分析点，设置多种

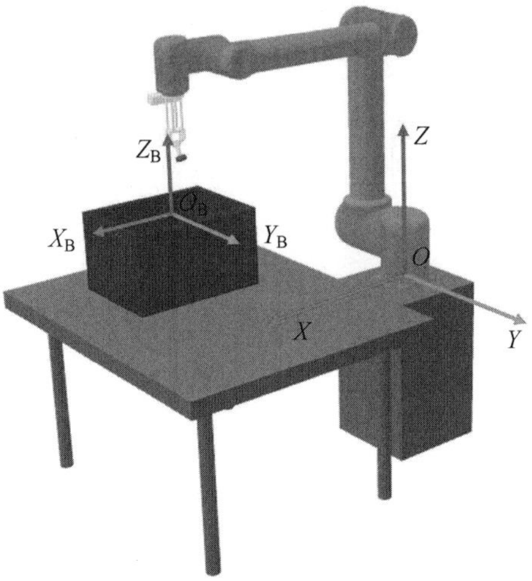

图 9.41　机械臂与物流箱位置示意图

法向量情况。法向量设置为与全局坐标系 Z 轴角度分别为 0°、15°、30°、45°，且以 45° 为间距绕 Z 轴分布，共有 25 种法向量设置情况，如图 9.42 所示。在分析抓取可行性时，将机械臂抓取姿态的 Z 轴与分析点的法向量重合，x 轴设置为以 10° 为间距绕 Z 轴旋转 360°，共 36 个姿态，即针对单个待抓取点的 1 种法向量姿态情况，分析 36 个抓取姿态，对每个抓取姿态进行抓取解的计算。若这些抓取姿态中存在机械臂非碰撞可行抓取解，则代表此待抓取点具有可行抓取解，即位于此位置和法向量情况的物体可以被抓取。

对所有分析点及对应的法向量进行分析，分析点及法向量总数为 51 000 种。根据设置的抓取结构，当仅考虑到吸盘的长度，能保证吸盘不与箱壁碰撞的分析点及法向量情况个数为 47 850。其他分析点及法向量情况意味着吸盘结构将与箱壁发生碰撞，此种情况对应的待抓取点及姿态没有可行抓取解，即物体没有抓取可行性。在吸盘结构不与箱壁碰撞的情况中，有机械臂非碰撞可行解的分析点及法向量情况 44 522 个，占总数的 87.3%，只有小部分的分析点及法向量对应情况没有可行抓取解，即在机械臂抓取时，对于大部分处于不同位置的物体待抓取点及姿态均有抓取可行解。

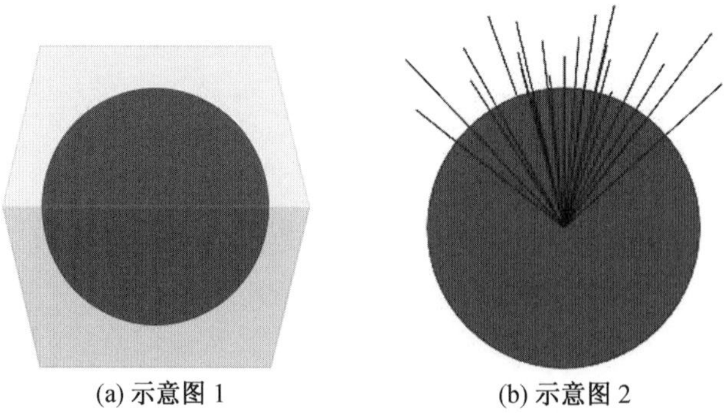

(a) 示意图 1　　(b) 示意图 2

图 9.42　分析点及法向量设置示意图

将每个分析点所拥有的具有非碰撞可行解的法向量情况个数进行可视化，如图 9.43 所示，外围边框代表物流箱的内壁。分析点的颜色越浅，代表其所拥有的具有非碰撞可行

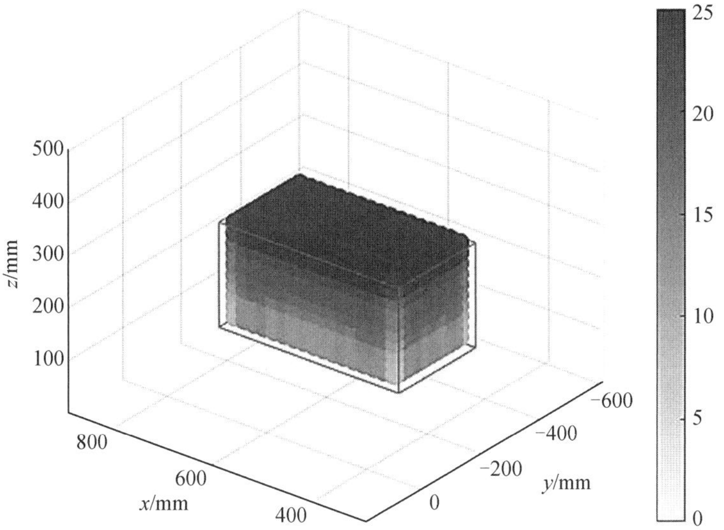

图 9.43　分析点法向量可视化图

解的法向量个数越少；颜色越深，代表其所拥有的具有非碰撞可行解的法向量个数越多。通过图 9.43 可以发现，越靠近箱壁和箱底，分析点的颜色越浅，即待抓取点越靠近箱壁或者箱底，具有可行抓取解对应的姿态种类也越少，即能被抓取的物体姿态也越少；越靠近箱体中部和上部，分析点颜色越深，即待抓取点越靠近箱体中部和上部，具有可行抓取解对应的姿态种类也越多，即能被抓取的物体姿态也越多。

9.5.4　机械臂抓取姿态和构型计算

针对待抓取物体，虽然根据视觉处理计算得到其三维位姿，但直接将机械臂抓取姿态与待抓取物体姿态对应，对于某些抓取姿态可能并不存在可行解，同时可行解的抓取构型需要很大的关节角度变化。以 9.5.3 节中对物体抓取可行性分析中的位于物流箱中层的各分析点为例，取每个分析点的姿态为：法向量与 Z 轴夹角为 15°，且绕 Z 轴旋转 30°，x 轴确定为绕法向量旋转 10°。分析点及姿态数量为 204 个，仅考虑吸盘长度，检测吸盘与箱壁的碰撞，得到的非碰撞分析点姿态为 150 个。

若直接将机械臂抓取姿态与分析点姿态相对应，计算抓取可行解，结果如表 9.3 所示。结果显示，具有可行解的抓取点姿态为 72 个，其中与机械臂上一构型变化最小解对应的 6 个关节角度差中最大值的平均值为 227°，与机械臂上一构型变化比较大，构型变化耗时较长。有 78 个抓取姿态不存在可行解。

若机械臂抓取姿态与分析点姿态不直接对应，仅保证两者的 z 轴相对应，即与 9.5.3 节中对分析点计算可行解的计算方式一致，机械臂抓取姿态可绕分析点法向量旋转。通过绕法向量进行旋转，得到多个抓取姿态，可以从其中计算和选择出机械臂构型变化最小的可行抓取解。但在实际抓取情况下，将抓取姿态绕 z 轴进行多次旋转再进行计算，计算次数较多，耗费时间较长。对于以上分析点，采用对每个姿态进行 10 次采样，获取关节构型变化最小的情况，平均耗时为 0.018 s，如表 9.3 所示。

分析抓取习惯，由于相机安装在机械臂末端，抓取时一般选择相机与箱壁平行，此时相机距离箱壁较远而不易碰撞。此时吸盘连接结构也不易与箱壁发生碰撞。相机长度方向与抓取姿态的 x 轴方向一致。同时为得到变化较小的构型，将机械臂抓取姿态确定为 z 轴与待抓取点的法向量重合且反向，x 轴与物流箱坐标系平面分别平行，即 x 轴分别平行于与长度方向垂直的平面（图 9.44(a)）、与宽度方向垂直的平面（图 9.44(b)）和物流箱的上表面（图 9.44(c)），共 3 种抓取姿态。分别计算这 3 个机械臂抓取姿态对应的非碰撞可行解，并选择与机械臂上一构型变化最小的构型情况。计算结果显示，具有可行解的待抓取点姿态为 150 个，构型变化最小的解对应关节角度差最值平均为 32.47°。

表 9.3　抓取构型计算分析表

序号	非碰撞分析点姿态个数	具有可行解分析点姿态个数	解与上一构型变化角度最小值平均值	每个分析点平均计算时间 /s
1	150	72	227°	0.002 3
2	150	150	31.25°	0.018
3	150	150	32.47°	0.005 7

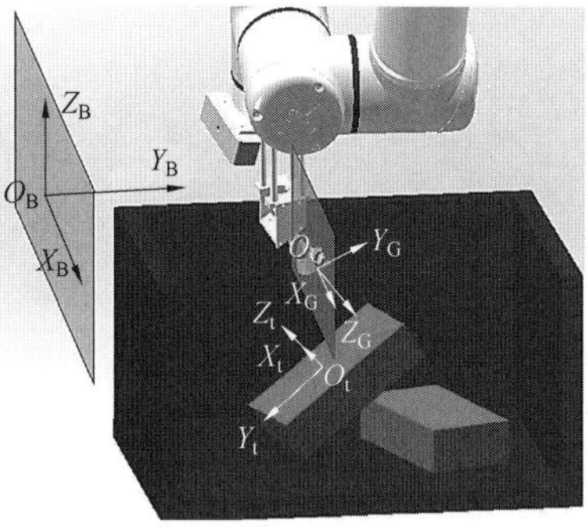

(a) 抓取姿态 1

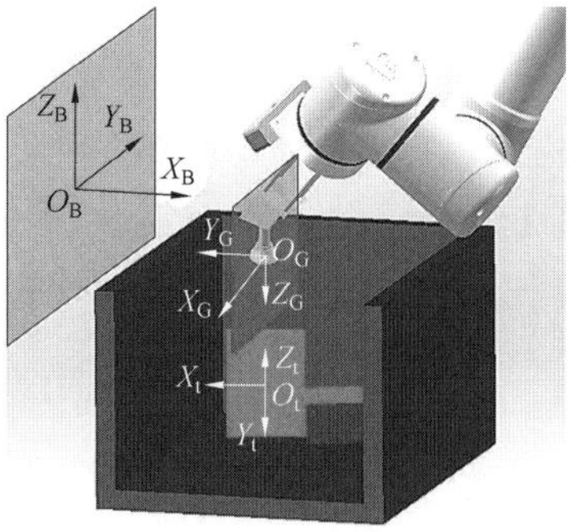

(b) 抓取姿态 2

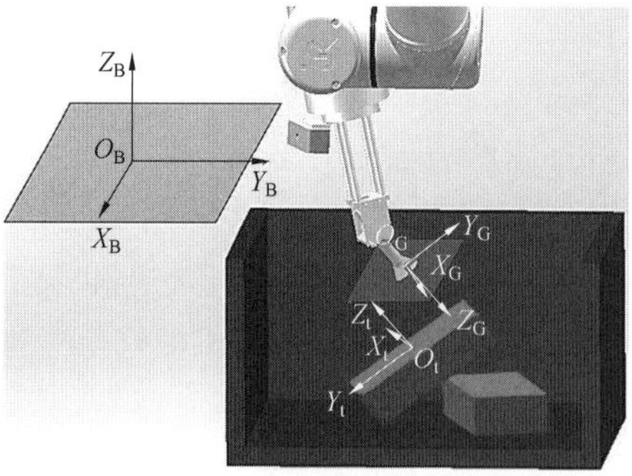

(c) 抓取姿态 3

图 9.44　抓取姿态示意图

通过上述分析计算，采用第三种方式确定机械臂抓取姿态，在保证分析点姿态具有可行解的基础上，计算出的抓取构型与上一机械臂构型变化较小，且计算时间也较少，更加适用本章计算。故采用第三种方式，根据抓取点的位姿，确定机械臂抓取姿态的 z 轴与法向量重合且反向，x 轴分别与物流箱坐标系的坐标平面平行，共 3 个抓取姿态，计算非碰撞可行解，并选择解中与机械臂上一构型关节角度相差最小的解作为最终机械臂抓取构型。

9.6　机械臂抓取过程仿真

在得到机械臂抓取构型，并设定物体放置位置和姿态后，即可计算得到机械臂的运动轨迹。机械臂在抓取过程中的运动设置为 5 段，每段运动轨迹采用在关节空间内进行三次样条插值计算得到。机械臂抓取过程中的运动阶段如下：

（1）机械臂运动到状态 1，使得相机视野朝下，并与箱体姿态相对应，以获取箱体内部物体信息；

（2）机械臂运动到状态 2，机械臂末端执行器位于物体正上方并完成抓取姿态的变换；

（3）机械臂运动到状态 3，机械臂下降抓取物体，吸盘与物体表面抓取点接触，微型真空泵工作使得吸盘吸取物体；

（4）机械臂运动到状态 4，机械臂末端位于物体原位置正上方，并保持物体姿态不变；

（5）机械臂运动到状态 5，机械臂将物体按照设定位姿放置；

（6）机械臂重新回到状态 1。

利用 UR10 机械臂的模型，在 gazebo 仿真平台中进行相应的仿真，抓取仿真过程如图 9.45 所示。

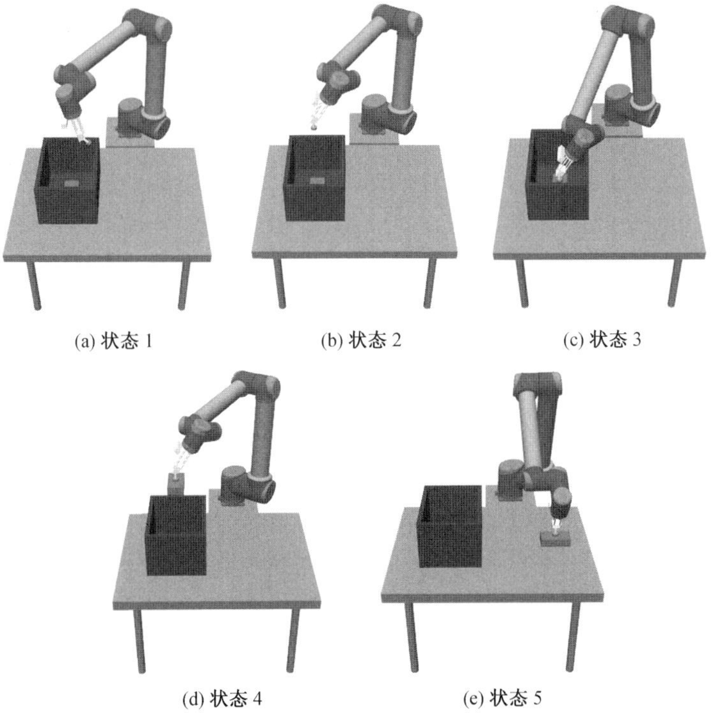

图 9.45　UR10 机械臂抓取仿真图

整个抓取过程，机械臂 6 个关节角度变化如图 9.46 所示。在机械臂运动过程中，机械臂 6 个关节的角度变化是平滑连续的。

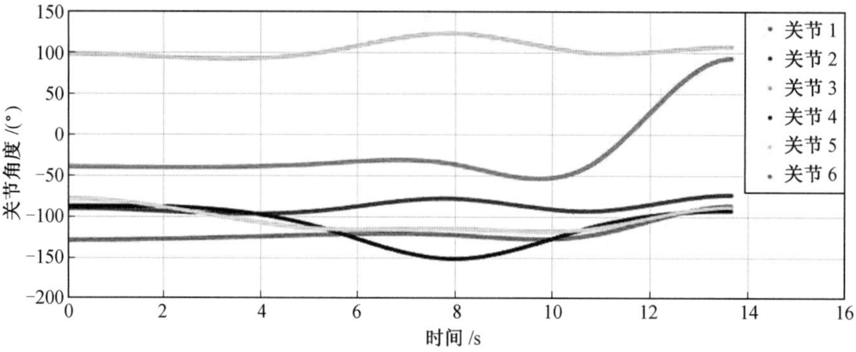

图 9.46 机械臂关节角度变化图

9.7 本章小结

本章首先完成对相机深度图像的处理、对象三维点云数据的获取和预处理。根据相机原始深度图像所存在的数据空洞、数据跳动幅度较大等缺陷，结合彩色图像，考虑无深度数据像素点邻域内的像素点 RGB 值与欧氏距离差异，利用邻域内像素点的深度值进行估计，填充数据空洞；利用卡尔曼滤波线性系统状态方程，对静止对象深度值进行预测和校正，优化数据，减小数据跳动幅度。利用统计滤波和半径滤波，去除平均距离超过设定范围和半径邻域内点数量小于阈值的点，减少分布比较稀疏的粘连点云和无效噪点。其次，完成了对点云的分割聚类、种类识别、三维位姿计算以及抓取策略和抓取点的确定。利用超体素聚类点云分割方法将多个物体的复杂点云分割为具有相似特征的多个片状点云，再利用基于几何凹凸性的聚类分割方法，将属于同一物体的片状点云进行聚类，得到单个物体的点云数据。提出了规则物体部分点云数据的体积最小长方体形包围盒构建方法，根据最小包围盒的大小判断点云所属模型，完成对点云的识别。利用物体点云与模型最小包围盒对应边长相等，进行点云的粗配准，得到点云的初始位姿。利用最近邻点迭代算法(ICP) 对点云和模型进行精配准，得到物体的最终三维位姿。根据物体种类、包围盒表面点云覆盖程度、点云中点的数量以及所在高度，制定评分制度，选择评分最高的物体进行抓取。针对受到干扰或遮挡而无法识别的点云，制定“先移后抓”的方法。最后，完成了物流箱内物体抓取可行性的分析，并确定了机械臂抓取姿态和抓取构型的计算。抓取姿态的 z 轴与待抓取点法向量重合且反向，x 轴分别与物流箱坐标系的坐标平面平行，共对应 3 个抓取姿态，计算可行解，并选择其中与机械臂上一构型变化最小的解作为机械臂最终抓取构型。对机械臂抓取过程轨迹进行规划，并对抓取过程进行仿真。

第 2 篇　实验验证篇

第 10 章　平面冗余机械臂交互系统及实验

10.1　引　言

为了实现重载平面冗余机械臂运动控制及交互显示，在此建立机械臂的交互系统。上位机综合三维环境下的碰撞检测算法、机械臂运动学分析及路径规划算法，建立三维虚拟显示与操作界面为一体的完整交互界面。通过上位机可实现机械臂的离线运动仿真，在完整交互系统控制下完成机械臂的运动实验，通过仿真和实验验证机械臂结构设计和路径规划的合理性。

10.2　交互系统的总体控制方案

机械臂的交互系统分为两层，第一层为 PC 机构成的上位机，第二层为 Meastro 控制器构成的下位机。上位机通过以太网与下位机进行连接，下位机通过 CAN 总线与 5 个 Elmo Sinple IQ 系列驱动器串接在一起，每一个驱动器连接一个 Mecpion 系列交流伺服电机，每一个电机驱动一个关节运动，实现机械臂的完整运动。交互系统控制总体结构如图10.1 所示。

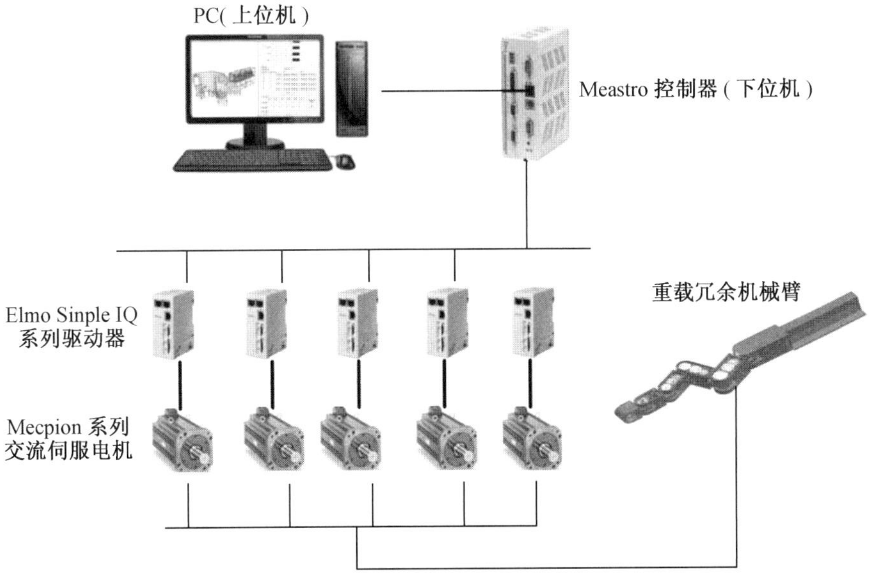

图 10.1　交互系统控制总体结构图

控制系统中所选的 Meastro 控制器具有实时性好、效率高、多接口等优点，作为下位机与多个驱动器实时通信；驱动器选用 Elmo BAS 系列，它具有功率密度高与体积小的优点，且利用驱动器内部进行编程，简化控制程序编写；考虑到重载机械臂体重负载大的特点，电机为 Mecpion 系列交流伺服电机，它自带增量式编码器，具有稳定平滑的速度控制和精确的位置控制的特点，根据不同关节对功率力矩的要求，选择不同型号以匹配，具体电机选型如表 10.1 所示。

表 10.1　各关节所选电机及减速装置减速比

关节	电机型号	额定扭矩 /(N・m)	最大扭矩 /(N・m)	传动减速比
关节一	SC04A	1.27	3.82	2 772
关节二	SC04A	1.27	3.82	1 860
关节三	SBN02A	0.637	1.912	1 908
关节四	SBN02A	0.637	1.912	1 006
关节五	SBN01A	0.318	0.955	569

10.3　交互系统软件环境

设计项目软件整体结构如图 10.2 所示。按照主要功能将项目软件分为上位机控制软件、下位机运动控制软件两个部分。其中上位机软件系统完成路径规划、正逆运动学计算、运动模拟仿真、实体联机控制、系统状态显示等；下位机软件系统负责接收上位机设定参数、运动控制指令数据，经驱动器驱动机械臂各关节电机按照设定的轨迹运动，同时负责监测控制系统硬件的工作状态；上位机与下位机之间通过 UDP 协议的 socket 通信进行连接，保证上、下位机之间数据的快速传输。

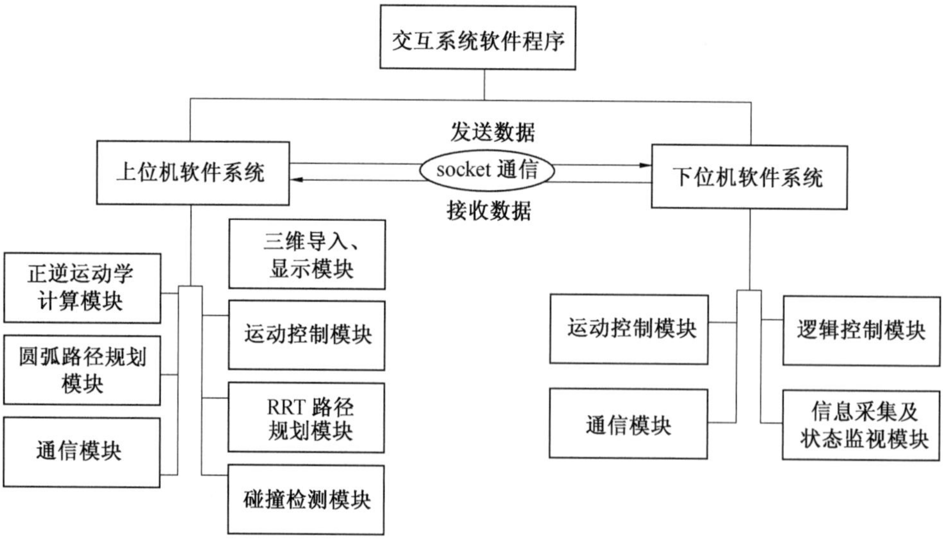

图 10.2　交互系统软件整体框架图

上位机软件部分是在 VC++6.0 中 MFC 库与 Open Inventor 的共同支持下，建立以

MFC 实现软件界面的开发,以 Open Inventor 绘制环境开发进行三维图形绘制,联合实现的一个集控制与显示为一体的完整控制界面。Open Inventor(OIV) 是一款基于 OpenGL 的面向对象的三维图形软件开发包,可方便地移植到不同操作系统的硬件平台上。用户可以在短时间内搭建出复杂且优美的三维环境场景。下位机基于 VC++6.0 中 MFC 库建立。

上位机与控制器之间通过 socket 通信进行连接,在此基础上,为了确保通信指令的快速可靠传输,建立发送 / 应答形式。构建 Elmo Control 类完成数据格式的定义、初始化、进程处理,连接及数据的发送等一系列工作。其中建立 Elmo Control Work 和 Elmo Connect 函数,完成进程的处理,确认控制器 IP 后进行连接;通过 SendMoveCommand 函数确认连接信息,发送控制命令至控制器,调用 MAC_SendCommand 函数向控制器发送数据。同样,接收来自控制器的数据也通过调用 MAC_SendCommand 函数实现。

10.3.1　上位机交互控制界面

根据交互界面的设计要求和功能实现,交互界面从整体上分为两部分:显示界面和控制界面,如图 10.3 所示。其中,左侧为显示窗口,实时显示机械臂在真空室中的运动情况;右侧为控制界面,自上而下又分为五个部分,依次为:虚拟机械臂关节空间内的单关节手动实时运动模块,虚拟机械臂路径规划及逆运动学仿真控制模块,虚拟机械臂在关节空间内正运动学仿真控制模块,虚拟机械臂的世界坐标控制模块以及机械臂实时控制模块,由于操作界面内容较多,需要调节滑动轴来完全显示,图 10.3 仅展示部分功能。

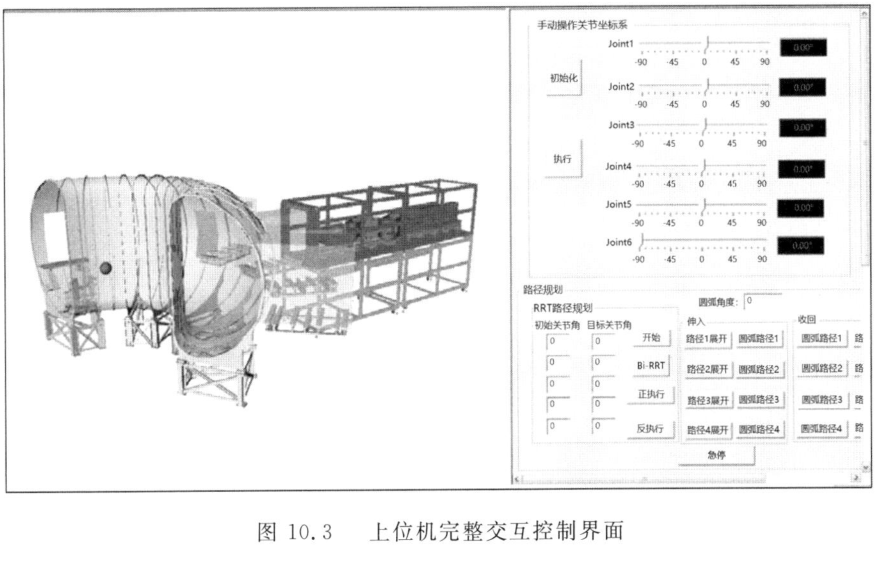

图 10.3　上位机完整交互控制界面

1. 显示窗口

显示窗口是机械臂交互系统的基础。首先,通过在 Pro/E 中建立机械臂模型、真空室和导轨小车模型,并将其以初始状态完成装配,然后,分别将基座、关节、真空室和导轨小车保存为.iv 格式文件,通过在 MFC 中调用 Open Inventor 自带函数库,将.iv 文件读入场景数据库,接着转化为场景节点,设置相对应的变化节点。在三维图形的建模过程中,为了避免图形过大、程序启动时间长、运动出现不连续等问题，需要将原始机械臂和真空室进行简化处理，保留基本外形特征即可。导入三维结构后，建立相机、背景颜色等一系列节点，将显示界面的所有节点组合成完整的场景节点组织结构，最终构建的节点组织结构如图 10.4 所示。

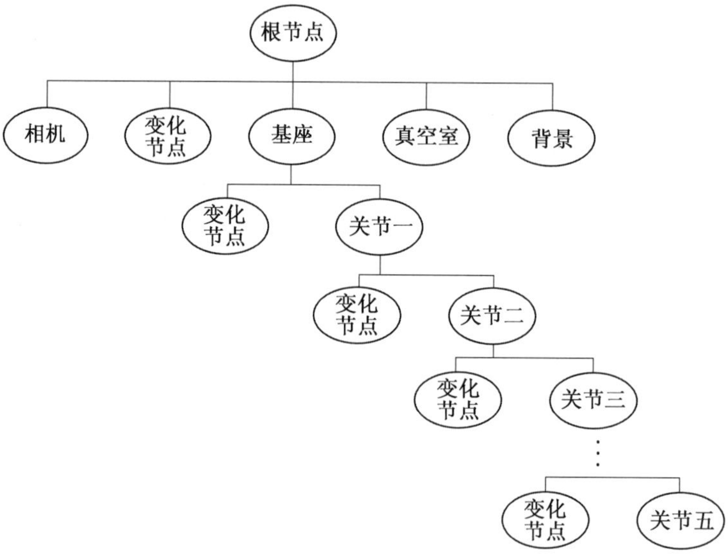

图 10.4　场景节点组织结构

在三维模型导入过程中，Open Inventor 自动将装配体装配中心定位为零点基准。由节点组织结构图可知，为了实现机械臂的运动，为基座加入了移动变换节点，实现其沿导轨方向的移动，为 5 个关节添加转动变换节点，实现绕旋转轴的转动。在此，为了确定转动过程中旋转轴位置和方向，三维模型装配时将各关节旋转轴进行统一装配，对各旋转轴也单独保存为.iv 文件，导入时只取其中心线来确定关节的转轴方向，未导入轴的三维结构，既避免了各关节转轴位置及方向的烦琐计算，又保留了原始的简化结构。关节及转轴的导入由以下代码实现，真正意义上实现了重载冗余机械臂系统三维结构的完全导入，保证了运动的统一性。

```
SoSeparator *Axis = new SoSeparator;
Axis = pDoc -> IvfLoadSceneGraph("位置//轴文件名",pDoc);
Axis -> ref();
Box -> apply(Axis);
SoTransform *jointR = new SoTransform;
jointR -> center = Box -> getCenter();
SoSeparator *joint = new SoSeparator;
joint = pDoc -> IvfLoadSceneGraph("位置//关节文件名",pDoc);
SoSeparator *zuhe = new SoSeparator;
zuhe -> addChild(joint1R);
zuhe -> addChild(joint);
```

最终导入后模型如图 10.5 所示。

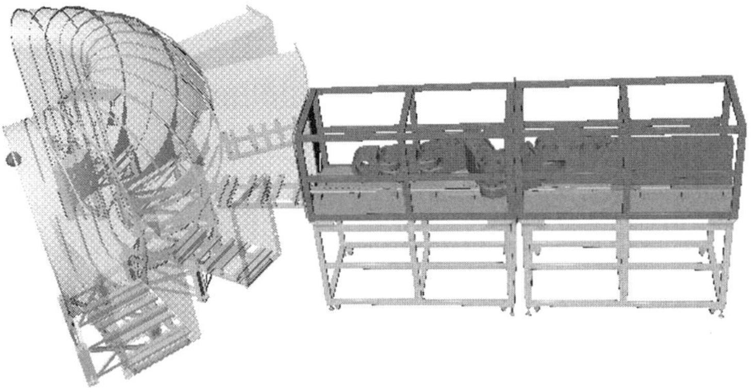

图 10.5　三维模型导入图

图 10.5 中导入的状态即是机械臂工作前的初始状态，导轨小车与真空室连接，机械臂折叠于导轨小车中。为了更加清晰地看到机械臂的运动情况，对真空室进行了半透明化处理，图中真空室中心处的圆球为碰撞检测的检测点。在机械臂与真空室未发生碰撞的情况下，检测点停留在图中显示的预设位置，当机械臂与真空室发生碰撞，监测点移至碰撞位置，提示碰撞。如图 10.6 所示，为机械臂第五关节末端与真空室内壁发生了碰撞的情况。

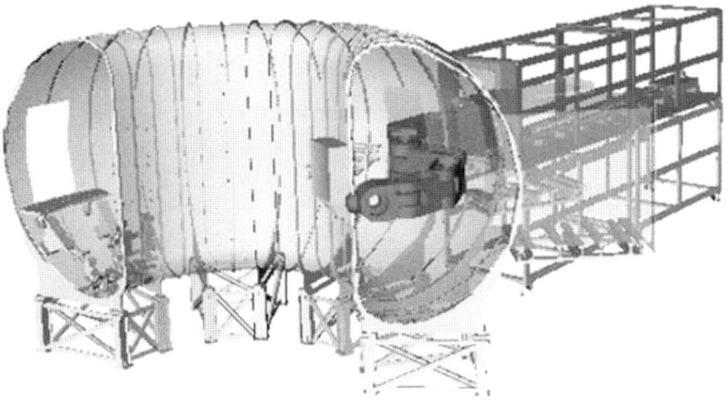

图 10.6　机械臂第五关节末端与真空室内壁碰撞显示图

导入模型时，在真空室的整个内侧壁装配了一层厚度为 10 mm 的安全向导层，并做透明化处理。机械臂只要与安全向导层发生碰撞即返回碰撞信息。因此，在控制真实机械臂时，提示碰撞后则停止运动，从而避免了真实机械臂与真空室发生碰撞，此外，显示界面可以通过鼠标来调整大小、移动、改变方向和角度等，在运动过程中进行实时调节以方便操作者观察机械臂的运动情况。

2. 控制界面

控制界面是机械臂交互系统的核心，以第 2 章的运动学分析为基础，基于第 3 章的路径规划算法，通过 VC ++ 的 MFC 完成程序编写，实现不同形式的机械臂运动的控制。

(1) 虚拟机械臂关节空间内的手动操作模块。

手动操作模块如图 10.7 所示，最左侧为两个总控制按钮，其中“执行”按钮是手动操作模块的开关。主运动通过手动调节六个滑块控件实现，右侧的静态文本同步显示，并将此信息传达给虚拟机械臂，则虚拟机械臂按照给定的角度和距离进行运动。

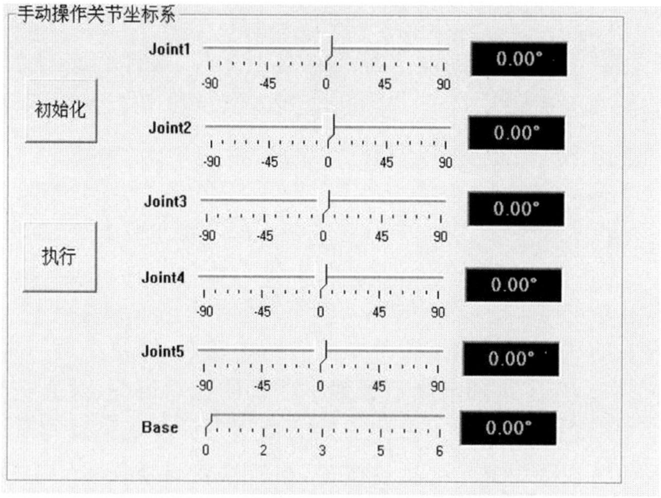

图 10.7　虚拟机械臂关节空间内的手动操作模块

(2) 机械臂完整运动仿真实现模块。

机械臂完整运动仿真实现模块如图 10.8 所示，在该模块中，引入机械臂逆运动学和路径规划算法。根据第 3 章的机械臂的运动分析，又将机械臂第一展开模式的运动分为两个阶段：第一阶段，机械臂完成从导轨小车中折叠状态运动到机械臂完全进入真空室的某一位置，这一阶段主要是通过不断尝试、调整机械臂的各关节角度值和基座的前进距离来寻找到一条不发生碰撞且机械臂姿态较好的路径；第二阶段则是基座停止后的运动，应用在第 3 章中讨论的应用 RRT 算法进行路径搜索。接着开始按照第二展开模式的圆弧路径运动到终点停止。最后机械臂在工作完成后，沿原路返回。

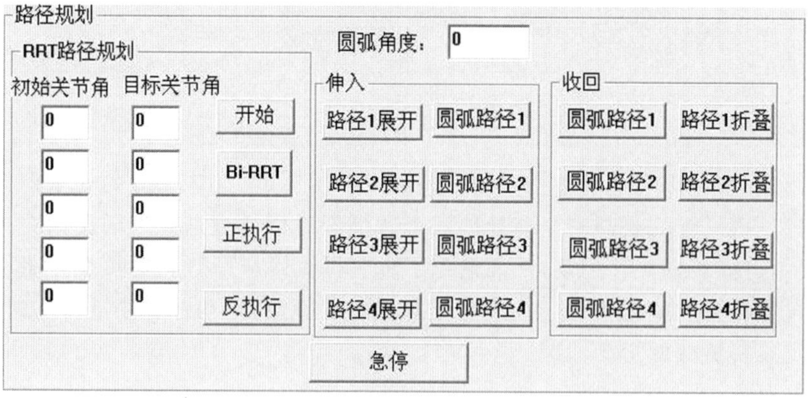

图 10.8　虚拟机械臂完整运动仿真实现模块

如图 10.8 所示，左侧为 RRT 路径规划控制窗口。以 RRT 路径规划为理论基础。在界面中点击“开始”按钮，激活 RRT 算法，初始关节角自动更新为当下关节角，手动填入目标关节角，然后，点击“Bi-RRT”按钮，搜索时间一般在 1 s 以内，这一时间可以保证运动的实时性。搜索成功后，由对话框提示搜索成功，显示搜索次数和路径点数，如图 10.9 所示，为了获得较好的搜索路径，多次搜索取最优路径保留。然后，就可以点击“正执行”和“反执行”按钮来正反方向执行搜索得到的路径。位于界面中间的是机械臂的伸入控制窗口。通过“路径展开”4 个按钮调用，实现 4 个工作分区的第一展开模式的第一阶段展开；通过“圆弧路径”4 个按钮调用实现第二展开模式的圆弧运动。通过在圆弧角度变量中输入不同的角度值，到达不同的目标点。位于界面右侧的即为机械臂的收回控制窗口，界面中按钮分别与伸入状态按钮对应。位于界面最下方的急停按钮，保证了实时控制真实机械臂时的安全问题。

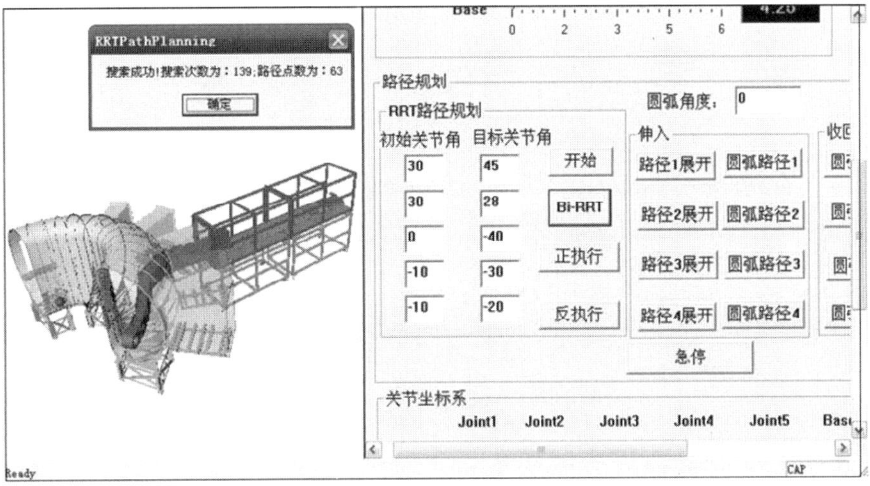

图 10.9　RRT 路径规划搜索成功界面

(3) 机械臂正运动学仿真控制模块。

机械臂正运动学仿真控制模块如图 10.10 所示。这一模块的设置主要是为了实现运动规划的尝试阶段和关节运动测试。在关节坐标系下，通过程序中添加的计时器，机械臂将实现各关节按照正运动学规律以一定的速度从当前位置连续运动到指定位置，通过定时器参数的设置，可以对运动速度进行控制和调整，并在世界坐标系下获得机械臂末端的各参数。

(4) 机械臂实时控制模块。

这一模块主要是基于实验平台建立，如图 10.11 所示，通过连接、电机使能，动力上、下电等按钮，完成机械臂上位机与下位机的通信，做好传输命令和数据的准备工作。然后，根据任务设置，具体实现折叠 / 展开运动和定轨迹圆弧运动。

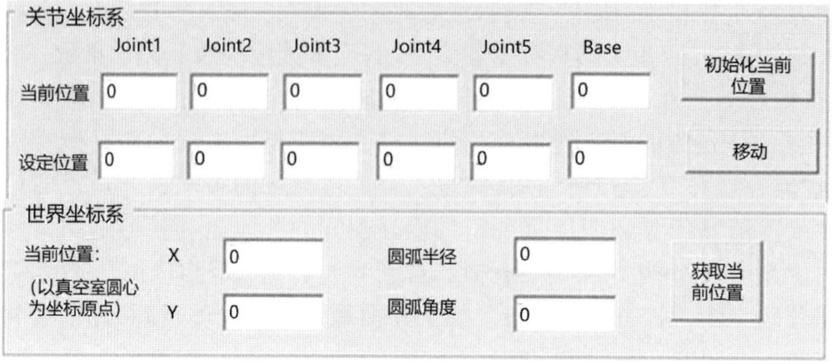

图 10.10　机械臂正运动学仿真控制模块

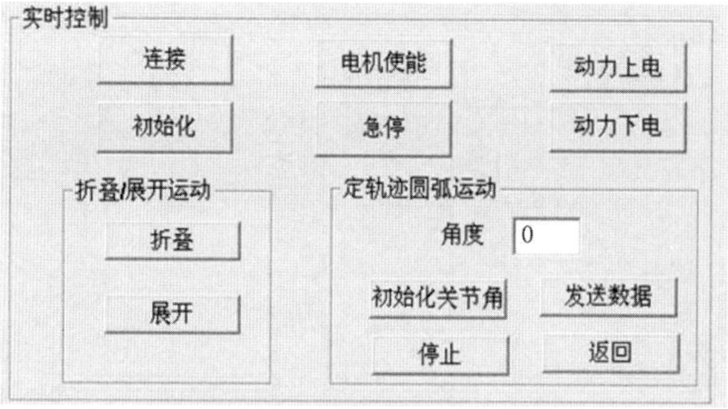

图 10.11　机械臂实时控制模块

10.3.2　实时碰撞检测算法及其实现

机械臂的运动及其路径规划离不开实时碰撞检测，除了在路径规划中添加碰撞点检测函数外，为了更加准确地避免碰撞，在虚拟环境中需要加入机械臂与真空室之间的三维碰撞检测，以完整、实时的碰撞检测确保真实机械臂控制过程中运动的安全性。

目前，以包围盒技术最为常用。在包围盒技术中，根据包围盒的不同可将包围盒分为OBB(方向包围盒)、AABB(轴对齐包围盒)、包围球及半空间相交体。包围盒的选取主要从其难易性、紧密性和转动更新速度三个方面进行考虑，表 10.2 是几类包围盒的对比情况。

表 10.2　包围盒特点的对比

包围盒类型	AABB	OBB	包围球	半空间相交体
紧密性	较紧密	很紧密	不紧密	紧密
难易性	较容易	较困难	容易	困难
转动更新速度	较快	较慢	不需要更新	慢

根据表 10.2，以 AABB 包围盒完成机械臂和真空室的碰撞检测较为合适。AABB 包围盒是各条边都与坐标轴平行同时包含该检测对象的最小长方体。计算组成包围盒的所有顶点的 x、y、z 坐标的最小值(x_{min}，y_{min}，z_{min})及最大值(x_{max}，y_{max}，z_{max})，便能够得到对象的 AABB 包围盒。所以，表示一个 AABB 包围盒只需要这六个标量就能确定，其区域

表示为

$$\boldsymbol{R}=\{(x,y,z)\mid x_{\min}\leqslant x\leqslant x_{\max},y_{\min}\leqslant y\leqslant y_{\max},z_{\min}\leqslant z\leqslant z_{\max}\}\tag{10.1}$$

AABB包围盒间的相交检测需要满足两个AABB包围盒在三个坐标轴上的投影区均相交，才能够得出相交。根据以上特性，把相交检测的三维求交问题转化为简单的一维求交问题，通过给定对象的AABB，只需要计算得到被包围物体各个顶点的x、y、z方向上的最大值以及最小值，因此，仅通过6次比较运算就可以计算出一个AABB，且存储AABB也只要有6个浮点数即可，计算和编程比较容易。

在确定包围盒相交的前提下，实际中包围盒检测到相交之后，对象之间可能没有碰撞。所以，碰撞检测分为两个过程进行。首先，通过检测机械臂和真空室的包围盒完成初步检测过程，从所有机械臂关节中找出与真空室可能发生碰撞的关节杆件，排除虚拟环境中不相交的物体对，然后，对包围盒发生碰撞的物体对，完成基本图元的检测，并根据回调函数，执行回调动作并得到是否继续进行碰撞检测的决定，这一过程称为详细检测。通过两个过程的检测来完成机械臂和真空室之间的碰撞检测，既节省了硬件资源，又提高了检测精度。

根据本章中机械臂工作空间的实际环境，综合考虑机械臂在运动过程中与真空室的关系，即在检测过程中，只有机械臂在运动，且各关节之间是依次继承的子节点，而真空室与导轨小车无运动。因此，碰撞检测选用对动态对象和静态对象之间的检测方法。采用基于上述理论建立起的SoDuralScene Collider类进行测试，在检测过程中，首先，要对环境中进行检测的动态场景和静态场景进行设置，把真空室设置成Setstatic scene()，把机械臂各关节依次设置成SetMovingscene()，设置通过以下程序实现：

```
SoPath *static_path = new SoPath;
SoSearchActionname1;
name1.setNode();
name1.apply(Root);
if(name1.getPath()! =0)
{
  static_path = name1.getPath();
}
SoSearchActionname1;
SoPath *moving_path = new SoPath;
name2.setNode();
name2.apply(Root);
if(name2.getPath()! =0)
{
  moving_path = name2.getPath();
}
```

对环境中静态和动态场景设置完成后，调用检测函数进行检测和反馈，函数调用通过以下程序实现。

```
collisionPair.setStaticScene(static_path);
collisionPair.setMovingScene(moving_path);
collisionPair.activate();
checkCollision();
NextIntersection();
```

引入静态场景和动态场景后，通过 activate() 函数来跟踪检测机械臂关节变化过程，由 checkCollision() 函数来进行碰撞检测，检测分为两个过程：首先，检测包围盒之间是否有碰撞，如果存在包围盒间的碰撞，则需要回调检测基本图元的函数进行图元检测，最终以检测到图元碰撞为碰撞信号反馈。当有碰撞信号反馈时，调用 NextIntersection() 函数来做出相应的动作。在本次的碰撞检测设置中，NextIntersection() 函数执行将圆球移动到碰撞位置处这一动作，即当机械臂与真空室安全向导层发生碰撞时，在碰撞点处会出现圆点作为指示，在控制真实机械臂时，同时添加机械臂停止动作，及时有效地防止了机械臂碰撞等不安全情况发生。

10.4 机械臂的离线仿真

以重载冗余机械臂运动过程中运动学分析及路径规划为基础，通过应用 VC ++ 6.0 与 Open Inventor 建立起的操作控制界面，分别对四个分区的完整运动进行仿真。根据图 5.8 虚拟机械臂完整运动仿真实现模块，工作各分区运动路径的离线仿真对应操作按钮如表 10.3 所示，并基于路径规划填写各参数。

表 10.3 操作界面按钮与工作分区对应关系

工作分区	操作面按钮		
工作一区	路径 1 展开	圆弧路径 1	路径 1 折叠
工作二区	路径 2 展开	圆弧路径 2	路径 2 折叠
工作三区	路径 3 展开	圆弧路径 3	路径 3 折叠
工作四区	路径 4 展开	圆弧路径 4	路径 4 折叠

10.4.1 工作一区运动的实时操作及仿真

机械臂从初始折叠状态运动至 $\boldsymbol{\theta}=(30°,30°,0°,-10°,-10°)$，基座运动到 4.25 m 处，然后，在 RRT 操作界面中点击开始，初始关节角更新为 $\boldsymbol{\theta}_s=(30°,30°,0°,-10°,-10°)$，目标关节角输入 $\boldsymbol{\theta}_t=(45°,28°,-40°,-30°,-20°)$，点击“Bi-RRT”按钮进行路径搜索，本次的搜索次数为 189 次，路径点数为 79 个。接着，点击“正执行”，完成 RRT 所搜索路径的运动。然后，在圆弧角度中输入 45(仿真的任务目标点为工作一区 15° 圆弧位置处)，点击伸入控制窗口中的“圆弧路径 1”，机械臂运动到工作一区的任务目标点，至此，机械臂全部展开。机械臂的收回过程中，依次点击收回窗口的对应按钮使机械臂收回至初始状态。整个运动过程中未出现任何碰撞，仿真结果与预计路径一致。仿真界面截图如图 10.12 所示。

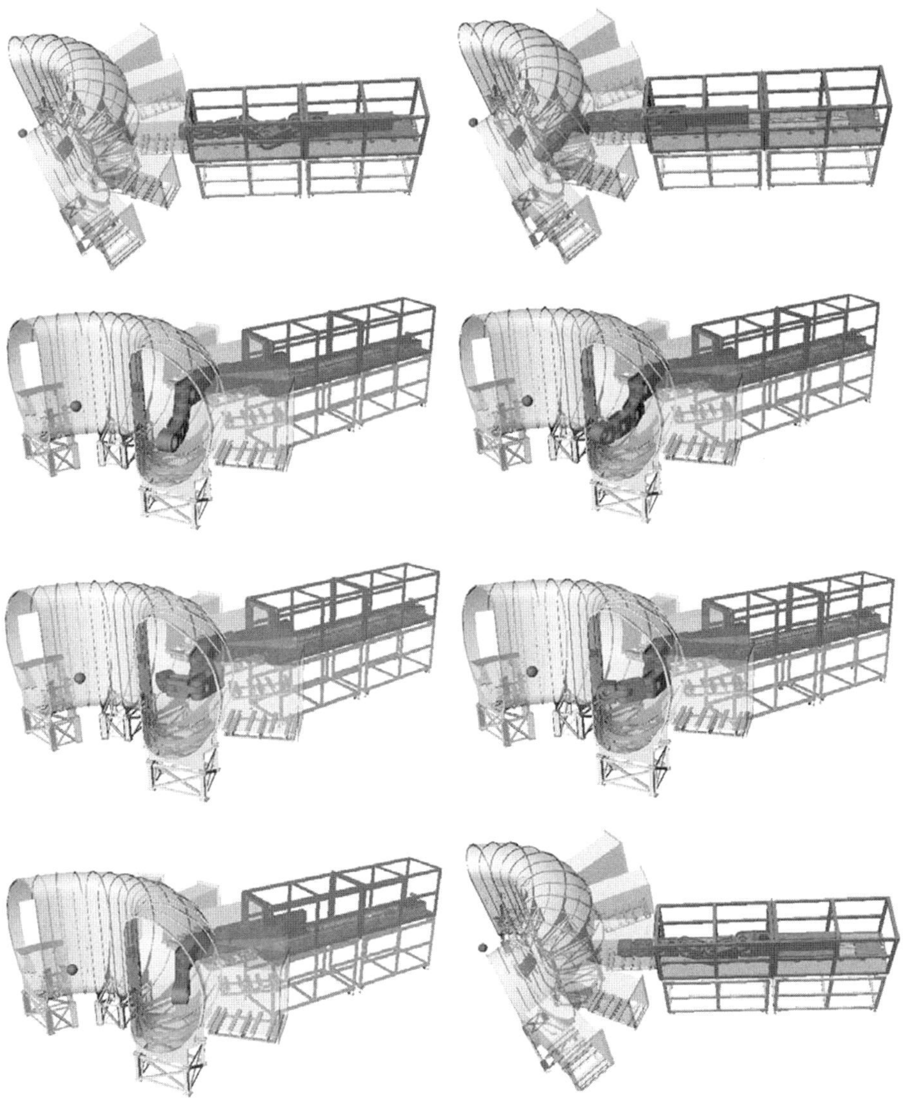

图 10.12　机械臂工作一区工作的运动仿真截图

10.4.2　工作二区运动的实时操作及仿真

具体操作按钮根据表 10.2 对应，机械臂从初始折叠状态运动至 $\boldsymbol{\theta}=(30°,30°,0°,-10°,-10°)$，基座运动到 4.55 m 处，在 RRT 操作界面中，初始关节角自动更新为 $\boldsymbol{\theta}_s=(30°,30°,0°,-10°,-10°)$，目标关节角输入为 $\boldsymbol{\theta}_t=(23°,35°,5°,13°,20°)$，本次的搜索次数为 115 次，路径点数为 62 个，通过正执行运动到目标位置。圆弧路径中，在圆弧角度中输入 50，运动到终点后，机械臂按原路返回至初始状态。仿真显示界面截图如图 10.13 所示。工作二区的仿真效果与路径规划结果一致，整个运动过程机械臂姿态良好，无任何碰撞发生。

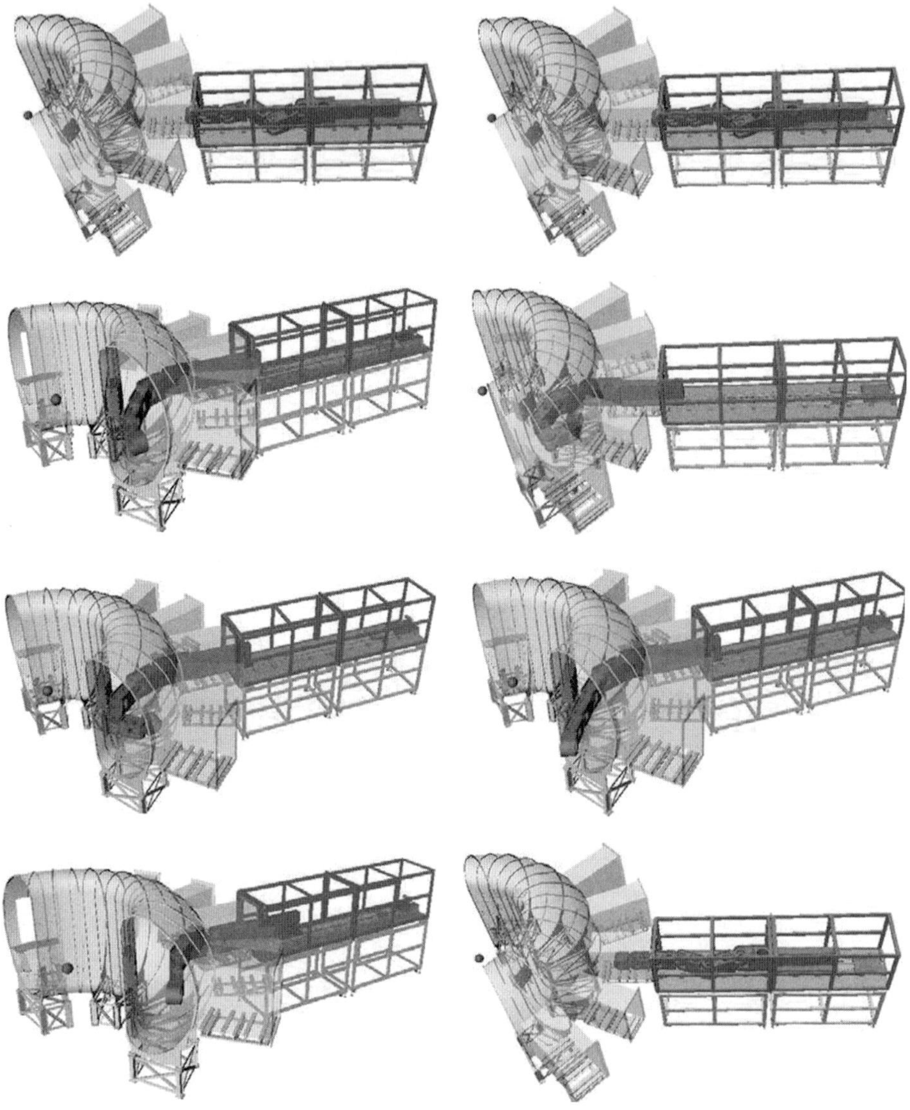

图 10.13　机械臂工作二区工作的运动仿真截图

10.4.3　工作三区运动实时操作及仿真

工作三区的运动仿真中，机械臂从初始折叠状态运动至 $\boldsymbol{\theta}=(-30°,-30°,0°,10°,10°)$，基座运动到 4.25 m 处，在 RRT 操作界面中点击开始后，初始关节角自动更新为 $\boldsymbol{\theta}_s=(-30°,-30°,0°,10°,10°)$，目标关节角输入为 $\boldsymbol{\theta}_t=(-45°,-28°,40°,30°,20°)$，本次的搜索次数为 172 次，路径点数为 72 个。在圆弧角度中输入 45，机械臂完成一段 45° 的圆弧运动，最后，返回至初始姿态。仿真显示界面截图如图 10.14 所示。工作三区的仿真效果与路径规划结果一致，整个运动过程机械臂姿态良好，无任何碰撞发生。

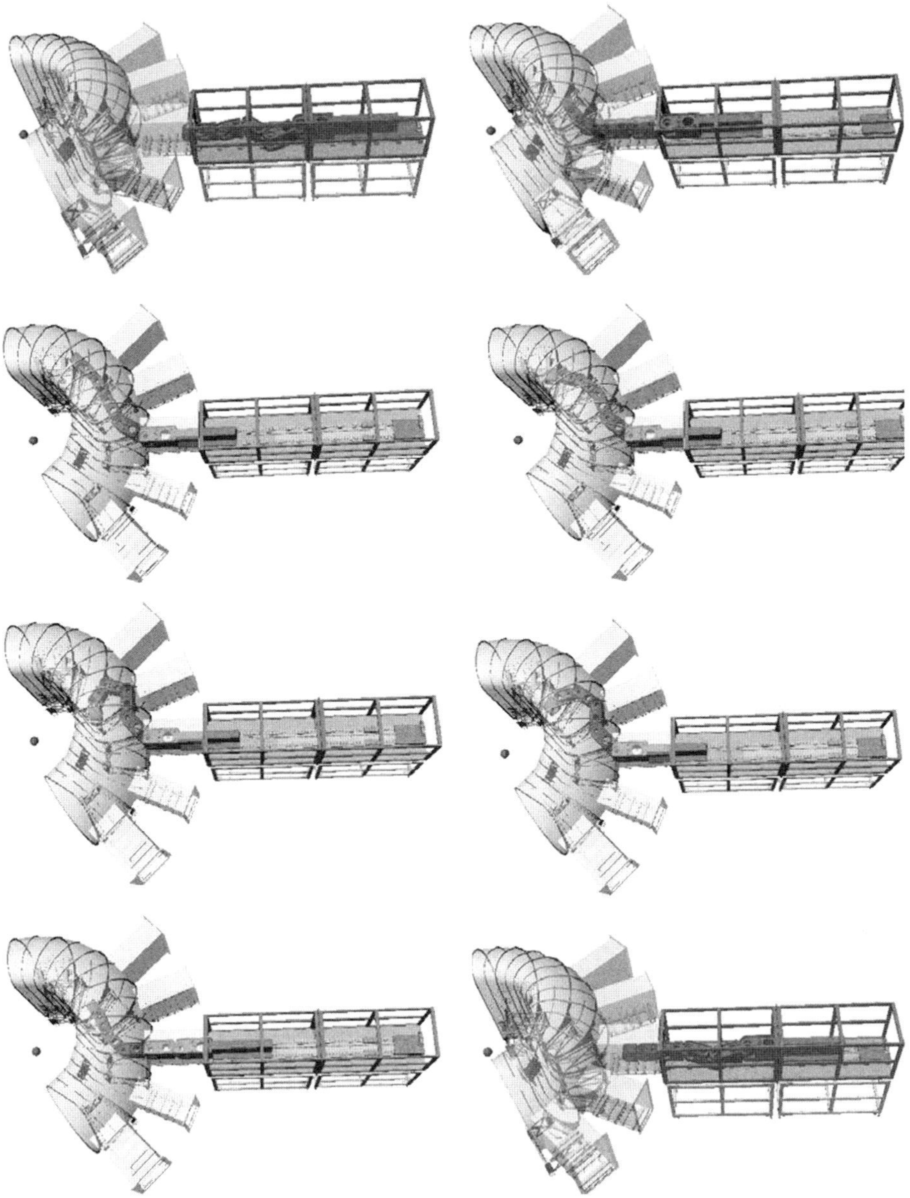

图 10.14　机械臂工作三区工作的运动仿真截图

10.4.4　工作四区运动的实时操作及仿真

工作四区的运动仿真中，机械臂从初始折叠状态运动至 $\boldsymbol{\theta}=(-30°,-30°,0°,10°,10°)$，基座运动到 4.55 m 处，在 RRT 操作界面中点击开始后，初始关节角自动更新为 $\boldsymbol{\theta}_s=(-30°,-30°,0°,10°,10°)$，目标关节角输入为 $\boldsymbol{\theta}_t=(-23°,-35°,-5°,-13°,-20°)$，本次的搜索次数为 96 次，路径点数为 41 个。在圆弧角度中输入 50，走完 50° 圆弧运动后，机械臂按照原路返回至初始折叠状态。仿真显示界面截图如图 10.15 所示。工作四区的仿真效果与路径规划结果一致，整个运动过程机械臂姿态良好，无任何碰撞发生。

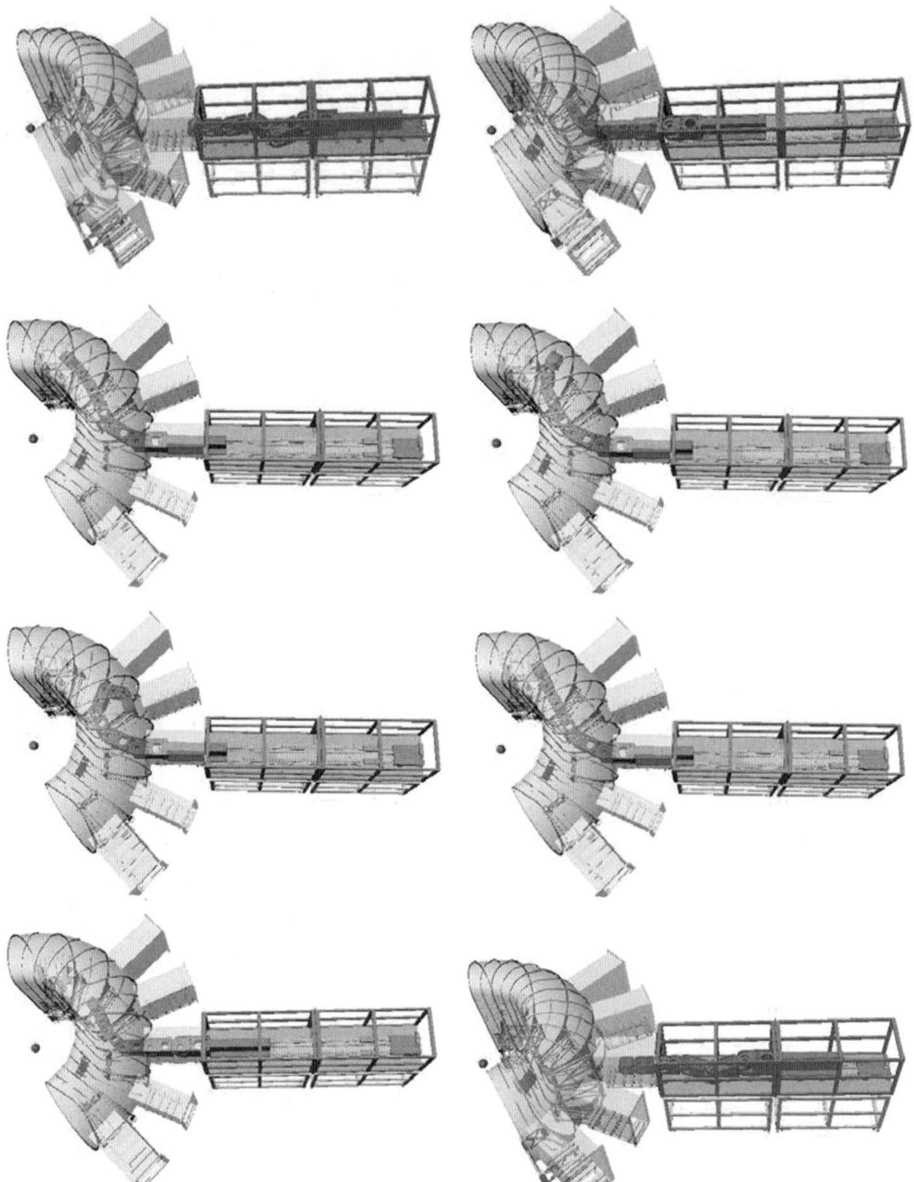

图 10.15　机械臂工作四区工作的运动仿真截图

10.5　机械臂样机实验

重载冗余机械臂的运动实验，基于机械臂交互系统完成。根据项目总体进度的安排，现阶段机械臂系统未加工完成，因此，采用实验样机完成现阶段的实验验证。实验样机后3个关节在无真空室条件下运动，且机座固定于支架上，因此，实验数据和运动形式与最终的实际运动情况存在一定的差异，但能够实现机械臂系统的运动学、路径规划及交互系统的验证。实验样机如图10.16所示。

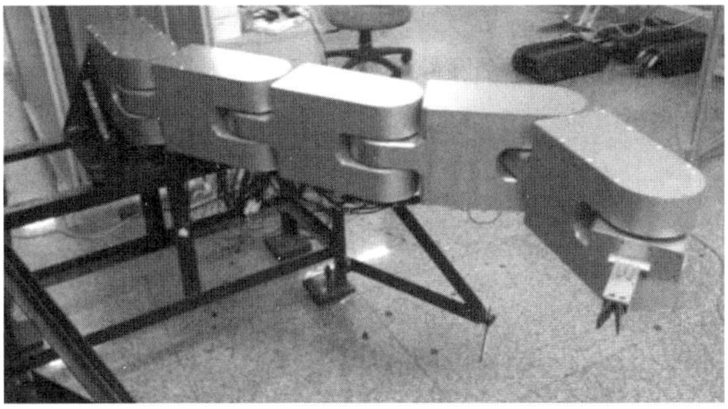

图 10.16　机械臂实验样机

10.5.1　机械臂运动交互演示实验

在机械臂运动的交互演示实验中，设置摄像头实时监控界面，通过双显示屏将操作界面与监控界面同步显示，如图 10.17 所示。实验中，以末端单关节运动为实验对象，通过在操作界面上操作关节五运动，运动命令发送给虚拟机械臂的同时，经下位机传送给机械臂样机，则虚拟机械臂与机械臂样机的关节五实现同步运动。

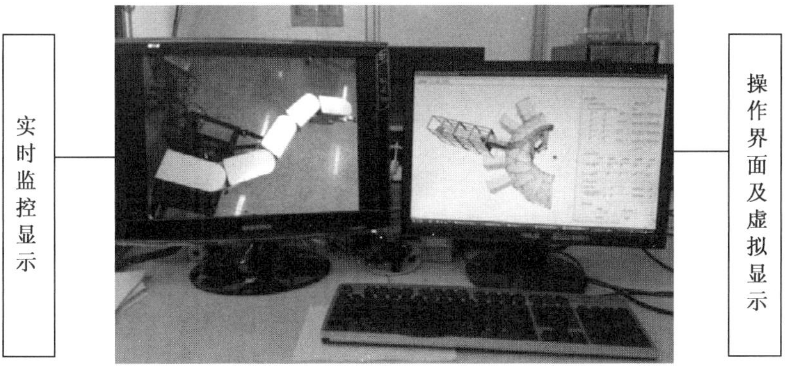

图 10.17　机械臂运动交互演示实验

10.5.2　机械臂的折叠/展开运动实验

根据现有条件：实验样机的机座固定于支架且第一、第二关节姿态不变。因此，只通过后 3 个关节实现，保证关节运动过程中不与机械臂两侧的运动范围限定在 450 mm 内，且末端关节始终与机座保持在一条直线上。机械臂展开运动实验如图 10.18 所示。实验中，机械臂从初始折叠状态 $\boldsymbol{\theta}_s=(0°,0°,40°,-80°,40°)$ 展开至 $\boldsymbol{\theta}_t=(0°,0°,0°,0°,0°)$。实验结果显示机械臂样机运动与预定效果保持一致，关节未超过两侧限定范围，末端关节始终与机座保持在一条直线上。前两个关节由于运动关节的反作用力的作用，在运动过程有轻微的振动，但对机械臂整体运动影响很小。另外，折叠运动实验与展开运动实验过程一致，角度设置相反，不予给出。

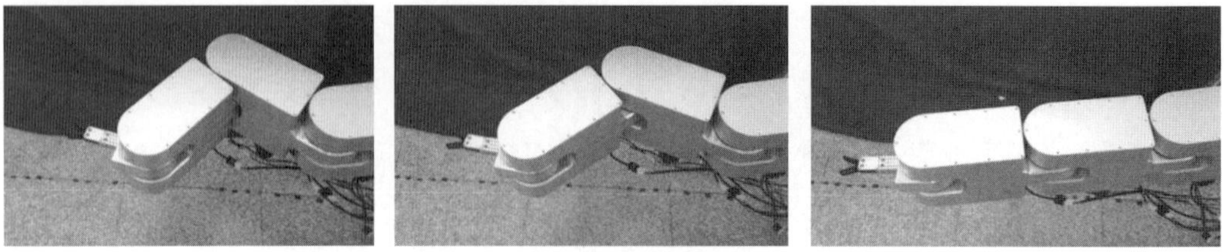

图 10.18　机械臂展开运动实验

10.5.3　机械臂的定轨迹圆弧运动实验

机械臂的圆弧运动实验中，取机械臂在工作一区的运动为实验样本，圆弧路径的半径为 1 780 mm，角度为 30°。实验中机械臂末端轨迹以 Matlab 仿真得到的规划曲线为参照进行对比，实验如图 10.19 所示。机械臂在完成圆弧运动过程中，实际运动轨迹通过末端固定的粗线笔记录，并与参照曲线记录在一起，通过两曲线对比可以得到：机械臂末端实际运动曲线与规划轨迹整体上保持一致，但是，末端单点位置有偏差，单点最大偏移距离约为 5 mm，且实际运动中末端点存在小的波动。同时，在实验开始时设置真空室实际尺寸参照（内壁半径为 1 245 mm，外壁半径为 2 700 mm），机械臂运动过程中，通过观察可以确定运动中各关节未超出真空室环形腔，符合无碰撞运动的要求。

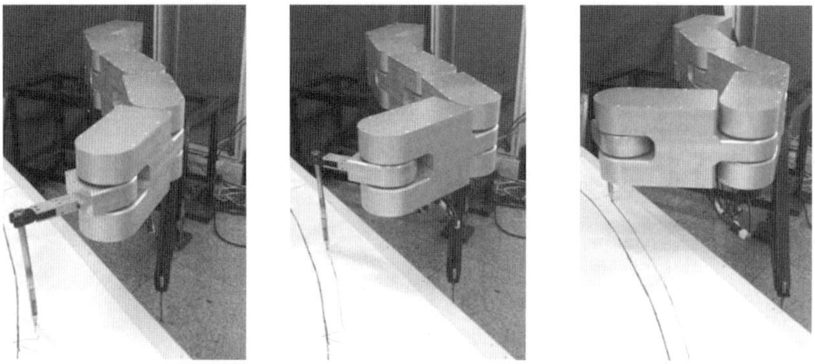

图 10.19　机械臂圆弧运动实验

10.6　本章小结

本章搭建了重载冗余机械臂的交互系统。交互系统的控制系统为上位机和下位机构成的两层结构。根据界面的功能要求，分别设计了离线控制模块和在线控制模块，以 socket 通信建立连接。上位机是在 VC ++ 6.0 中 MFC 与 Open Inventor 库的共同支持下建立，并构建了以 AABB 包围盒为基础的碰撞检测功能，完成了虚拟环境下的碰撞检测，最后基于此系统，完成了整个机械臂的 4 个分区任务的离线运动仿真，仿真结果遵循路径规划的运动特点，运动平稳、关节无超限且无碰撞现象出现，满足了实际机械臂的工作要求，在此基础上，完成了机械臂样机实验，对系统的交互效果进行演示，主要实现了折叠 / 展开运动和定轨迹圆弧运动。

第11章　维护双机械臂人机交互系统设计与实验

11.1　引　言

托卡马克内的检测、除尘、抓取、零部件拆卸与安装等多种任务都高度依赖远程操控技术，由于属于核环境作业，因此在保证操作效率的同时对于作业安全性也有着极高的要求，利用虚拟现实技术可增强操作者的临场感，通过虚拟仿真验证的方式保证操作安全，本章即进行基于虚拟现实的维护机械臂人机交互系统设计。并对系统进行离线仿真和在线测试，在测试系统性能的同时验证技术路线的可行性。

11.2　维护机械臂人机交互系统总体方案

11.2.1　系统构成

对于客观世界的描述分为虚拟现实和增强现实两种，虚拟现实完全利用计算机生成虚拟环境，适合于结构化环境；增强现实则是将计算机生成的虚拟环境与真实环境图像叠加，更适合非结构化环境。对本章来说，托卡马克真空室作业环境已知，可精确建模，因此采用虚拟现实的方法构建人机交互系统，如图11.1所示。

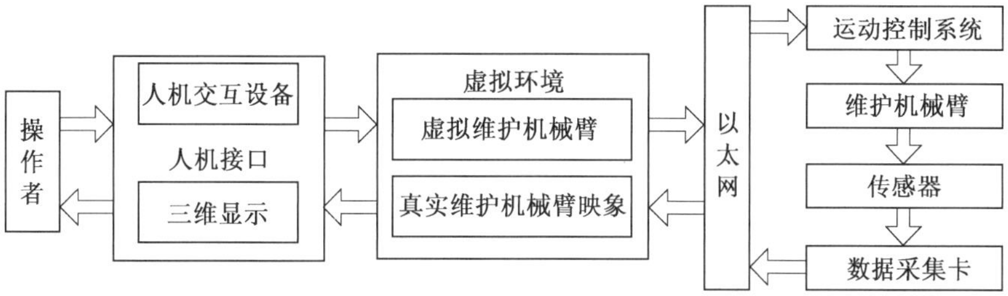

图11.1　远程操控人机交互系统结构

整个系统构成一个闭合回路，首先计算机构建起包含虚拟维护机械臂和真实维护机械臂映象在内的虚拟环境，操作者利用多种人机交互设备向计算机输入控制信息，计算机实时响应操作者的控制命令，改变虚拟维护机械臂状态，并将该状态以三维图形的形式实时反馈给操作者。若确认该指令正确，则通信系统利用以太网将控制信息发送至运动控制系统，运动控制系统控制维护机械臂实现相应运动，并且实时地将包括力传感器、位移传感器、视频信号在内的信息返回，计算机利用这些信息改变虚拟环境中的真实维护机械臂映象，操作者一方面可直接观察虚拟环境中的实际维护机械臂映象的运动，一方面可结合传递回的视频信号,采取下一步操作。

11.2.2 系统控制模式

1. 离线模式

在离线仿真状态下通信系统不会传递任何数据,此时操作者仅单纯控制虚拟维护机械臂,其主要有两方面作用。

(1) 任务规划。

由于托卡马克的维护作业种类众多,具有不确定性,以管道更换作业为例,事先并不知道何处管道会发生损坏,因此对于出现的维护任务首先需要进行任务规划,将任务分解细化,确定实现方法后在离线仿真模式下进行实验,确认其合理性,最终找到较优的作业方案。

(2) 作业培训。

由于维护机械臂由大尺度机械臂和双操作臂组成,共拥有18个自由度,结构复杂,且在操作过程中处处受限于真空室狭小的空间,操作难度大,因此须对操作者进行训练,通过离线仿真模式进行训练具有成本低、效率高等显著优势。

2. 在线模式

在线模式下,操作者通过人机交互系统对维护机械臂进行远程操控,处于在线模式时操作者可进行自动操作、半自动操作和手动操作。

(1) 自动操作。

对于固定任务,如托卡马克真空室整体巡检任务,这类任务具有重复性,因此可采用自动操作,系统通过读取固定的任务指令控制维护机械臂自动进行作业,该过程中无须进行指令验证。

(2) 半自动操作。

对于某特定区域的作业任务,这类任务虽然因为维护作业的不同而具有一定的不确定性,但都需要维护机械臂到达该区域,因此在作业过程中系统通过固定任务指令控制维护机械臂自动到达该区域,之后操作者再通过手动操作完成作业。

(3) 手动操作。

对于大量的不确定任务来说,手动模式是不可或缺的。操作者对虚拟维护机械臂进行手动控制,实现虚拟仿真,确认无误后将经过验证的控制指令经由通信环节传递给真实维护机械臂以完成控制,之后通过传感器信息进行虚实维护机械臂位姿差异的判断,当超过设定阈值时,将虚拟维护机械臂调整至与真实维护机械臂一致,以保证操作者控制的有效性,系统流程如图11.2所示。

11.2.3 系统功能

1. 虚拟仿真

对于真空室的结构化环境,利用已知的环境信息和维护机械臂尺寸结构参数,对虚拟环境及维护机械臂进行精确建模以反映真实情况。采用三维建模软件构建几何模型,导

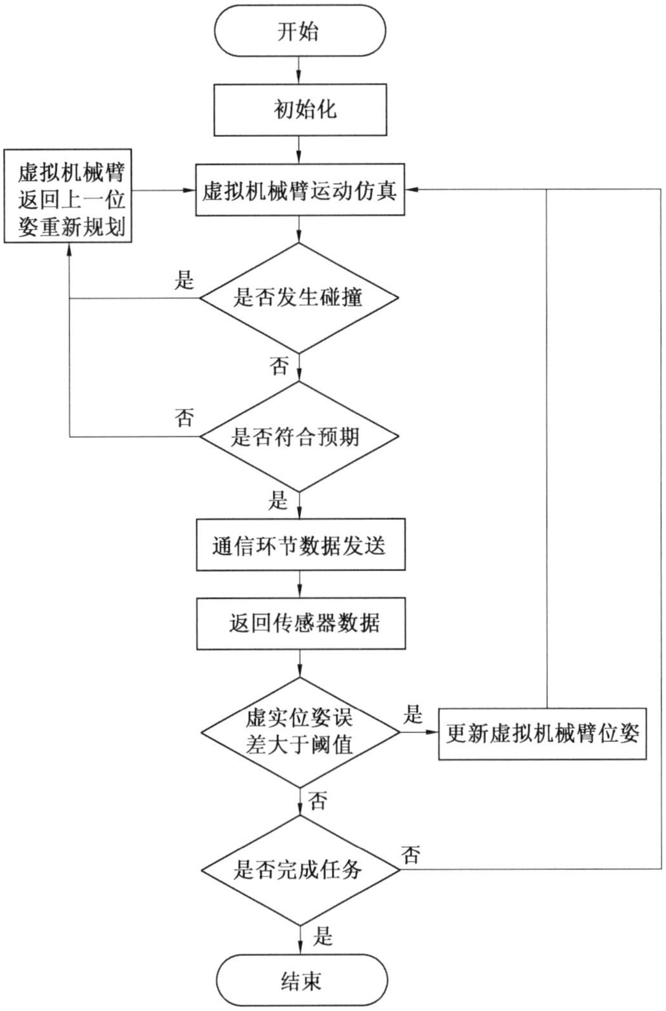

图 11.2　在线模式下手动操作流程图

入虚拟现实软件中，搭建合理的模型树使得各模型间产生正确的父子关系。对于操作者的输入，通过正逆运动程序解算使得模型位姿产生相应变化。之后通过轨迹规划算法准确地将机械臂运动过程中的位置、速度、加速度以动画形式呈现给操作者，实现虚拟仿真。

2. 碰撞检测

由于面向核环境作业，一旦在作业过程中发生碰撞，无论是双操作臂之间的碰撞还是与环境之间的碰撞，后果都不堪设想。因此对于双操作臂来说，避免干涉碰撞是进行协调作业的前提，故在操作过程中须对虚拟维护机械臂和真实维护机械臂映象不间断地进行碰撞检测。碰撞检测需充分考虑实时性与准确性这一对矛盾体，在保证准确性的同时尽可能降低运算量，提高实时性。若检测到碰撞则报警，若在对虚拟维护机械臂进行操作的过程检测到碰撞则需重新进行规划，若在真实机械臂运动过程中检测到碰撞则紧急停止。

3. 人机交互

人机交互模块包括控制指令的输入以及信息反馈两方面。对于控制指令的输入，一方面通过UI人机交互界面，利用传统的鼠标、键盘进行信息的输入，另一方面利用虚拟现实设备对虚拟环境产生直接的交互，包括场景漫游、双操作臂末端控制等。对于信息的反馈，一方面指计算机对指令产生响应生成三维图形，另一方面则是通过返回各种数据信息将操作结果反馈给操作者。

4. 通信

由于本系统用于控制维护机械臂进入真空室进行维护作业，因此利用局域网进行近距离的数据传递，而非采用Internet进行远程数据传输，因此无须考虑时延问题。PC与维护机械臂控制器采用Modbus协议进行通信，在Unity3D环境中通过调用Modbus的动态链接库ZModbusSdk.dll实现对封装库的访问。

11.2.4 开发工具

虚拟现实系统作为将硬件设备和软件集成于一体的复杂系统，主要包括三种开发模式：第一种从底层开发，基于OpenGL或者DirectX，利用C或C++进行编程，其缺点在于工作量巨大，开发效率低，但灵活性最高；第二种是利用现成的编程开发包进行二次开发，如OpenInventor、Java3D、VegaPrime等，其相较于从底层编程来说，已经封装好大量代码模块，提高了开发效率，但开发难度同样较大；第三种是利用专业的虚拟现实软件进行开发，如Virtools、EON、VRP、Unity3D等，以上软件功能模块化，开发效率高，学习门槛低，缺点在于开发者受制于软件功能，可拓展余地较小。

以上三种开发模式各有优劣，但鉴于开发周期较短，且目前的虚拟现实软件能够满足需求，因此选用第三种开发模式，利用Unity3D进行开发。

Unity3D是由丹麦的UnityTechnologies开发的多平台综合开发引擎，在游戏开发、建筑可视化、虚拟现实等领域有着广泛运用。由于其开发采用“所见即所得”的编辑模式，高效且易于上手，开发者可方便地借助物理引擎模拟真实环境同时产生逼真绚丽的特效，非常适合快速开发虚拟环境下的仿真系统，近几年在国内外都愈发流行。

在Unity3D虚拟现实方面，NASA喷气推进实验室利用Unity引擎建立了火星探测车模拟系统，InnovationinLearningInc.利用Unity引擎开发了医疗模拟培训平台，并且在GameTech2011上获得特等奖。对于利用Unity3D进行机器人仿真，基于虚拟现实、增强现实的机器人人机交互系统等已有一些成果。Unity3D工作界面如图11.3所示，共包括场景、游戏、层次、项目、检视五大视图。

Unity3D的脚本程序编辑支持C#、JavaScript、Boo三种语言，本系统采用应用面较为广泛的C#语言作为开发语言，Unity3D提供MonoDevelop作为编程开发环境，但为了提高编程效率，采用应用更为广泛的VisualStudio2012作为编程开发环境。在建模方面，采用ProE建模并利用3DMax进行处理后导入Unity3D。

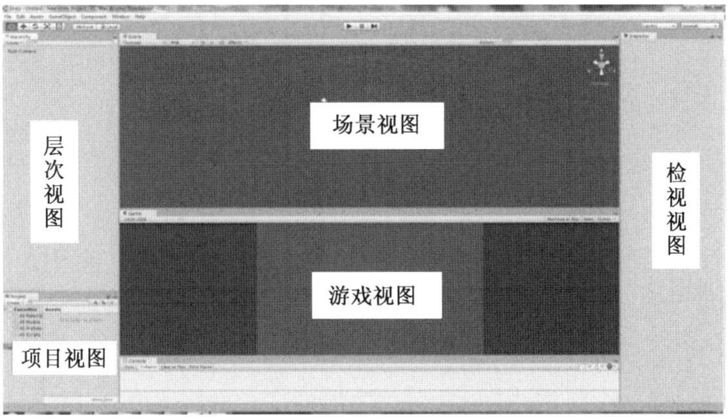

图 11.3　Unity3D 工作界面

11.3　虚拟场景建模

11.3.1　虚拟场景建模基本内容

1. 场景构成及设计思想

虚拟场景建模旨在为操作者提供逼真的可视化操作环境，是虚拟现实人机交互系统的核心。Unity3D 的场景构成方式非常符合人的思维方式，其采用层级式构架，如图11.4所示。一个完整的 Unity3D 项目由多个场景(Scene)构成，每个场景包含多个对象(GameObject)，每个对象包含包括脚本组件在内的多个组件(Component)，组件本身包含着许多参数变量，通过修改调整这些变量使对象产生特定的行为，最终通过场景中的摄像头组件将画面呈现给操作者。

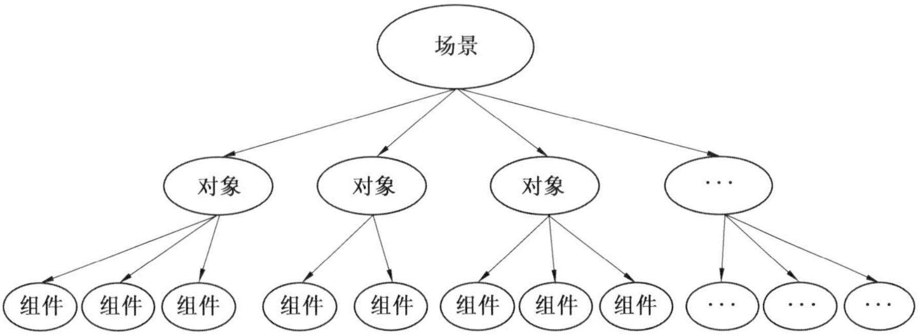

图 11.4　场景构成

通过以上分析可以看出，Unity3D 完全采用了基于组件的对象设计思想，这是 2005 年 KimPallister 提出的一种非常优秀的设计思想，在 Unity3D 中得到了淋漓尽致的体现。

对象是个广义概念，除各种模型外，还包括摄像机、灯光，甚至用户图形界面等。传统的设计往往使用“派生”来描述对象之间的关系,子类通过派生获得父类的功能。由于需要对每个对象根据情况为其添加各种功能,所以大量通用功能都需要在基类中实现,由此对象的基类变得庞大臃肿同时难于维护。

而基于组件思想的精髓在于,将基于纯派生关系的对象模型转为使用基于组件的对象模型,把所有需要提供给对象的基础功能都独立成一个个组件,对象成为含有各种组件的集合。

这样一来所有功能都由父类中的接口变为子对象实例,为各个对象提供服务。由此保证了代码的复用性,提高了系统的模块化程度和灵活性。例如在所有对象建立之初都包含有 Transform 组件,软件通过利用该组件表示对象在场景中的位置、旋转和大小。

组件又包括基本组件和脚本组件,基本组件提供了 Unity3D 所提供的基础功能,如 Transform 就是基本组件之一,基本组件通常会被脚本组件组合利用从而满足需要的功能;脚本组件则是根据不同需要设计出来的多种功能模块。

由于本章涉及的人机交互系统是一个复杂工程,因此需要在充分理解“基于组件”的对象设计思想基础上,对脚本组件精心设计,提高独立性和复用性,尽可能降低与其他组件的耦合性,从而对复杂工程形成有效组织。

2. 模型组织

由于在托卡马克环境中涉及的模型较多,需要进行合理的组织以便进行有效管理,达到优化场景、满足仿真程序运行实时性的目的。根据基于组件的对象设计思想,设计虚拟场景模型组织如图 11.5 所示。

11.3.2 虚拟维护机械臂建模

Unity3D 中通过模型树对场景中的模型进行管理和划分,首先建立模型树,通过设置父子节点的位姿关系完成模型的搭建,父节点运动会带动子节点运动;基于以上两种方式的虚拟场景建模流程如图 11.6 所示。

以大尺度机械臂第一个关节的转轴作为维护机械臂的原点,以大尺度机械臂第二关节为例阐述建模方法。

将 ProE 中的模型存为 obj 格式导入 3dsMax。根据机械臂运动学模型,在 3dsMax 中将关节的坐标轴原点调整至上一关节连接处,此时无须考虑坐标轴方向,如图 11.7 所示。Unity3D 对 3dsMax 提供了良好支持,将 3dsMax 导出的 fbx 文件直接复制到项目视图中即可完成导入。

对于导入后的模型需要处理单位制和坐标系两方面的问题以保证运算的正确性。

(1) 单位制问题。Unity3D 默认采用米为单位,而实际上模型的位置变化量往往是毫米级,因此在运动中会经常出现类似 0.001 的变化量,非常不便于编程运算。为了解决该问题,将所有模型放大 1 000 倍导入,使得物体位移变化同时扩大 1 000 倍,进而有利于进行编程处理。

(2) 坐标系问题。ProE 和 3dsMax 都采用右手坐标系,而 Unity3D 采用左手坐标系,因此在导入模型后往往会出现坐标系与要求不一致的情况,为了便于控制模型运动,通常采用的方法是在该模型上建立一个空对象(EmptyGameObject) 作为父节点,并将该空

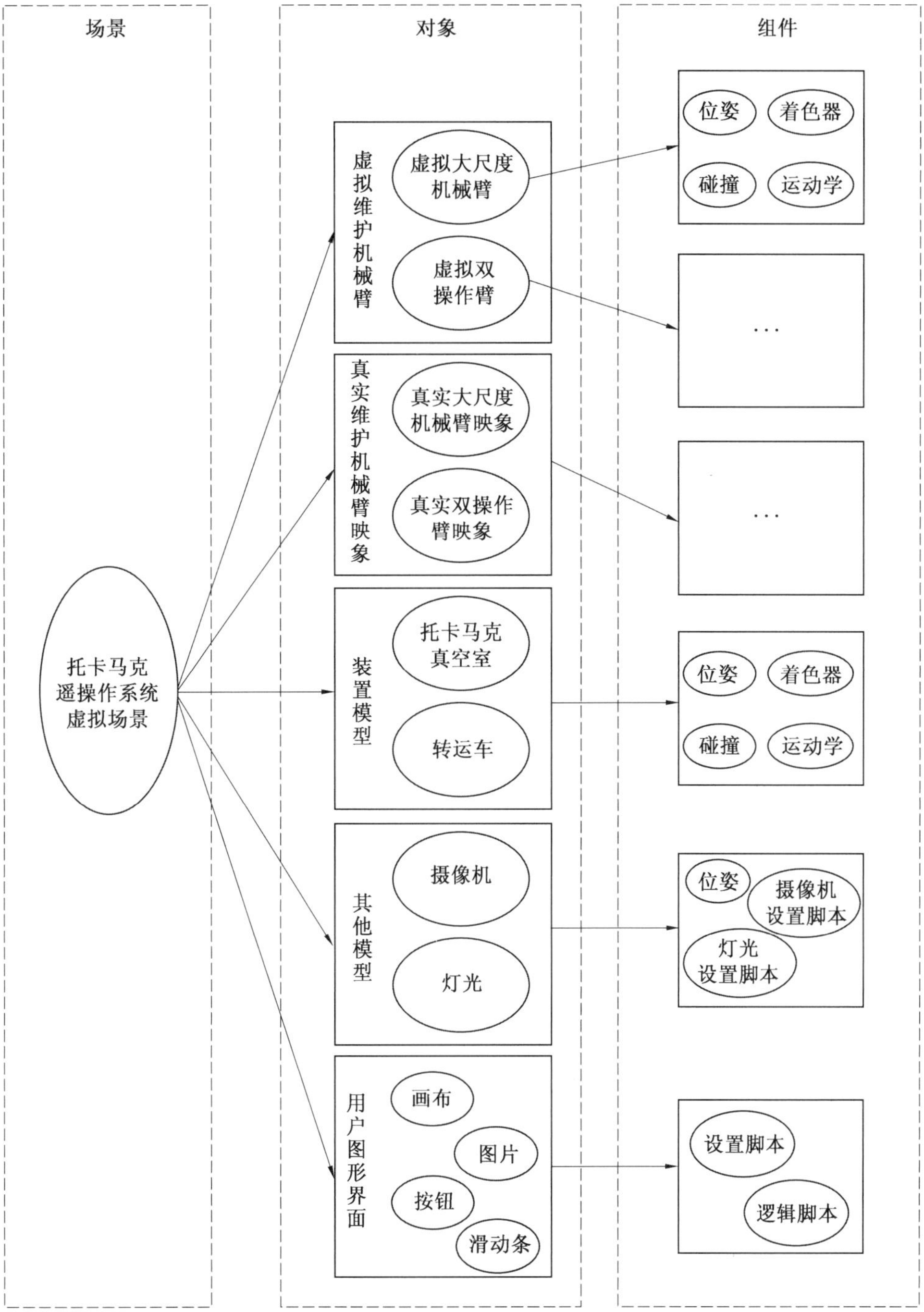

图 11.5　虚拟场景模型组织

对象的位置调整至与模型一致，并按照需求调整其坐标系方向。通过脚本直接驱动该空对象运动从而带动作为子节点的模型运动，而不是直接驱动模型本身。

图 11.8(a) 为大尺度机械臂第一关节和第二关节的模型树，jxb_g1、jxb_g2 分别是大

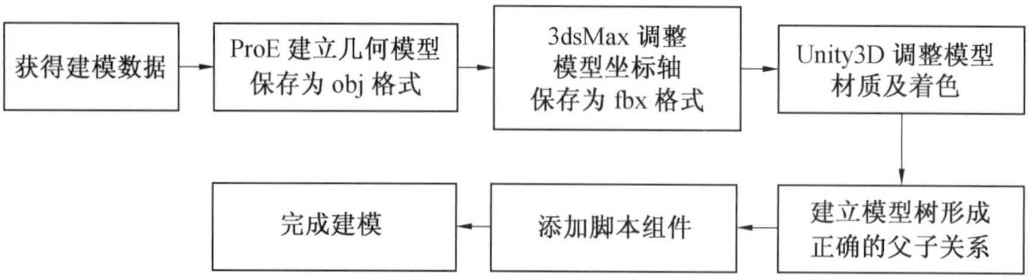

图 11.6　建模流程

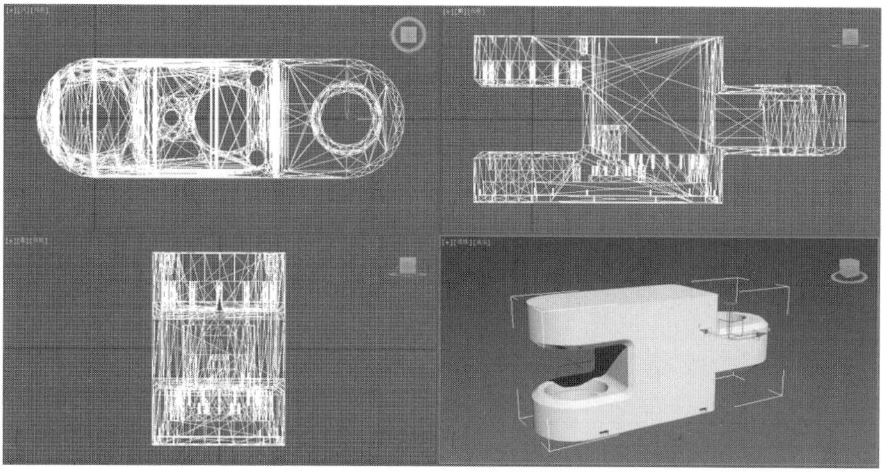

图 11.7　3dsMax 模型调整

尺度机械臂第一关节与第二关节的模型，GXB_G1、GXB_G2 分别是 jxb_g1、jxb_g2 的空对象父节点，以它们作为关节坐标系，由此建立起这两个关节的父子关系，此时 GXB_G2 的 Transform 组件显示相对于 GXB_G1 的位姿，其中位置(Position) 是相对于父节点的位置变化，姿态(Rotation) 是相对于父节点的欧拉角。

按照D－H参数修改Transform的数值从而建立起正确的父子关系。在Unity3D中两关节显示如图 11.8(b) 所示。

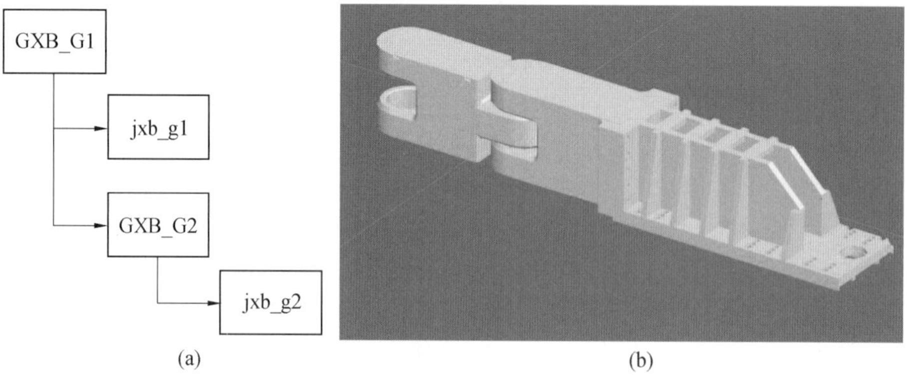

图 11.8　大尺度机械臂建模

按照以上步骤建立起虚拟大尺度机械臂和双操作臂的模型，其中双操作臂作为大尺度机械臂的子节点，并置于大尺度机械臂末端，获得虚拟维护机械臂模型如图 11.9 所示。

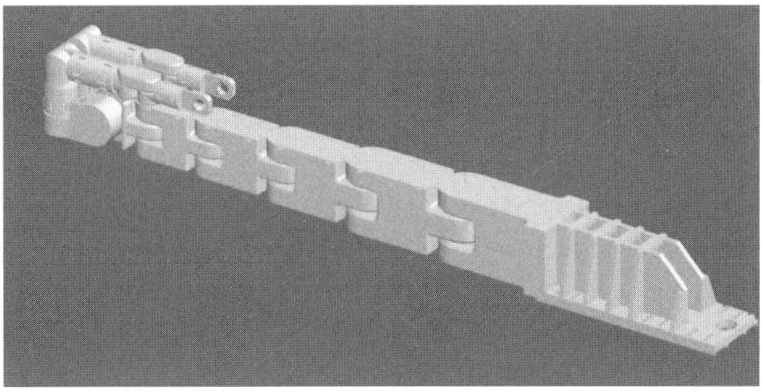

图 11.9　虚拟维护机械臂模型

虚拟维护机械臂的模型树如图 11.10 所示，说明如下：

(1)jxb_g1 至 jxb_g6 为大尺度机械臂六个关节模型，GXB_G1 至 GXB_G6 为表示各关节坐标系所建立的空对象。

(2)lqb_l_g1 至 lqb_l_g6、lqb_r_g1 至 lqb_r_g6 为双操作臂左右臂六个关节模型，LQB_G1_L 至 LQB_G6_L、LQB_G1_R 至 LQB_G6_R 为各关节坐标系所建立的空对象。

(3)GXB_Target 为大尺度机械臂第六关节安装双操作臂的基坐标系。

(4)LQB_L_Base、LQB_R_Base 为左右臂各自自身的基坐标系，LQB_L_Target、LQB_R_Target 为左右臂各自自身的末端坐标系，由此可通过 LQB_L_Target、LQB_R_Target 的 Transform 组件获得双操作臂末端相对各自基坐标系的位姿。

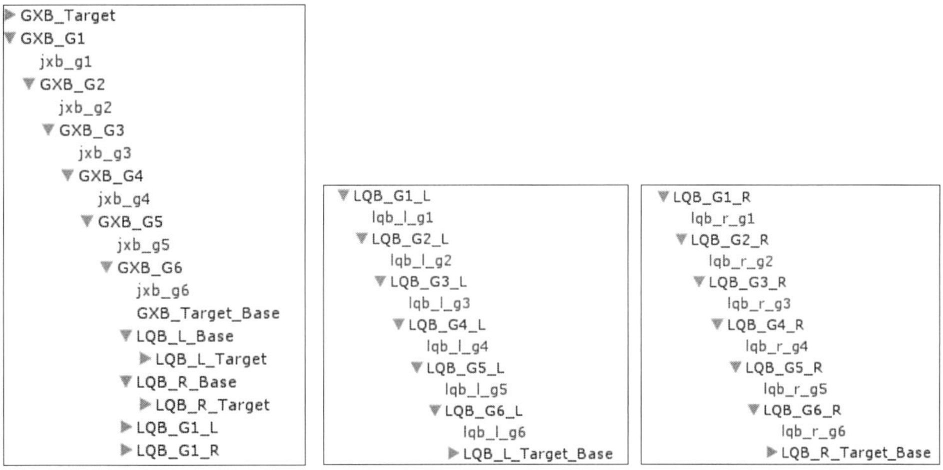

(a) 总模型树　(b) 虚拟双操作臂左臂模型树　(c) 虚拟双操作臂右臂模型树

图 11.10　虚拟维护机械臂模型树

11.3.3　真实维护机械臂映象建模

真实维护机械臂映象与虚拟维护机械臂在模型树的构建上完全一致，只是为了在实际的操作中区分二者，需要在材质和着色上有所不同，按照习惯，在人机交互系统中虚拟部分应当虚化处理，实际映象则不虚化处理，因此需要将虚拟机械臂的颜色和着色进行修改。

为了增强效果，提高画面质量，充分利用 Unity3D 的优势，采用 CharacterFX 着色器插件取代 Unity3D 本身自带的透明渲染着色器，使虚拟维护机械臂产生虚化效果，而对于真实维护机械臂映象则保持原有的着色效果，两者效果对比如图 11.11 所示。

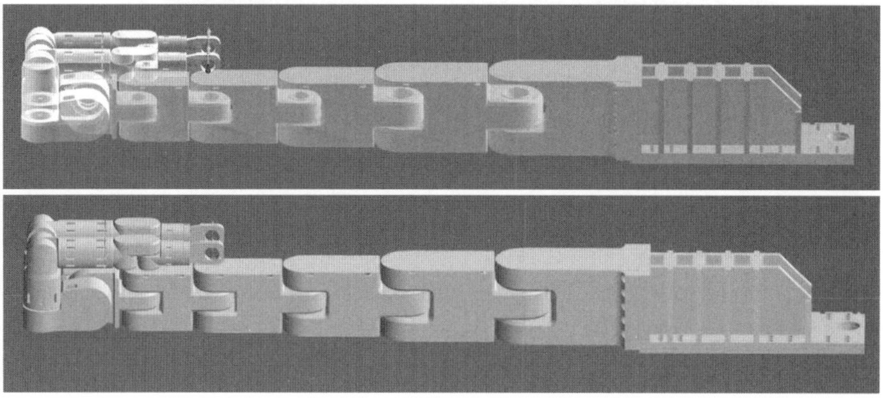

图 11.11　渲染效果对比

11.3.4　虚拟环境建模

虚拟环境建模包括托卡马克真空室以及转运车两部分，对真空室不必要的部分进行删减后导入 Unity3D 中，为保证从真空室内外均能清晰地观察机械臂活动，对真空室设置了两种着色模式，若操作者在内部观察则采用实体着色，如图 11.12(a) 所示，若操作者在外部观察则采用虚化透明着色，如图 11.12(b) 所示。

整个场景搭建完成后如图 11.13 所示，为了突出操作对象，同时也为了降低模型的复杂程度，不再对其他设施设备等进行建模。

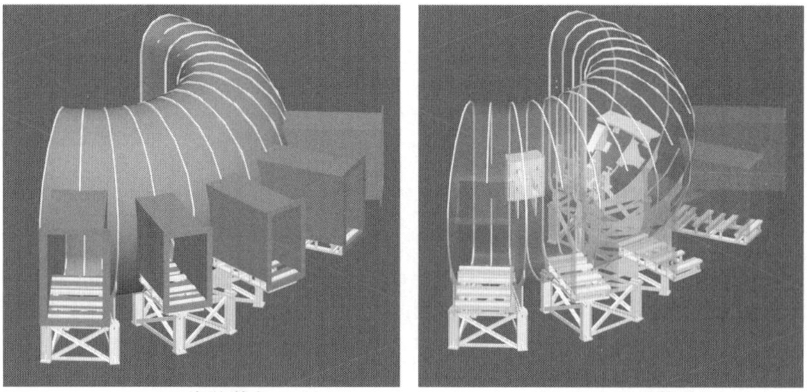

(a) 实体着色　　(b) 虚化透明着色

图 11.12　真空室渲染

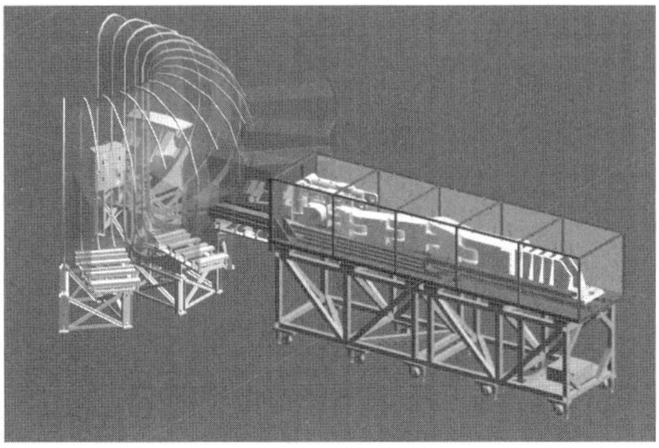

图 11.13　场景图

11.3.5　模型层次划分

除模型树外，Unity3D 提供了重要的层属性对模型进行管理。每个模型都有层属性，在完成场景构建后，将模型划分于不同层中，即可通过对层的操作而对属于该层的模型统一操作，具体划分如下：

(1) 将虚拟维护机械臂的大尺度机械臂、双操作臂左臂、双操作臂右臂划至 GXB、LQBL、LQBR 三层；

(2) 将真实维护机械臂映象的大尺度机械臂、双操作臂左臂、双操作臂右臂划为 GXB2、LQBL2、LQBR2 三层；

(3) 真空室和转运车划入 Around 层；

(4) 后面将介绍的用户图形界面也属于对象，将其划分至 UI 层。

11.4　碰撞检测

对于所提出的人机交互系统来说，需要对虚拟场景中包括虚拟机械臂、真实机械臂映象、虚拟装置等对象进行碰撞检测，以保证操作过程中的安全。由于整个场景中模型众多，关系复杂，在保证碰撞检测实时性与准确性的同时，要充分考虑模型间相互关系，避免不必要的检测，故而本章利用基于层的包围盒方法进行碰撞检测。

11.4.1　包围盒碰撞检测

目前碰撞检测通常采用包围盒技术，常用的类型包括包围球(Sphere)、坐标轴轴向包围盒(AABB)、方向包围盒(OBB)、固定方向凸包包围盒(k－DOP)等等。在引擎中使用 SphereCollider(包围球)、BoxCollider(AABB 包围盒)、CapsuleCollider(胶囊包围盒)及其他多种包围盒来满足碰撞检测需求。

1. 包围盒分析

(1) 包围球。

包围球构造简单，计算量小，且在物体旋转之后无须进行更新，但对于对象包裹的紧密程度较差，很难足够地贴近被检测的对象，如图 11.14 所示，包围球可按下式描述：

$$R=\{(x,y,z)\mid(x-o_x)^2+(y-o_y)^2+(z-o_z)^2<r^2\} \tag{11.1}$$

式中，o_x 为包围球的圆心在局部坐标系 x 轴上的分量；o_y 为包围球的圆心在局部坐标系 y 轴上的分量；o_z 为包围球的圆心在局部坐标系 z 轴上的分量；r 为包围球的半径。

包围球的相交测试非常简单，只要两球心之间的距离小于半径之和，则判定包围球相交。

(2)AABB 包围盒。

AABB 包围盒比包围球有着更高的检测精度，其定义为在对象的局部坐标系下生成的与坐标轴平行同时包含该对象的最小长方体。

如图 11.15 所示，AABB 包围盒可按下式描述：

$$R=\{(x,y,z)\mid x_{\min}\leqslant x\leqslant x_{\max},y_{\min}\leqslant y\leqslant y_{\max},z_{\min}\leqslant z\leqslant z_{\max}\} \tag{11.2}$$

式中，$x_{\min}$、$y_{\min}$、$z_{\min}$ 分别为模型顶点在 x、y、z 轴上投影的最小值；$x_{\max}$、$y_{\max}$、$z_{\max}$ 分别为模型顶点在 x、y、z 轴上投影的最大值。

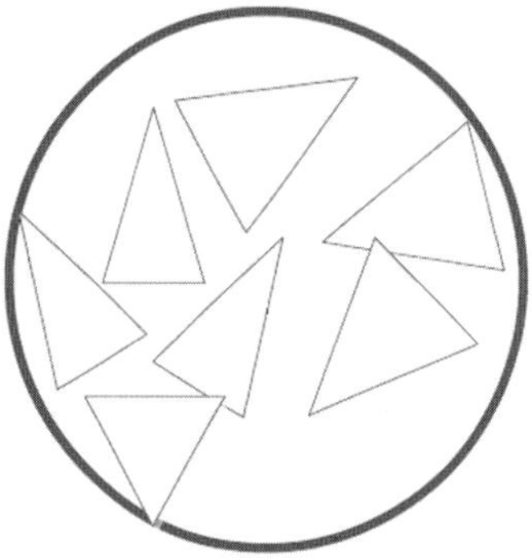

图 11.14　包围球图

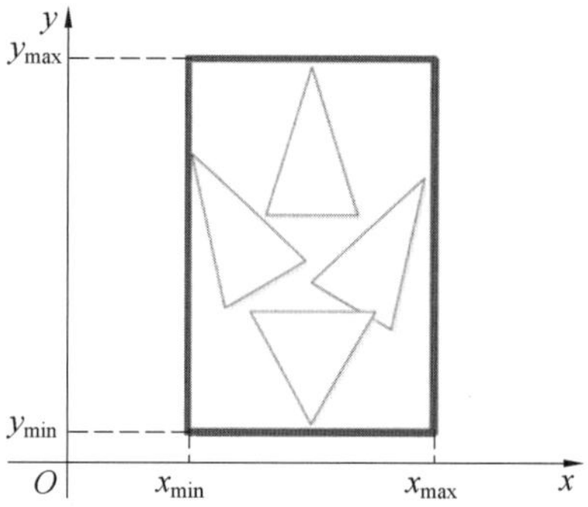

图 11.15　AABB 包围盒

通过计算已知模型所有顶点坐标的最小值和最大值，即可方便地得到对象的 AABB 包围盒。在对不同的包围盒进行相交检测时软件会将其投影到同一坐标系下，若两个包围盒在三个坐标轴上的投影区均相交，则视为包围盒相交。

(3) 其他包围盒。

胶囊包围盒是由一个圆柱体连接两个半球体组成，实质上属于凸包的一种，在此不再详述。对于包围盒无法包裹的情况，采用 MeshCollider(网格碰撞器) 可以收到良好的效果。网格包围盒是在模型的网格划分基础上构建的包围盒，会消耗计算机资源，但是碰撞检测也非常精确。

2. 包围盒设置

根据需求充分利用以上四种包围盒组合为对象添加包围盒。对于大尺度机械臂，由于其各关节形状较为相似，且均与长方体较为接近，因此对其各关节添加 BoxCollider，如图 11.16 所示。对于末端关节，由于其作为安装双操作臂的基座，在运动过程不会发生碰撞，因此对于末端关节不添加包围盒，以降低复杂程度，且减少运算量。

对于双操作臂，考虑其几何结构较为复杂，采用 SphereCollider、BoxCollider、CapsuleCollider 组合的形式为各个关节添加包围盒，将机器人各关节简化为长方体，将机器人连杆简化为胶囊体，对于末端执行器则采用多个 BoxCollider 细分进行包裹，如图

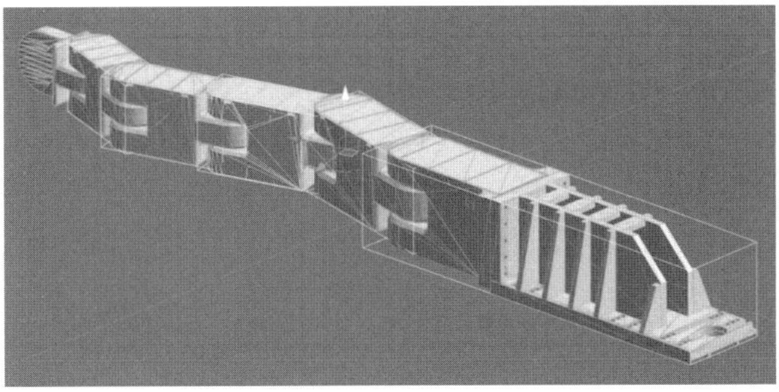

图 11.16　大尺度机械臂包围盒包裹状态

11.17 所示。

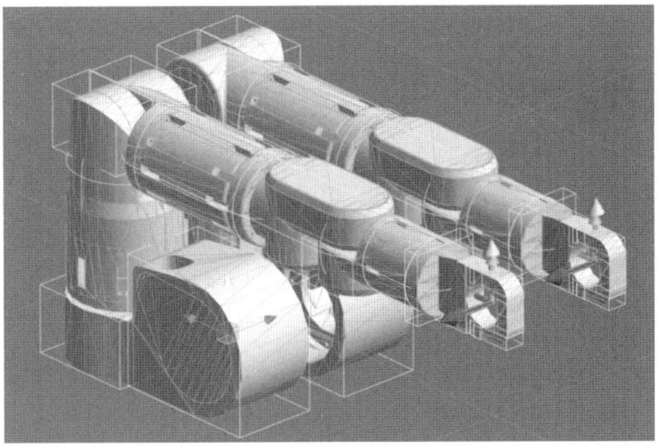

图 11.17　双操作臂包围盒包裹状态

对于真空室，只需要对真空室内壁进行检测，支架部分无须检测，由于内壁为凹面体无法采用包围盒进行包裹，故采用网格碰撞器，如图 11.18 所示。对于转运车，由于大尺度机械臂展开和收回时可能与转运车外罩产生碰撞，因此需要进行检测，由于转运车内本身空间狭小，且已为机械臂添加了包围盒，留给转运车外罩添加包围盒的空间不大，故同

图 11.18　真空室网格碰撞器图

样采用网格碰撞器,如图 11.19 所示。最终完成场景中所有包围盒与碰撞器的添加。

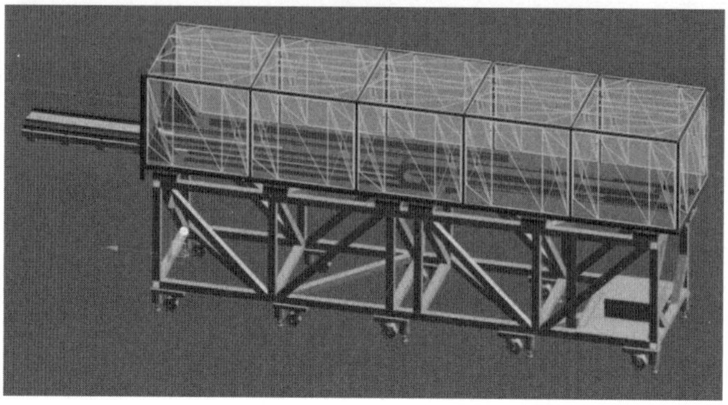

图 11.19　转运车网格碰撞器

11.4.2　基于层的碰撞检测

整个场景中模型众多,碰撞检测关系复杂,如图 11.20 所示,双箭头连接则表示对象之间需要互检。对于维护机械臂系统来说,虚拟机械臂与真实机械臂不能互检,但需与装置模型进行检测;大尺度机械臂、双操作臂左臂、双操作臂右臂由于关节转动角度的限制,在运动过程中其自身各关节不会发生碰撞,无须自检,但由于添加包围盒时,这些包围盒已有重叠,如果不加处理则会产生不必要的检测,影响到使用。

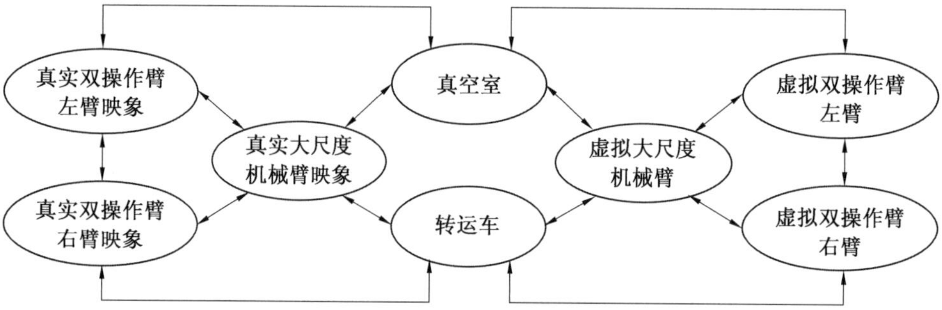

图 11.20　碰撞检测关系

因此在模型层的划分基础上利用基于层的碰撞检测技术避免不必要的碰撞检测,充分利用模型构建时对各个模型的层设定,如表 11.1 所示,通过 PhysicsManager 物理管理器的碰撞检测矩阵,将虚拟机械臂与真实机械臂之间,各机械臂自身对自身的碰撞检测取消,表中 C 代表取消碰撞,K 代表保持碰撞。

表 11.1　碰撞检测矩阵

	GXB	LQBL	LQBR	GXB2	LQBL2	LQBR2	Around
GXB	C	K	K	C	C	C	K
LQBL	K	C	K	C	C	C	K
LQBR	K	K	C	C	C	C	K
GXB2	C	C	C	C	K	K	K

续表11.1

	GXB	LQBL	LQBR	GXB2	LQBL2	LQBR2	Around
LQBL2	C	C	C	K	C	K	K
LQBR2	C	C	C	K	K	C	K
Around	K	K	K	K	K	K	C

11.4.3　碰撞动作矩阵与程序实现

在完成以上工作后，需为各个对象添加合适的刚体组件使得碰撞生效。根据表11.2所示的 Unity3D 的碰撞动作矩阵，将真空室、转运车设置为静态触发碰撞体，机械臂设置为运动学刚体触发碰撞体，使得碰撞检测生效。

表 11.2　碰撞动作矩阵

	静态触发碰撞体	刚体触发碰撞体	运动学刚体触发碰撞体
静态触发碰撞体	不可检测	可检测	可检测
刚体触发碰撞体	可检测	可检测	可检测
运动学刚体触发碰撞体	可检测	可检测	可检测

在脚本编写时通过直接覆写 MonoBehaviour 类下的三个碰撞触发信息检测方法 OnTriggerEnter()、OnTriggerExit()、OnTriggerStay() 实现。对于虚拟维护机械臂，通过改变其着色器进而产生变化，对于真实维护机械臂映象则直接改变其颜色产生变化，同时显示碰撞文本进而起到警告作用。

11.4.4　检测结果

经过测试，虚拟双操作臂之间的碰撞检测与预期效果一致，结果如图 11.21 所示。

真实双操作臂与真空室，真实双操作臂与大尺度机械臂之间的碰撞检测结果如图 11.22 所示，可以看到虚拟机械臂与真实机械臂之间虽然部分重叠，但是并未触发检测，符合预期，证明基于层的碰撞检测生效。

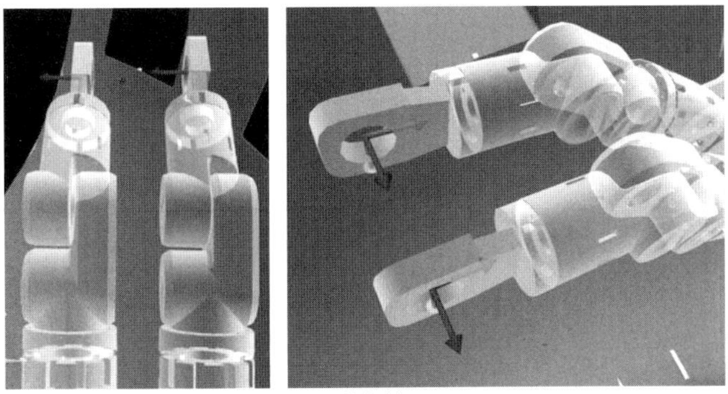

(a) 碰撞前

图 11.21　虚拟机械臂碰撞检测

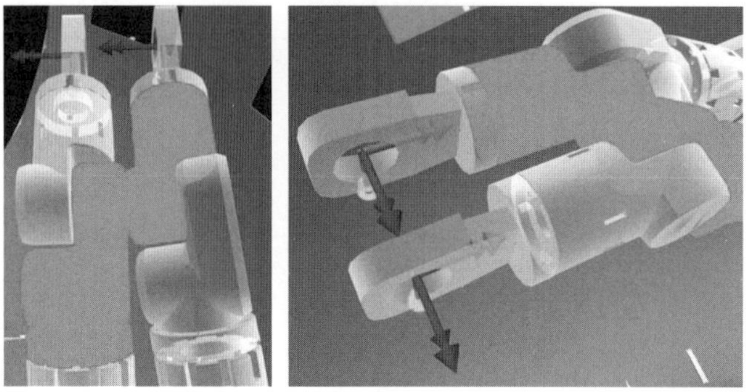

(b) 碰撞后

续图 11.21

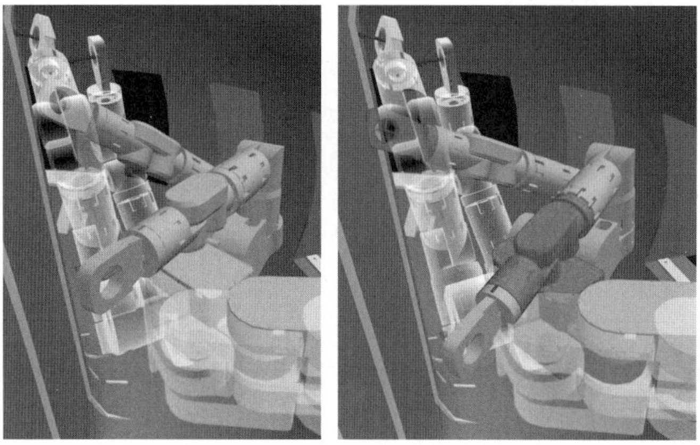

(a) 碰撞前　　(b) 碰撞后

图 11.22　真实机械臂碰撞检测

11.5　人机交互

11.5.1　运动仿真实现

1. 坐标变换

对于末端位姿的表示，在第 4 章中提到，通常采用(x,y,z,ϕ,θ,ψ)作为一组广义坐标进行表示。在 Unity3D 中通过 Transform 组件得到对象的位置(Position)和姿态(Rotation)，从而得到一组广义坐标(x,y,z,ϕ,θ,ψ)。

由于 Unity3D 采用左手坐标系，而机器人运动学中广泛采用右手坐标系进行分析，针对这种情况，必须完成左右手坐标系的变换才能顺利进行运动控制。

双操作臂左臂末端在 Unity3D 中的坐标系状态如图 11.23 所示，右臂的末端坐标系状态与左臂相同。

建立双操作臂末端在左手坐标系和右手坐标系下的各坐标轴对应关系，如图 11.24 所示。由图可知，左手坐标系 X 轴正方向对应右手坐标系 Z 轴负方向，左手坐标系 Y 轴正方向对应右手坐标系 Y 轴正方向，左手坐标系 Z 轴正方向对应右手坐标系 X 轴正方向。位置关系上，设 Unity3D 中沿坐标系的位移分别为 P_{XL}、P_{YL}、P_{ZL}，对应的右手坐标系中位移分别为 P_{XR}、P_{YR}、P_{ZR}，则在数值上有

$$\begin{cases} P_{XL} = -P_{ZR} \\ P_{YL} = -P_{YR} \\ P_{ZL} = P_{XR} \end{cases} \tag{11.3}$$

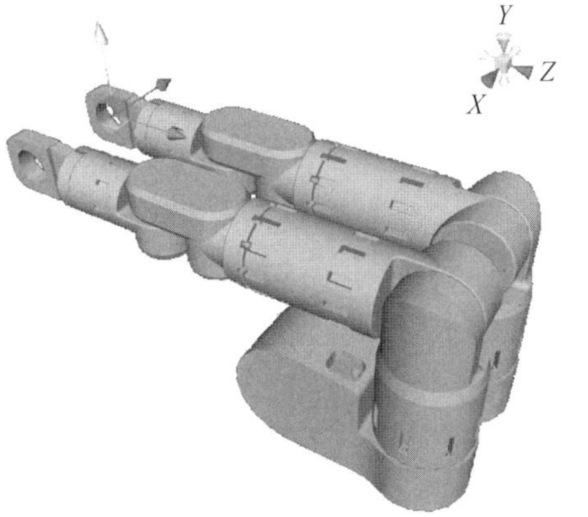

图 11.23　Unity3D 中末端坐标系图

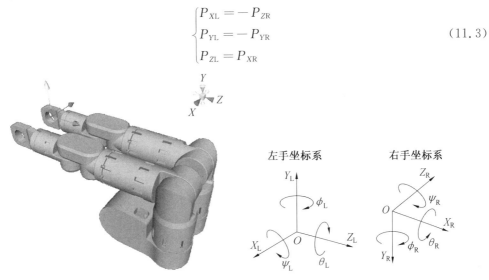

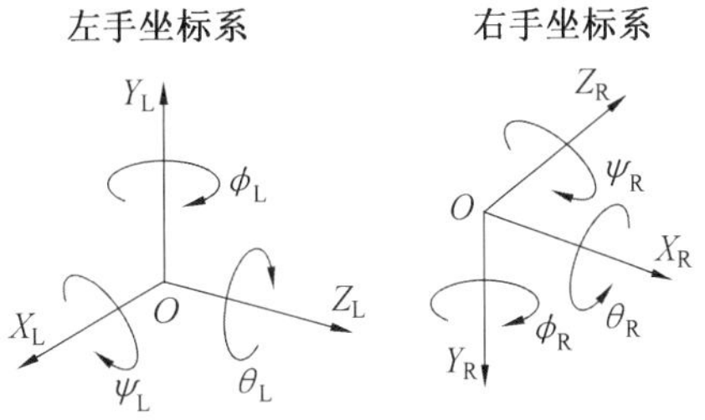

图 11.24　左右手坐标系对应关系

对于姿态，Unity3D 规定 Rotation 的转动次序为：

(1) 绕 OY_L 转动 ϕ_L 角；

(2) 绕转动后的 OX_L，即绕 OX'_L 转动 ψ_L 角；

(3) 绕转动后的 OZ_L，即绕 OZ''_L 转动 θ_L 角；

则对应到右手坐标系转动次序为：

(1) 绕 OY_R 转动 ϕ_R 角；

(2) 绕转动后的 OZ_R，即绕 OZ'_R 转动 ψ_R 角；

(3) 绕转动后的 OX_R，即绕 OX''_R 转动 θ_R 角；

在数值上有

$$\begin{cases} \phi_L = \phi_R \\ \psi_L = \psi_R \\ \theta_L = -\theta_R \end{cases} \tag{11.4}$$

由此可通过 Unity3D 中左手坐标系所获得的位姿，得到采用右手坐标系下的广义坐标(P_{XR}，P_{YR}，P_{ZR}，ϕ_R，θ_R，ψ_R)，进而获得变换矩阵，即

$$
\begin{aligned}
\boldsymbol{R} &= \boldsymbol{R}(Y_{\mathrm{R}},\phi_{\mathrm{R}})\boldsymbol{R}(Z'_{\mathrm{R}},\psi_{\mathrm{R}})\boldsymbol{R}(X''_{\mathrm{R}},\theta_{\mathrm{R}}) \\
&= \begin{bmatrix} c\phi_{\mathrm{R}} & 0 & s\phi_{\mathrm{R}} \\ 0 & 1 & 0 \\ -s\phi_{\mathrm{R}} & 0 & c\phi_{\mathrm{R}} \end{bmatrix}
\begin{bmatrix} c\psi_{\mathrm{R}} & -s\psi_{\mathrm{R}} & 0 \\ s\psi_{\mathrm{R}} & c\psi_{\mathrm{R}} & 0 \\ 0 & 0 & 1 \end{bmatrix}
\begin{bmatrix} 1 & 0 & 0 \\ 0 & c\theta_{\mathrm{R}} & -s\theta_{\mathrm{R}} \\ 0 & s\theta_{\mathrm{R}} & c\theta_{\mathrm{R}} \end{bmatrix} \\
&= \begin{bmatrix} c\theta_{\mathrm{R}}c\psi_{\mathrm{R}} & -c\phi_{\mathrm{R}}s\psi_{\mathrm{R}}c\theta_{\mathrm{R}}+s\phi_{\mathrm{R}}s\theta_{\mathrm{R}} & c\phi_{\mathrm{R}}s\psi_{\mathrm{R}}s\theta_{\mathrm{R}}+s\phi_{\mathrm{R}}c\theta_{\mathrm{R}} \\ s\psi_{\mathrm{R}} & c\psi_{\mathrm{R}}c\theta_{\mathrm{R}} & -c\psi_{\mathrm{R}}s\theta_{\mathrm{R}} \\ -s\phi_{\mathrm{R}}c\psi_{\mathrm{R}} & s\phi_{\mathrm{R}}s\psi_{\mathrm{R}}c\theta_{\mathrm{R}}+c\phi_{\mathrm{R}}s\theta_{\mathrm{R}} & -s\phi_{\mathrm{R}}s\psi_{\mathrm{R}}s\theta_{\mathrm{R}}+c\phi_{\mathrm{R}}c\theta_{\mathrm{R}} \end{bmatrix} \\
&= \begin{bmatrix} nx & sx & ax \\ ny & sy & ay \\ nz & sz & az \end{bmatrix}
\end{aligned}
\tag{11.5}
$$

进而求得

$$
\begin{cases}
nx = c\theta_{\mathrm{R}}c\psi_{\mathrm{R}} \\
ny = s\psi_{\mathrm{R}} \\
nz = -s\phi_{\mathrm{R}}c\psi_{\mathrm{R}} \\
sx = -c\phi_{\mathrm{R}}s\psi_{\mathrm{R}}c\theta_{\mathrm{R}}+s\phi_{\mathrm{R}}s\theta_{\mathrm{R}} \\
sy = c\psi_{\mathrm{R}}c\theta_{\mathrm{R}} \\
sz = s\phi_{\mathrm{R}}s\psi_{\mathrm{R}}c\theta_{\mathrm{R}}+c\phi_{\mathrm{R}}s\theta_{\mathrm{R}} \\
ax = c\phi_{\mathrm{R}}s\psi_{\mathrm{R}}s\theta_{\mathrm{R}}+s\phi_{\mathrm{R}}c\theta_{\mathrm{R}} \\
ay = -c\psi_{\mathrm{R}}s\theta_{\mathrm{R}} \\
az = -s\phi_{\mathrm{R}}s\psi_{\mathrm{R}}s\theta_{\mathrm{R}}+c\phi_{\mathrm{R}}c\theta_{\mathrm{R}}
\end{cases}
\tag{11.6}
$$

利用式(11.6)即可获得旋转矩阵,同位置矩阵组成变换矩阵后通过逆运动学进行求解获得各关节转角,之后再将获得的关节转角转到左手坐标系,用于改变模型位姿,整个流程如图 11.25 所示。

2. 轨迹规划算法实现

在获得目标关节角后需进行运动仿真,仿真的目的在于准确地将机械臂运动过程中的位置、速度、加速度以动画形式呈现给操作者,需将第 4 章的轨迹规划算法以脚本形式写入 Unity3D 中,利用 Unity3D 中的相关函数进行插值进而实现运动。

关节空间插补通过利用 Mathf. Lerp(from:float,to:float,time:float) 实现,其返回值为一个浮点数,直线插补用 Vector3. Lerp(from:Vector3,to:Vector3,timer:float) 实现,其返回值为一个三维向量。

两方法均基于浮点数 time 返回 from 到 to 之间的插值,time 限制在 0 ~ 1 之间,可理解为一个比例参数。通过在每帧的动画中,即 Update() 方法中改变 time 的值从而改变返回值,进而改变各关节转角形成连续动画。

设时间变量为 t,则有

$$
\mathrm{time} = f(t) = 10t^3 - 15t^4 + 6t^5 \tag{11.7}
$$

轨迹规划在 Untiy3D 中实现的程序流程如图 11.26 所示。

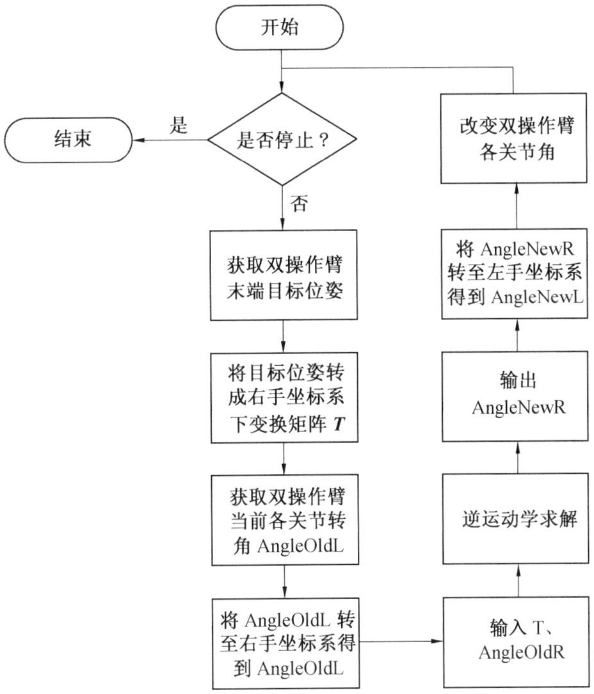

图 11.25　模型位姿改变流程

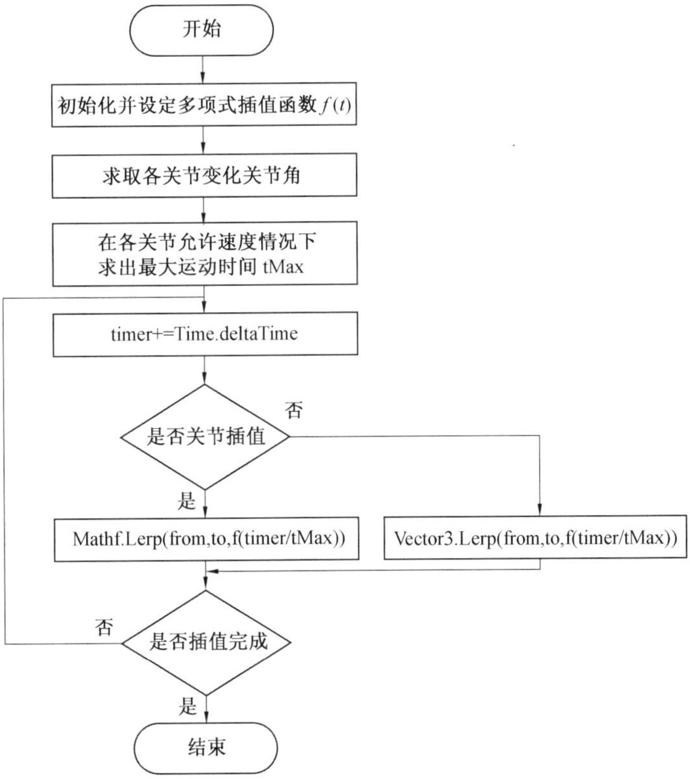

图 11.26　轨迹规划程序流程图

11.5.2 用户图形界面

用户图形界面又称 GUI，采用 Unity3D 在版本 4.6 以后大幅升级优化的 UGUI 系统进行界面编辑，并通过 C# 脚本的形式进行逻辑控制。

整个 GUI 设计过程中贯彻简洁、一致、清晰的设计思想，通过良好的界面设计布局，最大限度地降低用户学习成本的同时提升用户体验。

整个系统包括欢迎界面和主界面，主界面又包括仿真窗口、运动控制窗口、状态窗口、系统设置窗口四大部分，如图 11.27 所示。

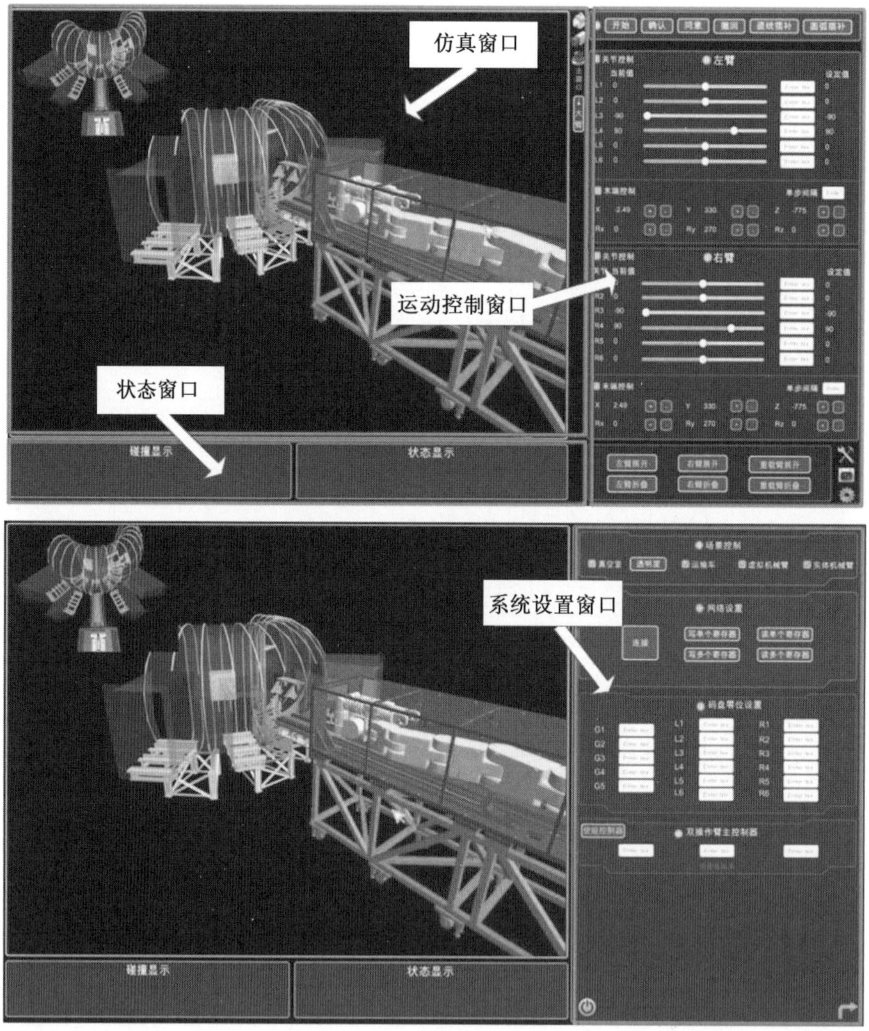

图 11.27　用户图形界面

仿真窗口分为主窗口和副窗口，主窗口呈现主摄像机拍摄的虚拟场景，副窗口呈现副摄像机拍摄的虚拟场景，用户利用主窗口对想要观察的细节进行查看，同时利用副窗口获取对整体状态的把握，通过两者的结合方便地由任意视角观察机械臂的运动状态。

运动控制窗口从上至下分别为流程控制区、运动控制区和固定动作区。

流程控制区包含开始、确认、同意、撤回、直线插值和圆弧插值五个按钮。

动作控制区进行维护机械臂的具体控制操作，包括双操作臂与大尺度机械臂的控制。为使得界面更为整洁清晰，将双操作臂和大尺度机械臂的控制界面置于相同区域，用户通过点击切换按钮的方式进行切换。在运动控制区中分为关节控制与末端控制两种模式。当选择关节控制模式时，可通过滑动条拖动或者在文本框中直接输入的方式对虚拟双操作臂关节角度进行控制；当选择末端控制模式时，通过加减按钮可改变控制双操作臂的末端目标位姿，利用单步间隔文本框可以改变每次加减的变化量，以实现准确控制。

固定动作区主要针对一些常用的固定动作，如机械臂的展开和折叠等等，对程序进行封装，并作为相应按钮的脚本组件，利用按钮直接执行该程序。

状态窗口用于显示是否处于仿真复现状态，以及显示返回的各类传感器数据，从而对真实机械臂的状态进行监视。

系统设置窗口主要进行软件的一些设置操作，包括场景设置、网络设置、码盘零位设置、双操作臂主控制器设置四个部分。通过场景控制可显示/隐藏真空室、转运车、虚拟机械臂、真实机械臂等对象，修改真空室透明度；通过网络设置进行对下位机的连接及读写操作；通过双操作臂主控制器设置对双操作臂主控制器进行使能操作，以及各方向控制比例设定等等。

11.5.3　场景漫游实现

托卡马克真空室截面属于D型，几何形状比较复杂，维护机械臂在这种环境下作业需要操作者能够从任意角度进行观察，即需要实现场景漫游功能。

1. 摄像机

在 Unity3D 中用户观察到的所有画面都是通过摄像机摄取的，在本系统中共布置了五组摄像机，包括主摄像机、副摄像机、大尺度机械臂基座摄像机、双操作臂左右臂末端摄像机、UI 摄像机。各个摄像机画面如图 11.28 所示。

2. 三维鼠标

为了使用户在仿真窗口中由任意视角观察机械臂的运动状态，需要频繁移动场景中的摄像机，传统的键盘操作非常不便，故选用如图 11.29 所示，3Dconnexion 公司的三维鼠标 SpaceMouseWireless 对摄像机进行控制。

三维鼠标拥有一个六自由度的操纵杆，其控制原理在于当受到外力时，操纵杆会产生相应的弹性变形，通过该变形获得一组六维向量(x,y,z,R_x,R_y,R_z)，进而使控制点产生三维位姿的变化，同时通过设置不同的比例系数可使各方向的变化幅度不同。为需要移动的摄像机添加SpaceNavigatordriver插件中的FlyAround脚本，使能该脚本即可利用三维鼠标对摄像机位姿进行操作。

场景漫游功能对象与组件构成如图 11.30 所示，通过摄像机切换按钮利用 ViewChangeUI 脚本选择使能某个摄像机，关闭其他摄像机从而实现副窗口的摄像机切换；利用漫游控制按钮的 RoamChangeUI 脚本选择使能主\副摄像的 FlyAround 脚本进

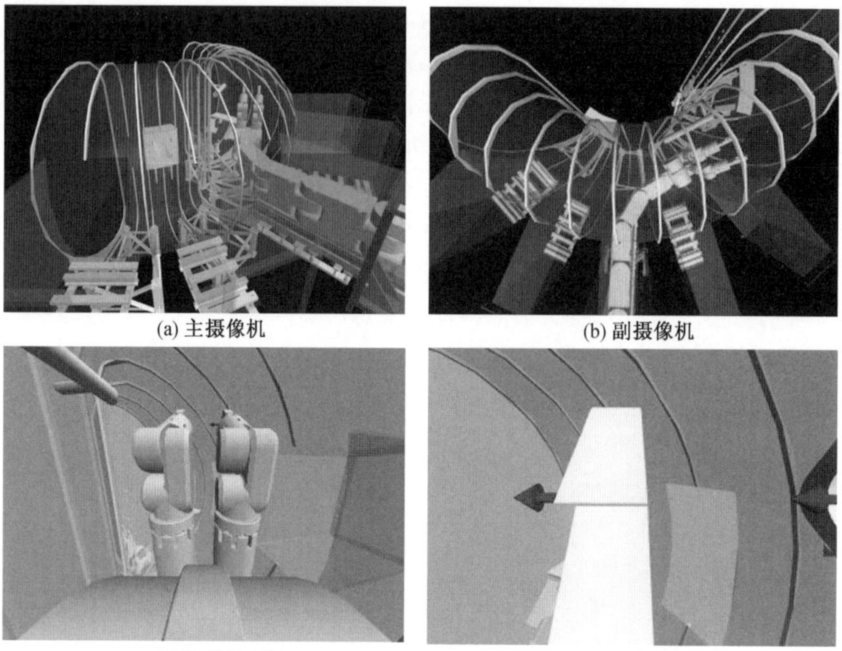

(a) 主摄像机　(b) 副摄像机

(c) 基座摄像机　(d) 末端摄像机

图 11.28　摄像机布置

图 11.29　三维鼠标图

而实现漫游控制切换；利用缺省视角按钮的 ViewBackUI 脚本修改各摄像机的 Transform 组件，使其恢复初始位姿。场景漫游实现效果如图 11.31 所示。

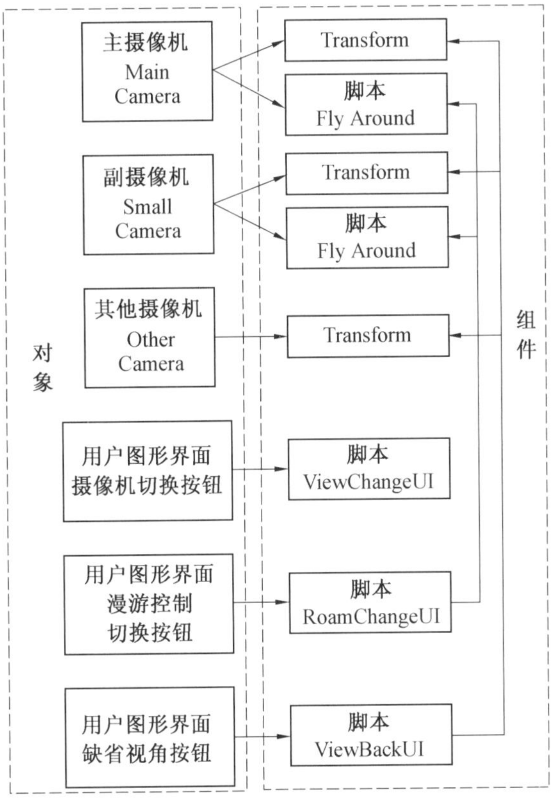

图 11.30　场景漫游功能对象与组件构成

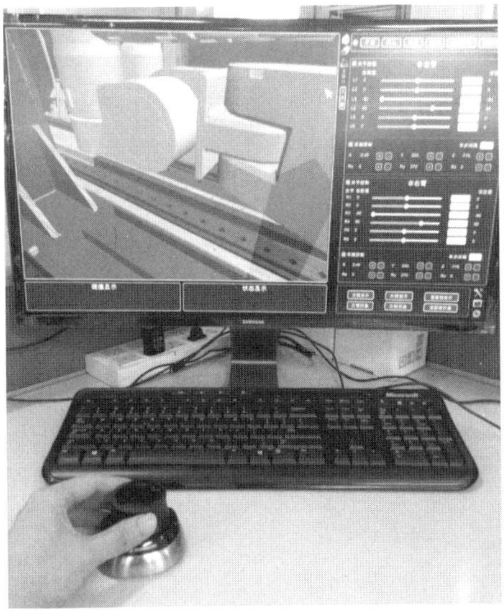

图 11.31　场景漫游实现效果

11.5.4　双操作臂主从交互

虽然在末端控制模式中利用按键可准确调整末端目标位姿，但是需要多次点击按钮稍有不便，故采用 HydraRazer 双体感控制器作为控制输入端进行双操作臂主从交互，HydraRazer 由两个控制器与一个基站构成，如图 11.32 所示。每个控制器拥有 6 个自由度，能够跟踪位置和姿态，适合于双臂机器人的控制。

如图 11.33 所示，在双臂末端挂载 SixenseUniytPlugin 插件中名为 SixenseObjectController 的脚本并设置 Hand 属性，同时建立 SixenseInput 对象并挂载 SixenseInput 脚本，该脚本包含控制器驱动程序。在用户图形界面设计控制器比例控制文本框，通过访问修改 SixenseObjectController 脚本的 Sensitivity 属性从而使得用户可调整主控制器在 *XYZ* 方向上的运动映射幅度，达到利用该控制器控制双操作臂的目的。双操作臂控制效果如图 11.34 所示。

图 11.32　HydraRazer 控制器图

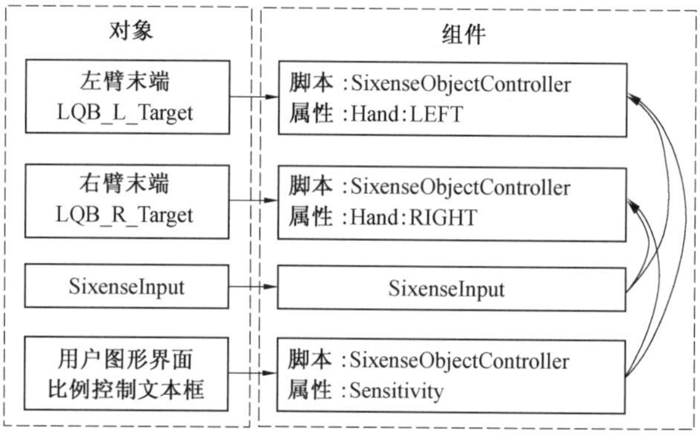

图 11.33　双操作臂控制功能对象组件构成

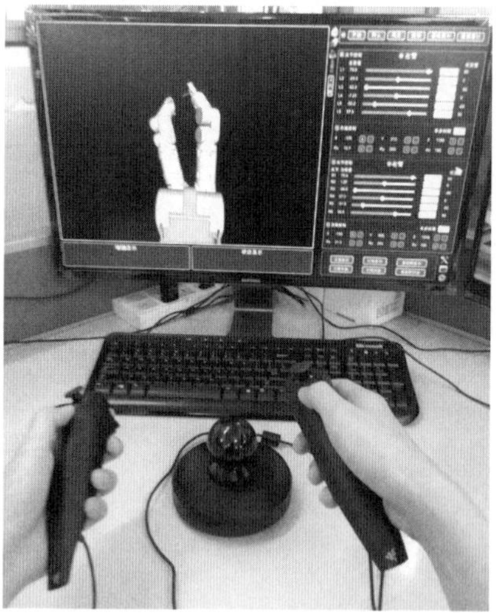

图 11.34　双操作臂控制效果

11.5.5　仿真过程复现

为使操作者可以在任何时候回顾起始至现在的所有动作，设计了仿真过程复现功能，编程关键在于利用定时器定时读取当前机械臂各关节转角保存为数组，并添加至非泛型集合中，通过读取非泛型集合的元素，变化机械臂各关节转角，实现复现，其程序流程如图 11.35 所示。

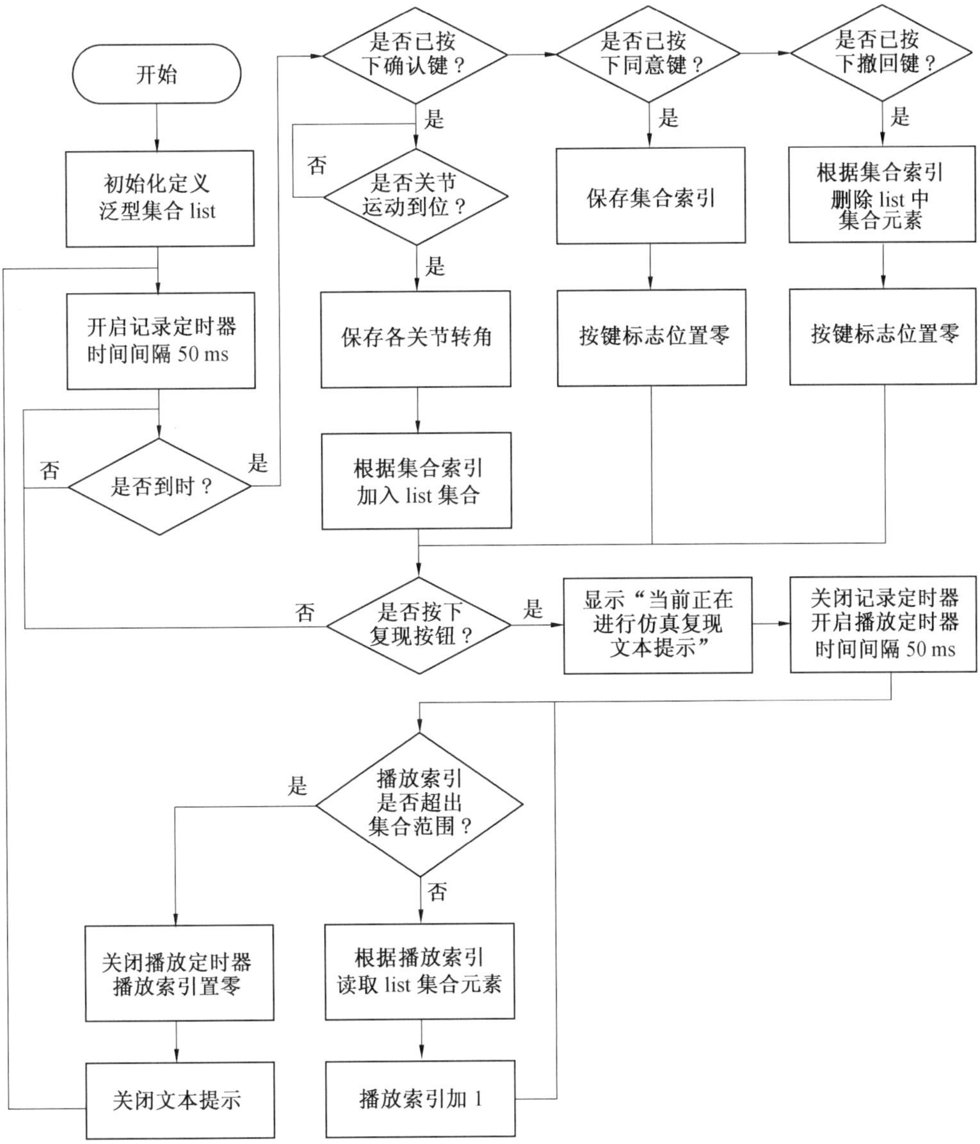

图 11.35　仿真复现程序流程图

11.6　离线仿真测试

11.6.1　任务设定

对人机交互系统进行真空室管道切割的离线测试，任务目标在于离线规划出一条无碰撞路径，保证维护机械臂和托卡马克真空室的安全，并顺利完成管道切割任务。在进行任务之前，将作业任务分解成若干步骤，任务过程如下：

(1) 大尺度机械臂展开从转运车进入真空室;

(2) 双操作臂展开;

(3) 大尺度机械臂在真空室中移动,将双操作臂送至作业位置;

(4) 双操作臂通过末端工具进行维护作业;

(5) 完成作业后双操作臂收回并折叠;

(6) 大尺度机械臂退回至入口处并折叠进入转运车。

11.6.2 实验过程

点击开始之后通过主窗口和副窗口均可对场景进行观察(图 11.36),结合三维鼠标进行场景漫游,全面了解环境情况。

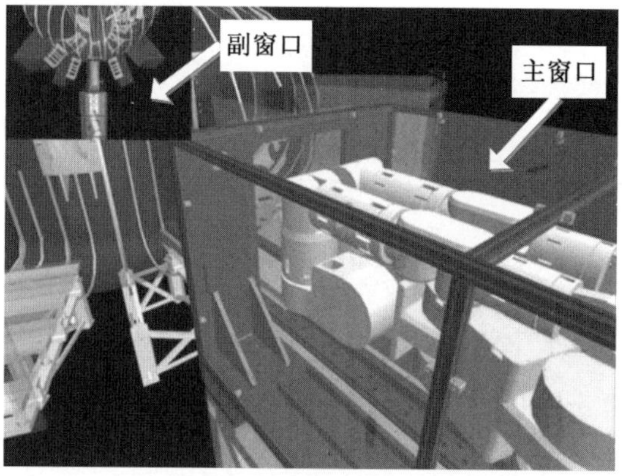

图 11.36 仿真窗口

通过固定动作区,调整双操作臂和大尺度机械臂至固定的位姿(图 11.37)。

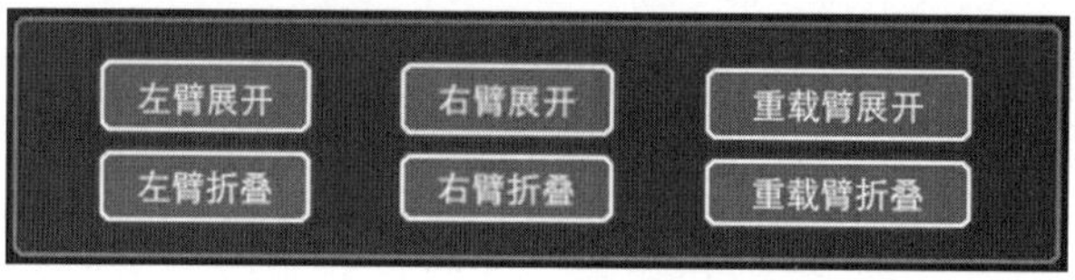

图 11.37 固定动作区

调整位姿后利用流程控制区按钮(图 11.38) 进行确认,确认后形成仿真动画,通过仿真动画直观地观察机械臂运动状态,在运动到位之后可根据运动情况选择同意或者撤回。之后进行下一步位姿调整和确认,如此循环往复直到完成整个仿真任务。

图 11.38 流程控制区

除固定动作区外,也需利用如图 11.39 所示的运动控制区进行位姿调整。运动控制区包括关节控制和末端控制,若选择关节控制,则通过滑动条拖动或者在文本框中直接输入转角即可对虚拟双操作臂关节角度进行控制;若选择末端控制模式,在不启用 HydraRazer 的情况下则通过加减按钮改变控制双操作臂的末端目标位姿,同时启动逆运动学算法，通过解算使得机械臂末端与目标末端位姿重合，若不重合则代表无解，需调整新的目标位姿。利用单步间隔文本框调整每次加减的变化量，以便在宏操作阶段提高操作效率，在微定位阶段提高操作精确度。

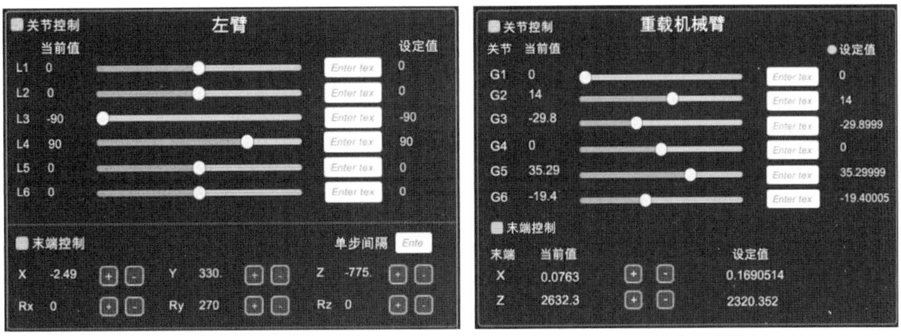

(a) 双操作臂控制区　　(b) 大尺度机械臂控制区

图 11.39　运动控制区

对于大尺度机械臂，虽目前采用关节控制，但仍预留出末端控制界面便于后续功能的拓展。

对于管道切割任务，离线仿真结果如图 11.40 所示。在离线状态下，虚拟机械臂不采用虚化处理，直接采用真实渲染以利于用户更清晰地观察和操作。在对双臂进行切割操作时，如图 11.40(c) 首先调整真空室渲染，设定为不透明模式以避免视觉干扰。在宏定位阶段利用双臂控制器快速确定位姿，迅速靠近被操作物，在微定位阶段使用末端控制模式并且调小单步间隔以实现较为准确的定位。

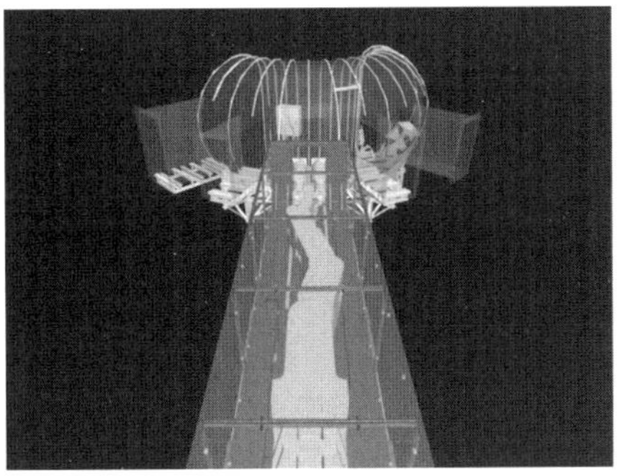

(a) 大臂展开

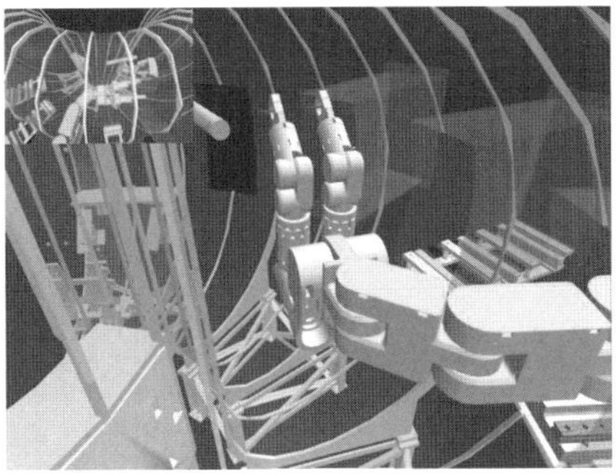

(b) 大臂到达指定位置后双臂展开

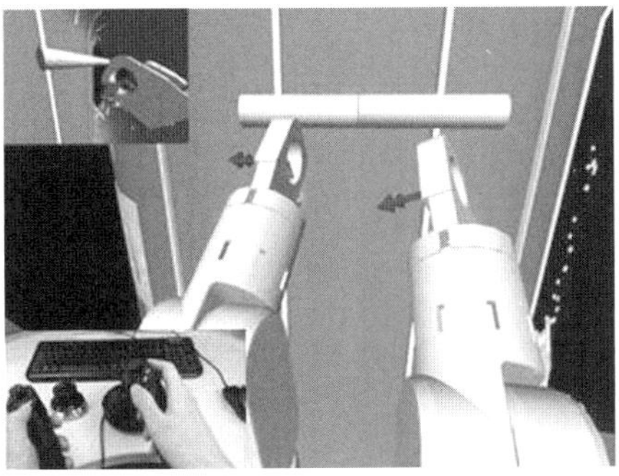

(c) 双臂宏定位操作

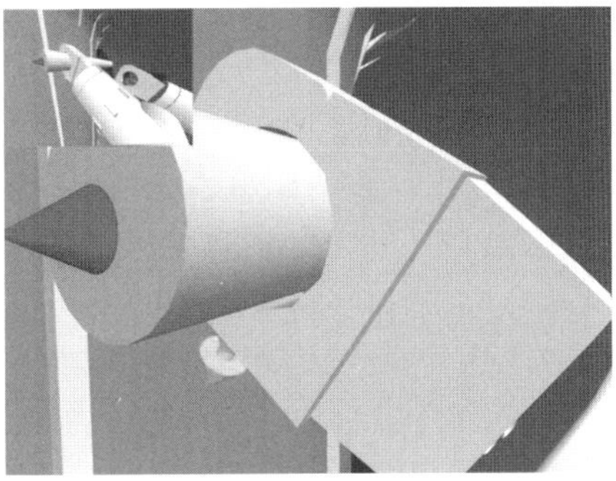

(d) 双臂微定位操作

图 11.40　管道切割任务离线仿真

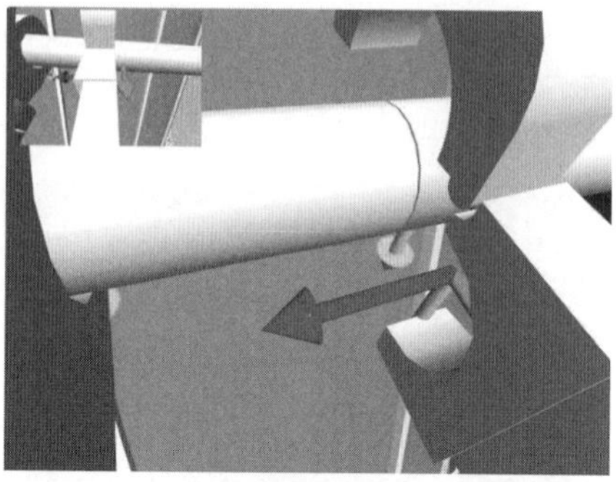

(e) 切割操作

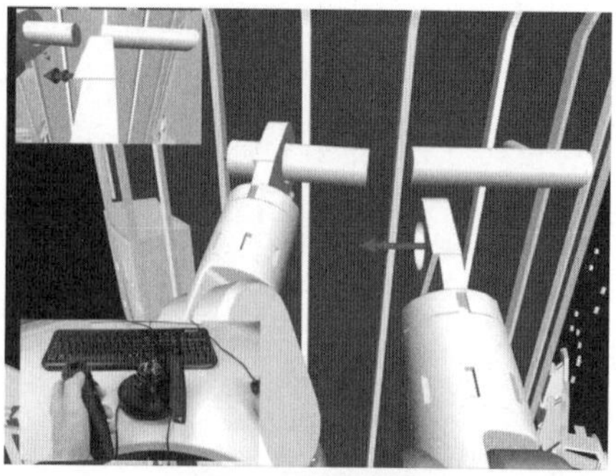

(f) 切割完毕双臂撤回

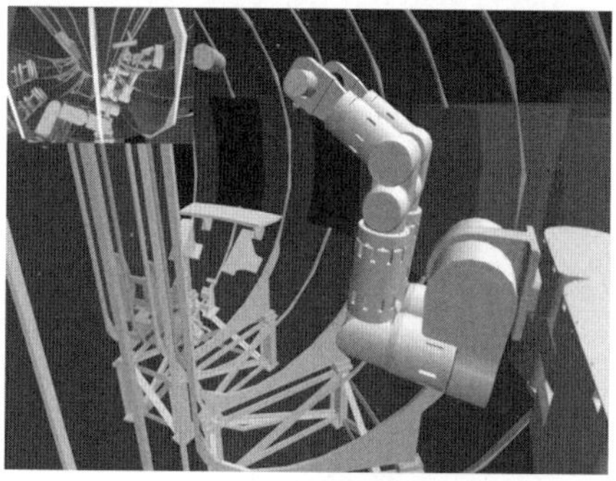

(g) 双臂调整位姿

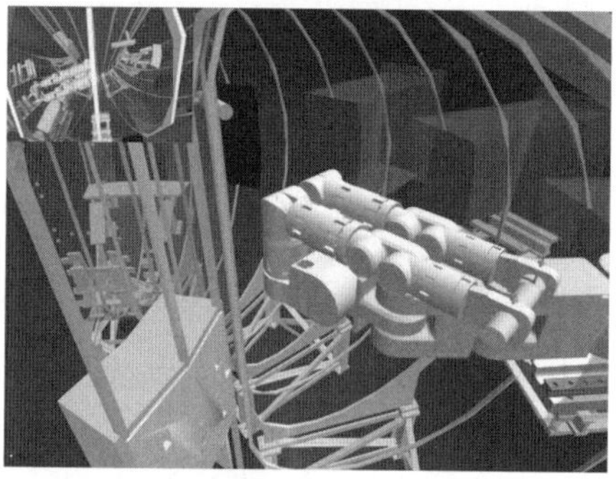

(h) 双臂折叠大臂撤回

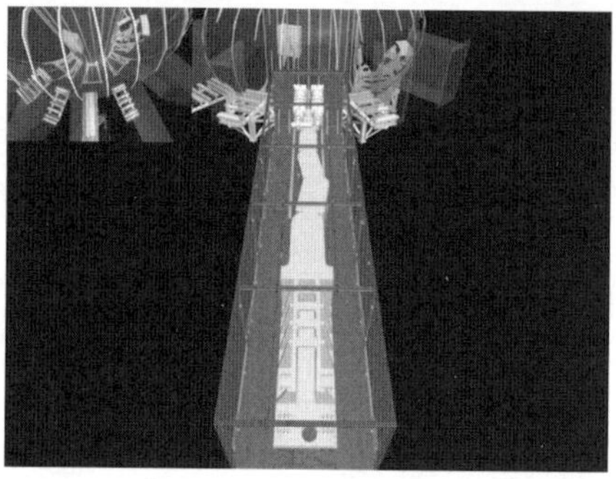

(i) 大臂退回转运车

续图 11.40

测试表明，在操作者熟悉系统界面和使用方法之后，经过半小时左右的训练，操作者即可在离线状态下在保证无碰撞的前提下顺利完成管道切割任务。将管道放置于不同位置进行多组测试，结果表明平均任务耗时 15 min 左右，具有较高的操作效率。

11.7 在线测试

11.7.1 实验平台

实验平台硬件方案如图 11.41 所示，包括上下位机两部分。PC 与控制器之间通过以太网连接，并通过基于以太网的 Modbus 协议进行通信，控制器通过 CAN 总线与 Elmo

驱动器连接,采用 CANOpen 协议进行通信,驱动器连接麦克比恩交流伺服电机,电机驱动关节实现机械臂运动,绝对式编码器采集的信号通过驱动器利用CAN总线返回给控制器,最终返回给上位机。

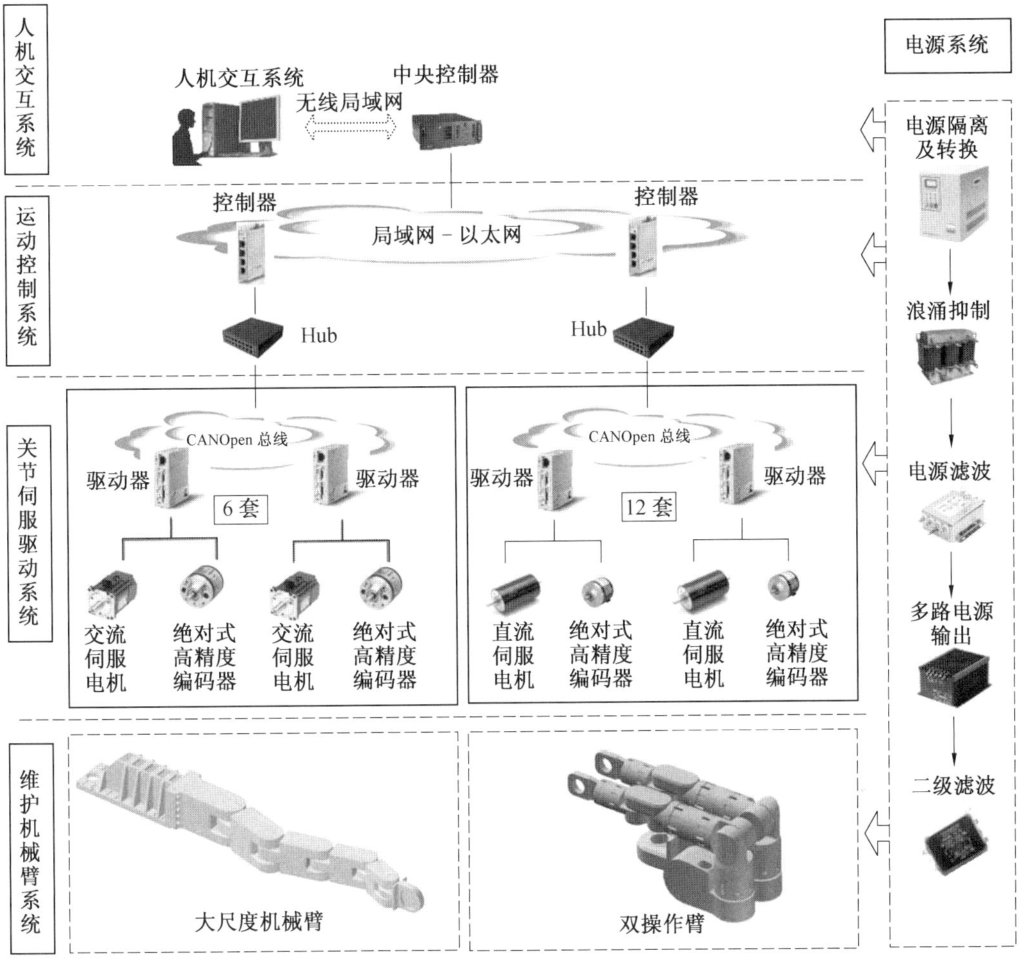

图 11.41　实验平台

11.7.2　实验过程

按照项目进度安排,现阶段维护机械臂系统的机械部分正处于加工阶段,如图11.42、图 11.43 所示。

由于不具备整机实验条件,故主要对大臂移动关节进行装配并且安装电气设备,以该关节作为实验对象进行在线测试。通过用户图形界面的运动控制区控制虚拟机械臂向前运动,确认后经下位机发送给真实机械臂,通过返回的码盘信息使得真实机械臂映象与真实机械臂实现同步运动。

图 11.42　大尺度机械臂实物

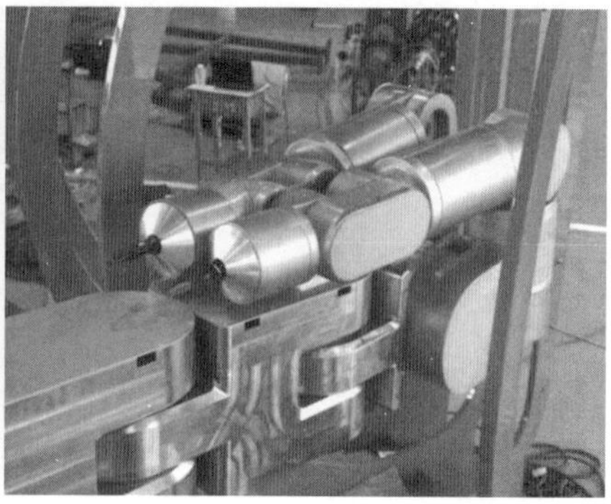

图 11.43　双操作臂实物

通过文本框输入将虚拟机械臂移动关节位置调至 1 900 mm 处，点击“确定”，观察仿真动画。确认无误后点击“同意”，则此时真实机械臂在电机驱动下向前运动，上位机中的真实机械臂映象同步向前运动，如图 11.44 所示。

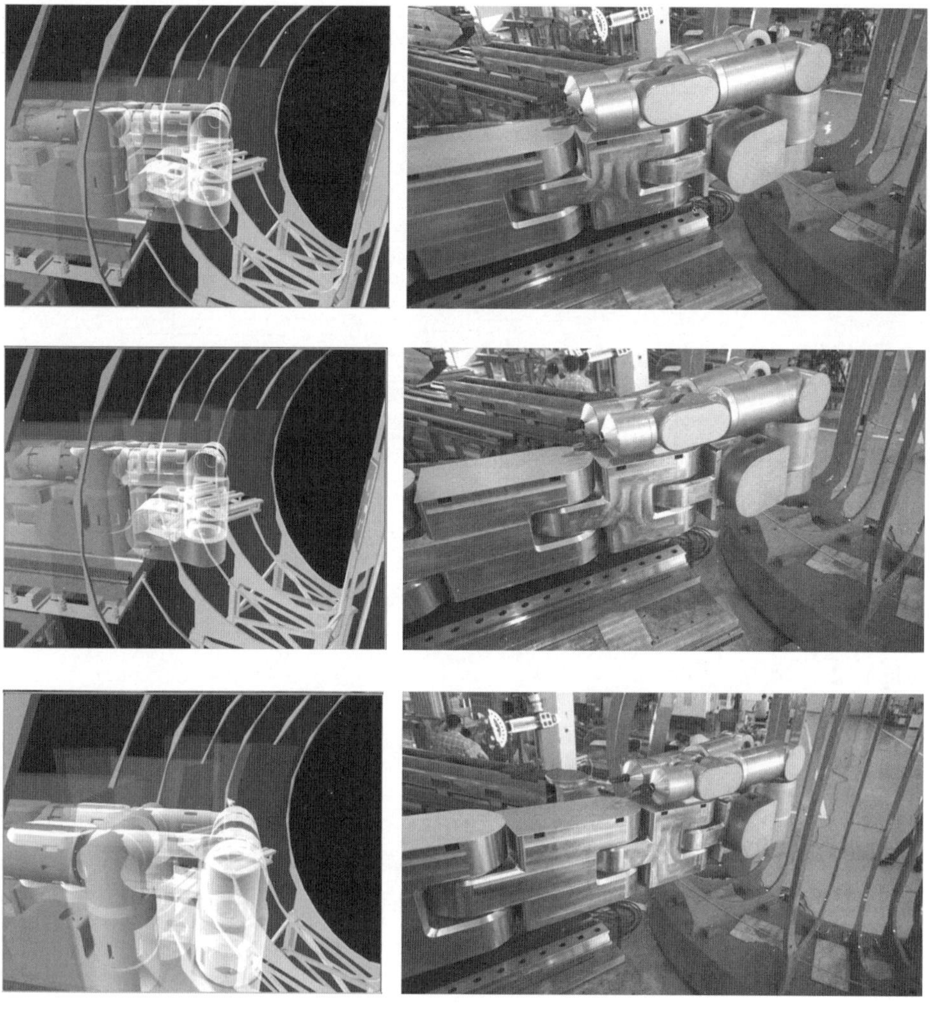

图 11.44　真实机械臂映象与真实机械臂同步运动

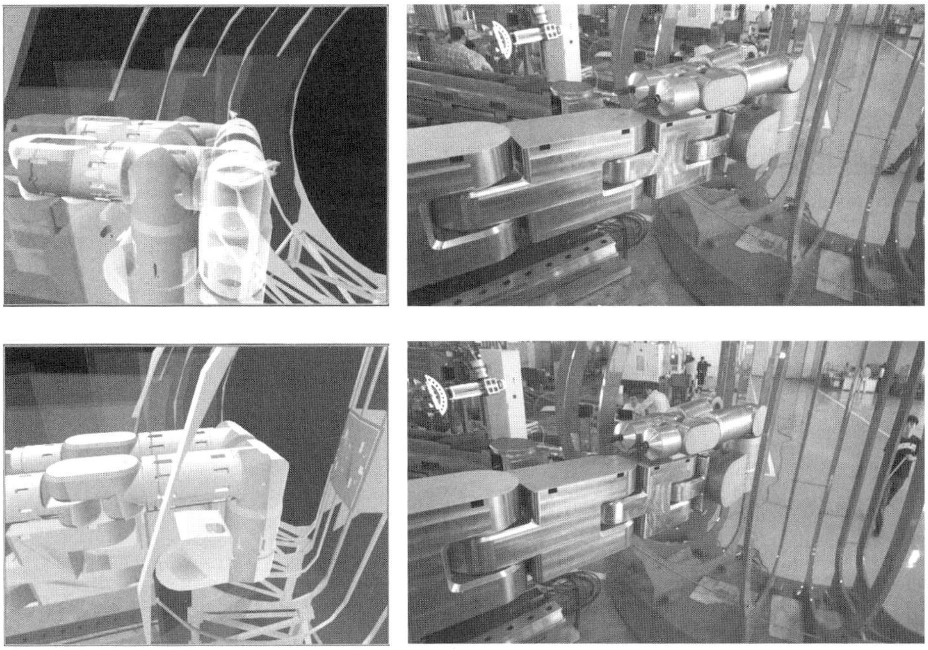

续图 11.44

在线测试表明，真实机械臂与系统中的真实机械臂映象同步良好，也由此验证了技术路线的可行性。

11.8　本章小结

本章研究了基于虚拟现实的人机交互系统总体框架、运行原理及主要模块。建立模型组织并构建了虚拟场景，通过基于层的包围盒方法实现了面向托卡马克真空室的碰撞检测，设计了用户图形界面，完成了具有任务仿真、仿真过程复现、场景漫游、主从交互等功能的人机交互系统设计。搭建了面向托卡马克真空室的远程操控人机交互系统实验平台，通过人机交互系统，在离线仿真状态下完成了管道切割任务，作业过程中未发生碰撞，顺利完成该任务，系统交互性良好，作业效率较高。在线测试阶段，通信系统正常，真实机械臂能够接收上位机指令并进行运动，同时与真实机械臂映象之间的同步良好，满足实际应用要求。

第 12 章　简易实验平台搭建与实验验证

12.1 引　言

本章主要致力于对第 5 ～ 8 章所提方法进行实验验证，由于所研究理论为通用化、一般化理论，对机械臂构型依赖程度不高，为了便于对所提理论的性能验证和实验安全，采用桌面型平面七自由度机械臂和三维构型 13 自由度双臂机器人进行基础理论实验验证与对比实验分析。首先搭建简易冗余度单臂系统实验平台，验证第 5 ～ 7 章所提平面冗余机械臂在线运动规划、基于能量转化策略避障的运动规划、关节加速度规划方法的有效性和实用性。然后搭建冗余度双臂机器人系统，对第 8 章所提基于自组织竞争神经网络多臂运动规划方法进行实验验证。最后根据实际实验效果对所提理论和方法性能进行综合性分析、讨论。

12.2 实验平台

12.2.1 冗余度单臂系统

首先搭建平面七自由度单臂机器人系统，系统关节驱动电机选用国产舵机广州欧兹 801 型号，具体参数如表 12.1 所示。ROB 系列舵机是一款串行总线式舵机，可通过 RS485 总线进行位置、速度、时间模式运动，舵机运行定位精度较高，0° ～ 360° 范围内定位误差小于 1°。机械臂结构件采用轻质的 6061 铝合金型材件。

表 12.1　801 型号舵机参数

名称	参数	名称	参数
扭矩	8 N · m	模式	电机模式，步进模式
供电电压	直流 12.0 V	通信方式	RS485 总线
分辨率	0.15°	协议类型	OCS 通信协议
输出轴转动范围	0° ～ 360°	通信速率	38 400 bit/s ～ 1 Mbit/s
材料	齿轮：高精度全金属； 壳体：全金属材料	数据反馈	具备位置、温度、速度、电压等反馈

1. 单臂结构

单臂的构型设计中关节与关节之间采用平行轴串联结构，如图 12.1 所示。基座的转动设计通过采用舵机驱动齿轮传动方式，带动整个臂转动，如图 12.2 所示。所设计机械臂实物如图 12.3 所示。各个连杆长度参数如表 12.2 所示。

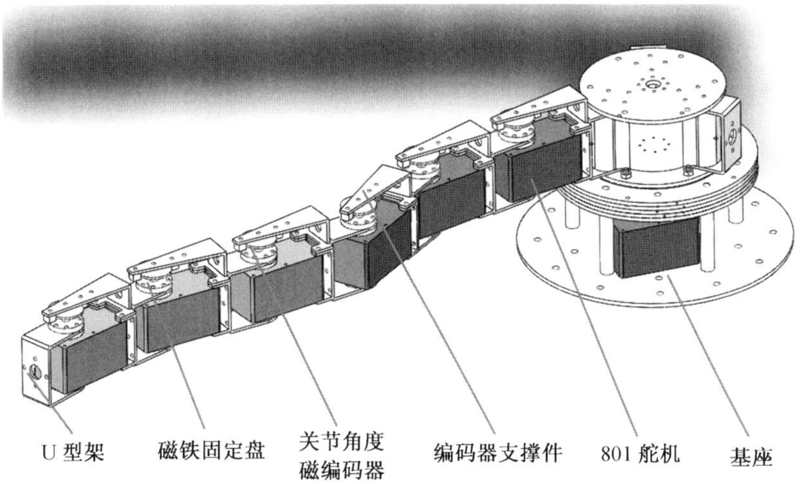

图 12.1　七自由度机械臂三维结构设计

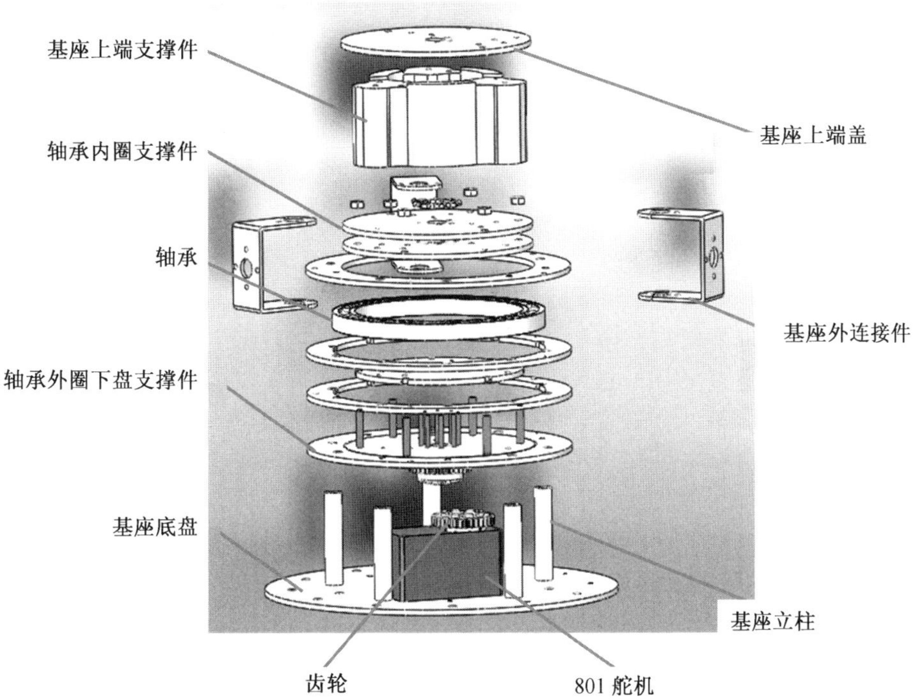

图 12.2　基座结构

图 12.3 机械臂实物图

表 12.2 七自由度机械臂臂长参数

参数	l_1	l_2	l_3	l_4	l_5	l_6	l_7
值 /mm	118.0	88.0	88.0	88.0	88.0	88.0	57.85

2. 单臂通信系统

关节角度数据通过磁编码器测得，主要芯片为 MLX 90316，该芯片是一种绝对位置传感芯片，通过检测与磁铁磁感线形成的角度确定其旋转的绝对位置关系，能够检测的角度范围为 0° ～ 360°，分辨率为 1/65 535，通过 SPI 获取关节角度数据。

所设计单臂共七自由度，需要实时获取 7 个关节角度数据值。本研究在关节通信上采用CAN 总线的方式，主要是由于CAN 总线网络各节点之间数据通信实时性强、相比网线通信占用空间更小有利于减轻机械臂质量、开发周期短难度低等特点。所设计电路原理图如图 12.4 所示，电路板如图 12.5 所示。为了保证获取关节数据的实时性，通信速率设置为 1 Mbit/s，不采用任何通信协议，通过标识关节号确定对应的关节数据。该单臂机器人系统程序开发采用 C\C ++ 语言。

控制舵机通信通过 RS485 总线实现，最小控制转动角度为 1/4 096 × 360°。采用的是标准的 OCS 协议，其是一种问答方式通信，通过发送指令包实现舵机控制。每个舵机都有一个 ID 号，舵机根据相应 ID 中的协议指令包的控制命令产生动作，指令格式如表12.3 所示。

视觉部分采用的是单目相机，像素为 640 × 480，帧率为 30 帧 /s，通过 USB 将数据传输到计算机，然后利用 Opencv 开源库基于 MFC 对图形进行形态学处理，提取图像 HSV 空间颜色轮廓中心坐标信息，将其坐标值通过 SPI 发送到 DSP 控制器中，详细的处理流程如表 12.4 所示。

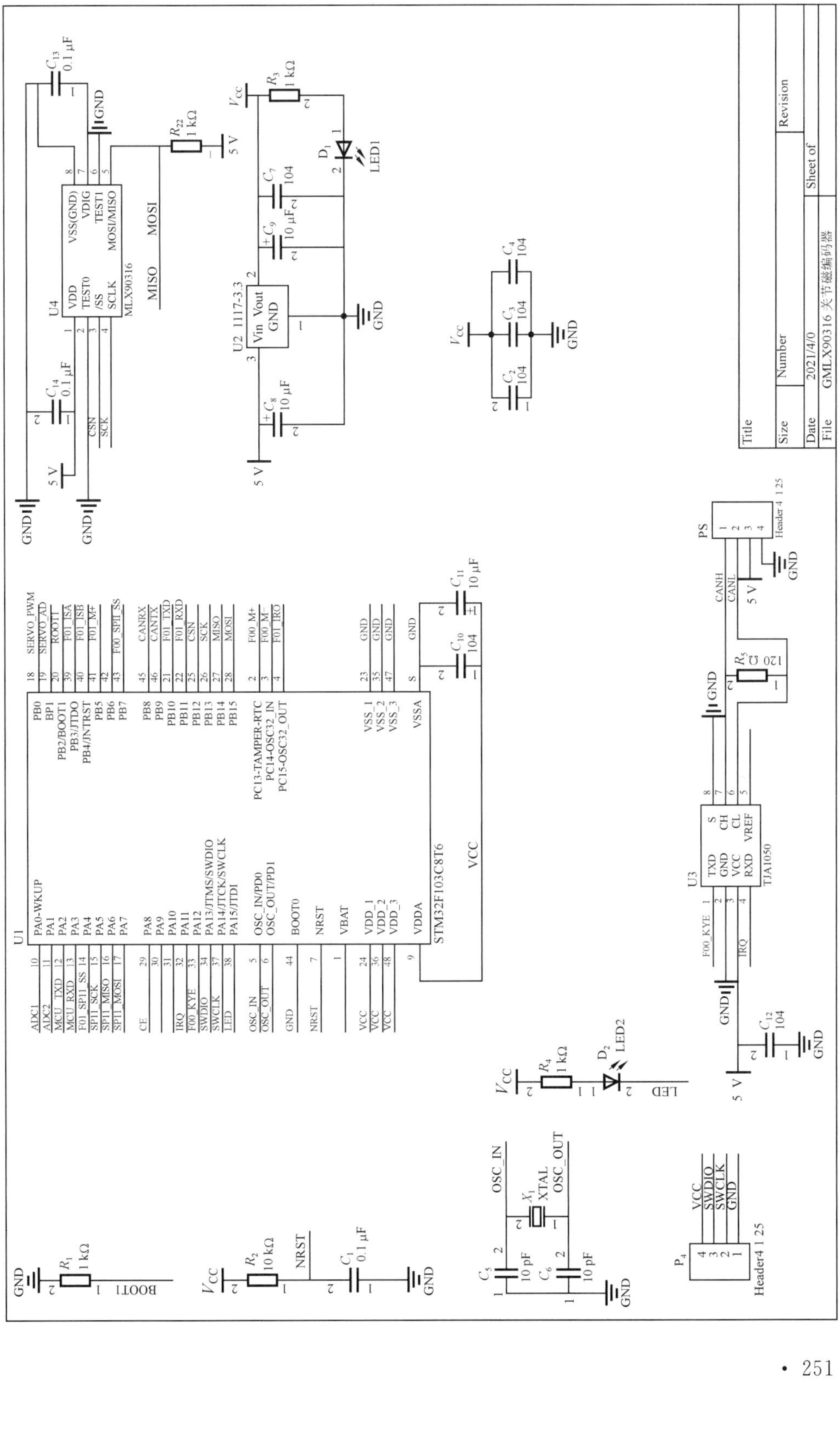

图 12.4　关节磁编码器电路原理图

图 12.5　关节磁编码器实物

表 12.3　OCS 指令格式

指令字头	ID 编号	数据长度	舵机指令	参数设置	校验和
0xFF0xFF	Num_ID	DATA_L	Command	Para_1,…,Para_N	Check_Sum

指令字头：两个 0xFF 是 OCS 协议起始字段固定的指令格式。

ID 编号：对应舵机的 ID 号。ID 号范围为 0 ～ 253，使用时需要将其转成十六进制。由于需要同时控制多个舵机，根据协议编号设置为 0xFE。

数据长度：DATA_L =（单个舵机设置参数的长度 + 1）× 舵机个数 + 4。

舵机指令：实验使用时设置为 0x83，用于同步同时向舵机发送控制指令。

参数设置：除指令外需要补充的控制信息，包括舵机转动角度位置、速度和时间。

校验和的计算方法如下：

Check_Sum =～（Num_ID + DATA _L + Command + Para_1 + … + Para_N），在每个控制周期要确保校验和 Check_Sum 的值在 0 ～ 255 范围之内。

表 12.4　视觉处理流程

视觉处理流程：
输入：从视频流{ImgOriginal} 捕获新帧；
if：捕获失败或{ImgOriginal} 为空，then
返回输入；
end if
对图像{ImgOriginal} 进行中值滤波，去除噪声；
将{ImgOriginal} 从 BGR 颜色空间转换为 HSV 颜色空间；
基于直方图均衡化的{ImgOriginal} 增强；
阈值{ImgOriginal} 提取对象和障碍物的特征{ImgObject，ImgObstacle1，ImgObstacle2，…}；
利用灰度数学形态学的开运算去除特征噪声；
利用灰度数学形态学的闭运算连接特征的可疑区域；
找到图像的轮廓{ImgObject，ImgObstacle1，ImgObstacle2，…}；
If：轮廓尺寸太小，then

续表12.4

视觉处理流程：
轮廓舍弃； end if 创建包围每个轮廓的矩形边界； 找到每个轮廓的最小面积的边界矩形； 画出包围矩形的最小面积； 计算最小面积$\{\boldsymbol{X}_{obj},\boldsymbol{X}_{obs1},\boldsymbol{X}_{obs2},\cdots\}$包络矩形的中心位置坐标； 通过 SCI 总线将数据$\{\boldsymbol{X}_{obj},\boldsymbol{X}_{obs1},\boldsymbol{X}_{obs2},\cdots\}$传送到控制器 DSP； 返回输入。

3. 单臂系统整体

在图 12.6(a) 中,实验平台原理可简述如下：

(1) 全局单目相机用于实时观测机械臂工作空间,并且通过 USB 串行总线将观测到的每一帧图形实时传送到计算机。计算机从每一帧图形中提取出目标和障碍物的位置信息,将其位置信息通过 SCI 总线传送到 TMS320F28335 控制器中。

(2) 机械臂的状态反馈数据$\boldsymbol{\Theta}$通过CAN总线网络传送到控制器中。命令数据$\boldsymbol{\Theta}_d$、$\dot{\boldsymbol{\Theta}}_d$通过 RS485 总线控制着机械臂的运动。CAN 总线、USB 串行总线、SCI 总线波特率均设置为 1 Mbit/s。

(3)TMS320F28335 控制器负责接收数据($\boldsymbol{x}_{obj},\boldsymbol{x}_{obs},\boldsymbol{\Theta}$)。同时,控制器主频为 150 MHz,负责计算机械臂系统的主程序,包括正逆运动学、运动规划、避障算法等,控制周期为 20 ms。实验平台样机系统如图 12.6(b) 所示。

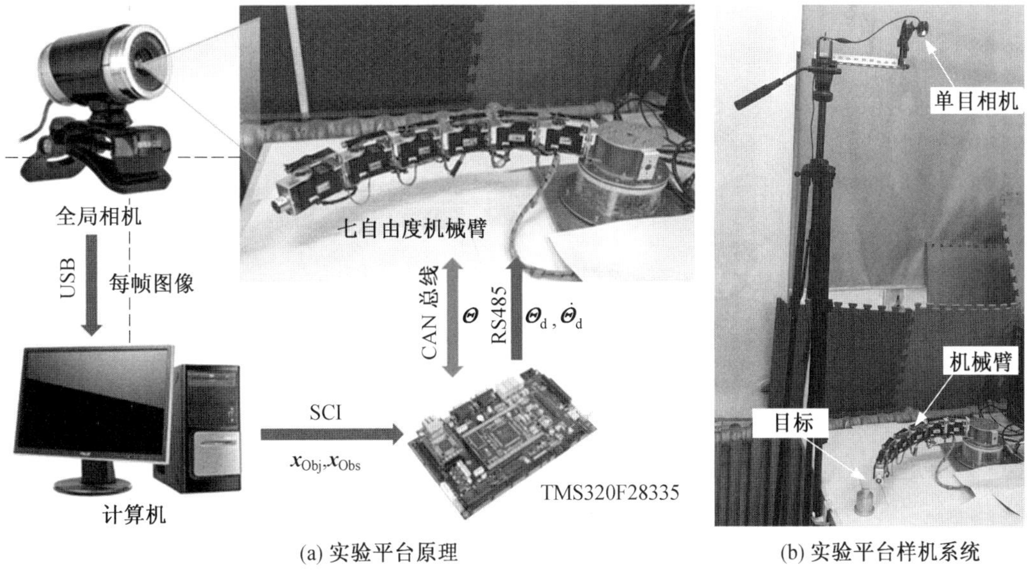

(a) 实验平台原理　　(b) 实验平台样机系统

图 12.6　实验平台

12.2.2 冗余度双臂系统

双臂机器人设计在单臂系统基础之上进行扩展，同时针对在实际使用中存在的潜在问题进行进一步改进，以进一步提升机械臂自身性能。

1. 双臂三维结构

在三维构型设计上采用图 12.3 所示双臂构型和其参数。由于基座舵机不承受双臂的相互作用力，因此基座驱动舵机类型仍选择 801 型舵机。肩关节由于要承受更多关节的作用力，则选用更大扭矩舵机——802 型舵机(9 N·m)。图 12.7 中，编号 5、6、7、8 为 802 型舵机，编号 4、9 选用 801 型舵机(8 N·m)，编号 3、10 选用 601 型舵机(6 N·m)。编号 1、2、11、12 舵机由于其在机械臂末端，为减轻肩关节舵机受力，选用小型舵机——301 型舵机(3 N·m)。301 型、601 型、801 型、802 型舵机体积、质量依次增大，不再一一叙述，除扭矩外，其他参数均和表 12.1 一致，具体可见舵机说明手册。所设计三维模型和实际实验平台如图 12.7 所示。

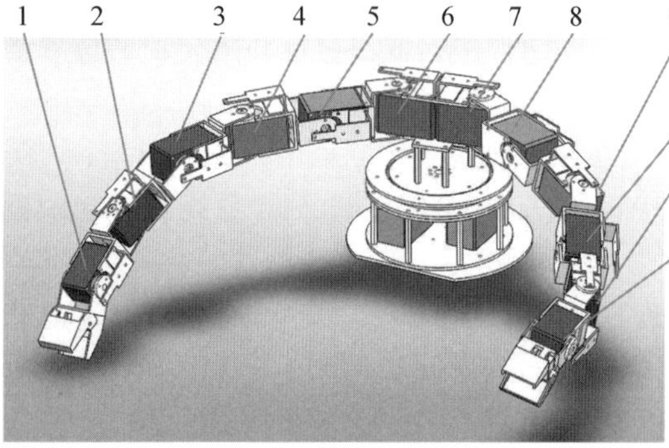

(a) 设计模型

(b) 实际平台

图 12.7　双臂三维结构

2. 双臂通信系统

单臂系统主控制器是 TMS320F28335，其在冗余度单臂正逆运动学计算、运动学规划算法计算性能方面能够得到满足，但是双臂自由度数增加，内存不够用，致使运算控制周期大大增加。为此，本书在双臂机器人系统设计方面通盘考虑这些问题。采用计算机机器人操作系统 ROS 进行运算和数据处理。具体通信系统设计如下。

视觉系统采用英特尔 RealSense D435i 深度相机，像素 640×480，帧率 30 帧/s，深度分辨率 90 帧，深度精度误差 2 m 以内 2%，视场角度 65°×40°，图像通过 USB 传输，彩色图像处理采用 Opencv 库，其处理流程如表 12.4 所示。深度图像利用深度相机自带的 RealSense SDK 2.0 函数库进行处理，进而获取空间三维点云信息，实现物体三维空间位置识别，具体函数可参见英特尔 RealSense 相机官方说明。

关节通信系统采用和单臂关节通信系统相同方式，即采用 MLX 90316 磁编码器和 CAN 总线通信方式，CAN 总线通信周期为 3.488 ms。舵机控制由上位机发送指令，利用 USB 转 RS485 实现实时通信。

上位机 ROS 系统框架搭建如图 12.8 所示。具体为节点 realsense2_camera 用于连接相机并提取相机中深度和图像信息，深度信息保存到话题 /camera/aligned_depth_to_color/ image_raw 中，彩色信息保存到话题 /camera/ color/ image_raw 中。节点 opencv_test_sub 用于接收由节点 realsense2_camera 发布的深度信息和彩色信息两个话题中的数据。同时对深度和彩色图形进行处理，提取出物体三维空间位置信息，并发布到话题 /myVisionData 中。节点 obtainjointdata 用于实时接收关节角度数据，发布关节角度到话题 /myJointdata 中。节点 savejointangledata 用于将接收到话题 /myJointdata 中的关节角度数据实时记录下来。总控节点 myserial1 用于实时接收话题 /myJointdata 中的关节角度数据和话题 /myVisionData 中物体位置信息，同时进行正逆运动学计算和运动控制算法计算，将实时计算关节角度命令，按照 OCS 协议格式发送给各个舵机实现双臂机器人在线运动控制。双臂机器人程序开发采用 C\C ++ 语言。

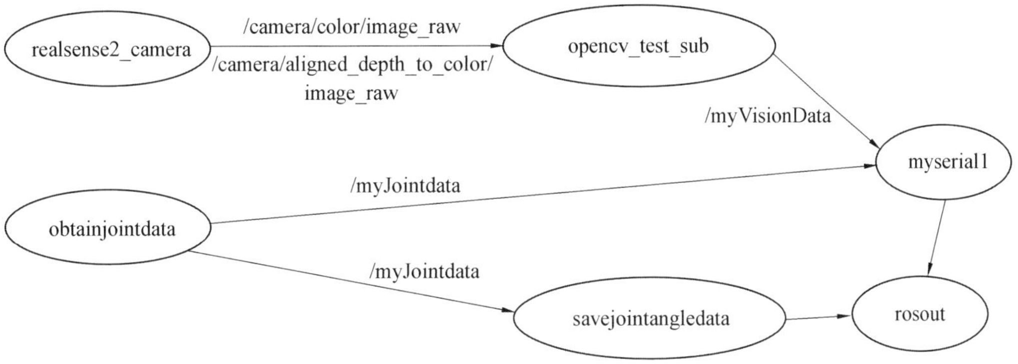

图 12.8　ROS 中各个节点和话题之间拓扑图

3. 实验平台搭建

在图 12.9(a) 中，实验平台原理可简述如下：

(1) 全局深度相机用于实时观测机械臂工作空间，并且通过 USB 串行总线将观测到的每一帧深度图像和彩色图像实时传送到计算机 ROS 软件架构中。计算机 ROS 根据每帧深度图像和彩色图像，通过 Opencv 开源库和 RealSense D435i 深度相机自带 RealSense SDK 2.0 函数库，在 ROS 节点 realsense2_camera 和 opencv_test_sub 中对深度图像和彩色图像进行三维点云处理，获取目标和障碍物的位置信息，将其位置信息发布到话题 /myVisionData 中，并由节点 myserial1 接收。

(2) 机械臂的关节状态反馈数据 $\boldsymbol{\Theta}$ 通过 CAN 总线网络传送到下位机 TMS320F28335 控制器中。同时该控制器将接收到的关节数据 $\boldsymbol{\Theta}$ 通过 SCI 总线实时反馈到计算机 ROS 节点 obtainjointdata 中，并发布关节角度 $\boldsymbol{\Theta}$ 到话题 /myJointdata 中，由节点 myserial1 接收。

(3)ROS 节点 myserial1 将接收到的数据($\boldsymbol{x}_{\mathrm{obj}}$，$\boldsymbol{x}_{\mathrm{Obs}}$，$\boldsymbol{\Theta}$) 通过正逆运动学解算和运动规划算法，将实时控制命令数据 $\boldsymbol{\Theta}_{\mathrm{d}}$、$\dot{\boldsymbol{\Theta}}_{\mathrm{d}}$ 通过 USB 转 RS485 总线发送给机械臂，控制其运动。CAN 总线、USB 串行总线、SCI 总线、RS485 总线波特率均设置为 1 Mbit/s。整个系统控制周期为小于 10 ms。实验平台样机系统如图 12.9(b) 所示。

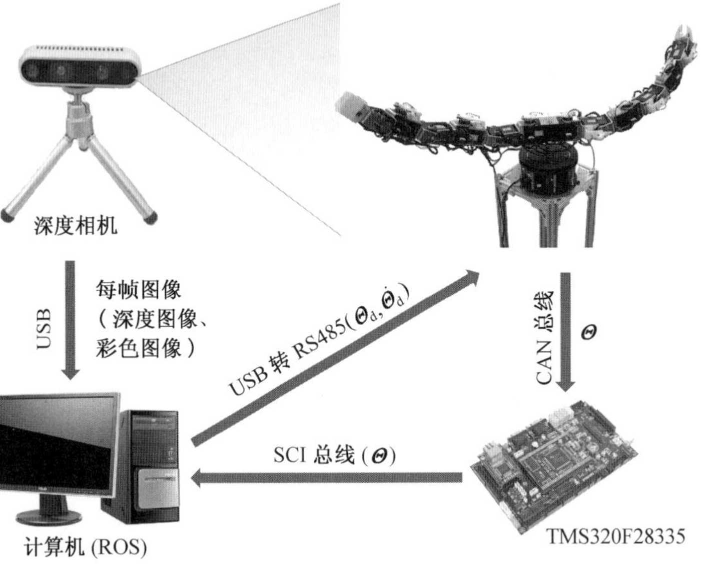

(a) 实验平台原理

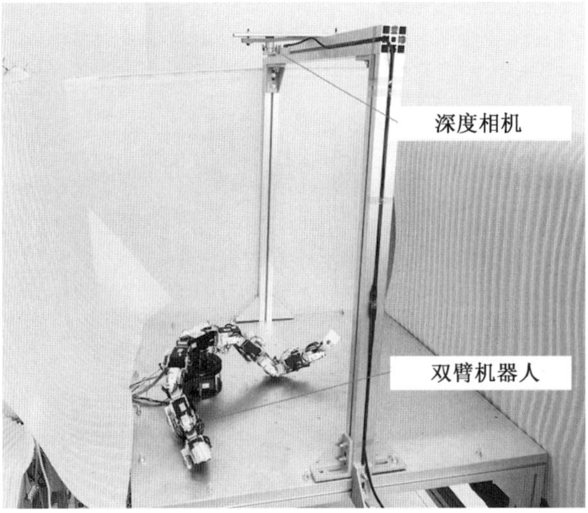

(b) 实验平台样机系统

图 12.9　双臂机器人实验平台

12.3　平面冗余机械臂在线运动规划实验

本节主要针对第 5 章所提理论进行实验验证，以目标追踪作为机械臂规划任务，在无障碍物和有障碍物环境下进行运动规划。该规划方法中矩阵之间的运算最耗时，算法时间复杂度为$O(n^3)$。七自由度机械臂参数设置如表 12.2 所示。所设计机械臂末端执行器性能极限最大速度为 3.22 m/s。出于实验过程安全考虑，末端执行器和被追踪运动目标速度分别由人为限制在 0.7 m/s 和 0.4 m/s。

12.3.1　基于虚拟控制器规划实验

首先在无障碍物环境下以追踪指定的静态目标为任务，进行平面臂运动规划算法收敛速度的比较，机械臂初始配置和追踪状态设置为相同，初始关节角度 $\boldsymbol{\Theta}_{\text{intial}}=(-10°, 10°, 10°, 10°, 0°, 20°, 20°)^{\mathrm{T}}$，最终追踪配置 $\boldsymbol{X}_{\text{obj}}=(203\ \text{mm}, 296\ \text{mm}, 1.535\ \text{rad})^{\mathrm{T}}$，如图 12.10 所示。比对方法有传统定比例方法和所提基于虚拟控制器方法，其第一步迭代具有相同的 $\Delta\boldsymbol{X}$，即 $\Delta\boldsymbol{X}=(-20.8\ \text{mm}, 6.34\ \text{mm}, 0.03\ \text{rad})^{\mathrm{T}}$。

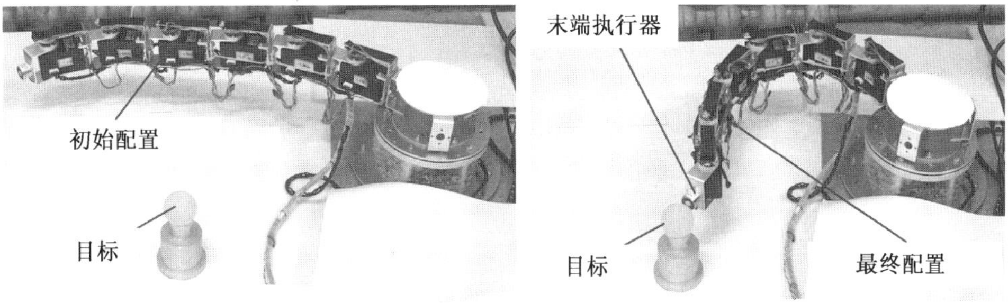

(a) 初始配置　　(b) 最终配置

图 12.10　无障碍物环境下静态目标追踪

两种方法的收敛性比较如图 12.11 所示，对于位置误差收敛所需总时间分别为2.5 s和 6.1 s。在位姿误差收敛方面，所提虚拟控制器收敛速度比基于定比例方法收敛速度更快。

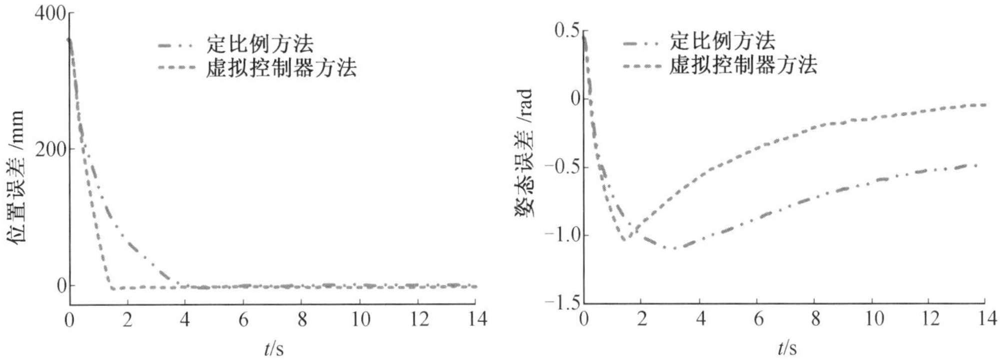

(a) 末端执行器位置误差　　(b) 姿态误差

图 12.11　基于定比例、虚拟控制器的对比实验

12.3.2　静态障碍物约束下规划性能比对实验

本节比较了末端基于局部旋转坐标法和人工势场法的避障性能，机械臂初始关节角度 $\boldsymbol{\Theta}_{\text{intial}}=(-10.0°, 10.0°, 10.0°, 10.0°, 0.0°, 20.0°, 20.0°)^{\mathrm{T}}$，如图 12.12 所示。目标位姿 $\boldsymbol{X}_{\text{obj}}=(165\ \text{mm}, 441\ \text{mm}, 1.535\ \text{rad})^{\mathrm{T}}$，障碍物位置 $\boldsymbol{X}_{\text{obs}}=(325\ \text{mm}, 237\ \text{mm})^{\mathrm{T}}$，所提方法能够实现在线的机械臂末端大范围绕向避障，而人工势场法由于末端避障时，运动方向沿着指向目标的引力和沿着障碍物中心向外的斥力之和的方向，只能实现小范围的避障，

因此无法绕过障碍物到达追踪目标。

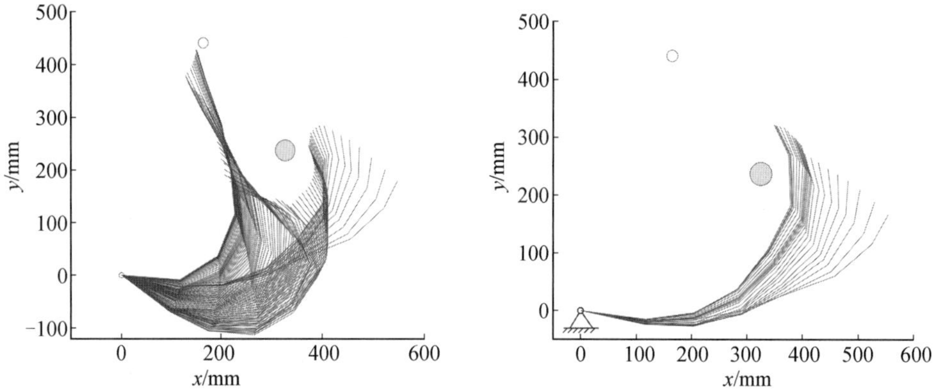

(a) 基于局部旋转坐标方法　　(b) 基于人工势场法

图 12.12　基于局部旋转坐标方法和人工势场法的避障对比实验

12.3.3　多障碍物约束下平面臂运动规划实验

在 4 个静态障碍物环境下对第 5 章所提基于虚拟控制器的平面臂在线运动规划算法进行实验验证,如图 12.13 所示。图 12.13(a) 和(c) 为第 1 种情况下的实验,关节初始角度 $\boldsymbol{\Theta}_{\mathrm{in\,tial}}=(-40°,10°,10°,30°,30°,20°,20°)$,目标位姿 $\boldsymbol{X}_{\mathrm{obj}}=(64.5\ \mathrm{mm},415.7\ \mathrm{mm},130°)$。障碍物位置分别为 $\boldsymbol{X}_{\mathrm{obs1}}=(386\ \mathrm{mm},83\ \mathrm{mm})$,$\boldsymbol{X}_{\mathrm{obs2}}=(192.7\ \mathrm{mm},175\ \mathrm{mm})$,$\boldsymbol{X}_{\mathrm{obs3}}=(286.7\ \mathrm{mm},272\ \mathrm{mm})$,$\boldsymbol{X}_{\mathrm{obs4}}=(121\ \mathrm{mm},266\ \mathrm{mm})$。图 12.13(b) 和(d) 为第 2 种情况,关节初始角度 $\boldsymbol{\Theta}_{\mathrm{in\,tial}}=(45°,-60°,-30°,20°,30°,50°,30°)$,目标位姿 $\boldsymbol{X}_{\mathrm{obj}}=(105\ \mathrm{mm},483.13\ \mathrm{mm},1.396\ \mathrm{rad})^{\mathrm{T}}$。障碍物位置分别为 $\boldsymbol{X}_{\mathrm{obs1}}=(386\ \mathrm{mm},169\ \mathrm{mm})^{\mathrm{T}}$,$\boldsymbol{X}_{\mathrm{obs2}}=(272.7\ \mathrm{mm},345\ \mathrm{mm})^{\mathrm{T}}$,$\boldsymbol{X}_{\mathrm{obs3}}=(95\ \mathrm{mm},33.8\ \mathrm{mm})^{\mathrm{T}}$,$\boldsymbol{X}_{\mathrm{obs4}}=(132.63\ \mathrm{mm},272.6\ \mathrm{mm})^{\mathrm{T}}$。两种情况下实验,可以看出所提运动规划算法均能实现机械臂无碰撞运动,证明了所提平面臂在线运动规划算法的有效性和可行性。

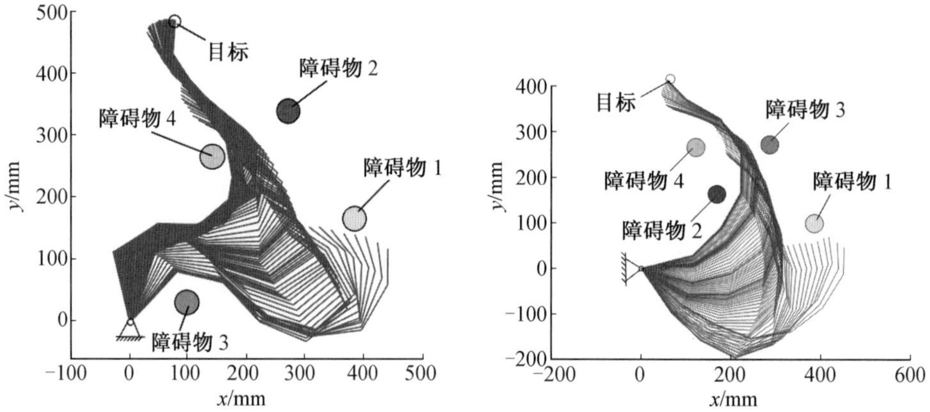

(a) 情况 1　　(b) 情况 2

图 12.13　在多障碍物环境下平面冗余机械臂在线运动规划

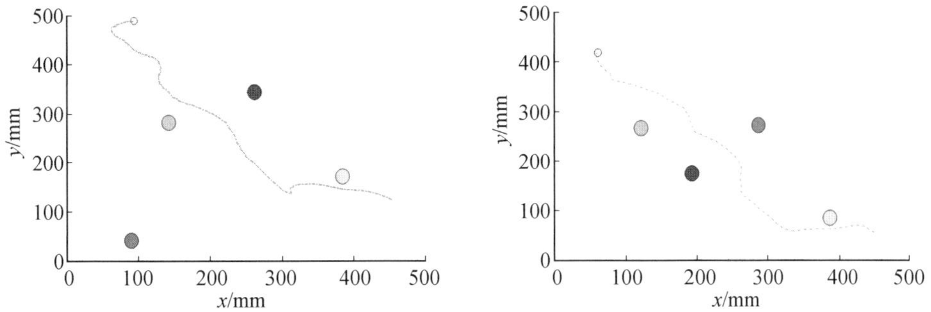

(c) 情况 1 下的运动路径　　(d) 情况 2 下的运动路径

续图 12.13

12.4　三维在线运动规划实验

本节主要针对第 6 章所提理论展开实验，以目标追踪作为机械臂规划任务，在无障碍物和有障碍物环境下进行运动规划方法验证。该规划方法计算复杂度中最耗时的计算过程为矩阵运算，其时间复杂度为 $O(n^3)$。为了直观地对比算法在冗余度机械臂构型调整上的性能，本节实验验证平台先以平面冗余机械臂进行，在 12.6.1 节中以三维构型机械臂进行实验验证。

12.4.1　基于单神经元 PID 规划实验

为了合理地比较不同规划方法的性能，机械臂初始配置和追踪状态设置和 12.3.1 节相同，如图 12.10 所示。同时，所有用于和所提方法做比较的参数设置，其第一步迭代具有相同的 $\Delta\boldsymbol{X}$，即 $\Delta\boldsymbol{X}=(-20.8\ \text{mm},6.34\ \text{mm},0.03\ \text{rad})^{\mathrm{T}}$。按照基于 Hebb 的主成分分析方法的收敛性分析，所提方法中学习率 η 为一个较小的值。同时，为了保证机械臂由静止状态平滑运动，自适应 PID 相关参数都是先于实验并通过在线学习获取的参数，如表 12.5 所示。从而使得所提方法初始的 $\Delta\boldsymbol{X}$ 接近于 0，即 $\Delta\boldsymbol{X}=(-0.000\ 041\ \text{mm},0.000\ 24\ \text{mm},0.028\ \text{rad})^{\mathrm{T}}$。

表 12.5　所提方法的参数设置

参数	α_1	α_2	α_3	β_1	β_2	β_3	δ_1	δ_2	δ_3	η_{p1}
值	400	280	2.0	0.002 5	0.015	1.0	0.000 5	0.001	0.5	0.008
参数	k_{p1}	k_{p2}	k_{p3}	k_{i1}	k_{i2}	k_{i3}	k_{d1}	k_{d2}	k_{d3}	η_{I1}
值	10^{-4}	10^{-4}	0.05	10^{-5}	10^{-4}	0.06	10^{-5}	2×10^{-4}	0.05	3.2×10^{-4}
参数	η_{p3}	η_{d1}	η_{d2}	η_{I3}	η_{d3}	ΔT	η_{p2}	η_{I2}		
值	1.3	0.009	0.05	1.6	1.3	0.02	0.05	0.006		

用于比较的规划方法包括传统的定比例方法、经典的定钳位方法和单神经元自适应 PID 方法。考虑到本书将路径规划看作控制问题对待，广泛用于机器人领域的经典 PID 方法和滑模控制方法也用作对比以进一步展现所提单神经元自适应 PID 在规划中的性

能。定比例方法根据公式(6.2)在线生成追踪路径。定钳位方法和虚拟控制器方法的详细描述见相关文献所述。本书中,当位置误差小于 4 mm,姿态误差小于 0.02 rad 时,则认为是收敛了。主要原因有两点:首先,该误差远小于初始状态末端执行器和目标之间的位姿误差;其次,在实际的实验平台中误差很难完全收敛到 0。

追踪无障碍物环境下静止目标的对比实验。在图 12.14(a) 中,5 种方法都能够规划末端执行器到目标位置的路径。对于末端执行器位置,收敛速度的顺序依次为:定钳位方法、所提单神经元自适应 PID 方法、PID 控制方法、滑模控制方法、定比例方法。所需总时间分别为 3.5 s、4 s、4.5 s、5.1 s、6.1 s。基于定钳位的追踪速度保持恒定,当位置误差小于钳位值时,速度逐渐减小。对于定比例和滑模控制方法,位姿误差的收敛速率主要依赖于固定增益系数。对于 PID 控制器,由于积分项和微分项的存在,位置误差逐步累积,进而使得收敛速度加快,所需总时间较少。但是在机械臂运动的初始阶段,所提单神经元自适应 PID 方法的斜率要明显比其他几种方法柔和。然后,随着基于 Hebb 网络的主成分分析的在线学习,斜率逐步地增加。当位置误差变得较小时,收敛速度逐步减小。这样的收敛特性有助于末端执行器和关节的平稳运动,以及实际应用中的安全操作,如图 12.14(a) 和(d) 所示。相比之下,所提方法用于末端执行器快速追踪阶段的时间比其他方法要短,也就是,$t_1 < t_2$($t_1 = 1.3$ s,$t_2 = 1.64$ s(基于定步长方法))。主要原因是参数在线的自适应调整,而不像其他方法中固定参数或增益,尽管存在提升收敛速度的积分环节。

在图 12.14(b) 中,所提方法姿态误差在 7.4 s 内能收敛到接近于 0。然而,其他方法在 14 s 内都很难收敛。由于所提方法能够通过在线学习自适应地调整控制器学习参数,因此姿态收敛速度加快。

在图 12.14(c) 中,基于主成分分析在线学习方法的机械臂运动路径比其他方法所产生的路径稍长,主要是由关节的平滑运动造成的,如图 12.14(d) 所示。事实上,稍微长的路径并不影响收敛速度,重要的是所提方法能够使机械臂在起始阶段平稳地从静止达到最大速度。这样的特性有利于实际机械臂应用中的稳定操作和快速追踪。

综合分析图 12.14(a) ~(d) 表明,所提基于主成分分析的规划方法能够实现平滑、快速的末端执行器位姿收敛,有一定的应用价值。

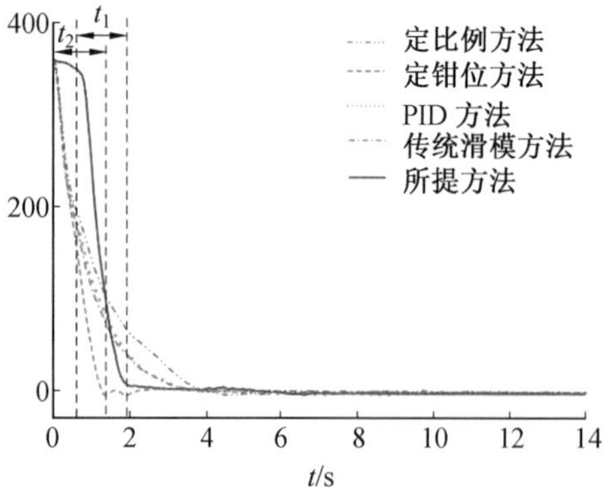

(a) 末端执行器位置误差

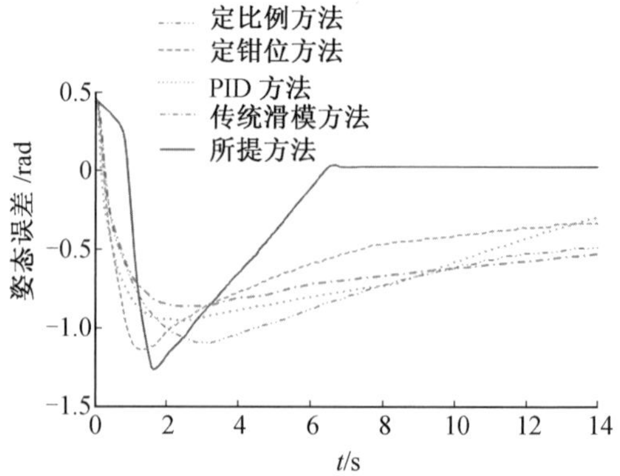

(b) 机械臂姿态误差

图 12.14　多种方法对比实验

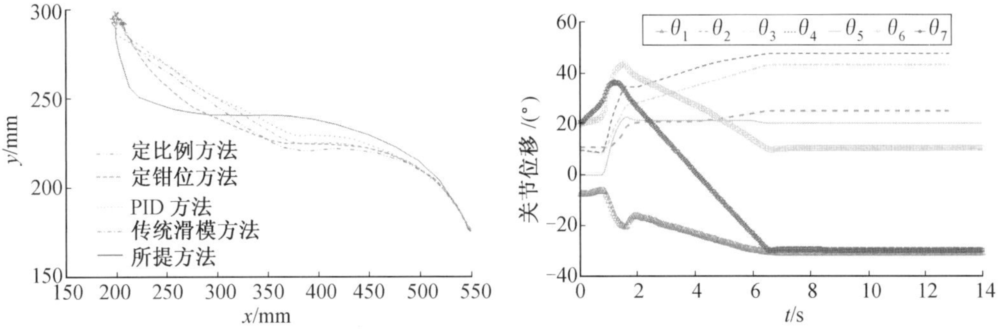

(c) 运动路径　　(d) 机械臂关节角度位置

续图 12.14

12.4.2　基于能量转化策略避障性能比对实验

本节实验分为两部分，首先是障碍物在末端执行器运动路径上的情形。在图 12.15 中，用于末端执行器避障方法包括人工势场法、所提基于能量守恒方法。机械臂初始构型 $\boldsymbol{\Theta}_{\text{in tial}}=(-10.0°,10.0°,10.0°,10.0°,0.0°,20.0°,20.0°)^{\text{T}}$，目标位姿 $\boldsymbol{X}_{\text{obj}}=(165\ \text{mm},441\ \text{mm},1.535\ \text{rad})^{\text{T}}$，障碍物位置 $\boldsymbol{X}_{\text{obs}}=(325\ \text{mm},237\ \text{mm})^{\text{T}}$。在图 12.15(a) ～ (c) 中，所提方法能够实现大角度转向进而成功到达目标位置，同时避障过程中姿态也进行相应的调整。但是人工势场法仅仅能实现小的角度转向。另外，在整个避障过程关节轨迹平滑，有利于机械臂稳定运动，如图 12.15(d) 所示。因此，所提方法能够为末端执行器产生平滑大角度避障。

其次是障碍物不在末端执行器运动路径上的情形。为了避开趋向于机械臂手臂的障碍物，利用冗余度机械臂零空间实现避障的基于余弦曲线模型和所提避障方法在实验中进行对比。机械臂初始构型 $\boldsymbol{\Theta}_{\text{in tial}}=(45.0°,-60.0°,-30.0°,20.0°,30.0°,50.0°,30.0°)^{\text{T}}$，目标位姿 $\boldsymbol{X}_{\text{obj}}=(182\ \text{mm},416\ \text{mm},1.744\ \text{rad})^{\text{T}}$，障碍物位置 $\boldsymbol{X}_{\text{obs}}=(160\ \text{mm},150\ \text{mm})^{\text{T}}$。在图 12.16(a) 和(b) 中，基于这两种方法的机械臂运动几乎是相同的。关节轨迹曲线如图 12.16(c) 和(d) 所示。

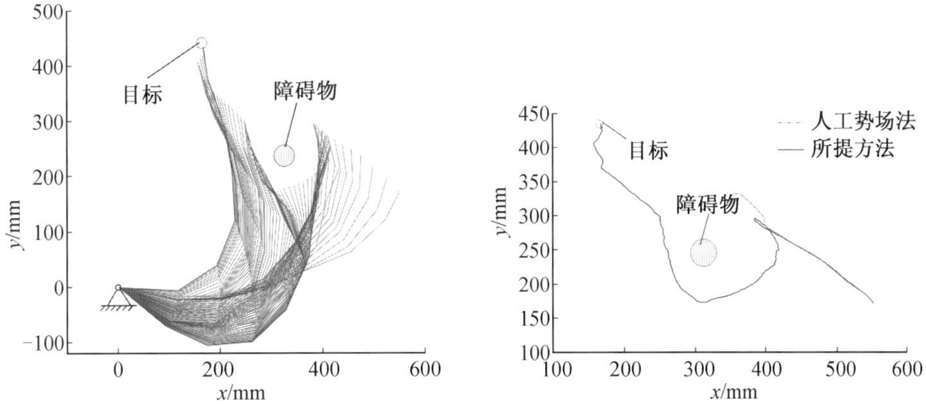

(a) 基于能量守恒方法的机械臂运动　　(b) 运动路径

图 12.15　基于人工势场法、所提能量转化方法的避障对比实验

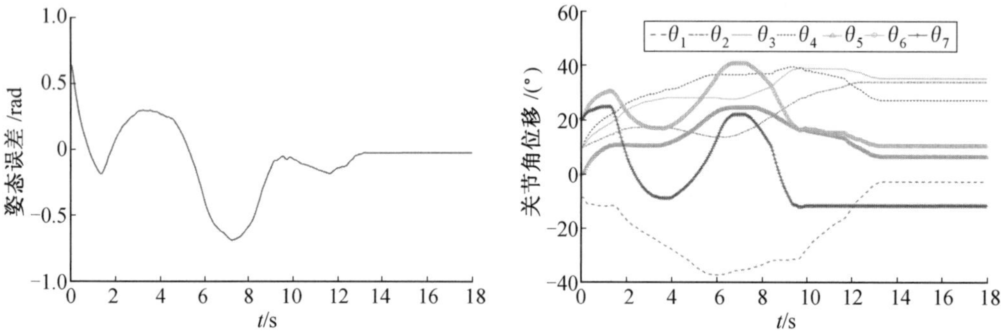

(c) 姿态变化　　　　(d) 基于能量守恒方法的关节轨迹

续图 12.15

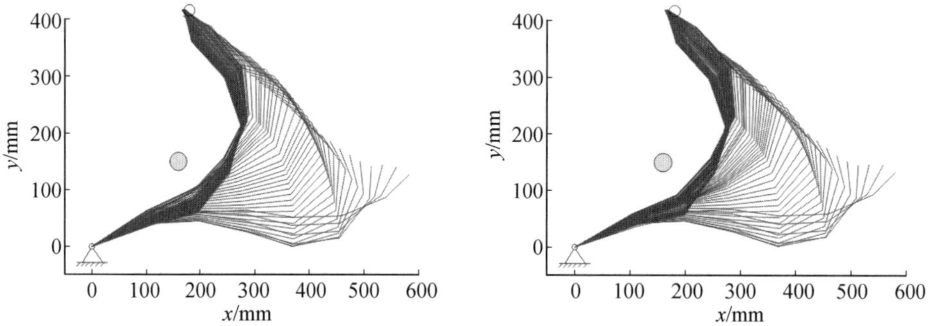

(a) 基于余弦曲线模型避障的零空间运动　　　　(b) 基于能量守恒方法避障的零空间运动

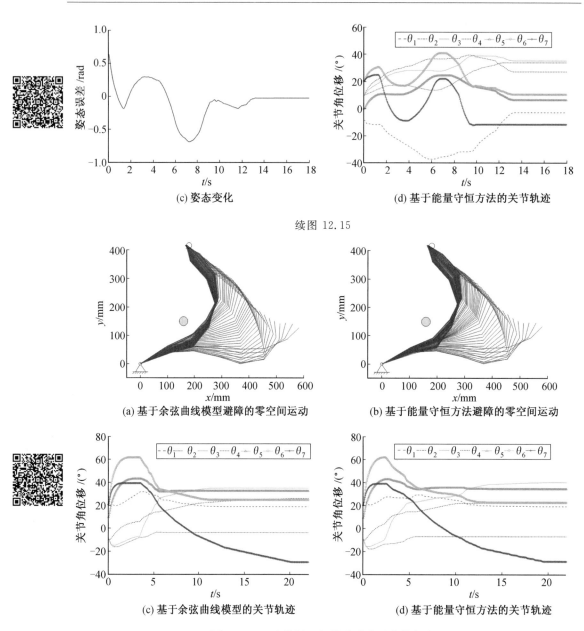

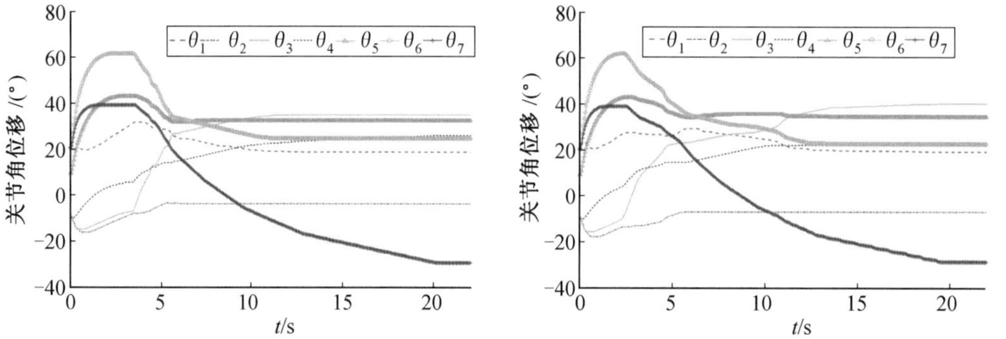

(c) 基于余弦曲线模型的关节轨迹　　　　(d) 基于能量守恒方法的关节轨迹

图 12.16　比较用于机械臂手臂避障的方法

根据图 12.16 可知，基于能量守恒方法能够赋予机械臂几乎与现有基于余弦曲线模型方法具有相同的避障性能。但是，所提方法属于连续平滑的过程，也就是连续可导的函数，而不像余弦曲线模型中的分段函数。在余弦曲线模型中，两种距离需要明确定义。一个是决定避障运动开始位置的距离，另一个是决定达到避障最大速度的距离。避障运动转换速率同时由这两个距离的差决定。相比之下，所提方法中 θ_2 单独决定着不同能量之间的转换速率，d_β 限制着机械臂和障碍物之间的最小接近程度。程序能够自动计算避障运动速度的大小，而不需要考虑运动什么时候开始。因此所提方法相对于余弦曲线模型，性能相似，但是理论和应用上是简洁、简易的。

12.4.3　静态障碍物约束下运动规划实验

在图 12.17(a) 和(b) 两种情况下，对所提基于能量转化策略避障方法在狭小空间中进行在线运动规划方法性能验证。第一种情况下关节初始角度 $\boldsymbol{\Theta}_{\text{intial}}=(-40°,10°,10°,30°,30°,20°,20°)$，目标位姿 $\boldsymbol{X}_{\text{obj}}=(64.5\text{ mm},415.7\text{ mm},130°)$。障碍物位置分别为 $\boldsymbol{X}_{\text{obs1}}=(386\text{ mm},83\text{ mm})$，$\boldsymbol{X}_{\text{obs2}}=(192.7\text{ mm},175\text{ mm})$，$\boldsymbol{X}_{\text{obs3}}=(286.7\text{ mm},272\text{ mm})$，$\boldsymbol{X}_{\text{obs4}}=(121\text{ mm},266\text{ mm})$。第二种情况下关节初始角度 $\boldsymbol{\Theta}_{\text{intial}}=(45°,-60°,-30°,20°,30°,50°,30°)$，目标位姿 $\boldsymbol{X}_{\text{obj}}=(105\text{ mm},483.13\text{ mm},1.396\text{ rad})^{\mathrm{T}}$。障碍物位置分别为 $\boldsymbol{X}_{\text{obs1}}=(386\text{ mm},169\text{ mm})^{\mathrm{T}}$，$\boldsymbol{X}_{\text{obs2}}=(272.7\text{ mm},345\text{ mm})^{\mathrm{T}}$，$\boldsymbol{X}_{\text{obs3}}=(95\text{ mm},33.8\text{ mm})^{\mathrm{T}}$，$\boldsymbol{X}_{\text{obs4}}=(132.63\text{ mm},272.6\text{ mm})^{\mathrm{T}}$。对于运动路径来说，所提方法能够使末端执行器绕开障碍物，机械臂手臂部分不和障碍物接近。在机械臂初始运动阶段，由所提方法规划的路径能够使末端执行器和障碍物保持一定的距离，并且运动路径是平滑的，如图 12.17(c) 和(d) 所示。所提方法能够使末端姿态根据与障碍物布局进行避障姿态调整，有利于机械臂的运动，如图 12.17(e) 和(f) 所示。

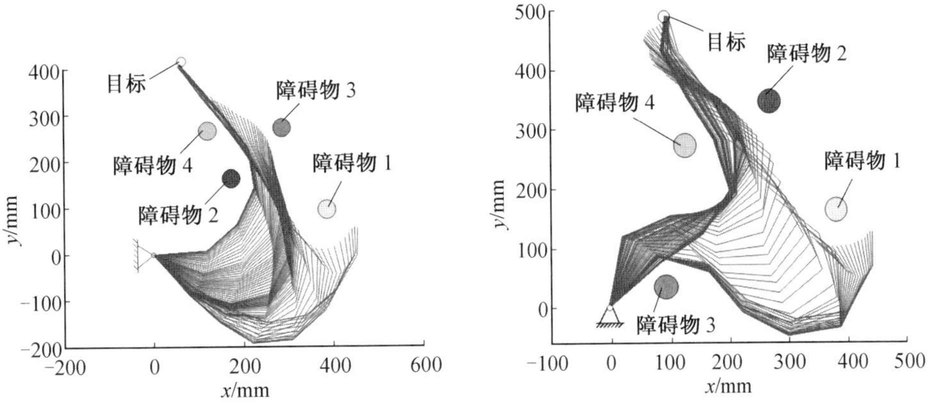

(a) 情况 1　　(b) 情况 2

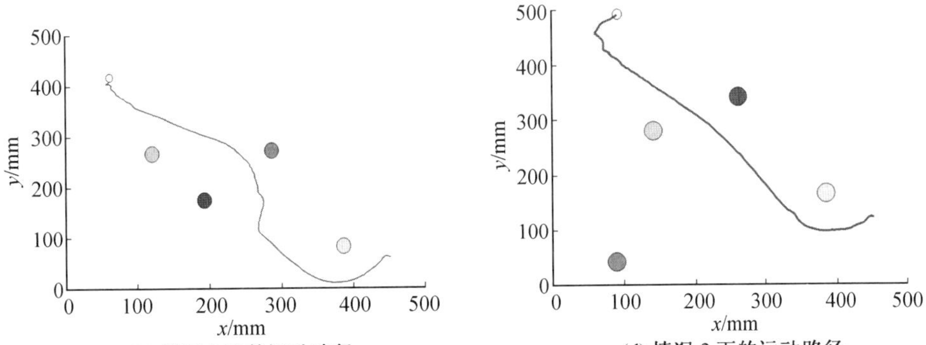

(c) 情况 1 下的运动路径　　(d) 情况 2 下的运动路径

图 12.17　在多障碍物环境下基于能量转化策略避障的在线运动规划

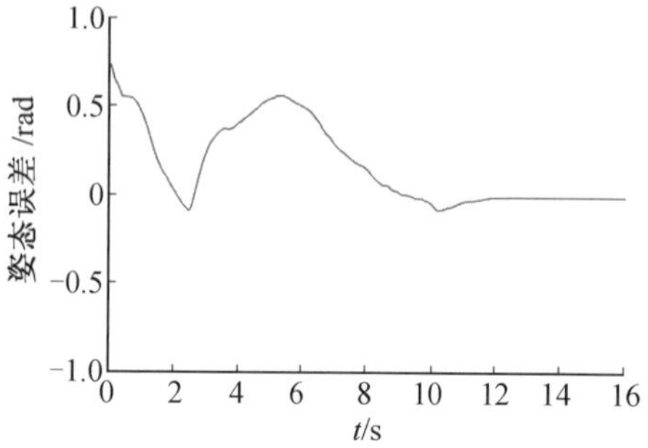

(e) 情况 1 下的末端姿态误差

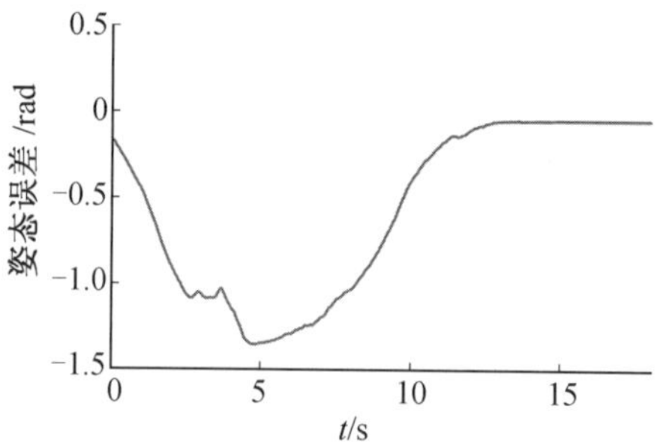

(f) 情况 2 下的末端姿态误差

续图 12.17

12.4.4 动态障碍物约束下运动规划实验

最后一个实验用于验证所提在线运动规划在动障碍物环境中的可行性。目标和障碍物的初始布局如图 12.18(a) 所示，初始关节角度 $\boldsymbol{\Theta}_{\text{initial}}=(-40.0°,5.0°,5.0°,10°,10°,20°,20°)^{\mathrm{T}}$，姿态角度为 1.535 rad，参数 $\hat{\theta}_1=0.6$，$d_0=40$ mm，$\hat{\theta}_2=0.2$，$d_\beta=90$ mm，$K=(38,74,38)$。在前 10 s 中，目标保持静止，障碍物保持运动。当静止目标被成功追踪时，目标开始任意运动，如图 12.18(b) 所示。在追踪过程中，末端追踪姿态设置为定常值，也就是 1.535 rad。关节轨迹如图 12.19(a) 所示，而且角度 θ_7 在大范围调整很快。而其他的角度(θ_1,θ_2,θ_3,θ_4,θ_5,θ_6) 变化相对较小，表明末端执行器在绕过障碍物 1 的同时进行姿态上的调整，如图 12.19(b) 所示。在运动目标追踪的初始阶段，姿态误差为 1.011 rad。末端执行器位置追踪如图 12.19(c) 和(d) 所示，相应的位置误差如图 12.19(e) 所示。在初始追踪阶段，x 方向上的误差为 269.7 mm，y 方向上的误差为 406.75 mm。尽管初始位姿误差很大，但是随着主成分分析的在线学习，误差逐步减小或收敛到 0。因此，基于能量守恒和主成分分析方法的在线运动学控制策略是可行的，能够用于动态环境中的运动规划。

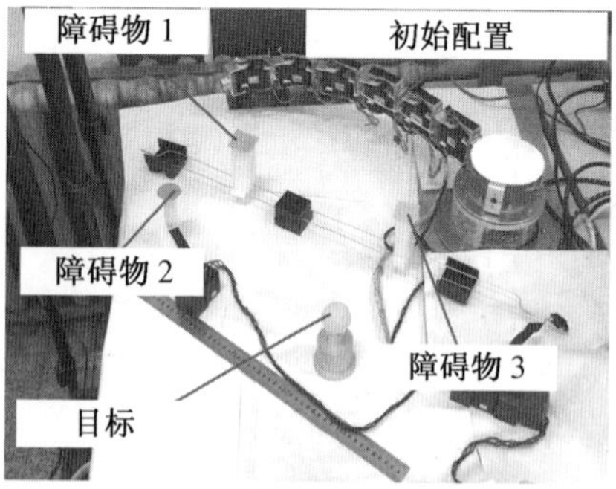

(a) 初始布局

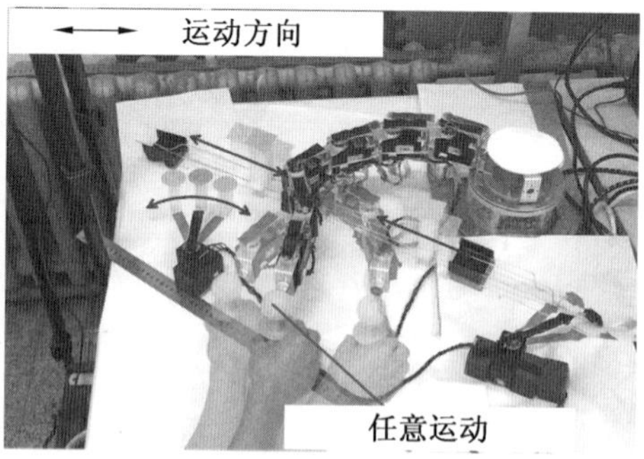

(b) 物体、障碍物和操纵器的运动

图 12.18 基于能量转化策略的多动态障碍环境下目标跟踪实验

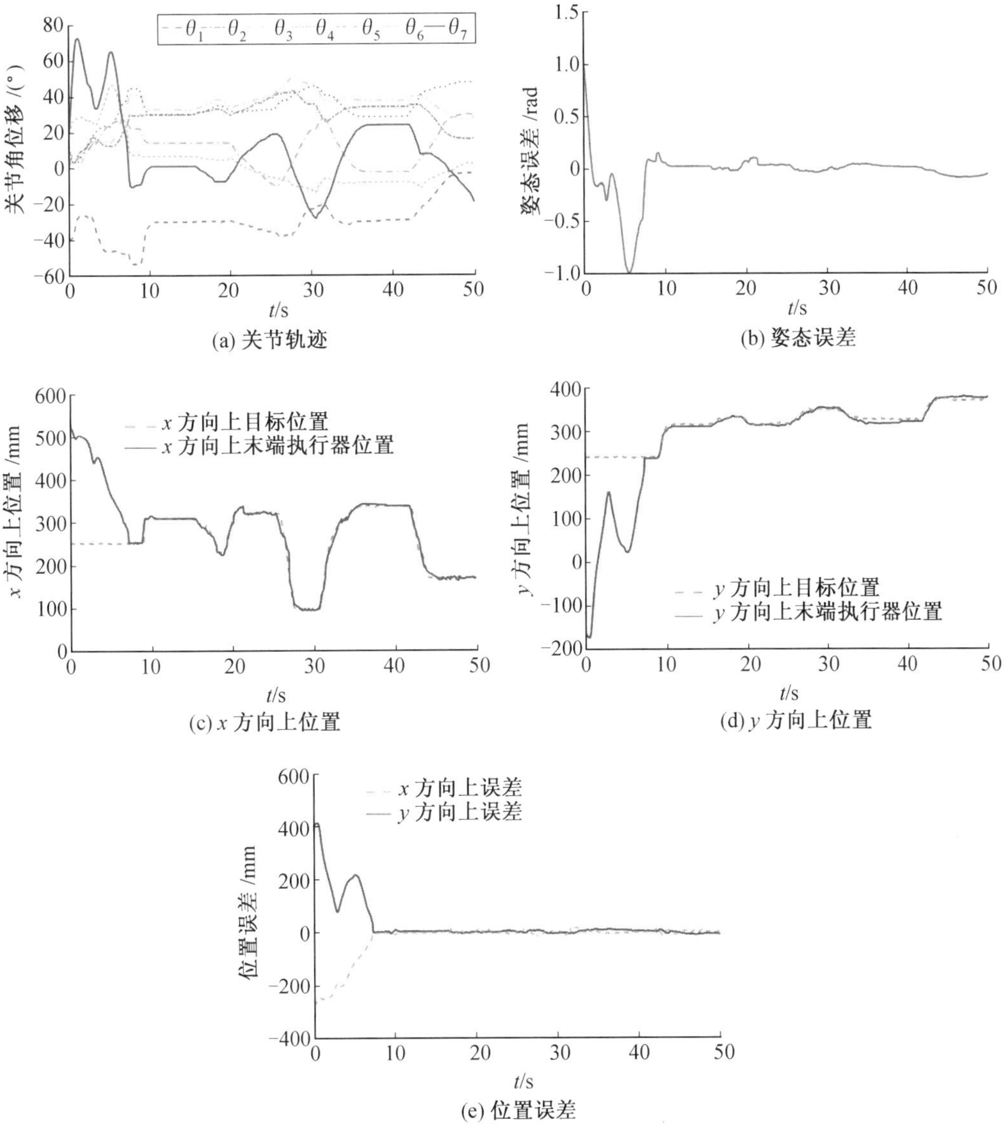

图 12.19　基于在线运动控制策略的在线追踪实验

12.5　关节角加速度规划实验

本节针对第 7 章所提在线关节角加速度规划理论，通过平面冗余机械臂目标追踪任务进行实验验证，算法计算耗时主要为程序中矩阵的运算，时间复杂度为 $O(n^3)$。

12.5.1　规划性能比对实验

本节在无障碍环境中静态目标的跟踪实验中，比较了用于抵抗系统综合扰动的控制方法，包括所提超扭曲算法和传统超扭曲算法。传统基于固定比例的规划方法也用来与所提角加速度规划方法进行比较。为了证明所提角加速度规划方法的快速性和平稳性，传统基于超扭曲算法和基于固定比例方法的收敛时间设定在 12 s 左右，而所提角加速度规划方法的收敛时间设定在 10 s，目标追踪状态设置均相同。所提出的角加速度规划算法参数如表 12.6 所示，静态目标跟踪实验如图 12.20 所示。

表 12.6　所提角加速度规划算法参数

参数	k_a	k_r	ρ	η_p	η_d	λ^2	ϵ
值	25.0	1.0	15.0	0.05	0.05	0.01	3

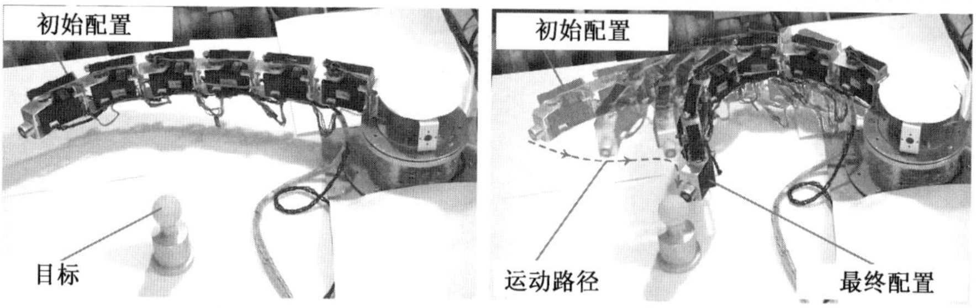

(a) 初始配置　　(b) 基于该方法和最终配置的在线跟踪

图 12.20　无障碍环境下的静态目标跟踪实验

在图 12.21(a) 和图 12.22(a) 中，所提出的基于双曲正切超扭曲算法和传统超扭曲算法，通过对 $\boldsymbol{u}$ 实时积分获取机械臂规划平滑的关节轨迹实现静态目标追踪。机械臂初始关节角 $\boldsymbol{\Theta}_{\text{initial}} = (-1°, 5°, 8°, 10°, 10°, 20°, 20°)^{\mathrm{T}}$。$\boldsymbol{x}_r = (249\ \text{mm}, 279\ \text{mm}, 1.605\ \text{rad})^{\mathrm{T}}$。考虑控制输入 $\boldsymbol{u}$ 中 $\boldsymbol{J}^{+}\boldsymbol{J} \approx \boldsymbol{I}$，则 $\boldsymbol{u}$ 的轮廓形状和规划的关节加速度 $\ddot{\boldsymbol{\Theta}}$ 的轮廓形状相似且成比例，如图 12.21(c) 和图 12.22(c) 所示。在图 12.21(b) ～ (d) 和图 12.22(b) ～ (d) 中，基于双曲正切超扭曲算法产生的关节速度、控制输入(或规划角加速度) 和规划关节速度比传统超扭曲算法稳定、抖动小，尽管它们的最大值比基于所提出的算法高。如图 12.21(e)、图 12.21(f)、图 12.22(e) 和图 12.22(f) 所示，姿态误差可以在有限的时间内收敛到 0(或接近 0)。机械臂的运动如图 12.21(g) 和图 12.22(g) 所示。图 12.21(h) 和图 12.22(h) 中为末端执行器的相应运动路径。

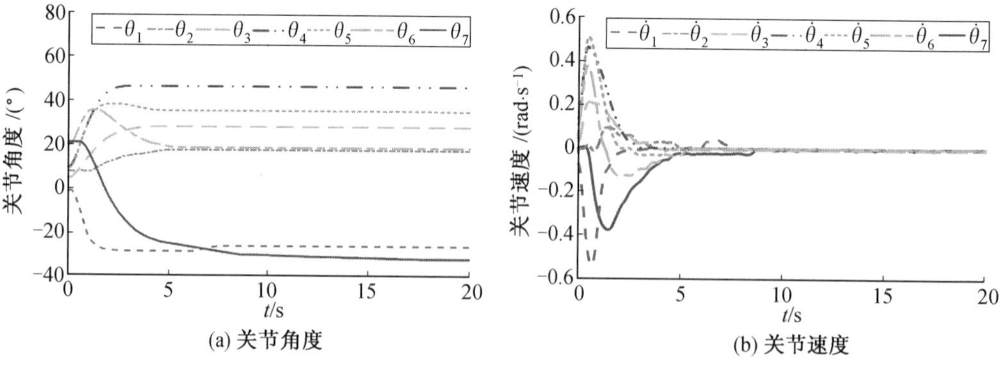

(a) 关节角度　　(b) 关节速度

图 12.21　基于所提角加速度规划方法在无障碍环境下目标跟踪

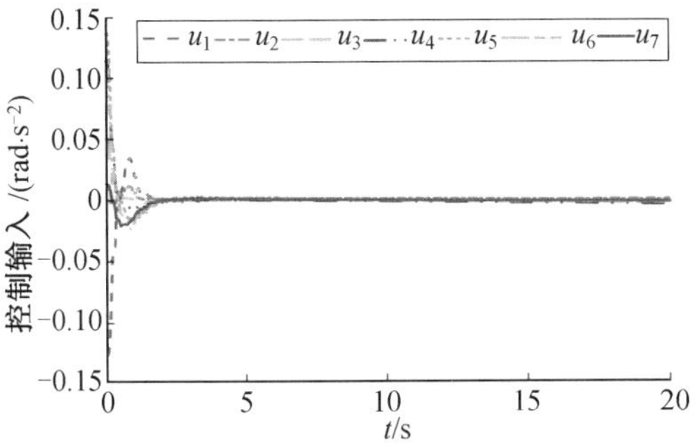

(c) 控制输入 $\boldsymbol{u}$(=$\eta_d\times$ 规划的关节角加速度 $\ddot{\boldsymbol{\Theta}}$)

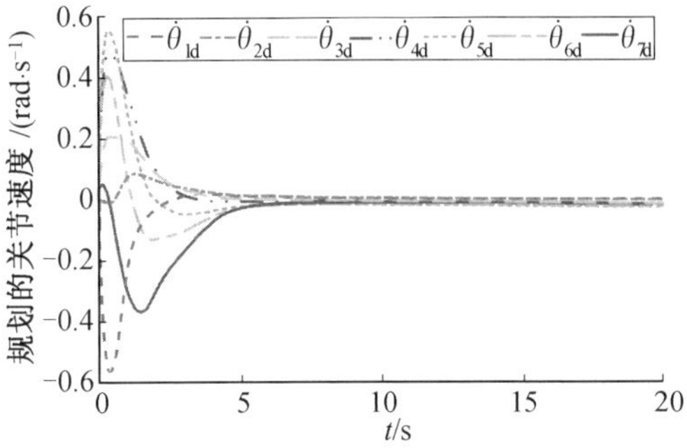

(d) 规划的关节速度

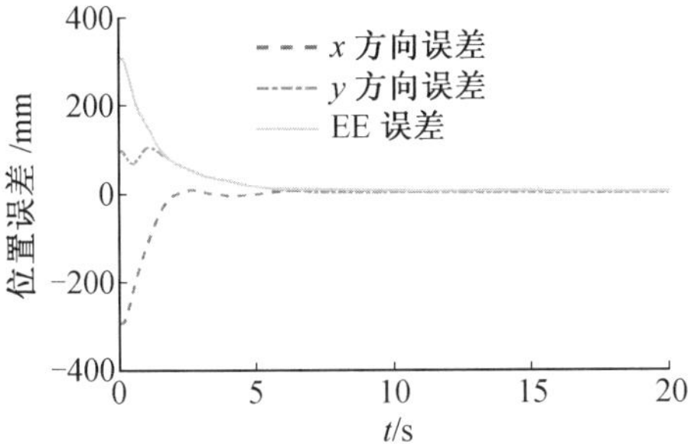

(e) 位置误差

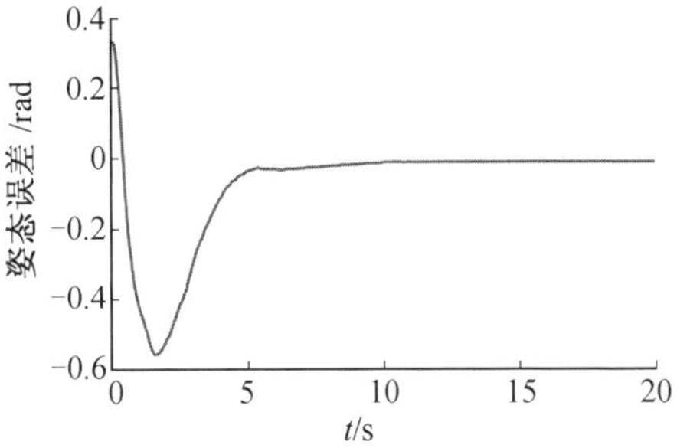

(f) 姿态误差

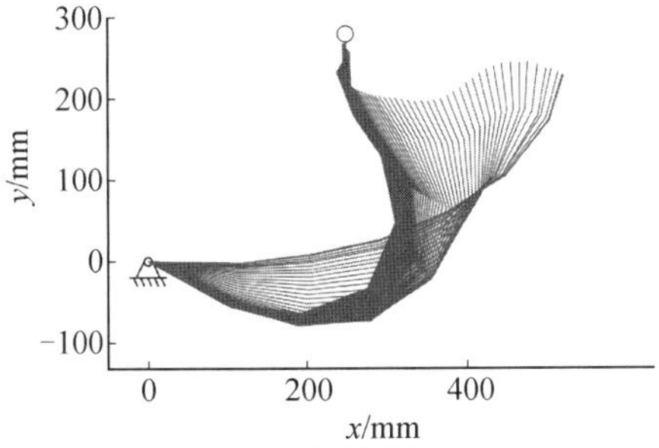

(g) 机械臂运动

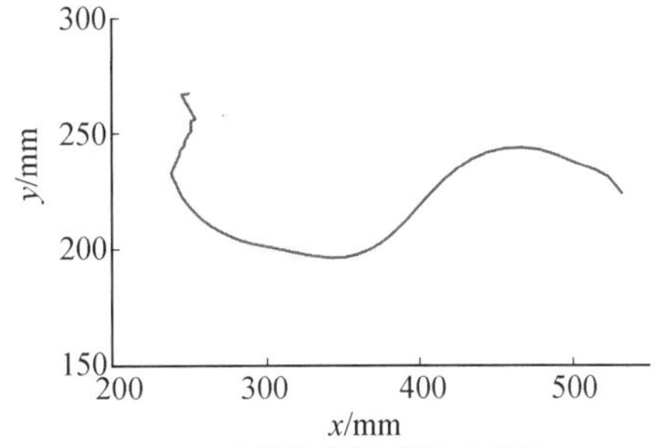

(h) 末端执行器的运动路径

续图 12.21

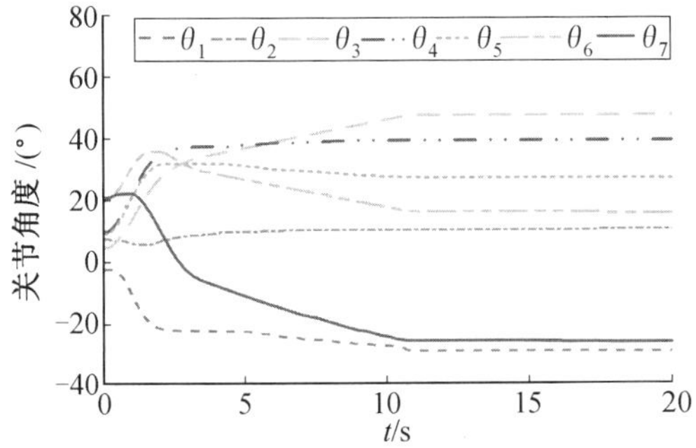

(a) 关节角度

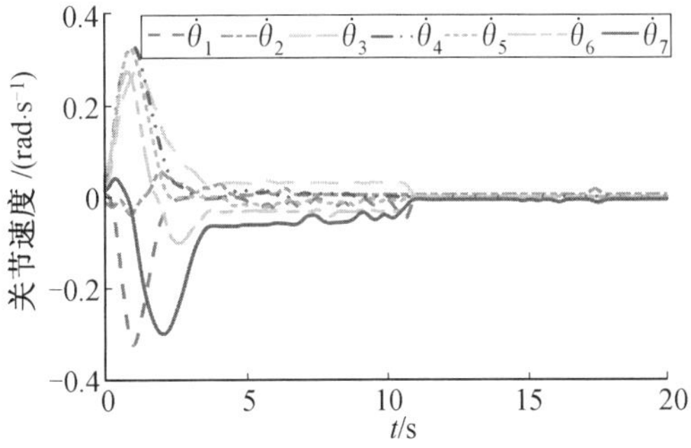

(b) 关节速度

图 12.22　基于传统超扭曲方法的无障碍环境下目标跟踪

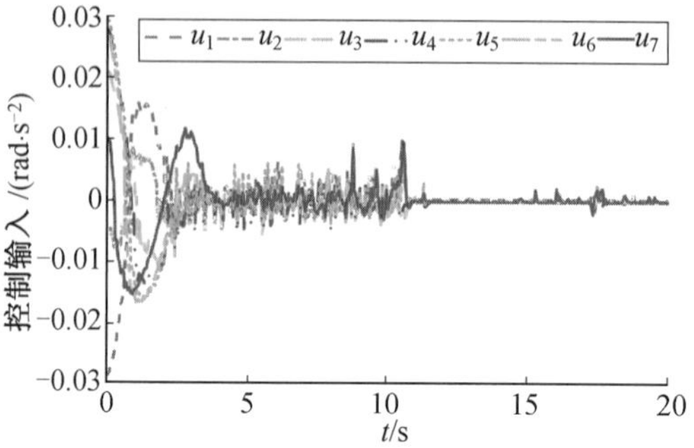

(c) 控制输入 $\boldsymbol{u}$(=$\eta_d\times$ 规划的关节角加速度 $\ddot{\boldsymbol{\Theta}}$)

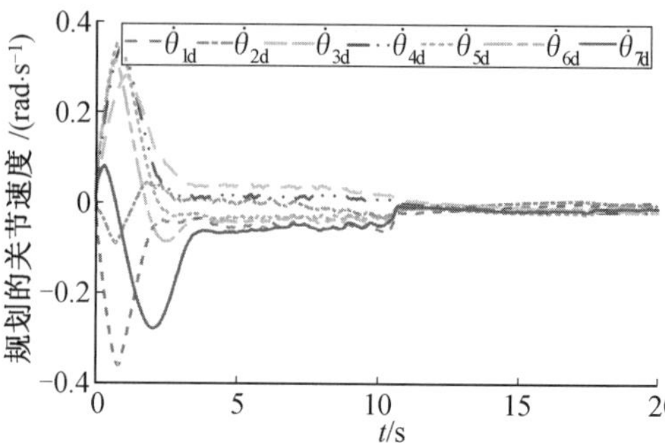

(d) 规划的关节速度

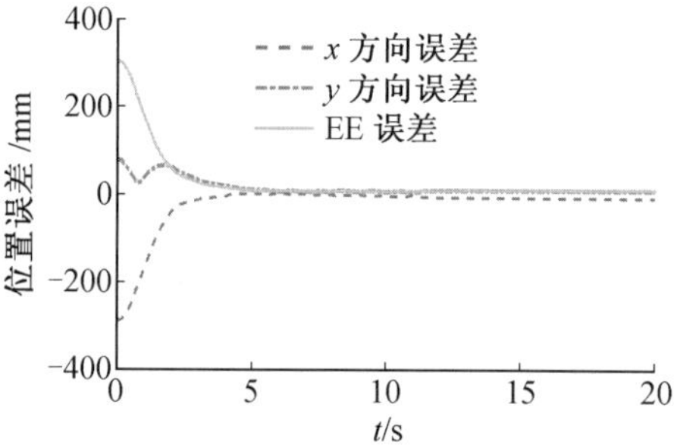

(e) 位置误差

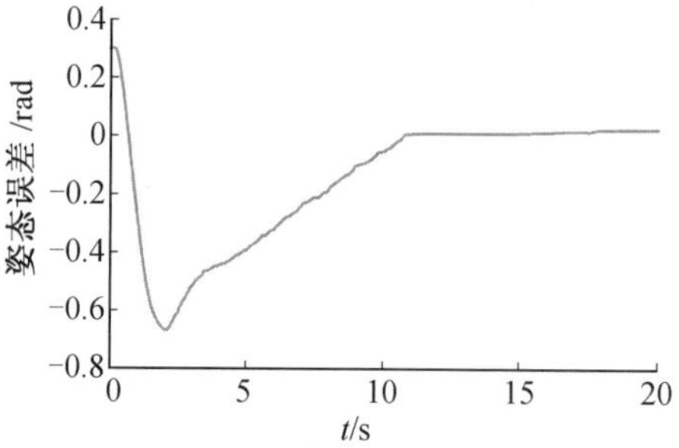

(f) 姿态误差

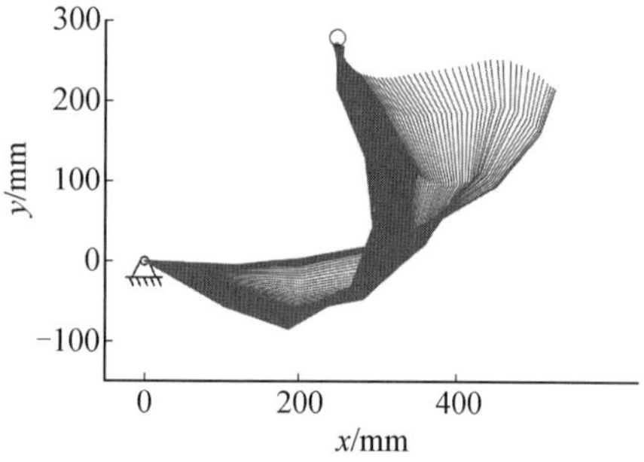

(g) 机械臂运动

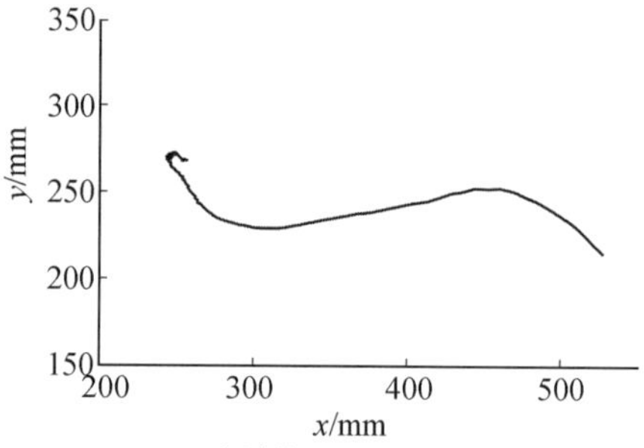

(h) 末端执行器的运动路径

续图 12.22

图 12.23 显示出了基于固定比例方法的静态目标的在线跟踪。关节角度轨迹是平滑的，但关节速度在初始运动阶段有较大的阶跃，在运动过程中有一些抖动，如图 12.23(a) ～(c) 所示。姿态误差如图 12.23(d) 中所示。机械臂的运动过程和相应的末端执行器运动路径分别如图 12.23(e) 和(f) 所示。

综合分析三种方法，运动路径的长度由长到短依次为基于提出的算法、基于传统算法和基于固定比例的方法。该方法虽然路径较长，但其收敛速度和平滑度均优于其他两种方法。因此，本章提出的角加速度规划方法是可行的、平滑的，具有一定的应用潜力。

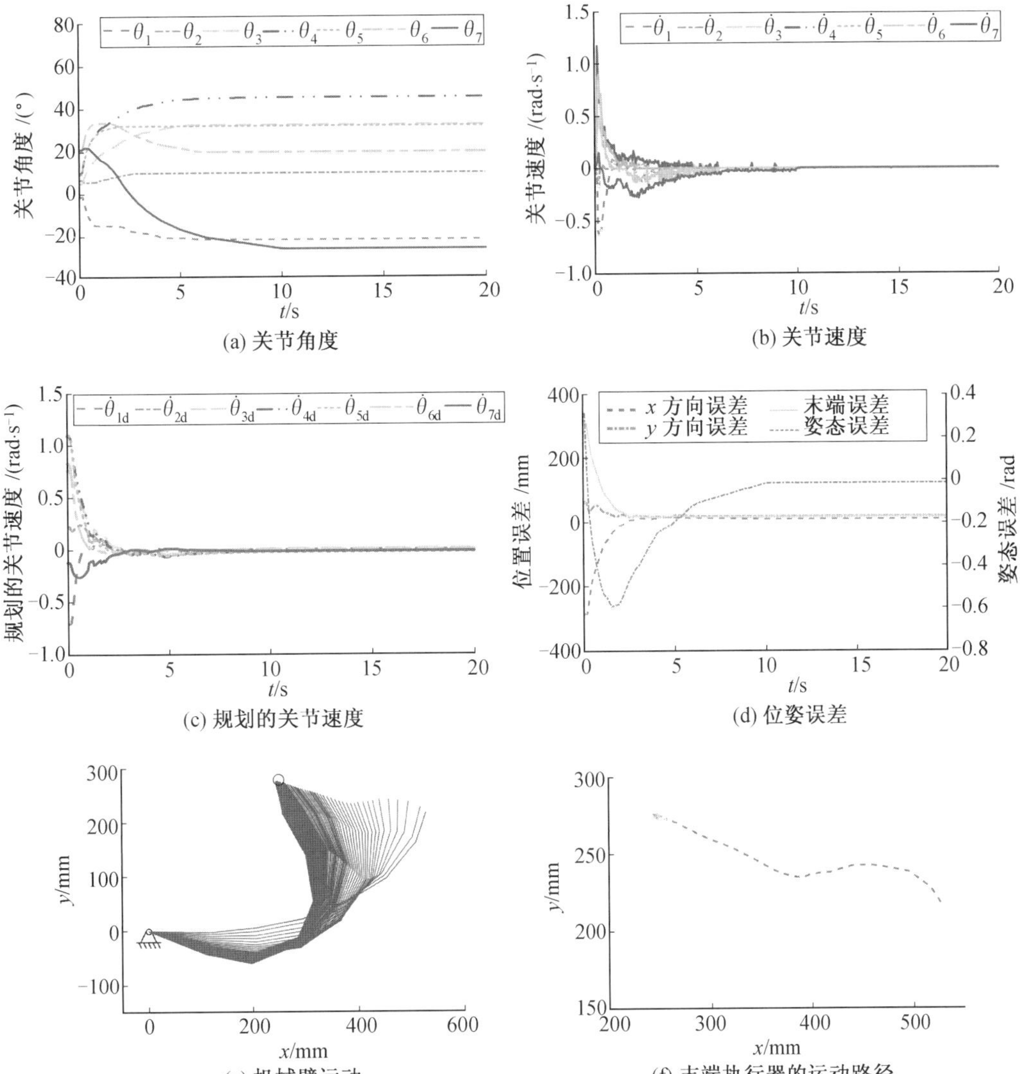

(a) 关节角度　(b) 关节速度

(c) 规划的关节速度　(d) 位姿误差

(e) 机械臂运动　(f) 末端执行器的运动路径

图 12.23　基于固定比例法的无障碍环境下目标跟踪

12.5.2　动态环境约束下角加速度规划实验

最后通过实验验证了所提出的动态障碍环境下角加速度在线规划方法的可行性和平滑性。表 12.7 给出了所提出的角加速度规划方法的参数，图 12.24 给出了动态障碍物环境中运动物体的实时跟踪实验。机械臂初始关节角 $\boldsymbol{\Theta}_{\text{initial}}=(-45°,12°,8°,25°,13°,25°,35°)^{\mathrm{T}}$，目标位置 $\boldsymbol{x}_{\mathrm{r}}=(210\ \mathrm{mm},316\ \mathrm{mm})^{\mathrm{T}}$，障碍物 1 位置 $\boldsymbol{x}_{\mathrm{obs1}}=(416\ \mathrm{mm},-172\ \mathrm{mm})^{\mathrm{T}}$，障碍物 2 位置 $\boldsymbol{x}_{\mathrm{obs2}}=(106\ \mathrm{mm},164\ \mathrm{mm})^{\mathrm{T}}$。图 12.24(a) 示出了机械臂的初始配置以及运动初始阶段的目标和障碍物的布局。图 12.24(b) 实时显示末端执行器的跟踪过程。

表 12.7 所提角加速度规划的参数

参数	k_a	k_r	ρ	η_p	η_d	λ^2	ϵ
值	19.0	0.31	18.0	0.05	0.05	3	3

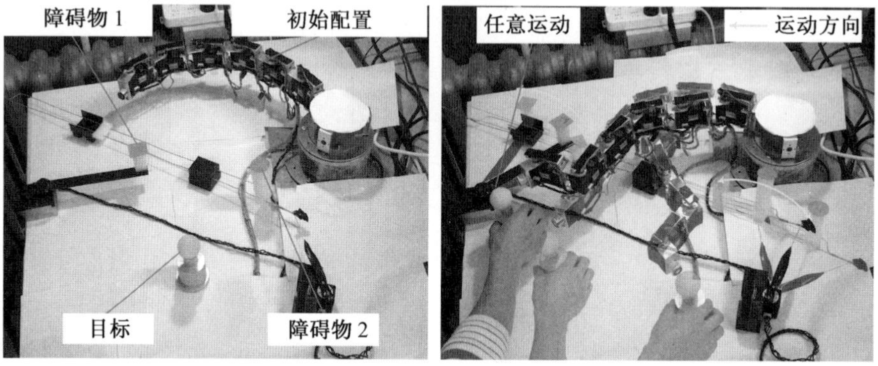

(a) 机械臂的初始配置，运动初始阶段的物体和障碍物的布局

(b) 机械臂的在线跟踪过程

图 12.24 基于角加速度规划方法的动态障碍环境下运动目标在线跟踪

在初始阶段的 6.5 s 内，目标保持静止，障碍物按照图 12.24(b) 和图 12.25(e) 所示的特定规则继续移动。当目标几乎要被跟踪时，它就会任意移动。图中提供了机械臂的关节角度、关节速度、控制输入(或规划角加速度) 和规划关节速度。由于所提出的加速度规划方法的规划关节速度是通过控制输入 $\boldsymbol{u}$ 的实时积分得到的，因此机械臂的关节角度和关节速度是平稳的，这有助于机械臂在实际应用中的平稳运行。由于商业驱动器通过应用关节位置和速度命令进行运动控制，具有很强的跟踪能力，因此，规划的关节速度和实际关节速度几乎一致，如图 12.25(b) 和(d) 所示。目标和末端执行器在笛卡儿空间中的位置如图 12.25(e) 所示。在初始阶段，末端执行器和目标之间保持一定的距离。初始位置误差 x 方向为 -282.8 mm，y 方向为 338.8 mm。通过对关节控制输入 $\boldsymbol{u}$ 和控制输入 $\boldsymbol{u}$ 积分等连续计算，驱动机械臂稳定地实现了对目标的在线跟踪。末端执行器在笛卡儿空间中的位置误差逐渐收敛，如图 12.25(f) 所示。因此，所提出的角加速度规划方法具有平滑、计算量小的特点，有助于降低机器人硬件成本，保证机器人在实际应用中的稳定、在线跟踪任务。

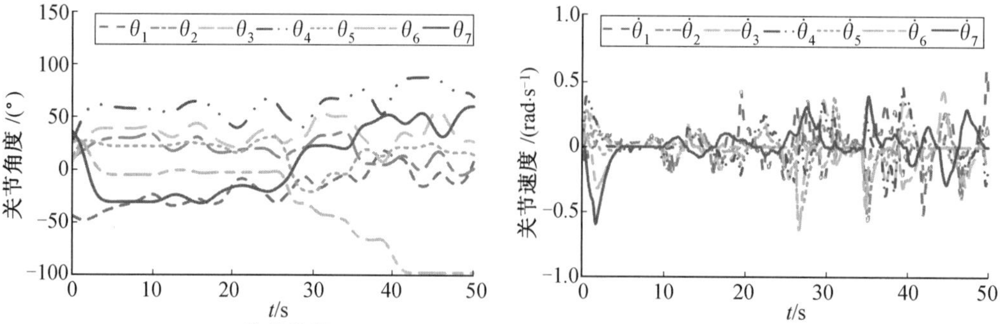

(a) 关节角度

(b) 关节速度

图 12.25 基于角加速度规划方法的动态环境运动目标跟踪

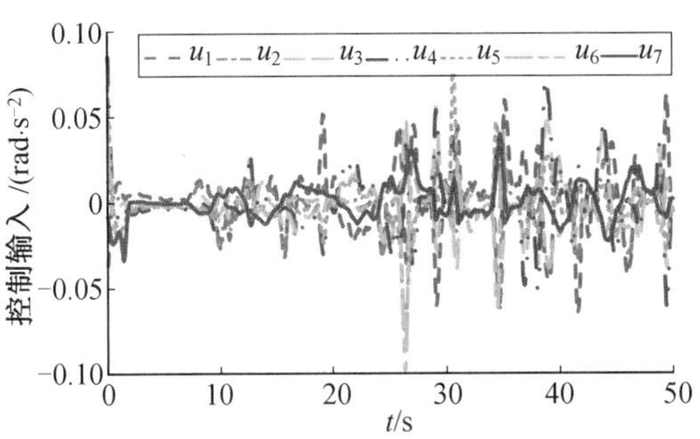

(c) 控制输入 $\boldsymbol{u}$ $(=\eta_d\times$ 规划的关节角加速度 $\ddot{\boldsymbol{\Theta}})$

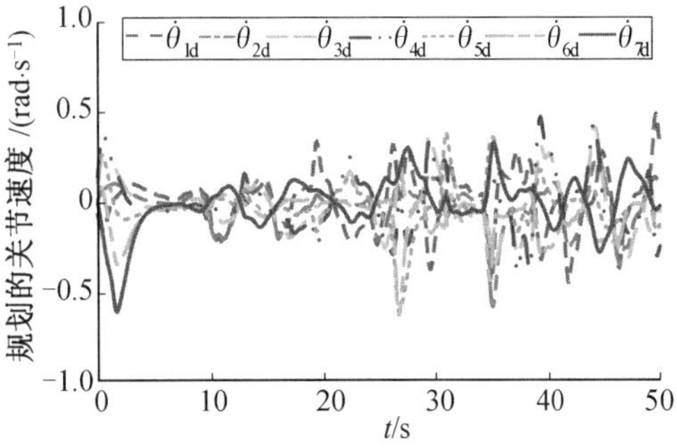

(d) 规划的关节速度

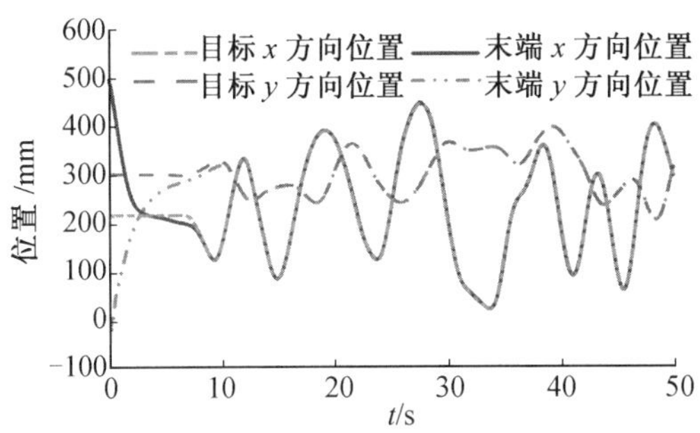

(e) 机械臂末端位置和目标位置

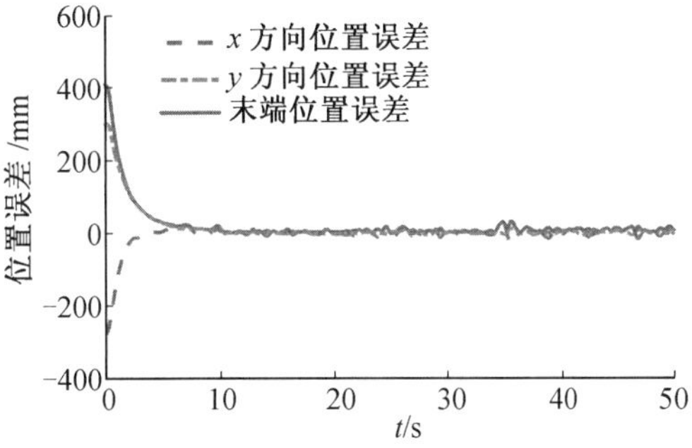

(f) 末端执行器的位置误差

续图 12.25

12.6　多臂运动规划实验

本节致力于验证第 8 章所提理论，以双臂机器人作为实验验证平台。首先，针对线性近似法对多臂独立任务进行实验。然后，针对不同种类的协作任务对所提同步规划方法进行实验验证。

12.6.1　多臂独立任务实验

本节针对独立任务进行实验验证。在独立任务实验中，臂与臂之间没有绝对的相互任务约束关系，各自根据相应的任务进行操作。

1. 无障碍物环境中追踪任务

如图 12.26 所示为基于传统定比例规划方法的无障碍物环境下运动目标实时追踪实验。初始阶段如图 12.26(a) 所示，初始关节角度如表 12.8 所示，被追踪目标处于静止状态，初始目标姿态速度 $\dot{\boldsymbol{t}}_1=\dot{\boldsymbol{t}}_2=0$，当其被成功追踪时，目标将按照任意的运动方式进行运动，如图 12.26(b) 和图 12.27(a) 所示。两个目标在运动时相互之间是完全独立的，并没有相互约束关系，关节轨迹如图 12.27(b) 所示。目标始终在平面运动，其中 z 轴方向保持不变，如图 12.27(c) 所示。机械臂追踪姿态始终保持不变，如图 12.27(d) 所示。相应的位姿误差如图 12.27(e) ～ (f) 所示。

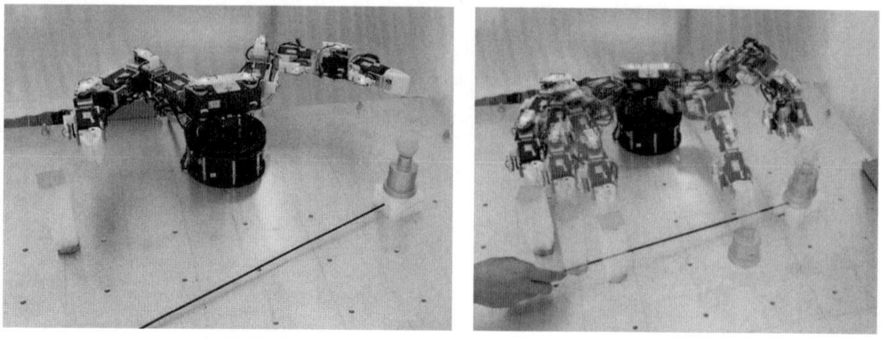

(a) 初始构型　　(b) 追踪过程

图 12.26　无障碍物环境下双臂运动目标追踪任务实验

表 12.8　双臂机器人初始关节参数

θ_i	初始角度 /(°)	θ_i	初始角度 /(°)	θ_i	初始角度 /(°)
θ_1	10	θ_6	−30	θ_{11}	−1.0
θ_2	60.7	θ_7	0.2	θ_{12}	40
θ_3	−1.0	θ_8	−65	θ_{13}	0.2
θ_4	−90	θ_9	−1.0		
θ_5	−1.0	θ_{10}	105		

左臂、右臂追踪的目标姿态如下：

$$\boldsymbol{t}_1=\boldsymbol{t}_2=\begin{bmatrix}1.2092\\-1.2092\\-1.2092\end{bmatrix}\ \text{rad} \tag{12.1}$$

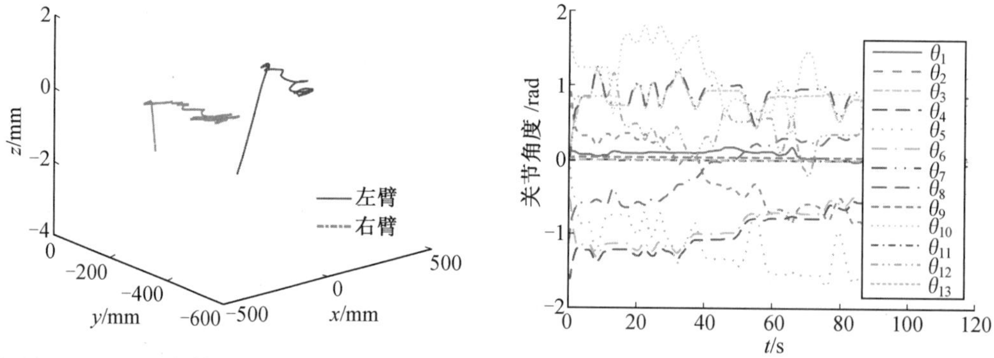

(a) 多臂运动路径　　(b) 关节轨迹

图 12.27　无障碍物环境下双臂运动轨迹

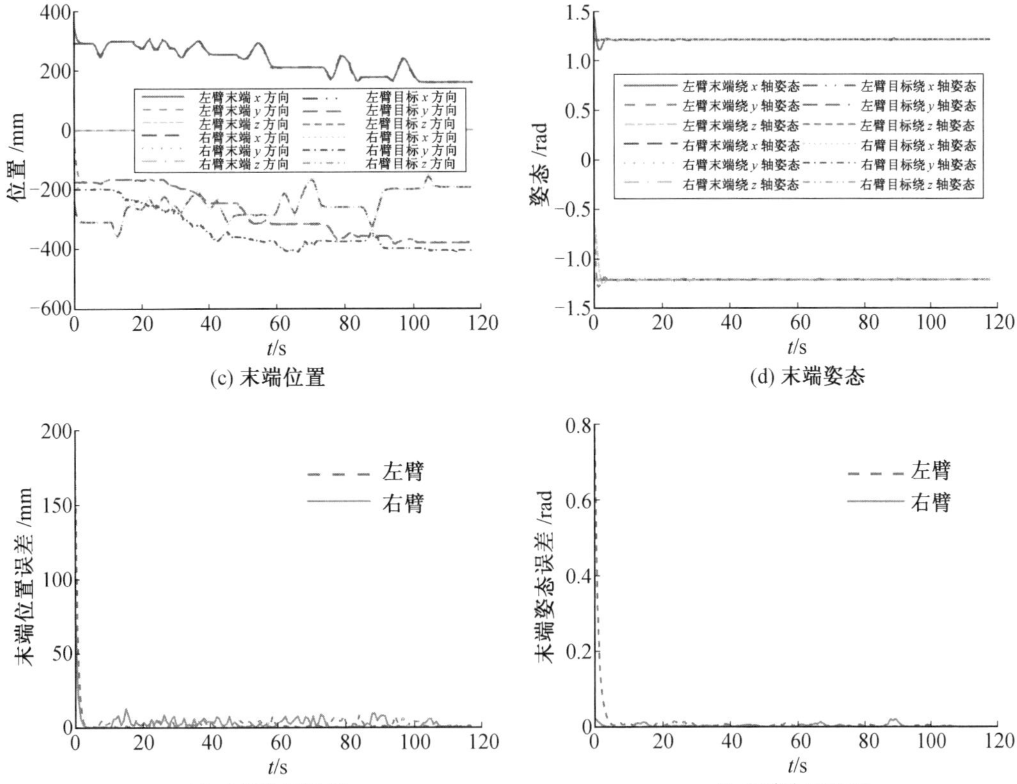

(c) 末端位置　(d) 末端姿态

(e) 末端位置误差　(f) 末端姿态位置

续图 12.27

2. 静障碍物环境中静目标追踪任务

基于能量转化避障方法的双臂在静态障碍物独立追踪静目标任务实验，如图 12.28 所示。障碍物和目标如图 12.28(a) 所示，初始关节角度如表 12.9 所示。左臂、右臂追踪的目标位姿如下：

$$\boldsymbol{t}_1=\begin{bmatrix}80.0\ \text{mm}\\-420.6\ \text{mm}\\0.0\ \text{mm}\\1.209\,2\ \text{rad}\\-1.209\,2\ \text{rad}\\-1.209\,2\ \text{rad}\end{bmatrix},\quad \boldsymbol{t}_2=\begin{bmatrix}-86.841\ \text{mm}\\-495.738\,2\ \text{mm}\\0.0\ \text{mm}\\-1.209\,2\ \text{rad}\\-1.209\,2\ \text{rad}\\-1.209\,2\ \text{rad}\end{bmatrix} \tag{12.2}$$

障碍物位置如下：

$$\boldsymbol{t}_1^{\text{obs}}=\begin{bmatrix}230\\-400\\0.0\end{bmatrix}\ \text{mm},\quad \boldsymbol{t}_2^{\text{obs}}=\begin{bmatrix}-200\\-400\\0.0\end{bmatrix}\ \text{mm} \tag{12.3}$$

图 12.28(b) 所示为避开障碍物成功实现目标的追踪。

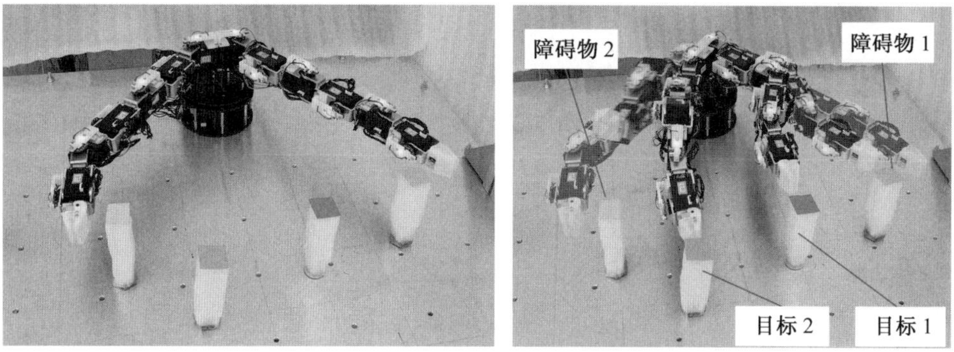

(a) 初始构型　　(b) 避障追踪过程

图 12.28　静障碍物环境下双臂静态目标追踪任务实验

表 12.9　双臂机器人在静态障碍物下追踪静态目标初始关节参数

θ_i	初始角度 /(°)	θ_i	初始角度 /(°)	θ_i	初始角度 /(°)
θ_1	10	θ_6	−10	θ_{11}	−1
θ_2	61.7	θ_7	0.2	θ_{12}	30
θ_3	−1	θ_8	40	θ_{13}	0.2
θ_4	−1	θ_9	−1		
θ_5	−1	θ_{10}	1		

根据图 12.29(a) 可以明显看出双臂机器人末端的避障过程，关节运动轨迹如图 12.29(b) 所示。避障过程中，绕障碍物的运动会造成末端与目标之间距离的增大，如图 12.29(c) 和(e) 所示。另外，基于能量守恒的避障过程中避障姿态调整将使得姿态追踪误差变大，随着避障任务的结束，姿态误差逐步收敛，如图 12.29(d) 和(f) 所示。

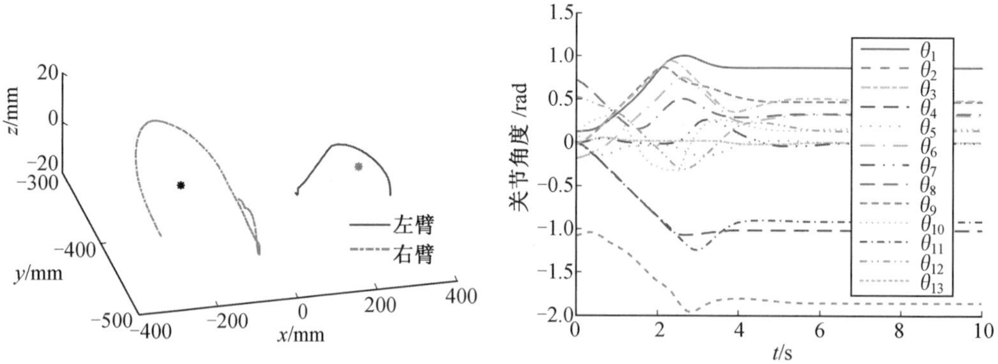

(a) 多臂运动路径　　(b) 关节轨迹

图 12.29　有障碍物环境下双臂运动轨迹

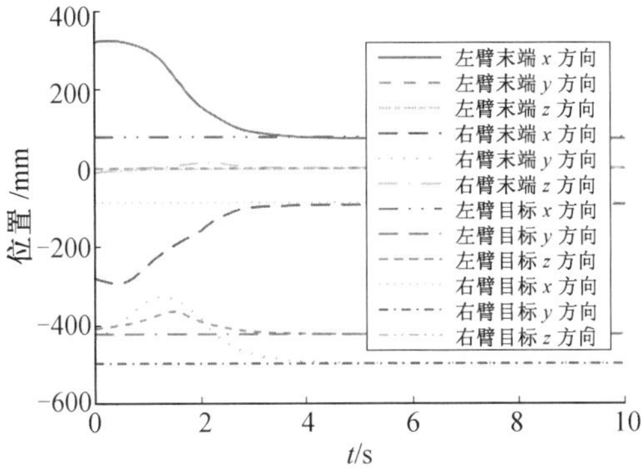

(c) 末端位置

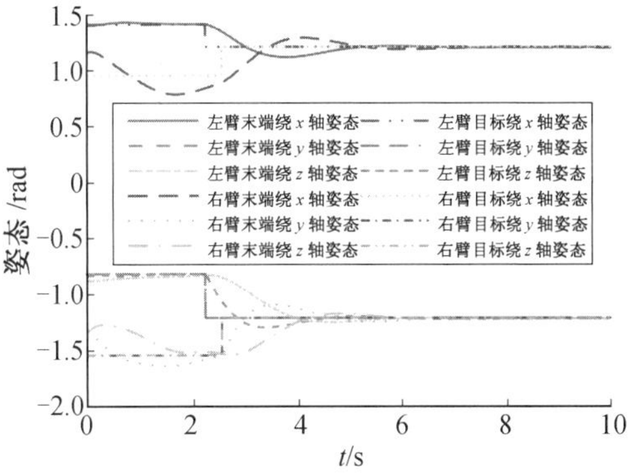

(d) 末端姿态

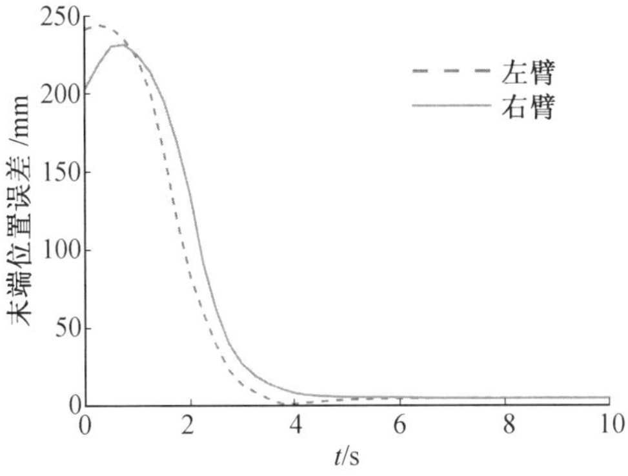

(e) 末端位置误差

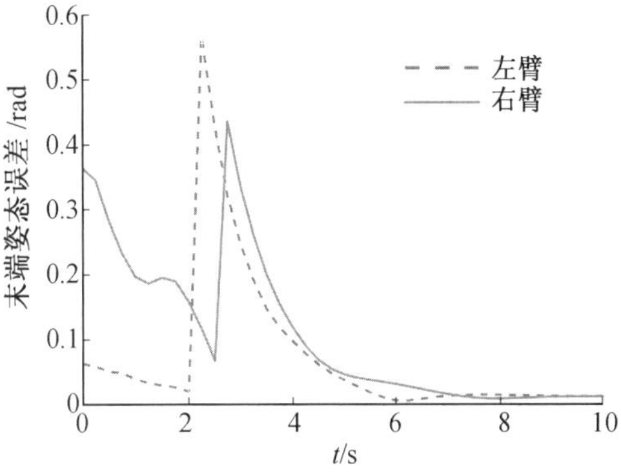

(f) 末端姿态位置

续图 12.29

3. 动障碍物环境中动目标追踪任务

双臂基于能量转化策略避障方法在动态障碍物独立追踪动目标任务实验，如图12.30所示。初始关节角度如表 12.8 所示，障碍物和目标如图 12.30(a) 所示，左臂、右臂追踪的目标姿态始终保持不变，如下：

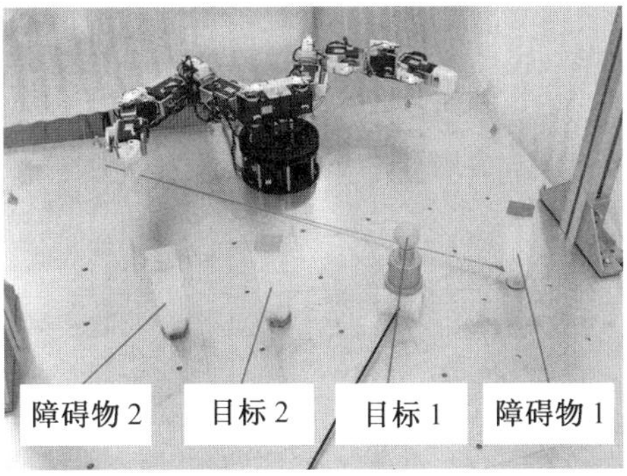

(a) 初始构型

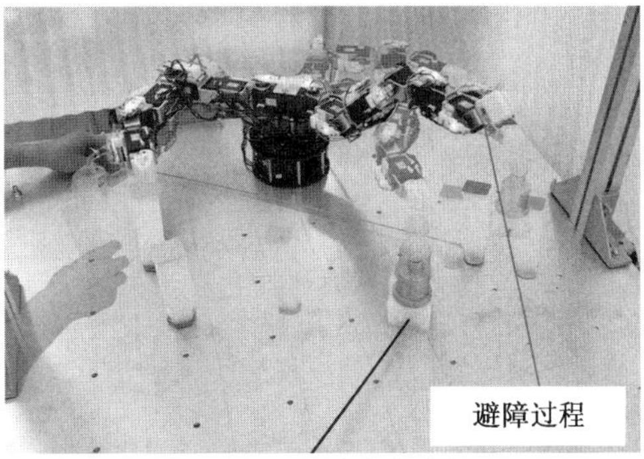

(b) 避障追踪过程

图 12.30　动障碍物环境下双臂动目标追踪任务实验

$$\boldsymbol{t}_1 = \boldsymbol{t}_2 = \begin{bmatrix} 1.2092 \\ -1.2092 \\ -1.2092 \end{bmatrix} \text{ rad} \tag{12.4}$$

目标在成功追踪之后开始按照无规则任意运动的方式进行运动，图 12.27(b) 所示为避开障碍物成功实现目标的追踪。图 12.31(a) 为双臂末端执行器和两个动态障碍物在笛卡儿空间中的运动轨迹。机械臂关节角度如图 12.31(b) 所示。图 12.31(c) 和(d) 显示了目标和机械臂末端运动轨迹，以及末端姿态、避障姿态的调整过程。由于障碍物对末端的影响，末端执行器运动在追踪任务中要不断切换避障任务实现机械臂自身的无碰撞运动，使得追踪误差间歇性变大，随着避障运动的完成，位姿误差逐步收敛到 0 或接近于 0，如图 12.31(e) 和(f) 所示。

4. 动目标追踪中的任务切换

在动目标实时追踪中难免出现双臂之间的干涉问题，在所搭建双臂平台中，虽然也融入了当两条臂有干涉时是暂停任务的安全机制，但是为了保证任务的连续，提出了切换追踪任务的策略。左臂、右臂追踪的目标姿态始终保持不变，如下：

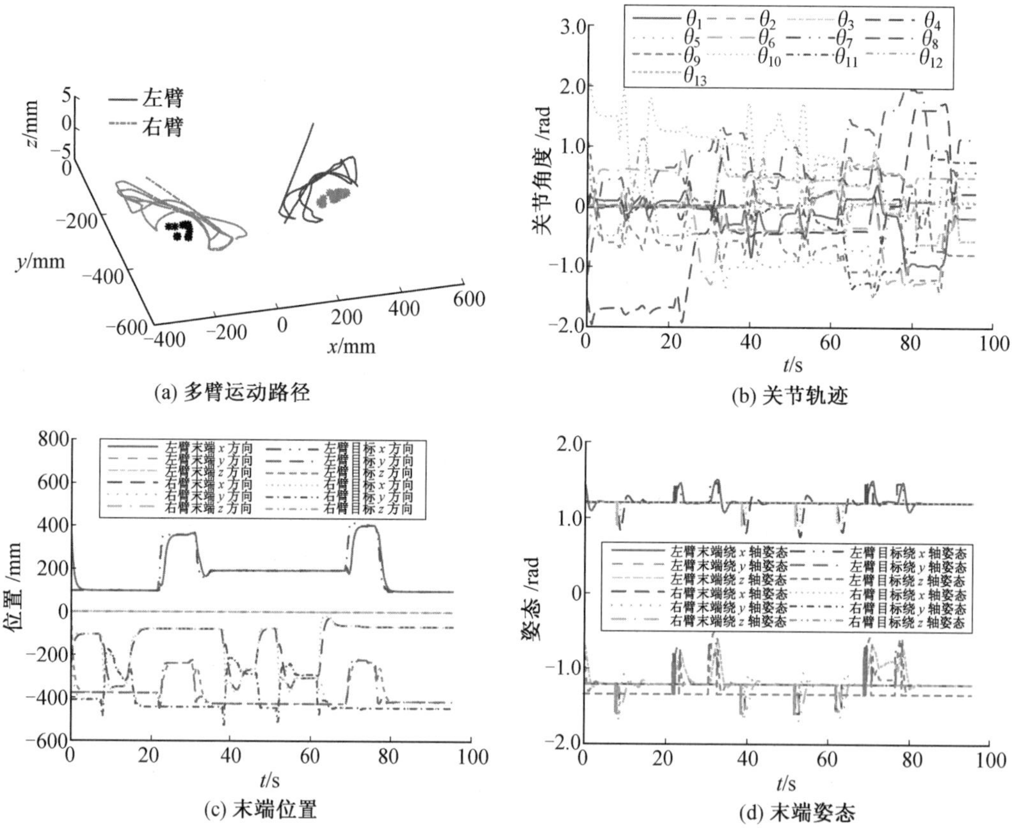

(a) 多臂运动路径　(b) 关节轨迹　(c) 末端位置　(d) 末端姿态

图 12.31　无障碍物环境下双臂运动轨迹

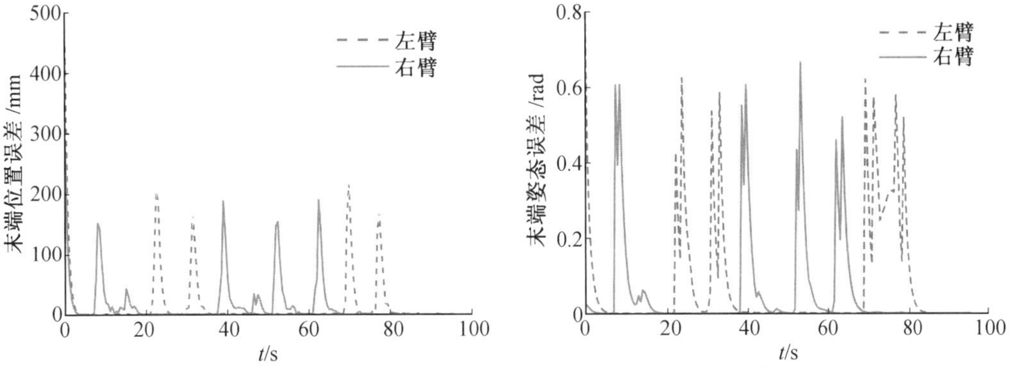

(e) 末端位置误差　　(f) 末端姿态误差

续图 12.31

$$t_1 = t_2 = \begin{bmatrix} 1.2092 \\ -1.2092 \\ -1.2092 \end{bmatrix} \text{ rad} \tag{12.5}$$

当目标进入两条臂各自无干涉的工作空间时，以最近距离为判断标准进行目标追踪。如图 12.32(a) 所示为初始追踪目标，随着目标的无规则运动，通过对目标位置和距离进行判断，实现任务切换，如图 12.32(b) 所示。

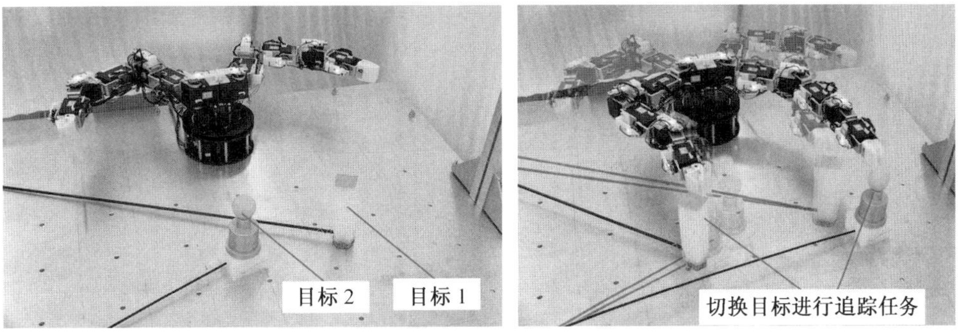

(a) 初始构型　　(b) 任务切换

图 12.32　无障碍物环境下双臂动目标追踪任务切换实验

机械臂关节轨迹如图 12.33(b) 所示，在图 12.33(c) 中可以看出，左、右臂追踪目标曲线有相互交叠的区域，此区域为双臂对追踪目标的任务进行切换，以确保对目标的实时追踪，保证任务连续性。由于追踪任务的切换会使得位置误差变大，随着任务的进行，逐步收敛，如图 12.33(e) 所示。姿态误差在收敛后基本保持不变，如图 12.33(d) 和(f) 所示。

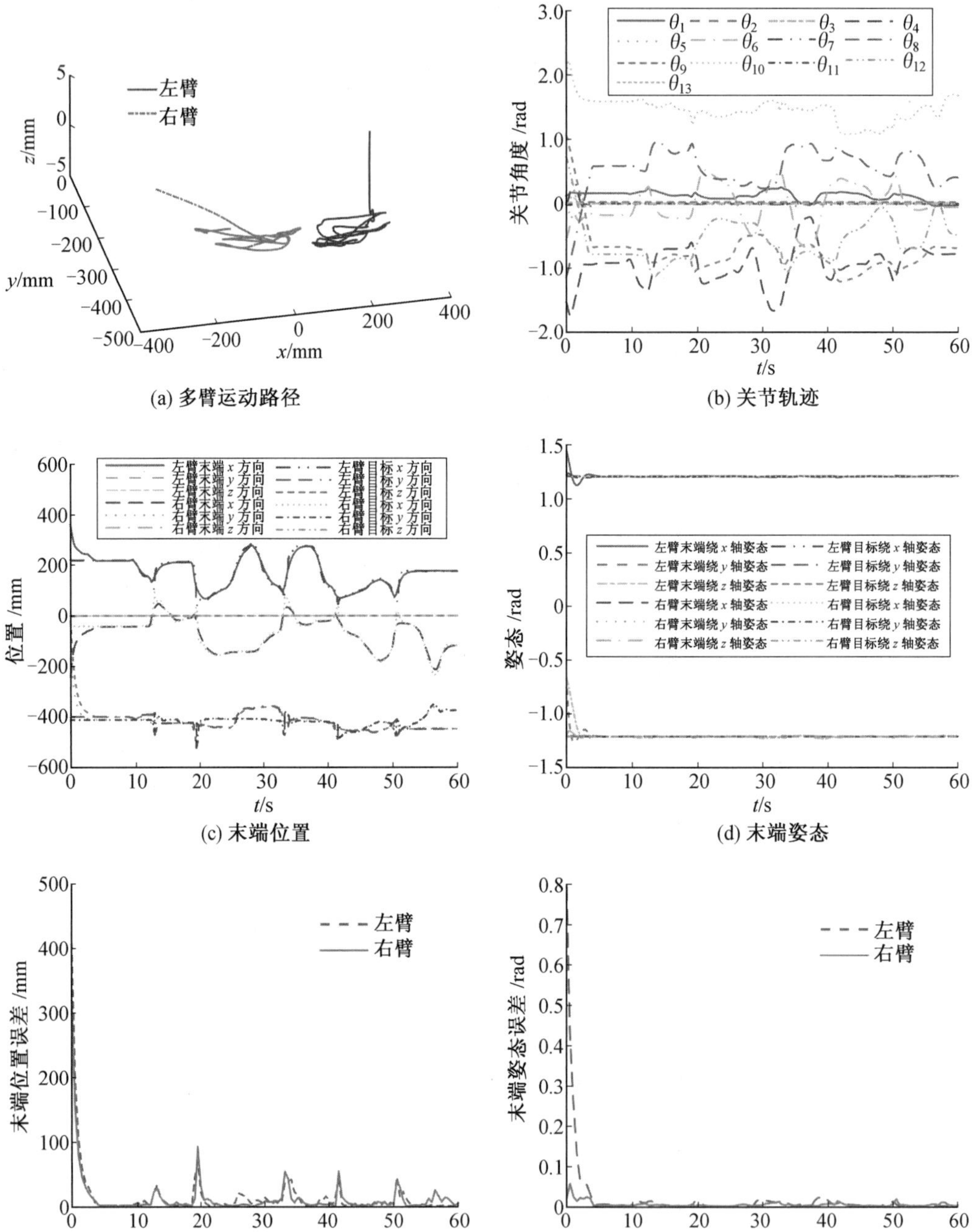

(a) 多臂运动路径　(b) 关节轨迹

(c) 末端位置　(d) 末端姿态

(e) 末端位置误差　(f) 末端姿态误差

图 12.33　无障碍物环境下双臂运动轨迹

12.6.2　多臂协调操作运动规划实验

本节主要针对第 8 章理论进行实验验证，通过实际双臂机器人协作操作验证所提理论和方法的可行性和有效性。该规划方法中采用 C ++ 语言实现，最耗时的计算过程为求解双臂机器人雅可比矩阵的逆运算，其时间复杂度为 $O(n^3)$。

1. 基座自由度固定不动情况下

目前实际应用中多臂机器人常见的是没有公共运动的自由度多条机械臂相互协作，为了验证所提同步规划算法的适用性，首先针对两条机械臂没有公共运动自由度的机械臂进行实验，即基座自由度固定不动，机械臂初始关节角度如表 12.10 所示。左臂、右臂追踪的目标位姿如下：

$$\boldsymbol{t}_1 = \begin{bmatrix} 86.841\ \text{mm} \\ -352.738\,2\ \text{mm} \\ 0.85\ \text{mm} \\ 1.209\,2\ \text{rad} \\ -1.209\,2\ \text{rad} \\ -1.209\,2\ \text{rad} \end{bmatrix}, \quad \boldsymbol{t}_2 = \begin{bmatrix} -186.841\ \text{mm} \\ -312.738\,2\ \text{mm} \\ 0.85\ \text{mm} \\ 1.209\,2\ \text{rad} \\ -1.209\,2\ \text{rad} \\ -1.209\,2\ \text{rad} \end{bmatrix} \tag{12.6}$$

表 12.10　双臂机器人追踪静态目标初始关节参数

θ_i	初始角度 /(°)	θ_i	初始角度 /(°)	θ_i	初始角度 /(°)
θ_1	−6	θ_6	−30	θ_{11}	−1
θ_2	0.7	θ_7	0.2	θ_{12}	40
θ_3	−1.0	θ_8	5	θ_{13}	0.2
θ_4	−30	θ_9	−1		
θ_5	−1	θ_{10}	105		

双臂追踪过程如图 12.34(b) 和 12.35(a) 所示，关节曲线如图 12.35(b) 所示。基于自组织竞争神经网络同步规划方法的学习率为 0.03。随着网络的不断学习，双臂末端位姿速度在误差收敛之前就逐步达到一致的运动状态，如图 12.35(c) ～ (h) 所示。由此可见，所提同步规划方法也能够实现无公共自由度多臂协作机器人的同步操作。

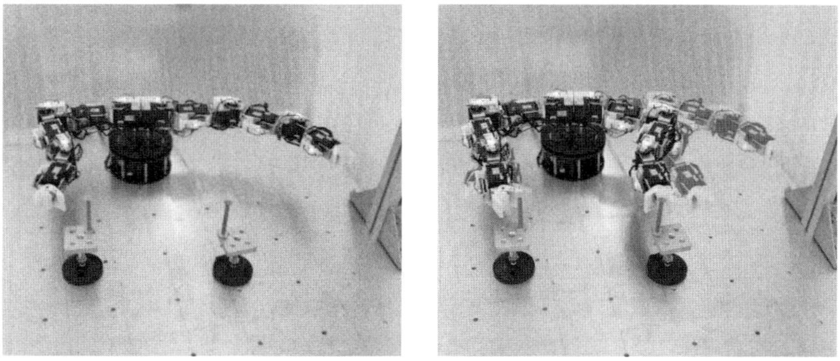

(a) 初始构型　　(b) 追踪目标过程

图 12.34　动障碍物环境下双臂动目标追踪任务实验

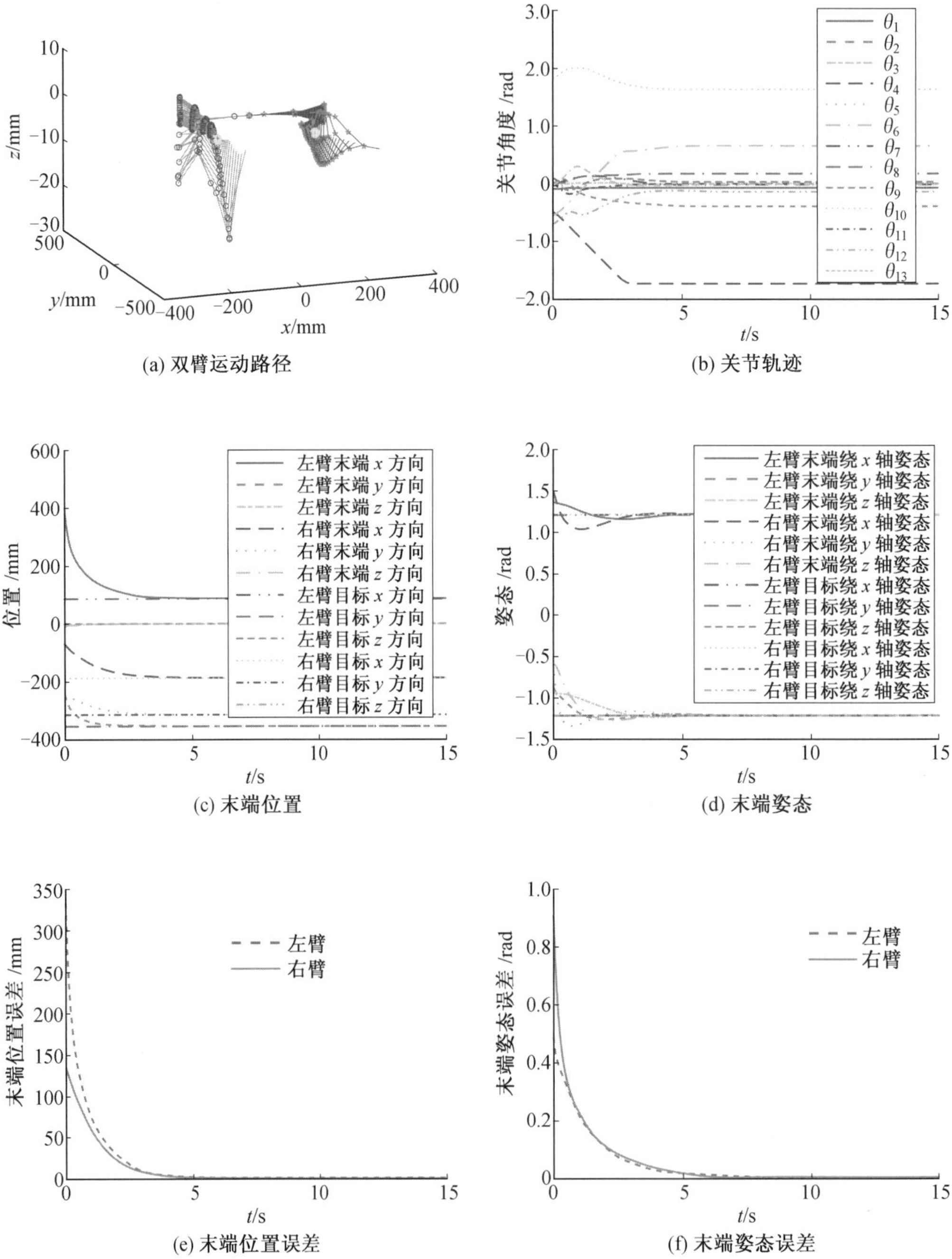

(a) 双臂运动路径　(b) 关节轨迹
(c) 末端位置　(d) 末端姿态
(e) 末端位置误差　(f) 末端姿态误差

图 12.35　双臂运动轨迹

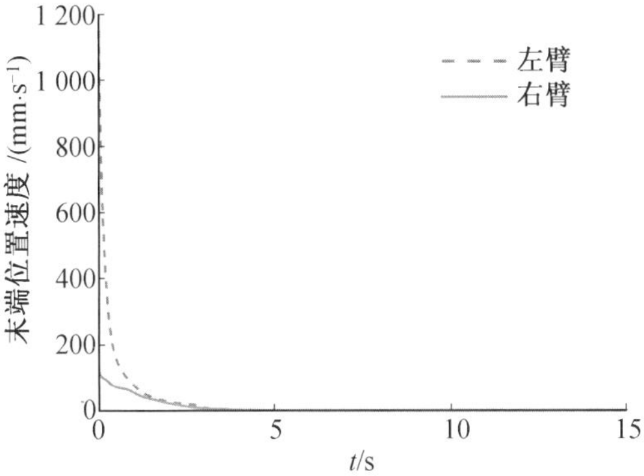

(g) 末端位置速度

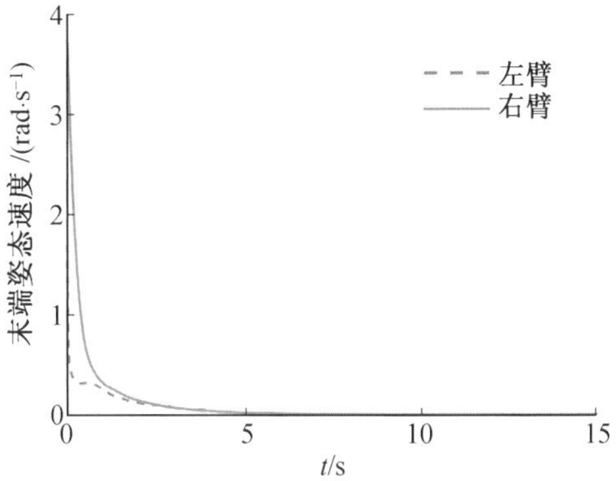

(h) 末端姿态速度

续图 12.35

2. 搬运实验

如图 12.36 所示，通过双臂搬运物体验证所提规划算法的可行性。双臂搬运初始关节角度如表 12.11 所示。在抓取搬运物体后，双臂做平移运动。对于左、右臂末端执行器位置变化如下：

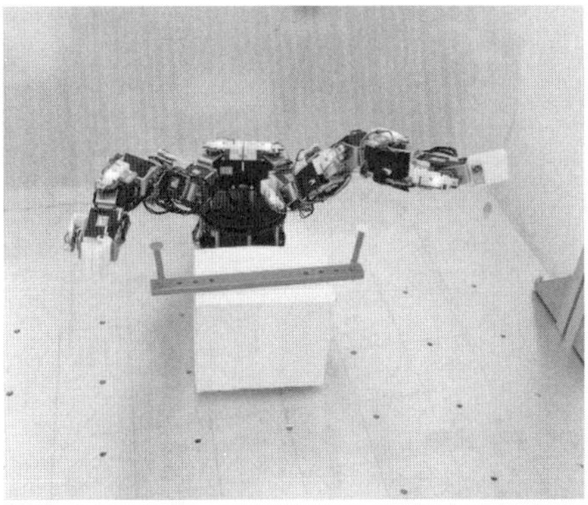

(a) 初始构型

(b) 搬运过程

图 12.36　双臂协作搬运任务实验

表 12.11　双臂机器人搬运初始关节参数

θ_i	初始角度 /(°)	θ_i	初始角度 /(°)	θ_i	初始角度 /(°)
θ_1	−10	θ_6	24	θ_{11}	−106
θ_2	−47	θ_7	39	θ_{12}	32
θ_3	83	θ_8	68	θ_{13}	34
θ_4	−15	θ_9	76		
θ_5	−110	θ_{10}	20		

$$t_1=\begin{bmatrix}86.841\ \text{mm}\\-332.738\,2\ \text{mm}\\80.85\ \text{mm}\\1.209\,2\ \text{rad}\\-1.209\,2\ \text{rad}\\-1.209\,2\ \text{rad}\end{bmatrix}+\alpha\begin{bmatrix}0.04\\-0.04\\0.04\\0\\0\\0\end{bmatrix}T,\quad t_2=\begin{bmatrix}-163.841\ \text{mm}\\-332.738\,2\ \text{mm}\\80.85\ \text{mm}\\1.209\,2\ \text{rad}\\-1.209\,2\ \text{rad}\\-1.209\,2\ \text{rad}\end{bmatrix}+\alpha\begin{bmatrix}0.04\\-0.04\\0.04\\0\\0\\0\end{bmatrix}T \tag{12.7}$$

式中，α 为变向系数，$\alpha=\pm 1$，并且每隔 5 s 搬运方向变化一次；T 为时间。

搬运过程中双臂末端运动过程和关节轨迹变化如图 12.37(a) 和(b) 所示。在搬运过程中，机械臂末端位置是周期性变化的，末端姿态始终保持固定，如图 12.37(c) 和(d) 所示。随着基于子基法的规划方法不断学习，双臂末端速度逐步达到一致的运动状态，最终当误差收敛到接近 0 时速度为 13.856 mm/s，当姿态变为 0 时，姿态速度减小到 0，如图 12.37(e) ～ (j) 所示。

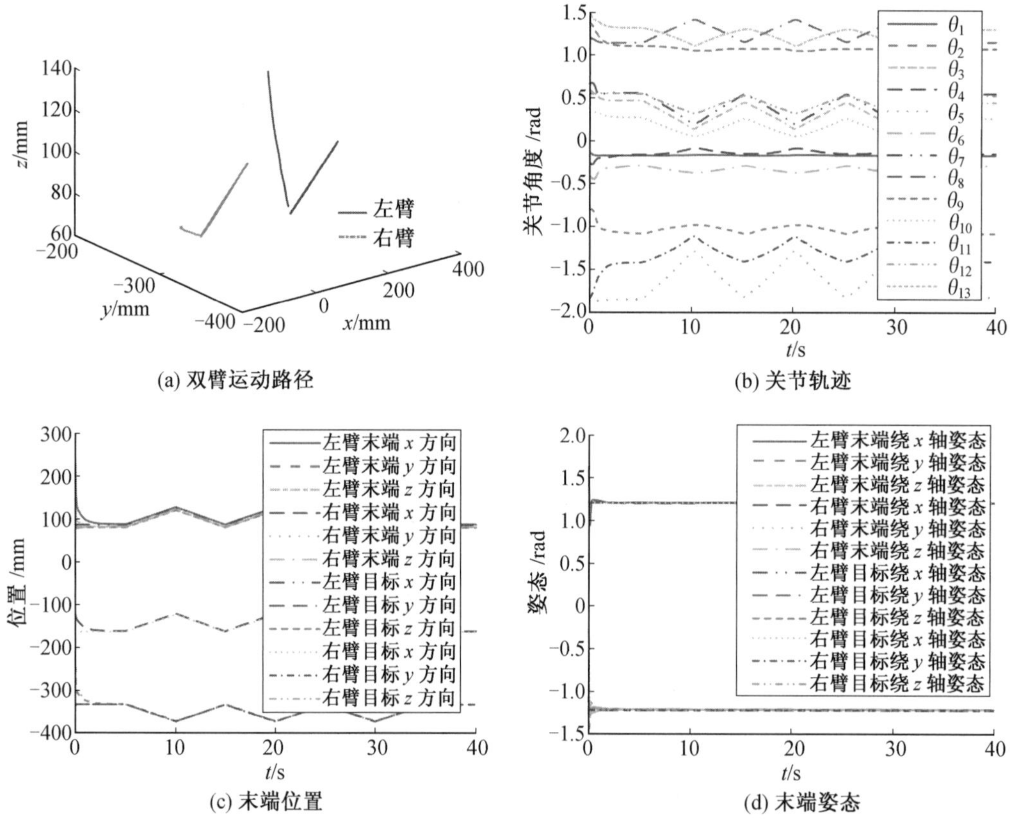

(a) 双臂运动路径　(b) 关节轨迹　(c) 末端位置　(d) 末端姿态

图 12.37　双臂搬运运动轨迹

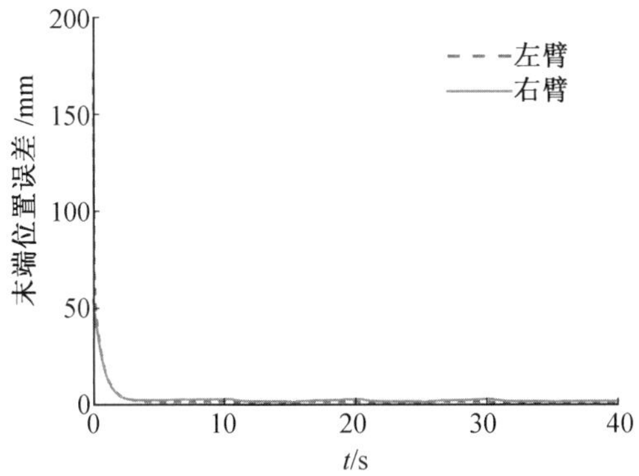

(e) 末端位置误差

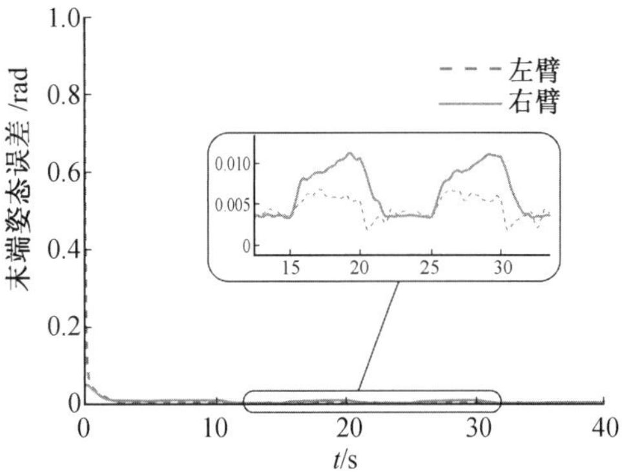

(f) 末端姿态误差

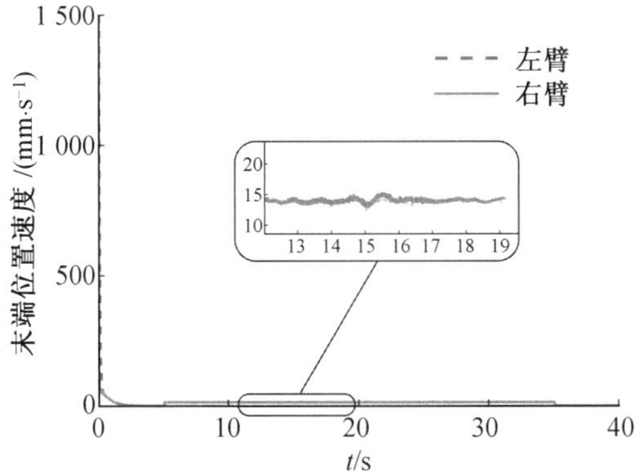

(g) 末端位置速度

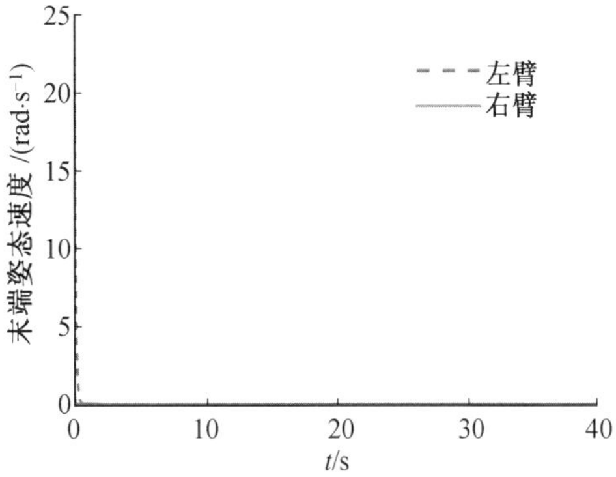

(h) 末端姿态速度

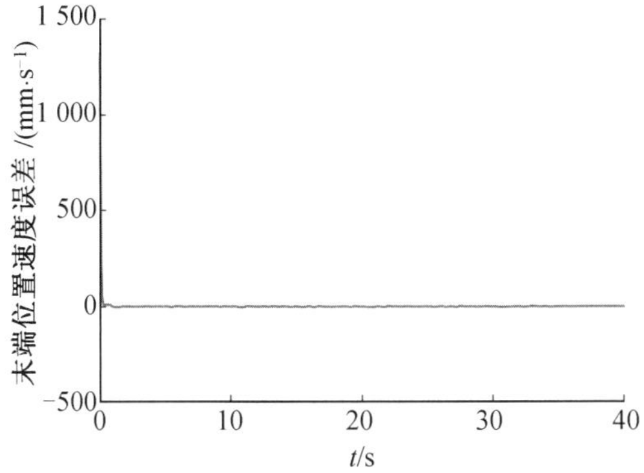

(i) 末端位置速度误差

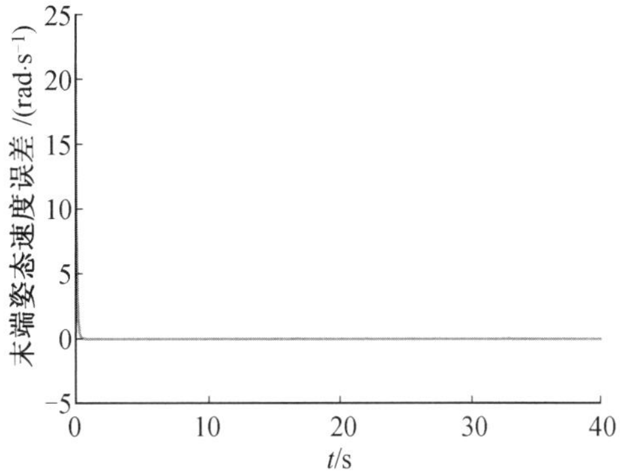

(j) 末端姿态速度误差

续图 12.37

3. 操作钳子实验

基于所提规划方法实现双臂操作钳子实验，初始构型与操作过程如图 12.38 所示，其参数如表 12.12 所示。旋转中心位置为(－50.0 mm，－347.55 mm，－0.85 mm)^{T}。钳子抓握臂杆长度为 135.0 mm。双臂末端指定的初始位置为

$$t_1^{init}=\begin{bmatrix}86.841\ \text{mm}\\-212.7\ \text{mm}\\0.85\ \text{mm}\\1.2092\ \text{rad}\\-1.2092\ \text{rad}\\-1.2092\ \text{rad}\end{bmatrix},\quad t_2^{init}=\begin{bmatrix}-186.841\ \text{mm}\\-212.7\ \text{mm}\\0.85\ \text{mm}\\1.2092\ \text{rad}\\-1.2092\ \text{rad}\\-1.2092\ \text{rad}\end{bmatrix}\tag{12.8}$$

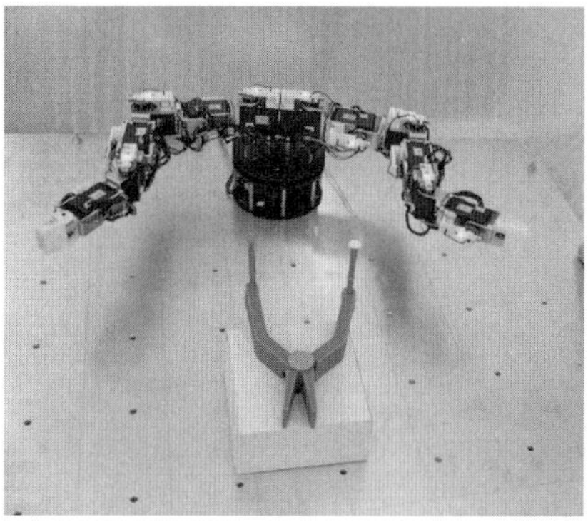

(a) 初始构型

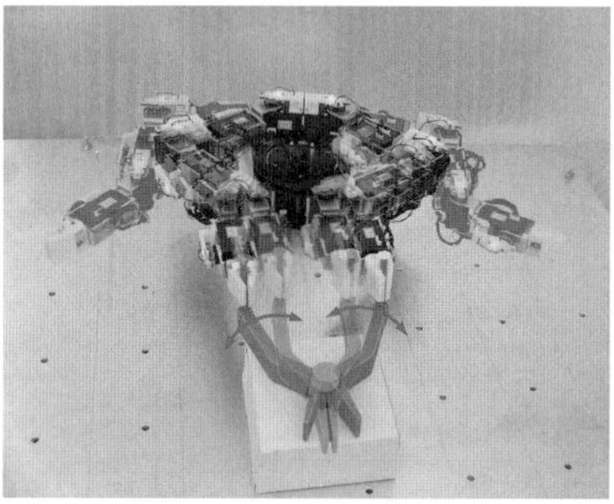

(b) 操作钳子过程

图 12.38　双臂操作钳子任务实验

表 12.12　双臂机器人操作钳子初始关节参数

θ_i	初始角度 /(°)	θ_i	初始角度 /(°)	θ_i	初始角度 /(°)
θ_1	−10	θ_6	60	θ_{11}	−1
θ_2	−13	θ_7	2	θ_{12}	−40
θ_3	−1	θ_8	12	θ_{13}	2
θ_4	−80	θ_9	1		
θ_5	−1	θ_{10}	80		

当双臂手爪抓握到指定的位置后开始操作钳子，双臂以每个采样时间间隔相对旋转中心转动 0.000 5 rad，进行反复操作。位姿变化如下所示：

$$\boldsymbol{t}_1=\boldsymbol{t}_1^{init}+\begin{bmatrix}135[\sin(0.0005T+0.0005\Delta T)-\sin(0.0005T)]\\135[\cos(0.0005T+0.0005\Delta T)-\cos(0.0005T)]\\0\\\hat{\boldsymbol{f}}_1\cdot\psi_1\end{bmatrix}\tag{12.9}$$

$$\boldsymbol{t}_2=\boldsymbol{t}_2^{init}+\begin{bmatrix}135[\sin(-0.0005T-0.0005\Delta T)-\sin(-0.0005T)]\\135[\cos(0.0005T+0.0005\Delta T)-\cos(0.0005T)]\\0\\\hat{\boldsymbol{f}}_2\cdot\psi_2\end{bmatrix}\tag{12.10}$$

式中，$\hat{\boldsymbol{f}}_1$、ψ_1、$\hat{\boldsymbol{f}}_2$、ψ_2 有如下旋转矩阵获取：

$$\boldsymbol{R}_1(\hat{\boldsymbol{f}}_1,\psi_1)=\begin{bmatrix}\cos\left(-\dfrac{\pi}{2}-0.000\,5T\right) & -\sin\left(-\dfrac{\pi}{2}-0.000\,5T\right) & 0\\ \sin\left(-\dfrac{\pi}{2}-0.000\,5T\right) & \cos\left(-\dfrac{\pi}{2}-0.000\,5T\right) & 0\\ 0 & 0 & 1\end{bmatrix}\begin{bmatrix}1 & 0 & 0\\ 0 & 0 & 1\\ 0 & -1 & 0\end{bmatrix} \tag{12.11}$$

$$\boldsymbol{R}_2(\hat{\boldsymbol{f}}_2,\psi_2)=\begin{bmatrix}\cos\left(-\dfrac{\pi}{2}+0.000\,5T\right) & -\sin\left(-\dfrac{\pi}{2}+0.000\,5T\right) & 0\\ \sin\left(-\dfrac{\pi}{2}+0.000\,5T\right) & \cos\left(-\dfrac{\pi}{2}+0.000\,5T\right) & 0\\ 0 & 0 & 1\end{bmatrix}\begin{bmatrix}1 & 0 & 0\\ 0 & 0 & 1\\ 0 & -1 & 0\end{bmatrix} \tag{12.12}$$

双臂协同操作钳子末端运动轨迹和关节角度如图 12.39(a) 和(b) 所示。根据图 12.39(c) ～ (f) 可以看出,末端执行器基本上能够同步一致地完成相对于钳子中心呈镜面对称的操作任务。另外,末端位姿速度基本上能够维持在相同的状态,如图 12.39(g) ～(j) 所示。

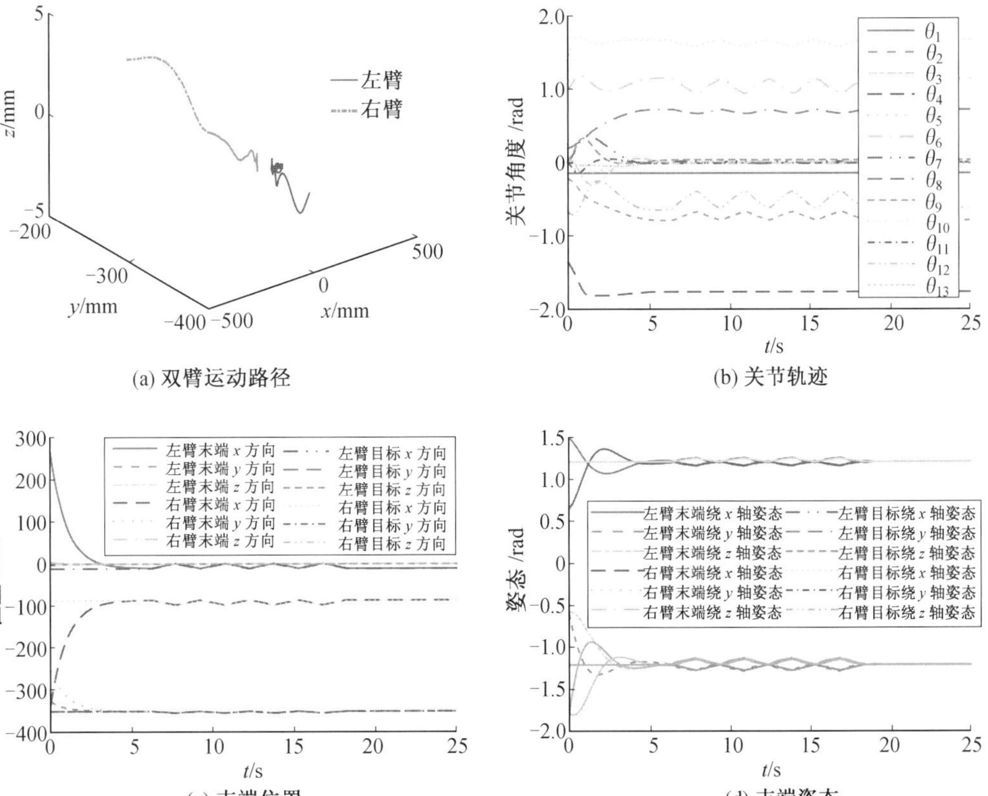

(a) 双臂运动路径　(b) 关节轨迹

(c) 末端位置　(d) 末端姿态

图 12.39　双臂协作操作钳子运动轨迹

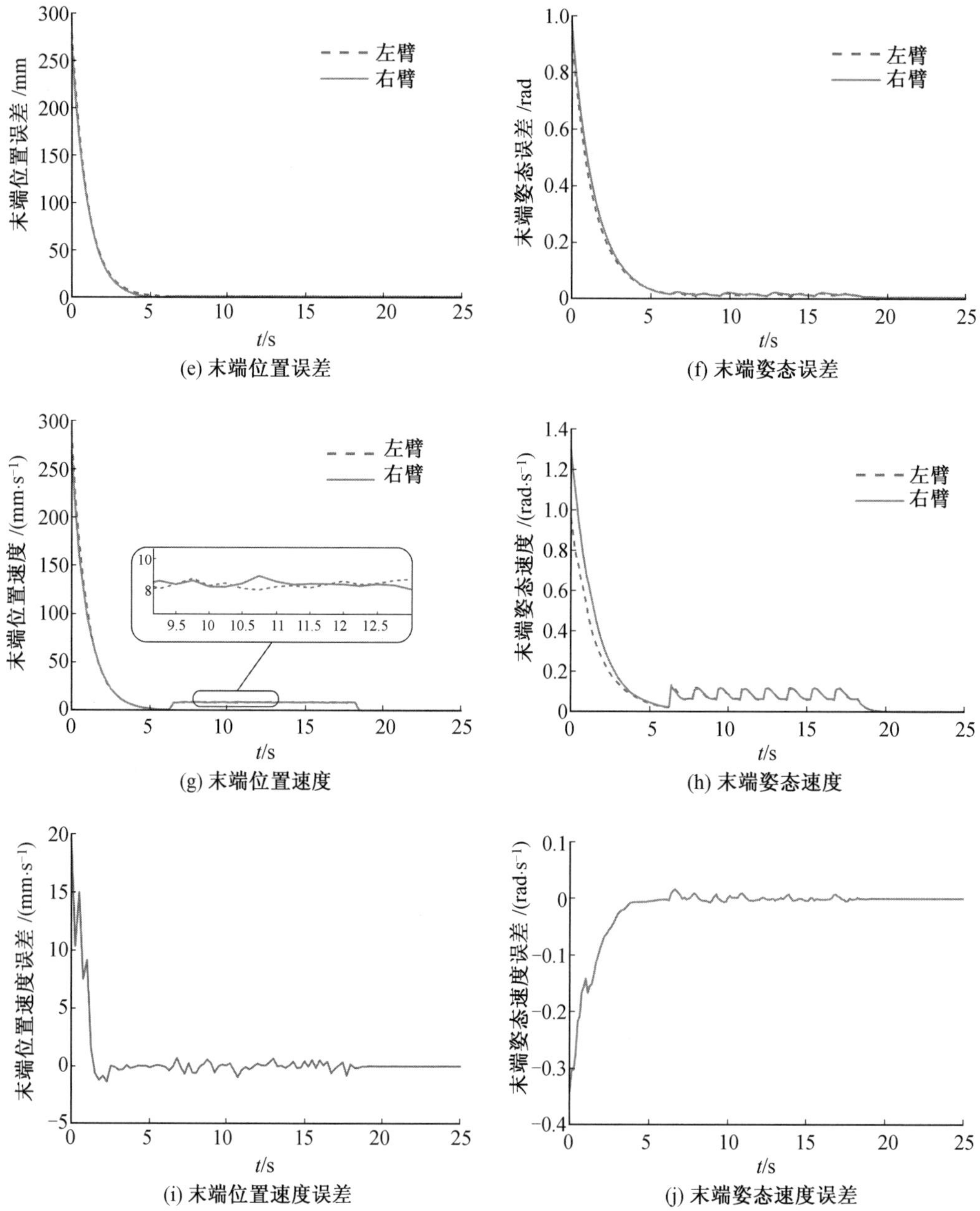

(e) 末端位置误差　(f) 末端姿态误差

(g) 末端位置速度　(h) 末端姿态速度

(i) 末端位置速度误差　(j) 末端姿态速度误差

续图 12.39

4. 操作方向舵实验

基于所提规划方法实现双臂操作方向舵，如图 12.40 所示，初始构型参数如表12.13所示。旋转中心位置为$(0.0\ \text{mm}, -342.7\ \text{mm}, -0.85\ \text{mm})^{\mathrm{T}}$。方向舵半径长度为 136.841 mm。双臂末端指定的初始位置为

$$
\boldsymbol{t}_1^{\text{init}}=\begin{bmatrix}136.841\ \text{mm}\\-342.7\ \text{mm}\\-0.85\ \text{mm}\\1.2092\ \text{rad}\\-1.2092\ \text{rad}\\-1.2092\ \text{rad}\end{bmatrix},\quad \boldsymbol{t}_2^{\text{init}}=\begin{bmatrix}-136.841\ \text{mm}\\-342.7\ \text{mm}\\0.85\ \text{mm}\\1.2092\ \text{rad}\\-1.2092\ \text{rad}\\-1.2092\ \text{rad}\end{bmatrix} \tag{12.13}
$$

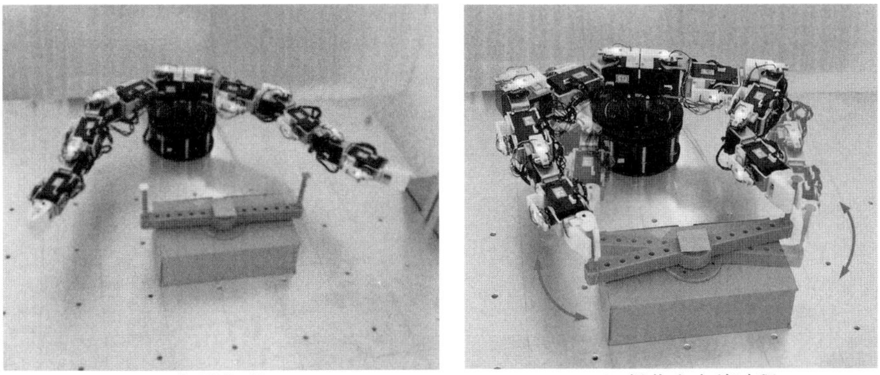

(a) 初始构型　　(b) 操作方向舵过程

图 12.40　双臂操作方向舵任务实验

表 12.13　双臂机器人操作方向舵初始关节参数

θ_i	初始角度 /(°)	θ_i	初始角度 /(°)	θ_i	初始角度 /(°)
θ_1	−10	θ_6	20	θ_{11}	−1
θ_2	−20	θ_7	2	θ_{12}	−13
θ_3	−1	θ_8	42	θ_{13}	34
θ_4	−40	θ_9	−1		
θ_5	1	θ_{10}	40		

当双臂抓握到指定位姿时开始操作方向舵。在每个时间间隔内相对旋转中心转动角度为 0.000 5 rad。相应的位姿变化如下式所示：

$$
\boldsymbol{t}_1=\boldsymbol{t}_1^{\text{init}}-\begin{bmatrix}136.841[\sin(0.0005T+0.0005\Delta T)-\sin(0.0005T)]\\136.841[\cos(0.0005T+0.0005\Delta T)-\cos(0.0005T)]\\0\\\hat{\boldsymbol{f}}_1\cdot\psi_1\end{bmatrix} \tag{12.14}
$$

$$
\boldsymbol{t}_2=\boldsymbol{t}_2^{\text{init}}+\begin{bmatrix}136.841[\sin(0.0005T+0.0005\Delta T)-\sin(0.0005T)]\\136.841[\cos(0.0005T+0.0005\Delta T)-\cos(0.0005T)]\\0\\\hat{\boldsymbol{f}}_2\cdot\psi_2\end{bmatrix} \tag{12.15}
$$

式中，$\hat{\boldsymbol{f}}_1$、ψ_1、$\hat{\boldsymbol{f}}_2$、ψ_2 可从如下旋转矩阵获取：

$$\boldsymbol{R}_1(\hat{\boldsymbol{f}}_1,\psi_1)=\boldsymbol{R}_2(\hat{\boldsymbol{f}}_2,\psi_2)$$
$$=\begin{bmatrix}\cos\left(-\dfrac{\pi}{2}-0.000\ 5T\right) & -\sin\left(-\dfrac{\pi}{2}-0.000\ 5T\right) & 0\\ \sin\left(-\dfrac{\pi}{2}-0.000\ 5T\right) & \cos\left(-\dfrac{\pi}{2}-0.000\ 5T\right) & 0\\ 0 & 0 & 1\end{bmatrix}\begin{bmatrix}1&0&0\\0&1&0\\0&0&1\end{bmatrix}\begin{bmatrix}1&0&0\\0&0&1\\0&-1&0\end{bmatrix} \tag{12.16}$$

方向舵是中心对称的,抓握姿态相同变化,即 $\boldsymbol{R}_1(\hat{\boldsymbol{f}}_1,\psi_1)=\boldsymbol{R}_2(\hat{\boldsymbol{f}}_2,\psi_2)$。在6.75 s,双臂开始操作方向舵。在图12.41(e)~(f)中,末端位姿误差逐步收敛到0。相应的运动竞争神经网络的不断学习也达到了几乎完全一致的运动状态,位姿速度误差也基本接近于0,如图12.41(g)~(j)所示。

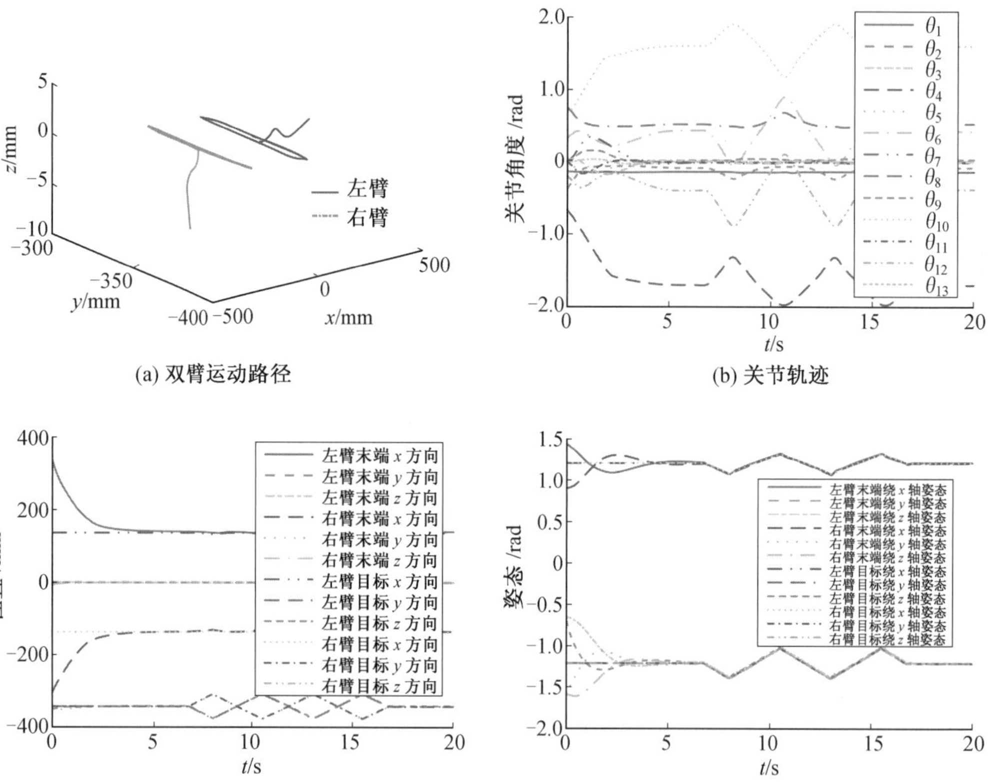

(a) 双臂运动路径　(b) 关节轨迹　(c) 末端位置　(d) 末端姿态

图 12.41　双臂操作方向舵运动轨迹

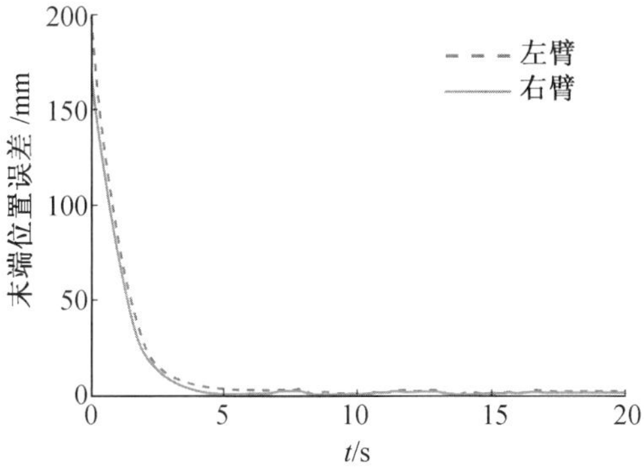

(e) 末端位置误差

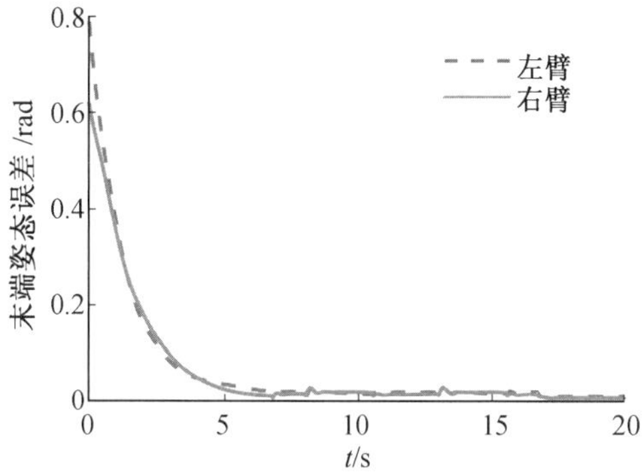

(f) 末端姿态误差

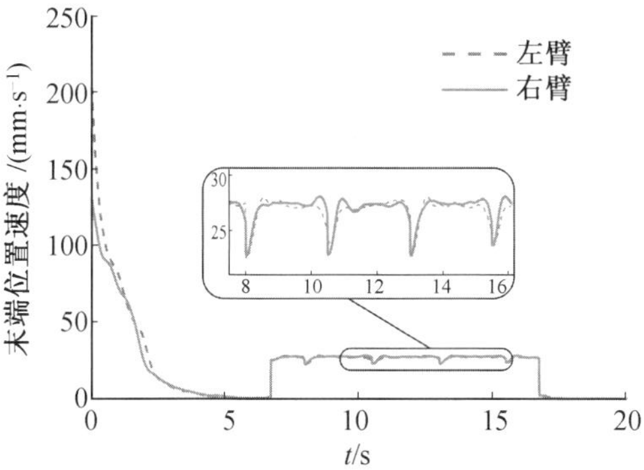

(g) 末端位置速度

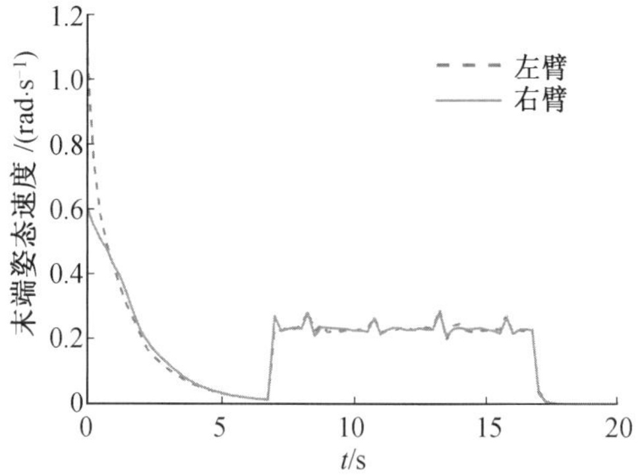

(h) 末端姿态速度

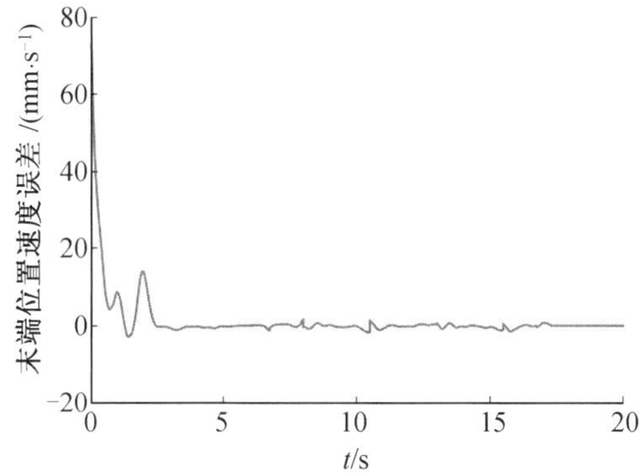

(i) 末端位置速度误差

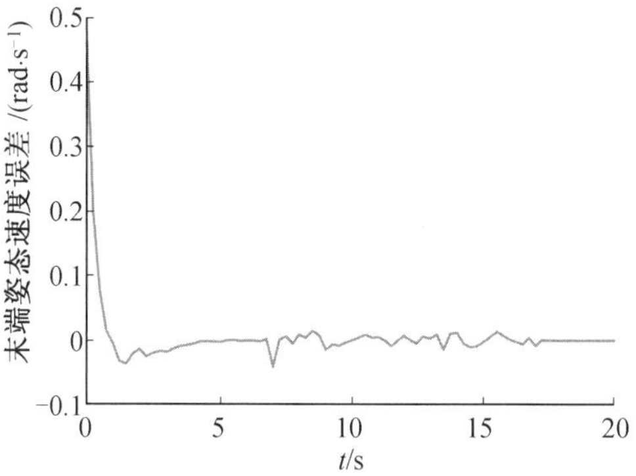

(j) 末端姿态速度误差

续图 12.41

5. 多工位操作实验

本节实验多工位操作不同于 12.5.2 小节中其他实验，多工位操作臂与臂之间并没有形成闭链，而是模拟一种多工位同时作业的加工流程，如图 12.42(a) 所示，其初始构型参数如表 12.14 所示。工位“1”用于给工件加湿，工位“2”用于为工件风干，如图 12.42(b) 所示。模拟在不同工位时要求工件能够同时达到指定的工位，以保证工件的加工效率。初始工件位置及其抓取姿态如下：

$$
t_1^0=\begin{bmatrix}86.841\ \text{mm}\\-352.738\,2\ \text{mm}\\-0.85\ \text{mm}\\1.209\,2\ \text{rad}\\-1.209\,2\ \text{rad}\\-1.209\,2\ \text{rad}\end{bmatrix},\quad t_2^0=\begin{bmatrix}-186.841\ \text{mm}\\-312.738\,2\ \text{mm}\\0.85\ \text{mm}\\1.209\,2\ \text{rad}\\-1.209\,2\ \text{rad}\\-1.209\,2\ \text{rad}\end{bmatrix} \tag{12.17}
$$

表 12.14　双臂机器人多工位操作初始关节参数

θ_i	初始角度 /(°)	θ_i	初始角度 /(°)	θ_i	初始角度 /(°)
θ_1	−6	θ_6	1	θ_{11}	−1
θ_2	0.7	θ_7	0.2	θ_{12}	40
θ_3	−1	θ_8	5	θ_{13}	0.2
θ_4	−110	θ_9	−1	—	—
θ_5	−1	θ_{10}	105	—	—

初始工位“1”位姿：

$$
t_1^1=\begin{bmatrix}46.841\ \text{mm}\\-452.738\,2\ \text{mm}\\5.85\ \text{mm}\\1.209\,2\ \text{rad}\\-1.209\,2\ \text{rad}\\-1.209\,2\ \text{rad}\end{bmatrix},\quad t_2^1=\begin{bmatrix}-46.841\ \text{mm}\\-452.738\,2\ \text{mm}\\5.85\ \text{mm}\\1.209\,2\ \text{rad}\\-1.209\,2\ \text{rad}\\-1.209\,2\ \text{rad}\end{bmatrix} \tag{12.18}
$$

在 7 s 时，开始转换为工位“2”位姿：

$$
t_1^2=\begin{bmatrix}36.841\ \text{mm}\\-322.738\,2\ \text{mm}\\5.85\ \text{mm}\\1.209\,2\ \text{rad}\\-1.209\,2\ \text{rad}\\-1.209\,2\ \text{rad}\end{bmatrix},\quad t_2^2=\begin{bmatrix}-36.841\ \text{mm}\\-322.738\,2\ \text{mm}\\5.85\ \text{mm}\\1.209\,2\ \text{rad}\\-1.209\,2\ \text{rad}\\-1.209\,2\ \text{rad}\end{bmatrix} \tag{12.19}
$$

在 17 s 时，将加工好的工件夹持到指定的存放位置。

图 12.43(b) 为关节角度变化。左臂工件位置与工位“1”误差约为 107.7 mm，右臂工件与工位“1”位置误差约为 198 mm。工位变化和机械臂末端位姿变化如图 12.43(c) 和(d) 所示。尽管两臂与工位之间有较大的、不同的误差，但是神经元之间的竞争使得误差大的获得较大主动权，对右臂运动进行补偿，保证在到达工位“1”之前双臂实现同步。在工位“1”完成后，由于工位“1”和“2”距离为 130.38 mm，因此，在竞争学习时，双臂具有相同的主动权，其末端位姿误差和速度一致，直到同步完成所有工位任务。整个工位作业过程中，双臂始终能够提前达到同步一致的运动状态，如图 12.43 所示。

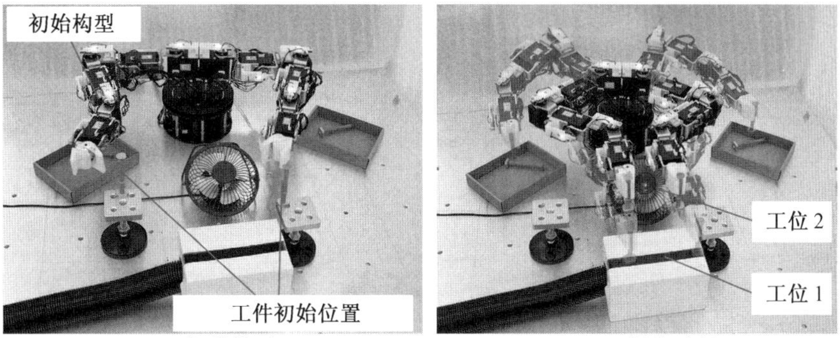

(a) 初始构型　　(b) 操作过程

图 12.42　双臂多工位任务实验

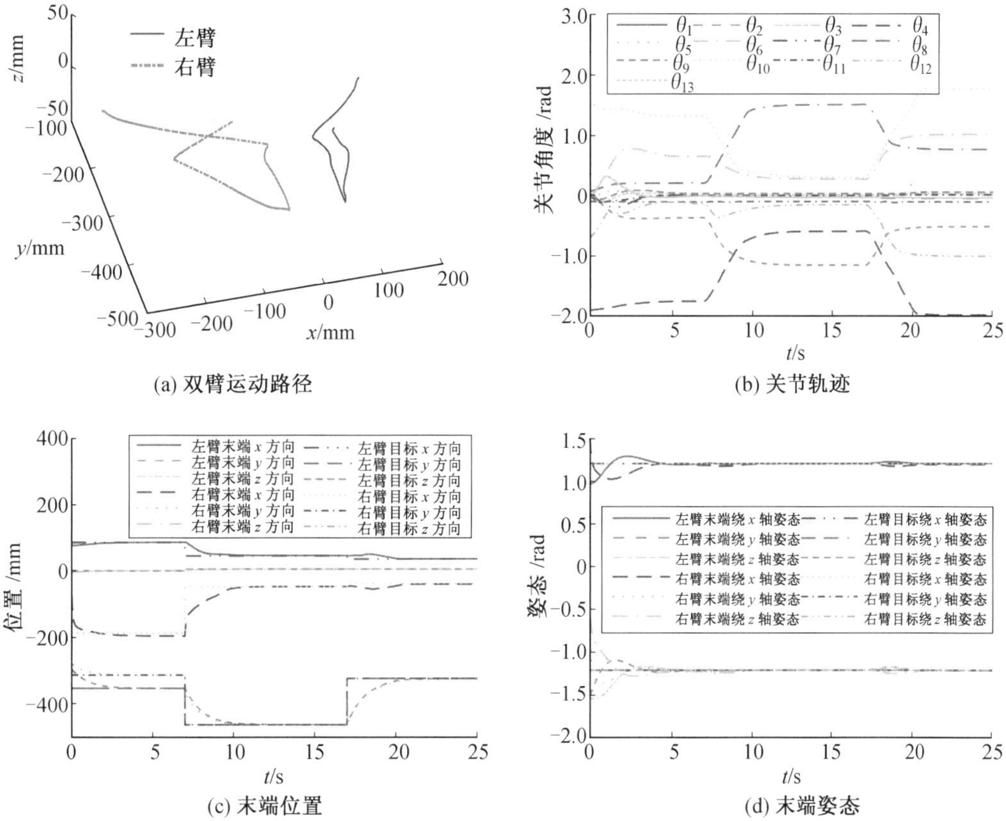

(a) 双臂运动路径　　(b) 关节轨迹

(c) 末端位置　　(d) 末端姿态

图 12.43　双臂多工位协作运动轨迹

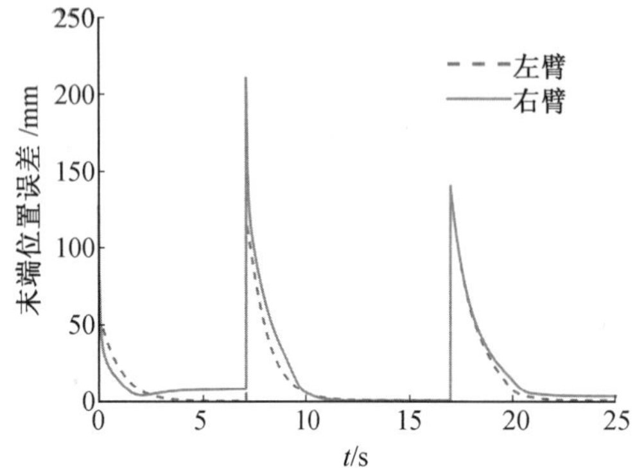

(e) 末端位置误差

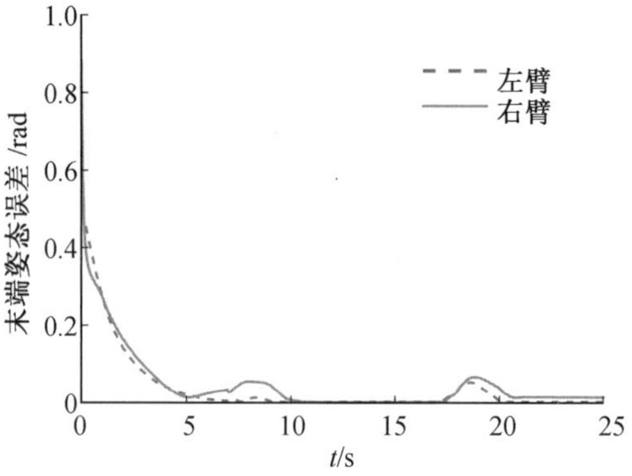

(f) 末端姿态误差

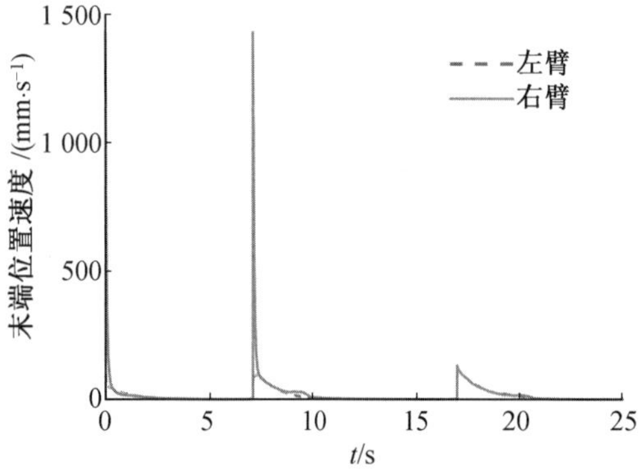

(g) 末端位置速度

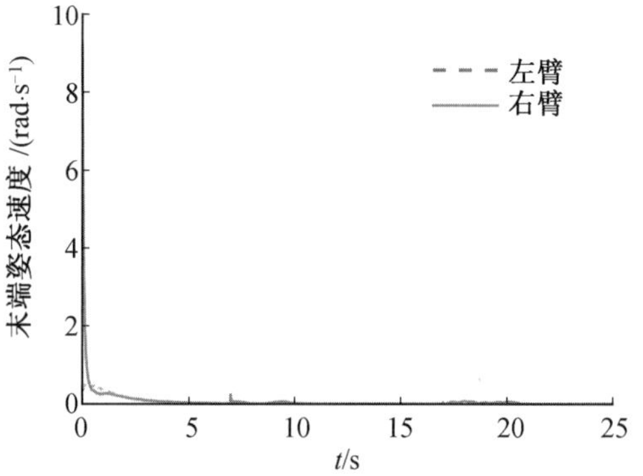

(h) 末端姿态速度

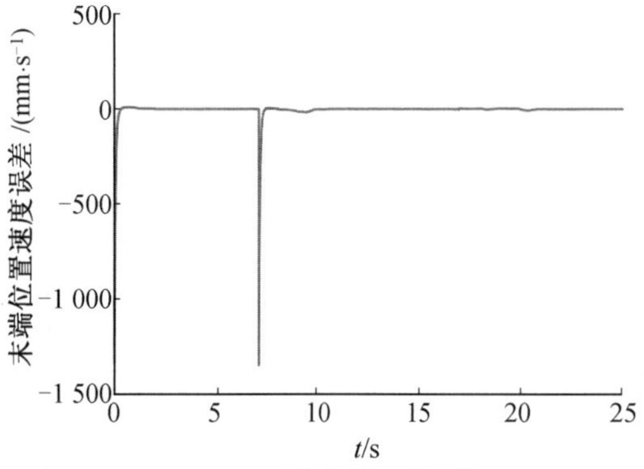

(i) 末端位置速度误差

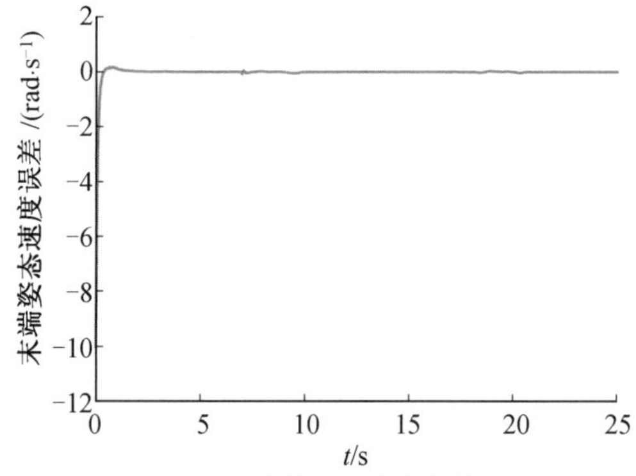

(j) 末端姿态速度误差

续图 12.43

6. 双臂平动搬运操作实验

基于所提运动规划方法实现双臂平动搬运，即在搬运过程中实现被搬运物体平移和旋转动作，如图 12.44 所示，初始构型参数如表 12.12 所示。旋转中心位置为 $(-1.5\ \mathrm{mm}, -342.7\ \mathrm{mm}, -0.85\ \mathrm{mm})^{\mathrm{T}}$。双臂末端指定的初始位置为

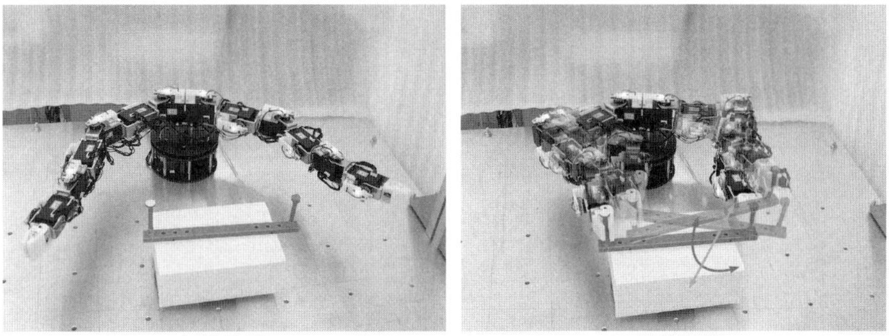

(a) 初始构型　　(b) 操作过程

图 12.44　双臂搬运平动动作任务实验

$$t_1^{\text{init}}=\begin{bmatrix}115.841\ \text{mm}\\-342.7\ \text{mm}\\-0.85\ \text{mm}\\1.2092\ \text{rad}\\-1.2092\ \text{rad}\\-1.2092\ \text{rad}\end{bmatrix},\quad t_2^{\text{init}}=\begin{bmatrix}-118.841\ \text{mm}\\-342.7\ \text{mm}\\-0.85\ \text{mm}\\1.2092\ \text{rad}\\-1.2092\ \text{rad}\\-1.2092\ \text{rad}\end{bmatrix}\tag{12.20}$$

当双臂抓握到指定位姿时开始搬运操作平动动作。在每个时间间隔内相对旋转中心转动角度为 0.000 5 rad。相应的位姿变化如下式所示：

$$\boldsymbol{t}_1=\boldsymbol{t}_1^{\text{init}}-\begin{bmatrix}117.341[\sin(0.0005T+0.0005\Delta T)-\sin(0.0005T)]+0.15T\\117.341[\cos(0.0005T+0.0005\Delta T)-\cos(0.0005T)]\\0.15T\\\hat{\boldsymbol{f}}_1\psi_1\end{bmatrix}\tag{12.21}$$

$$\boldsymbol{t}_2=\boldsymbol{t}_2^{\text{init}}+\begin{bmatrix}117.341[\sin(0.0005T+0.0005\Delta T)-\sin(0.0005T)]+0.15T\\117.341[\cos(0.0005T+0.0005\Delta T)-\cos(0.0005T)]\\0.15T\\\hat{\boldsymbol{f}}_2\psi_2\end{bmatrix}\tag{12.22}$$

式中，$\hat{\boldsymbol{f}}_1$、ψ_1、$\hat{\boldsymbol{f}}_2$、ψ_2 可从如下旋转矩阵获取：

$$\begin{aligned}&\boldsymbol{R}_1(\hat{\boldsymbol{f}}_1,\psi_1)=\boldsymbol{R}_2(\hat{\boldsymbol{f}}_2,\psi_2)\\&=\begin{bmatrix}\cos\left(-\frac{\pi}{2}-0.0005T\right)&-\sin\left(-\frac{\pi}{2}-0.0005T\right)&0\\\sin\left(-\frac{\pi}{2}-0.0005T\right)&\cos\left(-\frac{\pi}{2}-0.0005T\right)&0\\0&0&1\end{bmatrix}\begin{bmatrix}1&0&0\\0&1&0\\0&0&1\end{bmatrix}\begin{bmatrix}1&0&0\\0&0&1\\0&-1&0\end{bmatrix}\end{aligned}\tag{12.23}$$

由于在平动过程中，旋转运动是关于中心对称的，所以抓握姿态变化相同，即 $\boldsymbol{R}_1(\hat{\boldsymbol{f}}_1,\psi_1)=\boldsymbol{R}_2(\hat{\boldsymbol{f}}_2,\psi_2)$。在 6.75 s，双臂开始操作平动搬运。在图 12.45(e)～(f) 中，通

过竞争，神经网络的不断学习也达到了几乎完全一致的运动状态，末端位姿误差逐步收敛到 0，位姿速度误差也基本接近于 0，如图 12.45(g) ～ (j) 所示。

综合考虑 12.6.2 节协作实验，所提基于子基法的自组织竞争神经网络同步规划是可行的，在实现具有物理耦合的多臂机器人协同操作中具备同步性和有效性，同时不同于现有主从规划方法中，主从臂之间相互约束和主从关系的限制，通过臂与臂之间的竞争和在线无监督式的不断学习，实现相互之间的动态平衡，达到运动状态一致，实现同步规划，有利于实际双臂或多臂协作操作任务中的应用。

此外，综合分析 12.3 节至 12.6 节实验，由于本书所研究运动规划方法均是在基于阻尼最小二乘方法求解雅可比矩阵伪逆基础之上进行的，其阻尼系数取值为非零值，根据阻尼最小二乘法定义可知，阻尼系数不为零时可以使冗余度机械臂避开奇异构型。在 12.3 节至 12.6 节实验部分，特别是有动态障碍物的情况下，机械臂关节轨迹并未出现突变或跳变现象，这也说明本研究基于阻尼最小二乘法求解雅可比矩阵伪逆的运动规划算法能够避开冗余度机械臂奇异问题。

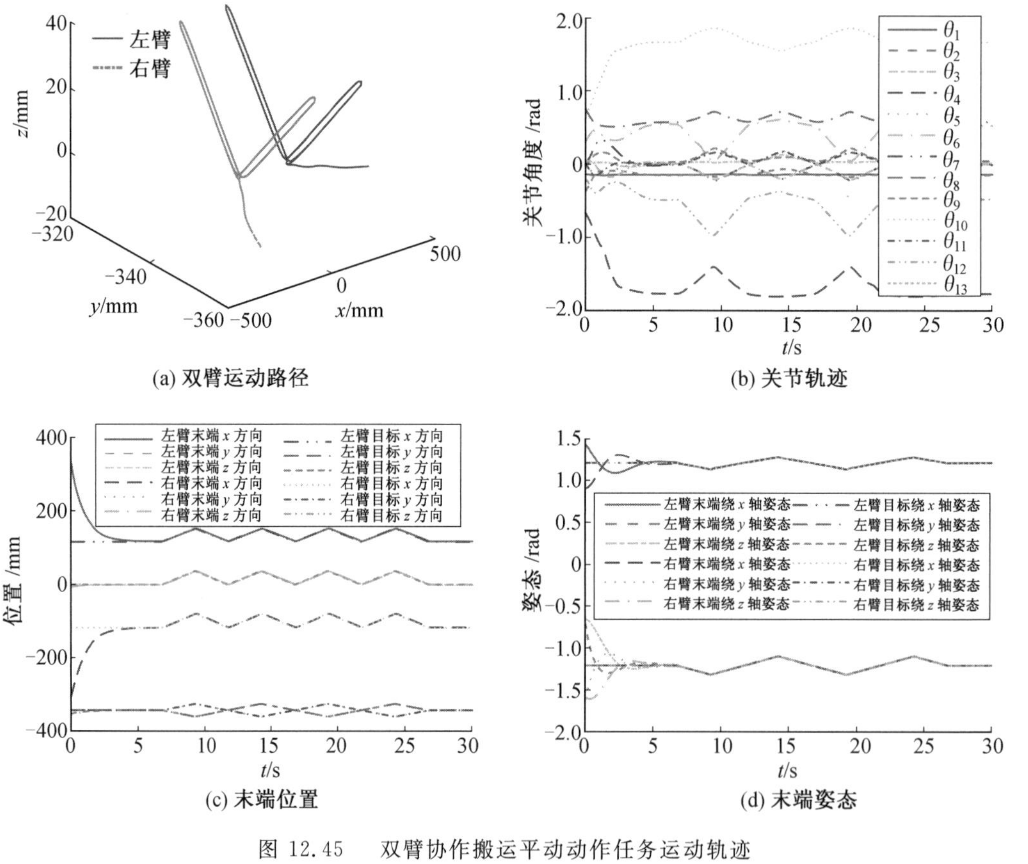

(a) 双臂运动路径　(b) 关节轨迹　(c) 末端位置　(d) 末端姿态

图 12.45　双臂协作搬运平动动作任务运动轨迹

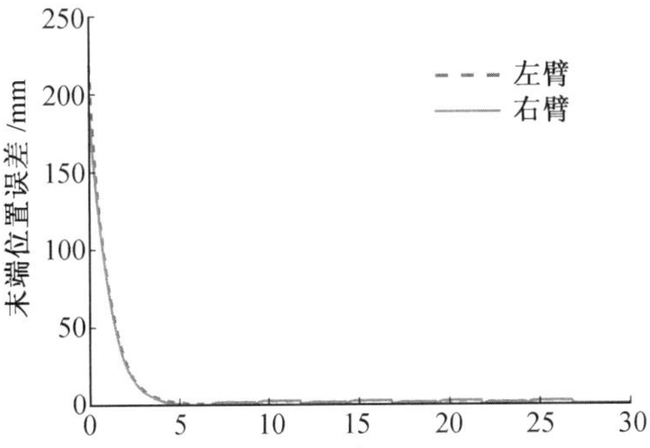

(e) 末端位置误差

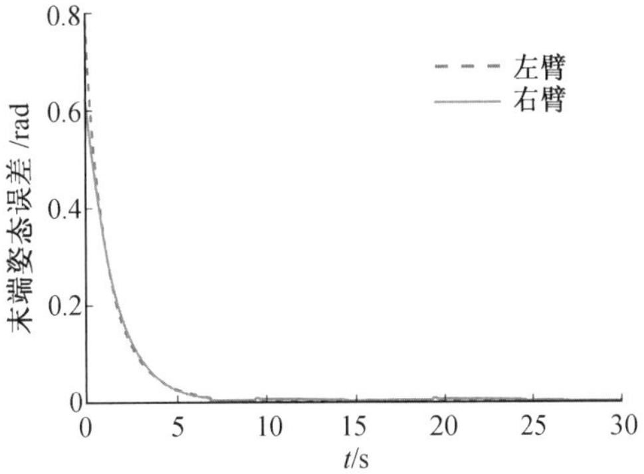

(f) 末端姿态误差

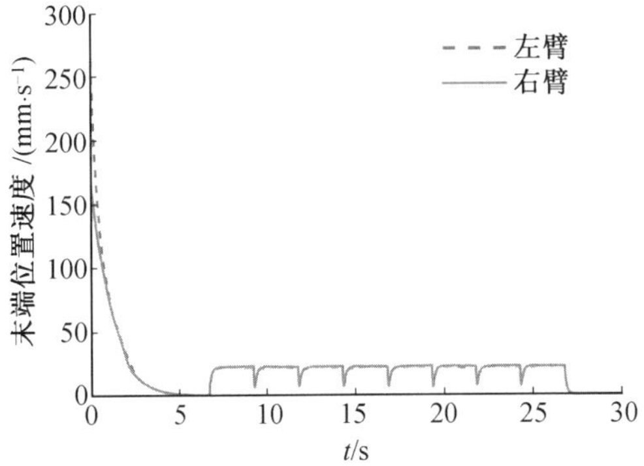

(g) 末端位置速度

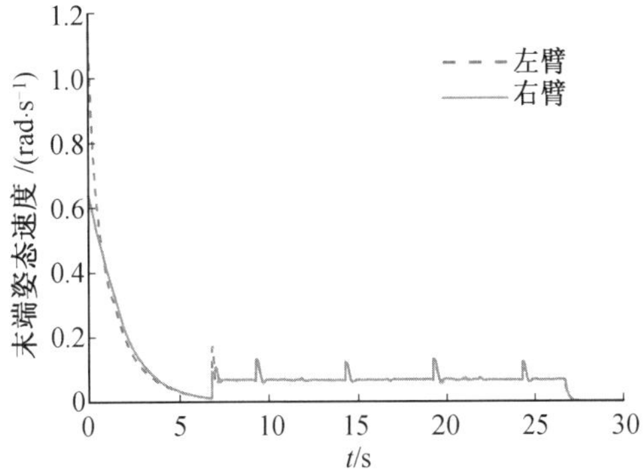

(h) 末端姿态速度

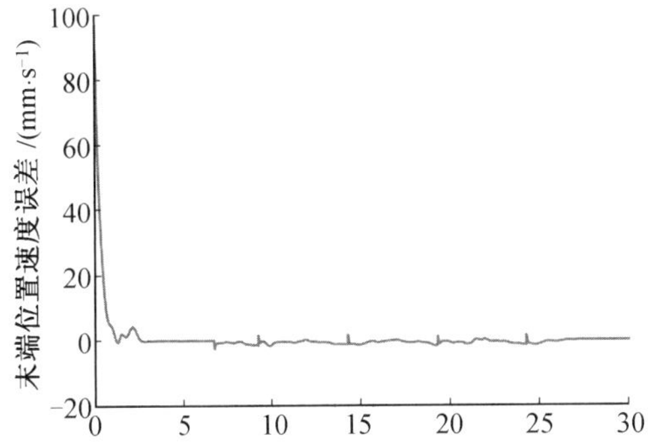

(i) 末端位置速度误差

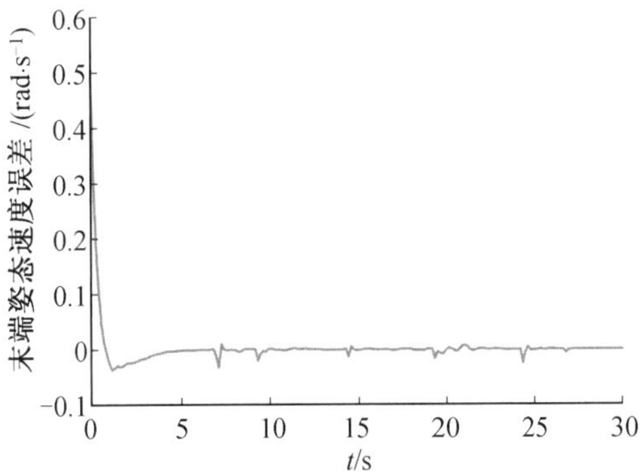

(j) 末端姿态速度误差

续图 12.45

12.7　本章小结

本章首先搭建了冗余度单臂系统实验平台，包括单臂结构设计、通信系统设计、关节角度传感器设计、单目相机视觉系统设计。基于冗余度单臂平台，通过实验验证第 5 ～ 7 章所提在线运动规划算法、基于能量转化策略避障的运动规划方法、关节加速度规划方法的有效性和实用性。然后，搭建了冗余度双臂机器人系统，包括设计双臂结构、通信系统、关节角度传感器、ROS 系统架构、深度视觉系统，对第 8 章中独立任务操作、所提多臂运动规划方法进行了实验验证。最后，根据实际实验效果对所提理论和方法的性能进行分析和讨论。

第 13 章　机械臂抓取规划实验平台搭建与实验

13.1　引　言

本章利用机械臂、RGB－D 相机、PC 端、吸盘等搭建了视觉引导抓取系统，并设计系统软件应用程序和人机交互界面，对相机、机械臂、抓取装置和控制端进行通信和数据处理，完成系统任务实验。在实验验证中，对三种任务情况进行实验：抓取处于箱子中的同一类型、同一尺寸的混合散乱物体，抓取箱子中同一类型、不同尺寸的混合散乱物体，抓取箱子中不同类型、不同尺寸的混合散乱物体。统计实验中系统的视觉处理时间、抓取时间、种类识别准确率和位姿检测准确率，以及抓取成功率。

13.2　实验系统的搭建

1. 系统硬件部分

视觉引导抓取系统主要包括视觉处理部分和机械臂运动抓取部分，硬件组成包括 PC 端、相机、机械臂以及抓取装置。PC 端是系统的主要信息处理模块，用于处理图像信息和进行相关计算，并与相机、机械臂和抓取装置进行通信，接收图像信息和机械臂角度反馈，输出机械臂关节空间的运动轨迹，控制抓取装置工作；RGB－D 相机用于获取环境图像信息，包括环境彩色图像和环境深度图像信息；机械臂接收 PC 端输入的关节角度信息，完成整个抓取任务的运动过程；抓取装置用于抓取和放置物体，其工作状态受 PC 端控制。

在本章搭建的系统中利用笔记本电脑作为PC端。PC端需要接收相机的图像数据并进行处理，同时还要对机械臂的抓取位姿和运动轨迹进行规划，需要比较高的计算能力。同时，为方便放置，选择配置较高的笔记本电脑作为 PC 端，配置如表 13.1 所示。

表 13.1　实验 PC 端配置表

名称	参数 / 型号
处理器	Intel Core i7－6700HQ
处理器主频	2.6 GHz
运行内存	8 GB
操作系统	Ubuntu18.04

相机使用英特尔的RealSense系列的D435i深度相机，其可以获取对象彩色信息以及对象深度信息。相较于工业上的激光扫描仪等成像测距设备，虽然精度低一些，但它的成本也相对更低，比较适合在精度要求不高的任务中应用。其参数如表 13.2 所示。本章

中，考虑到图像大小和帧率、对象大小和距离以及运算时间，设置彩色图像和深度图像分辨率为 848×480，帧率选择为 30 fps。

表 13.2 RealSense D435i 相机参数表

名称	数值
实体尺寸	90 mm×25 mm×25 mm
彩色图像最高分辨率(像素)	1 920×1 080
彩色图像最高分辨率对应帧率	30 fps
深度图像最高分辨率(像素)	1 280×720
深度图像最高分辨率对应帧率	30 fps
理想测距范围	0.3～3 m
测距精度	2 m 时小于 2%
通信接口	USB3.2

机械臂采用实验室购买的UR10六自由度机械臂，通过以太网与PC端通信。抓取装置采用吸盘和真空泵。吸盘的表面直径为 30 mm，微型真空泵的压力范围为 −70～180 kPa，抽气流量大于等于 10 L/min，工作电源为 12 V 直流电源。微型真空泵工作，抽取真空吸盘内部与对象表面之间的空气，创造低压环境，进而抓取物体。采用 STM32 单片机作为控制板，单片机与 PC 端之间通过串口进行通信，接收 PC 端发送的工作或停止指令，控制微型真空泵和电磁阀工作或停止。整个系统如图 13.1 所示。

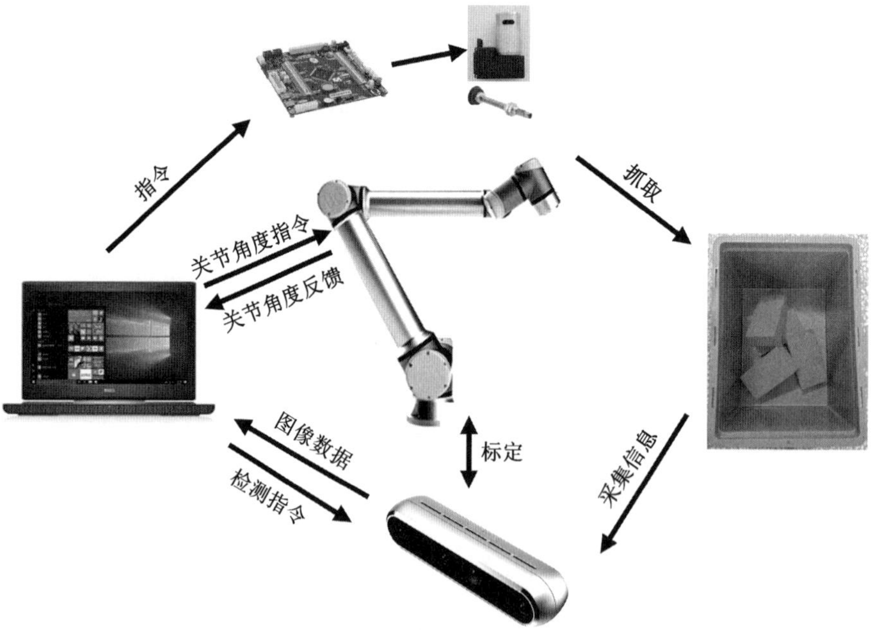

(a) 系统关系示意图

图 13.1 视觉引导抓取系统图

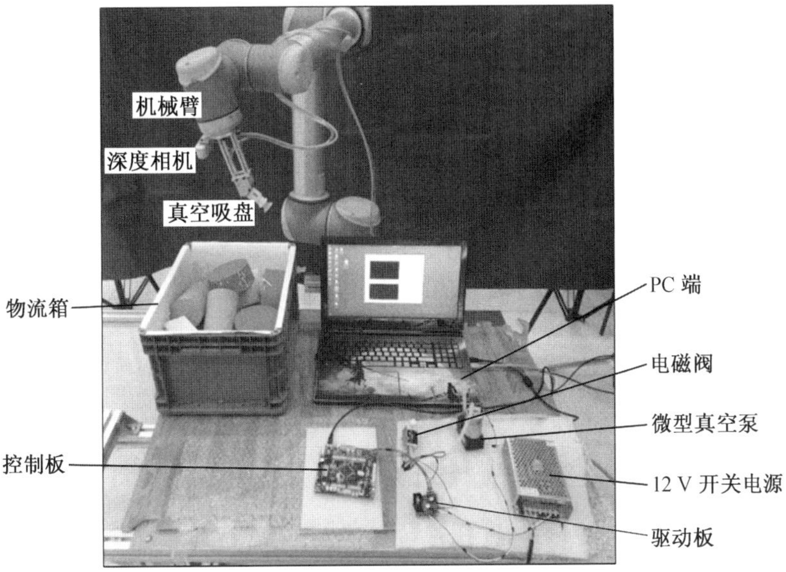

(b) 系统实物图

续图 13.1

2. 系统软件部分

软件程序架构可划分为四个主要层次，包括程序的基础架构和系统、用于通信与数据传输的数据接口层、算法核心的数据处理层和程序的交互显示界面，如图 13.2 所示。

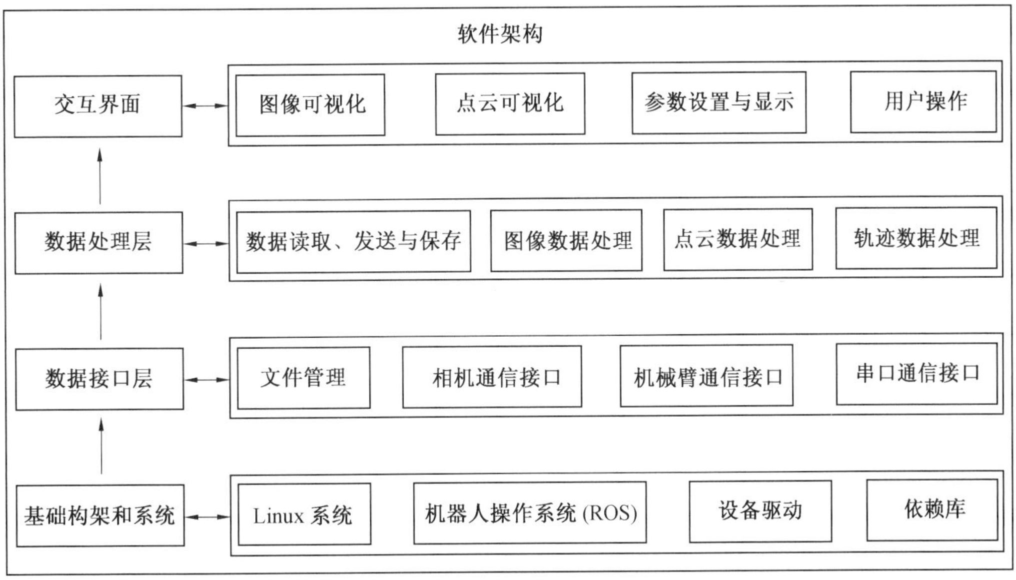

图 13.2　软件架构示意图

基础架构和系统是软件开发和实现的基础。系统软件是在 Ubuntu18.04 环境下开发的，利用 Qt 4.9.2 框架开发程序主体和人机交互界面，结合机器人操作系统（ROS）和 OpenCV、PCL、Eigen 等依赖库，在其基础上完成对相关算法的计算和实现。Qt 作为应用程序开发框架，经过多年发展，已经比较成熟、高效和稳定，其使用 C ++ 编程语言，支持 Windows 和 Linux 等多种系统平台，在软件程序设计开发上极为便捷，可支持开发 GUI 程序和非 GUI 程序。Qt Creator 是 Qt 的轻量级开发环境，能够使开发人员快速高效率地开发出软件程序。Qt Creator 的特点之一是其编程方法是完全面向对象的，其将界面设计中的控件、软件系统资源等视为“对象”，开发人员无须了解底层操作实现方法便可对这些“对象”进行操作，极大地方便了开发人员进行软件开发。同时，Qt Creator 独特的信号与槽机制保证了用户操作和程序响应的正确对应。Qt Creator 中的每个界面控件或其他对象均可以发送定义的信号去执行定义的槽函数，所执行的槽函数和发送出的信号通过“连接(Connect)”形式相互对应[166-168]。一个信号可关联多个槽函数，一个槽函数也可以关联多个信号。每个对象根据用户不同的操作和需求发送不同的信号，并且还可以允许用户自定义新的信号。在程序实现中，用户操作“对象”发送出不同的信号，控制不同的槽函数运行，进行数据运算、处理等，实现程序的总体功能。

在各种依赖库中，Opencv 依赖库中包含多种对图像信息的处理算法，可以用于对彩色图像和深度图像的处理；PCL 依赖库提供了对点云数据的基本处理算法和点云数据的结构；Eigen 依赖库可以快速地进行矩阵等运算；在数据可视化中，借助 VTK 依赖库可以实现对点云数据在交互界面中的可视化；利用 Intel 公司发布的 RealSense SDK2.0，可以与相机进行通信并配置相机，接收相机的彩色图像和深度图像等。各个依赖库如表13.3所示。

表 13.3 软件所用依赖库信息

名称	语言接口	功能
OpenCV4.5.1	C++	包含多种对图像信息的基本处理算法
PCL1.11.1	C++	包含多种对点云数据的基本处理算法
Eigen	C++	快速地进行矩阵等运算
VTK8.2.0	C++	包含数据可视化算法
Qt 5.12.8	C++	包含软件设计的框架、多种控件和工具
RealSense SDK2.0	C++	包含与 RealSense D435i 相机的通信、配置和基本图像接收函数

数据接口层主要是软件程序在运行过程中与计算机和系统其他硬件之间的通信和数据传递，包括文件管理、相机通信接口、机械臂通信接口和串口通信接口。相机通信主要利用 RealSense SDK2.0 实现，数据传输采用 USB3.2 进行；机械臂通信通过以太网方式进行数据传输；PC 端与微型真空泵控制板之间的通信依靠串口进行。

数据处理层是本章算法实现的最主要部分，主要是实现数据读取、发送与保存，以及对软件程序运行所需要的数据进行处理，包括图像数据、点云数据、机械臂轨迹数据等任务，实现算法的主要功能。在本章中，程序需要对相机采集到的原始深度图像进行滤波处理，然后合成三维点云数据，并对点云进行去除粘连点云、去除噪点、降低点云密度、聚类分割等处理，对单个物体的点云数据进行识别和配准以获取对象位置和姿态等，并计算得到机械臂运动轨迹，控制机械臂进行抓取。同时还包括对物流箱的定位和对相机与机械臂之间的手眼标定功能。

人机交互界面是用户和软件程序的中间桥梁。用户通过对交互界面上设置的控件等对象进行操作，控制控件等发送相关信号运行对应的函数程序，同时处理过程中的运算数据也可以在交互界面上进行可视化，方便用户进行查看。Qt Creator 中包含有丰富的交互界面控件，包括显示控件、按钮控件、输入控件等，可供开发人员进行选择调用。根据本章包含的处理过程，本章设计的软件显示界面如图 13.3 所示。显示界面中包含 1 个显示主界面和 4 个分界面，包括抓取控制主界面、添加物体模型数据界面、参数设置界面、物流箱定位界面和相机手眼标定界面。

抓取控制主界面主要是控制彩色图像和点云数据显示，抓取方式选择和机械臂关节角度的反馈显示；添加物体模型数据界面主要是对物体模型的点云数据、长宽高和放置位姿等数据进行添加；参数设置界面主要对程序视觉处理部分和机械臂运动部分的参数进行设置，包括深度图像滤波参数、点云滤波参数、点云聚类分割参数、机械臂运动最大角加速度和速度、关节角度接收话题等；物流箱定位界面主要是用于定位物流箱，包括设置物流箱尺寸和定位特征；相机手眼标定界面主要是进行相机与机械臂末端的坐标转换矩阵计算，并加载相机内参数据和机械臂 D－H 参数数据。

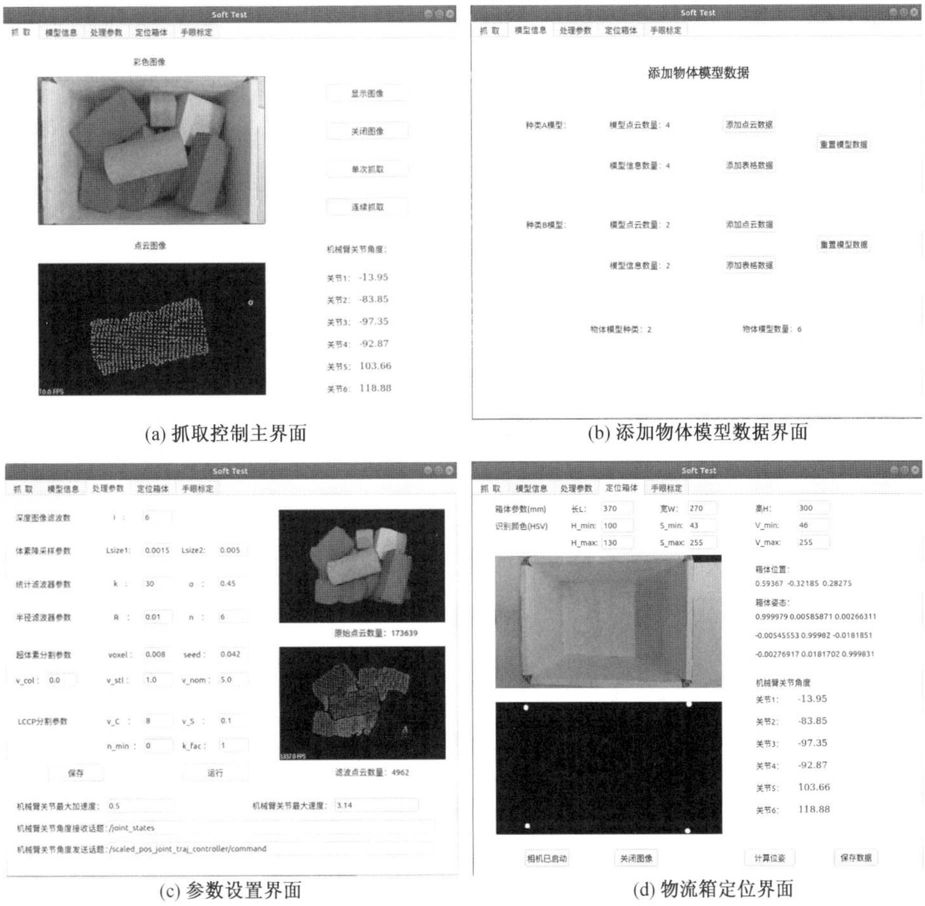

(a) 抓取控制主界面　(b) 添加物体模型数据界面

(c) 参数设置界面　(d) 物流箱定位界面

图 13.3　系统软件界面设计图

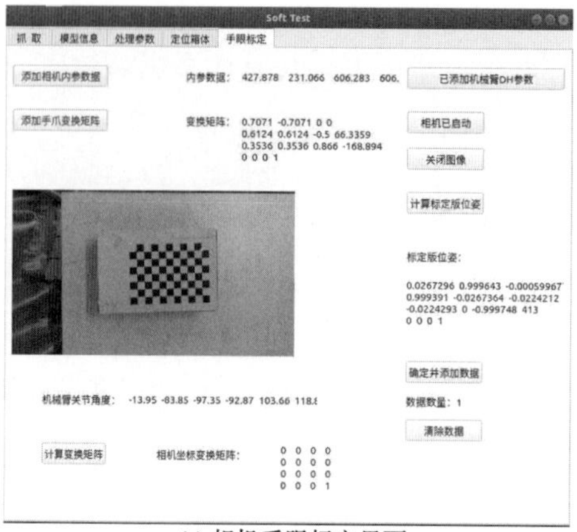

(e) 相机手眼标定界面

续图 13.3

13.3 物体抓取实验

在本章中设计三组实验对系统进行实验验证。三组实验分别针对不同的抓取对象设置。统计实验中系统的视觉处理时间、抓取时间、种类识别准确率和位姿检测准确率，以及抓取成功率，并进行分析。在整个过程中，首先，机械臂移动至物流箱上方，使相机位于物流箱正上方，相机坐标系与物流箱坐标系相对应，如图 13.4(a) 所示。此时采集相机视场中的彩色图像和深度信息，并发送至 PC 端。PC 端利用系统算法处理接收到的图像信息，确定待抓取物体种类和三维位姿，并计算得到机械臂抓取构型和运动轨迹。然后机械臂在物流箱上方完成抓取姿态的转换，如图 13.4(b) 所示。随后，机械臂向下运动至吸盘与物体表面接触，如图 13.4(c) 所示。PC 端发送工作指令到单片机，控制真空泵进行工作，抽取空气使吸盘“抓”住物体。为避免碰撞，机械臂将物体以原姿态垂直提升，如图 13.4(d) 所示。然后运动到指定位置，将物体按照指定姿态放置，如图 13.4(e) 所示。系统进行循环工作，直到将箱子中的物体抓取完为止。

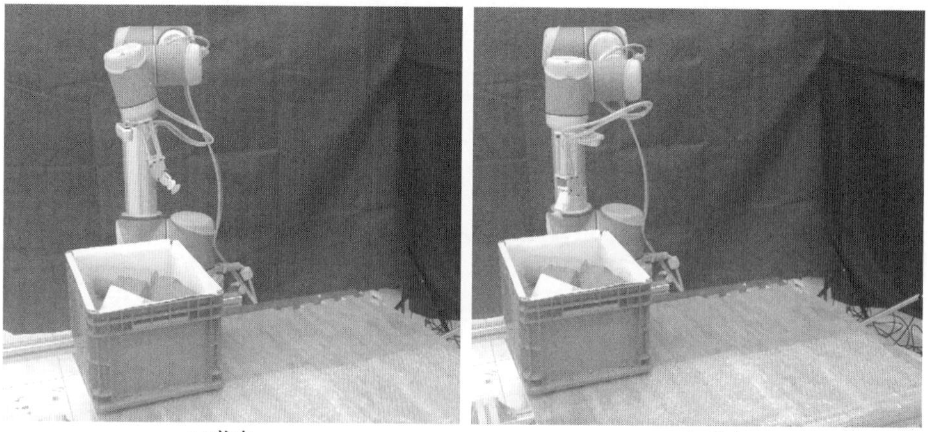

(a) 状态一　　(b) 状态二

图 13.4　实验抓取过程图

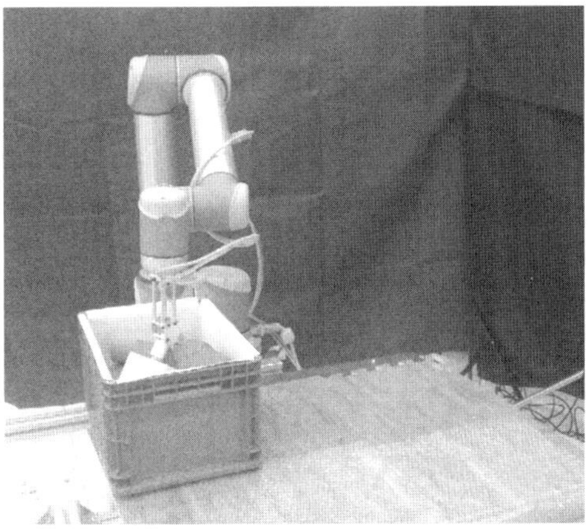

(c) 状态三

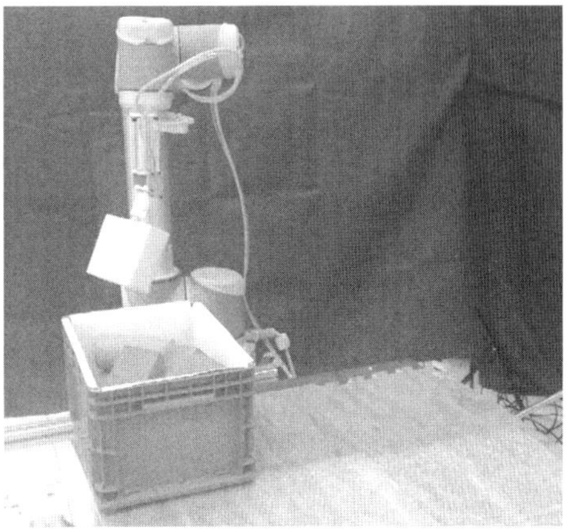

(d) 状态四

(e) 状态五

续图 13.4

第一组实验针对的是抓取处于箱子中的同一类型、同一尺寸的多个混合散乱物体。实验设置了两轮，第一轮是在箱子中随意放置 7 个 150 mm×80 mm×40 mm 的长方体物块，物块颜色相同，彼此之间有重叠或接触，如图 13.5(a) 所示，抓取后物体摆放如图 13.5(b) 所示；第二轮是在箱子中随意放置 8 个直径为 110 mm、长度为 40 mm 的圆柱体物块，如图 13.5(c) 所示，抓取后物体摆放如图 13.5(d) 所示。实验过程数据记录如表 13.4 所示。

第二组实验针对的是抓取箱子中同一类型不同尺寸的混合散乱物体，故在箱子中随意放置 5 个 150 mm × 80 mm × 40 mm、5 个 80 mm × 80 mm × 40 mm、2 个 110 mm×110 mm×50 mm 的长方体物块。物块散乱堆放，彼此之间有重叠或接触，如图13.6(a) 所示。经过实验，系统成功对物体进行识别和抓取，并按照不同尺寸分类摆放，如图 13.6(b) 所示。

第三组实验针对的是抓取箱子中不同类型不同尺寸的混合散乱物体，故在箱子中随意放置 3 个 150 mm × 80 mm × 40 mm、4 个 80 mm × 80 mm × 40 mm、2 个 110 mm×110 mm×50 mm 的长方体物块，以及 3 个直径为 110 mm、长度为 40 mm 的圆柱体，2 个直径为 75 mm、长度为 150 mm 的圆柱体物体。物块彼此之间有重叠或接

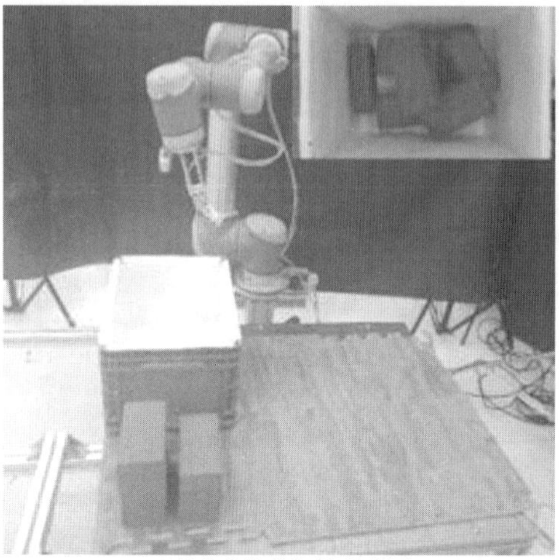

(a) 长方体物体初始状态图

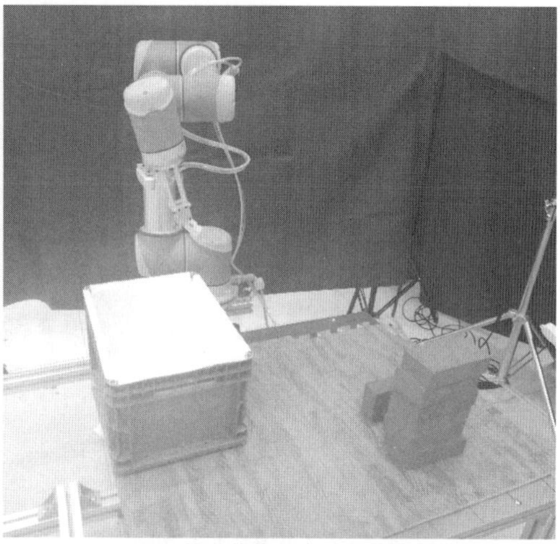

(b) 长方体物体实验抓取结果图

(c) 圆柱体物体初始状态图

(d) 圆柱体物体实验抓取结果图

图 13.5　实验一效果图

触，如图 13.7(a) 所示。实验成功将物体进行识别和抓取，并分类摆放，如图 13.7(b) 所示。

上述三组实验的统计数据如表 13.4 与表 13.5 所示。由于 UR10 机械臂购买和使用时间较长，因此磨损较为严重，故在轨迹规划过程中设置较小的关节加速度值和最大速度限制值，运动时间较长。在实验中对于机械臂第一个关节和第二个关节设置的最大角加速度为 0.2 rad/s^2，对于其余关节设置的最大角加速度为 0.5 rad/s^2，全部关节的最大角速度限制为 2.35 rad/s。

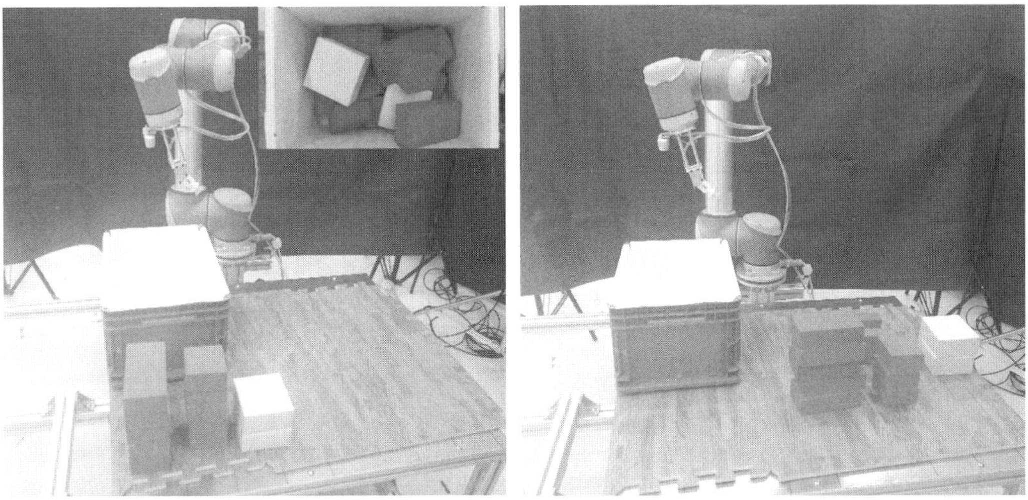

(a) 物体初始状态图　　(b) 实验抓取结果图

图 13.6　实验二效果图

(a) 物体初始状态图　　(b) 实验抓取结果图

图 13.7　实验三效果图

表 13.4　实验结果统计表 1

实验序号	物体种类	物体数量	视觉处理平均时间 /s		抓取放置平均时间 /s
			深度图像滤波时间	物体识别和位姿检测时间	
实验一	1 类 1 种	7(8)	0.601	0.229	23.124
实验二	1 类 3 种	12	0.616	0.266	22.427
实验三	2 类 5 种	14	0.688	0.254	23.273

表 13.5 实验结果统计表 2

实验序号	实验次数	物体识别成功率	物体位姿检测成功率	物体抓取成功率
实验一	10	96%	97%	95%
实验二	10	98%	99%	98%
实验三	10	88%	97%	89%

实验数据显示，在视觉处理部分中，对相机深度图像进行联合双边滤波和卡尔曼滤波处理占用了较多的时间，平均达到了 0.6 s 左右。而对场景点云进行处理，提取物体点云，并进行聚类分割识别和位姿检测等处理的时间平均为 0.24 s 左右，物体识别和位姿检测算法具有较高的效率。在 10 次实验中，实验一和实验二由于只针对单类物体，物体识别成功率和位姿检测成功率比较高。当两个物体相距太接近，且姿态类似，将导致未能正常识别。而进行“移抓”处理后，成功识别。实验三中由于不同类的物体同时存在，视觉处理的难度增加，识别成功率相对较低。在物体点云分割处理过程中，参数的设置对点云结果有较大的影响，超体素点云分割中网格参数和基于凹凸性的点云分割中的 CC 判据与 SC 判据的判断值设置直接影响到点云分割的结果。由于不同类物体同时存在，按照经验值设置的参数使得某些情况下点云分割不完全，从而造成物体种类的误识别，影响成功率。当物体识别成功后，通过位姿检测算法，得到了比较高的准确率。

在机械臂抓取部分，单次抓取和放置物体的时间平均在 22 s 左右。一方面是由于设置的机械臂运动参数较低，另一方面是对机械臂运动的路径选取和轨迹规划还有待进一步优化。在成功率方面，实验取得了较理想的抓取效果，成功抓取了大部分箱中散乱堆放的物体。其中实验二的物体抓取成功率最高，实验一和实验三的抓取成功率相对低一些。某些情况未能成功抓取是由于物体处于极难抓取的特殊位姿情况下。另外，在实验一过程中，设置了两轮实验。在第二轮针对圆柱体物体的抓取过程中，抓取点有时是在圆弧面上。但由于手眼标定误差、机械臂运动误差等引起的位置精度误差导致抓取姿态发生偏移，吸盘不能与物体圆弧表面紧密贴合而导致一些物体未能成功抓取，而误差对实验二中抓取点全部在平面上的抓取结果影响相对较小，故使得实验一的抓取成功率较实验二稍低。实验三中，物体的位置和姿态更加复杂，抓取难度更大，同时对其中圆柱体物体的抓取也存在由于误差而导致不能全部成功抓取的情况，故抓取成功率相对较低。总体上实验取得了较好的结果，验证了系统算法的可行性。

13.4 本章小结

本章首先搭建了视觉引导抓取系统，并设计了相关软件和人机交互界面。然后针对不同物体情况设计了三组实验。实验一抓取处于箱子中的同一类型、同一尺寸的散乱物体；实验二抓取处于箱子中的同一类型、不同尺寸的混合散乱物体；实验三抓取处于箱子中的不同类型、不同尺寸的混合散乱物体。实验具有较高的识别和抓取成功率，同时也具有较高的抓取效率。通过实验，验证了本章算法的可行性。

第14章　结　论

本书介绍了机械臂阻尼最小二乘法逆运动学基础理论，并详细探讨了其理论推导过程、参数选取与影响等。以多功能大尺度重载维护机械臂遥操作系统中的重载冗余机械臂为研究对象，对其运动学、路径规划、抓取规划等关键问题进行了研究。以面向托卡马克的维护机械臂末端耦合双操作臂为对象，研究其运动学、双操作臂协调作业以及遥操作系统，通过虚拟环境显示功能构建了多功能维护机械臂的交互系统，实现了机械臂运动学与路径规划的仿真和实验。此外，本书进一步研究了面向有环境约束的机械臂运动规划一般化、通用化基础理论问题，通过大量分析讨论现有运动规划方法的研究文献，针对基于运动学理论平面冗余机械臂动态环境下运动规划算法、冗余度三维构型机械臂运动规划算法、关节空间角加速度规划方法、冗余度多臂运动规划方法、有限空间内散乱物体机械臂抓取规划等五个方面内容进行研究，通过搭建冗余度七自由度单机械臂、冗余度13自由双臂、基于视觉引导的UR10六自由度机械臂三个实验平台，利用现有经典理论对所提方法进行对比仿真和实验，验证了所提方法的有效性、实用性和优势。

1. 本书的相关研究工作

(1) 采用D－H参数法，建立了机械臂的运动学模型，获得其运动空间并验证了满足机械臂工作的实际要求。运用避障优化的梯度投影法实现了冗余机械臂逆运动学分析求解，并根据机械臂不同的运动模式和运行区域，实现了基于RRT算法的无碰撞路径规划和基于梯度投影法的圆弧路径规划。搭建了平面重载冗余机械臂交互系统，采用Open Inventor虚拟环境显示功能构建了机械臂交互系统的交互界面，通过基于AABB包围盒方法实现了虚拟环境中的在线碰撞检测，提高了机械臂操作的安全性，样机实验验证了该系统的有效性。

(2) 利用D－H参数法建立了双操作臂的运动学模型。求解双操作臂正逆运动学解及雅可比矩阵，并建立面向任务空间的逆解筛选准则。求取了双操作臂的工作空间。分析并推导了松协调和紧协调作业情况下双操作臂的位姿和速度约束，建立了笛卡儿空间下双操作臂协调运动轨迹规划算法，双臂协调搬运任务仿真结果表明双臂末端轨迹平滑，有效地避免了刚性冲击和柔性冲击，验证了约束关系分析及轨迹规划算法的正确性。设计了基于虚拟现实的维护机械臂人机交互系统，基于虚实双模型的虚拟场景，提出了基于层的实时碰撞检测方法，实现了离线仿真、仿真过程复现、场景漫游、主从交互等人机交互功能。搭建了维护机械臂实验平台，对人机交互系统进行了离线仿真和在线测试。离线仿真中在保证无碰撞的前提下完成了真空室管道切割任务，在对大尺度机械臂的在线测试中，真实机械臂能够接受系统指令进行运动，同时与真实机械臂映象之间形成良好同步，系统交互性良好，作业效率较高。

(3) 提出了样条滤波结合多项式拟合的路径预测方法，准确地预测了障碍物与目标将来的运动路径。建立了可行性路径判断标准，定义了可行性路径代价函数，以最小代价路径作为操作臂实时跟随目标的运动轨迹。其次，针对人工势场法往往陷入局部最小值，并且只能实现末端执行器小范围转向的问题，提出局部旋转坐标法，实现了避障时转向的可选择性以及大的避障转向。同时，基于避障优先级配置策略，实现躲避多个动态障碍物的功能。此外，引入快速自适应虚拟控制器，进一步提高操作臂的收敛速度。最后，基于运动路径预测、运动规划、实时避障以及自适应虚拟控制器，形成了动态环境下平面冗余机械臂在线运动规划算法。

(4) 将实时路径规划看作一个控制问题，建立单神经元 PID 模型，以末端位姿误差为控制输入，基于无监督 Hebbian 的主成分分析突出权重学习规则，没有误差作为导师信号，以系统输出方差最大化(或信息熵最大化) 为目标，类似于 Lyapunov 稳定性分析理论，保证了突触权值收敛到稳定状态。通过单神经元 PID 的实时控制，姿态误差逐渐收敛。运动的初始阶段轨迹平滑，追踪阶段快速平稳。提出了用“能量”来描述机械臂的运动状态，定义了用于操作任务能量和用于避障能量的总能量构成。每个采样瞬间，总能量保持恒定。设计了不同能量之间连续可导的转换函数，确保了顺畅、简洁的避障过程和无模型。考虑了末端避障姿态的调整，保证了多个障碍物环境下的无碰撞，有利于姿态的收敛和规划路径的平滑。融合了无监督式追踪方法和基于能量的避障方式，形成了基于能量转化策略避障的在线运动规划方法。

(5) 证明了逆运动学映射中避障和主任务向量的线性无关和正交性，由此推导出由逆运动学映射形成的关节速度向系统误差的等效，并推导了实时规划关节角加速度公式。由于零空间矢量的引入，形成的关节角加速度仍保持着避障特性。将角加速度方程中的高度复杂项简化为系统的综合扰动，理论上降低了系统的复杂度和计算成本。实现了将在线“规划问题”转化为关于关节角加速度的非线性实时“控制问题”。基于高阶滑模控制理论，设计了一种基于双曲正切的超扭曲算法，保证了机械臂在有限时间内的快速收敛性、鲁棒性，抑制了传统算法在基于运动学控制规划中的抖震问题，扩展了传统算法在运动规划中的应用。基于 Lyapunov 理论证明了系统的稳定性。分析了参数对机械臂系统的影响，推导了所设计的 Lyapunov 函数，并讨论了在不同情况下的收敛性能和运动。研究思路完全不同于现有规划思想，所提角加速度规划方法避免了笛卡儿运动规划中需要定义运动路径上的插值点、关节轨迹规划中末端位姿存在非直观的任务描述，以及与障碍物之间的不安全距离等不足，实现了冗余度机械臂在动态环境下的无碰撞运动。

(6) 归纳了可用广义坐标转换矩阵描述的多臂机器人的一类协调操作任务，如搬运、操作方向舵、使用扳手、操作钳子、多工位操作，以及其他类似任务操作等。提出了基于子基法的多臂机器人构形分支划分方式，并采用阻尼最小二乘法雅可比逆的逆运动学求解，确保多臂系统收敛方向沿着总误差减小的方向，从运动学求解保证了多臂的同步收敛。基于自组织竞争神经网络，采用内星学习规则实时调整神经元权重值，形成了多臂机器人规划理论，实现了臂与臂之间规划运动状态的同步和一致。利用李雅普诺夫理论和内星学习规则原理分析了在线运动规划算法的稳定性。通过双臂和三臂机器人验证了所提方法的可行性、运动状态的同步性，以及在固定物理耦合的多臂机器人上的适用性。

(7) 设计了深度图像改善和点云数据处理方案，有效减小了点云密度和去除粘连点云等。利用超体素聚类分割方法和基于凹凸性聚类分割方法，将多物体点云分割为多个单物体点云。提出了一种规则物体部分点云数据的体积最小包围盒计算方法，以及基于最小包围盒的物体点云种类识别和粗配准方法。结合 PCA 法计算的分布主方向以及点云中拟合平面的法向量构建点云坐标系，利用旋转和迭代的方法获得点云体积最小包围盒。采用包围盒对应边近似或相等进行匹配，获取初始位姿。再用 ICP 方法进行精配准，获得更准确的位姿结果。提出了机械臂碰撞检测以及抓取姿态和构型计算方法。箱体和机械臂简化为包围盒和空间线段，将碰撞检测问题转化为线段与有限平面的相交问题。利用 Qt 设计了软件平台，并搭建了交互界面，具备数据可视化和通信、人机交互等功能。

(8) 设计了冗余度七自由度单臂机器人、冗余度 13 自由度双臂机器人、基于视觉引导的 UR10 六自由度机械臂实验平台，搭建了三种系统架构，单臂基于 DSP 为主控和单目视觉引导系统架构，双臂基于计算机 ROS 为主控和深度相机视觉引导的架构，UR10 基于计算机 ROS、Qt 为主控和深度相机为视觉引导的架构，基于 OpenCV 库开发了视觉识别程序。冗余度七自由度单臂机器人、冗余度 13 自由度双臂机器人、UR10 机械臂分别验证了动态环境下在线运动规划方法、面向协调操作任务中运动规划方法和有限操作空间内散乱物体抓取规划方法的可行性、有效性。

2. 本书研究的创新性工作

(1) 提出了一种基于笛卡儿空间目标跟踪误差积分－饱和函数的虚拟控制器。将笛卡儿位姿误差作为虚拟控制器控制输入、规划步长作为输出，融合了障碍物运动路径预测和局部坐标旋转避障方法，提高了平面冗余机械臂在线运动规划收敛速度，保证了平面机械臂在动态环境中的快速无碰撞运动。

(2) 提出了一种基于能量转化策略的三维空间构型机械臂避障方法。定义了描述趋向目标运动的能量、绕过障碍物运动的能量、臂杆相对障碍物运动的能量，以及它们之间的平滑转换关系，同时定义了基于障碍物瞬时轨迹切向量的末端姿态动态调整方式，实现了多障碍物环境下机械臂构型的适应性动作规划和目标位姿跟踪。

(3) 提出了一种基于逆运动学控制的关节角加速度规划方法。把运动规划转化为以关节角加速度作为输入的非线性动力学控制问题，设计了一种基于双曲正切超扭曲算法的无模型加速度设计方法，改善了关节生成轨迹的光滑性和机械臂运动的平稳性。

(4) 提出了一种基于自组织竞争神经网络的多臂运动学协调运动规划方法。定义了基于子基法划分多臂机器人构形的逆运动学求解方法，并设计了一种基于内星学习规则的自组织竞争神经网络，提高了多臂运动学协调操作任务中臂与臂之间运动的同步性。

(5) 提出了一种基于最小包围盒避碰的机械臂有限空间内抓取规划方法。定义了一种规则物体部分点云数据的体积最小包围盒计算方法、基于最小包围盒的物体点云种类识别和粗配准方法、机械臂碰撞检测以及抓取姿态和构型计算方法，提高了机械臂物体抓取成功率。

附　　录

附录 1　线性与非线性系统基础

附 1.1　引言

为了开发控制系统，研究者经常应用某些科学领域的知识。例如动态系统数学模型的开发过程需要物理学。本书假定机器人系统的动力学方程已建立，不涉及开发模型所需的物理知识。但需要理解来自数学的背景知识，而这正是本章的目的。作为系统分析的重要数学工具，本部分将介绍向量、矩阵、信号范数、系统范数的基本概念及其相关性质。

附 1.2　线性向量空间

在大多数机器人控制系统中，需要处理位于线性实向量空间或位于线性复向量空间的各类信息。例如由机械臂各关节角度组成的广义坐标系就是线性实向量空间。

定义 1　线性实向量空间是一个集合 $\mathbf{V}$，它配备有两个二元操作，加"+"和标量乘"•"，并满足以下条件：

(1) $\boldsymbol{x}+\boldsymbol{y}=\boldsymbol{y}+\boldsymbol{x}, \forall \boldsymbol{x}, \boldsymbol{y} \in \mathbf{V}$。

(2) $\forall \boldsymbol{x}, \boldsymbol{y} \in \mathbf{V}, \boldsymbol{x}+(\boldsymbol{y}+\boldsymbol{z})=(\boldsymbol{x}+\boldsymbol{y})+\boldsymbol{z}$。

(3) $\exists 0_{\mathrm{V}} \in \mathbf{V}$，使得 $\boldsymbol{x}+0_{\mathrm{V}}=0_{\mathrm{V}}+\boldsymbol{x}, \forall \boldsymbol{x} \in \mathbf{V}$。

(4) $\forall \boldsymbol{x} \in \mathbf{V}, \exists(-\boldsymbol{x}) \in \mathbf{V}$，使得 $\boldsymbol{x}+(-\boldsymbol{x})=(-\boldsymbol{x})+\boldsymbol{x}=0_{\mathrm{V}}$。

(5) $\forall r_1, r_2 \in \boldsymbol{R}$，以及 $\forall \boldsymbol{x} \in \mathbf{V}$，使得 $r_1 \cdot(r_2 \cdot \boldsymbol{x})=(r_1 r_2) \cdot \boldsymbol{x}$。

(6) $\forall \boldsymbol{x} \in \mathbf{V}$，使得 $1 \cdot \boldsymbol{x}=\boldsymbol{x}$，其中"1"在实数域 $\boldsymbol{R}$ 中是单位量。

(7) $\forall r_1, r_2 \in \boldsymbol{R}$，以及 $\forall \boldsymbol{x} \in \mathbf{V}$，使得 $(r_1+r_2) \cdot \boldsymbol{x}=r_1 \cdot \boldsymbol{x}+r_2 \cdot \boldsymbol{x}$。

(8) $\forall r \in \boldsymbol{R}$，以及 $\forall \boldsymbol{x}_1, \boldsymbol{x}_2 \in \mathbf{V}$，使得 $r \cdot(\boldsymbol{x}_1+\boldsymbol{x}_2)=r \cdot \boldsymbol{x}_1+r \cdot \boldsymbol{x}_2$。

如果将所有实数域标量 $r_1, r_2, r \in \mathbf{R}$ 替换成复数域标量，$c_1, c_2, c \in \mathbf{C}$，则 $\mathbf{V}$ 代表的是线性复向量空间。

例 1　实数标量场 $\mathbf{R}^n$（或复数标量场 $\mathbf{C}^n$）是线性向量空间，其中 $n=1,2,3,\cdots$ 表示向量空间的维数。实数标量场 $\mathbf{R}^{m\times n}$（或复数标量场 $\mathbf{C}^{m\times n}$）也是线性向量空间，其数据结构为 m 行 n 列矩阵。

定义 2　一个线性向量空间 $\mathbf{V}$ 的子集 $\boldsymbol{M}$ 是一个子空间，只要 $\boldsymbol{M}$ 本身是一个线性向量空间。子集 $\boldsymbol{M}$ 为子空间的一个必要条件是 $\boldsymbol{M}$ 包含零向量 $\mathbf{0}(\mathbf{0} \in \boldsymbol{M})$。

在向量空间 $\mathbf{V}$ 中，可以构造许多函数，其中一个函数被称为范数，它把 $\mathbf{V}$ 中的一个向量变成 $\mathbf{R}$ 中的一个正数。另外一个是内积，它使 $\mathbf{V}$ 中的两个向量变成 $\mathbf{R}$ 或 $\mathbf{C}$ 中的一个标量。后续将会依次介绍向量的范数和内积的概念。

附 1.3　信号和系统的范数

范数是一个长度概念。一个向量的长度或两个向量之间的距离均可以用范数来刻画。在控制中系统的稳定性分析和控制器参数的鲁棒性设计均离不开范数。其中，信号范数和系统范数在系统分析中有举足轻重的作用。尤其对于机器人，离开它就难以设计和评估包括控制器在内的机电系统的各项性能，而掌握它为系统的创造性设计提供了一个有力的理论工具。

1. 向量范数

定义 3　一个向量 $\boldsymbol{x}$ 的范数 $\|\cdot\|$ 是实函数，它的定义域为向量空间，记为 $\boldsymbol{X}$，并满足下面三个条件：

(1) $\forall \boldsymbol{x} \in \boldsymbol{X}$，$\|\boldsymbol{x}\| \geqslant 0$，而且 $\|\boldsymbol{x}\| = 0$，当且仅当 $\boldsymbol{x} = \boldsymbol{0}$。

(2) $\forall \boldsymbol{x} \in \boldsymbol{X}$，$\forall \alpha \in \mathbf{R}$（或 $\forall \alpha \in \mathbf{C}$），$\|\alpha \boldsymbol{x}\| = |\alpha| \, \|\boldsymbol{x}\|$。

(3) $\forall \boldsymbol{x}, \boldsymbol{y} \in \boldsymbol{X}$，$\|\boldsymbol{x} + \boldsymbol{y}\| \leqslant \|\boldsymbol{x}\| + \|\boldsymbol{y}\|$。

例 2　向量 $\boldsymbol{x} \in \mathbf{R}^n$ 的范数：

1－范数：$\|\boldsymbol{x}\|_1 = \sum_{j=1}^{n} |x_j|$；

2－范数：$\|\boldsymbol{x}\|_2 = \sqrt{\sum_{j=1}^{n} x_j^2}$，又称为欧几里得范数；

p－范数：$\|\boldsymbol{x}\|_{\mathrm{p}} = \left(\sqrt{\sum_{j=1}^{n} |x_j^p|}\right)^{1/p}$，$\forall p \in [1, \infty)$；

∞－范数：$\|\boldsymbol{x}\|_{\infty} = \max_{1 \leqslant j \leqslant n} |x_j|$。

下面介绍向量范数的 4 个重要性质。这些性质已被广泛应用于系统稳定性证明、代数不等式展开等系统分析中。

引理 1　令 $\|\boldsymbol{x}\|_{\mathrm{a}}$ 和 $\|\boldsymbol{x}\|_{\mathrm{b}}$ 为向量 $\boldsymbol{x} \in \mathbf{R}^n$ 的范数。那么，存在 $k_1, k_2 > 0$，使得 $\forall \boldsymbol{x} \in \mathbf{R}^n$，

$$k_1 \|\boldsymbol{x}\|_a \leqslant \|\boldsymbol{x}\|_b \leqslant k_2 \|\boldsymbol{x}\|_a \tag{A1.1}$$

引理 2　对于 $\boldsymbol{x} \in \mathbf{R}^n$，有下列向量范数之间的等价关系：

$$\|\boldsymbol{x}\|_1 \leqslant \sqrt{n} \, \|\boldsymbol{x}\|_2 \tag{A1.2}$$

$$\|\boldsymbol{x}\|_{\infty} \leqslant \|\boldsymbol{x}\|_1 \leqslant n \|\boldsymbol{x}\|_{\infty} \tag{A1.3}$$

$$\|\boldsymbol{x}\|_2 \leqslant \sqrt{n} \, \|\boldsymbol{x}\|_{\infty} \tag{A1.4}$$

引理 3　对于 $p > 1$，$1/p + 1/q = 1$，以及 $\boldsymbol{x}, \boldsymbol{y} \in \mathbf{R}^n$，下面不等式成立：

$$\sum_{j=1}^{n} |x_j y_j| \leqslant \left(\sum_{j=1}^{n} |x_j|^p\right)^{1/p} \left(\sum_{j=1}^{n} |y_j|^q\right)^{1/q} \tag{A1.5}$$

在泛函分析中，它被称为霍德尔不等式。紧凑表示成

$$|\boldsymbol{x}^{\mathrm{T}} \boldsymbol{y}| \leqslant \|\boldsymbol{x}\|_p \|\boldsymbol{y}\|_q \tag{A1.6}$$

作为霍德尔不等式的特殊情形，柯西－施瓦茨不等式

$$x^{\mathrm{T}}y \leqslant \|x\|_2 \|y\|_2 \tag{A1.7}$$

在实际中广泛应用。另外，闵可夫斯基不等式(或称三角形不等式)在系统分析中也占有重要位置，具体描述如下。

引理 4 对于 $p \geqslant 1$，以及 $\boldsymbol{x}, \boldsymbol{y} \in \mathbf{R}^n$，下面不等式总是成立：

$$\left(\sum_{j=1}^{n} |x_j + y_j|^p\right)^{1/p} \leqslant \left(\sum_{j=1}^{n} |x_j|^p\right)^{1/p} + \left(\sum_{j=1}^{n} |y_j|^p\right)^{1/p} \tag{A1.8}$$

紧凑表示成

$$\|\boldsymbol{x}+\boldsymbol{y}\|_{\mathrm{p}} \leqslant \|\boldsymbol{x}\|_{\mathrm{p}} + \|\boldsymbol{y}\|_{\mathrm{q}} \tag{A1.9}$$

2. 子集 $C \in \mathbf{R}$ 的上确界和下确界

如果 $\forall \boldsymbol{x} \in C$，有 $\boldsymbol{x} \leqslant a$，则 a 是 C 的一个上界。令 D 为 C 的所有上界组成的集合。关于 D 有 3 种情形：如果 $D=\varnothing$，则 C 无限上界；如果 $D=\mathbf{R}$，则 $C=\varnothing$；如果 $D=[b,\infty]$，则称 b 是 C 的最小上界或上确界，用 $\sup C$ 来标记。对于空集 $\varnothing$，$\sup \varnothing \to -\infty$。对 C 无限上界的情况，则有 $\sup C \to \infty$。当 $\sup C \in C$ 时，称 C 的上确界已经达到。注意，当 C 是有限集合时，$\sup C$ 是最大值。在 $\sup C \in C$ 的情况下，一些书用 $\max C$ 表示最大，但本书遵循标准的数学惯例，只有当 C 是有限集合时才使用 $\max C$。如果对于任意 $x \in C$，有 $a \leqslant \boldsymbol{x}$，则 a 是 C 的一个下界。集合 C 的下确界为 $\inf C = -\sup(-C)$。如果 C 是一个有限集合，则 $\inf C$ 是 C 元素的最小值。对于空集 $\varnothing$，则有 $\inf \varnothing \to \infty$，对于 C 无限下界的情形，$\inf C \to -\infty$。

3. 矩阵的范数

一个特定向量 $\boldsymbol{x}$ 可以通过一个矩阵 $\boldsymbol{A}$ 的操作得到另一个向量 $\boldsymbol{y}=\boldsymbol{A}\boldsymbol{x}$。为了将 $\boldsymbol{x}$ 和 $\boldsymbol{A}\boldsymbol{x}$ 的大小联系起来，引入一个新的概念，叫矩阵的诱导范数。

定义 4 矩阵的诱导 $p-$ 范数的标准定义如下：

$$\|\boldsymbol{A}\|_p = \sup_{x\neq 0} \frac{\|\boldsymbol{A}\boldsymbol{x}\|_p}{\|\boldsymbol{x}\|_p} \tag{A1.10}$$

式中，$p \in [1,\infty]$，$\boldsymbol{A} \in \mathbf{R}^{m\times n}$，$\boldsymbol{x} \in \mathbf{R}^n$。诱导 $p-$ 范数还用另外一种定义，即

$$\|\boldsymbol{A}\|_p = \sup_{\|\boldsymbol{x}\|_p=1} \|\boldsymbol{A}\boldsymbol{x}\|_p \tag{A1.11}$$

矩阵范数有以下 3 个重要性质：

$$\|\boldsymbol{A}\|_1 = \max_{1\leqslant j\leqslant n} \sum_{i=1}^{m} |a_{ij}| \tag{A1.12}$$

$$\|\boldsymbol{A}\|_2 = \sqrt{\lambda_{\max}(\boldsymbol{A}^{\mathrm{T}}\boldsymbol{A})} \tag{A1.13}$$

$$\|\boldsymbol{A}\|_\infty = \max_{1\leqslant i\leqslant m} \sum_{j=1}^{n} |a_{ij}| \tag{A1.14}$$

式中，a_{ij} 是矩阵 $\boldsymbol{A}$ 的第 i 行、第 j 列元素；$\lambda_{\max}$ 是矩阵 $\boldsymbol{A}^{\mathrm{T}}\boldsymbol{A}$ 的最大特征值。

当使用无下标范数符号 $\|\cdot\|$ 时，研究者一般首先考虑 $\|\cdot\|_2$ 的情况。然而，$\|\cdot\|$ 在大多数情况下也适用于 $\|\cdot\|_p$ 和 $\|\cdot\|_\infty$ 的情况。矩阵的诱导 $p-$ 范数满足三角形不等式：

$$\|\boldsymbol{A}+\boldsymbol{B}\| \leqslant \|\boldsymbol{A}\| + \|\boldsymbol{B}\| \tag{A1.15}$$

另外，对于矩阵 $\boldsymbol{A},\boldsymbol{B} \in \mathbf{R}^{m\times n}$ 和向量 $\boldsymbol{x} \in \mathbf{R}^n$，下面不等式成立：

$$\|\boldsymbol{Ax}\| \leqslant \|\boldsymbol{A}\|\ \|\boldsymbol{x}\| \tag{A1.16}$$

$$\|\boldsymbol{AB}\| \leqslant \|\boldsymbol{A}\|\ \|\boldsymbol{B}\| \tag{A1.17}$$

$$\max_{i,j}|a_{ij}| \leqslant \|\boldsymbol{A}\|_2 \leqslant \sqrt{mn}\ \max_{i,j}|a_{ij}| \tag{A1.18}$$

4. 函数向量的范数

下面介绍与时间 t 相关的函数范数和函数向量范数。在机器人控制算法分析中经常面临对这一类信号的处理。

定义 5　令 $\boldsymbol{f}:[0,\infty)\to\mathbf{R}$ 为一致连续函数。一致连续是指，$\forall\varepsilon>0$，$\exists\delta(\varepsilon)$，使得

$$|t-t_0|<\delta(\varepsilon)\Rightarrow|\boldsymbol{f}(t)-f(t_0)|<\varepsilon \tag{A1.19}$$

(1) 如果 $\boldsymbol{f}(t)$ 有界，即 $\exists B$，使得 $\|\boldsymbol{f}(\cdot)\|_\infty \overset{\text{def}}{=\!=} \sup_{t\geqslant 0}|f(t)|\leqslant B<\infty$，则称 $f(t)\in\mathscr{L}_\infty$。

(2) 如果 $\forall p\in[1,\infty)$，满足 $\|\boldsymbol{f}(\cdot)\|_p \overset{\text{def}}{=\!=} \left(\int_0^\infty|f(t)|^p\mathrm{d}t\right)^{1/p}<\infty$，则称 $f(t)\in\mathscr{L}_p$。

在定义 5 中，如果 $p=1$，则 $f(t)\in\mathscr{L}_1$；如果 $p=2$，则 $f(t)\in\mathscr{L}_2$。可以从几何学和物理学的观点解释 $\mathscr{L}_1$ 空间和 $\mathscr{L}_2$ 空间。它们分别代表 $|\boldsymbol{f}(t)|$ 的面积和 $f(t)$ 的总能量的平均。作为函数空间概念的一般化过程，下面介绍 n 维向量函数空间的定义。

定义 6　令 $\boldsymbol{f}:[0,\infty)\to\mathbf{R}^n$ 为一致连续向量函数，用 f_j 来标记分量，$j=1,2,\cdots,n$。

(1) 如果 $f_j(t)\in\mathscr{L}_p$，则称 $f(t)\in\mathscr{L}_p^n$。此时，向量函数的范数 $\|\boldsymbol{f}\|_p$ 满足不等式：

$$\|\boldsymbol{f}(\cdot)\|_p \overset{\text{def}}{=\!=} \left(\int_0^\infty\sum_{j=1}^n|f_j(t)|^p\mathrm{d}t\right)^{1/p}<\infty,\quad\forall p\in[1,\infty) \tag{A1.20}$$

(2) 如果 $f_j(t)\in\mathscr{L}_\infty$，则称 $f(t)\in\mathscr{L}_\infty^n$。此时，函数向量范数 $\|\boldsymbol{f}\|_\infty$ 满足不等式：

$$\|\boldsymbol{f}(\cdot)\|_\infty \overset{\text{def}}{=\!=} \max_{1\leqslant j\leqslant n}\|f_j(\cdot)\|_\infty<\infty \tag{A1.21}$$

例 3　如果 $\boldsymbol{x}(t),\boldsymbol{y}(t)\in[0,\infty)$，$\boldsymbol{x}(t)\leqslant\boldsymbol{y}(t)$，$\boldsymbol{y}(t)\in\mathscr{L}_p$，那么 $\boldsymbol{x}(t)\in\mathscr{L}_p$，$\forall p\in[1,\infty)$。例如 $0\leqslant \mathrm{e}^{-2t}\leqslant\mathrm{e}^{-t}$ 的情况。由于 $\mathrm{e}^{-t}\in\mathscr{L}_2$，因此 $\mathrm{e}^{-2t}\in\mathscr{L}_2$。另外，如果 $x(t)\in\mathscr{L}_1\cap\mathscr{L}_\infty$，那么 $\boldsymbol{x}(t)\in\mathscr{L}_p$，$\forall p\in[1,\infty)$。

例 4　如果 $\boldsymbol{x},\boldsymbol{y}(t)\in\mathscr{L}_q$，则对于 $p,q\in[1,\infty)$ 和 $1/p+1/q=1$，有下面关系：

$$\boldsymbol{x},\boldsymbol{y}\in\mathscr{L}_1,\quad\|\boldsymbol{xy}\|_1\leqslant\|\boldsymbol{x}\|_p\|\boldsymbol{y}\|_q \tag{A1.22}$$

例 5　如果 $\boldsymbol{x},\boldsymbol{y}\in\mathscr{L}_p$，$\forall p\in[1,\infty)$，则 $\boldsymbol{x},\boldsymbol{y}\in\mathscr{L}_p$，$\|\boldsymbol{x}+\boldsymbol{y}\|_p\leqslant\|\boldsymbol{x}\|_p+\|\boldsymbol{y}\|_q$。

例 6　对于 $\boldsymbol{x},\boldsymbol{y}\in\mathbf{R}$ 和 $0<\varepsilon<\infty$，满足不等式：$2\boldsymbol{xy}\leqslant(1/\varepsilon)\boldsymbol{x}^2+\varepsilon\boldsymbol{y}^2$。

例 7　已知 $\boldsymbol{x}\in\mathscr{L}_p^n$ 和 $\boldsymbol{y}\in\mathscr{L}_\infty^n$，其中 $p\in[1,\infty)$。那么，$\boldsymbol{y}^{\mathrm{T}}\boldsymbol{x}\in\mathscr{L}_p$。证明：由于 $\boldsymbol{y}\in\mathscr{L}_\infty^n$，因此 $\exists 0<c<\infty$，使得 $\sup_{t>0}|\boldsymbol{y}(t)|\leqslant c$。根据定义，$\boldsymbol{y}^{\mathrm{T}}\boldsymbol{x}$ 的 p－范数满足

$$\|\boldsymbol{y}^{\mathrm{T}}\boldsymbol{x}\|_p\leqslant\left(\int_0^\infty\sum_{j=1}^n|cx_j(t)|^p\mathrm{d}t\right)^{1/p}\leqslant c\|\boldsymbol{x}\|_p<\infty \tag{A1.23}$$

该不等式符合 $\mathscr{L}_p^n$ 空间的定义，因此命题成立。

在机器人控制工程中，动力学是控制算法设计的基础。其中，针对系统状态信号或控

制输入信号的分析是重要步骤之一。作为定义 5 和 6 的具体应用，下面介绍信号范数概念。假设 $\boldsymbol{u}(t) \in \mathbf{R}$ 是某一系统的输入信号，并且持续，也就是

$$\lim_{t\to\infty} u(t) \neq 0 \tag{A1.24}$$

那么，常见的范数有

$$\|\boldsymbol{u}\|_2 = \sqrt{\lim_{T\to\infty} \frac{1}{T}\int_0^T \boldsymbol{u}^2(t)\mathrm{d}t} < \infty \tag{A1.25}$$

$$\|\boldsymbol{u}\|_1 = \lim_{T\to\infty} \frac{1}{T}\int_0^T |\boldsymbol{u}(t)|\mathrm{d}t < \infty \tag{A1.26}$$

$$\|\boldsymbol{u}\|_\infty = \sup_{t\geqslant 0} |\boldsymbol{u}(t)| < \infty \tag{A1.27}$$

而对于 $\boldsymbol{u}(t) \in \mathbf{R}^n$ 的情况，则按下面公式定义：

$$\|\boldsymbol{u}\|_2 = \sqrt{\lim_{T\to\infty} \frac{1}{T}\int_0^T u^{\mathrm{T}}(t)u(t)\mathrm{d}t} < \infty \tag{A1.28}$$

$$\|\boldsymbol{u}\|_1 = \lim_{T\to\infty} \frac{1}{\tau}\int_0^T \sum_{j=1}^{n} |u_j(t)|\mathrm{d}t < \infty \tag{A1.29}$$

$$\|\boldsymbol{u}\|_\infty = \max_{1\leqslant j\leqslant n} \|u_j(t)\|_\infty < \infty \tag{A1.30}$$

另外，当 $\boldsymbol{u}(t) \in \mathbf{R}$ 非持续，$\|\boldsymbol{u}\|_2$ 和 $\|\boldsymbol{u}\|_1$ 的计算略有不同，采用下面表达式：

$$\|\boldsymbol{u}\|_2 = \sqrt{\int_0^\infty u^2(t)\mathrm{d}t} < \infty \tag{A1.31}$$

$$\|\boldsymbol{u}\|_1 = \int_0^\infty |u(t)|\mathrm{d}t < \infty \tag{A1.32}$$

而对于 $\boldsymbol{u}(t) \in \mathbf{R}^n$ 的情况，则用下面表达式：

$$\|\boldsymbol{u}\|_2 = \sqrt{\int_0^\infty \boldsymbol{u}^{\mathrm{T}}(t)\boldsymbol{u}(t)\mathrm{d}t} < \infty \tag{A1.33}$$

$$\|\boldsymbol{u}\|_1 = \int_0^\infty \sum_{j=1}^{n} |u_j(t)|\mathrm{d}t < \infty \tag{A1.34}$$

注意，无论是信号持续还是非持续，$\|\boldsymbol{u}\|_2$、$\|\boldsymbol{u}\|_\infty$、$\|\boldsymbol{u}\|_1$ 这三者之间总是满足在引理 1 ～ 2 中所阐述的不同范数之间的等价关系。

扩展函数向量空间也是常用的数学概念，它用于处理一些无界函数向量。例如假定某一系统的输入为 $\boldsymbol{u}(t) = t$。这是一个无界函数，它既不属于 $\mathscr{L}_p$ 也不属于 $\mathscr{L}_\infty$。可见之前函数向量空间的定义无法确定其范数。为此引入扩展函数向量空间的概念。

定义 7 扩展函数向量空间 $\mathscr{L}_{\mathrm{e}}^n$ 是一个截断函数向量 $\boldsymbol{u}_{\mathrm{T}}(t) \in \mathbf{R}^n$ 在其定义域 $[0,\infty)$ 上的集合：

$$\mathscr{L}_{\mathrm{e}}^n = \{\boldsymbol{u}(t) \in \mathbf{R}^n \mid \boldsymbol{u}_{\mathrm{T}}(t) \in \mathscr{L}^n, \forall\, T \in [0,\infty)\} \tag{A1.35}$$

式中，$\mathscr{L}^n \overset{\mathrm{def}}{=\!=} \mathscr{L}_p^n$（或 $\mathscr{L}^n \xrightarrow{\mathrm{def}} \mathscr{L}_\infty^n$），$\mathscr{L}_{\mathrm{e}}^n \xrightarrow{\mathrm{def}} \mathscr{L}_{p\mathrm{e}}^n$（或 $\mathscr{L}_{\mathrm{e}}^n \xrightarrow{\mathrm{def}} \mathscr{L}_{\infty\mathrm{e}}^n$），$p = [1,\infty]$，$\boldsymbol{u}_{\mathrm{T}}$ 是 $\boldsymbol{u}(t)$ 的一个截断函数：

$$\boldsymbol{u}_{\mathrm{T}}(t) = \begin{cases} \boldsymbol{u}(t), & 0 \leqslant t \leqslant T \\ 0, & 0 \leqslant T \leqslant t \end{cases} \tag{A1.36}$$

根据该定义，函数 $\boldsymbol{u}(t) = t$ 属于 $\mathscr{L}_{\mathrm{e}}$。扩展函数向量空间的另外一个重要应用在于系统

因果性的判定上，将在下一节系统范数中介绍。下面的引理说明了引理 2 ～ 3 中的霍德尔不等式在扩展函数向量空间上依然成立。

引理 5　如果函数 $f(t)$ 和 $g(t)$ 分别属于 $\mathscr{L}_{pe}$ 和 $\mathscr{L}_{qe}$，且 $1/p+1/q=1$，则有

$$\int_0^T |f(t)g(t)|\,\mathrm{d}t \leqslant \left(\int_0^T |f(t)|^p\,\mathrm{d}t\right)^{1/p}\left(\int_0^T |g(t)|^q\,\mathrm{d}t\right)^{1/q} \tag{A1.37}$$

在控制算法的推理阶段，经常利用区间函数向量空间的概念进行稳定性分析。从定义 6 看出，函数向量 $\boldsymbol{f}(t)$ 的定义域为 $[0,\infty)$，但在一些应用中需要处理某个时间段上的函数向量。这一类函数向量的集合通常用 $\mathbf{C}^n[a,b]$ 来标记，其中 n 表示维数，$[a,b]$ 表示时间段。下面给出其范数的定义。

定义 8　设 $\boldsymbol{f}:[a,b]\to\mathbf{R}^n$ 是一个区间向量函数，其范数表达式为

$$\|\boldsymbol{f}(\cdot)\| = \sup_{t\in[a,b]}\|\boldsymbol{f}(t)\| \tag{A1.38}$$

式中

$$\|\boldsymbol{f}(t)\| = \left(\sum_{j=1}^{n}|f_j(t)|^p\right)^{1/p},\quad p\in[1,\infty) \tag{A1.39}$$

或者

$$\|\boldsymbol{f}(t)\| = \max_{1\leqslant j\leqslant n}|f_j(t)| \tag{A1.40}$$

注意，与定义 6 中的范数 $\|\boldsymbol{f}(\cdot)\|_p$ 或 $\|\boldsymbol{f}(\cdot)\|_\infty$ 不同，首先对时间 t 进行“冷冻”，将 $\boldsymbol{f}(t)$ 视作一个常数向量，利用例 1 ～ 2 中的向量范数公式来获得 $\|\boldsymbol{f}(t)\|$，最后计算 $\|\boldsymbol{f}(\cdot)\|$。

5. 系统范数

一个现实世界中的系统对“刺激”（输入）总会做出“反应”，而“反应”是“刺激”在当前和过去历史时刻作用的结果。系统的这种属性被称为因果性。从稳定性角度，因果系统可以分成稳定系统和不稳定系统。一个系统是否稳定取决于输入与输出之间的映射，例如传递函数或动力学。下面先给出因果系统的定义。

定义 9　因果映射 $\boldsymbol{H}:\mathscr{L}_e^m\to\mathscr{L}_e^q$ 是指，其输出值 $\boldsymbol{y}(t)=(\boldsymbol{Hu})(t)$ 取决于 t 时刻以及之前的输入值，其中 $\boldsymbol{u}\in\mathscr{L}_e^m\subset\mathbf{R}^m$ 是输入向量。该表述与下面表达式等价：

$$\boldsymbol{y}_\mathrm{T}(t)=(\boldsymbol{Hu})_\mathrm{T}(t)=(\boldsymbol{Hu}_\mathrm{T})_\mathrm{T}(t) \tag{A1.41}$$

“映射”和通常所说的“系统”或“算子”指的是同一个事物或对象。因果系统可以分为无记忆系统和记忆系统。如果一个因果系统的输出值仅取决于 t 时刻输入值，则说明系统对 t 时刻之前的输入值没有记忆功能，而其他情况则为记忆系统，也叫动态系统。接下来介绍系统范数概念，但先要了解 $\mathscr{K}$ 类函数概念。

定义 10　一个连续函数 $\alpha:[0,a)\to[0,\infty)$ 属于 $\mathscr{K}$ 类是指，α 是一个非减函数并且 $\alpha(0)=0$。如果 $a\to\infty$ 且 $r\to 0\Rightarrow\alpha(r)\to\infty$，则称函数 α 为 $\mathscr{K}_\infty$ 类。

定义 11　$\mathscr{L}$稳定映射 $\boldsymbol{H}:\mathscr{L}_e^m\to\mathscr{L}_e^q$ 是指，存在一个 $\mathscr{K}$ 类函数 α 和一个偏置 $\beta\geqslant 0$，使得

$$\|\boldsymbol{y}_\mathrm{T}(t)\| = \|(\boldsymbol{Hu})_\mathrm{T}(t)\| \leqslant \alpha(\|\boldsymbol{u}_\mathrm{T}(t)\|)+\beta,\ \forall\,(T,\boldsymbol{u})\in[0,\infty)\times\mathscr{L}_e^m \tag{A1.42}$$

如果存在 $\gamma,\beta\in[0,\infty)$，使得

$$\| \boldsymbol{y}_{\mathrm{T}}(t) \| = \| (\boldsymbol{H}\boldsymbol{u})_{\mathrm{T}}(t) \| \leqslant \gamma(\| \boldsymbol{u}_{\mathrm{T}}(t) \|) + \beta, \forall (T, \boldsymbol{u}) \in [0, \infty) \times \mathscr{L}_{\mathrm{e}}^{m} \tag{A1.43}$$

则称映射 $\boldsymbol{H}$ 为增益有界 $\mathscr{L}$ 稳定。

定义 12　就因果系统而言，$\mathscr{L}$ 稳定映射 $\boldsymbol{H}: \mathscr{L}^{m} \to \mathscr{L}^{q}$ 是指，存在一个 $\mathscr{K}$ 类函数 α 和一个偏置 $\beta \geqslant 0$，使得

$$\| \boldsymbol{y}(t) \| = \| \boldsymbol{H}\boldsymbol{u}(t) \| \leqslant \alpha(\| \boldsymbol{u}(t) \|) + \beta, \forall \boldsymbol{u} \in \mathscr{L}^{m} \tag{A1.44}$$

如果存在 $\gamma, \beta \in [0, \infty)$，使得

$$\| \boldsymbol{y}(t) \| = \| \boldsymbol{H}\boldsymbol{u}(t) \| \leqslant \gamma(\| \boldsymbol{u}(t) \|) + \beta, \forall \boldsymbol{u} \in \mathscr{L}^{m} \tag{A1.45}$$

则称映射 $\boldsymbol{H}$ 为增益有界 $\mathscr{L}$ 稳定。

注意，在以上定义中，如果 $\| \cdot \| \overset{\text{def}}{=\!=} \| \cdot \|_{\infty}$，映射 $\boldsymbol{H}$ 代表 $\mathscr{L}_{\infty}$ 稳定系统，也就是通常所说的有界输入－有界输出系统，而如果 $\| \cdot \| \overset{\text{def}}{=\!=} \| \cdot \|_{p}$，$\boldsymbol{H}$ 则代表 $\mathscr{L}_{p}$ 稳定系统。另外，γ 和 β 满足增益有界 $\mathscr{L}$ 稳定条件的情况下，如果 γ 本身就是最小值，那么称 γ 为 $\mathscr{L}$ 增益。

例 8　给定常量 $a, b, c \geqslant 0$，定义一个无记忆系统，

$$y = h(u) = a + b\,\frac{\mathrm{e}^{cu} - \mathrm{e}^{-cu}}{\mathrm{e}^{cu} + \mathrm{e}^{-cu}} \tag{A1.46}$$

可以证明

$$\frac{\mathrm{d}y}{\mathrm{d}u} = h'(u) = \frac{4bc}{(\mathrm{e}^{cu} + \mathrm{e}^{-cu})^{2}} \leqslant bc, \quad \forall u \in \mathbf{R} \tag{A1.47}$$

于是有

$$|y| = |h(u)| \leqslant bc\,|u| + a, \quad \forall u \in \mathbf{R} \tag{A1.48}$$

这说明 $h(u)$ 增益有界 $\mathscr{L}_{\infty}$ 稳定，其中增益 $\gamma = bc$，偏置 $\beta = a$。进一步地，如果 $a = 0$，则 $h(u)$ 满足不等式

$$\int_{0}^{\infty} |y(t)|^{p} \mathrm{d}t = \int_{0}^{\infty} |h(u(t))|^{p} \mathrm{d}t \leqslant (bc)^{p} \int_{0}^{\infty} |u(t)|^{p} \mathrm{d}t, \quad \forall p \in [1, \infty] \tag{A1.49}$$

因此，在零偏置和增益 $\gamma = bc$ 情况下，$h(u)$ 增益有界 $\mathscr{L}_{p}$ 稳定。

例 9　考虑 $\boldsymbol{y} = \boldsymbol{h}(\boldsymbol{u}) = \boldsymbol{u}^{2}$ 的情况。从定义 12 可知 $u \in \mathscr{L}_{\infty} \Rightarrow y = \boldsymbol{h}(\boldsymbol{u}) \in \mathscr{L}_{\infty}$，即

$$\| \boldsymbol{y} \|_{\infty} = \| \boldsymbol{h}(\boldsymbol{u}) \|_{\infty} \leqslant \alpha(\| \boldsymbol{u} \|_{\infty}) = \| \boldsymbol{u} \|_{\infty}^{2} \tag{A1.50}$$

这说明，$\boldsymbol{h}(\boldsymbol{u})$ 是 $\mathscr{L}_{\infty}$ 稳定系统。但 $\boldsymbol{h}(\boldsymbol{u})$ 不满足增益有界 $\mathscr{L}_{\infty}$ 稳定的条件。这是因为，$|\boldsymbol{y}| = |\boldsymbol{h}(\boldsymbol{u})| \not\leqslant \gamma(\boldsymbol{u}), \forall \boldsymbol{u} \in \mathscr{L}_{\infty}$。

例 10　考虑因果卷积算子 $\boldsymbol{H}$，其定义式为

$$y(t) = \int_{0}^{t} h(t-\sigma)\,u(\sigma)\,\mathrm{d}\sigma \overset{\text{def}}{=\!=} (\boldsymbol{H}\boldsymbol{u})(t) \tag{A1.51}$$

式中，对于 $t < 0, h(t) = 0$。试分析因果卷积算子 $\boldsymbol{H}$ 的稳定性。

解　首先分析 $\boldsymbol{h} \in \mathscr{L}_{1\mathrm{e}}$ 的情况，也就是

$$\| \boldsymbol{h}_{\mathrm{T}} \|_{1} = \int_{0}^{\infty} |h_{\mathrm{T}}(\sigma)|\,\mathrm{d}\sigma = \int_{0}^{T} |h(\sigma)|\,\mathrm{d}\sigma < \infty, \quad \forall T \in [0, \infty) \tag{A1.52}$$

可以确定

$$|y(t)| \leqslant \int_0^t |h(t-\sigma)| |u(\sigma)| d\sigma \tag{A1.53}$$

假设 $\boldsymbol{u} \in \mathscr{L}_{\infty e}$ 且 $T \geqslant t$，则有

$$\| \boldsymbol{u}_T \|_\infty = \sup_{\sigma \geqslant 0} |u_T(\sigma)| = \sup_{0 \leqslant \sigma \leqslant T} |u(\sigma)| \tag{A1.54}$$

利用该结论，并结合上面不等式，可得

$$|y(t)| \leqslant \left(\int_0^t |h(t-\sigma)| d\sigma \right) \| \boldsymbol{u}_T \|_\infty \tag{A1.55}$$

令 $s = t - \sigma$，则有

$$\int_0^t |h(t-\sigma)| d\sigma = \int_0^t |h(s)| ds \leqslant \int_0^T |h(s)| ds = \| \boldsymbol{h}_T \|_1 \tag{A1.56}$$

从而

$$|y(t)| \leqslant \| \boldsymbol{h}_T \|_1 \| \boldsymbol{u}_T \|_\infty \tag{A1.57}$$

注意，对于 $t \leqslant T$，$|y(t)|$ 最大值取

$$\| \boldsymbol{y}_T \|_\infty = \sup_{0 \leqslant t \leqslant T} |y(t)| \tag{A1.58}$$

因此

$$\| \boldsymbol{y}_T \|_\infty \leqslant \| \boldsymbol{h}_T \|_1 \| \boldsymbol{u}_\tau \|_\infty \tag{A1.59}$$

根据定义 11，$\boldsymbol{H}$ 不满足增益有限且 $\mathscr{L}_\infty$ 稳定条件。这是因为，对于 $T \in [0, \infty)$，$\| \boldsymbol{h}_T \|_1$ 保证其有界，但无法保证对 T 的一致有界。也就是说，当 $T \to \infty$ 时，可能使 $\| \boldsymbol{h}_T \|_1 \to \infty$。在这里假设 $\boldsymbol{h} \in \mathscr{L}_1$，即

$$\| \boldsymbol{h} \|_1 = \int_0^\infty |h(\sigma)| d\sigma < \infty \xlongequal{\text{def}} \gamma \tag{A1.60}$$

此时有

$$\| \boldsymbol{y}_T \|_\infty \leqslant \| \boldsymbol{h}_T \|_1 \| \boldsymbol{u}_T \|_\infty \leqslant \| \boldsymbol{h} \|_1 \| \boldsymbol{u}_T \|_\infty = \gamma \| \boldsymbol{u}_T \|_\infty, \quad \forall T \in [0, \infty) \tag{A1.61}$$

这说明，当 $h \in \mathscr{L}_1$ 时，$\boldsymbol{H}$ 增益有界且 $\mathscr{L}_\infty$ 稳定。实际上，如果 $\boldsymbol{h} \in \mathscr{L}_1$，则 $\forall p \in [1, \infty)$，$\boldsymbol{H}$ 增益有界且 $\mathscr{L}_p$ 稳定。首先证明 $p = 1$ 的情况。对于 $t \leqslant T < \infty$，有下面不等式：

$$\int_0^T |\boldsymbol{y}(t)| dt = \int_0^T \left| \int_0^t h(t-\sigma) u(\sigma) d\sigma \right| dt \leqslant \int_0^T \int_0^t |h(t-\sigma)| |u(\sigma)| d\sigma dt \tag{A1.62}$$

改变积分顺序，则有

$$\int_0^T |y(t)| dt = \int_0^T |u(\sigma)| \int_\sigma^t |h(t-\sigma)| dt d\sigma \leqslant \int_0^T |u(\sigma)| \| \boldsymbol{h} \|_1 d\sigma \leqslant \| \boldsymbol{h} \|_1 \| \boldsymbol{u}_\tau \|_1 \tag{A1.63}$$

因此

$$\| \boldsymbol{y}_T \|_1 \leqslant \| \boldsymbol{h} \|_1 \| \boldsymbol{u}_T \|_1 = \gamma \| \boldsymbol{u}_T \|_1, \quad \forall T \in [0, \infty) \tag{A1.64}$$

说明 $\boldsymbol{H}$ 增益有界且 $\mathscr{L}_1$ 稳定。接下来考虑 $p \in (1, \infty)$ 的情况。对于 p 的取值采用 $1/p + 1/q = 1$。考虑下面不等式：

$$|y(t)| \leqslant \int_0^t |h(t-\sigma)| |u(\sigma)| d\sigma = \int_0^t |h(t-\sigma)|^{1/q} |h(t-\sigma)|^{1/p} |u(\sigma)| d\sigma \tag{A1.65}$$

式中，积分上限 t 取 $0 \leqslant t \leqslant T < \infty$。观察霍德尔不等式(引理 1～5) 与上面不等式之间的对应关系，可确定

$$f(t) = |h(t-\sigma)|^{1/p} |u(\sigma)|, \quad g(t) = |h(t-\sigma)|^{1/q} \tag{A1.66}$$

显然

$$|y(t)| \leqslant \left(\int_0^t |h(t-\sigma)| |u(\sigma)|^p \mathrm{d}\sigma\right)^{1/p} \left(\int_0^t |h(t-\sigma)| \mathrm{d}\sigma\right)^{1/q} \tag{A1.67}$$

由于

$$\int_0^t |h(t-\sigma)| \mathrm{d}\sigma \leqslant \int_0^T |h(s)| \mathrm{d}s = \| \boldsymbol{h}_{\mathrm{T}} \|_1 \tag{A1.68}$$

进而

$$|y(t)| \leqslant \| \boldsymbol{h}_{\mathrm{T}} \|_1^{1/q} \left(\int_0^t |h(t-\sigma)| |u(\sigma)|^p \mathrm{d}\sigma\right)^{1/p} \tag{A1.69}$$

把该不等式代入 $\| \boldsymbol{y}_{\mathrm{T}} \|$ 的定义式：

$$\| \boldsymbol{y}_{\mathrm{T}} \|_p^p = \int_0^{\infty} |y_T(t)|^p \mathrm{d}t = \int_0^T |y(t)|^p \mathrm{d}t \tag{A1.70}$$

可得

$$\| \boldsymbol{y}_{\mathrm{T}} \|_p^p \leqslant \int_0^T \left(\| \boldsymbol{h}_{\mathrm{T}} \|_1^{1/q} \left(\int_0^t |h(t-\sigma)| |u(\sigma)|^p \mathrm{d}\sigma\right)^{1/p} \right)^p \mathrm{d}t \tag{A1.71}$$

进一步整理成

$$\| \boldsymbol{y}_{\mathrm{T}} \|_p^p \leqslant \| \boldsymbol{h}_{\mathrm{T}} \|_1^{p/q} \int_0^T \int_0^t |h(t-\sigma)| |u(\sigma)|^p \mathrm{d}\sigma \mathrm{d}t \tag{A1.72}$$

调换积分顺序可得

$$\| \boldsymbol{y}_{\mathrm{T}} \|_p^p \leqslant \| \boldsymbol{h}_{\mathrm{T}} \|_1^{p/q} \int_0^T |u(\sigma)|^p \int_{\sigma}^T |h(t-\sigma)| \mathrm{d}t \mathrm{d}\sigma \tag{A1.73}$$

由于

$$\int_0^T |u(\sigma)|^p \int_{\sigma}^T |h(t-\sigma)| \mathrm{d}t \mathrm{d}\sigma \leqslant \| \boldsymbol{u}_{\mathrm{T}} \|_p^p \| \boldsymbol{h}_{\mathrm{T}} \|_1 \tag{A1.74}$$

因此

$$\| \boldsymbol{y}_{\mathrm{T}} \|_p^p \leqslant \| \boldsymbol{h}_{\mathrm{T}} \|_1^{p/q} \| \boldsymbol{u}_{\mathrm{T}} \|_p^p \| \boldsymbol{h}_{\mathrm{T}} \|_1 = \| \boldsymbol{h}_{\mathrm{T}} \|_1^p \| \boldsymbol{u}_{\mathrm{T}} \|_p^p \tag{A1.75}$$

从而

$$\| \boldsymbol{y}_{\mathrm{T}} \|_p \leqslant \| \boldsymbol{h}_{\mathrm{T}} \|_1 \| \boldsymbol{u}_{\mathrm{T}} \|_p \tag{A1.76}$$

综合所有分析过程，得出以下结论：如果 $\| \boldsymbol{h} \|_1 < \infty$，则 $\forall p \in [1,\infty]$，因果卷积算子 $\boldsymbol{H}$ 增益有界且 $\mathscr{L}_p$ 稳定，其中增益为 $\gamma = \| \boldsymbol{h} \|_1$ 且偏置为 $\beta = 0$。

对于一些系统，输入－输出映射模型的定义域是输入空间的一个子集。因此定义 11 和 1～12 在系统稳定性的界定方面存在局限性。下面针对这种情形引入小信号 $\mathscr{L}$稳定概念。

定义 13　令 $\mathscr{D}_{\mathrm{r}}$ 为一个子集，被定义成

$$\mathscr{D}_{\mathrm{r}} = \{ \boldsymbol{u} \in \mathscr{L}_{\mathrm{e}}^m \mid \sup_{0 \leqslant t \leqslant T} \| \boldsymbol{u}(t) \| \leqslant r \} \tag{A1.77}$$

如果存在一个 r，使得 $\forall u(t) \in \mathscr{D}_{\mathrm{r}}$ 满足定义 11 中第一个不等式，则称映射 $\boldsymbol{H}: \mathscr{L}_{\mathrm{e}}^m \to \mathscr{L}_{\mathrm{e}}^q$ 小信号 $\mathscr{L}$稳定。同理，称映射 $\boldsymbol{H}$ 是小信号增益有界 $\mathscr{L}$稳定，则要满足定义 11 中第二个

不等式。

定义 14　对于因果系统，$\mathscr{D}_{\mathrm{r}}$ 被定义成

$$\mathscr{D}_{\mathrm{r}}=\{\boldsymbol{u}\in\mathscr{L}^{m}\mid\sup_{t\geqslant0}\|\boldsymbol{u}(t)\|\leqslant r\}\tag{A1.78}$$

如果存在一个 r，使得 $\forall\boldsymbol{u}(t)\in\mathscr{D}_{\mathrm{r}}$ 满足定义 12 中第一个不等式，则称映射 $\boldsymbol{H}:\mathscr{L}^{m}\rightarrow\mathscr{L}^{q}$ 小信号 $\mathscr{L}$ 稳定。同理，称映射 $\boldsymbol{H}$ 是小信号增益有界 $\mathscr{L}$ 稳定，则要满足定义 12 中第二个不等式。

例 11　考虑正切函数 $\boldsymbol{y}=\tan\boldsymbol{u}$，其定义域为 $|\boldsymbol{u}|<\pi/2$。试利用小信号 $\mathscr{L}$ 稳定概念分析正切函数的稳定性。

解　根据定义 14，正切函数无法保证输入 $\boldsymbol{u}$ 在 $\mathscr{L}_{\infty}$ 空间上的稳定性。但如果对输入信号 $\boldsymbol{u}(t)$ 做约束，$|\boldsymbol{u}|\leqslant r<\pi/2$，则有

$$|\boldsymbol{y}|\leqslant\frac{\tan r}{r}|\boldsymbol{u}|\tag{A1.79}$$

利用函数的 $p-$ 范数定义，可得

$$\|\boldsymbol{y}(t)\|_{p}\leqslant\frac{\tan r}{r}\|\boldsymbol{u}(t)\|_{p},\quad\forall p\in[0,\infty]\tag{A1.80}$$

可见，$\boldsymbol{y}=\tan\boldsymbol{u}$ 是 $\mathscr{L}_{p}$ 稳定系统。在 $\mathscr{L}_{\infty}$ 空间($p\rightarrow\infty$)，$|\boldsymbol{u}|\leqslant r$ 意味着

$$\sup_{t\geqslant0}\|\boldsymbol{u}(t)\|_{\infty}\leqslant r\tag{A1.81}$$

这说明，能够找到一个 r，使得

$$\mathscr{D}_{r}\xlongequal{\text{def}}\{\boldsymbol{u}\in\mathscr{L}_{\infty}\mid\sup_{t\geqslant0}\|\boldsymbol{u}(t)\|_{\infty}\leqslant r\}\neq\varnothing\tag{A1.82}$$

因此，$\boldsymbol{y}=\tan\boldsymbol{u}$ 是小信号 $\mathscr{L}_{\infty}$ 稳定系统。但在 $\mathscr{L}_{p}$ 空间($1\leqslant p<\infty$)，r 不一定约束住 $\|\boldsymbol{u}(t)\|_{p}$ 的大小。例如，当 $\boldsymbol{u}(t)=r\exp(-rt/a)$ $(a>0)$ 时，满足 $|\boldsymbol{u}|\leqslant r$ 和 $\|\boldsymbol{u}(t)\|_{p}=r\,(a/rp)^{1/p}<\infty$ 的条件。可见，当 r 很小时，$\|\boldsymbol{u}\|_{p}$ 却很大，说明 $y=\tan\boldsymbol{u}$ 不满足小信号 $\mathscr{L}_{p}$ 稳定条件。换句话说，在 $\boldsymbol{u}(t)=r\exp(-rt/a)$ 的情况下，对于足够小的 r，下面集合是空集：

$$\mathscr{D}_{r}\xlongequal{\text{def}}\{\boldsymbol{u}\in\mathscr{L}_{p}\mid\sup_{t\geqslant0}\|\boldsymbol{u}(t)\|_{p}\leqslant r\}\neq\varnothing,\quad\forall p\in[1,\infty)\tag{A1.83}$$

附 1.4　向量内积

内积是在向量空间中的两个向量之间的一种运算，有强烈的几何意义。例如，两个向量之间的正交性和傅立叶级数中基函数之间的正交性等。

定义 15　内积是一个函数$\langle\cdot\rangle$，它让向量空间 $\mathbf{V}$ 映射到一维函数空间 $\boldsymbol{F}$，并遵守下面的运算定律，$\forall\boldsymbol{x},\boldsymbol{y},\boldsymbol{z}\in\mathbf{V}$，同时满足下面 4 个关系：

①$\langle\boldsymbol{x},\boldsymbol{y}\rangle=\langle\boldsymbol{y},\boldsymbol{x}\rangle^{*}$，其中“$*$”表示复数的共轭计算；

②$\langle\boldsymbol{x},\boldsymbol{x}\rangle\geqslant0$，只有 $\boldsymbol{x}=0_{\mathrm{V}}$ 时发生$\langle\boldsymbol{x},\boldsymbol{x}\rangle=0$；

③$\langle\boldsymbol{x},\boldsymbol{y}+\boldsymbol{z}\rangle=\langle\boldsymbol{x},\boldsymbol{y}\rangle+\langle\boldsymbol{x},\boldsymbol{z}\rangle$；

④$\langle\boldsymbol{x},\alpha\boldsymbol{y}\rangle=\alpha\langle\boldsymbol{x},\boldsymbol{y}\rangle$，$\forall\alpha\in\boldsymbol{F}$。

在定义中，$\boldsymbol{F}$ 分为 $\mathbf{R}$ 或 $\mathbf{C}$。另外，如果数据结构为向量，$\mathbf{V}$ 是 $\mathbf{R}^{n}$ 或 $\mathbf{C}^{n}$，而对于矩阵型数据结构，$\mathbf{V}$ 是 $\mathbf{R}^{m\times n}$ 或 $\mathbf{C}^{m\times n}$。根据该定义，在向量空间 $\mathbf{R}^{n}$ 进一步得出

$$\langle \boldsymbol{x}, \boldsymbol{y} \rangle = \langle \boldsymbol{y}, \boldsymbol{x} \rangle = \boldsymbol{x}^{\mathrm{T}} \boldsymbol{y} = \boldsymbol{y}^{\mathrm{T}} \boldsymbol{x}, \quad \forall \boldsymbol{x}, \boldsymbol{y} \in \mathbf{R}^{n} \tag{A1.84}$$

显然

$$\| \boldsymbol{x} \|_2 = \langle \boldsymbol{x}, \boldsymbol{x} \rangle^{1/2} = (\boldsymbol{x}^{\mathrm{T}} \boldsymbol{x})^{1/2} = \left(\sum_{i=1}^{n} x_i^2 \right)^{1/2} \tag{A1.85}$$

既然 $\boldsymbol{x}$ 和 $\boldsymbol{y}$ 是向量，那么它们之间必然存在夹角。标准定义式如下：

$$\angle(\boldsymbol{x}, \boldsymbol{y}) \stackrel{\text{def}}{=\!=} \arccos\left(\frac{\boldsymbol{x}^{\mathrm{T}} \boldsymbol{y}}{\| \boldsymbol{x} \|_2 \| \boldsymbol{y} \|_2} \right) \tag{A1.86}$$

式中，反余弦函数取 $\arccos(u) \in [0, \pi]$。下面总结了在 $\mathbf{R}^n$ 中两个向量之间的三种典型关系：

①$\angle(\boldsymbol{x}, \boldsymbol{y}) = 0 \Leftrightarrow \boldsymbol{x}^{\mathrm{T}} \boldsymbol{y} = + \| \boldsymbol{x} \|_2 \| \boldsymbol{y} \|_2 \Leftrightarrow$ 同向；

②$\angle(\boldsymbol{x}, \boldsymbol{y}) = \pi \Leftrightarrow \boldsymbol{x}^{\mathrm{T}} \boldsymbol{y} = - \| \boldsymbol{x} \|_2 \| \boldsymbol{y} \|_2 \Leftrightarrow$ 反向；

③$\angle(\boldsymbol{x}, \boldsymbol{y}) = \pi/2 \Leftrightarrow \boldsymbol{x}^{\mathrm{T}} \boldsymbol{y} = 0 \Leftrightarrow$ 垂直。

对于 $\boldsymbol{V}$ 是 $\mathbf{R}^{m \times n}$ 的情形，其内积的具体表达式如下：

$$\langle \boldsymbol{X}, \boldsymbol{Y} \rangle = \operatorname{tr} \boldsymbol{X}^{\mathrm{T}} \boldsymbol{Y} = \sum_{i=1}^{m} \sum_{j=1}^{n} X_{ij} Y_{ij}, \quad \forall \boldsymbol{X}, \boldsymbol{Y} \in \mathbf{R}^{m \times n} \tag{A1.87}$$

式中，$\operatorname{tr} \boldsymbol{A}$ 称为矩阵 $\boldsymbol{A}$ 的迹，它对矩阵 $\boldsymbol{A}$ 的所有对角元素进行求和运算。注意，矩阵的内积实际上是对 $\boldsymbol{X}$ 和 $\boldsymbol{Y}$ 的元素分别进行排列组成 mn 维向量之后利用定义 15 的规则进行计算的结果。下面举一个例子来证实该结论。

例 12 考虑矩阵 $\boldsymbol{X}, \boldsymbol{Y} \in \mathbf{R}^{3 \times 2}$，表达式如下：

$$\boldsymbol{X} = \begin{bmatrix} X_{11} & X_{12} \\ X_{21} & X_{22} \\ X_{31} & X_{32} \end{bmatrix}, \quad \boldsymbol{Y} = \begin{bmatrix} Y_{11} & Y_{12} \\ Y_{21} & Y_{22} \\ Y_{31} & Y_{32} \end{bmatrix} \tag{A1.88}$$

$\boldsymbol{X}^{\mathrm{T}} \boldsymbol{Y}$ 的计算结果为

$$\boldsymbol{X}^{\mathrm{T}} \boldsymbol{Y} = \begin{bmatrix} X_{11} Y_{11} + X_{21} Y_{21} + X_{31} Y_{31} & X_{11} Y_{12} + X_{21} Y_{22} + X_{31} Y_{32} \\ X_{12} Y_{11} + X_{22} Y_{21} + X_{32} Y_{31} & X_{12} Y_{12} + X_{22} Y_{22} + X_{32} Y_{32} \end{bmatrix} \tag{A1.89}$$

根据 $\operatorname{tr}(\cdot)$ 的运算定律，有

$$\langle \boldsymbol{X}, \boldsymbol{Y} \rangle = \operatorname{tr}(\boldsymbol{X}^{\mathrm{T}} \boldsymbol{Y}) = \sum_{i=1}^{3} \sum_{j=1}^{2} X_{ij} Y_{ij} \tag{A1.90}$$

把矩阵 $\boldsymbol{X}$ 和 $\boldsymbol{Y}$ 中的每个行依次立直，然后按行的顺序从上到下排成竖直列，可得

$$\boldsymbol{X} = \begin{bmatrix} X_{11} \\ X_{12} \\ X_{21} \\ X_{22} \\ X_{31} \\ X_{32} \end{bmatrix} \in \mathbf{R}^{3 \cdot 2} = \mathbf{R}^{6}, \quad \boldsymbol{Y} = \begin{bmatrix} Y_{11} \\ Y_{12} \\ Y_{21} \\ Y_{22} \\ Y_{31} \\ Y_{32} \end{bmatrix} \in \mathbf{R}^{3 \cdot 2} = \mathbf{R}^{6} \tag{A1.91}$$

计算 $\boldsymbol{X}^{\mathrm{T}} \boldsymbol{Y}$：

$$\boldsymbol{X}^{\mathrm{T}} \boldsymbol{Y} = \sum_{i=1}^{3} \sum_{j=1}^{2} X_{ij} Y_{ij} \tag{A1.92}$$

可以看出

$$\langle \boldsymbol{X},\boldsymbol{Y}\rangle = \mathrm{tr}\ \boldsymbol{X}^{\mathrm{T}}\boldsymbol{Y} = \vec{\boldsymbol{X}}^{\mathrm{T}}\vec{\boldsymbol{Y}} \tag{A1.93}$$

上面的操作被称为“行主序原则”，用箭头“⇀”指定。同理，利用“列主序原则”也会得到相同的结果。

在 $\mathbf{R}^{n\times n}$ 中，对称矩阵的集合用 S^n 来标记。那么在 S^n 中矩阵的内积被简化成

$$\langle \boldsymbol{X},\boldsymbol{Y}\rangle = \mathrm{tr}\ \boldsymbol{X}^{\mathrm{T}}\boldsymbol{Y} = \sum_{i=1}^{n} X_{ii}Y_{ii} + 2\sum_{i<j}^{n} X_{ij}Y_{ij}, \quad \forall\, \boldsymbol{X},\boldsymbol{Y} \in S^n \tag{A1.94}$$

利用矩阵内积的概念，还可定义弗罗贝尼乌斯范数，

$$\|\boldsymbol{X}\|_F = \langle \boldsymbol{X},\boldsymbol{X}\rangle^{1/2} = (\mathrm{tr}\ \boldsymbol{X}^{\mathrm{T}}\boldsymbol{X})^{1/2} = (\boldsymbol{X}^{\mathrm{T}}\boldsymbol{X})^{1/2} = \left(\sum_{i=1}^{m}\sum_{j=1}^{n} X_{ij}^2\right)^{1/2} \tag{A1.95}$$

附 1.5　矩阵的基本性质

一些矩阵性质在系统稳定性分析和控制算法设计中起着重要的作用。下面介绍矩阵的一些基本概念和性质。

1. 域空间和零空间

定义 16　设 $\mathbf{A}\in\mathbf{R}^{m\times n}$。$\mathbf{A}$ 的域空间用 $\mathscr{R}(\mathbf{A})$ 来标记，所含向量是 $\mathbf{A}$ 的列的线性组合，

$$\mathscr{R}(\mathbf{A}) = \{\mathbf{A}\boldsymbol{x} \mid \boldsymbol{x}\in\mathbf{R}^n\} \tag{A1.96}$$

可以看出 $\mathscr{R}(\mathbf{A})$ 是 $\mathbf{R}^m$ 的一个子空间，本身是线性向量空间。$\mathscr{R}(\mathbf{A})$ 的维数是 $\mathbf{A}$ 的秩，用 rank $\mathbf{A}$ 来标记。矩阵的秩满足不等式

$$\mathrm{rank}\ \mathbf{A} \leqslant \min(m,n) \tag{A1.97}$$

如果 rank $\mathbf{A}=m$，称 $\mathbf{A}$ 具有行满秩，而如果 rank $\mathbf{A}=n$，则具有列满秩。注意，对于行满秩矩阵来说，所有行向量线性独立。同理，对于列满秩矩阵，所有列向量线性独立。

定义 17　设 $\mathbf{A}\in\mathbf{R}^{m\times n}$。$\mathbf{A}$ 的零空间用 $\mathscr{N}(\mathbf{A})$ 来标记，所含向量通过 $\mathbf{A}$ 被映射成 $0\in\mathscr{R}(\mathbf{A})$：

$$\mathscr{N}(\mathbf{A}) = \{\boldsymbol{x} \mid \mathbf{A}\boldsymbol{x} = \mathbf{0}\} \tag{A1.98}$$

可以看出 $\mathscr{N}(\mathbf{A})$ 是 $\mathbf{R}^n$ 的一个子空间，本身是线性向量空间。$\mathscr{N}(\mathbf{A})$ 的维数是 $\mathbf{A}$ 的零度，用 nullity $\mathbf{A}$ 来标记。根据秩－零度定理，有

$$\mathrm{rank}(\mathbf{A}) + \mathrm{nullity}\ \mathbf{A} = n \tag{A1.99}$$

定义 18　设 $\mathscr{V}$ 是一个 $\mathbf{R}^n$ 的一个子空间，它的正交补定义如下：

$$\mathscr{V}^{\perp} = \{\boldsymbol{x} \mid \boldsymbol{z}^{\mathrm{T}}\boldsymbol{x} = 0, \forall\, \boldsymbol{z}\in\mathscr{V}\} \tag{A1.100}$$

注意，正交补 $\mathscr{V}^{\perp}$ 的正交补是 $\mathscr{V}$ 本身，即 $\mathscr{V}^{\perp\perp}=\mathscr{V}$。

有了正交补的概念，就可以得出线性代数中一个基本的结论：

$$\mathscr{N}(\mathbf{A}) = \mathscr{R}(\mathbf{A}^{\mathrm{T}})^{\perp}, \quad \mathscr{R}(\mathbf{A}) = \mathscr{R}(\mathbf{A}^{\mathrm{T}})^{\perp}, \quad \forall\, \mathbf{A}\in\mathbf{R}^{m\times n} \tag{A1.101}$$

通常用正交直接和来说明该结论：

$$\mathscr{N}(\mathbf{A}) \oplus \mathscr{R}(\mathbf{A}^{\mathrm{T}}) = \mathbf{R}^n, \quad \forall\, \mathbf{A}\in\mathbf{R}^{m\times n} \tag{A1.102}$$

注意，正交直接和是指两个正交的子空间之和。以上过程被称为由 $\mathbf{A}$ 引导的正交分解。

2. 正(负)定矩阵的性质

定义 19 令 $\boldsymbol{A} \in \mathbf{R}^{n\times n}$,则(准)正定矩阵、(准)负定矩阵,以及不确定矩阵的判定可利用以下关系:

(1) 如果 $\boldsymbol{x}^{\mathrm{T}}\boldsymbol{A}\boldsymbol{x} > \mathbf{0}$, $\forall \boldsymbol{x} \in \mathbf{R}^n$ 且 $\boldsymbol{x} \neq \mathbf{0}$,则称 $\boldsymbol{A}$ 为正定,记为 $\boldsymbol{A} \succ \mathbf{0}$。

(2) 如果 $\boldsymbol{x}^{\mathrm{T}}\boldsymbol{A}\boldsymbol{x} \geqslant \mathbf{0}$, $\forall \boldsymbol{x} \in \mathbf{R}^n$,则称 $\boldsymbol{A}$ 为准正定,记为 $\boldsymbol{A} \succcurlyeq \mathbf{0}$。

(3) 如果 $\boldsymbol{x}^{\mathrm{T}}\boldsymbol{A}\boldsymbol{x} < \mathbf{0}$, $\forall \boldsymbol{x} \in \mathbf{R}^n$ 且 $\boldsymbol{x} \neq \mathbf{0}$,则称 $\boldsymbol{A}$ 为负定,记为 $\boldsymbol{A} \prec \mathbf{0}$。

(4) 如果 $\boldsymbol{x}^{\mathrm{T}}\boldsymbol{A}\boldsymbol{x} \leqslant \mathbf{0}$, $\forall \boldsymbol{x} \in \mathbf{R}^n$,则称 $\boldsymbol{A}$ 为准负定,记为 $\boldsymbol{A} \preccurlyeq \mathbf{0}$。

(5) 如果只有部分的 $\boldsymbol{x} \in \mathbf{R}^n$ 满足 $\boldsymbol{x}^{\mathrm{T}}\boldsymbol{A}\boldsymbol{x} > \mathbf{0}$ 的条件,则称 $\boldsymbol{A}$ 为不确定。

需要注意的是

$$\boldsymbol{x}^{\mathrm{T}}\boldsymbol{A}\boldsymbol{x} \equiv \boldsymbol{x}^{\mathrm{T}}\boldsymbol{A}_{\mathrm{s}}\boldsymbol{x}, \quad \forall \boldsymbol{A} \in \mathbf{R}^{n\times n} \tag{A1.103}$$

式中

$$\boldsymbol{A}_{\mathrm{s}} = (\boldsymbol{A} + \boldsymbol{A}^{\mathrm{T}})/2 \tag{A1.104}$$

可以看出 $\boldsymbol{A}_{\mathrm{s}}$ 是一个对称矩阵,即 $\boldsymbol{A}_{\mathrm{s}}^{\mathrm{T}} = \boldsymbol{A}_{\mathrm{s}}$。因此,通过 $\boldsymbol{A}_{\mathrm{s}}$ 就可以确定 $\boldsymbol{A}$ 在定义 19 中属于哪一类性质。

定理 1 如果 $\boldsymbol{A} \in \boldsymbol{S}^n$,则 $\boldsymbol{A}$ 的所有特征值是实数,而且下面的结论成立:

(1) 如果 $\boldsymbol{A}$ 的所有特征值为正,则 $\boldsymbol{A} \succ \mathbf{0}$。

(2) 如果 $\boldsymbol{A}$ 的所有特征值为非负,则 $\boldsymbol{A} \succcurlyeq \mathbf{0}$。

(3) 如果 $\boldsymbol{A}$ 的所有特征值为负,则 $\boldsymbol{A} \prec \mathbf{0}$。

(4) 如果 $\boldsymbol{A}$ 的所有特征值为非正,则 $\boldsymbol{A} \preccurlyeq \mathbf{0}$。

(5) 如果 $\boldsymbol{A}$ 的部分特征值为正,其他为负,则称 $\boldsymbol{A}$ 为不确定。

引理 6 设 $\boldsymbol{A} \in \mathbf{R}^{n\times n}$, $\boldsymbol{B} \in \mathbf{R}^{m\times n}$,以及 $\boldsymbol{C} \in \mathbf{R}^{n\times n}$,则下面的 6 个结论成立:

(1) 如果 $\boldsymbol{A} \succ \mathbf{0}$,则 $\boldsymbol{A}^{-1} \succ \mathbf{0}$。

(2) 如果 $\boldsymbol{A} \succcurlyeq \mathbf{0}$,则 $\boldsymbol{B}\boldsymbol{A}\boldsymbol{B}^{\mathrm{T}} \succcurlyeq \mathbf{0}$。

(3) 如果 $\boldsymbol{A}^{-1}$ 存在且 $\boldsymbol{A} \succcurlyeq \mathbf{0}$,则 $\boldsymbol{A} \succ \mathbf{0}$。

(4) 如果 $\boldsymbol{A} \succ \mathbf{0}$ 且 $\operatorname{rank} \boldsymbol{B} = m$,则 $\boldsymbol{B}\boldsymbol{A}\boldsymbol{B}^{\mathrm{T}} \succ \mathbf{0}$。

(5) 如果 $\boldsymbol{A}, \boldsymbol{C} \succcurlyeq \mathbf{0}$,则 $\lambda\boldsymbol{A} + \mu\boldsymbol{C} \succcurlyeq \mathbf{0}$, $\forall \lambda, \mu > 0$。

(6) 如果 $\boldsymbol{A}$ 和 $\boldsymbol{C}$ 不确定,则 $\lambda\boldsymbol{A} + \mu\boldsymbol{C}$ 不确定, $\forall \lambda, \mu > 0$。

定理 2 设 $\boldsymbol{A} = \{a_{ij}\} \in \boldsymbol{S}^n$,并且满足不等式,

$$a_{ii} > 0, \quad a_{ii} > \sum_{j=1}^{n} |a_{ij}|, \quad \forall i = 1, 2, \cdots, n; j \neq i \tag{A1.105}$$

则 $\boldsymbol{A} \succ \mathbf{0}$。该定理被称为格什戈林正定性判据。

3. 对称矩阵的标准特征值分解

定理 3 对称矩阵的标准特征值分解(普分解)。设 $\boldsymbol{A} \in \boldsymbol{S}^n$,则 $\boldsymbol{A}$ 可被分解成

$$\boldsymbol{A} = \boldsymbol{Q}\boldsymbol{\Lambda}\boldsymbol{Q}^{\mathrm{T}} \tag{A1.106}$$

式中, $\boldsymbol{Q} \in \mathbf{R}^{n\times n}$ 正规化正交,即 $\boldsymbol{Q}^{\mathrm{T}}\boldsymbol{Q} = \boldsymbol{I}_{\mathrm{n}}$($\boldsymbol{I}_{\mathrm{n}}$ 为单位对角矩阵); $\boldsymbol{\Lambda} = \operatorname{diag}(\lambda_1, \lambda_2, \cdots, \lambda_n)$。

$\lambda_1, \lambda_2, \cdots, \lambda_n$ 是 $\boldsymbol{A}$ 的特征值(实数),是特征多项式 $\det(s\boldsymbol{I} - \boldsymbol{A})$ 的解(s 为拉普拉斯变量)。另外, $\boldsymbol{Q}$ 的所有列构成了 $\boldsymbol{A}$ 的特征向量的正规化正交集。通常把特征值按由大到小

的顺序进行排列，$\lambda_1 \geqslant \lambda_2 \geqslant \cdots \geqslant \lambda_n$，同时 λ_1 和 λ_n 分别用 $\lambda_{\max}(\boldsymbol{A})$ 和 $\lambda_{\min}(\boldsymbol{A})$ 来标记。

定理 3 派生以下 3 个重要性质：

(1)$\boldsymbol{A}$ 的行列式和迹可用特征值来表示

$$\det \boldsymbol{A} = \prod_{j=1}^{n} \lambda_j, \quad \mathrm{tr}\, \boldsymbol{A} = \sum_{j=1}^{n} \lambda_j \tag{A1.107}$$

(2)$\boldsymbol{A}$ 的诱导 2－范数(普范数)和弗罗贝尼乌斯范数满足

$$\| \boldsymbol{A} \|_2 = \max_{j=1,\cdots,n} |\lambda_j|, \quad \| \boldsymbol{A} \|_F = \left(\sum_{j=1}^{n} \lambda_j^2 \right)^{1/2} \tag{A1.108}$$

(3)$\boldsymbol{A}$ 的最大和最小特征值满足

$$\lambda_{\max}(\boldsymbol{A}) = \sup_{x \neq 0} \frac{\boldsymbol{x}^{\mathrm{T}} \boldsymbol{A} \boldsymbol{x}}{\boldsymbol{x}^{\mathrm{T}} \boldsymbol{x}}, \quad \lambda_{\min}(\boldsymbol{A}) = \inf_{x \neq 0} \frac{\boldsymbol{x}^{\mathrm{T}} \boldsymbol{A} \boldsymbol{x}}{\boldsymbol{x}^{\mathrm{T}} \boldsymbol{x}} \tag{A1.109}$$

定理 4　对于 $\boldsymbol{A} \in \boldsymbol{S}^n$，瑞雷－里兹不等式成立

$$\lambda_{\min}(\boldsymbol{A}) \boldsymbol{x}^{\mathrm{T}} \boldsymbol{x} \leqslant \boldsymbol{x}^{\mathrm{T}} \boldsymbol{A} \boldsymbol{x} \leqslant \lambda_{\max}(\boldsymbol{A}) \boldsymbol{x}^{\mathrm{T}} \boldsymbol{x}, \quad \forall \boldsymbol{x} \in \mathbf{R}^n \tag{A1.110}$$

同时有下面的结论：

(1)$\boldsymbol{A} \geqslant \boldsymbol{0} \Rightarrow \| \boldsymbol{A} \|_2 = \lambda_{\max}(\boldsymbol{A})$。

(2)$\boldsymbol{A} > \boldsymbol{0} \Rightarrow \| \boldsymbol{A}^{-1} \|_2 = 1/\lambda_{\min}(\boldsymbol{A})$，$\| \boldsymbol{A} \|_2 \leqslant \mathrm{tr}\, \boldsymbol{A} \leqslant n \| \boldsymbol{A} \|_2$。

对于 $\boldsymbol{A}, \boldsymbol{B} \in \boldsymbol{S}^n$，$\boldsymbol{A} < \boldsymbol{B}$ 意味着 $\boldsymbol{A} - \boldsymbol{B} < \boldsymbol{0}$。称这种关系为矩阵不等式。另外，在系统分析中经常用到正定或准正定对称矩阵的平方根，其定义式如下：

$$\boldsymbol{A}^{1/2} = \boldsymbol{Q} \mathrm{diag}(\sqrt{\lambda_1}, \sqrt{\lambda_2}, \cdots, \sqrt{\lambda_n}) \boldsymbol{Q}^{\mathrm{T}}, \quad \boldsymbol{0} \leqslant \boldsymbol{A} \leqslant \boldsymbol{S}^n \tag{A1.111}$$

需要指出的是，平方根 $\boldsymbol{A}^{1/2}$ 是矩阵方程 $\boldsymbol{X}^2 = \boldsymbol{A}$ 的唯一准正定对称矩阵解。

4. 对称矩阵的广义特征值分解

定义 20　给定对称矩阵对，$(\boldsymbol{A}, \boldsymbol{B}) \in \boldsymbol{S}^n \times \boldsymbol{S}^n$。矩阵对 $(\boldsymbol{A}, \boldsymbol{B})$ 的广义特征值是由多项式 $\det(s\boldsymbol{B} - \boldsymbol{A})$ 的解组成。

与对称矩阵的标准特征值分解情况相同，把广义特征值排列成 $\mu_1 \geqslant \mu_2 \geqslant \cdots \geqslant \mu_n$，并且用 $\lambda_{\max}(\boldsymbol{A}, \boldsymbol{B})$ 和 $\lambda_{\min}(\boldsymbol{A}, \boldsymbol{B})$ 来标记其最大值和最小值。

定理 5　对称矩阵的广义特征值分解。给定 $(\boldsymbol{A}, \boldsymbol{B}) \in \boldsymbol{S}^n \times \boldsymbol{S}^n$，设 $\boldsymbol{B} > \boldsymbol{0}$ 且可逆，则有以下结论：

(1)$(\boldsymbol{A}, \boldsymbol{B})$ 的广义特征值等于 $\boldsymbol{B}^{-1/2} \boldsymbol{A} \boldsymbol{B}^{-1/2}$ 的特征值。

(2)$\boldsymbol{A} = \boldsymbol{V} \mathrm{diag}(\mu_1, \mu_2, \cdots, \mu_n) \boldsymbol{V}^{\mathrm{T}}$，$\boldsymbol{B} = \boldsymbol{V} \boldsymbol{V}^{\mathrm{T}}$，$\boldsymbol{V} \in \mathbf{R}^{n \times n}$，并且 $\boldsymbol{V}$ 可逆。

(3) 如果 $\boldsymbol{Q} \boldsymbol{\Lambda} \boldsymbol{Q}^{\mathrm{T}}$ 是 $\boldsymbol{B}^{-1/2} \boldsymbol{A} \boldsymbol{B}^{-1/2}$ 的标准特征值分解，则上面结论都成立，并且 $\boldsymbol{V} = \boldsymbol{B}^{1/2} \boldsymbol{Q}$。

5. 一般矩阵的奇异值分解

定理 6　一般矩阵的奇异值分解。设 $\boldsymbol{A} \in \mathbf{R}^{m \times n}$，并且 $\mathrm{rank}\, \boldsymbol{A} = r$，则 $\boldsymbol{A}$ 可被分解成

$$\boldsymbol{A} = \boldsymbol{U} \boldsymbol{\Sigma} \boldsymbol{V}^{\mathrm{T}} \tag{A1.112}$$

式中

$$\boldsymbol{U} \in \mathbf{R}^{m \times r}, \quad \boldsymbol{U}^{\mathrm{T}} \boldsymbol{U} = \boldsymbol{I}_r$$

$$\boldsymbol{V} \in \mathbf{R}^{n \times r}, \quad \boldsymbol{V}^{\mathrm{T}} \boldsymbol{V} = \boldsymbol{I}_r$$

$$\boldsymbol{\Sigma}=\operatorname{diag}(\sigma_1,\sigma_2,\cdots,\sigma_r),\quad \sigma_1\geqslant\sigma_2\geqslant\cdots\geqslant\sigma_r>0$$

其中，$\boldsymbol{I}_r$ 为单位矩阵。

在线性代数中，称 $\boldsymbol{U}$ 的列为左奇异向量，$\boldsymbol{V}$ 的列为右奇异向量，σ_i 为奇异值。奇异值分解公式还可以写成

$$\boldsymbol{A}=\sum_{i=1}^{r}\sigma_i\boldsymbol{u}_i\boldsymbol{v}_i^{\mathrm{T}} \tag{A1.113}$$

式中，$\boldsymbol{u}_i\in\mathbf{R}^m$ 是左奇异向量；$\boldsymbol{v}_i\in\mathbf{R}^n$ 是右奇异向量。另外，$\boldsymbol{A}$ 的奇异值分解与 $\boldsymbol{A}^{\mathrm{T}}\boldsymbol{A}$ 的标准特征值分解有相关性。这是因为

$$\boldsymbol{A}^{\mathrm{T}}\boldsymbol{A}=\boldsymbol{V}\boldsymbol{\Sigma}^2\boldsymbol{V}^{\mathrm{T}}=[\boldsymbol{V}\quad\widetilde{\boldsymbol{V}}]\begin{bmatrix}\boldsymbol{\Sigma}^2 & 0\\ 0 & 0\end{bmatrix}[\boldsymbol{V}\quad\widetilde{\boldsymbol{V}}]^{\mathrm{T}} \tag{A1.114}$$

式中，$\widetilde{\boldsymbol{V}}\in\mathbf{R}^{n\times(n-r)}$，它使矩阵 $[\boldsymbol{V}\quad\widetilde{\boldsymbol{V}}]$ 满足正交条件，即 $[\boldsymbol{V}\quad\widetilde{\boldsymbol{V}}]^{\mathrm{T}}[\boldsymbol{V}\quad\widetilde{\boldsymbol{V}}]=\boldsymbol{I}_{\mathrm{n}}$。

注意，最右侧表达式是 $\boldsymbol{A}^{\mathrm{T}}\boldsymbol{A}$ 的标准特征值分解表达式。因此得出结论：$\boldsymbol{A}^{\mathrm{T}}\boldsymbol{A}$ 的非零特征值是 $\boldsymbol{A}$ 的奇异值的平方，而且对应特征向量是 $\boldsymbol{A}$ 的右奇异向量。对于 $\boldsymbol{A}\boldsymbol{A}^{\mathrm{T}}$ 有类似的结论：$\boldsymbol{A}\boldsymbol{A}^{\mathrm{T}}$ 的非零特征值是 $\boldsymbol{A}$ 的奇异值的平方，而且对应特征向量是 $\boldsymbol{A}$ 的左奇异向量。

最大奇异值，也就是 σ_1，通常用 $\sigma_{\max}(\boldsymbol{A})$ 来标记，其计算用下面公式：

$$\sigma_{\max}(\boldsymbol{A})=\sup_{\boldsymbol{x},\boldsymbol{y}\neq\boldsymbol{0}}\frac{\boldsymbol{x}^{\mathrm{T}}\boldsymbol{A}\boldsymbol{y}}{\|\boldsymbol{x}\|_2\|\boldsymbol{y}\|_2}=\sup_{\boldsymbol{y}\neq\boldsymbol{0}}\frac{\|\boldsymbol{A}\boldsymbol{y}\|_2}{\|\boldsymbol{y}\|_2} \tag{A1.115}$$

从定义 4 可以看出，$\sigma_{\max}$ 实际上是 $\boldsymbol{A}$ 的普范数 $\|\boldsymbol{A}\|_2$。对于最小奇异值，则用下面公式：

$$\sigma_{\min}(\boldsymbol{A})=\begin{cases}\sigma_{\mathrm{r}}, & r=\min\{m,n\}\\ 0, & r<\min\{m,n\}\end{cases} \tag{A1.116}$$

注意，以上过程并没有对 $\boldsymbol{A}$ 的对称性和正定与否做明确规定。如果 $\boldsymbol{A}$ 对称，则奇异值取非零特征值的绝对值；如果 $\boldsymbol{A}$ 对称且准正定，则奇异值等于非零特征值。另外，在非线性系统分析中经常会用到矩阵的条件数概念和伪逆的概念。

定义 21　给定可逆方阵 $\boldsymbol{A}\in\mathbf{R}^{n\times n}$，其条件数 $\kappa(\boldsymbol{A})$ 为

$$\kappa(\boldsymbol{A})=\|\boldsymbol{A}\|_2\|\boldsymbol{A}^{-1}\|_2=\sigma_{\max}(\boldsymbol{A})/\sigma_{\min}(\boldsymbol{A}) \tag{A1.117}$$

定义 22　设 $\boldsymbol{A}\in\mathbf{R}^{m\times n}$ 且 $\operatorname{rank}\boldsymbol{A}=r$。$\boldsymbol{U}\boldsymbol{\Sigma}\boldsymbol{V}^{\mathrm{T}}$ 是 $\boldsymbol{A}$ 的奇异值分解，则 $\boldsymbol{A}$ 的伪逆 $\boldsymbol{A}^{+}$ 如下：

$$\boldsymbol{A}^{+}=\boldsymbol{V}\boldsymbol{\Sigma}^{-1}\boldsymbol{U}^{\mathrm{T}}\in\mathbf{R}^{n\times m} \tag{A1.118}$$

$\boldsymbol{A}$ 的伪逆定义还可以采用下面表达式：

$$\boldsymbol{A}^{+}=\lim_{\varepsilon\to0}(\boldsymbol{A}^{\mathrm{T}}\boldsymbol{A}+\varepsilon\boldsymbol{I}_{\mathrm{n}})^{-1}\boldsymbol{A}=\lim_{\varepsilon\to0}\boldsymbol{A}^{\mathrm{T}}(\boldsymbol{A}\boldsymbol{A}^{\mathrm{T}}+\varepsilon\boldsymbol{I}_{\mathrm{n}})^{-1} \tag{A1.119}$$

式中，$\varepsilon>0$，它能保证 $(\boldsymbol{A}^{\mathrm{T}}\boldsymbol{A}+\varepsilon\boldsymbol{I}_{\mathrm{n}})$ 和 $(\boldsymbol{A}\boldsymbol{A}^{\mathrm{T}}+\varepsilon I_{\mathrm{n}})$ 的逆的存在。该定义派生三个结论：

(1) 如果 $\boldsymbol{A}$ 非奇异，则 $\boldsymbol{A}^{+}=\boldsymbol{A}^{-1}$。

(2) 如果 $\operatorname{rank}\boldsymbol{A}=n$，则 $\boldsymbol{A}^{+}=(\boldsymbol{A}^{\mathrm{T}}\boldsymbol{A})^{-1}\boldsymbol{A}^{\mathrm{T}}$。

(3) 如果 $\operatorname{rank}\boldsymbol{A}=m$，则 $\boldsymbol{A}^{+}=\boldsymbol{A}^{\mathrm{T}}(\boldsymbol{A}\boldsymbol{A}^{\mathrm{T}})^{-1}$。

6. 块矩阵的运算

定义 23　考虑矩阵 $\boldsymbol{X}\in\boldsymbol{S}^n$，它是一个块矩阵

$$\boldsymbol{X}=\begin{bmatrix}\boldsymbol{A} & \boldsymbol{B}\\ \boldsymbol{B}^{\mathrm{T}} & \boldsymbol{C}\end{bmatrix} \tag{A1.120}$$

式中，$\boldsymbol{A}\in \boldsymbol{S}^{k}$，并且 $\det \boldsymbol{A}\neq 0$。于是 X 的舒尔补定义如下：

$$\boldsymbol{S}=\boldsymbol{C}-\boldsymbol{B}^{\mathrm{T}}\boldsymbol{A}^{-1}\boldsymbol{B} \tag{A1.121}$$

一些重要的公式和定理经常用到舒尔补。例如，块矩阵行列式的计算

$$\det \boldsymbol{X}=\det \boldsymbol{A}\det \boldsymbol{S} \tag{A1.122}$$

块矩阵的逆

$$\boldsymbol{X}^{-1}=\begin{bmatrix}\boldsymbol{A}^{-1}+\boldsymbol{A}^{-1}\boldsymbol{B}\boldsymbol{S}^{-1}\boldsymbol{B}^{\mathrm{T}}\boldsymbol{A}^{-1} & -\boldsymbol{A}^{-1}\boldsymbol{B}\boldsymbol{S}^{-1}\\ -\boldsymbol{S}^{-1}\boldsymbol{B}^{\mathrm{T}}\boldsymbol{A}^{-1} & \boldsymbol{S}^{-1}\end{bmatrix} \tag{A1.123}$$

以及非线性优化问题等。

例 13　下面介绍舒尔补在函数最小化问题中的应用。设 $\boldsymbol{A}>\boldsymbol{0}$，并且考虑二次函数

$$f(\boldsymbol{u},\boldsymbol{v})=\begin{bmatrix}\boldsymbol{u}\\ \boldsymbol{v}\end{bmatrix}^{\mathrm{T}}\begin{bmatrix}\boldsymbol{A} & \boldsymbol{B}\\ \boldsymbol{B}^{\mathrm{T}} & \boldsymbol{C}\end{bmatrix}\begin{bmatrix}\boldsymbol{u}\\ \boldsymbol{v}\end{bmatrix} \tag{A1.124}$$

式中，$\boldsymbol{u}$ 为变量。最小化解和对应函数最小值分别为

$$\boldsymbol{u}=-\boldsymbol{A}^{-1}\boldsymbol{B}\boldsymbol{v},\quad \inf_{u} f(\boldsymbol{u},\boldsymbol{v})=\boldsymbol{v}^{\mathrm{T}}\boldsymbol{S}\boldsymbol{v} \tag{A1.125}$$

可以进一步证明块矩阵 $\boldsymbol{X}$ 的正定性：

(1) $\boldsymbol{X}>\boldsymbol{0}\Leftrightarrow \boldsymbol{A}>\boldsymbol{0}$ 且 $\boldsymbol{S}>\boldsymbol{0}$。

(2) $\boldsymbol{A}>\boldsymbol{0}$，则 $\boldsymbol{X}\geqslant \boldsymbol{0}\Leftrightarrow \boldsymbol{S}\geqslant \boldsymbol{0}$。

对于 $\boldsymbol{A}$ 奇异的情况，有以下结论：

(1) 如果 $\boldsymbol{A}\geqslant \boldsymbol{0}$ 且 $\boldsymbol{B}\boldsymbol{v}\in \mathcal{R}(\boldsymbol{A})$，则 $f(u,v)$ 有最小化解：

$$\boldsymbol{u}=-\boldsymbol{A}^{+}\boldsymbol{B}\boldsymbol{v} \tag{A1.126}$$

其中，$f(\boldsymbol{u},\boldsymbol{v})$ 最小值满足

$$\inf_{u} f(\boldsymbol{u},\boldsymbol{v})=\boldsymbol{v}^{\mathrm{T}}(\boldsymbol{C}-\boldsymbol{B}^{\mathrm{T}}\boldsymbol{A}^{+}\boldsymbol{B})\boldsymbol{v} \tag{A1.127}$$

(2) 对于 $\boldsymbol{A}\ngeqslant \boldsymbol{0}$ 或 $\boldsymbol{B}\boldsymbol{v}\notin \mathcal{R}(\boldsymbol{A})$ 的情况，$f(\boldsymbol{u},\boldsymbol{v})$ 不存在最小化解。

在这里，称 $\boldsymbol{C}-\boldsymbol{B}^{\mathrm{T}}\boldsymbol{A}^{+}\boldsymbol{B}$ 为广义舒尔补。条件 $\boldsymbol{B}\boldsymbol{v}\in \mathcal{R}(\boldsymbol{A})$ 也可以等价表示成

$$(\boldsymbol{I}_{k}-\boldsymbol{A}\boldsymbol{A}^{+})\boldsymbol{B}\boldsymbol{v}=\boldsymbol{0} \tag{A1.128}$$

其中，$\boldsymbol{I}_{k}$ 为单位对角阵。于是有 $\boldsymbol{X}$ 的准正定性：

$$\boldsymbol{X}\geqslant \boldsymbol{0}\Leftrightarrow \boldsymbol{A}\geqslant \boldsymbol{0},\quad (\boldsymbol{I}_{k}-\boldsymbol{A}\boldsymbol{A}^{+})\boldsymbol{B}\boldsymbol{v}=\boldsymbol{0},\quad \boldsymbol{C}-\boldsymbol{B}^{\mathrm{T}}\boldsymbol{A}^{+}\boldsymbol{B}\geqslant \boldsymbol{0} \tag{A1.129}$$

块矩阵的种类有很多种。例如下面的块矩阵就有不同的解析形式：

$$\boldsymbol{Y}=\boldsymbol{A}+\boldsymbol{B}\boldsymbol{C}\boldsymbol{D} \tag{A1.130}$$

引理 7　令 $\boldsymbol{A}$、$\boldsymbol{C}$、$\boldsymbol{C}^{-1}+\boldsymbol{D}\boldsymbol{A}^{-1}\boldsymbol{B}$ 均为非奇异方阵，则块矩阵 $\boldsymbol{Y}$ 是一个可逆矩阵，并且

$$\boldsymbol{Y}^{-1}=\boldsymbol{A}^{-1}-\boldsymbol{A}^{-1}\boldsymbol{B}(\boldsymbol{C}^{-1}+\boldsymbol{D}\boldsymbol{A}^{-1}\boldsymbol{B})\boldsymbol{D}\boldsymbol{A}^{-1} \tag{A1.131}$$

在线性代数中，该引理被称为矩阵求逆引理。

附录 2　齐次坐标和齐次变换基础

附 2.1　引　言

齐次坐标变换是几何学中一种重要的坐标变换，它可以将点、线、面等几何元素从原始的坐标系转换到另一个新的坐标系中。这种变换可以用来描述几何元素在坐标系之间的变换关系，是机器人运动学中的基础数学理论[169]。因此，本部分内容对机器人齐次坐标和齐次变换基础进行介绍。

附 2.2　齐次坐标和齐次变换

一般来说，n 维空间的齐次坐标表示是一个 $n+1$ 维空间实体。有一个特定的投影附加于 n 维空间，也可以把它看作一个附加于每个矢量的特定坐标－比例系数。在机器人中引入齐次坐标的目的是为了表示几何变换的旋转、平移和缩放。

1. 点的齐次坐标

对于笛卡儿空间一个点 P 的位置矢量 $\boldsymbol{v}=a\boldsymbol{i}+b\boldsymbol{j}+c\boldsymbol{k}$，式中 $\boldsymbol{i}$、$\boldsymbol{j}$、$\boldsymbol{k}$ 为 x、y、z 轴上的单位矢量，如图 A2.1 所示。

对于空间点 P 的齐次坐标表示为

$$\boldsymbol{V}=\begin{bmatrix} x \\ y \\ z \\ w \end{bmatrix}=[x \quad y \quad z \quad w]^{\mathrm{T}} \tag{A2.1}$$

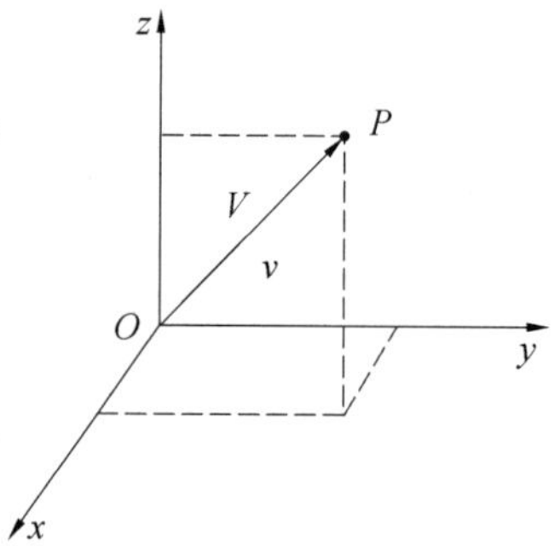

图 A2.1　笛卡儿空间点 P 的位置矢量

空间点 P 位置坐标与齐次坐标之间的关系如下：

$$a=\frac{x}{w},b=\frac{y}{w},c=\frac{z}{w},w\text{ 为比例系数} \tag{A2.2}$$

显然，齐次坐标表达并不是唯一的，随 w 值的不同而不同。在计算机图形学中，w 作为通用比例因子，可取任意正值，但在机器人的运动分析中，总是取 $w=1$。

例 1　空间点矢 $\boldsymbol{v}=3\boldsymbol{i}+4\boldsymbol{j}+5\boldsymbol{k}$ 的齐次坐标可以表示为

$$\begin{aligned} \boldsymbol{V}&=[3 \quad 4 \quad 5 \quad 1]^{\mathrm{T}} \\ \text{或}&=[6 \quad 8 \quad 10 \quad 2]^{\mathrm{T}} \\ \text{或}&=[-12 \quad -16 \quad -20 \quad -4]^{\mathrm{T}} \end{aligned} \tag{A2.3}$$

三维坐标空间位置矢量与齐次坐标的区别在于，三维空间点在 Σ_{Oxyz} 坐标系中表示是唯一的，即(a,b,c)，而在齐次坐标中表示可以是多值的。不同的表示方法代表的 $\boldsymbol{V}$ 点在空间位置上不变。

2. 几个特定意义的齐次坐标

(1)$[0 \quad 0 \quad 0 \quad n]^{\mathrm{T}}$——坐标原点矢量的齐次坐标，$n$ 为任意非零比例系数。

(2)$[1 \quad 0 \quad 0 \quad 0]^{\mathrm{T}}$——指向无穷远处的 Ox 轴。

(3) $[0 \quad 1 \quad 0 \quad 0]^T$—— 指向无穷远处的 Oy 轴。

(4) $[0 \quad 0 \quad 1 \quad 0]^T$—— 指向无穷远处的 Oz 轴。

(5) $[0 \quad 0 \quad 0 \quad 0]^T$—— 没有意义。

3. 平面的齐次坐标

平面齐次坐标由行矩阵 $\boldsymbol{A}=[a \quad b \quad c \quad d]$ 来表示，当点 $\boldsymbol{v}=[x \quad y \quad z \quad w]^T$ 处于平面 $\boldsymbol{A}$ 内时，矩阵乘积 $\boldsymbol{AV}=\boldsymbol{0}$，或记为

$$\boldsymbol{AV}=[a \quad b \quad c \quad d]\begin{bmatrix} x \\ y \\ z \\ w \end{bmatrix}=ax+by+zc+dw=0 \tag{A2.4}$$

与点矢 $[0 \quad 0 \quad 0 \quad 0]^T$ 相仿，平面 $[0 \quad 0 \quad 0 \quad 0]$ 也没有意义。

4. 点和平面间的位置关系

设一个平行于 x、y 轴，且在 z 轴上的坐标为单位距离的平面 $\boldsymbol{A}$ 可以表示为 $\boldsymbol{A}=[0 \quad 0 \quad 1 \quad -1]$ 或 $\boldsymbol{A}=[0 \quad 0 \quad 2 \quad -2]$，则有

$$\boldsymbol{AV}\begin{cases} >0, \text{在平面上方} \\ =0, \text{在平面上} \\ <0, \text{在平面下方} \end{cases} \tag{A2.5}$$

例 2　点 $\boldsymbol{V}=[10 \quad 20 \quad 1 \quad 1]^T$ 必定处于此平面内，而点 $\boldsymbol{V}=[0 \quad 0 \quad 2 \quad 1]^T$ 处于平面 $\boldsymbol{A}$ 的上方，点 $\boldsymbol{V}=[0 \quad 0 \quad 0 \quad 1]^T$ 处于 $\boldsymbol{A}$ 平面下方，因为

$$[0 \quad 0 \quad 1 \quad -1]\begin{bmatrix} 10 \\ 20 \\ 1 \\ 1 \end{bmatrix}=0, \quad [0 \quad 0 \quad 1 \quad -1]\begin{bmatrix} 0 \\ 0 \\ 2 \\ 1 \end{bmatrix}=1>0, \quad [0 \quad 0 \quad 1 \quad -1]\begin{bmatrix} 0 \\ 0 \\ 0 \\ 1 \end{bmatrix}=-1<0 \tag{A2.6}$$

附 2.3　旋转矩阵及旋转齐次变换

1. 旋转矩阵

设固定参考坐标系直角坐标为 Σ_{Oxyz}，动坐标系为 $\Sigma_{O'uvw}$，研究旋转变换情况。

(1) 初始位置时，动静坐标系重合，O、O' 重合，如图 A2.2 所示。各轴对应重合，设 P 点是动坐标系 $\Sigma_{O'uvw}$ 中的一点，且固定不变，则 P 点在 $\Sigma_{O'uvw}$ 中可表示为

$$\boldsymbol{P}_{uvw}=P_u\boldsymbol{i}_u+P_v\boldsymbol{j}_v+P_w\boldsymbol{k}_w \tag{A2.7}$$

式中，$\boldsymbol{i}_u$、$\boldsymbol{j}_v$、$\boldsymbol{k}_w$ 为坐标系 $\Sigma_{O'uvw}$ 的单位矢量，则 P 点在 Σ_{Oxyz} 中可表示为

$$\boldsymbol{P}_{xyz}=P_x\boldsymbol{i}_x+P_y\boldsymbol{j}_y+P_z\boldsymbol{k}_z \tag{A2.8}$$

$$\boldsymbol{P}_{uvw}=\boldsymbol{P}_{xyz} \tag{A2.9}$$

(2) 当动坐标系 $\Sigma_{O'uvw}$ 绕 O 点回转时，如图 A2.3 所示，求 P 点在固定坐标系 Σ_{Oxyz} 中的位置。已知：$\boldsymbol{P}_{uvw}=P_u\boldsymbol{i}_u+P_v\boldsymbol{j}_v+P_w\boldsymbol{k}_w$，$P$ 点在 $\Sigma_{O'uvw}$ 中是不变的仍然成立，由于 $\Sigma_{O'uvw}$ 回转，则

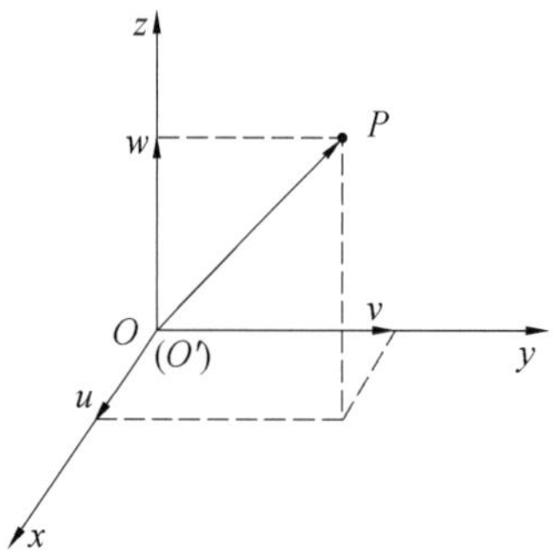

图 A2.2　初始位置

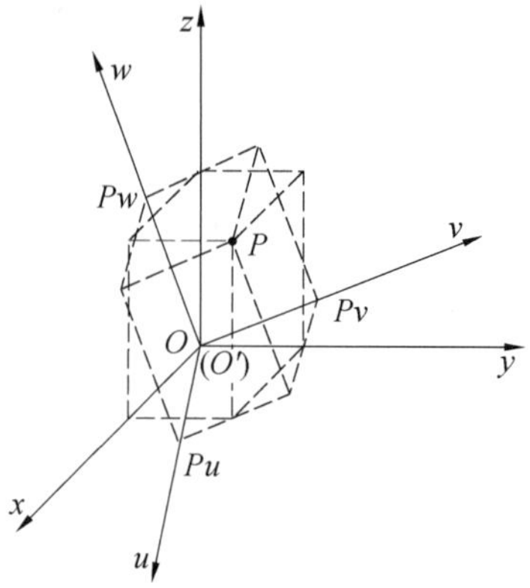

图 A2.3　动坐标系旋转

$$P_x = \boldsymbol{P}_{uvw}\boldsymbol{i}_x = (P_u\boldsymbol{i}_u + P_v\boldsymbol{j}_v + P_w\boldsymbol{k}_w)\boldsymbol{i}_x \tag{A2.10}$$

$$P_y = \boldsymbol{P}_{uvw}\boldsymbol{j}_y = (P_u\boldsymbol{i}_u + P_v\boldsymbol{j}_v + P_w\boldsymbol{k}_w)\boldsymbol{j}_y \tag{A2.11}$$

$$P_z = \boldsymbol{P}_{uvw}\boldsymbol{k}_z = (P_u\boldsymbol{i}_u + P_v\boldsymbol{j}_v + P_w\boldsymbol{k}_w)\boldsymbol{k}_z \tag{A2.12}$$

用矩阵可表示为

$$\begin{bmatrix} P_x \\ P_y \\ P_z \end{bmatrix} = \begin{bmatrix} \boldsymbol{i}_x\boldsymbol{i}_u & \boldsymbol{i}_x\boldsymbol{j}_v & \boldsymbol{i}_x\boldsymbol{k}_w \\ \boldsymbol{j}_y\boldsymbol{i}_u & \boldsymbol{j}_y\boldsymbol{j}_v & \boldsymbol{j}_y\boldsymbol{k}_w \\ \boldsymbol{k}_z\boldsymbol{i}_u & \boldsymbol{k}_z\boldsymbol{j}_v & \boldsymbol{k}_z\boldsymbol{k}_w \end{bmatrix} \begin{bmatrix} P_u \\ P_v \\ P_w \end{bmatrix} \tag{A2.13}$$

定义旋转矩阵为

$$\boldsymbol{R} = \begin{bmatrix} \boldsymbol{i}_x\boldsymbol{i}_u & \boldsymbol{i}_x\boldsymbol{j}_v & \boldsymbol{i}_x\boldsymbol{k}_w \\ \boldsymbol{j}_y & \boldsymbol{i}_u & \boldsymbol{j}_y\boldsymbol{j}_v \\ \boldsymbol{k}_z\boldsymbol{i}_u & \boldsymbol{k}_z\boldsymbol{j}_v & \boldsymbol{k}_z\boldsymbol{k}_w \end{bmatrix} \tag{A2.14}$$

则 $\boldsymbol{P}_{xyz} = \boldsymbol{R}\boldsymbol{P}_{uvw}$。反过来则有

$$\boldsymbol{P}_{uvw} = \boldsymbol{R}^{-1}\boldsymbol{P}_{xyz}\boldsymbol{R}^{-1} = \frac{\boldsymbol{R}^*}{\det \boldsymbol{R}} \tag{A2.15}$$

式中，$\boldsymbol{R}^*$ 为 $\boldsymbol{R}$ 的伴随矩阵；$\det \boldsymbol{R}$ 为 $\boldsymbol{R}$ 的行列式；$\boldsymbol{R}$ 是正交矩阵，$\boldsymbol{R}^{-1} = \boldsymbol{R}^{\mathrm{T}}$。

2. 旋转齐次变换

式(A2.16) 可以用齐次坐标变换来表示

$$R = \begin{bmatrix} \boldsymbol{i}_x\boldsymbol{i}_u & \boldsymbol{i}_x\boldsymbol{j}_v & \boldsymbol{i}_x\boldsymbol{k}_w \\ \boldsymbol{j}_y\boldsymbol{i}_u & \boldsymbol{j}_y\boldsymbol{j}_v & \boldsymbol{j}_y\boldsymbol{k}_w \\ \boldsymbol{k}_z\boldsymbol{i}_u & \boldsymbol{k}_z\boldsymbol{j}_v & \boldsymbol{k}_z\boldsymbol{k}_w \end{bmatrix} \tag{A2.16}$$

$$\begin{bmatrix} P_x \\ P_y \\ P_z \\ 1 \end{bmatrix} = \begin{bmatrix} & & & 0 \\ & R & & 0 \\ & & & 0 \\ 0 & 0 & 0 & 1 \end{bmatrix} \begin{bmatrix} P_u \\ P_v \\ P_w \\ 1 \end{bmatrix} \quad \begin{bmatrix} P_u \\ P_v \\ P_w \\ 1 \end{bmatrix} = \begin{bmatrix} & & & 0 \\ & \boldsymbol{R}^{-1} & & 0 \\ & & & 0 \\ 0 & 0 & 0 & 1 \end{bmatrix} \begin{bmatrix} P_x \\ P_y \\ P_z \\ 1 \end{bmatrix} \tag{A2.17}$$

3. 三个基本旋转矩阵和合成旋转矩阵

三个基本旋转矩阵 $\boldsymbol{R}(x,\alpha)$、$\boldsymbol{R}(z,\varphi)$、$\boldsymbol{R}(y,\theta)$ 定义与计算。图 A2.4、图 A2.5、图

A2.6 分别展示了动坐标系绕 x 轴、y 轴、z 轴旋转。已知动坐标系 $\Sigma_{O'uvw}$ 绕 Ox 轴转动 α 角,求 $\boldsymbol{R}(x,\alpha)$ 的旋转矩阵,也就是求出坐标系中各轴单位矢量 $\boldsymbol{i}_u$、$\boldsymbol{j}_v$、$\boldsymbol{k}_w$ 在固定坐标系 Σ_{Oxyz} 中各轴的投影分量,很容易得到在两个坐标系重合时,有

$$\boldsymbol{R}=\begin{bmatrix}1 & 0 & 0\\ 0 & 1 & 0\\ 0 & 0 & 1\end{bmatrix} \tag{A2.18}$$

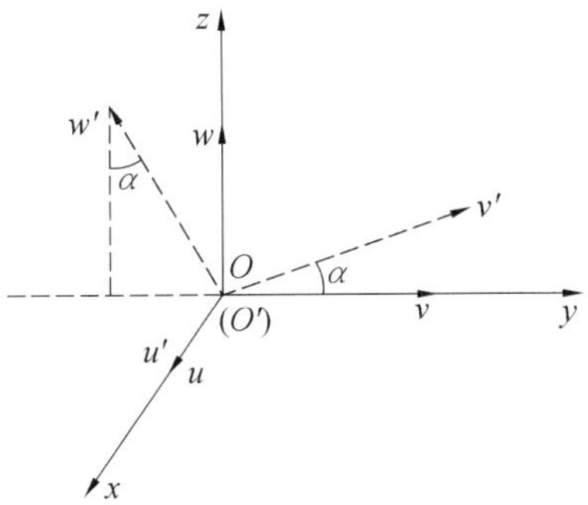

图 A2.4　绕 x 轴旋转角度 α

$\boldsymbol{R}(x,\alpha)$ 的旋转矩阵为

$$\boldsymbol{R}(x,\alpha)=\begin{bmatrix}\boldsymbol{i}_x\boldsymbol{i}_u & \boldsymbol{i}_x\boldsymbol{j}_v & \boldsymbol{i}_x\boldsymbol{k}_w\\ \boldsymbol{j}_y\boldsymbol{i}_u & \boldsymbol{j}_y\boldsymbol{j}_v & \boldsymbol{j}_y\boldsymbol{k}_w\\ \boldsymbol{k}_z\boldsymbol{i}_u & \boldsymbol{k}_z\boldsymbol{j}_v & \boldsymbol{k}_z\boldsymbol{k}_w\end{bmatrix} \tag{A2.19}$$

$$\boldsymbol{i}_x=\boldsymbol{i}_u\begin{bmatrix}1 & 0 & 0\\ 0 & \cos\alpha & -\sin\alpha\\ 0 & \sin\alpha & \cos\alpha\end{bmatrix} \tag{A2.20}$$

同理,旋转矩阵 $\boldsymbol{R}(z,\varphi)$、$\boldsymbol{R}(y,\theta)$ 计算如下:

$$\boldsymbol{R}(y,\varphi)=\begin{bmatrix}\cos\varphi & 0 & \sin\varphi\\ 0 & 1 & 0\\ -\sin\varphi & 0 & \cos\varphi\end{bmatrix} \tag{A2.21}$$

$$\boldsymbol{R}(z,\theta)=\begin{bmatrix}\cos\theta & -\sin\theta & 0\\ \sin\theta & \cos\theta & 0\\ 0 & 0 & 1\end{bmatrix} \tag{A2.22}$$

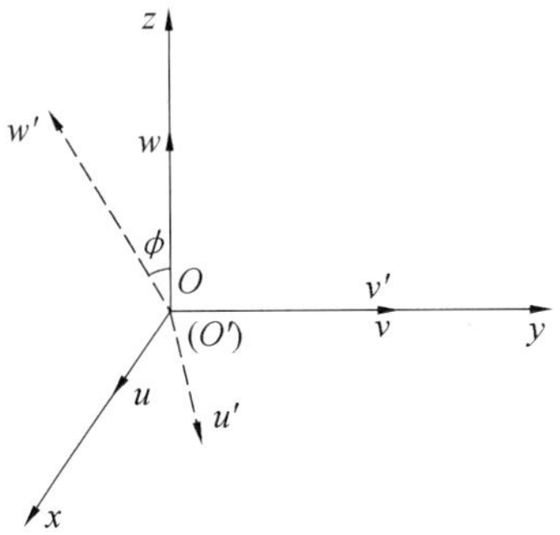

图 A2.5　绕 y 轴旋转角度 ϕ

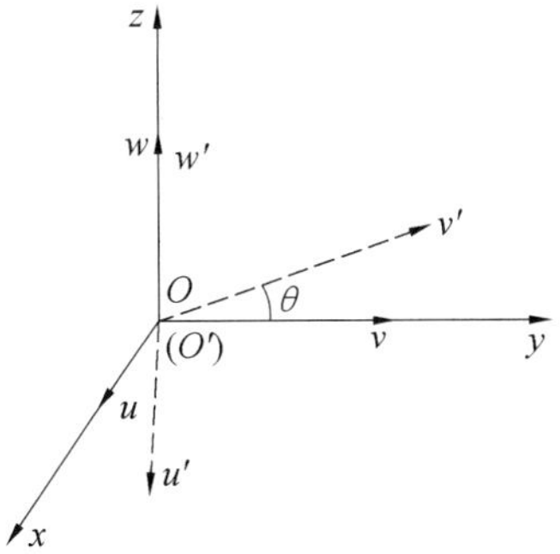

图 A2.6　绕 z 轴旋转角度 θ

定义 1　当动坐标系 $\Sigma_{O'uvw}$ 绕固定坐标系 Σ_{Oxyz} 各坐标轴顺序有限次转动时，其合成旋转矩阵为各基本旋转矩阵依旋转顺序左乘。旋转矩阵间不可以交换。

4. 平移齐次变换矩阵

与旋转矩阵不同，平移矩阵间可以相互交换，平移和旋转矩阵间不可以交换，平移齐次变换矩阵表示如下：

$$\boldsymbol{H}=\mathrm{Trans}(a\quad b\quad c)=\begin{bmatrix}1&0&0&a\\0&1&0&b\\0&0&1&c\\0&0&0&1\end{bmatrix} \tag{A2.23}$$

式中，a、b、c 分别表示沿坐标轴 x、y、z 的平移量。

动坐标系在固定坐标系中的齐次变换有 2 种情况：

定义 2　如果所有的变换都是相对于固定坐标系中各坐标轴旋转或平移，则依次左乘，称为绝对变换。

定义 3　如果动坐标系相对于自身坐标系的当前坐标轴旋转或平移，则齐次变换为依次右乘，称为相对变换。

机器人用到相对变换的时候比较多，例如机械手抓一个杯子，如图 A2.7 所示，手爪需要转动一个角度才抓得牢，相对于固定坐标系表达太麻烦，可以直接根据手爪的坐标系表示，但要知道在坐标系中的位姿，就用右乘的概念。

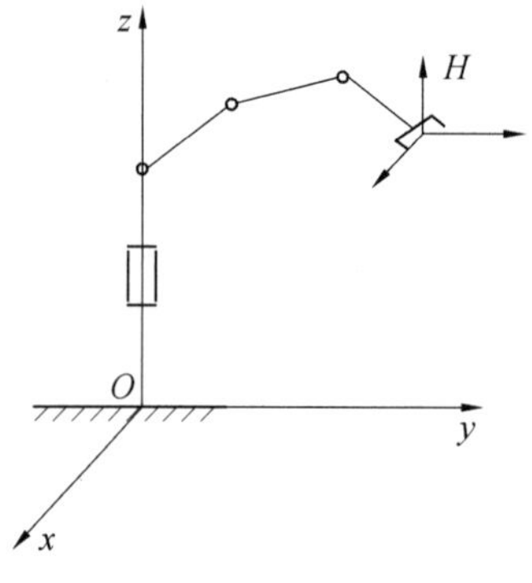

图 A2.7　机械手抓取位姿表示

5. 绕通过原点的任意轴旋转的齐次变换

有时动坐标系 $\Sigma O'$ 可能绕过原点 O 的分量分别为 r_x、r_y、r_z 的任意单位矢量 $\boldsymbol{r}$ 转动 ϕ 角。研究这种转动的好处是可用 $\Sigma O'$ 绕某轴 $\boldsymbol{r}$ 的一次转动代替绕 ΣO 各坐标轴的数次转动。

为推导此旋转矩阵，可做下述 5 步变换：

(1) 绕 X 轴转 α 角，使 $\boldsymbol{r}$ 轴处于 XZ 平面内。

(2) 绕 Y 轴转 β 角，使 $\boldsymbol{r}$ 轴与 OZ 轴重合。

(3) 绕 Z 轴转动 φ 角。

(4) 绕 Y 轴转 β 角。

(5) 绕 X 轴转 α 角。

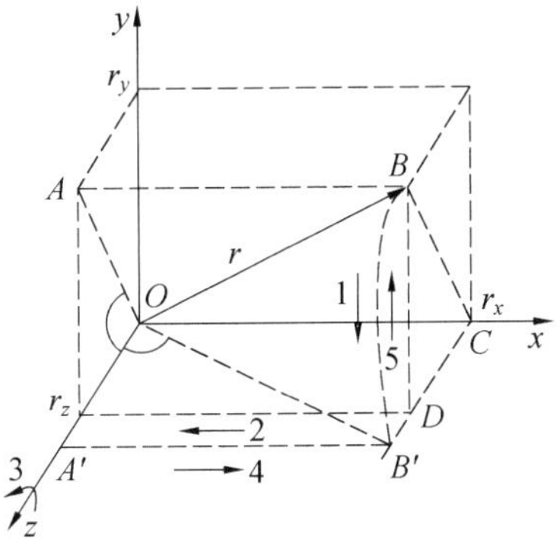

图 A2.8　任意轴旋转的齐次变换

由定义 2 和定义 3，上述 5 次旋转的合成旋转矩阵为

$$
\begin{aligned}
\boldsymbol{R}_{r,\varphi} &= \boldsymbol{R}_{x,-\alpha}\boldsymbol{R}_{y,\beta}\boldsymbol{R}_{z,\varphi}\boldsymbol{R}_{y,-\beta}\boldsymbol{R}_{x,\alpha} \\
&= \begin{bmatrix} 1 & 0 & 0 \\ 0 & \cos\alpha & \sin\alpha \\ 0 & -\sin\alpha & \cos\alpha \end{bmatrix} \begin{bmatrix} \cos\beta & 0 & \sin\beta \\ 0 & 1 & 0 \\ -\sin\beta & 0 & \cos\beta \end{bmatrix} \begin{bmatrix} \cos\varphi & -\sin\varphi & 0 \\ \sin\varphi & \cos\varphi & 0 \\ 0 & 0 & 1 \end{bmatrix} \\
&= \begin{bmatrix} \cos\beta & 0 & -\sin\beta \\ 0 & 1 & 0 \\ \sin\beta & 0 & \cos\beta \end{bmatrix} \begin{bmatrix} 1 & 0 & 0 \\ 0 & \cos\alpha & -\sin\alpha \\ 0 & \sin\alpha & \cos\alpha \end{bmatrix}
\end{aligned} \tag{A2.24}
$$

式中

$$
\begin{cases}
\sin\alpha = \dfrac{r_y}{\sqrt{r_y^2 + r_z^2}} & \cos\alpha = \dfrac{r_z}{\sqrt{r_y^2 + r_z^2}} \\
\sin\beta = \dfrac{|OC|}{|r|} = \dfrac{|r_x|}{|r|} = r_x & \cos\beta = \dfrac{|B'C|}{|OB|} = \dfrac{\sqrt{r_y^2 + r_z^2}}{|r|} = \sqrt{r_y^2 + r_z^2}
\end{cases} \tag{A2.25}
$$

则公式(A2.19)变为

$$
\boldsymbol{R}_{r,\varphi} = \begin{bmatrix} r_x^2(1-\cos\varphi)+\cos\varphi & r_x r_y(1-\cos\varphi)-r_z\sin\varphi & r_x r_z(1-\cos\varphi)+r_y\sin\varphi \\ r_x r_y(1-\cos\varphi)+r_z\sin\varphi & r_y^2(1-\cos\varphi)+\cos\varphi & r_y r_z(1-\cos\varphi)-r_x\sin\varphi \\ r_x r_z(1-\cos\varphi)-r_y\sin\varphi & r_y r_z(1-\cos\varphi)+r_x\sin\varphi & r_z^2(1-\cos\varphi)+\cos\varphi \end{bmatrix} \tag{A2.26}
$$

公式(A2.19)为绕通过原点的任意轴 $\boldsymbol{r}$ 旋转角度 φ 的变换矩阵。

6. 齐次变换矩阵的几何意义

设有一个手爪，即动坐标系 $\Sigma O'$，已知，$O'(a_1 \quad b_1 \quad c_1)$ 初始位置重合，那么 $\Sigma O'$ 在 ΣO 中的齐次坐标变换为

$$\boldsymbol{T}_1=\begin{bmatrix}1&0&0&a_1\\0&1&0&b_1\\0&0&1&c_1\\0&0&0&1\end{bmatrix}\tag{A2.27}$$

如果手爪转了一个角度,齐次坐标变换变为

$$\boldsymbol{T}_1=\begin{bmatrix}u_x&v_x&w_x&p_x\\u_y&v_y&w_y&p_y\\u_z&v_z&w_z&p_z\\0&0&0&1\end{bmatrix}\tag{A2.28}$$

$\boldsymbol{T}$ 反映了 $\Sigma O'$ 在 ΣO 中的位置和姿态,即表示了该坐标系原点和各坐标轴单位矢量在固定坐标系中的位置和姿态。该矩阵可以由 4 个子矩阵组成,写成如下形式:

$$\boldsymbol{T}_1=\begin{bmatrix}u_x&v_x&w_x&p_x\\u_y&v_y&w_y&p_y\\u_z&v_z&w_z&p_z\\0&0&0&1\end{bmatrix}\tag{A2.29}$$

$$\boldsymbol{T}=\begin{bmatrix}\boldsymbol{R}_{3\times3}&\boldsymbol{P}_{3\times1}\\\boldsymbol{f}_{1\times3}&w_{1\times1}\end{bmatrix}=\begin{bmatrix}\text{旋转矩阵}&\text{位置矢量}\\\text{透视矩阵}&\text{比例系数}\end{bmatrix}\tag{A2.30}$$

式中

$$\boldsymbol{R}_{3\times3}=\begin{bmatrix}u_x&v_x&w_x\\u_y&v_y&w_y\\u_z&v_z&w_z\end{bmatrix}\tag{A2.31}$$

$\boldsymbol{R}_{3\times3}$ 为姿态矩阵(旋转矩阵),表示动坐标系 $\Sigma O'$ 在固定参考坐标系 ΣO 中的姿态,即表示 $\Sigma O'$ 各坐标轴单位矢量在 ΣO 各轴上的投影;$\boldsymbol{P}_{3\times1}=[p_x\quad p_y\quad p_z]^{\mathrm{T}}$ 为位置矢量矩阵,代表动坐标系 $\Sigma O'$ 坐标原点在固定参考坐标系 ΣO 中的位置;$\boldsymbol{f}_{1\times3}=[0\quad 0\quad 0]$ 为透视变换矩阵,在视觉中进行图像计算,一般置为 0;$w_{1\times1}=[1]$ 为比例系数。

附录 3　非线性系统分析基础

附 3.1　引　言

作为系统分析和设计的有效手段，李雅普诺夫理论已被广泛应用于非线性系统平衡点的稳定性分析中。它具有以下优点：稳定性分析过程不依赖于状态方程解析解；根据系统能量函数(李雅普诺夫函数) 随时间的变化率来判定稳定性，因此分析过程简洁直观；利用李雅普诺夫稳定性条件很容易制定出目标系统的控制律或状态观测律。

附 3.2　自律系统的稳定性

考虑以下自律系统的状态方程：

$$\dot{\boldsymbol{x}} = f(\boldsymbol{x}) \tag{A3.1}$$

式中，$f:\mathscr{D}\rightarrow \mathbf{R}^n$ 关于 $\boldsymbol{x}\in\mathscr{D}\subset\mathbf{R}^n$ 满足利普希茨条件，$0\in\mathscr{D}$，而且 $f(\boldsymbol{t},\boldsymbol{0})\equiv 0$。可以看出，平衡点 $\boldsymbol{x}_e$ 和原点 0 重合。该规定不会丢失分析过程的一般性。这是由于系统坐标的平移转换：设 $\boldsymbol{y}_e$ 为微分方程 $\dot{\boldsymbol{y}}=g(\boldsymbol{y})$ 的平衡点。令 $\boldsymbol{x}=\boldsymbol{y}-\boldsymbol{y}_e$，则 $\dot{\boldsymbol{x}}=f(\boldsymbol{t})$，其中 $g(\boldsymbol{x}+\boldsymbol{y}_e)\overset{\text{def}}{=\!=\!=} f(\boldsymbol{t})$。可见 0 是微分方程 $\dot{\boldsymbol{x}}=f(\boldsymbol{t})$ 的平衡点。

1. 李雅普诺夫稳定性定理

下面对李雅普诺夫稳定性定理进行阐述。

定理 1　已知(A3.1)。假设存在一个连续可微函数 $V:\mathscr{D}\rightarrow\mathbf{R}$，满足以下两个条件：

$$V(\boldsymbol{x})>0,\quad \forall\,\boldsymbol{x}\in\mathscr{D}-\{0\},\quad V(0)=0$$

$V(\boldsymbol{x})$ 对时间的导数为

$$\dot{V}\overset{\text{def}}{=\!=\!=}(\partial V/\partial\boldsymbol{x})^{\mathrm{T}}f(\boldsymbol{t})$$

如果 $\dot{V}\leqslant 0,\forall\,\boldsymbol{x}\in\mathscr{D}$，则 $\boldsymbol{x}_e=\boldsymbol{0}$ 稳定；如果 $\dot{V}<0,\forall\,\boldsymbol{x}\in\mathscr{D}-\{0\}$，则 $\boldsymbol{x}_e=\boldsymbol{0}$ 渐近稳定。如果其中任意一条稳定性条件得到满足，则称 $V(\boldsymbol{x})$ 为李雅普诺夫函数。如果 $\mathscr{D}=\mathbf{R}^n$ 且 $V(\boldsymbol{x})$ 径向无界，即 $\|\boldsymbol{x}\|\rightarrow\infty\Rightarrow V(\boldsymbol{x})\rightarrow\infty$，那么以上稳定性具有全局意义。

函数的(准) 正 / 负定性也是常用的概念。

定义 1　令 $F:\mathscr{D}\rightarrow\mathbf{R}$ 为连续可微函数。如果 $F(\boldsymbol{x})>0,\forall\,\boldsymbol{x}\in\mathscr{D}-\{0\}$，则称 $F(\boldsymbol{x})$ 正定。如果 $F(\boldsymbol{x})\geqslant 0,\forall\,\boldsymbol{x}\in\mathscr{D}$，则称 $F(\boldsymbol{x})$ 准正定。如果 $-F(\boldsymbol{x})$ 为(准) 正定，则 $F(\boldsymbol{x})$ 为(准) 负定。

根据定义 1，李雅普诺夫稳定性定理有另外一种阐述。如果存在一个连续可微正定函数 $V(\boldsymbol{x})$，使得 $\dot{V}$ 准负定，则 $\boldsymbol{x}_e=\boldsymbol{0}$ 稳定。如果使 $\boldsymbol{x}_e=\boldsymbol{0}$ 渐近稳定，$\dot{V}$ 必须为负定。下面两个表达式依次归纳了 $\dot{V}$ 的准负定性和负定性：

准负定 —$\dot{V}\leqslant 0,\forall\,\boldsymbol{x}\in\mathscr{D}$；负定 —$\dot{V}<0,\forall\,\boldsymbol{x}\in\mathscr{D}-\{0\}$。

例 1　阻尼钟摆系统的状态方程的一般形式如下：

$$\dot{x}_1=x_2$$
$$\dot{x}_2=-\alpha\sin x_1-\beta x_2$$

式中，$\alpha,\beta>0$，状态 $\boldsymbol{x}=(x_1,x_2)$ 的定义域为 $\mathscr{D}=\{(x_1,x_2)\mid x_1\in(-2\pi,2\pi),x_2\in\mathbf{R}\}$。试分析原点 $\boldsymbol{x}_e=(0,0)$ 的稳定性。

解 $\boldsymbol{x}_e=(0,0)$ 是系统的一个平衡点。考虑系统能量：

$$V(x)=\alpha(1-\cos x_1)+\frac{1}{2}x_2^2$$

显然，$V(0)=0$ 且 $V(\boldsymbol{x})>0,\forall\boldsymbol{x}\in\mathscr{D}-\{0\}$。因此，$V(\boldsymbol{x})$ 满足正定条件，可以作为候选李雅普诺夫函数。沿着系统轨迹求导，可得 $\dot{V}=-\beta x_2^2\leqslant 0$，说明 $\boldsymbol{x}_e=(0,0)$ 稳定。

例 2 已知一阶非线性系统 $\dot{\boldsymbol{x}}=-g(\boldsymbol{x})$。其中，$g(\boldsymbol{x})$ 在定义域 $\mathscr{D}=(-a,a)$ 满足利普希茨，并且 $g(0)=0,\boldsymbol{x}g(\boldsymbol{x})>0,\forall\boldsymbol{x}\in\mathscr{D}-\{0\}$。试证明平衡点 $\boldsymbol{x}_e=\mathbf{0}$ 渐近稳定。

证明 考虑下面的积分函数：

$$V(\boldsymbol{x})=\int_0^x g(y)\mathrm{d}y$$

根据已知条件，在定义域 D，$V(\boldsymbol{x})$ 连续可微，而且有 $V(0)=0,V(\boldsymbol{x})>0,\forall\boldsymbol{x}\in\mathscr{D}-\{0\}$。因此，$V(\boldsymbol{x})$ 可作为候选李雅普诺夫函数。沿系统状态轨迹求导，可得

$$\dot{V}=\left(\frac{\partial V}{\partial\boldsymbol{x}}\right)^{\mathrm{T}}(-g(\boldsymbol{x}))=-g^2(\boldsymbol{x})<0,\quad\forall\boldsymbol{x}\in\mathscr{D}-\{0\}$$

根据定理 1，平衡点 $\boldsymbol{x}_e=\mathbf{0}$ 渐近稳定。

2. 拉萨尔不变原理

在例 1 中，阻尼钟摆系统满足 $\dot{V}\leqslant 0$ 的条件，即平衡点稳定。但实际的情况却是平衡点渐近稳定。这意味着定理 1 无法证明针对此类系统的渐近稳定性。

引理 1 已知(A3.1)，其状态轨迹用 $\boldsymbol{x}(t)$ 表示。令 $V:\mathscr{D}\to\mathbf{R}$ 为一个连续可微的正定函数，使得 $\dot{V}\leqslant 0,\forall\boldsymbol{x}\in D$。令 $\mathscr{S}$ 为 $\mathscr{D}$ 的子集，被定义成 $\mathscr{S}=\{\boldsymbol{x}\in\mathscr{D}\mid\dot{V}=0\}$。除 $\boldsymbol{x}(t)\equiv 0$，如果没有一个 $\boldsymbol{x}(t)$ 恒停留在 S 中，则 $\boldsymbol{x}_e=\mathbf{0}$ 渐近稳定。如果 $\mathscr{D}=\mathbf{R}^n$、$V(\boldsymbol{x})$ 径向无界，那么 $\boldsymbol{x}_e=\mathbf{0}$ 全局渐近稳定。

根据该引理，由于 $\boldsymbol{x}_e=\mathbf{0}$ 是满足 $\dot{V}=0$ 关系的唯一的状态方程解，因此阻尼钟摆系统的平衡点渐近稳定。

例 3 已知二阶非线性系统：

$$\dot{x}_1=x_2$$

$$\dot{x}_2=-\frac{x_1^2}{x_2}-x_2+x_1$$

试证明原点 $\boldsymbol{x}_e=(0,0)$ 全局渐近稳定。

证明 根据平衡点定义，原点 $\boldsymbol{x}_e=(0,0)$ 是一个平衡点。考虑候选李雅普诺夫函数：

$$V(\boldsymbol{x})=\frac{1}{2}(x_1^2+x_2^2)$$

对 $V(\boldsymbol{x})$ 求导可得

$$\dot{V}=-(x_1-x_2)^2\leqslant 0$$

可见，$\boldsymbol{x}=(0,0)$ 是 $\dot{V}=0$ 的唯一解。另外，$V(\boldsymbol{x})$ 径向无界。根据引理 1，$\boldsymbol{x}_e=(0,0)$ 全局渐近稳定。

下面介绍拉萨尔定理。它考虑了满足 $\dot{V}=0$ 关系的状态方程解并不是唯一的情况。

在此之前需要了解不变集合的概念。

定义 2　已知(A3.1)，其状态轨迹用 $\boldsymbol{x}(t)$ 表示。令 $\mathscr{M} \subset \mathbf{R}^n$。如果 $\boldsymbol{x}(t)$ 保证

$$\boldsymbol{x}_0 \in \mathscr{M} \Rightarrow \boldsymbol{x}(t) \in \mathscr{M}, \quad \forall t \in \mathbf{R}$$

则称 $\mathscr{M}$ 为关于(A3.1)的不变集合。

定义 3　已知(A3.1)，其状态轨迹用 $\boldsymbol{x}(t)$ 表示。令 $\mathscr{M} \subset \mathbf{R}^n$。如果 $\boldsymbol{x}(t)$ 保证

$$\boldsymbol{x}_0 \in \mathscr{M} \Rightarrow \boldsymbol{x}(t) \in \mathscr{M}, \quad \forall t \geqslant 0$$

则称 $\mathscr{M}$ 为关于(A3.1)的正不变集合。

定义 4　已知(A3.1)，其状态轨迹用 $\boldsymbol{x}(t)$ 表示。如果 $\forall \varepsilon > 0$，$\exists T > 0$ 使得

$$\mathrm{dist}(\boldsymbol{x}(t), \mathscr{M}) < \varepsilon, \quad \forall t > T$$

则称 $x(t)$ 向 $\mathscr{M} \subset \mathbf{R}^n$ 靠近。$\mathrm{dist}(\boldsymbol{p}, \mathscr{M})$ 表示点 $\boldsymbol{p}$ 到 $\mathscr{M}$ 之间的距离，也就是

$$\mathrm{dist}(\boldsymbol{p}, \mathscr{M}) = \inf_{x \in \mathscr{M}} \| \boldsymbol{p} - \boldsymbol{x} \|$$

在非线性系统中，平衡点和极限环均为不变集合。另外，给定一个连续可微函数 $V(\boldsymbol{x})$ 及其水平集 $\mathscr{H}_c = \{\boldsymbol{x} \in \mathbf{R}^n \mid V(\boldsymbol{x}) \leqslant c\}$，如果(A3.1)在 $\mathscr{H}_c$ 上保证 $\dot{V} \leqslant 0$，则 $\mathscr{H}_c$ 是正不变集合。这是因为，$\dot{V} \leqslant 0$ 意味着 $V(\boldsymbol{x})$ 递减。因此，对于 $\boldsymbol{x}_0 \in \mathscr{H}_c$ 和 $t \geqslant 0$，有 $V(\boldsymbol{x}(t)) \leqslant V(\boldsymbol{x}_0) \leqslant c$。

定理 2　令 $\mathscr{H} \subset D$ 是关于(A3.1)的稠密正不变集合。令 $V: \mathscr{D} \to \mathbf{R}$ 为一个连续且可微的函数，使得 $\dot{V} \leqslant 0$，$\forall x \in \mathscr{H}$。令 $\mathscr{M}$ 为 $\varepsilon = \{x \in \mathscr{H} \mid \dot{V} = 0\}$ 的最大不变集合。那么，当初始状态 $x_0 \in \mathscr{H}$ 时，随着 $t \to \infty$，$x(t)$ 向 $\mathscr{M}$ 靠近。

拉萨尔定理的优点在于分析的便捷性。例如，要证明 $x(t) \to \infty$，只需确认 $\mathscr{M}$ 本身就是平衡点。引理 1 就是基于这个思路。另外，拉萨尔定理并不要求 $V: \mathscr{D} \to \mathbf{R}$ 的正定性。

例 4　已知二阶非线性系统：

$$\begin{aligned} \dot{x}_1 &= -(x_2 - a)x_1 \\ \dot{x}_2 &= \gamma x_1^2 \end{aligned}$$

式中，$\gamma > 0$。试证明，随着 $t \to \infty$，$x_1(t)$ 和 $x_2(t)$ 向直线 $x_1 = 0$ 收敛。

证明　考虑候选李雅普诺夫函数：

$$V(\boldsymbol{x}) = \frac{1}{2}x_1^2 + \frac{1}{2\gamma}(x_2 - b)^2, \quad b > a$$

沿着状态轨迹可得

$$\dot{V} = -x_1^2(b - a) \leqslant 0$$

由于 $V(\boldsymbol{x})$ 径向无界，并且 $\dot{V} \leqslant 0$，因此 $\mathscr{H}_c = \{\boldsymbol{x} \in \mathbf{R}^n \mid V(\boldsymbol{x}) \leqslant c\}$ 是稠密正不变集合，满足定理 1 的条件，其中 $\varepsilon = \{\boldsymbol{x} \in \mathscr{H}_c \mid x_1 = 0\}$。显然，$\varepsilon$ 代表直线。同时，ε 的任意一个元素均为平衡点。这说明 ε 是不变集合，并且 $\mathscr{M} = \varepsilon$。于是，随着 $t \to \infty$，$x_1(t)$ 和 $x_2(t)$ 向 ε 靠近。

3. 线性化模型及其应用

非线性系统的稳定性还可以通过经典线性系统理论来分析，称之为间接李雅普诺夫方法。特别是当(A3.1)在平衡点附近与其线性化模型 $\dot{\boldsymbol{x}} = \boldsymbol{A}\boldsymbol{x}$ 具有相似特征时，可采用线性系统的稳定性判据。

定理 3　已知(A3.1)。向量场 $f(\boldsymbol{t})$ 在 $\boldsymbol{x}_e=\boldsymbol{0}$ 处的雅可比矩阵为

$$\boldsymbol{A}=\frac{\partial \boldsymbol{f}}{\partial \boldsymbol{x}}(0)\in \mathbf{R}^{n\times n}$$

记 $\lambda_j(j=1,2,\cdots,n)$ 为 $\boldsymbol{A}$ 的特征值。那么，$\boldsymbol{x}_e=\boldsymbol{0}$ 指数稳定，当且仅当 $\boldsymbol{A}$ 满足赫尔维茨，即 $\boldsymbol{A}$ 的全部特征值满足 $\mathrm{Re}\,\lambda_j<0$ 的条件。对于 $\boldsymbol{A}$ 的部分特征值，如果 $\mathrm{Re}\,\lambda_j>0$，则 $\boldsymbol{x}_e=\boldsymbol{0}$ 不稳定。

定理 4　矩阵 $\boldsymbol{A}$ 为赫尔维茨，当且仅当对于任意给定的正定对称矩阵 $\boldsymbol{Q}$，存在一个正定对称矩阵 $\boldsymbol{P}$，使得

$$\boldsymbol{P}\boldsymbol{A}+\boldsymbol{A}^{\mathrm{T}}\boldsymbol{P}=-\boldsymbol{Q}$$

该矩阵方程被称为李雅普诺夫方程。进一步地，如果 $\boldsymbol{A}$ 为赫尔维茨，则 $\boldsymbol{P}$ 是方程的唯一解。

例 5　已知阻尼钟摆系统的状态方程：

$$\dot{x}_1=x_2$$
$$\dot{x}_2=-\alpha\sin(x_1)-\beta x_2$$

式中，$\alpha,\beta>0$。试分析两个平衡点 $\boldsymbol{x}_e=(0,0)$ 和 $\boldsymbol{x}_e=(\pi,0)$ 的稳定性。

解　先考虑 $\boldsymbol{x}_e=(0,0)$ 的情况。向量场 $f(\boldsymbol{t})$ 的雅可比矩阵计算结果如下：

$$\frac{\partial \boldsymbol{f}}{\partial \boldsymbol{x}}(\boldsymbol{x})=\begin{bmatrix}\partial f_1/\partial x_1 & \partial f_1/\partial x_2\\ \partial f_2/\partial x_1 & \partial f_2/\partial x_2\end{bmatrix}=\begin{bmatrix}0 & 1\\ -\alpha\cos x_1 & -\beta\end{bmatrix}$$

于是有

$$\boldsymbol{A}=\frac{\partial \boldsymbol{f}}{\partial \boldsymbol{x}}(0,0)=\begin{bmatrix}0 & 1\\ -\alpha & -\beta\end{bmatrix}$$

$\boldsymbol{A}$ 的特征值为

$$\lambda_{1,2}=-\frac{1}{2}\beta\pm\frac{1}{2}\sqrt{\beta^2-4\alpha}$$

对于 $\alpha,\beta>0$，满足 $\mathrm{Re}\,\lambda_j<0$。因此，$\boldsymbol{x}_e=(0,0)$ 渐近稳定。对于 $\boldsymbol{x}_e=(\pi,0)$，首先进行坐标变换。令 $z_1=x_1-\pi$ 和 $z_2=x_2$。状态方程可改写成

$$\dot{z}_1=z_2$$
$$\dot{z}_2=-\alpha\sin z_1-\beta z_2$$

可见，$\boldsymbol{z}_e=(0,0)$ 是平衡点。对应的向量场 $\boldsymbol{f}'(\boldsymbol{z})$ 关于 $\boldsymbol{z}_e=(0,0)$ 的雅可比矩阵为

$$\boldsymbol{A}'=\frac{\partial \boldsymbol{f}'}{\partial \boldsymbol{z}}(0,0)=\begin{bmatrix}0 & 1\\ \alpha & -\beta\end{bmatrix}$$

$\boldsymbol{A}'$ 的特征值为

$$\lambda_{1,2}=-\frac{1}{2}\beta\pm\frac{1}{2}\sqrt{\beta^2+4\alpha}$$

对于 $\alpha,\beta>0$，由于其中一个特征值大于 0，$\boldsymbol{z}_e=(0,0)$ 不稳定。从而 $\boldsymbol{x}_e=(\pi,0)$ 不稳定。

多数情况下找到一种帮助建立李雅普诺夫函数的方法是困难的。但对一些系统，利用克拉索夫斯基方法就容易获得李雅普诺夫函数。具体描述如下：

定理 5　状态方程(A3.1)的平衡点渐近稳定的一个充分条件是,存在两个正定对称矩阵 $\boldsymbol{P}$ 和 $\boldsymbol{Q}$,使得

$$\boldsymbol{P}\left(\frac{\partial \boldsymbol{f}}{\partial \boldsymbol{x}}(\boldsymbol{x})\right)+\left(\frac{\partial \boldsymbol{f}}{\partial \boldsymbol{x}}(\boldsymbol{x})\right)^{\mathrm{T}}\boldsymbol{P}+\boldsymbol{Q}\geqslant 0, \quad \forall \boldsymbol{x}\in \mathscr{D}$$

那么,$V(\boldsymbol{x})=f(\boldsymbol{t})^{\mathrm{T}}\boldsymbol{P}f(\boldsymbol{t})$ 是系统的李雅普诺夫函数。使平衡点全局渐近稳定,$V(\boldsymbol{x})$ 另外要满足径向无界条件。

4. 中心流形定理

关于(A3.1)的线性化模型 $\dot{\boldsymbol{x}}=\boldsymbol{A}\boldsymbol{x}$,当 $\boldsymbol{A}$ 的部分特征值的实部等于 0、另外一部分特征值的实部小于 0,则无法根据间接李雅普诺夫方法(定理 3)确定系统稳定性。下面将要介绍的中心流形定理可弥补该局限性。首先给出由下面状态方程描述的内联系统:

$$\dot{\boldsymbol{y}}=\boldsymbol{A}_1\boldsymbol{y}+\boldsymbol{g}_1(\boldsymbol{y},\boldsymbol{z}) \tag{A3.2}$$

$$\dot{\boldsymbol{z}}=\boldsymbol{A}_2\boldsymbol{z}+\boldsymbol{g}_2(\boldsymbol{y},\boldsymbol{z}) \tag{A3.3}$$

式中,$\boldsymbol{y}\in\mathbf{R}^l$ 和 $\boldsymbol{z}\in\mathbf{R}^{n-l}$ 是状态向量;$\boldsymbol{A}_1\in\mathbf{R}^{l\times l}$ 和 $\boldsymbol{A}_2\in\mathbf{R}^{(n-l)\times(n-l)}$ 是常数矩阵;$\boldsymbol{g}_1\in\mathbf{R}^l$ 和 $g_2\in\mathbf{R}^{n-l}$ 是关于 $\boldsymbol{y}$ 和 $\boldsymbol{z}$ 的二次连续可微函数。另外,$\boldsymbol{A}_1$ 的全部特征值的实部等于 0,$\boldsymbol{A}_2$ 的全部特征值的实部小于 0,而且 g_1 和 g_2 满足以下边界条件:

$$g_j(0,0)=\mathbf{0}, \quad \frac{\partial \boldsymbol{g}_j}{\partial \boldsymbol{y}}(0,0)=\mathbf{0}, \quad \frac{\partial \boldsymbol{g}_j}{\partial \boldsymbol{z}}(0,0)=\mathbf{0}, \quad j=1,2 \tag{A3.4}$$

下面分析(A3.1)到(A3.2)～(A3.3)的等效转换过程。把(A3.1)改写成

$$\dot{\boldsymbol{x}}=\boldsymbol{A}\boldsymbol{x}+\Delta f(\boldsymbol{t}) \tag{A3.5}$$

式中

$$\boldsymbol{A}=\frac{\partial \boldsymbol{f}}{\partial \boldsymbol{x}}(0), \quad \Delta f(\boldsymbol{t})=f(\boldsymbol{t})-\boldsymbol{A}\boldsymbol{x}$$

假设 $\boldsymbol{A}$ 有 l 个特征值的实部等于 0,而其余 $n-l$ 个特征值的实部小于 0。令 $\boldsymbol{B}$ 为一个相似转换矩阵,它能够使

$$\boldsymbol{B}\boldsymbol{A}\boldsymbol{B}^{-1}=\begin{bmatrix}\boldsymbol{A}_1 & 0\\ 0 & \boldsymbol{A}_2\end{bmatrix}$$

式中,$\boldsymbol{A}_1\in\mathbf{R}^{l\times l}$ 特征值的实部全部等于 0;$\boldsymbol{A}_2\in\mathbf{R}^{(n-l)\times(n-l)}$ 特征值的实部全部小于 0。

于是有以下坐标转换关系:

$$\boldsymbol{B}\boldsymbol{x}=\begin{bmatrix}\boldsymbol{y}\\ \boldsymbol{z}\end{bmatrix}\Leftrightarrow \boldsymbol{x}=\boldsymbol{B}^{-1}\begin{bmatrix}\boldsymbol{y}\\ \boldsymbol{z}\end{bmatrix}, \quad \boldsymbol{y}\in\mathbf{R}^l,\boldsymbol{z}\in\mathbf{R}^{n-l}$$

利用(A3.5),可得

$$\begin{bmatrix}\dot{\boldsymbol{y}}\\ \dot{\boldsymbol{z}}\end{bmatrix}=\begin{bmatrix}\boldsymbol{A}_1 & 0\\ 0 & \boldsymbol{A}_2\end{bmatrix}\begin{bmatrix}\boldsymbol{y}\\ \boldsymbol{z}\end{bmatrix}+\boldsymbol{B}\Delta \boldsymbol{f}\left(\boldsymbol{T}^{-1}\begin{bmatrix}\boldsymbol{y}\\ \boldsymbol{z}\end{bmatrix}\right) \tag{A3.6}$$

如果 $\boldsymbol{B}\Delta\boldsymbol{f}$ 是关于 $\boldsymbol{y}$ 和 $\boldsymbol{z}$ 的二阶可微函数,那么可以认为(A3.2)～(A3.3)中的 g_1 和 g_2 将继承 $\boldsymbol{B}\Delta\boldsymbol{f}$ 的性质,也就是

$$\boldsymbol{B}\Delta \boldsymbol{f}\left(\boldsymbol{B}^{-1}\begin{bmatrix}\boldsymbol{y}\\ \boldsymbol{z}\end{bmatrix}\right)\overset{\text{def}}{=\!=\!=}[g_1(\boldsymbol{y},\boldsymbol{z}) \quad g_2(\boldsymbol{y},\boldsymbol{z})]^{\mathrm{T}}$$

上述等效变换说明,(A3.1)的稳定性可通过(A3.2)和(A3.3)来确定。

考虑到(A3.2)和(A3.3)之间的耦合，可以设想，当系统进入稳态后状态轨迹在一个超曲面上形成固定轨道。也就是说，存在一个映射 $\varphi:\mathbf{R}^l \to \mathbf{R}^{n-l}$，使得 $\boldsymbol{z}(t)-\varphi(\boldsymbol{y}(t))\equiv 0$。这种几何特征可以用流形的概念来概括。

定义 5 l—维流形是一种集合，用 $\mathscr{C}=\{(\boldsymbol{y},\boldsymbol{z})\in\mathbf{R}^l\times\mathbf{R}^{n-l}\mid \boldsymbol{z}-\varphi(\boldsymbol{y})=0\}$ 来表示。其中，$\varphi:\mathbf{R}^l\times\mathbf{R}^{n-l}$ 是充分光滑函数。$\mathscr{C}$ 是关于(A3.2)和(A3.3)的不变流形，是指

$$\boldsymbol{z}_0-\varphi(\boldsymbol{y}_0)=0\Rightarrow \boldsymbol{z}(t)-\varphi(\boldsymbol{y}(t))\equiv 0,\quad \forall t\in[0,\infty)$$

称 $\mathscr{C}$ 为中心流形，首先它是关于(A3.2)和(A3.3)的不变流形，而且还要满足边界条件：

$$\varphi(0)=0,\quad \frac{\partial\varphi}{\partial\boldsymbol{y}}(0)=0,\quad \forall t\in[0,\infty) \tag{A3.7}$$

关于中心流形 $\mathscr{C}$ 的存在性，下面定理提供了充分条件。

定理 6 已知(A3.2)～(A3.4)。令 $\mathscr{S}$ 为一个子集，被定义成 $\mathscr{S}=\{\boldsymbol{y}\in\mathbf{R}^l\mid \|\boldsymbol{y}\|<c\}$。那么，存在一个 $c\in(0,\infty)$ 和一个在 $\mathscr{S}$ 上定义的连续可微的函数 $\varphi(y)$，使得 l—维流形 $\mathscr{C}$ 是关于状态方程(A3.2)和(A3.3)的中心流形。

下面分析系统在中心流形中的运动。在中心流形中，由于 $\boldsymbol{z}(t)\equiv\varphi(\boldsymbol{y}(t))$，因此得出

$$\dot{\boldsymbol{z}}(t)\equiv\dot{\varphi}(\boldsymbol{y})=\frac{\partial\varphi}{\partial\boldsymbol{y}}(\boldsymbol{y})\dot{\boldsymbol{y}}$$

利用(A3.2)和(A3.3)，可得

$$\mathscr{N}(\varphi(\boldsymbol{y}))\xlongequal{\text{def}}\frac{\partial\varphi}{\partial\boldsymbol{y}}(\boldsymbol{y})(\boldsymbol{A}_1\boldsymbol{y}+g_1(\boldsymbol{y},\varphi(\boldsymbol{y})))-\boldsymbol{A}_2\varphi(\boldsymbol{y})-g_2(\boldsymbol{y},\varphi(\boldsymbol{y}))=0 \tag{A3.8}$$

这是以(A3.7)作为边界条件的偏微分方程，称之为中心流形方程，而 $\varphi(\boldsymbol{y})$ 是精确解。另外(A3.2)被简化成

$$\dot{\boldsymbol{y}}=\boldsymbol{A}_1\boldsymbol{y}+g_1(\boldsymbol{y},\varphi(\boldsymbol{y})) \tag{A3.9}$$

下面对中心流形定理进行阐述。

定理 7 已知(A3.2)～(A3.4)。如果(A3.9)的原点 $\boldsymbol{y}=\boldsymbol{0}$ 稳定，并且在 $\boldsymbol{y}=\boldsymbol{0}$ 的邻域存在一个连续可微的李雅普诺夫函数 $V(\boldsymbol{y})$，使得

$$\frac{\partial V}{\partial\boldsymbol{y}}(\boldsymbol{A}_1\boldsymbol{y}+g_1(\boldsymbol{y},\varphi(\boldsymbol{y})))\leqslant 0$$

则(A3.2)和(A3.3)的原点 $(\boldsymbol{y},\boldsymbol{z})=(\boldsymbol{0},\boldsymbol{0})$ 稳定。使 $(\boldsymbol{y},\boldsymbol{z})=(\boldsymbol{0},\boldsymbol{0})$ 渐近稳定 / 不稳定，其充分条件是(A3.9)的原点渐近稳定 / 不稳定；反之(A3.9)的原点渐近稳定，当且仅当 $(\boldsymbol{y},\boldsymbol{z})=(\boldsymbol{0},\boldsymbol{0})$ 渐近稳定。

中心流形定理说明，(A3.2)和(A3.3)的稳定性通过(A3.9)来判定。但 $\mathscr{N}(\varphi(\boldsymbol{y}))=0$ 的精确解 $\varphi(\boldsymbol{y})$ 很难得知，只能用一种函数 $\eta(\boldsymbol{y})$ 来代替 $\varphi(\boldsymbol{y})$。于是有下面定理。

定理 8 令 $\eta(y)\in\mathbf{R}^{n-l}$ 为一个连续可微函数，其边界条件为

$$\eta(0)=0,\quad \frac{\partial\eta}{\partial\boldsymbol{y}}(0)=0,\quad \forall t\in[0,\infty)$$

对于一些 $p\in(1,\infty)$，如果

$$N(\eta(\boldsymbol{y}))=\mathscr{O}(\|\boldsymbol{y}\|^p) \tag{A3.10}$$

则对于充分小的 $\|\boldsymbol{y}\|$，保证

$$\varphi(\boldsymbol{y})-\eta(\boldsymbol{y})=\mathscr{O}(\|\boldsymbol{y}\|^{p}) \tag{A3.11}$$

同时(A3.9)还可被表示成

$$\dot{\boldsymbol{y}}=\boldsymbol{A}_1\boldsymbol{y}+g_1(\boldsymbol{y},\eta(\boldsymbol{y}))+\mathscr{O}(\|\boldsymbol{y}\|^{p+1}) \tag{A3.12}$$

在定理8中,$\mathscr{O}(\|\boldsymbol{y}\|^{p})$是$\boldsymbol{y}$的$p$阶无穷小,即$\boldsymbol{y}\to 0\Rightarrow\|\mathscr{O}(\|\boldsymbol{y}\|^{p})\|/\|\boldsymbol{y}\|^{p}\to 0$。分析过程总结如下:根据系统的数学物理特征,包括中心流形方程代数拓扑结构,合理选定$\eta(\boldsymbol{y})$的解析表达式;如果$\eta(\boldsymbol{y})$符合(A3.10),便可认为$\eta(\boldsymbol{y})$是中心流形方程的一个近似解,进而用(A3.12)来判定(A3.2)和(A3.3)的稳定性;如果$\eta(\boldsymbol{y})$不符合,则修改$\eta(\boldsymbol{y})$的解析表达式或选择策略,直到满足(A3.10)为止。

例6　考虑系统

$$\dot{y}=yz,\quad \dot{z}=-z+ay^2$$

针对系统参数a的不同取值情况,试分析原点$(y,z)=(0,0)$的稳定性。

解　方程已经有(A3.2)和(A3.3)的形式,即

$$A_1=0,\quad g_1(y,z)=yz,\quad A_2=-1,\quad g_2(y,z)=ay^2$$

根据中心流形方程(A3.8)及其边界条件(A3.7),可得

$$\mathscr{N}(\varphi(y))=\varphi'(y)(y\varphi(y))+\varphi(y)-ay^2=0,\quad \varphi'(0)+\varphi(0)=0$$

(1)对于$a=0$,则被简化成

$$\mathscr{N}(\varphi(y))=\varphi'(y)(y\varphi(y))+\varphi(y)=0,\quad \varphi'(0)+\varphi(0)=0$$

显然,$\varphi(y)=0$是中心流形方程的精确解。从而获得(A3.9)的具体表达式$\dot{y}=0$。可以看出原点$y=0$稳定,并且$V(y)=(1/2)y^2$是李雅普诺夫函数。于是根据定理7,原始系统的原点$(y,z)=(0,0)$稳定。

(2)对于$a\neq 0$,取$\eta(y)=ay^2$作为$\varphi(y)$的候选。将其代入中心流形方程,可得

$$\mathscr{N}(\eta(y))=2ay^4=O(|y|^3)$$

这符合(A3.10)条件。因此,$\varphi(y)-ay^2=\mathscr{O}(|y|^3)$,同时(A3.9)的具体表达式为

$$\dot{y}=ay^3+\mathscr{O}(|y|^4)$$

当$a<0$,原点$y=0$渐近稳定,而对于$a>0$,原点$y=0$不稳定。根据定理7,前者保证原始系统的原点渐近稳定,后者则导致原始系统的原点不稳定。

附3.3　非自律系统的稳定性

考虑非自律系统的状态方程:

$$\dot{\boldsymbol{x}}=f(t,\boldsymbol{x}) \tag{A3.13}$$

式中,$f:[0,\infty)\times\mathscr{D}\to\mathbf{R}^n$关于$t\in[0,\infty)$分段连续、关于$\boldsymbol{x}\in\mathscr{D}\subset\mathbf{R}^n$满足利普希茨,并且$0\in\mathscr{D}$。与自律系统相同,规定非自律系统的平衡点$\boldsymbol{x}_e$和原点0重合,即$f(t,0)\equiv 0$。

1.李雅普诺夫稳定性定理

函数的(准)正/负定性在非自律系统中也有相应的定义。

定义6　已知连续函数$F:[0,\infty)\times\mathscr{D}\to\mathbf{R}$。如果存在一个$\mathscr{K}$类函数$\alpha$,使得

$$F(t,\boldsymbol{x})\geqslant\alpha(\|\boldsymbol{x}\|),\quad \forall(t,\boldsymbol{x})\in[0,\infty)\times\mathscr{D}$$

则称$F(t,\boldsymbol{x})$正定。如果$-F(t,\boldsymbol{x})$正定,则$F(t,\boldsymbol{x})$负定。$F(t,\boldsymbol{x})$为径向无界是指

$$\|\boldsymbol{x}\| \rightarrow \infty \Rightarrow \alpha(\|\boldsymbol{x}\|) \rightarrow \infty, \quad \mathscr{D}=\mathbf{R}^n$$

定义 7　已知连续函数 $F:[0,\infty)\times\mathscr{D}\rightarrow\mathbf{R}$。如果 $F(t,\boldsymbol{x})$ 满足下面不等式：

$$F(t,\boldsymbol{x}) \geqslant 0, \quad \forall (t,\boldsymbol{x}) \in [0,\infty)\times\mathscr{D}$$

则称 $F(t,\boldsymbol{x})$ 准正定。如果 $-F(t,\boldsymbol{x})$ 准正定，则 $F(t,\boldsymbol{x})$ 准负定。

定义 8　已知连续函数。如果存在一个 $\mathscr{K}$ 类函数 β，使得

$$F(t,\boldsymbol{x}) \leqslant \beta(\|\boldsymbol{x}\|), \quad \forall (t,\boldsymbol{x}) \in [0,\infty)\times\mathscr{D}$$

则称 $F(t,\boldsymbol{x})$ 渐减。

下面利用函数(准)正/负定性，总结李雅普诺夫稳定性定理。

定理 9　已知(A3.13)。令 $V:[0,\infty)\times\mathscr{D}\rightarrow\mathbf{R}$ 为一个连续可微正定函数。沿着(A3.13)对 $V(t,\boldsymbol{x})$ 进行时间求导，可得

$$\dot{V}=\frac{\partial V}{\partial t}+\left(\frac{\partial V}{\partial \boldsymbol{x}}\right)^{\mathrm{T}} f(t,\boldsymbol{x})$$

(1) 如果 $\dot{V}$ 准负定，则 $\boldsymbol{x}_{\mathrm{e}}=\mathbf{0}$ 稳定；

(2) 如果 $\dot{V}$ 准负定，$V(t,\boldsymbol{x})$ 渐减，则 $\boldsymbol{x}_{\mathrm{e}}=\mathbf{0}$ 一致稳定；

(3) 如果 $\dot{V}$ 负定，则 $\boldsymbol{x}_{\mathrm{e}}=\mathbf{0}$ 渐近稳定；

(4) 如果 $\dot{V}$ 负定，$V(t,\boldsymbol{x})$ 渐减，则 $\boldsymbol{x}_{\mathrm{e}}=\mathbf{0}$ 一致渐近稳定。

如果其中任意一条结论成立，则称 $V(t,\boldsymbol{x})$ 为李雅普诺夫函数。对于 $\mathscr{D}=\mathbf{R}^n$ 的情况，以上结论则变成全局(一致/渐近/一致渐近)稳定，其中全局一致渐近稳定性还要满足 $V(t,\boldsymbol{x})$ 的径向无界条件。

例 7　考虑下面状态方程

$$\begin{aligned}\dot{x}_1&=x_2\\ \dot{x}_2&=-x_2-(2+\sin t)x_1\end{aligned}$$

候选李雅普诺夫函数为 $V(t,\boldsymbol{x})=x_1^2+x_2^2/(2+\sin t)$。试证明平衡点 $\boldsymbol{x}_{\mathrm{e}}=(0,0)$ 一致稳定。

证明　根据 $V(t,\boldsymbol{x})$ 的表达式，可以推出下面不等式：

$$\frac{1}{3}(x_1^2+x_2^2) \leqslant V(t,\boldsymbol{x}) \leqslant (x_1^2+x_2^2)$$

可见，$V(t,\boldsymbol{x})$ 正定且渐减。计算 $\dot{V}(t,\boldsymbol{x})$，可得

$$\dot{V}=2\left(x_1\dot{x}_1+\frac{x_2\dot{x}_2}{2+\sin t}\right)-\frac{x_2^2\cos t}{(2+\sin t)^2}$$

利用状态方程，整理出

$$\dot{V}=-\mu(t)x_2^2$$

式中

$$\mu(t)=\frac{4+2\sin t+\cos t}{(2+\sin t)^2}$$

显然，$0<\mu(t)<\infty$。如果取 $\mu(t)$ 的最小值 $\mu_{\min}$，则有 $\dot{V}\leqslant-\mu_{\min}x_2^2\leqslant 0$。从定理 9 可知，平衡点 $\boldsymbol{x}_{\mathrm{e}}=(0,0)$ 一致稳定。

下面介绍平衡点的指数稳定性。

定理 10　已知(A3.13)。令 $V:[0,\infty)\times\mathscr{D}\rightarrow\mathbf{R}$ 为一个连续可微函数，使得

$$\alpha\|\boldsymbol{x}\|^{p}\leqslant V(t,\boldsymbol{x})\leqslant\beta\|\boldsymbol{x}\|^{p},\quad \dot{V}\leqslant-\gamma\|\boldsymbol{x}\|^{p},\quad \forall(t,\boldsymbol{x})\in[0,\infty)\times\mathscr{D}$$

其中，$\alpha,\beta,p>0$。那么，$\boldsymbol{x}_{e}=\mathbf{0}$ 指数稳定。如果 $D=\mathbf{R}^{n}$，$\boldsymbol{x}_{e}=\mathbf{0}$ 全局指数稳定。

例 8　考虑状态方程

$$\dot{x}_1=-x_1-g(t)x_2$$
$$\dot{x}_2=x_1-x_2$$

式中，$0\leqslant g(t)\leqslant c$，$\dot{g}(t)\leqslant g(t)$。试证明平衡点 $\boldsymbol{x}_{e}=(0,0)$ 全局指数稳定。

证明　取候选李雅普诺夫函数，$V(t,\boldsymbol{x})=x_1^2+(1+g(t))x_2^2$。利用 $0\leqslant g(t)\leqslant c$，可得

$$(x_1^2+x_2^2)\leqslant V(t,\boldsymbol{x})\leqslant c(x_1^2+x_2^2)$$

显然，$V(t,\boldsymbol{x})$ 正定、渐减、径向无界。利用状态方程，计算 $\dot{V}$：

$$\dot{V}=-2x_1^2+2x_1x_2-(2+2g(t)-\dot{g}(t))x_2^2$$

由于 $\dot{g}(t)\leqslant g(t)$，因此 $2+2g(t)-\dot{g}(t)\geqslant 2$。从而 $\dot{V}\leqslant-2x_1^2+2x_1x_2-2x_2^2$。该不等式还可以写成

$$\dot{V}\leqslant-\begin{bmatrix}x_1\\x_2\end{bmatrix}^{\mathrm{T}}\begin{bmatrix}2&-1\\-1&2\end{bmatrix}\begin{bmatrix}x_1\\x_2\end{bmatrix}=-\boldsymbol{x}^{\mathrm{T}}\boldsymbol{Q}\boldsymbol{x},\quad \boldsymbol{Q}=\begin{bmatrix}2&-1\\-1&2\end{bmatrix}\succ 0$$

应用瑞利－里兹不等式，有 $\dot{V}\leqslant-\lambda_{\min}(\boldsymbol{Q})(x_1^2+x_2^2)$。式中，$\lambda_{\min}(\boldsymbol{Q})$ 为 $\boldsymbol{Q}$ 的最小特征值，其值大于 0。根据定理 10，得出 $\boldsymbol{x}_{e}=(0,0)$ 全局指数稳定的结论。

2. 不变－相似原理

对于自律系统来说，当 $\dot{V}(\boldsymbol{x})\leqslant 0$ 时，可采用拉萨尔不变原理来定量分析系统在平衡点附近的运动。在非自律系统中，也有相应的分析方法，称之为不变－相似原理。首先给出巴尔巴拉特引理，它是不变－相似原理成立的依据。

引理 2　令 $\psi:\mathbf{R}\to\mathbf{R}$ 为一个在 $[0,\infty)$ 上一致连续的函数。假设下面积分存在且有界：

$$\lim_{t\to\infty}\int_0^t\psi(\tau)\mathrm{d}\tau$$

那么

$$\lim_{t\to\infty}\psi(\tau)=0$$

下面对不变－相似原理进行分析。假设定理 9 的条件(2)成立。在此基础上，考虑以下情况：

$$\dot{V}\leqslant-W(\boldsymbol{x})\leqslant 0$$

式中，$W(\boldsymbol{x})$ 是准正定函数。沿着(A3.13)求积分，可得

$$\int_{t_0}^{t}W(\boldsymbol{x}(\tau))\mathrm{d}\tau\leqslant-\int_{t_0}^{t}\dot{V}\mathrm{d}\tau\leqslant U(t_0)-U(t),\quad U(t)\xlongequal{\text{def}}V(t,x(t))$$

由于 $U(t)\geqslant 0$、$\dot{U}(t)\leqslant 0$，$U(t)$ 是以 0 为下界的单调递减函数。因此 $U(t)$ 收敛。从而下面的积分存在且有界：

$$\lim_{t\to\infty}\int_{t_0}^{t}W(\boldsymbol{x}(t))\mathrm{d}\tau$$

接下来讨论 $W(\boldsymbol{x}(t))$ 关于 t 的一致连续性。由于 $\boldsymbol{x}_{e}=\mathbf{0}$ 一致稳定，因此 $\boldsymbol{x}(t)$ 有界。

另外，$f(t,\boldsymbol{x})$ 关于 t 和 $\boldsymbol{x}$ 连续。这两个条件说明 $\dot{\boldsymbol{x}}(t)$ 存在。从而 $\boldsymbol{x}(t)$ 关于 t 一致连续。从准正定函数的定义可知 $F(\boldsymbol{x})$ 关于 $\boldsymbol{x}$ 连续。综合以上条件，得出 $F(\boldsymbol{x}(t))$ 关于 t 一致连续的结论。应用巴尔巴拉特引理进一步得出

$$\lim_{t\to\infty} W(\boldsymbol{x}(t))=0$$

这个结论说明，随着 $t\to\infty$，$\boldsymbol{x}(t)$ 向 $\varepsilon=\{\boldsymbol{x}\in\mathscr{D}\mid W(\boldsymbol{x})=0\}$ 靠近。

下面定理归纳了不变－相似原理。

定理 11 已知(A3.13)。令 $V:[0,\infty)\times\mathscr{D}\to\mathbf{R}$ 为一个连续可微的渐减正定函数，使得 $\dot{V}\leqslant -W(\boldsymbol{x})$，$\forall(t,\boldsymbol{x})\in[0,\infty)\times\mathscr{D}$，其中 $W:\mathscr{D}\to\mathbf{R}$ 准正定。令 ε 为 $\mathscr{D}$ 的一个子集，被定义成 $\varepsilon=\{\boldsymbol{x}\in\mathscr{D}\mid W(\boldsymbol{x})=0\}$。那么，$\exists\mathscr{H}\subset\mathscr{D}$，使得 $\forall x_0\in\mathscr{H}$，随着 $t\to\infty$，$\boldsymbol{x}(t)$ 向 ε 靠近。如果 $\mathscr{D}=\mathbf{R}^n$，并且 $V(t,\boldsymbol{x})$ 径向无界，那么 $\forall\boldsymbol{x}_0\in\mathbf{R}^n$，随着 $t\to\infty$，$\boldsymbol{x}(t)$ 向 ε 靠近。

例 9 考虑状态方程

$$\dot{x}_1=ax_1+bx_2\alpha(t)+bx_3(x_1+\beta(t))$$
$$\dot{x}_2=-\gamma x_1\alpha(t)$$
$$\dot{x}_3=-\gamma x_1(x_1+\beta(t))$$

式中，$a,b,\gamma>0$。试分析平衡点 $\boldsymbol{x}_e=(0,0,0)$ 的稳定性属于哪一类型，并证明 $\lim\limits_{t\to\infty}x_1(t)=0$。

解 根据表达式，状态定义域为 $D=\mathbf{R}^3$。候选李雅普诺夫函数如下：

$$V(t,\boldsymbol{x})=\frac{1}{2}\left(\frac{x_1^2}{b}+\frac{x_2^2+x_3^2}{\gamma}\right)$$

两端求导可得 $\dot{V}=-W(\boldsymbol{x})\leqslant 0$。其中，$W(\boldsymbol{x})=(a/b)x_1^2$。由于 $V(t,\boldsymbol{x})$ 正定且渐减，因此根据定理 9，$\boldsymbol{x}_e=(0,0,0)$ 为全局一致稳定平衡点。另外，由于 $W(\boldsymbol{x})$ 准正定，因此从定理 11 可知，随着 $t\to\infty$，$\boldsymbol{x}(t)$ 向子集 $\varepsilon=\{\boldsymbol{x}\in\mathbf{R}^3\mid W(\boldsymbol{x})=0\}$ 靠近。这说明 $x_1(t)$ 向 0 收敛。

注意，即使满足 $\dot{V}\leqslant 0$ 的条件，状态轨迹能不能向平衡点收敛？定理 11 无法解答这个命题。但可通过 $V(t,\boldsymbol{x})$ 沿系统状态轨迹的变化趋势来判定。

定理 12 已知(A3.13)。令 $V:[0,\infty)\times\mathscr{D}\to\mathbf{R}$ 为一个连续可微正定渐减函数，使得 $\forall(t,\boldsymbol{x})\in[0,\infty)\times D$，以及对一些 $\Delta t>0$，以下两个条件成立：

$$\dot{V}\leqslant 0,\quad V(t+\Delta t,\boldsymbol{x}(t+\Delta t))-V(t,\boldsymbol{x}(t))<-\rho V(t,\boldsymbol{x}(t)),\quad \rho\in(0,1)$$

那么，$\boldsymbol{x}_e=\boldsymbol{0}$ 一致渐近稳定。如果 $\mathscr{D}=\mathbf{R}^n$，并且 $V(t,\boldsymbol{x})$ 径向无界，那么 $\boldsymbol{x}_e=\boldsymbol{0}$ 全局一致渐近稳定。进一步地，对于一些 $p,\alpha,\beta>0$，如果 $\alpha\|\boldsymbol{x}\|^p\leqslant V(t,\boldsymbol{x})\leqslant\beta\|\boldsymbol{x}\|^p$，那么 $\boldsymbol{x}_e=\boldsymbol{0}$ 指数稳定。

3. 线性时变模型及其应用

当非自律系统存在指数稳定平衡点时，在其邻域内的动态特征可用线性时变系统理论来分析。在有些场合，这种方法将简化分析过程的复杂性。线性时变系统的状态方程如下：

$$\dot{\boldsymbol{x}}=\boldsymbol{A}(t)\boldsymbol{x} \tag{A3.14}$$

式中，$\boldsymbol{A}:[0,\infty)\to\mathbf{R}^{n\times n}$ 关于 $t\in[0,\infty)$ 连续且有界(矩阵有界是指其范数有界)。根据线

性系统理论,(A3.14)解析解的一般表达式为

$$\boldsymbol{x}(t)=\boldsymbol{\varphi}(t,t_0)\boldsymbol{x}_0 \tag{A3.15}$$

式中,$\boldsymbol{\varphi}(t,t_0)\in\mathbf{R}^{n\times n}$ 是状态转移矩阵。对于线性时不变系统($\boldsymbol{A}(t)\equiv\boldsymbol{A}$),$\boldsymbol{\varphi}(t,t_0)$ 有以下确定表达式:

$$\boldsymbol{\varphi}(t,t_0)=\exp(\boldsymbol{A}(t-t_0)) \tag{A3.16}$$

状态转移矩阵有 3 个基本性质,常用于命题的推理、分析和证明:$\forall\, t_0,t_1,t_2\in[0,\infty)$,保证

$$\boldsymbol{\varphi}^{-1}(t_2,t_1)=\boldsymbol{\varphi}(t_1,t_2)$$

$$\boldsymbol{\varphi}(t_2,t_0)=\boldsymbol{\varphi}(t_2,t_1)\boldsymbol{\varphi}(t_1,t_0)$$

$$\partial\boldsymbol{\varphi}(t_2,t_1)/\partial t_1=-\boldsymbol{\varphi}(t_2,t_1)\boldsymbol{A}(t_1)$$

与线性时不变系统不同,即使 $\boldsymbol{A}(t)$ 特征值的实部全部小于 0,也不能判断平衡点 $\boldsymbol{x}_e=\boldsymbol{0}$ 是否渐近稳定。但从(A3.15)看出,$\boldsymbol{x}_e=\boldsymbol{0}$ 的渐近稳定性依赖于 $\boldsymbol{\varphi}(t,t_0)$。

定理 13　已知(A3.14)。对于一些 $k,\lambda>0$,$\boldsymbol{x}_e=\boldsymbol{0}$ 渐近稳定,当且仅当

$$\|\boldsymbol{\varphi}(t,t_0)\|\leqslant k\exp(-\lambda(t-t_0)),\quad \forall\, t\geqslant t_0\geqslant 0$$

下面用李雅普诺夫方法分析 $\boldsymbol{x}_e=\boldsymbol{0}$ 的稳定性。令 $P(t)\in\mathbf{R}^{n\times n}$ 为一个连续可微有界正定对称矩阵,并且满足

$$0<\alpha\boldsymbol{I}_n\leqslant\boldsymbol{P}(t)\leqslant\beta\boldsymbol{I}_n,\quad \forall\, t\in[0,\infty)$$

其中,$\alpha,\beta>0$,$\boldsymbol{I}_n$ 是单位矩阵。选取候选李雅普诺夫函数:$V(t,\boldsymbol{x})=\boldsymbol{x}^{\mathrm{T}}\boldsymbol{P}(t)\boldsymbol{x}$。那么 $V(t,\boldsymbol{x})$ 满足

$$\alpha\|\boldsymbol{x}\|_2^2\leqslant V(t,\boldsymbol{x})\leqslant\beta\|\boldsymbol{x}\|_2^2$$

而且

$$\dot{V}=-\boldsymbol{x}^{\mathrm{T}}\boldsymbol{Q}(t)\boldsymbol{x} \tag{A3.17}$$

式中

$$\boldsymbol{Q}(t)=-(\dot{\boldsymbol{P}}(t)+\boldsymbol{P}(t)\boldsymbol{A}(t)+\boldsymbol{A}^{\mathrm{T}}(t)\boldsymbol{P}(t))$$

如果 $\boldsymbol{Q}(t)\geqslant\gamma\boldsymbol{I}_n>0,\forall\, t\in[0,\infty)$,则有 $\dot{V}\leqslant-\gamma\|\boldsymbol{x}\|_2^2$。根据定理 10,此时 $\boldsymbol{x}_e=\boldsymbol{0}$ 指数稳定。上式改写成

$$\dot{\boldsymbol{P}}(t)=-\boldsymbol{Q}(t)-\boldsymbol{P}(t)\boldsymbol{A}(t)-\boldsymbol{A}^{\mathrm{T}}(t)\boldsymbol{P}(t) \tag{A3.18}$$

从另外视角观察,(A3.18)是矩阵微分方程,称之为线性时变系统的李雅普诺夫方程。其本质是,给定一个连续有界正定对称矩阵 $\boldsymbol{Q}(t)$,如果存在一个 $\boldsymbol{P}(t)$,使得(A3.18)成立,那么 $\boldsymbol{x}_e=\boldsymbol{0}$ 指数稳定。

接下来分析 $\boldsymbol{P}(\cdot)$、$\boldsymbol{\varphi}(\cdot)$ 和 $\boldsymbol{Q}(\cdot)$ 之间的内在联系。假设 $\boldsymbol{x}_e=\boldsymbol{0}$ 指数稳定。此时,如果把 $\boldsymbol{P}(t)$ 定义成以下积分:

$$\boldsymbol{P}(t)=\int_t^{\infty}\boldsymbol{\varphi}^{\mathrm{T}}(\tau,t)\boldsymbol{Q}(\tau)\boldsymbol{\varphi}(\tau,t)\boldsymbol{d}\tau \tag{A3.19}$$

那么 $\dot{\boldsymbol{P}}(t)$ 的值为

$$\dot{\boldsymbol{P}}(t)=\int_t^{\infty}(\partial\boldsymbol{\varphi}(\tau,t)/\partial t)^{\mathrm{T}}\boldsymbol{Q}(\tau)\boldsymbol{\varphi}(\tau,t)\mathrm{d}\tau+\int_t^{\infty}\varphi^{\mathrm{T}}(\tau,t)\boldsymbol{Q}(\tau)(\partial\boldsymbol{\varphi}(\tau,t)/\partial t)\mathrm{d}\tau-\boldsymbol{Q}(t)$$

根据 $\boldsymbol{\varphi}(\cdot)$ 的性质,推导出

$$\partial \boldsymbol{\varphi}(\tau,t)/\partial t = -\boldsymbol{\varphi}(\tau,t)\boldsymbol{A}(t)$$

代入到上式，可得方程(A3.18)。这说明 $V(t,\boldsymbol{x})=\boldsymbol{x}^{\mathrm{T}}\boldsymbol{P}(t)\boldsymbol{x}$ 是(A3.14)的李雅普诺夫函数。

下面定理总结了以上所有的分析过程。

定理 14 已知(A3.14)。假设 $\boldsymbol{x}_{\mathrm{e}}=\boldsymbol{0}$ 指数稳定、$\boldsymbol{A}(t)$ 有界。令 $\boldsymbol{Q}(t)$ 为连续有界正定对称矩阵。那么，存在一个连续可微有界正定对称矩阵 $\boldsymbol{P}(t)$，使得方程(A3.18)成立。因此 $V(t,\boldsymbol{x})=\boldsymbol{x}^{\mathrm{T}}\boldsymbol{P}(t)\boldsymbol{x}$ 是(A3.14)的李雅普诺夫函数，并满足定理 10 中的所有条件。

例 10 已知状态方程

$$\dot{\boldsymbol{x}}=\boldsymbol{A}(t)\boldsymbol{x}$$

式中

$$\boldsymbol{A}(t)=\begin{bmatrix}-1 & \alpha(t)\\ \alpha(t) & -2\end{bmatrix},\quad |\alpha(t)|\leqslant 1$$

试证明平衡点 $\boldsymbol{x}_{\mathrm{e}}=(0,0)$ 指数稳定。

证明 令 $V(t,\boldsymbol{x})=\boldsymbol{x}^{\mathrm{T}}\boldsymbol{P}(t)\boldsymbol{x}$ 为候选李雅普诺夫函数，其中 $\boldsymbol{P}(t)=(1/2)\boldsymbol{I}_2$。$\dot{V}(t,\boldsymbol{x})$ 的表达式为

$$\dot{V}=-\boldsymbol{x}^{\mathrm{T}}\boldsymbol{Q}(t)\boldsymbol{x},\quad \boldsymbol{Q}(t)=\begin{bmatrix}1 & \alpha(t)\\ \alpha(t) & 2\end{bmatrix}$$

利用特征方程 $\det(s\boldsymbol{I}_2-\boldsymbol{Q}(t))=0$ 计算 $\boldsymbol{Q}(t)$ 的特征值，其结果如下：

$$\lambda_1=\frac{3+\sqrt{1+4\alpha^2(t)}}{2},\quad \lambda_2=\frac{3-\sqrt{1+4\alpha^2(t)}}{2},\quad \forall t\in[0,\infty)$$

由于 $|\alpha(t)|\leqslant 1$，因此 $\forall t\in[0,\infty)$，λ_1 和 λ_2 大于 0。根据附录 1 中定理 3 和 4，这证明 $\boldsymbol{Q}(t)$ 是正定矩阵。同时

$$2\|\boldsymbol{x}\|_2^2\leqslant\lambda_2\|\boldsymbol{x}\|_2^2\leqslant\boldsymbol{x}^{\mathrm{T}}\boldsymbol{Q}(t)\boldsymbol{x}\leqslant\lambda_1\|\boldsymbol{x}\|_2^2\leqslant((3+\sqrt{5})/2)\|\boldsymbol{x}\|_2^2$$

这意味着

$$\dot{V}=-\boldsymbol{x}^{\mathrm{T}}\boldsymbol{Q}(t)\boldsymbol{x}\leqslant-2\|\boldsymbol{x}\|_2^2$$

从定理 14 中关于 $V(t,\boldsymbol{x})$ 和 $\dot{V}$ 的约束条件可知，$\boldsymbol{x}_{\mathrm{e}}=(0,0)$ 是一个指数稳定平衡点。

下面对非自律系统平衡点的指数稳定性进行总结。

定理 15 令 $f:[0,\infty)\times\mathscr{D}_\rho\rightarrow\mathbf{R}^n$ 为一个连续可微函数。其中

$$\mathscr{D}_\rho=\{\boldsymbol{x}\in\mathbf{R}^n \mid \|\boldsymbol{x}\|_2<\rho\}$$

假设 $f(t,0)\equiv 0$，雅可比矩阵 $\partial f/\partial\boldsymbol{x}:[0,\infty)\times\mathscr{D}_\rho\rightarrow\mathbf{R}^{n\times n}$ 在 $\mathscr{D}_\rho$ 上利普希茨且一致有界，即存在一个正常数 $M\in[0,\infty)$，使得 f 中任意一个分量满足

$$\left\|\frac{\partial f_j}{\partial\boldsymbol{x}}(t,\boldsymbol{y})-\frac{\partial f_j}{\partial\boldsymbol{x}}(t,\boldsymbol{z})\right\|_2\leqslant M\|\boldsymbol{y}-\boldsymbol{z}\|_2,\quad \forall\boldsymbol{y},\boldsymbol{z}\in\mathscr{D},\forall t\in[0,\infty),j=1,\cdots,n$$

令

$$\boldsymbol{A}(t)=\frac{\partial f}{\partial\boldsymbol{x}}(t,0)$$

那么，$\boldsymbol{x}=\boldsymbol{0}$ 是 $\dot{\boldsymbol{x}}=f(t,\boldsymbol{x})$ 的指数稳定平衡点，当且仅当 $\boldsymbol{x}=\boldsymbol{0}$ 是线性时变系统 $\dot{\boldsymbol{x}}=\boldsymbol{A}(t)\boldsymbol{x}$ 的指数稳定平衡点。

例 11　已知状态方程

$$\dot{x}_1 = -x_1 + x_2 + (x_1^2 + x_2^2)\sin t$$
$$\dot{x}_2 = -x_1 - x_2 + (x_1^2 + x_2^2)\cos t$$

试分析平衡点 $\boldsymbol{x}_e = (0,0)$ 的稳定性。

解　函数 $f(t,\boldsymbol{x})$ 为

$$f(t,\boldsymbol{x}) = \begin{bmatrix} f_1(t,\boldsymbol{x}) \\ f_2(t,\boldsymbol{x}) \end{bmatrix} = \begin{bmatrix} -x_1 + x_2 + (x_1^2 + x_2^2)\sin t \\ -x_1 - x_2 + (x_1^2 + x_2^2)\cos t \end{bmatrix}$$

可以看出，$\boldsymbol{x}_e = (0,0)$ 是一个孤立平衡点，而且 $f(t,\boldsymbol{x})$ 连续可微。因此 $\boldsymbol{x}_e = (0,0)$ 的邻域存在，记为 $\mathscr{D}$。在 $\mathscr{D}$ 中任意取两个元素 $\boldsymbol{y}$ 和 $\boldsymbol{z}$，则有

$$\frac{\partial f_1}{\partial \boldsymbol{x}}(t,\boldsymbol{y}) = [-1 + 2y_1\sin t \quad 1 + 2y_2\sin t]$$

$$\frac{\partial f_1}{\partial \boldsymbol{x}}(t,\boldsymbol{z}) = [-1 + 2z_1\sin t \quad 1 + 2z_2\sin t]$$

$$\frac{\partial f_2}{\partial \boldsymbol{x}}(t,\boldsymbol{y}) = [-1 + 2y_1\cos t \quad -1 + 2y_2\cos t]$$

$$\frac{\partial f_2}{\partial \boldsymbol{x}}(t,\boldsymbol{z}) = [-1 + 2z_1\cos t \quad -1 + 2z_2\cos t]$$

显然

$$\left\| \frac{\partial f_1}{\partial \boldsymbol{x}}(t,\boldsymbol{y}) - \frac{\partial f_1}{\partial \boldsymbol{x}}(t,\boldsymbol{z}) \right\|_2 \leqslant 2\,\|\boldsymbol{y} - \boldsymbol{z}\|_2, \quad \forall t \in [0,\infty)$$

$$\left\| \frac{\partial f_2}{\partial \boldsymbol{x}}(t,\boldsymbol{y}) - \frac{\partial f_2}{\partial \boldsymbol{x}}(t,\boldsymbol{z}) \right\|_2 \leqslant 2\,\|\boldsymbol{y} - \boldsymbol{z}\|_2, \quad \forall t \in [0,\infty)$$

$\boldsymbol{A}(t)$ 的计算结果为

$$\boldsymbol{A}(t) = \frac{\partial f}{\partial \boldsymbol{x}}(t,0) = \begin{bmatrix} -1 & 1 \\ -1 & -1 \end{bmatrix} \equiv \boldsymbol{A}$$

$\boldsymbol{A}(t)$ 是常数矩阵，可通过特征值来判定 $\dot{\boldsymbol{x}} = \boldsymbol{A}(t)\boldsymbol{x}$ 的稳定性。利用 $\det(s\boldsymbol{I}_2 - \boldsymbol{A}(t)) = 0$ 计算 $\boldsymbol{A}(t)$ 的特征值：

$$\lambda_1 = -1 + \mathrm{j}, \quad \lambda_2 = -1 - \mathrm{j}, \quad \forall t \in [0,\infty)$$

特征值实部均小于 0，说明 $\dot{\boldsymbol{x}} = \boldsymbol{A}(t)\boldsymbol{x}$ 的平衡点指数稳定。以上的结论符合定理 15 的所有条件。因此，$\boldsymbol{x}_e = (0,0)$ 在 D 中指数稳定。

4. 李雅普诺夫反问题

在系统平衡点稳定性分析中，一般先建立候选李雅普诺夫函数，其次应用李雅普诺夫稳定性定理。候选李雅普诺夫函数只有符合定理中的条件，才被确定是李雅普诺夫函数。本书称这些过程为李雅普诺夫正问题。李雅普诺夫反问题是指，系统平衡点的渐近或指数稳定性已被确定的情况下对李雅普诺夫函数的存在性和边界约束进行确立的过程。

对于渐近稳定平衡点，有下面定理。

定理 16　令 $\boldsymbol{x}_e = \boldsymbol{0}$ 为 $\dot{\boldsymbol{x}} = f(t,\boldsymbol{x})$ 的一个平衡点。其中，$f:[0,\infty) \times \mathscr{D}_\rho \to \mathbf{R}^n$ 为连续可微函数，$\mathscr{D}_\rho = \{\boldsymbol{x} \in \mathbf{R}^n \mid \|\boldsymbol{x}\| < \rho\}$，而且雅可比矩阵 $\partial f/\partial \boldsymbol{x}:[0,\infty) \times \mathscr{D}_\rho \to \mathbf{R}^{n\times n}$ 在 $\mathscr{D}_\rho$

上一致有界：

$$\| \frac{\partial f}{\partial \boldsymbol{x}}(t,\boldsymbol{x}) \| < \infty, \quad \forall t \in [0,\infty) \times \mathcal{D}_\rho$$

令 β 为一个 $\mathcal{KL}$ 类函数，μ 为一个正常数，使得 $\beta(\mu,0) < \rho$。令 $B_\mu = \{\boldsymbol{x} \in \mathbf{R}^n \mid \|\boldsymbol{x}\| < \mu\}$。假设状态轨迹 $x(t)$ 满足不等式

$$\|\boldsymbol{x}(t)\| \leqslant \beta(\|\boldsymbol{x}_0\|, t-t_0), \quad \forall \boldsymbol{x}_0 \in B_\mu, \forall t \geqslant t_0 > 0$$

那么，存在一个连续可微函数 $V:[0,\infty) \times B_\mu \to \mathbf{R}$，并满足不等式

$$\alpha_1(\|\boldsymbol{x}\|) \leqslant V(t,\boldsymbol{x}) \leqslant \alpha_2(\|\boldsymbol{x}\|), \quad \dot{V} \leqslant -\alpha_3(\|\boldsymbol{x}\|), \quad \|\partial V/\partial \boldsymbol{x}\| \leqslant \alpha_4(\|\boldsymbol{x}\|)$$

式中，$\alpha_j:[0,\mu] \to \mathbf{R}$ 是 $\mathcal{K}$ 类函数($j=1,2,\cdots,4$)。如果是自律系统，则 $V(t,\boldsymbol{x})$ 的选取独立于 t。

对于指数稳定平衡点，有下面定理。

定理 17 令 $\boldsymbol{x}_e = \boldsymbol{0}$ 为 $\dot{\boldsymbol{x}} = f(t,\boldsymbol{x})$ 的一个平衡点。其中，$f:[0,\infty) \times \mathcal{D}_\rho \to \mathbf{R}^n$ 为连续可微函数，$\mathcal{D}_\rho = \{\boldsymbol{x} \in \mathbf{R}^n \mid \|\boldsymbol{x}\| < \rho\}$，而且雅可比矩阵 $\partial f/\partial \boldsymbol{x}:[0,\infty) \times \mathcal{D}_\rho \to \mathbf{R}^{n\times n}$ 在 $\mathcal{D}_\rho$ 上一致有界：

$$\| \frac{\partial f}{\partial \boldsymbol{x}}(t,\boldsymbol{x}) \| < \infty, \quad \forall (t,\boldsymbol{x}) \in [0,\infty) \times \mathcal{D}_\rho$$

令 μ、κ、λ 为正常数，并且 $\mu < \rho/\kappa$。令 $B_\mu = \{\boldsymbol{x} \in \mathbf{R}^n \mid \|\boldsymbol{x}\| < \mu\}$。假设状态轨迹 $\boldsymbol{x}(t)$ 满足不等式

$$\|\boldsymbol{x}(t)\| \leqslant \kappa \|\boldsymbol{x}_0\| \exp(-\lambda(t-t_0)), \quad \forall \boldsymbol{x}_0 \in B_\mu, \forall t \geqslant t_0 > 0$$

那么，存在一个连续可微函数 $V:[0,\infty) \times B_\mu \to \mathbf{R}$，和对一些 $\eta_1,\eta_2,\eta_3,\eta_4 > 0$，满足不等式

$$\eta_1 \|\boldsymbol{x}\|^2 \leqslant V(t,\boldsymbol{x}) \leqslant \eta_2 \|\boldsymbol{x}\|^2, \quad \dot{V} \leqslant -\eta_3 \|\boldsymbol{x}\|^2, \quad \|\partial V/\partial \boldsymbol{x}\| \leqslant -\eta_4 \|\boldsymbol{x}\|^2$$

如果 $\rho \to \infty$ 且 $\boldsymbol{x}_e = \boldsymbol{0}$ 指数稳定，那么 $V(t,\boldsymbol{x})$ 被定义在 $[0,\infty) \times \mathbf{R}^n$ 上，并满足上面的不等式。如果是自律系统，则 $V(t,\boldsymbol{x})$ 的选取可独立于 t。

当非线性系统存在多个孤立平衡点时，其中某些平衡点附近存在吸引域。状态流一旦进入该区域，就直接被平衡点吸收。下面定理归纳了李雅普诺夫函数在吸引域上的边界条件。

定理 18 令 $\boldsymbol{x}_e = \boldsymbol{0}$ 为状态方程 $\dot{\boldsymbol{x}} = f(\boldsymbol{t})$ 的一个渐近稳定平衡点，其中 $f:\mathcal{D} \to \mathbf{R}^n$ 利普希茨，$\mathcal{D} \subset \mathbf{R}^n$ 包含 $\boldsymbol{x}_e = \boldsymbol{0}$。令 $\mathcal{R}_A \subset \mathcal{D}$ 为 $\boldsymbol{x}_e = \boldsymbol{0}$ 的吸引域，其边界记为 $\partial \mathcal{R}_A$。那么，存在一个光滑正定函数 $V:\mathcal{R}_A \to \mathbf{R}$ 和一个连续的正定函数 $W:\mathcal{R}_A \to \mathbf{R}$，使得

$$\boldsymbol{x} \to \partial \mathcal{R}_A \Rightarrow V(\boldsymbol{x}) \to \infty$$

$$\dot{V} \leqslant -W(\boldsymbol{x}), \quad \forall \boldsymbol{x} \in \mathcal{R}_A$$

并且 $\forall \gamma \in (0,\infty)$，$\mathcal{R}_V = \{\boldsymbol{x} \in \mathbf{R}^n \mid V(\boldsymbol{x}) \leqslant \gamma\}$ 是 $\mathcal{R}_A$ 的一个稠密子集。如果 $\mathcal{R}_A = \mathbf{R}^n$，则 $V(\boldsymbol{x})$ 径向无界。

关于吸引域 $\mathcal{R}_A$，有以下定量描述。

定义 9 令 $\boldsymbol{x}_e = \boldsymbol{0}$ 为状态方程 $\dot{\boldsymbol{x}} = f(t)$ 的一个渐近稳定平衡点，其中 $f:\mathcal{D} \to \mathbf{R}^n$ 利普希茨，$\mathcal{D} \subset \mathbf{R}^n$ 包含 $\boldsymbol{x}_e = \boldsymbol{0}$。令 $\varphi(t;\boldsymbol{x})$ 为状态方程的解，它是在 $t=0$ 时刻以 $\boldsymbol{x}$ 作为初始状态的时间函数，也就是状态流。吸引域的定义如下：

$$\mathscr{R}_A=\{\boldsymbol{x}\in\mathscr{D}\mid\varphi(t;\boldsymbol{x})\text{ 是 }t\in[0,\infty)\text{ 的函数,而且}\lim_{t\to\infty}\varphi(t;\boldsymbol{x})=0\}$$

下面引理归纳了吸引域 $\mathscr{R}_A$ 的性质。

引理 3　令 $\boldsymbol{x}_e=\boldsymbol{0}$ 为状态方程 $\dot{\boldsymbol{x}}=f(\boldsymbol{t})$ 的一个渐近稳定平衡点,其中 $f:\mathscr{D}\to\mathbf{R}^n$ 利普希茨,$\mathscr{D}\subset\mathbf{R}^n$ 包含 $\boldsymbol{x}_e=\boldsymbol{0}$。那么,吸引域 $\mathscr{R}_A$ 是一个联通不变开集,其边界 $\partial\mathscr{R}_A$ 实际上是由状态变量形成的轨道。

附 3.4　非线性系统的状态有界性

1. 存在内部时变扰动的情况

如果 $\dot{V}(t,x)$ 的负定性不在整个定义域 $\mathscr{D}$ 上有效,那么系统状态能否保持稳定?之前的李雅普诺夫稳定性定理无法解答此类命题。下面介绍非线性系统的有界性定理。

定理 19　考虑以下非线性系统:

$$\dot{\boldsymbol{x}}=f(t,\boldsymbol{x})$$

式中,$f:[0,\infty)\times\mathscr{D}_\rho\to\mathbf{R}^n$ 关于 $t\in[0,\infty)$ 分段连续、关于状态向量 $\boldsymbol{x}\in\mathscr{D}$ 利普希茨,$\mathscr{D}\subset\mathbf{R}^n$,$0\in\mathscr{D}$。令 $V:[0,\infty)\times\mathscr{D}\to\mathbf{R}$ 为一个连续可微函数,使 $\forall(t,\boldsymbol{x})\in[0,\infty)\times\mathscr{D}$,满足

$$\alpha_1(\|\boldsymbol{x}\|)\leqslant V(t,\boldsymbol{x})\leqslant\alpha_2(\|\boldsymbol{x}\|)$$

同时

$$\dot{V}\overset{\text{def}}{=\!=}\frac{\partial V}{\partial t}+\left(\frac{\partial V}{\partial\boldsymbol{x}}\right)^{\mathrm{T}}f(t,\boldsymbol{x})\leqslant-W(\boldsymbol{x}),\quad\forall\|\boldsymbol{x}\|\geqslant\mu>0$$

式中,α_1 和 α_2 是 $\mathscr{K}$ 类函数,$W(x)$ 是一个连续正定函数。

令 $\mathscr{B}_r=\{\boldsymbol{x}\in D\mid\|\boldsymbol{x}\|<r\}\subset\mathscr{D}$。假设

$$\alpha_2(\mu)<\alpha_1(r)$$

那么,存在一个 $\mathscr{KL}$ 类函数 β 和一个函数 $T(\boldsymbol{x}_0,\mu)\geqslant0$,使得 $\forall\alpha_2(\|\boldsymbol{x}_0\|)<\alpha_2(r)$,状态轨迹 $\boldsymbol{x}(t)$ 满足

$$\|\boldsymbol{x}(t)\|\leqslant\beta(\|\boldsymbol{x}_0\|,t-t_0),\quad\forall t_0\leqslant t\leqslant t_0+T(\boldsymbol{x}_0,\mu)$$

$$\|\boldsymbol{x}(t)\|\leqslant\alpha_1^{-1}(\alpha_2(\mu)),\quad\forall t\geqslant t_0+T(\boldsymbol{x}_0,\mu)$$

其中,$\alpha_1^{-1}(\alpha_2(\mu))$ 被称为最终边界。如果 $\mathscr{D}\subset\mathbf{R}^n$ 并且 α_1 属于 $\mathscr{K}_\infty$ 类,那么对于任意的 $\boldsymbol{x}_0$,上面不等式成立,而且对 μ 的范围没有约束。

在定理 19 中,$\dot{V}$ 的负定性发生在交集 $\mathscr{D}\cap\{\boldsymbol{x}\in\mathbf{R}^n\mid\|\boldsymbol{x}\|\geqslant\mu>0\}$ 上。之所以得出这种结果是因为系统在其内部存在一个独立的扰动。下面举一个例子。

例 12　一类非线性弹簧阻尼系统的动力学方程如下:

$$m\ddot{y}+c\dot{y}+k_1y+k_2y^3=B\cos\omega t$$

式中,$m,c,k_1,k_2,B>0$。试分析系统状态的有界性。

解　令 $x_1=y$、$x_2=\dot{y}$。改写成状态方程

$$\dot{\boldsymbol{x}}=f(t,\boldsymbol{x})=g(\boldsymbol{x})+\zeta(t)$$

$$\boldsymbol{x}=\begin{bmatrix}x_1\\x_2\end{bmatrix},\quad g(\boldsymbol{x})=\begin{bmatrix}x_2\\-(k_1+k_2x_1^2)x_1/m-(c/m)/x_2\end{bmatrix},\quad\zeta(t)=\begin{bmatrix}0\\B\cos(\omega t)/m\end{bmatrix}$$

可以看出,系统内部存在一个独立的扰动项 $\zeta(t)$,使得状态轨迹 $\boldsymbol{x}(t)$ 始终随着 $\zeta(t)$

的变化而变化，而且当 $\zeta(t)\neq 0$ 时系统不存在平衡点。

考虑 $\zeta(t)\equiv 0$ 的情况。这时 $\boldsymbol{x}_e=\boldsymbol{0}$ 是 $\dot{\boldsymbol{x}}=g(\boldsymbol{x})$ 的平衡点。查看线性化模型 $\dot{\boldsymbol{x}}=\mathbf{A}\boldsymbol{x}$ 是否渐近稳定。矩阵 $\mathbf{A}$ 的计算结果如下：

$$\mathbf{A}=\frac{\partial f}{\partial \boldsymbol{x}}(0)=\begin{bmatrix}0 & 1\\ -k_1/m & -c/m\end{bmatrix}$$

显然，$\mathbf{A}$ 满足赫尔维茨。另外，$\mathscr{D}=\mathbf{R}^n$。于是根据定理 3 和定理 4，可以确定 $\boldsymbol{x}_e=\boldsymbol{0}$ 全局渐近稳定，同时对于一个给定的正定对称矩阵 $\boldsymbol{Q}$，总是能够找到唯一的正定对称矩阵 $\boldsymbol{P}$，使得

$$\boldsymbol{P}\mathbf{A}+\mathbf{A}^{\mathrm{T}}\boldsymbol{P}=-\boldsymbol{Q}$$

$$\boldsymbol{P}=\begin{bmatrix}p_{11} & p_{12}\\ p_{21} & p_{22}\end{bmatrix},\quad p_{12}=p_{21}$$

令 $\boldsymbol{Q}$ 为单位矩阵。此时有

$$\boldsymbol{P}\mathbf{A}+\mathbf{A}^{\mathrm{T}}\boldsymbol{P}=\begin{bmatrix}-2p_{12}k_1/m & p_{11}-p_{12}c/m-p_{22}k_1/m\\ p_{11}-p_{12}c/m-p_{22}k_1/m & 2(p_{12}-p_{22}c/m)\end{bmatrix}=-\begin{bmatrix}1 & 0\\ 0 & 1\end{bmatrix}$$

其中，$\boldsymbol{P}$ 元素满足以下约束：

$$p_{12}=p_{21}=\frac{1}{2}m/k_1,\quad p_{22}=\left(\frac{1}{2}+p_{12}\right)m/c,\quad p_{11}-p_{12}c/m-p_{22}k_1/m=0$$

考虑 $\zeta(t)\neq 0$ 的情况。假设系统参数值已知。在这里取 $m=c=k_1=k_2=1$。选取以下候选李雅普诺夫函数：

$$V(\boldsymbol{x})=\boldsymbol{x}^{\mathrm{T}}\boldsymbol{P}\boldsymbol{x}+\frac{1}{2}x_1^4=\boldsymbol{x}^{\mathrm{T}}\begin{bmatrix}3/2 & 1/2\\ 1/2 & 1\end{bmatrix}\boldsymbol{x}+\frac{1}{2}x_1^4$$

如果考虑 P 的最小和最大特征值，分别记为 $\lambda_{\min}(P)$ 和 $\lambda_{\max}(P)$，那么有

$$\alpha_1(\|\boldsymbol{x}\|)\leqslant V(x)\leqslant \alpha_2(\|\boldsymbol{x}\|)$$

$$\alpha_1(\|\boldsymbol{x}\|)=\lambda_{\min}(\boldsymbol{P})\|\boldsymbol{x}\|_2^2,\quad \alpha_2(\|\boldsymbol{x}\|)=\lambda_{\max}(\boldsymbol{P})\|\boldsymbol{x}\|_2^2+\frac{1}{2}\|\boldsymbol{x}\|_2^4$$

显然，α_1 和 α_2 属于 $\mathscr{K}_\infty$ 类。$\dot{V}$ 的计算结果如下：

$$\dot{V}=-\|\boldsymbol{x}\|_2^2-x_1^4+\left([1\quad 2]\begin{bmatrix}x_1\\ x_2\end{bmatrix}\right)\zeta(t)$$

引入松弛参量 $0<\theta<1$，使得

$$\dot{V}=-(1-\theta)\|\boldsymbol{x}\|_2^2-x_1^4-\theta\|\boldsymbol{x}\|_2^2+\left([1\quad 2]\begin{bmatrix}x_1\\ x_2\end{bmatrix}\right)\zeta(t)$$

由于

$$\left\|\left([1\quad 2]\begin{bmatrix}x_1\\ x_2\end{bmatrix}\right)\zeta(t)\right\|_2\leqslant\left\|[1\quad 2]\right\|_2\left\|\begin{bmatrix}x_1\\ x_2\end{bmatrix}\right\|_2\|\zeta(t)\|_2\leqslant\sqrt{5}B\|\boldsymbol{x}\|_2$$

因此

$$\dot{V}\leqslant-(1-\theta)\|\boldsymbol{x}\|_2^2-x_1^4-\theta\|\boldsymbol{x}\|_2^2+\sqrt{5}B\|\boldsymbol{x}\|_2$$

进而

$$\dot{V}\leqslant-(1-\theta)\|\boldsymbol{x}\|_2^2-x_1^4,\quad\forall\|\boldsymbol{x}\|_2\geqslant\sqrt{5}B/\theta$$

应用定理 19，得出 $\boldsymbol{x}(t)$ 的最终边界

$$\alpha_1^{-1}(\alpha_2(\mu))=\sqrt{(\lambda_{\max}(\boldsymbol{P})\mu^2+\mu^4/2)/\lambda_{\min}(\boldsymbol{P})},\quad \mu=\sqrt{5}B/\theta$$

2. 存在外部时变扰动的情况

在工程系统中，经常遇到的一类问题是，平衡点的渐近稳定性被外部干扰打乱。这就需要从理论上回答如何量化干扰对系统运动的影响，也就是输入－状态稳定性问题。

定理 20　考虑以下非线性系统：

$$\dot{\boldsymbol{x}}=f(t,\boldsymbol{x},\boldsymbol{u})$$

式中，$f:[0,\infty)\times\mathbf{R}^n\times\mathbf{R}^m\to\mathbf{R}^n$ 关于 $t\in[0,\infty)$ 分段连续、关于 $\boldsymbol{x}\in\mathbf{R}^n$ 和 $\boldsymbol{u}\in\mathbf{R}^m$ 利普希茨，$\boldsymbol{u}\overset{\text{def}}{=\!=}\boldsymbol{u}(t)$ 关于 t 分段连续且有界，并且 $\boldsymbol{x}=\mathbf{0}$ 是非强迫系统 $\dot{\boldsymbol{x}}=f(t,\boldsymbol{x},\mathbf{0})$ 的一个平衡点。令 $V:[0,\infty]\times\mathbf{R}^n\to\mathbf{R}$ 为一个连续可微函数，使 $\forall(t,\boldsymbol{x},\boldsymbol{u})\in[0,\infty)\times\mathbf{R}^n\times\mathbf{R}^m$，满足

$$\alpha_1(\|\boldsymbol{x}\|)\leqslant V(t,\boldsymbol{x})\leqslant\alpha_2(\|\boldsymbol{x}\|)$$

同时

$$\dot{V}\overset{\text{def}}{=\!=}\frac{\partial V}{\partial t}+\left(\frac{\partial V}{\partial t}\right)^{\mathrm{T}}f(t,\boldsymbol{x},\boldsymbol{u})\leqslant -W(\boldsymbol{x}),\quad \forall\|\boldsymbol{x}\|\geqslant\mu(\|\boldsymbol{u}\|)>0$$

式中，α_1 和 α_2 是 $\mathcal{K}_\infty$ 类函数，$W:\mathbf{R}^n\to\mathbf{R}$ 是一个连续的正定函数，μ 是一个 $\mathcal{K}$ 类函数。那么强迫系统输入－状态稳定，即存在一个 $\mathcal{KL}$ 类函数 β 和一个 $\mathcal{K}$ 类函数 $\alpha=\alpha_1^{-1}\circ\alpha_2\circ\boldsymbol{u}$，使得对于任意初始状态 x_0 和有界输入 $\boldsymbol{u}(t)$，系统状态轨迹 $\boldsymbol{x}(t)$ 满足

$$\|\boldsymbol{x}(t)\|\leqslant\beta(\|\boldsymbol{x}_0\|,t-t_0)+\alpha(\sup_{t_0\leqslant\tau\leqslant t}\|\boldsymbol{u}(\boldsymbol{\tau})\|),\quad \forall t\geqslant t_0\geqslant t_0$$

从定理 20 可知，如果 $\boldsymbol{u}(t)\equiv\mathbf{0}$，则有 $\|\boldsymbol{x}(t)\|\leqslant\beta(\|\boldsymbol{x}_0\|,t-t_0)$。这说明 $\boldsymbol{x}=\mathbf{0}$ 是系统 $\dot{\boldsymbol{x}}=f(t,\boldsymbol{x},\mathbf{0})$ 的全局渐近稳定平衡点。

例 13　考虑以下状态方程

$$\dot{\boldsymbol{x}}=f(\boldsymbol{x},u)$$

式中

$$\boldsymbol{x}=\begin{bmatrix}x_1\\x_2\end{bmatrix},\quad f(\boldsymbol{t})=\begin{bmatrix}-x_1+x_2^2\\-x_2+u\end{bmatrix}$$

试分析状态方程输入－状态稳定性，并推导出 $\alpha=\alpha_1^{-1}\circ\alpha_2\circ u$ 的解析表达式。

解　当 $u\equiv0$ 时，$\boldsymbol{x}=\mathbf{0}$ 是 $\dot{\boldsymbol{x}}=f(\boldsymbol{t})$ 的平衡点。候选李雅普诺夫函数为

$$V(\boldsymbol{x})=\frac{1}{2}x_1^2+\frac{1}{4}x_2^4$$

则有

$$\dot{V}=-\left(x_1-\frac{1}{2}x_2^2\right)^2-\frac{3}{4}x_2^4\leqslant0$$

由于 $\boldsymbol{x}=\mathbf{0}$ 是 $\dot{V}=0$ 的唯一解，根据拉萨尔不变原理，$\boldsymbol{x}=\mathbf{0}$ 渐近稳定。当 $u\neq0$ 时，$\dot{V}$ 为

$$\dot{V}=-\frac{1}{2}(x_1-x_2^2)^2-\frac{1}{2}(x_1^2+x_2^4)+x_2^3u(t)\leqslant-\frac{1}{2}(x_1^2+x_2^4)+|x_2|^3|u|$$

引入松弛参量 $0<\theta<1$，使得

$$\dot{V} \leqslant -\frac{1}{2}(1-\theta)(x_1^2+x_2^4)-\eta(\boldsymbol{x},u)$$

$$\eta(\boldsymbol{x},u(t))=\frac{1}{2}\theta(x_1^2+x_2^4)-|x_2|^3|u|$$

下面找出 $\eta \geqslant 0$ 的条件,保证使

$$\dot{V} \leqslant -\frac{1}{2}(1-\theta)(x_1^2+x_2^4)$$

从 η 的表达式可知,当 $(1/2)\theta x_2^4-|x_2|^3|u| \geqslant 0$ 时,$\forall x_1 \in \mathbf{R}$,满足 $\eta \geqslant 0$ 的条件。此时,x_2 的取值范围为

$$|x_2| \geqslant \frac{2|u(t)|}{\theta}$$

对于 $|x_2| \leqslant 2|u(t)|/\theta$ 的情形,首先可以确定的是 $|x_2|^3 \leqslant (2|u(t)|/\theta)^3$。于是下面不等式成立:

$$\eta(\boldsymbol{x},u)=\frac{1}{2}\theta(x_1^2+x_2^4)-|x_2|^3|u| \geqslant \frac{1}{2}\theta x_1^2-\left(\frac{2|u|}{\theta}\right)^3|u|$$

当不等式右侧大于或等于零时,$\eta \geqslant 0$。此时 x_1 的取值范围为

$$|x_1| \geqslant \left(\frac{2|u|}{\theta}\right)^2$$

上面两类情况说明,使 $\eta \geqslant 0$,x_1 和 x_2 的取值要满足以下关系:

$$\|\boldsymbol{x}\|_\infty=\max(|x_1|,|x_2|) \geqslant \max\left(\frac{2|u|}{\theta},\left(\frac{2|u|}{\theta}\right)^2\right) \stackrel{\text{def}}{=\!=} \mu(|u|)$$

显然,μ 是一个 $\mathcal{K}$ 类函数。因此,可总结出 $\dot{V}$ 为负定的条件

$$\dot{V} \leqslant -\frac{1}{2}(1-\theta)(x_1^2+x_2^4), \quad \forall \|\boldsymbol{x}\|_\infty \geqslant \mu(|u|)>0$$

下面考察 $V(x)$ 的范围。首先是 $V(\boldsymbol{x})$ 的下限。分以下两种情形:

$$|x_1| \geqslant |x_2| \Rightarrow |x_1|=\|\boldsymbol{x}\|_\infty \Rightarrow V(\boldsymbol{x})=\frac{1}{2}x_1^2+\frac{1}{4}x_2^4$$

$$=\frac{1}{2}\|\boldsymbol{x}\|_\infty^2+\frac{1}{4}x_2^4 \Rightarrow \frac{1}{2}\|\boldsymbol{x}\|_\infty^2 \leqslant V(\boldsymbol{x})$$

$$|x_1| \leqslant |x_2| \Rightarrow |x_2|=\|\boldsymbol{x}\|_\infty \Rightarrow V(\boldsymbol{x})=\frac{1}{2}x_1^2+\frac{1}{4}x_2^4$$

$$=\frac{1}{2}x_1^2+\frac{1}{4}\|\boldsymbol{x}\|_\infty^4 \Rightarrow \frac{1}{4}\|\boldsymbol{x}\|_\infty^4 \leqslant V(\boldsymbol{x})$$

综合这两种情形,$V(\boldsymbol{x})$ 的下限值应为

$$\min\left(\frac{1}{2}\|\boldsymbol{x}\|_\infty^2,\frac{1}{4}\|\boldsymbol{x}\|_\infty^4\right) \stackrel{\text{def}}{=\!=} \alpha_1(\|\boldsymbol{x}\|_\infty) \leqslant V(\boldsymbol{x})$$

$V(\boldsymbol{x})$ 的上限值直接由下面不等式获得:

$$V(\boldsymbol{x}) \leqslant \frac{1}{2}\|\boldsymbol{x}\|_\infty^2+\frac{1}{4}\|\boldsymbol{x}\|_\infty^4 \stackrel{\text{def}}{=\!=} \alpha_2(\|\boldsymbol{x}\|_\infty)$$

可以看出,μ、α_1、α_2 均为 $\mathcal{K}_\infty$ 类函数。根据定理 20,计算出 $\alpha=\alpha_1^{-1}\circ\alpha_2\circ u$ 的解析表达式

$$\alpha(r)=\alpha_1^{-1}(\alpha_2(\mu(r)))$$

其中

$$\alpha_1^{-1}(s)=\begin{cases}(2s)^{1/2}, & s\geqslant 1\\(4s)^{1/4}, & s\leqslant 1\end{cases}$$

输入－状态稳定性的另外一个典型应用是串级系统的稳定性分析。下面举一个例子来说明串级系统的稳定性分析方法。

例 14　一类串级系统的状态方程为

$$\dot{x}_1=-x_1^3+x_2$$
$$\dot{x}_2=-x_2^3$$

从表达式可以看出，第一个子系统的输入是第二个子系统的状态 x_2，而且在 $x_2\equiv 0$ 的情况下原点 $x_1=0$ 全局渐近稳定。这说明第一个子系统输入－状态稳定。另外，由于第二个子系统的原点 $x_2=0$ 全局渐近稳定，因此 x_2 对第一个子系统的作用是临时性的。最终结论是串级系统的原点 $(x_1,x_2)=(0,0)$ 全局渐近稳定。

引理 4　串级系统的一般描述如下：

$$\dot{\boldsymbol{x}}=f_1(t,\boldsymbol{x},\boldsymbol{y})$$
$$\dot{\boldsymbol{y}}=f_2(t,\boldsymbol{y})$$

式中，$f_1:[0,\infty)\times\mathbf{R}^n\times\mathbf{R}^m\rightarrow\mathbf{R}^n$ 和 $f_2:[0,\infty)\times\mathbf{R}^m\rightarrow\mathbf{R}^m$ 关于 $t\in[0,\infty)$ 分段连续，关于 $(\boldsymbol{x},\boldsymbol{y})\in\mathbf{R}^n\times\mathbf{R}^m$ 满足利普希茨，并且 $f_1(t,0,\boldsymbol{y})\equiv 0$、$f_2(t,0)\equiv 0$。第一个子系统输入－状态稳定，第二个子系统的原点全局一致渐近稳定。那么串级系统的原点 $(0,0)\in\mathbf{R}^n\times\mathbf{R}^m$ 全局一致渐近稳定。

参考文献

[1] LOZANO-PÉREZ T, WESLEY M A. An algorithm for planning collision-free paths among polyhedral obstacles[J]. Communications of the acm, 1979, 22(10): 560-570.

[2] LOZANO-PEREZ T. Spatial planning: A configuration space approach[J]. IEEE transactionson computers, 1983, C-32(2): 108-120.

[3] KUFFNER J J, LAVALLE S M. RRT-connect: An efficient approach to single-query path planning[C]//Proceedings 2000 ICRA. Millennium Conference. IEEE International Conference on Robotics and Automation. Symposia Proceedings (Cat. No. 00CH37065). San Francisco, CA, USA. IEEE, 2000, 2: 995-1001.

[4] BURNS B, BROCK O. Toward optimal configuration space sampling[C]//Robotics: Science and Systems I. Robotics: Science and Systems Foundation, 2005: 105-112.

[5]GUO Z Y, HSIA T C. Joint trajectory heneration for redundant robots in an environment with obstacles[J]. Journal of robotic systems, 1993, 10(2): 199-215.

[6] SHIN Y W, ABEBE M, NOH Y, et al. Near-optimal weather routing by using improved A* algorithm[J]. Applied sciences, 2020, 10(17): 6010.

[7] SAIAN P O N, SUYOTO, PRANOWO. Optimized A-star algorithm in hexagon-based environment using parallel bidirectional search[C]//2016 8th International Conference on Information Technology and Electrical Engineering (ICITEE). October 5-6, 2016. Yogyakarta, Indonesia. IEEE, 2016: 1-5.

[8]YE Min, LIN Benhong, LIN Yueke, et al. C-space observation calculation method based on improved pseudodistance method[J]. Machine tool and hydraulic, 2017, 045(023): 26-29.

[9] CHEN Yiying. Application of improved Dijkstra algorithm in coastal tourism route planning[J]. Journal of coastal research, 2020, 106(spl): 251.

[10] BROOKS R A. Solving the find-path problem by good representation of free space [J]. IEEE transactions on systems, man, and cybernetics, 1983, SMC-13(2): 190-197.

[11] ZHOU Dongsheng, WANG Lan, ZHANG Qiang. Obstacle avoidance planning of space manipulator end-effector based on improved ant colony algorithm[J]. SpringerPlus, 2016, 5: 509.

[12] LI Junjun, XU Bowei, YANG Yongsheng, et al. Quantum ant colony optimization algorithm for AGVs path planning based on Bloch coordinates of pheromones [J]. Natural computing, 2020, 19(4): 673-682.

[13] NI B, CHEN X, ZHANG L M, et al. Recurrent neural network for robot path

planning[M]//Lecture Notes in Computer Science. Berlin, Heidelberg: Springer Berlin Heidelberg, 2004: 188-191.

[14] SANTIAGO R M C, DE OCAMPO A L, UBANDO A T, et al. Path planning for mobile robots usinggenetic algorithm and probabilistic roadmap[C]//2017 IEEE 9th International Conference on Humanoid, Nanotechnology, Information Technology, Communication and Control, Environment and Management (HNICEM). December 1-3, 2017. Manila. IEEE, 2017: 1-5.

[15] NGUYET T T N, HOAI T V, THI N A. Some advanced techniques in reducing time for path planning based on visibility graph[C]//2011 Third International Conference on Knowledge and Systems Engineering. October 14-17, 2011. Hanoi, Vietnam. IEEE, 2011: 190-194.

[16] WU Q, LIN H, JIN Y Z, et al. A new fallback beetle antennae search algorithm for path planning of mobile robots with collision-free capability[J]. Soft computing, 2020, 24(3): 2369-2380.

[17] YAZICI A, KIRLIK G, PARLAKTUNA O, et al. A dynamic path planning approach for multirobot sensor-based coverage considering energy constraints[J]. IEEE transactions on cybernetics, 2014, 44(3): 305-314.

[18] KHATIB O. Real-time obstacle avoidance for manipulators and mobile robots [C]//Proceedings. 1985 IEEE International Conference on Robotics and Automation. St. Louis, MO, USA. Institute of Electrical and Electronics Engineers, 1985, 2: 500-505.

[19] KIM J O, KHOSLA P K. Real-time obstacle avoidance using harmonic potential functions[J]. IEEE transactions on robotics and automation, 1992, 8(3): 338-349.

[20] FEDER H J S, SLOTINE J J E. Real-time path planning using harmonic potentials in dynamic environments[C]//Proceedings of International Conference on Robotics and Automation. Albuquerque, NM, USA. IEEE, 1997, 1: 874-881.

[21]PARK M G, JEON J H, LEE M C. Obstacle avoidance for mobile robots using artificial potential field approach with simulated annealing[C]//ISIE 2001. 2001 IEEE International Symposium on Industrial Electronics Proceedings (Cat. No. 01TH8570). June 12-16, 2001. Pusan, South Korea. IEEE, 2001, 3: 1530-1535.

[22] GUAN W, WENG Z X, ZHANG J. Obstacle avoidance path planning for manipulator based on variable-step artificial potential method[C]//The 27th Chinese Control and Decision Conference (2015 CCDC). May 23-25, 2015. Qingdao, China. IEEE, 2015: 4325-4329.

[23] WU F, VIBHUTE A, SOH G S, et al. A compact magnetic field-based obstacle detection and avoidance system for miniature spherical robots[J]. Sensors, 2017, 17(6): 1231.

[24] MCLEAN A, CAMERON S. The virtual springs method: Path planning and collision avoidance for redundant manipulators[J]. The international journal of robotics research, 1996, 15(4): 300-319.

[25] LIU Q B, YU Y Q, XU Z H, et al. Obstacle avoidance of underactuated robots based on virtual spring-damper model[C]//2008 7th World Congress on Intelligent Control and Automation. June 25-27, 2008. Chongqing, China. IEEE, 2008: 3213-3217.

[26] PETRIČ T, GAMS A, LIKAR N, et al. Obstacle avoidance with industrial robots[M]//Mechanisms and Machine Science. Cham: Springer International Publishing, 2015: 113-145.

[27] PINGG X, WEI B, LI X L, et al. Real time obstacle avoidance for redundant robot[C]//2009 International Conference on Mechatronics and Automation. August 9-12, 2009. Changchun, China. IEEE, 2009: 223-228.

[28] LI Y, LIU H, DING D. Motion planning for robot manipulators among moving obstacles based on trajectory analysis and waiting strategy[C]//2008 SICE Annual Conference. August 20-22, 2008. Chofu, Japan. IEEE, 2008: 3020-3025.

[29] BROCK O, KHATIB O, VIJI S. Task-consistent obstacle avoidance and motion behavior for mobile manipulation[C]//Proceedings 2002 IEEE International Conference on Robotics and Automation (Cat. No. 02CH37292). Washington, DC, USA. IEEE, 2002, 1: 388-393.

[30] COLBAUGH R, SERAJI H, GLASS K L. Obstacle avoidance for redundant robots using configuration control[J]. Journal of robotic systems, 1989, 6(6): 721-744.

[31] SANDOVAL J, POISSON G, VIEYRES P. A new kinematic formulation of the RCM constraint for redundant torque-controlled robots[C]//2017 IEEE/RSJ International Conference on Intelligent Robots and Systems (IROS). September 24-28, 2017. Vancouver, BC. IEEE, 2017: 4576-4581.

[32] DUGULEANA M, BARBUCEANU F G, TEIRELBAR A, et al. Obstacleavoidance of redundant manipulators using neural networks based reinforcement learning[J]. Robotics and computer-integrated manufacturing, 2012, 28(2): 132-146.

[33] WANG Jun. Obstacle avoidance for kinematically redundant manipulators based on recurrent neural networks[C]// Proceedings 2008 International Conference on Intelligent Robotics and Applications. Berlin, Heidelberg: Springer Berlin Heidelberg, 2008: 10-13.

[34] WANG Jun. Plenary lecture IV: Obstacle avoidance for kinematically redundant manipulators based on an improved problem formulation and two recurrent neural networks[C]//Proceedings of the 8th WSEAS International Conference on Robotics, Control and Manufacturing Technology. 2008: 17-17.

[35] WHITNEY D. Resolved motion rate control of manipulators and human prostheses[J]. IEEE transactions on man machine systems, 1969, 10(2): 47-53.

[36] BALESTRINO A, DE MARIA G, SCIAVICCO L. Robust control of robotic manipulators[J]. IFAC proceedings volumes, 1984, 17(2): 2435-2440.

[37] WOLOVICH W,ELLIOTT H. A computational technique for inverse kinematics [C]//The 23rd IEEE Conference on Decision and Control. December 12-14, 1984. Las Vegas, Nevada, USA. IEEE, 1984: 1359-1363.

[38] BALRAM D, LIAN K Y, SEBASTIAN N. A novel soft sensor based warning system for hazardous ground-level ozone using advanced damped least squares neural network[J]. Ecotoxicology and environmental safety, 2020, 205: 111168.

[39] TAGHAVIFAR H, HU C, TAGHAVIFAR L, et al. Optimal robust control of vehicle lateral stability using damped least-square backpropagation training of neural networks[J]. Neurocomputing, 2020, 384: 256-267.

[40] LEGOWSKI A. The global inverse kinematics solution in the adept six 300 manipulator with singularities robustness[C]//2015 20th International Conference on Control Systems and Computer Science. May 27-29, 2015. Bucharest, Romania. IEEE, 2015: 90-97.

[41] BUSS, SAMUEL R. Introduction to inverse kinematics with Jacobian transpose, pseudoinverse and damped least squares methods[J]. IEEE Journal of Robotics and Automation,2004: 1-19.

[42] OMISORE O M, HAN S P, REN L X, et al. Deeply-learnt damped least-squares (DL-DLS) method for inverse kinematics of snake-like robots[J]. Neural networks, 2018, 107: 34-47.

[43] BEHZADI-KHORMOUJI H, DERHAMI V, REZAEIAN M. Adaptive visual servoing control of robot manipulator for trajectory tracking tasks in 3D space[C]// 2017 5th RSI International Conference on Robotics and Mechatronics (ICRoM). October 25-27, 2017. Tehran, Iran. IEEE, 2017: 376-382.

[44] BATISTA J, SOUZA D, DOS REIS L, et al. Dynamic model and inverse kinematic identification of a 3-DOF manipulator using RLSPSO[J]. Sensors, 2020, 20 (2): 416.

[45] SINGH I, LAKHAL O, AMARA Y, et al. Performances evaluation of inverse kinematic models of a compact bionic handling assistant[C]//2017 IEEE International Conference on Robotics and Biomimetics (ROBIO). December 5-8, 2017. Macao, China. IEEE, 2017: 264-269.

[46] YAMADA K, ASAI T, JIKUYA I. Inverse kinematics in pyramid-type single-gimbal control moment gyro system[J]. Journal of guidance control dynamics, 2016, 39(8): 1897-1907.

[47] WANGJ Y, ZHU D T. Conjugate gradient path method without line search tech-

nique for derivative-free unconstrained optimization[J]. Numerical algorithms, 2016, 73(4): 957-983.

[48] WANG L C T, CHEN C C. A combined optimization method for solving the inverse kinematics problems of mechanical manipulators[J]. IEEE transactions on robotics and automation, 1991, 7(4): 489-499.

[49] ARISTIDOU A, LASENBY J. Real-time marker prediction and CoR estimation in optical motion capture[J]. The visual computer, 2013, 29(1): 7-26.

[50] HWANG C L, CHEN B L, SYU H T, et al. Humanoid robot's visual imitation of 3-D motion of a human subject using neural-network-based inverse kinematics [J]. IEEE systems journal, 2016, 10(2): 685-696.

[51] SERRIEN B, PATAKY T, BAEYENS J P, et al. Bayesian vs. least-squares inverse kinematics: Simulation experiments with models of 3D rigid body motion and 2D models including soft-tissue artefacts[J]. Journal of biomechanics, 2020, 109: 109902.

[52] KONDO Y, YAMAMOTO S, TAKAHASHI Y. Real-time posture imitation of biped humanoid robot based on particle filter with simple joint control for standing stabilization[C]//2016 Joint 8th International Conference on Soft Computing and Intelligent Systems (SCIS) and 17th International Symposium on Advanced Intelligent Systems (ISIS). August 25-28, 2016. Sapporo, Japan. IEEE, 2016: 130-135.

[53] DER K G, SUMNER R W,POPOVIĆ J. Inverse kinematics for reduced deformable models[J]. ACM transactions on graphics, 2006, 25(3): 1174-1179.

[54] PETRESCU R V V, AVERSA R, AKASH B, et al. Inverse kinematics at the anthropomorphic robots, by a trigonometric method[J]. American journal of engineering and applied sciences, 2017, 10(2): 394-411.

[55] AYYLDZ M, ÇETINKAYA K. Comparison of four different heuristic optimization algorithms for the inverse kinematics solution of a real 4-DOF serial robot manipulator[J]. Neural computing and applications, 2016, 27(4): 825-836.

[56] BUSS S R, KIM J S. Selectively damped least squares for inverse kinematics[J]. Journal of graphics tools, 2005, 10(3): 37-49.

[57] GRASSMANN R, JOHANNSMEIER L, HADDADIN S. Smoothpoint-to-point trajectory planning in SE(3) with self-collision and joint constraints avoidance [C]//2018 IEEE/RSJ International Conference on Intelligent Robots and Systems (IROS). October 1-5, 2018. Madrid. IEEE, 2018: 1-9.

[58] NGUYEN D H P, HOFFMANN M, RONCONE A, et al. Compact real-time avoidance on a humanoid robot for human-robot interaction[C]//Proceedings of the 2018 ACM/IEEE International Conference on Human-Robot Interaction. Chicago IL USA. ACM, 2018: 416-424.

[59] SHILLER Z, GWO Y R. Dynamic motion planning of autonomous vehicles[J]. IEEE transactions on robotics and automation, 1991, 7(2): 241-249.

[60] CHEUNG E, LUMELSKY V. Real-time path planning procedure for a whole-sensitive robot arm manipulator[J]. Robotica, 1992, 10(4): 339-349.

[61] RANA A S, ZALZALA A M S. Near time-optimal collision-free motion planning of robotic manipulators using an evolutionary algorithm[J]. Robotica, 1996, 14(6): 621-632.

[62] MACFARLANE S, CROFT E A. Jerk-bounded manipulator trajectory planning: Design for real-time applications[J]. IEEE transactions on robotics and automation, 2003, 19(1): 42-52.

[63] HASCHKE R, WEITNAUER E, RITTER H. On-line planning of time-optimal, jerk-limited trajectories[C]//2008 IEEE/RSJ International Conference on Intelligent Robots and Systems. September 22-26, 2008. Nice. IEEE, 2008: 3248-3253.

[64] VANNOY J, XIAO J. Real-time adaptive motion planning (RAMP) of mobile manipulators in dynamic environments with unforeseen changes[J]. IEEE transactions on robotics, 2008, 24(5): 1199-1212.

[65] HAJKARAMI H, SADIGH M J. On line path planning for minimum time motion of manipulators on non symmetric trajectories[C]//2011 IEEE International Conference on Mechatronics. April 13-15, 2011. Istanbul, Turkey. IEEE, 2011: 427-432.

[66] PCHELKIN S S, SHIRIAEV A S, ROBERTSSON A, et al. Integrated time-optimal trajectory planning and control design for industrial robot manipulator[C]//2013 IEEE/RSJ International Conference on Intelligent Robots and Systems. November 3-7, 2013. Tokyo. IEEE, 2013: 2521-2526.

[67]GUARINO LO BIANCO C, GHILARDELLI F. Real-time planner in the operational space for the automatic handling of kinematic constraints[J]. IEEE transactions on automation science and engineering, 2014, 11(3): 730-739.

[68]CASALINO A, ZANCHETTIN A M, ROCCO P. Online planning of optimal trajectories on assigned paths with dynamic constraints for robot manipulators[C]//2016 IEEE/RSJ International Conference on Intelligent Robots and Systems (IROS). October 09-14, 2016. Daejeon, Korea (South). IEEE, 2016: 979-985.

[69]BAZAZ S A, TONDU B. Online computing of a robotic manipulator joint trajectory with velocity and acceleration constraints[C]//Proceedings of the 1997 IEEE International Symposium on Assembly and Task Planning (ISATP'97) - Towards Flexible and Agile Assembly and Manufacturing -. Marina del Rey, CA, USA. IEEE, 1997: 1-6.

[70] DYLLONG E, VISIOLI A. Planning and real-time modifications of a trajectory u-

sing spline techniques[J]. Robotica, 2003, 21(5): 475-482.

[71] LAMPARIELLO R, NGUYEN-TUONG D, CASTELLINI C, et al. Trajectory planning for optimal robot catching in real-time[C]//2011 IEEE International Conference on Robotics and Automation. May 9-13, 2011. Shanghai, China. IEEE, 2011: 3719-3726.

[72] GUO D S, ZHANG Y N. Acceleration-level inequality-based MAN scheme for obstacle avoidance of redundant robot manipulators[J]. IEEE transactions on industrial electronics, 2014, 61(12): 6903-6914.

[73] WANG J N, LEI X Y. On-line kinematical optimal trajectory planning for manipulator[C]//2018 10th International Conference on Intelligent Human-Machine Systems and Cybernetics (IHMSC). August 25-26, 2018. Hangzhou. IEEE, 2018: 319-323.

[74] SHIN K, MCKAY N. A dynamic programming approach to trajectory planning of robotic manipulators[J]. IEEE transactions on automatic control, 1986, 31(6): 491-500.

[75] ATA A A, JOHAR H. Cubic-spline trajectory planning of a constrained flexible manipulator[C]//Proceedings of the 2005 IEEE International Conference on Robotics and Automation. Barcelona, Spain. IEEE, 2005: 3126-3130.

[76] REITER A, MULLER A, GATTRINGER H. On higher order inverse kinematics methods in time-optimal trajectory planning for kinematically redundant manipulators[J]. IEEE transactions on industrial informatics, 2018, 14(4): 1681-1690.

[77] SCHLEMMER M. On-line trajectory optimization for kinematically redundant robot-manipulators and avoidance of moving obstacles[C]//Proceedings of IEEE International Conference on Robotics and Automation. Minneapolis, MN, USA. IEEE, 1996, 1: 474-479.

[78] ZHANG Z J, LIN Y J, LI S, et al. Tricriteria optimization-coordination motion of dual-redundant-robot manipulators for complex path planning[J]. IEEE transactions on control systems technology, 2018, 26(4): 1345-1357.

[79] ZHANG Z, YANG S, ZHENG L. A punishment mechanism-combined recurrent neural network to solve motion-planning problem of redundant robot manipulators [J]. IEEE transactions on cybernetics, 2021, 53(4): 2177-2185.

[80] LI Z, LI C X, LI S, et al. A fault-tolerant method for motion planning of industrial redundant manipulator[J]. IEEE transactions on industrial informatics, 2020, 16(12): 7469-7478.

[81] JIN L, LI S, LUO X, et al. Neural dynamics for cooperative control of redundant robot manipulators[J]. IEEE transactions on industrial informatics, 2018, 14(9): 3812-3821.

[82] LIZ X, LIAO B L, XU F, et al. A new repetitive motion planning scheme with

noise suppression capability for redundant robot manipulators[J]. IEEE transactions on systems, man, and cybernetics: Systems, 2020, 50(12): 5244-5254.

[83] ZHANG Z J, CHEN S Y, LI S. Compatible convex - nonconvex constrained QP-based dual neural networks for motion planning of redundant robot manipulators [J]. IEEE transactions on control systems technology, 2019, 27(3): 1250-1258.

[84] ZHANG Y Y, CHEN S Y, LI S, et al. Adaptive projection neural network for kinematic control of redundant manipulators with unknown physical parameters[J]. IEEE transactions on industrial electronics, 2017, PP(99): 1.

[85] LI S, ZHANG Y N, JIN L. Kinematic control of redundant manipulators using neural networks[J]. IEEE transactions on neural networks and learning systems, 2017, 28(10): 2243-2254.

[86] LIX H, TAN S L, FENG X W, et al. LSPB trajectory planning: Design for the modular robot arm applications[C]//2009 International Conference on Information Engineering and Computer Science. December 19-20, 2009. Wuhan, China. IEEE, 2009: 1-4.

[87] BOUTERAA Y, GHOMMAM J, POISSON G. Adaptive backstepping synchronization for networked Lagrangian systems[J]. International journal of computer applications, 2012, 42(12): 1-8.

[88] UCHIYAMA M, DAUCHEZ P. Symmetric kinematic formulation and non-master/slave coordinated control of two-arm robots[J]. Advanced robotics, 1992, 7 (4): 361-383.

[89] CACCAVALE F, CHIACCHIO P, CHIAVERINI S. Task-space regulation of cooperative manipulators[J]. Automatica, 2000, 36(6): 879-887.

[90] ADORNO B V, FRAISSE P, DRUON S. Dual position control strategies using the cooperative dual task-space framework[C]//2010 IEEE/RSJ International Conference on Intelligent Robots and Systems. October 18-22, 2010. Taipei. IEEE, 2010: 3955-3960.

[91] PARK H A, GEORGE LEE C S. Cooperative-Dual-Task-Space-based whole-body motion balancing for humanoid robots[C]//2013 IEEE International Conference on Robotics and Automation. May 6-10, 2013. Karlsruhe, Germany. IEEE, 2013: 4797-4802.

[92] PARK H A, GEORGE LEE C S. Extended Cooperative Task Space for manipulation tasks of humanoid robots[C]//2015 IEEE International Conference on Robotics and Automation (ICRA). May 26-30, 2015. Seattle, WA, USA. IEEE, 2015: 6088-6093.

[93] PARK H A, GEORGE LEE C S. Dual-arm coordinated-motion task specification and performance evaluation[C]//2016 IEEE/RSJ International Conference on Intelligent Robots and Systems (IROS). October 9-14, 2016. Daejeon. IEEE,

2016：929-936.

[94] HERNÁNDEZ-MEJÍA C, VÁZQUEZ-LEAL H, TORRES-MUÑOZ D. A novel collision-free path planning modeling and simulation methodology for robotical arms using resistive grids[J]. Robotica, 2020, 38(7): 1176-1190.

[95] TSAI Y C, HUANG H P. Motion planning of a dual-arm mobile robot in the configuration-time space[C]//2009 IEEE/RSJ International Conference on Intelligent Robots and Systems. October 10-15, 2009. St. Louis, MO, USA. IEEE, 2009: 2458-2463.

[96] KIMMEL A, SHOME R, BEKRIS K. Anytime motion planning for prehensile manipulation in dense clutter[J]. Advanced robotics, 2019, 33(22): 1175-1193.

[97] MARTÍNEZ-SALVADOR B, PÉREZ-FRANCISCO M, DEL POBIL A P. Collision detection between robot arms and people[J]. Journal of intelligent and robotic systems, 2003, 38(1): 105-119.

[98] WANGM L, LUO M Z, LI T, et al. A unified dynamic control method for a redundant dual arm robot[J]. Journal of bionic engineering, 2015, 12(3): 361-371.

[99] RANA A S. An evolutionary algorithm for collision free motion planning of multiarm robots[C]//1st International Conference on Genetic Algorithms in Engineering Systems: Innovations and Applications (GALESIA). Sheffield, UK. IEE, 1995: 123-130.

[100] FANG C, LEE J, AJOUDANI A, et al. RRT-based motion planning with sampling in redundancy space for robots with anthropomorphic arms[C]//2017 IEEE International Conference on Advanced Intelligent Mechatronics (AIM). July 3-7, 2017. Munich, Germany. IEEE, 2017: 1612-1618.

[101] RASCH R, WACHSMUTH S, KONIG M. A joint motion model for human-like robot-human handover[C]//2018 IEEE-RAS 18th International Conference on Humanoid Robots (Humanoids). November 6-9, 2018. Beijing, China. IEEE, 2018: 180-187.

[102] HONG C, CHEN Z, ZHU J Y, et al. Interactive humanoid robot arm imitation system using human upper limb motion tracking[C]//2017 IEEE International Conference on Robotics and Biomimetics (ROBIO). December 5-8, 2017. Macao, China. IEEE, 2017: 2746-2751.

[103] KASE K, SUZUKI K, YANG P C, et al. Put-in-box task generated from multiple discrete tasks by a humanoid robot using deep learning[C]//2018 IEEE International Conference on Robotics and Automation (ICRA). May 21-25, 2018. Brisbane, QLD. IEEE, 2018: 6447-6452.

[104] TAKANO W, NAKAMURA Y. Synthesis of kinematically constrained full-body motion from stochastic motion model[J]. Autonomous robots, 2019, 43(7): 1881-1894.

[105] SFAKIOTAKIS M, KAZAKIDI A, TSAKIRIS D P. Octopus-inspired multi-arm robotic swimming[J]. Bioinspiration & biomimetics, 2015, 10(3): 035005.

[106] BASILE F, CACCAVALE F, CHIACCHIO P, et al. A decentralized kinematic control architecture for collaborative and cooperative multi-arm systems[J]. Mechatronics, 2013, 23(8): 1100-1112.

[107] BASILE F, CACCAVALE F, CHIACCHIO P, et al. Task-oriented motion planning for multi-arm robotic systems[J]. Robotics and computer-integrated manufacturing, 2012, 28(5): 569-582.

[108] COHEN B, CHITTA S, LIKHACHEV M. Search-based planning for dual-arm manipulation with upright orientation constraints[C]//2012 IEEE International Conference on Robotics and Automation. May 14-18, 2012. St Paul, MN, USA. IEEE, 2012: 3784-3790.

[109]ZHANG Zhijun, KONG Lingdong, NIU Yaru. A time-varying-constrained motion generation scheme for humanoid robot arms[C]//Advances in Neural Networks - ISNN 2018: 15th International Symposium on Neural Networks, ISNN 2018, Minsk, Belarus, June 25-28, 2018, Proceedings 15. Springer International Publishing, 2018: 757-767.

[110] CURKOVIC P, JERBIC B. Dual-arm robot motion planning based on cooperative coevolution[C]//Doctoral Conference on Computing, Electrical and Industrial Systems. Berlin, Heidelberg: Springer, 2010: 169-178.

[111] CACCAVALE F, LIPPIELLO V, MUSCIO G, et al. Grasp planning and parallel control of a redundant dual-arm/hand manipulation system[J]. Robotica, 2013, 31(7): 1169-1194.

[112] STAVRIDIS S, DOULGERI Z. Bimanual assembly of two parts with relative motion generation and task related optimization[C]//2018 IEEE/RSJ International Conference on Intelligent Robots and Systems (IROS). October 1-5, 2018. Madrid. IEEE, 2018: 7131-7136.

[113] ALMEIDA D, KARAYIANNIDIS Y. A Lyapunov-based approach to exploit asymmetries in robotic dual-arm task resolution[J]. Proceedings of the IEEE conference on decision and control, 2019, 2019-December: 4252-4258.

[114] MORIYAMA R, WAN W W, HARADA K. Dual-arm assembly planning considering gravitational constraints[C]//2019 IEEE/RSJ International Conference on Intelligent Robots and Systems (IROS). November 3-8, 2019. Macao, China. IEEE, 2019: 5566-5572.

[115] CRUCIANI S, HANG K Y, SMITH C, et al. Dual-arm in-hand manipulation using visual feedback[C]//2019 IEEE-RAS 19th International Conference on Humanoid Robots (Humanoids). October 15-17, 2019. Toronto, ON, Canada. IEEE, 2019: 1-8.

[116] BUCHHOLZ D, FUTTERLIEB M, WINKELBACH S, et al. Efficient Bin-picking and grasp planning based on depth data[J]. Proceedings - IEEE international conference on robotics and automation, 2013: 3245-3250.
[117] SCHUNK. 协作机器人 Bin-picking 应用[J]. 现代制造, 2019(27): 29.
[118] CONNOLLY C. A new integrated robot vision system from FANUC Robotics [J]. Industrial robot, 2007, 34(2): 103-106.
[119] BOGUE CONSULTANT R. Random Bin picking: Has its time finally come? [J]. Assembly automation, 2014, 34(3): 217-221.
[120] JIANG P, ISHIHARA Y, SUGIYAMA N, et al. Depth image-based deep learning of grasp planning for textureless planar-faced objects in vision-guided robotic Bin-picking[J]. Sensors, 2020, 20(3): 706.
[121] WONG J M, KEE V, LE T, et al. SegICP: Integrated deep semantic segmentation and pose estimation[EB/OL]. 2017: 1703. 01661. https://arxiv. org/abs/1703.01661v2
[122] DO T, PHAM T, CAI M, et al. Real-time monocular object instance 6d pose estimation[C]//British Machine Vision Conference 2018. September3-9, 2018. Newcastle, United Kingdom. British Machine Vision Association, 2018: 1-12.
[123] TAJIMA S, WAKAMATSU S, ABE T, et al. Robust Bin-picking system using tactile sensor[J]. Advanced robotics, 2019: 1-15.
[124]HANH L D, DUC L M. Planar object recognition for Bin picking application[J]. NICS 2018, 2018: 211-215.
[125]ROY M, BOBY R A, CHAUDHARY S, et al. Pose estimation of texture-less cylindrical objects in Bin picking using sensor fusion[C]. 2016 IEEE/RSJ International Conference on Intelligent Robots and Systems (IROS). IEEE, 2016: 2279-2284.
[126] DOMAE Y, NODA A, NAGATANI T, et al. Robotic general parts feeder: Bin-picking, regrasping, and kitting[C]//2020 IEEE International Conference on Robotics and Automation (ICRA). May 31-August 31, 2020. Paris, France. IEEE, 2020: 5004-5010.
[127] GRAVDAHL I, SEEL K, GROTLI E I. Robotic Bin-picking under geometric end-effector constraints: Bin placement and grasp selection[C]//2019 7th International Conference on Control, Mechatronics and Automation (ICCMA). November 6-8, 2019. Delft, Netherlands. IEEE, 2019: 197-203.
[128] 孔令升. 面向非规则目标的 3D 视觉引导抓取方法及系统研究[D]. 深圳: 中国科学院大学(中国科学院深圳先进技术研究院), 2020.
[129] 张凯宇. 基于 RGB-D 图像的机械臂抓取位姿检测[D]. 杭州: 浙江大学, 2019.
[130] 史璇珂. 散乱堆叠场景的物体视觉定位及运动规划研究[D]. 杭州: 浙江大学, 2020.

[131] SONG Y L, WU S Q, ZHAO J, et al. An object segmentation method based on image contour and local convexity for 3D vision guided Bin-picking applications [C]//2018 IEEE International Conference on Real-time Computing and Robotics (RCAR). August 1-5, 2018. Kandima, Maldives. IEEE, 2018: 474-478.

[132] 何若涛，陈龙新，廖亚军，等. 基于 RGB-D 图像的三维物体检测与抓取[J]. 机械工程与自动化，2017(5)：28-30.

[133] GUO J X, FU L, JIA M K, et al. Fast and robust Bin-picking system for densely piled industrial objects[C]//2020 Chinese Automation Congress (CAC). November 6-8, 2020. Shanghai, China. IEEE, 2020: 2845-2850.

[134] PARK K, PATTEN T, VINCZE M. Pix2Pose: Pixel-wise coordinate regression of objects for 6D pose estimation[C]//2019 IEEE/CVF International Conference on Computer Vision (ICCV). October 27-November 2, 2019. Seoul, Korea (South). IEEE, 2019: 7668-7677.

[135] XU D F, ANGUELOV D, JAIN A. PointFusion: Deep sensor fusion for 3D bounding box estimation[C]//2018 IEEE/CVF Conference on Computer Vision and Pattern Recognition. June 18-23, 2018. Salt Lake City, UT, USA. IEEE, 2018: 244-253.

[136] WANG C, XU D F, ZHU Y K, et al. DenseFusion: 6D object pose estimation by iterative dense fusion[C]//2019 IEEE/CVF Conference on Computer Vision and Pattern Recognition (CVPR). June 15-20, 2019. Long Beach, CA, USA. IEEE, 2019: 3343-3352.

[137] HINTERSTOISSER S, HOLZER S, CAGNIART C, et al. Multimodal templates for real-time detection of texture-less objects in heavily cluttered scenes [J]. Proceedings of the IEEE international conference on computer vision, 2011: 858-865.

[138]BESL P J, MCKAY N D. Method for registration of 3-D shapes[C]. Sensor Fusion IV: Control Paradigms and Data Structures. International Society for Optics and Photonics, 1992, 1611: 586-606.

[139] BERGEVIN R, SOUCY M, GAGNON H, et al. Towards a general multi-view registration technique[J]. IEEE transactions on pattern analysis and machine intelligence, 1996, 18(5): 540-547.

[140] RUSINKIEWICZ S, LEVOY M. Efficient variants of the ICP algorithm[C]// Proceedings Third International Conference on 3-D Digital Imaging and Modeling. May 28 - June 01, 2001. Quebec City, Que. , Canada. IEEE, 2001: 145-152.

[141] RUSU R B, BRADSKI G, THIBAUX R, et al. Fast 3D recognition and pose using the Viewpoint Feature Histogram[C]//2010 IEEE/RSJ International Conference on Intelligent Robots and Systems. October 18-22, 2010. Taipei. IEEE,

2010: 2155-2162.
[142] WOHLKINGER W, VINCZE M. Ensemble of shape functions for 3D object classification[C]//2011 IEEE International Conference on Robotics and Biomimetics. December 7-11, 2011. Karon Beach, Thailand. IEEE, 2011: 2987-2992.
[143] ALDOMA A, TOMBARI F, RUSU R B, et al. OUR-CVFH - oriented, unique and repeatable clustered viewpoint feature histogram for object recognition and 6DOF pose estimation[M]//Lecture Notes in Computer Science. Berlin, Heidelberg: Springer Berlin Heidelberg, 2012: 113-122.
[144] RUSU R B, BLODOW N, MARTON Z C, et al. Aligning point cloud views using persistent feature histograms[C]//2008 IEEE/RSJ International Conference on Intelligent Robots and Systems. September 22-26, 2008. Nice. IEEE, 2008: 3384-3391.
[145] SALTI S, TOMBARI F, DI STEFANO L. SHOT: Unique signatures of histograms for surface and texture description[J]. Computer vision and image understanding, 2014, 125: 251-264.
[146] RUSU R B, BLODOW N, BEETZ M. Fast point feature histograms (FPFH) for 3D registration[C]//2009 IEEE International Conference on Robotics and Automation. May 12-17, 2009. Kobe. IEEE, 2009: 3212-3217.
[147] CARVALHO L E, VON WANGENHEIM A. 3D object recognition and classification: A systematic literature review[J]. Pattern analysis and applications, 2019, 22(4): 1243-1292.
[148] SANDERS P, LAMM S, HÜBSCHLE-SCHNEIDER L, et al. Efficient parallel random sampling—Vectorized, cache-efficient, and online[J]. ACM transactions on mathematical software, 2018, 44(3): 1-14.
[149] 李瑞雪，邹纪伟. 基于 PCL 库的点云滤波算法研究[J]. 卫星电视与宽带多媒体，2020(13): 82-84.
[150] RABBANI T, VAN DEN HEUVEL F, VOSSELMANN G. Segmentation of point clouds using smoothness constraint[J]. International archives of photogrammetry, remote sensing and spatial information sciences, 2006, 36(5): 248-253.
[151] PAPON J, ABRAMOV A, SCHOELER M, et al. Voxel cloud connectivity segmentation-supervoxels for point clouds[C]. IEEE Conference on Computer Vision and Pattern Recognition, 2013: 2027-2034.
[152] DEO A S, WALKER I D. Overview of damped least-squares methods for inverse kinematics of robot manipulators[J]. Journal of intelligent and robotic systems, 1995, 14(1): 43-68.
[153] CHIAVERINI S, EGELAND O, KANESTROM R K. Weighted damped least-squares in kinematic control of robotic manipulators[J]. Advanced robotics,

1992, 7(3): 201-218.

[154] MAYORGA R V, WONG A K C, MILANO N. A fast damped least-squares solution to manipulator inverse kinematics and singularities prevention[C]//Proceedings of the IEEE/RSJ International Conference on Intelligent Robots and Systems. July 07-10, 1992. Raleigh, NC, USA. IEEE, 1992, 2: 1177-1184.

[155] MACIEJEWSKI A A, KLEIN C A. Numerical filtering for the operation of robotic manipulators through kinematically singular configurations[J]. Journal of robotic systems, 1988, 5(6): 527-552.

[156] MAYORGA R V, MA K S, WONG A K C. A robust local approach for the obstacle avoidance of redundant robot manipulators[C]//Proceedings of the IEEE/RSJ International Conference on Intelligent Robots and Systems. July 07-10, 1992. Raleigh, NC, USA. IEEE, 1992, 3: 1727-1734.

[157] TOMASI C, MANDUCHI R. Bilateral filtering for gray and color images[C]//Sixth International Conference on Computer Vision (IEEE Cat. No. 98CH36271). Bombay, India. IEEE, 1998: 839-846.

[158] 陈柏松，叶雪梅，安利. 基于非线性主成分分析的最小包围盒计算方法[J]. 计算机集成制造系统，2010，16(11)：2375-2378.

[159] SCHNABEL R, WAHL R, KLEIN R. Efficient RANSAC for point - cloud shape detection[C]. Computer graphics forum. Oxford, UK: Blackwell Publishing Ltd, 2007, 26(2): 214-226.

[160] 柯科勇. 基于双目视觉的散乱堆放工件拾取系统[D]. 广州：广东工业大学，2016.

[161] 万偲. 面向 Bin-picking 的散放棒料抓取系统手眼标定方法研究[D]. 武汉：湖北工业大学，2020.

[162] SHIU Y C, AHMAD S. Calibration of wrist-mounted robotic sensors by solving homogeneous transform equations of the form AX=XB[J]. IEEE transactions on robotics and automation, 1989, 5(1): 16-29.

[163] 何佳唯，平雪良，刘洁，等. 一种机器人手眼关系混合标定方法[J]. 应用光学，2016，37(2)：250-255.

[164] 刘念. 基于视觉机器人的目标定位技术研究[D]. 广州：华南农业大学，2016.

[165] TSAI R Y, LENZ R K. A new technique for fully autonomous and efficient 3D robotics hand/eye calibration[J]. IEEE transactions on robotics and automation, 1989, 5(3): 345-358.

[166] 曹策，贺广健，付云博，等. 基于 Qt5 开发的面向工业控制的显控软件[J]. 电脑知识与技术，2020，16(23)：16-19.

[167] 赵之源. 基于 QT 的数字图像的灰度化处理程序设计[C]. 决策论坛——基于公共管理学视角的决策研讨会论文集(上)，2015：274-276.

[168] 吴连港. 基于 Qt 的嵌入式水质检测系统界面软件设计[J]. 农业装备与车辆工程，

2021，59(11)：140-142.

[169]雷扎 N,贾扎尔. 应用机器人学:运动学、动力学与控制技术[M]. 周高峰,译. 北京：机械工业出版社，2018.

名词索引